2026 GUIDE
Railway Traffic Safety Manager

철도교통
안전관리자

- 시험요강
- 자격 취득 수 취업처
- CBT 응시요령 안내
- 교통안전관리자

철도교통안전관리자 자격증은 이렇게!

1. **자격증 명:** 철도교통안전관리자
2. **시험장소:** 서울 본부 등 15개소(홈페이지 참조)
3. **응시 수수료:** 20,000원
4. **시험과목**

필수과목	선택과목
■ 교통법규 • 교통안전법 • 철도산업발전기본법 • 철도안전법 ■ 교통안전관리론 ■ 철도공학	■ 열차운전 ■ 전기이론 중 택 1 ■ 철도신호

- 교통법규는 법 · 시행령 · 시행규칙 모두 포함(법규 과목의 시험 범위는 시험 시행일 기준으로 시행되는 법령에서 출제 됨)
- 교통안전법은 총칙, 제3장 및 제5장 이하의 규정 중 교통수단운영자에게 적용되는 규정과 관련된 사항만을 말함

5. **시험 진행방법**

교시	시험기간	시험과목
1	1회차 09 : 20 ~ 10 : 10(50분) 2회차 13 : 20 ~ 14 : 10(50분)	• 교통법규(50문제)
2	1회차 10 : 30 ~ 11 : 45(75분) 2회차 14 : 30 ~ 15 : 45(75분)	• 교통안전관리론(25문제) • 철도공학(25문제) • 분야별 선택과목(25문제)

6. **접수 대상 및 방법**

인터넷접수

모든 응시자
- 자격증에 의한 일부 면제자인 경우 인터넷 접수 시 상세한 자격증 정보를 입력
- 현장 방문 접수 시에는 응시인원마감 등으로 시험접수가 불가할 수도 있사오니 가급적 인터넷으로 시험 접수현황을 확인하시고 방문해주시기 바랍니다.

방문접수
- 방문 접수자는 응시하고자 하는 지역으로 방문
- 항만분야 「선박지원법」에 의한 자격증 취득자는 방문접수만 가능
- 자격증에 의한 일부 면제자인 경우 방문접수 시 반드시 해당 증빙서류(원본 또는 사본)지참
- 취득 자격증별로 제출 서류가 상이하므로 면제기준을 참고하여 제출

• 모든 제출 서류는 원서 접수일 기준 6개월 이내 발행분에 한함.

7. 제출 서류(공통) 및 일부 과목 면제자 증빙서류

- **공동제출서류(전과목 응시자 및 일부 과목 면제자)**
  - 응시원서(사진 2매 부착): 최근 6개월 이내 촬영한 여권용 사진(3.5×4.5cm)
  - 인터넷 접수의 경우 사진을 10M이하의 jpg파일로 등록

- **일부 과목 면제자 증빙서류(교통안전법 시행규칙 제25조 별표2)**

구분		인터넷 접수	방문·우편 접수
국가기술자격법에 따른 자격증 소지자	제출방법	• 자격증 정보입력 • 파일 첨부(추가서류 제출자)	• 자격증 원본 지참 및 사본 제출 • 추가서류 원본 제출
	제출서류	• 자격증 • 자격취득사항확인서 1부 • 경력증명서(공단서식) 및 고용보험가입증명서 각 1부 • 자동차관리사업등록증 1부	
석사학위 이상 취득자	제출방법	• 파일첨부	• 원본 제출

	제출서류	• 해당 학위증명서 1부
		• 성적증명서 1부
		  − 석사학위 이상 소지자로서 대학 또는 대학원에서 면제 받고자 하는 시험과목과 같은 과목을 B학점 이상으로 이수한 자(교통법규는 제외)
		  − 시험과목과 이수한 과목의 명칭이 정확히 일치하지 않을 경우 해당 과목의 강의 계획서를 제출하여 검토 후 면제 가능	

일부면제자 교육 수료자 (도로분야만 해당)	제출방법	• 수료번호를 입력하여 수료여부 확인	• 원본 제출
	제출서류		• 교육 수료증

8. 시행방법

컴퓨터에 의한 시험 시행

[응시제한 및 부정행위 처리]
- 시험시작 시간 이후에 시험장에 도착한 사람은 응시 불가
- 시험 도중 무단으로 퇴장한 사람은 재입장 할 수 없으며 해당 시험 종료처리
- 부정행위 또는 주의사항이나 시험감독의 지시에 따르지 아니하는 사람은 즉각 퇴장조치 및 무효처리하며, 향후 2년간 공단에서 시행하는 자격시험의 응시자격 정지

철도교통안전관리자 자격증은 이렇게!

9. 문제출제 방법 및 채점

■ 문제출제 방법: 문제 은행방식

문제은행 방식이란?	시험문제 공개 여부(비공개)
다량의 문항분석카드를 체계적으로 분류·정리 보관해 놓은 뒤 랜덤하게 문제를 출제하는 방식	문제은행방식으로 운영되기 때문에 시험문제를 공개할 경우, 반복 출제되는 문제들을 선택하여 단순 암기 위주의 시험 준비로 변할 우려가 있으므로 공개하지 않음.

■ 응시및 채점 방법
CBT방식 문제가 랜덤하게 개인별 컴퓨터로 전송되어 프로그램 상에서 정답을 체크하여 응시하고, 컴퓨터 프로그램에서 자동적으로 정확하게 채점하여 결과를 표출

10. 합격기준 및 발표

합격 판정	응시과목마다 40% 이상을 얻고, 총점의 60% 이상을 얻은 자
합격자발표	시험 종료 후 즉시 시험 컴퓨터에서 결과 확인
합격 취소	결격사유 해당 또는 부정한 방법으로 시험에 합격한 경우 합격 취소

「교통안전관리자 자격시험 사무편람」 제27조(합격자 결정):
시험은 과목별 100점을 만점으로 하고 각 과목당 총점 40점 이상을 득점하고, 전 과목 총점 평균 60점 이상을 득점한 자

11. 시험 접수기간 및 시험일자

	온라인 접수	시험일자(공휴일·토요일 제외)	CBT 필기시험 장소
상반기	'26. 1. 23(금) 16:00부터 ~ 시험 7일전 18:00까지 (선착순 접수)	2월, 4월, 6월, 8월, 10월, 12월 마지막 월요일 ~ 금요일 (오전, 오후 각 1회) ※ 제주, 화성시험장은 화요일, 목요일 시행	서울구로, 수원, 대전, 대구, 부산, 광주, 인천, 춘천, 청주, 전주, 창원, 울산, 제주, 화성, 상주
하반기	7월 공고 예정 https://lic.kotsa.or.kr/		

* 현장접수 일정: 별도 접수기간 운영
* 정부 정책에 따라 공휴일 등이 발생하는 경우 시험 일정이 변경될 수 있음
* 시험일정은 제한환경에 따라 변경될 수 있음

INFORMATION

12. 시험 관련 유의사항

- 시험 당일에는 신분증 지참 필수, 사진변경 희망 시 지참
  (미성년자의 경우 청소년증 또는 학생증+주민등록표(초본) 지참)
- 전과목 응시자에서 일부과목 면제자로 응시전형 변경을 희망하는 경우 '응시전형 변경 신청서, 해당하는 제출서류'를 제출해야 함.
  ※ 세부 변경방법은 "면제전형 제출서류 안내" 파일 참고
- 시험 시작시간 20분전까지 입실하여야하며, 시험시작 이후에는 시험응시 불가
- 주차장이 매우 협소하여 이용이 불가능할 수 있으므로 대중교통 이용해주시기 바랍니다.
  (위 사유로 시험시작 시간 이후 도착 시 응시수수료 환불 불가)
- 자격증 발급은 인터넷 또는 현장(방문)으로 가능하며, 방문의 경우 시험 **응시장소와 상관없이 공단 시험장에서 발급 가능**
- 계산기(공학용 포함) 지참 가능하나, 시험 시작 전 초기화 또는 메모리카드 제거 필요

본 문제집으로 공부하는 **수험생만**의 **특혜!!**

[도서 구매 인증시]

1. **CBT 셀프테스팅 제공**
   (시험장과 동일한 모의고사)
   ※ 인증한 날로부터 1년간 CBT 이용 가능

2. **시험문제 풀이 동영상 제공**

※ 오른쪽 서명란에 이름을 기입하여
  골든벨 카페로 사진 찍어 도서 인증해주세요.
  (자세한 방법은 카페 참조)

NAVER 카페 [도서출판 골든벨]
도서인증 게시판

카페바로가기

서 명 란

도서 구매 인증서
무료 동영상 강의
CBT 체험 모의고사

본 자격 취득 후 취업처는!

1. 철도 운영 기관
- 한국철도공사(KORAIL)
- 서울교통공사(지하철 1 ~ 8호선)
- 각 지방 도시철도공사(부산, 대구, 광주, 대전, 인천교통공사 등)
- 민간철도운영사(수서 고속철도 SRT운영사인 SR, 신분당선, 공항철도 등)

2. 철도건설 / 관리 / 관련 기관
- 국가철도공단
- 철도시설유지보수업체(신호, 전기, 궤도, 차량정비 등의 협력업체)

3. 철도 관련 민간 기업
- 철도차량 제작사(현대로템, 우진산전 등)
- 신호 · 통신 · 관제시스템 기업
- 철도 안전 컨설팅 업체

4. 공공기관 및 안전관리 직군
- 국토부 산하 철도안전 관련 부서
- 철도 관련 용업업체의 안전관리 부문
- 철도건설 현장의 안전관리자(공사 현장에서 법정 선임 필요)

자격검정 CBT웹체험 서비스 안내
https://www.q-net.or.kr/cbt/index.html

CBT 응시요령 안내

❶ 수험자 정보 확인

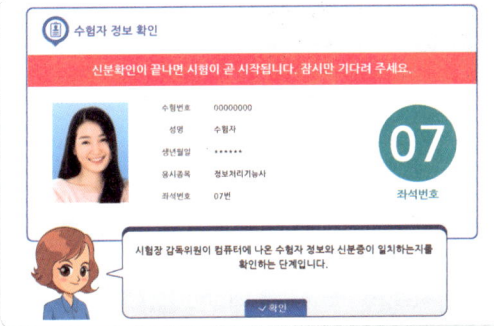

❷ 유의사항 확인

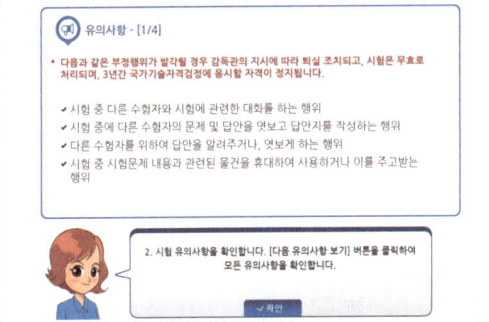

❸ 문제풀이 메뉴 설명

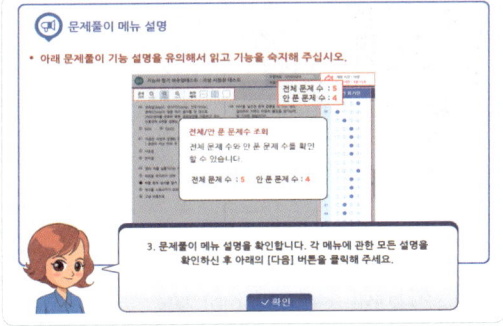

❹ 문제풀이 연습

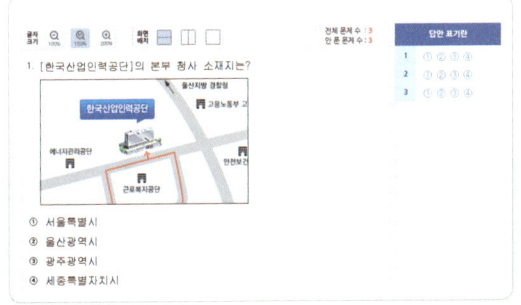

골든벨 CBT셀프 테스팅 바로가기
도서 구매 인증 시 시험장과 동일한 모의고사 1회를 CBT 셀프 테스트할 수 있습니다.

❺ 시험 준비 완료

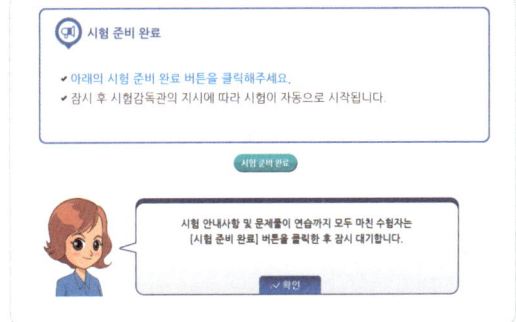

❻ 문제 풀이

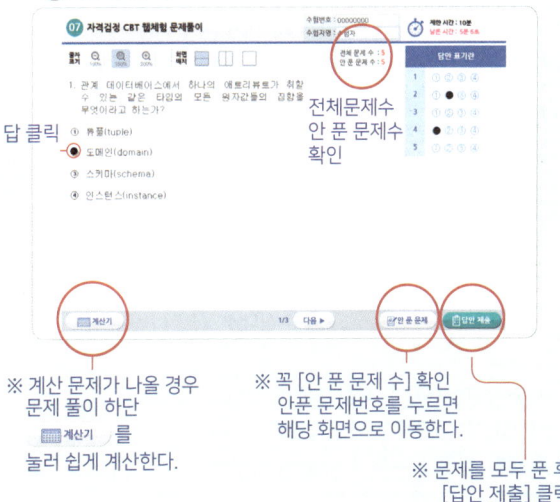

❼ 답안제출 및 확인

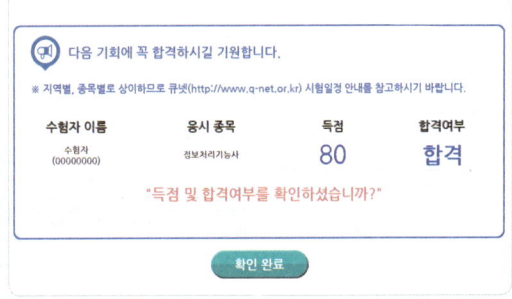

교통안전관리자

TS 한국교통안전공단 시행

Pass 시험 1주 작전
도로교통안전관리자 1000제

김치현·박장우·한창평

최근 시행된 기출문제를 철저히 분석하여 과목별 핵심을 정리하고, 출제 빈도가 높은 내용은 핵심용어 → 요점정리 → CBT 예상문제 순으로 체계적으로 수록하였다.
제1과목 교통안전관리론
제2과목 자동차정비
제3과목 교통심리학
제4과목 자동차공학
제5과목 교통법규
모의고사

Pass 시험 2주 작전
항공교통안전관리자 1200제

류영기·민수홍

최근 시행된 기출문제를 철저히 분석하여 과목별 핵심을 정리하고, 출제 빈도가 높은 내용은 핵심용어 → 요점정리 → CBT 예상문제 순으로 체계적으로 수록하였다.
제1과목 교통안전관리론
제2과목 항공기체
제3과목 교통법규
제4과목 항공기상
실전 모의고사

Pass 시험 2주 작전
철도교통안전관리자 1000제 ❶

교통안전관리론
철도공학
열차운전

장대성·류영기·민수홍

기출복원문제를 분석한 핵심요점정리
문제마다 촌철살인 해설 삽입
촉박한 시간에는 문제와 풀이만 정독
제1과목 교통안전관리론
제2과목 철도공학
제3과목 열차운전
실전 모의고사

Pass 시험 2주 작전
철도교통안전관리자 교통법규 600제 ❷

교통안전법
철도산업발전기본법
철도안전법

민수홍

최신 법규 → 문제 → 해설 순으로 체계적으로 수록
해설을 읽으면 바로 풀린다!
QR코드로 관련 내용 바로 확인
촉박한 시간에는 문제와 풀이만 정독
제1과목 교통법규
    – 교통안전법
    – 철도산업발전기본법
    – 철도안전법
실전 모의고사

도서 구매자의 특혜 **저자 특강 킬러문제 무료 동영상** **모의고사 CBT 셀프 테스팅**

시험 2주 작전 PASS

철도교통 안전관리자 1000제 ①

교통안전관리론 | 철도공학 | 열차운전

장대성 · 류영기 · 민수홍 편저

PREFACE

"20여 년 전 필자의 기억에는 한 국가가 선진국 반열에 오르려면 GNP 3만 달러가 넘어야 하고 희망 직군은 '안전 분야'라는 것이다."

이럴진대 본 자격증은 대한민국 철도의 안전과 성실히 관리하는 비전있는 직종이라는 것이지요.

모든 교통 이동수단에서 뭐니 뭐니 해도 가장 안락하므로 철도 인프라 확장, 고속 및 도시 철도 개발 등 국가의 기간산업으로 발전하고 있다. 여기에 필요 인력이 수반되므로 철도 안전의 높은 전문성과 경력 인재를 요구하고 있다.

주요 업무로는 철도 안전점검 및 모니터링/사고예방위험요소 감시 활동/사고 발생 시 대응조치 및 복구 작업 지휘 등등 주요한 임무가 주어진다는 것이다.

본 수험서는 이러한 전문 인력을 준비하는 수험자들에게 최적화된 교재로, '요점 정리 + 기출 복원 + 적중 예상문제'의 3박자로 구성하였다.

1권에서는 철도공학, 교통안전관리론, 열차운전(각 25문항)을, 2권에서는 교통안전법·철도안전법·철도산업발전기본법(총 50문항)을 다루어 수험자가 필요에 따라 분권으로 학습할 수 있도록 편성하였다.

이는 휴대의 편의성은 물론 선택 학습의 효율성, 경제성까지 고려한 결과이다. 또한 저자가 직접 선별한 '킬러 문제 동영상 특강'과 'CBT 셀프 테스트' 기능을 제공하여 학습 효과를 극대화하였다.

끝으로 방대한 내용을 검토 이름을 밝히지 말라는 내공 깊은 감수자와 40여 년 탈것전문출판미디어 ㈜골든벨 대표와 편집진에게 감사를 드린다.

2025년 10월
집필자 일동

CONTENTS

01 PART 교통안전관리론
필수과목

Chapter 1 교통 일반이론	2
Chapter 2 교통안전관리 체계	12
01. 교통안전관리	12
02. 교통안전관리의 체계	16
03. 교통안전 시설	18
Chapter 3 교통안전관리기법	19
01. 교통안전관리기법	19
02. 교통안전교육기법	21
03. 교통안전지도기법	23
04. 안전운행관리	25
Chapter 4 안전관리 통제기법	27
01. 안전감독제	27
02. 안전효과의 확인과 피드백(Feed Back)	28
03. 안전점검 시행	28
04. 안전당번 제도	28
05. 완전무결 제도	28
06. 안전 추가 지도 방법	28
Chapter 5 교통시설안전진단	29
01. 개요	29
Chapter 6 핵심용어 정리	31
Chapter 7 교통안전관리론 출제 예상문제	34

02 PART 철도공학
필수과목

Chapter 1 철도개론	62
Chapter 2 철도계획	71
Chapter 3 철도선로 및 건설	84
Chapter 4 철도차량	115
Chapter 5 전기철도 및 전기설비 개론	138
Chapter 6 정거장	148
Chapter 7 철도신호개론	156
Chapter 8 철도공학 출제 예상문제	170

03 PART 열차운전
선택과목

Chapter 1 열차운전이론	254
01. 열차운전이론 개요	254
02. 기초공학 이론	260
03. 전기기기	270
04. 운전성능	277
05. 열차저항	289
06. 주행안정성과 탈선	295
07. 운전계획	299
08. 경제운전	303

CONTENTS

03 PART 열차운전
선택과목

Chapter 2 철도차량운전규칙   307
    01. 총칙   307
    02. 철도종사자 등   310
    03. 적재제한 등   311
    04. 열차의 운전   311
    05. 열차간의 안전확보   318
    06. 철도신호   324

Chapter 3 도시철도운전규칙   332
    01. 총칙   332
    02. 선로 및 설비의 보전   334
    03. 열차등의 보전   336
    04. 운전   337
    05. 폐색방식   342
    06. 신호   344

Chapter 4 열차운전 출제 예상문제   350

04 PART 모의고사

1과목 교통안전관리론   424
    1회 모의고사   424
    2회 모의고사   428

2과목 철도공학 모의고사   432
    1회 모의고사   432
    2회 모의고사   436

3과목 열차운전 모의고사   440
    1회 모의고사   440
    2회 모의고사   444

PART 01

교통안전관리론

Chapter 1. 교통과 교통안전관리
Chapter 2. 교통안전관리 체계
Chapter 3. 교통안전관리 기법
Chapter 4. 안전관리 통제기법
Chapter 5. 교통시설안전진단
Chapter 6. 핵심용어정리
Chapter 7. 교통안전관리론 출제 예상문제

CHAPTER 01 교통 일반이론

1. 교통(Traffic)과 운수

① 교통은 인간의 이동 및 화물의 수송, 전달과 관련된 모든 행위와 조직체계를 가리키는 용어이다. 주로 육상교통에서 시작하여 하천을 포함한 해상교통, 나아가 항공교통으로 그 영역을 넓혀 왔다. 따라서 교통은 '자동차 · 기차 · 배 · 비행기 등의 교통수단을 이용하여 사람이 오고 가거나, 짐을 실어 나르는 일'이라고 할 수 있다. 즉, 오고 가는 일, 왕래, 서로 떨어진 지역 간에 있어서의 사람의 왕복, 화물의 수송, 기차 또는 자동차 등이 수행하는 일의 총칭(국어 대사전)이라고 정의하고 있다.

② 운수(Transportation)란 운송이나 운반보다 큰 규모로 사람을 태워 나르거나 물건을 실어 나름이라고 한다.

2. 교통수단(교통안전 법 제1조 용어의 정의)

사람이 이동하거나 화물을 운송하는데 이용되는 것으로 『차량, 선박, 항공기』를 말하며 세부 내용은 다음과 같다. 차량은 차마 또는 노면전차, 철도차량 또는 궤도에 의하여 교통용으로 사용되는 용구 등 육상교통용으로 사용되는 모든 운송수단이다. 선박은 선박 등 수상 또는 수중의 항행에 사용되는 모든 운송수단을 말하며 항공기는 항공기 등 항공교통에 사용되는 모든 운송수단을 말한다.

3. 교통의 기능

교통의 발달은 지역 간의 이동을 용이하게 하고 생활권을 확대시키며 교통기관 결절점(Node)의 핵을 형성하는 동시에 지역을 고도로 발전시키는 기능을 가진다. 이러한 교통의 주요기능은 다음과 같다.

(1) 운송기능

① 사람과 물자를 한 장소에서 다른 장소로 이동시키는 기본적인 역할을 한다.

② 개인의 이동, 화물의 운반 등 다양한 형태로 이루어진다.

(2) 경제적 기능
① 생산자와 소비자를 연결하여 자원의 효율적 배분을 돕는다.
② 물류 비용 절감, 시장 확장, 생산성 향상에 기여한다.

(3) 사회적 기능
① 지역 간 교류를 활성화하고 사회적 통합을 촉진한다.
② 도시와 농촌간의 균형 발전을 돕는다.

(4) 문화적 기능
① 문화교류를 통해 다양한 문화를 확산시키고 상호 이해를 증진시킨다.
② 관광산업을 활성화하여 문화적 가치를 널리 알린다.

(5) 정치적 기능
① 국가 안보와 방위를 지원하는 전략적 역할을 한다.
② 국경 지역의 교통망 확충을 통해 국가간 통합을 이룬다.

(6) 환경적 기능
① 지속 가능한 교통수단을 통해 환경 보전에 기여한다.
② 대중 교통, 전기차 등의 도입으로 탄소 배출을 줄이는데 도움을 준다.

4. 교통사고의 본질

(1) 교통사고의 정의

1) 일반적 측면

교통의 경로 상에서 각종의 교통수단이 운행 중에 다른 교통이나 사람 또는 기물 등과 충돌하거나 접촉 등의 위해를 발생케 함으로써 인명을 사상 또는 재산상의 손실을 입히는 것을 말한다.

2) 도로 교통법

차의 교통으로 인하여 사람을 사상하거나 물건을 손괴하는 것을 말한다. 즉, 「도로에서」, 「자동차에 의한 교통 활동 중」, 「사람을 사상하거나 물건을 손괴한 각종 손실을 유도한 것」을 말한다. 또한 도로상에서 발생한 사고라도 자동차가 아닌 자동차나 보행자에 의한 사고, 자동차에 의한 사고라도 불특정 다수인이 특별한 방해 없이 이용하는 도로가 아닌 개인 주택의 정원, 자동차 교습소, 역 구내, 경기장, 주차장, 차고 등에서 일어난 사람의 사상사고나 실질적으로 물체의 손실이 없는 단순한 위험발생의 가능한 상태는 교통사고가 아니다.

3) 교통안전관리 측면

교통수단의 운행 또는 운항과정에서 인명의 사상 또는 기물이 손괴되지 않더라도 위험을 초래하는 잠재적 사고까지 포함한다. 참고로 운행 중이란 사용 중인 차량의 상태를 뜻하는데 특정차량이 운행 중인지 아닌지를 구별하는데 3가지 조건은 차도 내에서 움직이고 있는 상태, 움직이고 있는 차량이 아닌 경우 지정된 주차구역이나 길 어깨 이외의 장소에서 곧 움직이려고 하는 상태, 차량이 차도 상에 있는 상태 등이다.

(2) 교통사고의 원인

1) 간접적 원인

기술적 원인, 교육적 원인, 정신적 원인, 신체적 원인, 관리적인 원인 등이다.

2) 직접적 원인

사람에 대한 요건, 자동차에 대한 요건, 도로에 관한 요건 등이다.

(3) 교통사고 연쇄 반응의 구성 요소

① **사회적 결함** : 사회적 환경과 유전의 요소
② **개인적 결함** : 개인적인 성격상의 결함
③ **불안전 행위** : 불안전한 해위와 불안전한 환경 및 조건
④ **사고** : 교통사고 사상의 발생
⑤ **상해** : 상해와 손실

(4) 교통사고의 3대 주요 원인

인적요인, 도로 요인, 자동차 요인 (최다발생 : 인적요인에 의거)

(5) 교통사고 다발자의 특성

책임감 결여, 이기적이고 공격적인 태도, 자기통제 미약, 충동적인 태도, 신경 과민성, 우유 부단성 등이다.

5. 교통사고 요인분석

교통사고는 한 가지 요인에 의해서 발생되는 경우보다는 여러 가지 요인이 복합적으로 작용하여 발생하고 있다. 하지만 인적요인, 차량요인, 도로환경요인을 포함한 교통안전시설 그리고 주요 환경요인 등에서 발생하며 인적요인에 의한 교통사고가 가장 많은 비중을 차지하고 있다.

(1) 인적요인

운전자, 보행자, 사람의 안전 및 질서 의식
- **운전자** : 운전자의 습관, 준법정신, 심리, 연령, 직업, 학력, 운전경력 및 운전 기술 등
  * 인지 판단에 영향을 주는 인적요소의 속성 : 관찰습관, 감지능력, 정서적 안정, 집중력, 민감성 등

(2) 차량요인

차량의 구조와 차량정비, 검사 그리고 차량의 보안 기술 등
* 안전에 직접관계 있는 조립용 부품은 브레이크, 타이어 조명장치 등과 정비 불량에 의한 사고, 검사제도와 검사상의 문제점도 내포하고 있다.

(3) 도로 환경요인

① **교통안전시설** : 시설의 구조, 안전시설의 설치 그리고 기타 시설
② **환경요인** : 기후 등의 자연환경과 사람이나 차량 등의 교통 수요 그리고 교통법규나 사회제도 등의 사회 환경 등

6. 교통사고 요인별 특성과 안전관리

(1) 시각특성

① **동체 시력** : 주행 중 운전자의 시력
② **야간시력** : 야간시력은 일몰 전에 비하여 약 50% 정도 저하된다.
③ **암순응과 명순응**
  ㉠ **암순응** : 밝은 장소에서 어두운 장소로 들어간 후에 눈이 익숙해져 시력을 회복하는 것
  ㉡ **명순응** : 어두운 장소에서 밝은 장소로 나온 후에 눈이 익숙해져 시력을 회복하는 것
④ **시야** : 정상적인 사람의 시야는 180~200도 정도 (한쪽 눈의 시야는 좌우 각각 160도)

(2) 인간행위의 가변적 요인

① **기능상** : 시력, 반사 신경의 저하 발생
② **작업능률** : 객관적으로 측정할 수 있는 효율의 저하
③ **생리적** : 긴장 수준의 저하
④ **심리적** : 심적 포화, 피로감에 의한 작업의욕의 저하

(3) 사고 다발자의 성향

① 행동이 즉흥적이며, 초조해한다.
② 폭발적으로 흥분하기 쉬우며, 자기 통제력이 약하고 충동적이다.
③ 협조성이 결여되어 있다.
④ 사소한 일에도 감정의 노출이 쉽고 정서가 불안전하다.
⑤ 주위가 산만하여 부주의에 빠지기 쉽다.
⑥ 주의가 소홀하고 지속력이 약하다.

(4) 고령자의 교통행동

① 운동능력이 떨어지고 시력, 청력 등 감지 기능의 약화로 위급 시 대응력이 둔하다.
② 움직이는 물체에 대한 판별 능력이 저하된다.
③ 어두운 조명 및 밝은 조명에 대한 적응능력이 떨어진다.

(5) 어린이의 교통행동

① 교통 상황에 대한 주의력이 부족하다.
② 판단력이 부족하고 모방의 행동이 많다.
③ 사고방식이 단순하다.
④ 추상적인 말은 잘 이해하지 못하는 경우가 많다.
⑤ 회기심이 많고 모험심이 강하다.

(6) 타코그래프의 사용목적

속도계와 시계를 조합한 것으로 운행시간, 순간속도, 운행거리 등 운행 중 운전자의 행태를 기록하는 장치로 안전운전 실태를 파악하는데 그 목적이 있다.

(7) 음주운전

1) 음주운전에 의한 교통사고의 특징
   ① 정지물체(안전지대나 전신주 등)에 충돌한다.

② 주차 중에 있는 다른 자동차 등에 충돌한다.
③ 맞은편에서 오는 차로 인한 눈부심은 시력의 회복이 지연되기 때문에 맞은편에서 오는 차와 정면충돌을 한다.
④ 도로를 잘못 보고 도로 밖으로 전도한다.
⑤ 야간에 많은 사고를 유발한다. (오후 10시에서 다음날 오전 2시 경 사이에 많이 발생)
⑥ 중대사고로 이어져 치사율이 높다.
⑦ 음주 후 약 30분에서 60분 정도가 거의 60%를 차지하고 있다.

2) 음주운전 시의 장해
① 시력장해가 많음. 정체시력보다 동체 시력의 장해가 많다.
② 시야가 좁아져 범위가 한정된다.
③ 하체 운동신경 저하로 브레이크 조작이 늦어지고 엑셀, 클러치의 급 조작을 한다.
④ 호흡, 맥박은 증가하고 혈압은 저하된다. 발작이 생기고 얼굴은 붉어진다.
⑤ 주의 집중력이 감소되고, 신체 평형감각이 저하되며 피로감이 크다.

(8) 피로관리

1) 피로
① 신체적, 정신적 활동 후에 나타나는 일시적인 에너지 감소나 기능 저하 상태
② 몸이나 마음이 지나치게 사용되거나 스트레스에 노출될 때 발생
③ 충분한 휴식을 통해 회복 될 수 있다.

2) 피로의 증상 종류
① **신체적 피로** : 과도한 신체활동이나 근육 사용으로 발생하며 근육 통증, 무기력, 운동능력 저하 등의 증상이 있다.
② **정신적 피로** : 과도한 정신적 작업, 스트레스, 수명 부족 등으로 발생하며 집중력 저하, 기억력 감퇴, 무기력함, 불안감 등의 증상이 있다.
③ **만성피로** : 충분히 휴식을 취했음에도 불구하고 피로가 지속되는 상태로 몇 주 이상 지속되면 만성 피로 증후군일 가능성이 있다.

3) 피로의 주요 원인
① 과도한 신체 활동 또는 작업(장거리 운전 등)
② 스트레스나 불안, 수면부족
③ 영양부족 또는 불균형
④ 질병(예, 빈혈, 갑상선 문제, 감염 등)
⑤ 생활습관(운전습관), 과음, 흡연, 운동 부족 등

4) 운전과 피로
   ① 운전 작업의 특수성이해
   ② 정신작업상에 강제적인 하중부담이 더하다는 것
   ③ 언제 어디서 무엇이 뛰쳐나와서 장해를 할지 모르는 일
   ④ 눈을 크게 뜨고 신경을 긴장시켜서 자세를 바르게 가질 것을 필요로 한다.

(9) 졸음
   ① 도로상의 장거리 운전 혹은 수면부족 과로운전은 졸음운전의 원인
   ② 졸음에 의한 교통사고는 대향차 전주 안전지대 가로수 등과 접촉 또는 충돌
   ③ 차도를 이탈, 보도 상에 뛰어 올라가거나 하수구에 떨어지는 사고를 유발

(10) 도로의 구성
   1) 차도
      차량의 통행을 목적으로 설치된 도로의 일부분(일반적 차로 폭 : 3.5m)

      ① 설계속도가 80km/h 인 도로 : 3.25m 이상
      ② 설계속도가 60km/h 인 도로 : 3.0m 이상
      ③ 회전 차로 폭 : 2.75m 이상

   2) 교통분리시설
      ① **중앙분리대** : 진행방향과 반대방향에서 오는 교통의 통행로를 분리시켜 반대편 차선으로 침범하는 것을 막아주고 위급한 경우에는 왼쪽차선 밖에서 벗어날 공간을 제공한다.[폭 : 일반도로(3m 이상), 도시고속도로(2m 이상), 일반도로(1.5m 이상)]
      ② **측도** : 고속도로나 주요 간선도로에 평행하게 붙어있는 국지도로이다.(폭 : 3m 이상)

   3) 노변지역
      ① **갓길** : 차도부를 보호하고 고장차량의 대피소를 제공하며 포장면의 바깥쪽이 구조적으로 파괴되는 것을 감소시켜주는 역할[경사 : 포장갓길(3~5%), 비포장(4~6%), 잔디갓길(8%)]
      ② **배수구** : 깊이는 도로중심선 높이로부터 최소 60cm 이상, 노반보다 최소 15cm 이상 낮아야 한다.
      ③ **연석** : 배수를 유도하고 차도의 경계를 명확히 하며 차량의 차도이탈을 방지하는 역할 (폭 : 30~90cm)

4) 방호책

주행 중에 진행방향을 잘못 잡은 차량이 차도 밖으로 이탈하는 것을 방지하기 위하여 차도에 따라 설치하는 시설로 가드레일, 가드케이블, 가드파이프 등이 있다.

(11) 도로의 종류

1) 자동차 전용도로
   ① 도시 고속도로
   ② 고속도로

2) 일반도로
   ① 주간선 도로 : 도시와 도시를 연결 또는 도시지역 내의 교통량이 많은 큰 도로
   ② 보조 간선도로 : 군 지역 내를 연결 또는 주간선 도로에 들어가거나 나오는 도로
   ③ 집산도로 : 군내의 통행을 담당하거나 주거지역까지 연계되는 도로
   ④ 국지도로 : 주거지역에 들어가기 위한 도로

(12) 교통 환경요인

1) 기상조건
   ① 일광에 의한 명암상태
   ② 돌풍과 비나 눈 등으로 인한 노면이 온도
   * 빙판도로에서 발생한 교통사고가 전체사고의 18.7%나 차지하고 있다.

2) 교통여건
   ① 교통량과 교통사고율의 관계는 차량 폭, 노폭, 거리 및 노측 상황 등의 요소
   ② 혼잡지수와 교통사고율과의 관계

3) 교통정보 전달체계
   ① 시시각각 변하는 교통상황에 대한 정보를 운전자에게 정확하고 신속하게 전달
   ② 교통정보의 무지는 곧 운전자 판단 실수로 교통사고 유발 위험성은 높을 수밖에 없다.

4) 응급, 구조체계
   교통사고 발생 시 즉시 부상자를 응급조치한 후 병원으로 이송하여 치료하는 것

5) 교통규제 요인
   ① 속도규제로 사고 직전 별 사고건수는 20~40km 이하가 40.5%로 가장 많음.

② 치사율은 100km/h 이상인 경우가 45.1%로 가장 높고 속도가 높을수록 치사률과 치상률이 높아진 것으로 나타나고 있다.
③ 불법 주정차는 교통체증, 불법주차 차량으로 보행자의 갑작스런 돌출에 의한 사고, 통행지체로 인한 추돌사고 등 교통사고 발생 가능성이 매우 높다.

7. 교통사고 조사 및 사고관리

(1) 교통사고 분석의 목적

교통사고 발생원인을 분석하여 교통안전 시설 등의 외부적 환경을 개선하거나 종사원에 대해 새로운 교육·지도 및 규칙을 이해시키고 납득시켜 교통사고 발생 위험률을 저하시키는 것이 교통사고 분석의 기본 목적이다.

(2) 교통사고 위험도 분석 : 위험도를 평가하는 방법

1) 현황판에 의한 방법
   ① 위험 도로를 선정하는 가장 단순한 방법
   ② 교통사고 현황판에 핀을 꽂아 육안으로 많은 교통사고 지점을 선정하는 방법

2) 사고건수 법
   ① 교통사고 건수가 많은 지점을 위험 도로로 선정하여 배역하는 방법
   ② 각 지점의 교통량을 반영하지 않는다는 단점

3) 사고율법
   ① 백만 차량 당 사고 또는 1억대 / km당 사고를 비교하여 전국의 유사한 장소의 평균값보다 큰 곳을 사고 많은 장소로 선정하는 방법
   ② 사고건수 법의 단점인 교통량이 반영되지 않는 문제점을 보완하기 위해 사용

(3) 교통사고 해석 방법

① **사례 해석법** : 시간의 경과에 따라 분석
② **실험 해석법** : 설계된 모형으로 재현
③ **통계 해석법** : 교통사고 데이터를 수집

(4) 교통사고 원인분석 요소

① 운전자의 법규 위반 행위
② 운전기량의 미숙

③ 도로 구조 결함
④ 교통 환경의 부적절
⑤ 자동차 정비 결함
⑥ 운행 관리상의 문제

(5) 교통사고 발생 시 취할 단계

① 제1단계 : 사고현장을 보존한다.
② 제2단계 : 운전자는 부상자의 응급 치료를 한다.
③ 제3단계 : 사고를 정확히 보고한다.
④ 제4단계 : 정보를 수집한다.

(6) 교통사고 조사결과의 기록

① **교통사고** : 도로교통법상 차량이 교통으로 인하여 사람을 사상 또는 물건을 손괴한 경우를 말함
② **사망** : 교통사고가 발생하여 30일 이내에 사망한 경우를 말함
③ **중상** : 교통사고로 인하여 부상하여 3주 이상의 치료를 요하는 경우를 말함
④ **경상** : 5일~3주 미만의 치료를 요하는 경우(단, 5일 미만의 치료를 요하는 경우도 비상 신고를 한다.)
⑤ **사고건수** : 하나의 사고유발 행위로 인하여 시간적, 공간적으로 근접하며, 연속성이 있고 상호 관련하여 발생한 사고를 1건의 사고로 정의함
⑥ **사고 당사자**
  ㉠ 제1당사자 : 사고발생에 대한 과실이 큰 운전자
  ㉡ 제2당사자 : 과실이 비교적 가벼운 운전자
  ㉢ 제3당사자 : 신체 손상을 수반한 동승자
⑦ **교통사고 통계원표**
  ㉠ 본표 : 교통사고의 기본적인 사항(발생일시, 장소, 일기, 도로종류, 도로형상, 사고 유형 등) 및 제1, 제2 당사자에 관한 사항을 기록한 표
  ㉡ 보충표 : 제3 당사자 이상의 당사자가 있는 경우에 사용(5) 교통규제 요인

CHAPTER 02 교통안전관리 체계

01 교통안전관리

1. 교통안전과 교통안전관리

도로 이용자가 사상에 이르지 않도록 하는 수단과 절차를 『교통안전』이라고 하고, 『교통안전관리』란 교통안전을 확보하기 위하여 시행하는 조직적인 관리를 말한다.

교통안전관리의 목적은 인명의 존중, 사회복지의 증진, 수송 효율의 향상, 경제성의 향상에 있다.

교통안전관리의 주요 업무는 ① 교통안전 계획의 수립, ② 교통안전 의식을 지속적으로 유지, ③ 자동차의 안전관리, ④ 운전자의 선발 관리, ⑤ 운전자의 교육·훈련 관리, ⑥ 운전자 및 종사자의 안전관리, ⑦ 교통안전의 지도감독, ⑧ 근무시간 외 안전관리 등이 있다.

2. 교통안전 관련 법

우리나라에서 교통안전 진흥을 위하여 직접 관계된 법은 교통안전법, 도로교통법, 자동차관리법 도로법 등이 있다.

교통안전법은 교통안전에 대한 방향을 제시하는 법으로서의 성격을 가지고 있으나 도로교통법을 비롯한 기타 관계법의 상위법으로서의 지위는 부여되어 있지 않다. 하지만 교통안전정책의 기본방향과 지침을 제시하는 역할을 지니고 있기 때문이다.

이와 같은 교통안전관계법 중에서 교통안전 추진체제와 정책에 대한 기본법은 교통안전법이며, 운전자관리와 운행관리에 대한 기본법은 도로교통법이고, 차량관리에 관한 기본법은 자동차관리법이고, 도로관리에 관한 기본법은 도로법이다.

3. 교통사고의 요소

(1) 환경의 사고요소

① 물리적인 요소 : 기후, 자동차의 상황, 도로의 상황 등이 있다.
② 사회 물리적인 요소 : 상대방의 행위, 교통의 규제 등이 있다.
③ 사회적인 요소 : 운전의 환경, 생활의 환경 등이 있다.

(2) 운전자의 사고 요소

① 기술적인 요소 : 기술, 지식이 있다.
② 심리적인 요소 : 판단력, 주의력, 지능 및 연령, 정신상태, 태도, 성격이 있다.
③ 생리적인 요소 : 신체의 이상, 운동능력, 청각, 시각이 있다.

4. 교통사고 방지를 위한 원칙

① 정상적인 컨디션 유지의 원칙
② 관리자의 신뢰의 원칙
③ 안전한 환경 조성의 원칙
④ 무리한 행동의 배제 원칙
⑤ 사고 요인의 등치성의 원칙
⑥ 방어 확인의 원칙
⑦ 고장률 유형(욕조 곡선)의 원리
⑧ 하인리히(Heinrich)의 원칙

  * 이론과 관련하여 용어정리 하인리히의 법칙(Heinrich's law)과 욕조곡선의 원리 참조

5. 교통안전관리의 원칙

(1) 사고요인 등치성의 원리

교통사고의 발생 원인 중 각종 요소가 똑같은 비중을 차지한다는 원리를 말하며 사고의 많은 원인 중에서 하나만이라도 연결되지 않았다면 연쇄반응은 없다는 원리를 말한다. 즉, 동일 노선, 동일 장소에서 많은 사고가 발생하는데 사고 발생 후에 사고조치를 하지 아니하여 같은 종류의 사고가 계속 발생한다는 것이다. 교통사고는 연속적으로 하나하나의 요인이 만들어지는데 그 중 하나라도 요인이 연결되지 안았다면 연쇄반응이 일어나지 않는다는 것을 설명하는 이론이다.

6. 교통안전의 조직

교통안전조직은 교통안전과 관련된 모든 조직이 포함되어야 하고, 참여하는 기관 모두는 교통안전이라는 목적달성을 위하여 결합되고 조직되어야 한다.

(1) 정부 행정기관

1) 국가교통위원회

국가교통위원회는 국가교통체계에 관한 중요 정책 등을 심의하기 위하여 설치된 대한민국 국토교통부 소속의 자문위원회이다. 기능은 국가기간교통망계획, 중기투자계획의 수립 및 변경, 육상·해상·항공교통정책, 교통기술개발, 교통투자개선 등이다.

2) 지역교통위원회

지방자체단체 소관의 주요 교통정책 등을 심의하기 위해 시, 도지사 소속으로 지방교통위원회를 운영한다.

(2) 운수사업체

각 운수사업체에서 교통사고 예방을 위한 안전관리업무를 담당할 기구로 안전관리 조직이 필요하다. 통상 안전관리 조직은 일반적인 조직 편성론과 같이 라인형, 스텝형, 라인스텝 혼합형 등으로 구성될 수 있다. 다만 운수사업체에서는 사업체의 특성에 맞는 형태를 갖추어야 하며 다음의 공통적인 요소를 고려하여야 한다.

① 안전관리 목적달성에 기여
② 안전관리 목적달성을 위해 최대한 단순하게 조직되어야 함
③ 안전관리의 근본이 사람이므로 인간을 목적달성의 수단으로 인식하여야 함
④ 조직 구성원은 능동적으로 조절 가능해야 함
⑤ 조직 구성원 상호간 공유체계가 가능한 공식적인 조직이어야 함
⑥ 급변하는 상황과 환경변화에 대응 가능한 유기적인 조직이어야 함

7. 교통안전관리 조직관리

(1) 조직관리

① 관리는 조직에서 관리목표를 달성하기 위한 기능을 말한다.
② 관리의 순환은 계획 – 조직 – 통제이다.

(2) 관리의 기능

1) 관리자의 계층

최고 경영층(회장, 사장, 전무, 임원 등), 중간 경영층(국장, 처장, 부장 등), 하위 경영층(과장, 계장 등) 등이다.

2) 중간관리자의 역할
① 전문가로서 직장의 리더
② 소관 부문의 종합 조정자
③ 상하간 및 부문 상호간의 커뮤니케이션

3) 조직을 설계할 때 지켜야 할 원칙
① 전문화, ② 명령의 통일, ③ 권한 및 책임, ④ 감독 범위 적정화, ⑤ 권한의 위험, ⑥ 공식화 등이다.

8. 안전관리조직의 목적

(1) 목적
① 구성원의 직무와 상호관계를 정확히 규정
② 안전 목적을 능률적이면서도 효과적으로 달성하기 위하여 조절

(2) 교통안전관리 조직의 개념
① 안전관리 목적 달성의 수단
② 안전관리 목적 달성에 지장이 없는 한 단순할 것
③ 인간을 목적 달성의 수단의 요소로 인식할 것
④ 구성원을 능률적으로 조절할 수 있어야 할 것
⑤ 그 운영자에게 통제 상의 정보를 제공할 수 있어야 할 것
⑥ 구성원 상호간을 연결할 수 있는 공식조직(Formal Organization) 이어야 할 것
⑦ 환경의 변화에 끊임없이 순응할 수 있는 산 유기체이어야 함

(3) 교통안전관리 조직의 원칙
① 교통안전관리자 및 관리감독은 안전 활동을 시행하는 전제조건
② 교통안전법에 명시된 「누가 무엇을 할 것인가라는 체제」 및 「무엇을 어떻게 할 것인가라는 기준」 그리고 '안전화'를 사람에 대해서는 '교육·지도' 등의 규제사항을 정비해야 한다.

③ 안전관리 체제 확립, 안전관리 기준설정, 운전환경 및 도로환경의 안전화, 교육 및 지도의 계획적 실시, 평가의 제도화 등이다.

9. 교통안전관리자의 직무

① 교통 종사원에 대한 교육, 훈련과 차량 등의 점검, 정비계획수립, 운행 노선의 점검
② 교통안전 관리에 관한 계획의 수립
③ 차량 등의 운행 전후 안전점검 및 지도 감독
④ 도로 및 기상조건에 따른 안전운행 또는 그에 필요한 조치
⑤ 교통업무 종사원의 운행 중 근무상태 파악
⑥ 안전운행에 관한 자체지도
⑦ 교통업무 종사원에 대한 교통안전교육의 실시 및 과로 방지
⑧ 교통사고 원인의 조사, 분석 및 사고 통계의 유지
⑨ 기타 교통사고 예방을 위하여 필요한 사항

02 교통안전관리의 체계

1. 교통안전 계획 체제

'교통안전 정책심의위원회'에서는 교통안전에 관한 정책을 종합적, 체계적으로 시행하기 위하여 '교통안전 기본계획'을 수립하고 관련 부처에서는 매년 기본계획에 따라 '교통안전 시행계획'을 수립, 시행토록 제도화 하고 있다.

2. 교통안전 기본계획 수립과 절차

① 교통안전 기본계획의 수립은 5년마다 하여야 한다.
② 국무총리는 교통안전 정책심의위원회의 심의를 거쳐 계획연도개시 전전년도 10월말까지 기본계획 지침을 작성하여 지정행정기관의 장에게 시달한다.
③ 지정행정기관의 장은 기본계획 작성지침에 따라 매년도 소관별 기본계획안을 작성하여 계획연도 개시 전전년도 12월 말까지 국토교통부장관을 거쳐 정책위원회에 제출하여야 한다.

　㉠ 국무총리는 기본계획안에 의거 계획년도 개시 전년도 5월말까지 기본계획을 작성하고 정책위원회의 심의, 조정 및 국무회의 심의를 거쳐 이를 확정한다.

ⓛ 국무총리는 확정된 기본계획을 계획연도 개시 전년도 6월말까지 지정행정기관의 장과 특별시장, 광역시장 또는 도지사에게 시달하고 그 요지를 공고한다.

3. 기본계획안에 포함되는 주요 내용

(1) 교통안전 세부시행계획

(2) 업체의 교통안전 계획

① 계획의 수립과 절차
② 교통안전 계획을 수립·시행하여야 할 차량 및 사용자의 범위
③ 교통안전 계획에 포함되어야 하는 사항

(3) 교통안전 계획 추진실적 및 교통사고 상황 심사 분석 보고

① 보고기간
② 교통안전시행 계획 추진실적 보고서 작성 시 포함되는 사항
③ 교통사고 상황 보고서 작성 시 포함되는 사항

4. 교통안전 조직 체계의 형태

① 교통안전관리 체계
② 사업체 특성에 따른 조직 편성
③ 교통안전관리 규정
④ 교통업무 종사원 복무규정
⑤ 교통안전관리 책임의 위임

5. 교통안전 조직 체계의 기능

① 안전관리 조직의 개념
② 안전관리 조직의 목적
③ 안전관리 조직의 필요성
④ 안전관리 조직의 구조와 성격

6. 자동차 운송사업과 안전관리 체계

① 운송사업체 관리자의 지도력

② 교통안전관리 책임의 위임
③ 안전시책을 수립하는 이유
④ 교통안전 관리 기법의 기본적 원칙

03 교통안전 시설

1. 도로교통법에 관련된 안전시설
① 도로교통법에 규정된 안전시설 : 신호기, 안전표지, 노면표시 등
② 도로법에 규정된 안전시설 : 도로표지와 중앙분리대, 방호책, 도로 반사경 등

2. 경찰청의 교통안전 시설
신호기, 안전표지, 노면표시 등

3. 도로 구조, 시설기준
① 교통안전 시설 : 횡단보도, 육교, 방호 울타리, 조명시설, 시선 유도표지, 도로반사경, 충격흡수 시설, 과속방지 시설, 양보차선, 방호시설 등
② 교통관리 시설 : 안전표지, 노면표지, 긴급연락시설, 도로정보 안내표지, 교통감시시설, 교통 신호기 등

4. 신호등의 성능
① 등화의 밝기는 낮에 150m 앞쪽에서 식별할 수 있도록 한다.
② 등화의 빛 발산각도는 사방으로 각각 45도 이상으로 한다.
③ 태양광선이나 주위의 다른 빛에 의하여 그 표시가 방해받지 아니하도록 한다.

교통안전관리기법

CHAPTER 03

철도교통안전관리자

01 교통안전관리기법

1. 정보자료

(1) **1차 자료** : 조사기관에 의하여 처음으로 관찰, 수집된 자료

(2) **2차 자료**

① **내부자료** : 기업 내부에서 다른 목적으로 수집된 자료
② **외부자료** : 외부기관이 특정한 목적에 따라 작성한 자료

2. 사업용 운전자가 지켜야 할 수칙

① 교통규칙을 준수할 것
② 배당된 차량 등의 관리
③ 운행시간을 엄수할 것
④ 대중에게 불편을 주지 말 것

3. 운전자의 개별 평가

운전적성, 운전지식, 운전기술, 운전태도, 운전경력

4. 운전환경의 평가

도로환경, 직장환경, 가정환경, 시설, 차량 및 화물적재

5. 관리기법의 종류(아이디어 도출방법)

① **브레인스토밍 법(Brain Storming)** : 일정한 테마에 관하여 회의형식을 채택하고, 구성원의 자유발언을 통 한 아이디어의 제시를 요구하여 발상을 찾아내려는 방법

② 시그니피컨트 법(Significant) : 서로 관계가 있는 것을 관련시켜서 아이디어를 토출해내는 방법
③ 노모그램 법(Nomogram) : 수치의 계산을 간단하고 능률적으로 하기 위하여 몇 개의 변수 관계를 그래프로 나타낸 도표. 지면에 그림을 그려서 아이디어를 찾아내는 방법
④ 고든 법(Gordon Technique) : 키워드를 연상하여 아이디어를 발전시킨다.(예 초콜릿 → 과자 → 음식물)
⑤ 바이오닉스 법(Bionics) : 자연계의 관찰을 통하여 아이디어를 찾아내는 방법

6. 운전자의 개별 평가 : 운전적성, 운전지식, 운전기술, 운전태도, 운전경력

① 65세 이상 70세 미만인 사람(제외 : 동일 검사 적합판정 후 3년이 지나지 아니한 사람)
② 70세 이상인 사람(제외 : 동일 검사 적합판정 후 1년이 지나지 아니한 사람)

7. 안전관리 통제기법

(1) 안전 감독제

① **직무 안전분석** : 안전 절차 포함한 모든 작업의 절차와 방법에 대하여 상세하게 분석, 기술하는 것을 말한다.
② **일일관찰** : 제일선 감독자에 의해서 수행되는 안전감독을 말한다.
③ **검열** : 빈도는 작업의 특정한 위험도 또는 대상 근무에 따라 결정한다.

(2) 안전 당번제도

일정기간 교대로 순찰하여 안전상태를 살펴보고 개선하는 것을 말한다.

(3) 완전무결 제도

사고가 전혀 발생하지 않도록 안전을 습관화 시키는 것을 말한다.

02 교통안전교육기법

1. 교통안전교육의 이념과 목표

① 교통안전 교육은 인간의 생명을 존중하여 안전하게 행동 할 수 있고 교통사회의 일원으로서 사회의 안전에 공헌할 수 있는 사람을 육성한다는데 있다.

② 교통교육의 목표는 「장래의 교통상태 개선에도 기여할 수 있는 인간형성」을 더해 인간형성의 적극적인 실천적 과제로서 교통교육을 추진하고 있다.

2. 교통안전교육의 내용

① **자기통제**(self-control) : 자기의 입장과 책임을 자각하고 자기의 욕구를 Control하는 것
② **준법정신** : 준법정신의 기본적 태도를 갖는 것
③ **안전운전태도** : 교통법규를 준수하려는 마음가짐을 갖는 것으로 음주운전은 절대 하지 않는다라는 인식과 태도를 갖는 것
④ **인간관계적응성** : 교통은 혼자만이 아니고 많은 사람들과 공용한다는 인식하에 관심과 배려하며 의사소통하는 것
⑤ **안전운전기술** : 안전하게 운전하기 위해 미리 예측하고 판단하여 의사결정하고 안전한 기술을 갖도록 훈련을 하는 것
⑥ **운전(조작) 기능** : 자동차를 안전하고 정확하게 조작하고 Control할 수 있는 능력

3. 운전자 교육의 원리

① 개별성의 원리
② 자발성의 원리
③ 일관성의 원리
④ 종합성의 원리
⑤ 집단교육의 원리
⑥ 반복성의 원리
⑦ 생활교육의 원리
⑧ 가정적, 직장적 분위기하에서의 교육원리

4. 운전자 교육의 종류

(1) 단계에 따른 분류

① **도입교육** : 사람이 담당하게 될 운전차량, 배달코스, 하물취급 등에 대해 되도록 빨리 적응시키자는 것
② **추가, 보충교육** : 망각과 수시로 바뀌는 법규 등을 추가, 보충 교육하는 것
③ **재교육** : 치료 교육으로 법규위반자, 사고운전자에게 교육시키는 것

(2) 내용에 따른 분류
　① 운전지식 교육 : 부족한 지식을 보완하고 잘못알고 있는 지식을 습득시키는 것
　② 운전기술 교육 : 안전운전에 필요한 기술적인 교육으로 정확한 기술, 조작 등임
　③ 운전태도 교육 : 차량, 법령, 사업체 그리고 평소 생활속의 태도에 대한 교육임

(3) 교육방법에 따른 분류
　① 개별교육 : 개별실습, 카운슬링, 일상지도, 태코그래프에 의한 지도 등이다.
　② 소집단교육 : 사례연구법, 과제연구법, 분할연기법, 밀봉토의법, 패널 디스커션, 공개 토론법, 발견적 토의, 심포지움, 기술 연구, 드라이버 콘테스트, 합숙교육 등이다.
　③ 집합교육 : 강의, 시범, 토론, 실습 등이 있다.

5. 교통안전교육의 추진기법

(1) 안전교육의 3단계 추진
　① 1단계 : 교육계획의 수립단계
　② 2단계 : 교육 실시단계
　③ 3단계 : 교육평가단계

(2) 교육추진방법
　① 계획을 세운다.
　② 안전의식 앙양을 도모한다.
　③ 내용을 구체적으로 한다.
　④ 교육은 끈기 있게 반복 한다
　⑤ 피교육자의 입장을 고려한다.
　⑥ 교육효과를 파악한다.

(3) 교육계획 수립 시 고려사항
　① 정확한 정보를 수립해야 한다.
　② 현장의견을 충분히 반영한다.
　③ 안전교육 실시체계와의 관련을 생각한다.
　④ 실질적인 교육이 되어야 한다.

03 교통안전지도기법

1. 운전적성의 파악과 활용

(1) 운전적성검사의 종류

① 속도예상 반응검사 : 초조성을 조사하는 검사
② 중복작업 반응검사 : 손발에 의한 반응의 정확성을 조사하는 검사
③ 처치판단 검사 : 좌우 주의력의 배분을 조사하는 검사
④ 동체시력 검사 : 움직이는 대상에 대한 시력검사

(2) 운전적성 정밀검사 대상자

1) 신규검사

① 신규로 여객자동차 운송사업용 자동차를 운전하려는 자
② 운전업무에 종사 후 퇴직한 자로서 신규검사를 받은 날로부터 3년이 지나 재취업하려는 자
③ 신규검사를 받고 3년 이내에 취업하지 아니한 자

2) 특별검사

① 중상이상의 사상사고를 발생시킨 자
② 운송사업자가 신청한 자(질병, 과로 그 밖의 사유)
③ 운전면허 행정처분 기준에 따라 누산점수 81점 이상인 자

2. 현장 안전회의

(1) 현장 안전회의란?

직장에서 안전을 위하여 행하는 안전미팅이다. 현장안전회의란 실제 운행상황에 잠재된 위험을 모두가 의견을 제시하고 납득하는 것이다. 그 상황과 그 장소의 위험에 대하여 모두가 이렇게 하자, 이렇게 한다. 라고 합의하고 실행하는 것이다.

1) 현장 안전회의 요령

① 단시간 미팅 : 통상 운행 전 5분~15분 정도의 시행한다.
② 인원수는 5~6인 정도
③ 미팅의 내용
  ㉠ 수행 임무에 대해서 위험예지 : 어떤 위험이 있는가?

　　　　ⓒ 수행 임무에 대한 학습 : 어떻게 할 것인가?
　　　　ⓒ 위험요인에 대한 문제제기
　　　　ⓔ 위험요인에 대해 의논하고 해결방안 제시

　2) 현장 안전회의 진행

　　현장안전 회의는 통상 ①도입, ②점검정비, ③운행지시, ④위험예지, ⑤확인 등 5단계로 한다.

　　　① 제1단계(도입) : 인사, 안전에 대한 연설, 목표제창
　　　② 제2단계(점검정비) : 건강, 필수휴대품, 자동차 정비 상태, 기타 필요한 물품 등 점검
　　　③ 제3단계(운행지시) : 연락사항, 기상정보와 운행 시 주의사항, 안전수칙, 위험장소 지정, 운행경로의 명시
　　　④ 제4단계(위험예지) : 운행에 관한 위험예측 활동과 위험예지훈련
　　　⑤ 제5단계(확인) : 위험에 대한 대책과 팀 목표의 확인, 모두 합창 「오늘도 안전운행, 무사고 좋아」

3. 상담

(1) 상담의 기능

　① 정신적 불안을 감소시켜 정서적 안정
　② 승무계획을 변경하여 사고를 미연에 방지
　③ 정보를 획득하여 효과적인 지도
　④ 명랑한 직장 분위기 조성에 긍정적 작용

(2) 상담의 기본원리

　1) 생활지도담당자로서 지녀야 할 기본적 태도

　　① 인간 가치의 존중
　　② 인간의 가능성에 대한 신념
　　③ 개인의 선택의 자유와 책임을 인정하고 상담에 응해야 한다.

　2) 상담의 기본원리

　　① 개별화의 원리(Individualistic)
　　② 의도적 감정표현의 원리(Purposeful Expression Feeling)
　　③ 통제된 정서 관여의 원리(Controlled Emotional Involvement)
　　④ 수용의 원리(Acceptance)

⑤ 비심판적 태도의 원리(Non-Judgemental Attitude)
⑥ 자기결정의 원리(Self-Deterioration)
⑦ 비밀보장의 원리(Confidentiality)

3) 상담의 절차

상담의 단계는 면접 전 활동, 면접활동, 면접 후 활동

04 안전운행관리

1. 운행계획의 수립

(1) 운행계획의 수립 목표

PDCA, 즉 계획 → 실시 → 통제 → 조정의 순환으로 이루어진다.

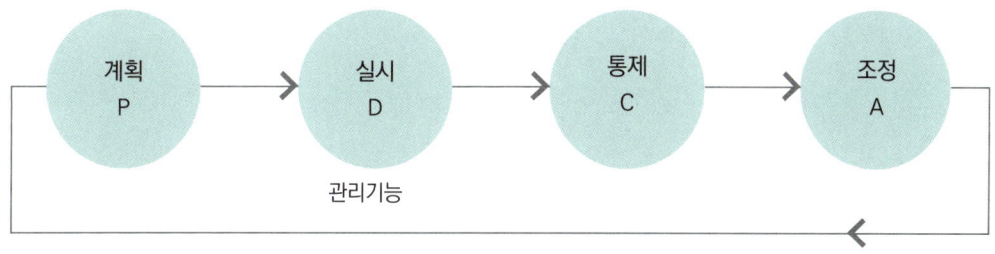

그림 ▶ 합리적인 운행계획의 순환도

(2) 운행계획의 수립 방법

① 운전자에 대한 배려이다.
② 임무에의 배려이다.
③ 차에의 배려이다.
④ 도로의 상황이다.

(3) IPDE 안전운전 과정

① Identify : 운전상황에서 잠재적인 위험을 찾아내는 것
② Predict : 위험이 일어날 만한 상황을 미리 판단하는 것

③ Decide : 언제, 어디서, 어떻게 행동을 해야 하는지 결정하는 것
④ Execute : 위험을 피하기 위해 차를 조작하는 행동

2. 안전운행을 위한 지도사항

(1) 일반적 주의사항

① 주의력 집중
② 운전시야의 확보
③ 측방 및 후방 확인
④ 강풍 시 주의
⑤ 금지행위(음주, 피로상태 운전금지 등)

(2) 운전 조작상 주의

① 안전속도를 지킨다.
② 급가속, 급감속을 하지 않는다.
③ 올바른 핸들조작
④ 급브레이크 조작금지, 여유있는 브레이크 조작 등

안전관리 통제기법

01 안전감독제

1. 일일관찰(Day to Day Observation)
일일 관찰은 제일선 감독자에 의해 수행되는 안전감독을 말한다.

2. 검열(Inspection)
검열은 안전추진뿐 아니라 다른 어떤 기능을 수행하는 데서도 필요한 통제법이다.

3. 직무안전 분석(Job Safety Analysis)
각 작업에 대하여 행해져야 할 업무나 사용될 공구 및 설비와 작업상태에 관하여 정확하고 상세하게 분석, 기술하는 것을 말한다.

4. 직무기준 수립(Job Standards)
각 직무수행에 통상적인 또는 특수한 작업수행상의 성질에 따라 안전기준이나 규칙을 수립하하는 것이다.

5. 감독자의 자기 진단제
감독자는「감독에 대한 강력한 자기진단」을 실시하여 항상 안전책임을 다하도록 한다.

① 감독자의 지시가 애매했다.
② 감독자가 지시 후 확인하지 않았다.
③ 무경험자에게 어렵고 복잡한 직무를 수행토록 허용했다.
④ 면허 없는 차량운전을 허가 또는 지시했다.

02 안전효과의 확인과 피드백(Feed Back)

안전관리기법을 실행해 나갈 때 그 효과를 계속적으로 확인해야 하며 그 실행 결과 가운데서 다시 새로운 결함이 나타났을 때는 다시금 이를 제거할 수 있도록 Feed Back하는 것을 말한다.

03 안전점검 시행

안전은 반복되는 동일한 습관적 행동으로는 달성할 수 없다. 안전은 타성을 타파해야만 하는 업무이다. 이와 같이 상태의 변화에 따른 사고를 막아내기 위해서는 체크방법을 활용한다. 안전점검 방법은 자가 체크 즉 기업자체에서 실시하는 방법과 전문가에 의한 진단으로 나누어 볼 수 있다.

04 안전당번 제도

안전당번을 정하여 일주일 또는 일정기간씩 교대로 해서 전 근무치를 또는 직업장을 순찰하여 안전상태를 살펴보고 미비한 점을 지적하여 개선하도록 하는 것을 말한다.

05 완전무결 제도

안전규칙과 안전작업 절차들을 어떻게든 생략하지 못하도록 습관화시키는 것이다.

06 안전 추가 지도 방법

안전 추가 지도는 안전지식을 주는 것만으로 되는 것이 아니고 배운 바를 작업 현장에서 실시할 수 있어야 하는 것이다.

교통시설안전진단

CHAPTER 05

01 개요

(1) 교통안전진단의 대상

　① 교통기관
　② 교통기관의 일부 관리자
　③ 운송사업체 등

(2) 교통안전진단의 방법

　① **자료 수집** : 사고 또는 교통위반 기록, 인사기록, 근무조건 및 임금의 자료, 운행기록 및 정비의 자료, 건강진단자료, 운전자의 적성자료, 기타 자료 등이다.
　② 자료의 분석 및 평가
　③ 문제점 또는 결함요인의 도출
　④ 각 요인들간의 상관관계 도출
　⑤ 진단의 기본 모델 작성
　⑥ 예비진단의 실시
　⑦ 모델 개발
　⑧ 진단 실시

(3) 안전진단 단계

　① 제1단계 : 예비조사
　② 제2단계 : 경영성적 분석, 안전능률 향상, 저해요인, 문제점 도출
　③ 제3단계 : 각 부문별 세부 진단
　④ 제4단계 : 각 부문별 진단결과 종합
　⑤ 제5단계 : 결과에 따른 개선 목표달성을 위한 대책강구

(4) 안전진단 결과보고서 작성(교통안전법 제37조)

교통행정기관은 교통시설 안전진단을 받은 자가 제출한 교통시설 안전진단 보고서를 검토한 후 교통안전의 확보를 위하여 필요하다고 인정되는 경우에는 해당 교통시설 안전진단을 받은 자에 대하여 다음 각 호의 어느 하나에 해당하는 사항을 권고하거나 관계법령에 따른 필요한 조치를 할 수 있다. 이 경우 교통행정기관은 교통시설 안전진단을 받은 자가 권고사항을 이행하기 위하여 필요한 자료 제공 및 기술지원을 할 수 있다.

① 교통시설에 대한 공사계획 또는 사업계획 등의 시정 또는 보완
② 교통시설의 개선·보완 및 이용제한
③ 교통시설의 관리·운영 등과 관련된 절차·방법 등의 개선·보완
④ 그 밖에 교통안전에 관한 업무의 개선

핵심용어 정리

※ 아래의 핵심 용어는 시험에 자주 출제되므로 꼭 이해를 하여야 됩니다.

1. 하인리히 법칙 (H.W. Heinrich)

1930년경에 미국의 하인리히 산업안전 학자는 사람이 노동재해를 분석하면서 인간이 일으키는 같은 종류의 재해에 대하여 330건을 수집한 후 이 가운데 300건은 보통의 상해를 수반하는 재해, 29건은 가벼운 상해를 수반하는 재해, 그리고 1건은 중대한 상해를 수반하는 재해를 낳고 있다는 점을 알아냈다. 이 사실로부터 하인리히는 30건의 상해를 수반하는 재해를 방지하기 위해서는 그 하부에 있는 300건의 상해를 수반하는 재해를 제거해야 한다고 주장했다. (1:29:300)

2. 욕조곡선의 원리(고장률의 유형)

초기에는 부품 등에 내재하고 있는 결함, 사용자의 미숙 등으로 고장률이 높게 상승하지만 중기에는 부품의 적응 및 사용자의 숙련 등으로 고장률이 점차 감소하다가 말기에는 부품의 노화 등으로 고장률이 점차 상승한다는 원리로서 그 곡선의 형태가 욕조의 형태를 띤다고 하여 욕조 곡선의 원리라고 한다.

3. 타자적응성

교통안전교육의 내용으로서 다른 교통참가자를 동반자로서 받아 들여 그들과 의사소통을 하게 하거나 적절한 인간관계를 맺도록 하는 것을 말한다.

4. 매슬로우의 욕구 5단계

매슬로우는 행동의 동기가 되는 욕구를 다섯 단계로 나누어, 인간은 하위의 욕구가 충족되면 상위의 욕구를 이루고자 한다고 주장하였다. 1~4단계의 하위 네 단계는 부족한 것을 추구하는 욕구라 하여 결핍욕구, 가장 상위의 욕구는 존재욕구라고 부르며 이것은 완전히 달성될 수 없는 욕구로 그 동기는 끊임없이 재생산된다. 생리적 욕구(1단계) - 안전에 대한 욕구(2단계) - 애정과 소속에 대한 욕구(3단계) - 자기존중 또는 존경의 욕구(4단계) - 자아실현의 욕구(5단계)

5. 후광효과 (현혹효과)

한 분야에 있어서 어떤 사람에 대한 호의적인 태도가 다른 분야에 있어서의 그 사람에 대한 평가에 영향을 주는 것을 말한다. 예를 들어 판단력이 좋은 것으로 인식되어 있으면 책임감 및 능력도 좋은 것으로 판단하는 것을 말한다.

6. 사고요인의 등치성 원칙

교통사고의 경우, 우선 어떤 요인이 발생한다면 그것이 근원이 되어 다음 요인을 발생하게 되고, 또 그것이 다음 요인을 발생시키는 것과 같이 여러 가지 요인이 유기적으로 관련되어 있다. 그런데 연속된 이 요인들 중에서 어느 하나만이라도 사고요인으로 연결되지 않았다면 연쇄반응은 일어나지 않았을 것이다. 다시 말하면 교통사고의 발생에는 교통사고 요인을 구성하는 각종 요소가 똑같은 비중을 지닌다고 볼 수 있으며 이러한 원리를 사고요인의 등치성 원칙이라고 한다.

7. 명암순응

감각기관이 자극의 정도에 따라 감수성이 변화되는 상태를 순응(Adaptation)이라고 한다. 특히, 명암순응이란 눈이 밝기에 순응해서 물건을 보려고 하는 시각반응을 말한다. 인간의 눈은 빛의 양에 따라 동공의 크기를 조절하고, 밝은 빛에서는 감도가 감소하며, 어두운 빛에서는 감도를 증가시키는 기능이 있다. 이를테면 깜깜한 영화관에 들어갔을 때 눈이 어둠에 익숙해질 때까지 30분쯤 걸리는데, 밖의 밝기에는 1분쯤이면 익숙해진다. 전자를 암순응, 후자를 명순응이라고 하는데, 그것을 총합해서 명암순응이라고 한다.

8. 브레인스토밍 기법 (Brain Storming)

1939년 A.F. 오즈본에 의해서 제창된 집단사고에 의한 창조적 묘안의 안출 법으로서 여러 명이 한 그룹이 되어서 각자가 많은 독창적인 의견을 서로 제출하는데, 그 자리에서는 그 의견이나 안을 비판하지 않고 최종안의 채택은 별도로 그를 위한 회합을 두고 결정하는 방법이다.

9. 평면선형

평면 노선의 형상을 말함. 위에서 보았을 때의 직선과 곡선 도로

10. 종단선형

도로 중심선이 수직으로 그려내는 연속된 모양. 도로의 오르막, 내리막 길

11. 종단구배

도로에서의 노면의 종단면 방향의 경사. 즉 비탈길의 경사, 종단경사라고도 함.

12. 횡단구배

도로나 제방 따위의 가로 방향의 기울기. 도로의 좌우측 기울기, 횡당 경사라고도 함.

13. 시거

운전자가 자동차 진행방향의 전방에 있는 위험요소 또는 장해물을 인지하고 제동하여 정지 또는 장해물을 피하여 주행할 수 있는 거리. 종류는 정지 시거, 피주 시거, 추월시거 등

14. 정지시거(정지거리)

자동차를 운전하다가 급브레이크를 밟은 지점부터 차가 완전히 멈추는 지점까지의 거리

15. 피주시거

운전자가 진행로 상에 예측하지 못한 위험요소를 발견하고 안전한 조치를 효과적으로 취하는데 필요한 거리

16. 추월시거(추월거리)

추월을 하려는 차와 맞은편에서 오는 차와의 최소 전망거리

CHAPTER 07 교통안전관리론 출제 예상문제

01 다음 중 교통안전관리의 기능에 포함되지 않는 것은?

① 기획기능 ② 개선기능
③ 시행기능 ④ 단속기능

02 다음 중 교통안전관리의 목표로 가장 적절하지 않는 것은?

① 국민 복지증진을 위한 교통안전의 확보
② 수송효율의 향상
③ 주택보급의 확대와 생산성 향상
④ 교통수단 운영자의 이익 증대

03 다음 조직의 형태 중 대규모 조직에 적합한 안전관리 조직형태는?

① 라인형   ② 스탭형
③ 라인스탭형 조직 ④ 기타

04 다음 중 교통안전관리의 주요 업무가 아닌 것은?

① 교통안전계획의 수립
② 교통안전의식을 지속적으로 유지
③ 자동차의 안전관리
④ 교통안전법규의 제정

해설 ①+②+③에 추가하여
운전자의 선발관리, 운전자의 교육훈련관리, 운전자 및 종업원의 안전관리, 교통안전의 지도감독, 근무시간 외 안전관리 등이다.

05 다음 중 안전관리조직의 개념에 대한 설명으로 잘못된 것은?

① 교통안전관리 조직은 안전관리 목적달성의 수단이어야 한다.
② 교통안전관리 조직은 구성원을 능력으로 조직하여야 한다.
③ 교통안전관리 조직은 구성원 상호간을 연결할 수 있는 공식적인 조직이어야 한다.
④ 교통안전관리 조직은 인간을 종합적 목적달성 수단의 요소로 인식하지 않아야 한다.

해설 ①+②+③에 추가하여
- 교통안전관리 조직은 환경변화에 순응할 수 있는 유기체로서의 성격을 지녀야 한다.
- 교통안전관리 조직은 회사 내의 안전관리 업무를 총괄한다.

06 다음 중 교통안전시설이 아닌 것은?

① 신호기
② 안전표지
③ 교통안내 전광판
④ 노면표시

정답 01. ③ 02. ④ 03. ③ 04. ④ 05. ④ 06. ③

07 다음 중 교통안전관리 조직에서의 고려사항이 아닌 것은?
① 공식적 조직이어야 한다.
② 운영자에게 통계상의 정보를 제공할 수 있어야 한다.
③ 구성원을 능률적으로 조절할 수 있어야 한다.
④ 업무능률을 향상시키기 위해 비공식 조직도 가능하다.

해설 ①+②+④에 추가하여
교통안전관리 목적 달성에 지장이 없는 한 단순하여야 한다.

08 다음 중 교통안전관리의 설명 중 옳지 않은 것은?
① 국민복지증진을 위한 교통안전의 확보이다.
② 교통안전을 확보하기 위해 계획, 조직, 통제, 등의 제기능을 통합하는 것이다.
③ 교통사고를 예방하여 공공의 복리에 기여한다.
④ 교통안전에 기여하는 사람들의 인사관리를 효율적으로 진행하는 것이다.

09 다음 안전관리 조직 중 라인스탭형 조직에 대한 설명으로 틀린 것은?
① 특정분야 전문가들의 결집으로 인한 안전에 대한 기술축적이 용이하다.
② 특정분야에서의 전문성을 띠면서 사업장이나 현장에 맞는 대책 및 개선책 찾기가 수월하다.
③ 안전관리 전담부서에서 건의, 조언한다.
④ 라인형 조직보다 유연성이 강화된다.

10 다음 중 교통안전관리의 특성이 아닌 것은?
① 교통사고의 예방
② 교통안전의 확보
③ 국민의 생명과 재산 보호
④ 교통안전관리 회사의 번영

11 다음 중 운전자의 면허취득, 종별, 면허 취득 후의 실제 운전경력, 운전차종, 사고의 종류, 회수, 정도에 대한 진단은 무엇인가?
① 운전경력 진단　② 운전기술 진단
③ 운전기능 진단　④ 운전태도 진단

12 다음 조직 구조를 설계할 때 고려할 주요 요인으로 적합하지 않는 것은?
① 집권화 – 분권화　② 단순화
③ 공식화　　　　　④ 전문화

해설 조직설계의 기본변수 : 복잡성, 공식화, 집권화–분권화, 전문화 등이다.

13 다음 중 교통안전관리의 목표로 가장 적절하지 않는 것은?
① 교통의 효율화
② 교통수송량 증가
③ 주택보급의 확대
④ 여가 시설의 충실화

14 다음 중 조직 내에서 업무나 계층이 얼마나 잘 나누어져 있는가를 뜻하는 것은?
① 계열화　　② 분권화
③ 전문화　　④ 개인화

정답　07. ④　08. ③　09. ③　10. ④　11. ①　12. ②　13. ②　14. ③

15 다음 교통사고의 요소와 그 내용이 잘못된 것은?

① 기술적 요소 : 구조, 재료의 부적합, 장치 등의 설계불량
② 물리적 요소 : 안전 방호장치 결함, 복장 등의 결함
③ 사회적 요소 : 불안전한 자세 및 동작, 물체 자체의 결함
④ 심리적 요소 : 주의력, 안전의식 부족

해설 불안전한 자세 및 동작은 인적요인, 물체 자체의 결함은 물리적 요소이다.

16 다음 중 차로 이탈 경고 장치를 장착해야 하는 차량은 어느 것인가?

① 시외버스　② 시내버스
③ 농어촌 버스　④ 마을버스

해설 길이가 11m가 넘는 승합차와 총중량 20톤을 초과하는 화물·특수 차량은 차로이탈 경고 장치를 장착해야 한다. 단, 피견인차과의 덤프형 화물차, 구난 및 특수 작업용 차량, 시내 및 마을버스 등은 장착대상에서 제외된다.

17 다음 중 안정적인 작업관리를 위해 작업 강도를 낮추기 위한 방법으로 잘못된 것은?

① 스트레스 해소
② 대인적 접촉 증가
③ 대인적 접촉 감소
④ 적절한 휴식시간 갖기

18 다음 중 교통안전의 목적은?

① 교통시설의 확충
② 교통의 효율화
③ 교통법규의 준수
④ 교통단속의 강화

19 다음 중 인간행동에 영향을 주는 요인의 내용이 잘못된 것은?

① 내적요인(소질) : 지능지각(운동기능), 성격, 태도
② 내적요인(의욕) : 지위, 대우, 후생, 흥미
③ 외적요인(인간관계) : 가정, 직장, 사회, 경제, 문화
④ 외적요인(물리적 조건) : 근로시간, 시각, 교대제, 속도

해설 인간행동에 영향을 주는 요인
- 내적요인(인적요인):소질(지능지각, 성격, 태도), 일반심리(착오, 부주의), 의욕(지위, 대우, 후생), 경력(경험, 교육, 연령), 심신상태(질병, 수면, 피로, 휴식, 약물 등)
- 외적요인(환경요인):인간관계(가정, 사회, 직장, 경제, 문화), 물리적 조건(교통공간 배치), 자연조건(온도, 습도, 기압, 기상), 시간적 조건(근로시간, 시각, 속도, 교대제)

20 다음 중 교통안전관리자의 직무가 아닌 것은 무엇인가?

① 교통안전관리 규정의 시행 및 그 기록의 작성, 보존
② 교통사고 원인 조사, 분석 및 기록유지
③ 교통수단의 운행, 운항 또는 항행 또는 교통시설의 운영, 관리와 관련된 안전점검의 지도, 감독
④ 교통수단 및 교통수단 운영체계의 개선 권고

해설 교통안전법 시행령 제44조의2 (교통안전담당자의 직무)
①+②+③에 아래 사항 추가
- 교통시설의 조건 및 기상조건에 따른 안전 운행등에 필요한 조치
- 법 제24조제1항에 따른 운전자등(이하 운전자등이라 한다)의 운행등 중 근무상태 파악 및 교통안전 교육·훈련의 실시
- 운행기록장치 및 차로이탈경고장치 등의 점검 및 관리

정답 15. ③　16. ①　17. ③　18. ②　19. ④　20. ④

21 다음 중 교통안전관리자의 업무가 아닌 것은 무엇인가?

① 운행, 운항의 지도 및 감독
② 교통안전관리 규정의 시행
③ 조직 임원의 급여 관리
④ 교통사고 원인의 조사, 분석 및 사고통계유지

22 다음 교통안전운전 요건 중 운전자의 분류에 포함되지 않는 것은?

① 지식
② 태도
③ 운전자 주변의 가족관계
④ 안전운전 적성

해설 교통안전운전 요건의 운전자 분류는 안전운전 적성, 태도, 습관, 지식, 성격, 심신의 결함, 피로, 음주 등이 포함된다.

23 다음 중 소집단 교육으로 10명 이하에 적당하지 않는 것은?

① 사례연구법   ② 과제연구법
③ 분할연기법   ④ 카운슬링

해설 10명 전후의 소집단 대상 교육 - 사례연구법, 과제연구법, 분할연기법, 밀봉토의법, 패널 디스커션 등이다.

24 다음 교통안전계획 수립 중 계획단계에 포함되지 않는?

① 계획의 수립
② 정보의 수집
③ 계획의 실행(집행)
④ 계획의 추진일정 결정

25 다음 중 메슬로우 욕구 5단계의 순서로 맞는 것은?

① 생리적 욕구 - 안전의 욕구 - 사회적 욕구 - 자존의 욕구 - 자아실현의 욕구
② 생리적 욕구 - 사회적 욕구 - 안전의 욕구 - 자존의 욕구 - 자아실현의 욕구
③ 생리적 욕구 - 안전의 욕구 - 자아실현의 욕구 - 자존의 욕구 - 사회적 욕구
④ 생리적 욕구 - 안전의 욕구 - 사회적 욕구 - 자아실현의 욕구 - 자존의 욕구

26 다음 중 중간관리자의 역할로 보기 어려운 것은 무엇인가?

① 현장 최일선의 지도자
② 전문가로서의 역할
③ 담당업무의 종합 조정자
④ 상하간의 커뮤니케이션

27 다음 중 위험예측능력을 향상시키는 방법 중 IPDE의 설명이 잘못된 것은?

① 확인(I)는 주변의 모든 것을 빠르게 보고 한눈에 파악하는 것
② 예측(P)은 사고가 날것으로 판단되어 제동장치 조작하는 것
③ 결정(D)은 상황을 파악하고 문제가 없다면 그대로 진행해야 하지만, 잠재적 사고 가능성을 예측한 후에는 사고를 피하기 위한 행동을 결정해야 한다는 것
④ 실행(A)은 결정된 행동을 실행에 옮기는 단계

해설 예측(I)은 운전 중에 확인한 정보를 모으고, 사고가 발생할 수 있는 지점을 판단하는 것

정답 21. ③ 22. ③ 23. ④ 24. ③ 25. ① 26. ① 27. ②

28 다음 중 운전자가 위험을 느끼고 브레이크가 실제로 작동하기까지 소요되는 시간은 무엇인가?

① 정지거리 ② 제동거리
③ 공주거리 ④ 제동정지거리

29 다음 중 국가 간의 교통안전도를 평가하기 위한 자료가 아닌 것은?

① 인구 10만 명당 교통사고 사망자 수
② 사고 1만 건 당 교통사고 사망자 수
③ 주행거리 1억km당 교통사고 사망자 수
④ 교통수단 전손 율

30 다음 중 교통안전관리 규정에 포함할 사항이 아닌 것은?

① 교통수단의 관리에 관한 사항
② 교통 업무에 종사하는 자의 관리에 관한 사항
③ 보행자의 통행방법 등에 관한 사항
④ 교통시설의 안전성 평가에 관한 사항

해설 교통안전관리 규정에 포함할 사항(교통안전법 시행령 제18조)
- 교통안전과 관련된 자료·통계 및 정보의 보관·관리에 관한 사항
- 교통시설의 안전성 평가에 관한 사항
- 사업장에 있는 교통안전 관련 시설 및 장비에 관한 사항
- 교통수단의 관리에 관한 사항
- 교통업무에 종사하는 자의 관리에 관한 사항
- 교통안전의 교육·훈련에 관한 사항
- 교통사고 원인의 조사·보고 및 처리에 관한 사항
- 그 밖에 교통안전관리를 위하여 국토교통부장관이 따로 정하는 사항

31 다음 중 집합교육의 유형이 아닌 것은?

① 카운슬링 ② 강의
③ 토론   ④ 실습

32 다음 중 상대방의 차가 움직이는데 내 차가 움직이는 것 같은 착각은 무엇인가?

① 양안부등   ② 밀러라이어
③ 물류편류 착각 ④ 상대운동 착각

33 다음 중 운전자의 피로에 관한 설명으로 적합하지 않는 것은?

① 장시간 자동차 운전을 하면 신경감각적인 피로를 중심으로 피로가 많이 축적된다.
② 피로가 누적된 상태에서 운전하게 되면 인지능력이 떨어져 판단력이 급속히 저하된다.
③ 피로가 누적되면 의식이 멍해지고 졸리며 주의력과 정확성이 떨어진다.
④ 한정된 공간과 앉은 자세에서 계속적으로 손과 발을 사용함으로써 발생하는 피로는 심리적 피로이다.

34 다음 중 조직 내 직무에 대한 규칙설정의 표준화 정도와 이에 대한 문서화를 의미하는 것은?

① 공식화의 원칙 ② 전문화의 원칙
③ 통일화의 원칙 ④ 계열화의 원칙

35 다음 중 교통안전을 위한 현장안전회의 단계로 맞는 것은?

① 도입 – 점검정비 – 운행지시 – 확인 – 위험예지
② 도입 – 점검정비 – 운행지시 – 위험예지 – 확인
③ 도입 – 점검정비 – 위험예지 – 확인 – 운행지시
④ 도입 – 점검정비 – 위험예지 – 운행지시 – 확인

정답 28. ③ 29. ④ 30. ③ 31. ① 32. ④ 33. ④ 34. ① 35. ②

36 다음 중 암순응에 대한 설명으로 틀린 것은?

① 암순응은 눈이 갑자기 밝은 곳에서 어두운 곳으로 들어 왔을 때 처음에는 잘 보이지 않으나 시간이 지나면서 다시 보이게 되는 현상이다.
② 간상세포는 원추세포와 함께 눈에서 빛을 감지하는 세포이다.
③ 암순응이 발생하기 위해서는 눈의 간상세포 감도가 평소보다 더욱 민감해져야 한다.
④ 간상세포가 밝은 빛에 민감한 반면 원추세포는 어두운 배경에서 약한 빛에 더욱 민감하게 반응한다.

37 다음 중 비 공식 조직의 특성이 아닌 것은?

① 자연발생적, 비합리적으로 성립된 조직이다.
② 혈연, 지연, 학연, 종교 등에 의해 계층적·부분적인 조직이다.
③ 능률이나 비용의 논리에 의해 구성 및 운영된다.
④ 감정 논리의 조직으로 소규모 집단이다.

해설 비공식 조직의 특성
자연발생적이며 비합리적인 조직, 내면적·내재적 조직, 생소한 행동가 태도에서 생성된 조직, 혈연, 지연, 학연, 종교 등에 의해 계층적·부분적 조직, 감정 논리의 소규모 조직, 계층

38 다음 교통사고 예방을 위한 접근방법 중 안전관리규정 등을 제정하여 교통사고를 예방하는 접근방법은 무엇인가?

① 기술적 접근방법
② 환경적 접근방법
③ 제도적 접근방법
④ 관리적 접근방법

해설 사고예방을 위한 접근방법
• 기술적 접근방법 : 기술개발을 통하여 안전도를 향상시키고, 운반구 및 동력제작 기술의 발전을 도모하는 접근방법
• 제도적 접근방법 : 안전관리 규정 등을 제정하여 교통사고를 예방하는 접근방법
• 관리적 접근방법 : 경영관리기법이나 통계학을 이용한 사고 유형 또는 원인분석 등의 접근방법

39 다음 중 교통안전종사원의 업무로 타당하지 않는 것은?

① 교통사고 예방조치
② 교통사고 취약지 점검
③ 교통안전시설의 안전진단 실행
④ 운행기록 등의 분석

40 다음 중 교통안전담당자는 몇일 이내로 지정하여야 하는가?

① 15일 이내
② 30일 이내
③ 60일 이내
④ 180일 이내

41 다음 중 교통사고조사를 실시하는 근본적인 목적은?

① 장기적으로 발생 가능한 교통사고의 예방을 위해
② 교통사업자의 수익 구조를 개선하기 위해
③ 교통사고조사에 대한 신뢰가 부족하여
④ 교통사고 유발자의 처벌을 위해

42 다음 인간의 특성 중 운전적성을 판단하는 데 가장 관련이 먼 것은?

① 청각
② 시각
③ 성격
④ 반응

정답 36. ④ 37. ③ 38. ③ 39. ③ 40. ② 41. ① 42. ③

43 다음 중 인적평가 오류에 대한 설명으로 틀린 것은?

① 후광효과 : 피고과자를 실제보다 과대 혹은 과소평가하는 것으로서 집단의 평가 결과가 한쪽으로 치우치는 경향
② 상관적 편견 : 평가자가 관련성이 없는 평가 항목들 간에 높은 상관성을 인지하거나 또는 이들을 구분할 수 없어서 유사, 동일하게 인지할 때 발생한다.
③ 투사 : 주관의 객관화라고도 하며, 자기 자신의 특성이나 관점을 다른 사람에게 전가 시키는 것을 말한다.
④ 상동적 오류 : 타인에 대한 평가가 그가 속한 사회적 집단에 대한 지각을 기초로 해서 이루어지는 것을 말한다.

해설 후광효과 – 현혹효과라고도 하며 한 분야에 있어서 어떤 사람에 대한 호의적인 태도가 다른 분야에 있어서의 그 사람에 대한 평가에 영향을 주는 것을 말한다.

44 새로운 교육 또는 지도, 규칙 등을 이해시켰다면 사고발생 위험율은 저하시킬 수가 있을 것이라는데 이를 위해서 어느 것을 기본 목적으로 하는가?

① 교통 환경   ② 사고분석
③ 주행거리   ④ 운전행태

45 다음 중 어린이의 교통 특성으로 잘못된 것은 무엇인가?

① 사고방식이 단순하다.
② 추상된 것도 쉽게 이해한다.
③ 호기심이 많고 모험심이 강하다.
④ 교통상황에 대한 주의력이 부족하다.

해설 어린이는 추상적인 말과 행동을 잘 이해하지 못한다.

46 다음 중 페일 세이프(Fall Safe)란 무엇인가?

① 안전관리에서 물적 측면에 대한 안전대책
② 사고를 미연에 방지하기 위한 제도
③ 운전자의 착오로 인한 사고
④ 안전도 검사방법

47 다음 사고발생 요인 중 가장 큰 비중을 차지하는 것은?

① 인적요인   ② 물적요인
③ 환경적요인   ④ 공통적요인

48 다음 중 안전운전을 위하여 최고 속도 제한의 50%를 감속해야 하는 경우가 아닌 것은?

① 폭우, 폭설, 안개 등으로 가시거리가 100m 이내인 경우
② 노면이 얼어붙은 경우
③ 눈이 20mm이상 쌓인 경우
④ 노면이 젖어 있거나 눈이 20mm이내 쌓인 경우

49 다음 중 구성원의 직무나 행위를 정형화함으로써 직무활동에 대한 예측 및 조정, 통제가 용이한 원칙은?

① 공식화의 원칙   ② 전문화의 원칙
③ 통일화의 원칙   ④ 계열화의 원칙

50 다음 중 음주 운전자의 특징이 아닌 것은?

① 공격적이다.
② 충동성이 있다.
③ 비 순응성이 있다.
④ 신체 기능의 원활하다.

정답 43. ① 44. ① 45. ② 46. ① 47. ① 48. ① 49. ① 50. ④

51 다음 중 무면허 운전의 경우가 아닌 것은?

① 운전면허를 취득하지 않고 운전하는 경우
② 운전면허 취소 처분을 받은 사람이 운전하는 경우
③ 운전면허증을 소지하지 않고 운전한 경우
④ 운전면허 시험에 합격한 후 면허증을 발급받기 전에 운전하는 경우

52 다음 중 어린이의 교통 특성으로 설명이 잘못된 것은 무엇인가?

① 교통상황에 대한 주의력이 부족하다.
② 판단력이 부족하고 모방행동이 적다.
③ 호기심이 많고 모험심이 강하다.
④ 교통상황에 대한 주의력이 부족하다.

해설 모방행동과 모험심이 강하다.

53 다음 사고의 요인 중 '하나만이라도 제거되면 연쇄반응은 없다. 따라서 교통사고도 발생하지 않는다.'라는 원리는?

① 사고 연쇄성 원리
② 사고 등치성 원리
③ 사고 단일성 원리
④ 사고 복합성 원리

54 다음 중 경영관리의 순환과정인 계획-조직-지휘(명령)-조정-통제를 처음으로 주장한 사람은?

① 테일러　　② 칸트
③ 페이욜　　④ 길르레스

55 다음 중 교통수단 안전점검의 대상이 아닌 것은?

① 여객자동차운송사업자가 보유한 자동차 및 그 운영에 관련된 사항
② 화물자동차운송사업자가 보유한 자동차 및 그 운영에 관련된 사항
③ 철도사업자 및 전용철도운영자가 보유한 철도차량 및 그 운영에 관련된 사항
④ 해운업자가 보유한 선박 및 그 운영에 관련된 사항

56 다음 중 합리적인 의사결정과정을 순서대로 잘 나열한 것은?

① 문제의 인식 - 대안의 탐색 및 평가 - 정보의 수집, 분석 - 대안선택 - 실행 - 결과평가
② 문제의 인식 - 정보의 수집, 분석 - 대안선택 - 대안의 탐색 및 평가 - 실행 - 결과평가
③ 문제의 인식 - 대안선택 - 정보의 수집, 분석 - 대안의 탐색 및 평가 - 실행 - 결과평가
④ 문제의 인식 - 정보의 수집, 분석 - 대안의 탐색 및 평가 - 대안선택 - 실행 - 결과평가

57 다음 중 시장이 행사 목적으로 도로를 통제하고자 할 때 누구랑 협의하여야 하는가?

① 관할 경찰서 교통과
② 관할 경찰서 안전과
③ 관할 경찰서 보안과
④ 관할 경찰서 기동대

정답　51. ③　52. ②　53. ②　54. ③　55. ④　56. ④　57. ①

58 다음 중 노인의 교통 특성으로 맞는 것은 무엇인가?

① 풍부한 경험과 지식으로 운동능력이 뛰어난다.
② 시력, 청력 등 감지기능이 약화되지만 긴급 시는 순간동작이 뛰어난다.
③ 운전 경험이 많아 호기심이 많고 모험심이 강하다.
④ 속도와 거리판단의 정확도가 떨어진다.

해설 시력, 청력 등 감지기능이 약화되어 속도와 거리 판단의 정확도가 떨어진다.

59 다음 중 고령 운전자의 특징이 아닌 것은?

① 민첩성 확보
② 시력 감지 기능 약화
③ 청력 감지 기능 약화
④ 순발력의 저하

60 다음 중 의사결정과 의사소통에 대한 설명으로 잘못된 것은?

① 둘 다 구성원 간의 커뮤니케이션이 필요하다.
② 둘 다 조직관리와 관련이 있다.
③ 현장에서 작업이나 업무 수행 시 발생하는 여러가지 문제점에 대한 의사결정을 하는 계층은 최고 경영층에서 한다.
④ 의사소통은 공식적 의사소통과 비공식 의사소통으로 나눌 수 있다.

61 다음 중 교통통제 시 경찰을 보조할 수 있는 자는 누구인가?

① 녹색 어머니회   ② 자율 방범대원
③ 해병전우회   ④ 모범 운전자

62 다음 중 교통안전교육에 의해서 안전화를 이루는데 필요한 교육이 아닌 것은?

① 안전 태도에 대한 교육
② 안전 지식에 대한 교육
③ 안전 기능에 대한 교육
④ 안전 구조에 대한 교육

63 다음 중 운행계획(안전관리)의 PDCA 중 잘못된 것은?

① P(계획) – 현장 실정에 맞는 적합한 안전관리방법 계획 수립
② D(실시) – 안전관리 활동의 실시
③ C(통제) – 안전관리 활동에 대한 검사 및 확인
④ A(조정) – 현장을 벗어나려고 한다.

해설 A(조치) : 검토된 안전관리활동을 조치하고 더 나은 활동을 고려하여 다음 계획에 반영

64 다음 교통안전관리 단계의 순서로 올바른 것은?

① 준비단계 – 조사단계 – 계획단계 – 설득단계 – 교육훈련 단계 – 확인단계
② 준비단계 – 계획단계 – 설득단계 – 조사단계 – 교육훈련 단계 – 확인단계
③ 조사단계 – 준비단계 – 계획단계 – 설득단계 – 교육훈련 단계 – 확인단계
④ 계획단계 – 조사단계 – 준비단계 – 설득단계 – 교육훈련 단계 – 확인단계

65 다음 중 교통단속을 할 때 발생하는 단속의 파급효과가 일정기간 지속되며 인접지역까지 그 효과가 영향을 미치는 것을 무엇인가?

① 할로 효과   ② 후광 효과
③ 연속 효과   ④ 지속 효과

정답 58. ④ 59. ① 60. ③ 61. ④ 62. ④ 63. ④ 64. ① 65. ①

66 다음 교통안전관리의 단계 중 일상적인 감독상태 등을 점검하는 것은 어느 단계인가?

① 계획단계 ② 조사단계
③ 교육훈련단계 ④ 확인단계

해설 교통안전관리의 단계와 주요 내용
- 준비단계 : 전문잡지 및 도서이용, 회의 및 세미나 참석, 안전기구 활동 참석 등 안전관리 준비
- 조사단계 : 작업장이나 사고현장 등을 방문하여 안전지시, 일상적인 감독상태 등을 점검
- 계획단계 : 운전습관, 감독, 근무환경개선 등의 대안을 분석하여 행동계획 수립
- 설득단계 : 안전관리자가 최고 경영진에게 효과적인 안전관리 방안을 제시
- 교육훈련단계 : 종업원을 대상으로 교육, 훈련
- 확인단계 : 안전제도에 대하여 정기적인 확인

67 다음 도로노면 중 일반도로에서의 마찰계수는 통상 얼마인가?

① 0.2~0.3 ② 0.4~0.5
③ 0.6~0.7 ④ 0.8~0.9

68 다음 도로노면 중 결빙되었을 시 마찰계수는?

① 0.2~0.3 ② 0.4~0.5
③ 0.6~0.7 ④ 0.8~0.9

69 다음 중 운전자가 운수회사에 정착하기 위하여 준수해야 할 사항으로 잘못된 것은?

① 적극적인 안전운전으로 회사 번영에 기여한다.
② 펀 – 드라이브 환경을 조성한다.
③ 여가 시간을 활용하여 운전자간 단체 취미활동에 적극 참여한다.
④ 단체 체육활동을 추진하여 소속감을 성취한다.

70 다음의 보기 내용은 무엇을 의미하는가?

> **보기**
> 운전자가 정보를 수집하고 행동을 결정하며 실행 후 확인과정을 의미한다.

① 인지반응 ② 교통반응
③ 상황반응 ④ 행동반응

71 다음 중 효율적인 상담기법이 아닌 것은?

① 구조화 ② 경청
③ 명료화 ④ 반복

해설 구조화, 경청, 명료화, 요약, 반영 등이 있다.

72 다음 상담 기법 중 기쁨, 즐거운, 행복, 슬픔, 분노 등과 같은 감정적, 정서적 측면에 초점을 맞추어 진행하는 기법은 무엇인가?

① 경청 ② 약
③ 명료화 ④ 반영

73 다음 중 교통사고 예방을 위한 법규나 관리규정 등을 제정하여 안전관리의 효율성을 제고하기 위한 접근 방법은 무엇인가?

① 관리적 접근 방법
② 제도적 접근방법
③ 기술적 접근방법
④ 과학적 접근방법

74 다음 중 페이욜의 경영관리 활동이 아닌 것은?

① 계획 ② 조직
③ 재무 ④ 통제

해설 페이욜의 경영관리 활동은 계획–조직–지휘–조정–통제이다.

정답 66. ② 67. ④ 68. ① 69. ② 70. ② 71. ④ 72. ④ 73. ② 74. ③

75 다음 중 페이욜의 경영관리 활동 중 관리적 활동의 기능은?

① 판매, 구매, 교환 등
② 계획, 조직, 지휘, 조정, 통제 등
③ 생산, 제조, 가공 등
④ 재무상태표, 원가, 통계, 대차대조표 등

해설 페이욜의 경영활동의 본질적 기능은 다음과 같다.
- 관리적 활동 : 계획, 조직, 지휘, 조정, 통제의 프로세스
- 기술적 활동 : 생산, 제조, 가공 등
- 재무적 활동 : 자본의 조달과 운영
- 보전적 활동 : 종업원 보호, 재화의 보호 등
- 회계적 활동 : 재무상태표, 원가, 통계, 대차대조표 등
- 영업적 활동 : 판매, 구매, 교환 등

76 다음 중 안전벨트의 효과로 잘못된 것은?

① 사고 발생 시 중상 율을 감소시킨다.
② 사고 발생 시 사망 율을 감소시킨다.
③ 충돌 시 충격량이 증가한다.
④ 안전운전의 안정감을 준다.

77 다음 중 어떤 현상이 일어날 수 있는 확률로 우발적인 변화에 기인한 고장과 부품의 마모와 결함, 노화 등의 원인에 의한 것과 관련된 이론은?

① 욕조 곡선의 원리   ② 결함 곡선의 원리
③ 마모 곡선의 원리   ④ 노화 곡선의 원리

78 다음 중 페이욜의 경영관리 순환과정 중 '기존의 계획과 비교하여 일치하지 않는 부분이 있으면 그에 따른 조치를 하는 것'은?

① 지휘   ② 조직
③ 조정   ④ 통제

79 다음 중 교통기관의 기술개발을 통하여 안전도를 향상시키고 운반구 및 동력제작기술의 발전을 도모하는 것은?

① 관리적 접근 방법   ② 제도적 접근방법
③ 기술적 접근방법   ④ 과학적 접근방법

80 다음 중 운전자의 외부 자극에 대한 행동이 진행되는 정보처리 과정으로 올바른 것은?

① 지각 – 식별 – 판단 – 행동
② 지각 – 판단 – 식별 – 행동
③ 식별 – 지각 – 행동 – 판단
④ 식별 – 지각 – 판단 – 행동

81 다음 중 도로 주행 시 시각 특성과의 설명 중 잘못된 것은?

① 전방을 집중하여 운전하는 것은 안전운전의 가장 좋은 방법이다.
② 운전에 필요한 교통정보는 대부분 운전자의 눈을 통해 얻어진다.
③ 속도가 빨라시년 시야가 넓어지고 느려지면 시야가 좁아진다.
④ 전방 주시 태만이라는 운전자 행위가 직접 또는 간접적으로 연관되어 있다.

82 다음 중 노인의 행동 특성으로 잘못된 것은?

① 민첩성이 결여되고 시력 감퇴로 위험감지가 더디다.
② 자기중심적이고 신경질적이다.
③ 조그마한 충격에도 넘어지기 쉽고 넘어지면 중상을 입을 수 있다.
④ 아날로그보다 디지털에 익숙하다.

정답 75. ② 76. ③ 77. ① 78. ④ 79. ③ 80. ① 81. ③ 82. ④

83 다음 중 교통사고에 대하여 직간접적으로 가장 큰 영향을 주는 것은?

① 교통 환경
② 교통수단
③ 교통안전에 대한 운전자의 인식
④ 교통시설

84 다음 중 교통단속의 투입력과 단속효과 간의 설명으로 올바른 것은 무엇인가?

① 투입량이 증가하면 단속효과도 증가하지만 일정기간이 지나면 더 이상 증가하지 않는다.
② 투입량이 증가하면 단속효과도 증가하고, 일정기간이 지나도 계속 증가 한다.
③ 투입량이 증가 한다고 하여 단속효과가 증가하지 않는다.
④ 투입량이 증가하면 단속효과도 증가하지만 일정기간이 지나면 급속도로 감소한다.

85 다음 중 교통사고의 잠재적 사고율을 산출하기 위해 주로 사용하는 방법이 아닌 것은?

① 현장조사 실시
② 통계적 품질관리 기법
③ 사고 공통 특성의 요약표 작성
④ 사고현황도 작성

86 다음 중 운전자의 운전능력을 평가하는 것은?

① 운전 수시평가   ② 운전 상시평가
③ 운전 효과평가   ④ 운전 적성평가

87 다음 중 페이욜의 경영관리 순환과정 중 '과업 수행 시 발생하는 분쟁과 갈등을 해결하는 것'은?

① 지휘   ② 조직
③ 조정   ④ 통제

해설
- 계획(Planning) : 미래에 기업에서 발생할 문제를 예측하여 어떻게 해결해 나갈 것인가를 사전에 결정하는 과정(아이템 선정, 규모, 자금 조달방법, 인적자원, 마케팅 등의 계획 수립)
- 조직(Organizing) : 수립된 계획을 실정에 옮기는데 필요한 자원들을 배분하는 일(계획 범위의 절차에 따라 사람을 선발하여 각자에게 적합한 일을 나누어 맡김)
- 지휘(Directing) : 구체적인 업무를 수행하도록 지시하고 진행시키는 것
- 조정(Coordinating) : 목표 달성을 위해 관련 자원들이 중복되거나 부족할 경우 계획대로 진행되도록 보완, 조율하는 과정(분쟁과 갈등 해결 등)
- 통제(Controlling) : 일이 끝난 다음 이미 수행된 결과를 미리 정했던 계획과 비교하여 차이가 나면 그 차이를 수정하여 다음 계획을 수립할 때 참고하도록 수정자료를 제시하는 것.

88 위험요소의 제거 단계 중 관리자를 임명하는 것은 다음 중 어떤 단계인가?

① 위험요소의 탐지단계
② 개선방안 제시단계
③ 조직의 구성단계
④ 대안의 채택 및 시행단계

해설 관리자를 임명하는 것은 조직을 구성하는 단계이다.

89 다음 중 교통사고 발생의 잠재적 요인으로 볼 수 없는 것은?

① 교통시설물
② 도로의 형태나 상태
③ 인구 통계학적인 요인
④ 운전자의 성격

정답 83. ③ 84. ① 85. ② 86. ④ 87. ③ 88. ③ 89. ③

90 다음 중 페이욜의 관리론 원칙 중 가장 핵심이 되는 것으로 최근처럼 규모가 커진 기업 경영을 위한 필수적인 전제가 되는 원칙은?

① 규율의 원칙 ② 집권화의 원칙
③ 질서의 원칙 ④ 분업의 원칙

해설 관리자를 임명하는 것은 조직을 구성하는 단계이다.

H.Fayol의 관리론 원칙
- 분업의 원칙(Division Of Work) : 과업을 세분화함으로써 전문적인 지식 함양.
- 권한과 책임의 원칙(Authority And Responsibility) : 직무를 효과적으로 수행하기 위해 권한과 책임을 부여하는 것.
- 규율의 원칙(Discipline) : 규칙을 준수하고 규칙에 따라 일을 처리하는 것.
- 명령일원화의 원칙(Unity Of Command) : 하위자는 한사람의 상사로부터 명령과 지시를 받음.
- 지휘일원화의 원칙(Unity Of Direction) : 동일한 목적을 위한 집단의 활동은 단일의 상사에 의해서 계획되어져야 한다는 것.
- 개인의 이익이 전체의 이익에 종속되어야 한다는 것
- 종업원 보상의 원칙(Remuneration Of Personnel) : 급여와 그 지급방법은 공정해야 한다.
- 집권화의 원칙(Centralization) : 조직의 각 부분을 총괄할 수 있는 중심점이 있어야 한다.
- 계층적 연쇄의 원칙(Scalar Chain) : 조직계층의 모든 사람들을 연결하는 명확하고 단절 없는 계층의 연결을 말함.
- 질서의 원칙(Order) : 조직 내의 물적, 인적자원이 적재적소에 있어야 한다.
- 공정성의 원칙(Equity) : 상사가 하위자를 다룰 때는 사랑과 정의를 적절히 조화해야 한다.
- 고용안정의 원칙(Stability Of Tenure Of Personnel) : 능률은 안정된 노동력에 의해서 증진된다.
- 창의력 개발의 원칙(Initiative) : 계획을 고안해 내고 그것을 실천하는 데에는 창의력 발휘가 요구된다.
- 단결의 원칙 : 단결은 곧 힘이다. 인력은 분산되어서는 안된다.

91 다음 중 운전적성을 판단하는데 있어서 관련이 없는 인간특성은 무엇인가?

① 시각 ② 성격
③ 청각 ④ 반응

92 다음 중 맥그리거의 이론 중 '관리활동에서 인적요소를 다룰 때 인간의 자율성과 합목적성을 관리의 전제로 해야 한다'는 이론은?

① X이론 ② Y이론
③ Z이론 ④ W이론

해설
- X · Y이론 : 관리와 조직에 있어서 인간관과 인간유형에 대해 제시한 가설.
- X이론 : 본래 인간은 노동을 싫어해 경제적인 동기가 있어야만 노동을 하고 명령이나 지시 받은 일 이외에는 시행하지 않는다는 전통이론에 따른 인간관.
- Y이론 : 타인에 의해 강제된 목표가 아니라 스스로 설정한 목표를 위해 노력한다는 인간관.
- Z이론 : Y이론을 발전시킨 것으로 사회 모든 구성원은 합의적 의사결정과정에 참여하고 모든 직원은 자신과 회사를 개선시키기는 데 필요한 지속적인 작업에 적극적으로 참여한다는 것.
- W이론 : 서울대학교 이면우 교수가 주장한 이론으로 우리의 전통적 기질인 신바람과 흥을 산업현장과 생활에서 받아들여 일정 상황을 획기적으로 돌파해 나가자는 것.

93 다음 중 맥그리거의 이론 중 Z이론의 특징이 아닌 것은?

① 합의적 의사결정 ② 빠른 평가와 승진
③ 지속적 작업 ④ 적극적 참여

94 다음 중 음주운전자의 특성으로 잘못된 것은?

① 호흡, 맥박은 증가하고 혈압은 저하된다.
② 혈액 순환이 좋아 신체 기능은 원활하다.
③ 주의 집중력이 둔화되면서 신체 평형감각이 떨어진다.
④ 시야가 좁아져서 볼 수 있는 범위가 한정된다.

95 다음 중 갈등 해소 시 만나서 화합을 통해 갈등을 해소하는 방법은?

① 협상 ② 문제해결법
③ 조직구조의 개편 ④ 자원의 증대

정답 90. ④ 91. ② 92. ② 93. ② 94. ② 95. ②

[해설]
- 협상－토론을 통해 타협으로 대안을 제시하고, 다른 쪽의 또 다른 제안으로 합의점을 도출하는 방법
- 문제해결법－대면 전략으로 갈등을 빚는 사람들이 만나서 회의를 통해 해결하는 방법
- 조직구조의 개편－조직구조를 개편하여 자체 문제를 해결하는 방법
- 자원의 증대－한정된 자원을 확대하여 해결하는 방법
- 상위목표의 도입－갈등 집단의 목표보다 더 넓고 큰 목표를 도입하는 방법

96 다음 중 야간 운전 시 운전자의 시각특성에 관한 설명으로 잘못된 것은?

① 야간에 과속을 하면 저하된 시력으로 인해 주변 상황을 원활하게 보기 어렵다.
② 야간은 일몰 전보다 운전자의 시야가 50% 감소한다.
③ 상대방 차량이 전조등을 켰을 때 일몰 전과 비교하여 동체 시력에서의 차이는 없다.
④ 야간 운전자의 시력과 가시거리는 물리적으로 차량의 전조등 불빛에 제한될 수밖에 없다.

97 다음 중 조명이 어두울 때 직장에 미치는 영향으로 잘못된 것은?

① 차분한 기분
② 우울
③ 주의 집중력 감소
④ 스트레스

98 다음 중 문제의 해결과 관계된 미래 추이의 예측을 위해 전문가 패널을 구성하여 수회 이상 설문하는 분석기법은?

① 사례연구 기법   ② 설문조사 기법
③ 인터뷰 기법   ④ 델파이 기법

99 하인리히가 주장한 재해예방의 중요 요소로 교통안전 증진을 위한 3E가 아닌 것은?

① 공학(Engineering) ② 단속(Enforcement)
③ 교육(Education)   ④ 감정(Emotional)

100 운전자의 운전 시 시력과 관련한 직접적인 사항이 아닌 것은?

① 물체의 밝기
② 운전자의 성별
③ 운전자의 상대 속도
④ 주위와의 대비

101 다음 중 안전운행을 위해 필요한 3요소가 아닌 것은?

① 도로   ② 자동차
③ 사람(인간)   ④ 안전교육

102 다음 보기의 원리가 의미하는 것은 무엇인가?

― 보기 ―
교통사고를 발생시키는 요인의 비중이 동일하다.

① 동인성 원리   ② 등치성 원리
③ 차등성 원리   ④ 배치성 원리

103 다음 중 안전관리계획 수립 시 고려사항으로 틀린 것은?

① 추진하고자 하는 대안을 복수로 생각한다.
② 관련부서의 책임자들과 충분한 협의를 한다.
③ 필요한 자료 또는 정보를 수집, 분석 및 면밀히 검토한다.
④ 현재의 상황과 미래의 예정상태를 확실하게 파악한다.

정답 96. ③ 97. ① 98. ④ 99. ④ 100. ② 101. ④ 102. ② 103. ④

104 다음 중 여러 사람이 모여 자유로운 발상으로 아이디어를 제시하는 기법은?

① 브레인스토밍법 ② 명목 집단법
③ 델파이기법   ④ 인터뷰기법

105 다음 중 속도를 조절하는데 가장 문제가 되는 것은 무엇인가?

① 승차 정원 ② 차종
③ 도로 여건 ④ 적재하중

106 카츠가 말하는 '스스로 더욱 강화시키고 자기 자신의 정체성을 가지게 하는 태도'의 기능은 무엇인가?

① 지식 기능
② 실용주의 기능
③ 가치 표현적 기능
④ 자기 방어적 기능

107 다음 중 사고 예방 대책의 기본원리 중 사실의 발견에 속하지 않는 것은?

① 점검 ② 검사
③ 조사 ④ 분석

108 다음 중 위험요소를 제거하기 위해 거치는 단계 중 안전관리 책임자를 임명하고, 안전관리 계획을 수립, 추진하는 단계는 무엇인가?

① 파악단계
② 대응단계
③ 조직의 구성단계
④ 분석단계

109 다음 중 교통기관의 기술개발을 통하여 안전도를 향상시키고 운반구 및 동력제작 기술의 발전을 도모하는 것은?

① 관리적 접근 방법
② 제도적 접근방법
③ 기술적 접근방법
④ 과학적 접근방법

110 다음 중 안전운전 요건에 해당되지 않는 것은?

① 안전운전적성
② 운전자의 가족관계
③ 운전자의 태도와 습관
④ 심신의 결함과 피로

해설 교통안전운전요건은 안전운전적성, 태도, 습관, 지식, 성격, 심신의 결함, 피로, 음주 등이다.

111 다음의 교육기법 중 집합교육의 형태로 잘못된 것은?

① 강의 ② 시범
③ 토론 ④ 카운슬링

해설 집합교육은 강의, 시범, 토론, 실습 등이 있다.

112 다음 직장 내 현장 안전회의에 대한 설명으로 바르지 않는 것은?

① 직장 내의 안전 미팅(Tool Box Meeting)이다.
② 계획된 운행에 관하여 위험예지훈련이 이루어지는 단계이다.
③ 위험에 대한 대책을 수립하고 확인하는 단계이다.
④ 장시간 동안 위험요소에 대하여 토의하는 것이다.

정답 104. ① 105. ① 106. ③ 107. ④ 108. ③ 109. ③ 110. ② 111. ④ 112. ④

113 카츠가 주장하는 인성에 작용하는 태도의 기능으로 틀린 것은?

① 협동 기능
② 적응적 – 공리적 기능
③ 가치 표현적 기능
④ 자기 방어적 기능

해설 적응적 – 공리적 기능, 자기 방어적 기능, 가치 표현적 기능, 지식 기능이 있다.

114 다음 중 재해손실비 중 직접비가 아닌 것은?

① 요양급여
② 영업 손실비
③ 휴업급여
④ 장해급여

115 교통안전교육의 교수설계에서 분석단계의 내용이 아닌 것은?

① 학습 목표 설정
② 학습자 요구분석
③ 환경 분석
④ 직무 및 과제분석

해설 분석단계는 요구분석, 학습자 요구분석, 환경 분석, 직무 및 과제분석이 있다.

116 교통안전교육 내용 중 보기의 내용은 무엇에 대한 설명인가?

― 보기 ―
'교통수단의 사회적인 의미 · 기능, 교통참가자의 의무 · 책임, 각종의 사회적 제한에 대해 충분히 인식하고 자기의 욕구 · 감정을 통제하게 하는 것이다.'

① 자기 통제
② 준법정신
③ 타자적응성
④ 안전운전태도

117 교통안전교육의 교수설계에서 분석단계의 내용이 아닌 것은?

① 시청각 매체 및 보조자료 개발
② 학습자 요구분석
③ 환경 분석
④ 직무 및 과제분석

118 교통안전교육의 교수설계는 분석–설계–개발–실행–평가로 구분되는데 분석단계의 내용이 아닌 것은?

① 수행목표 명세화
② 학습자 요구분석
③ 환경 분석
④ 직무 및 과제분석

해설 교수설계는 분석–설계–개발–실행–평가로 구분되며 세부 내용은 다음과 같다.
- 분석 : 요구분석, 과제분석, 학습자 분석, 환경 분석 등
- 설계 : 수행목표 명세화, 평가 도구 개발, 교수전략 및 매체 선정 등
- 개발 : 교수자료 개발, 형성평가 실시 등
- 실행 : 교수프로그램 사용 및 질 관리, 지원체제 강구 등
- 평가 : 총괄평가 등

119 다음 중 여러 가지 업무를 동시에 수행하여 그 결과 집중력이 흐트러지는 현상을 의미하는 것은?

① 주의 배분
② 주의 완화
③ 주의 집중
④ 주의 분산

120 교통안전교육의 교수설계에서 분석단계의 내용이 아닌 것은?

① 교수 프로그램개발
② 학습자 요구분석
③ 환경 분석
④ 직무 및 과제분석

정답 113. ① 114. ③ 115. ③ 116. ② 117. ① 118. ④ 119. ④ 120. ①

121. 다음 중 사고로 이어질 수 있는 위험상항에 직면했을 때 운전자가 사고의 발생을 예방하거나 방지할 수 있도록 하는 운전은 무엇인가?

① 공격운전 ② 방어운전
③ 조심운전 ④ 지연운전

122. 다음 보기 중 ( ) 안에 들어갈 용어로 올바른 것은?

― 보기 ―
( )으로 지식과 정보가 쌓이고, ( )으로 일정 수준에 까지 순응시키며, ( )로 통솔 하에 이끌게 된다.

① 교육 – 훈련 – 지도
② 교육 – 지도 – 훈련
③ 훈련 – 지도 – 교육
④ 훈련 – 교육 – 지도

123. 다음 중 하인리히의 재해 손실 비 평가 방식에서 간접비가 아닌 것은?

① 요양급여 ② 시설 복구비
③ 교육훈련비 ④ 생산손실비

124. 다음 교육 기법 중 카운슬링에 대한 설명으로 맞지 않는 것은?

① 인격적 결함을 자체 수정시킬 수 있고 정신적 불안을 감소시켜 정서적 안정을 기할 수 있다.
② 중대한 결함을 발견하면 즉시 승무계획을 변경하여 사고를 미연에 방지할 수 있다.
③ 관리자와 운전기사 간에 일체감을 형성할 수 있어 명랑한 분위기 조성에 긍정적 작용을 한다
④ 미래의 목표에 초점을 맞추어 구체적인 목표를 설정하고 이를 해결하는 상담과정이다.

125. 다음 중 운전환경과 운전조건이 개선되어 운전자가 안심하고 운전할 수 있도록 해야 한다는 것의 의미는 무엇인가?

① 안전한 환경조성의 원칙
② 위험요소 제거의 원칙
③ 운전규정 준수의 원칙
④ 위험 평가와 감시의 원칙

126. 다음 중 교통안전표지가 아닌 것은?

① 주의표지 ② 규제표지
③ 노면표지 ④ 알림표지

해설 교통안전표지는 주의표지, 규제표지, 지시표지, 보조표지, 노면표시 등이다.

127. 다음 중 감각기관의 외부 자극이 행동으로 이어지는 과정이 올바른 것은?

① 식별–자각–판단–행동
② 식별–순응–판단–행동
③ 자각–판단–식별–행동
④ 자각–식별–판단–행동

128. 다음 카운슬링 기법에 대한 설명으로 맞지 않는 것은?

① 상담자는 내담자의 공격적인 상담에 대해서는 무조건 회피하고 다른 내용으로 유도한다.
② 내담자가 말하고자 하는 의미를 상담자가 생각하고 이를 다시 내담자에게 말해 준다.

정답 121. ② 122. ① 123. ① 124. ④ 125. ① 126. ④ 127. ① 128. ①

③ 상담자는 늘 내담자의 말을 받아들이고 있다는 태도를 유지해야 한다.
④ 상담내용에 대하여 외부에 누설해서는 안 된다.

129 다음 중 교통사고 방지를 위한 대책의 순서가 맞는 것은 무엇인가?

① 안전관리 조직 – 분석 평가 – 사실의 발견 – 시 정책 선정 – 개선
② 안전관리 조직 – 사실의 발견 – 분석평가 – 시 정책 선정 – 개선
③ 사실의 발견 – 안전관리 조직 – 분석 평가 – 시 정책 선정 – 개선
④ 사실의 발견 – 분석 평가 – 안전관리 조직 – 정책 선정 – 개선

130 다음 중 도로 표지의 설명으로 잘못된 것은?

① 경계표지 : 교차점이나 공사구간, 도로의 굴곡, 차선폭의 감소, 노면상태 등에 경고하는 표지
② 이정표지 : 목적지까지의 방향 안내 표시
③ 방향표지 : 교차로상의 방향 안내표지
④ 노선표지 : 주행하는 노선 안내 표지

해설 이정표지 : 목적지까지의 거리 안내표지

131 다음 중 하인리히 법칙에 대한 설명으로 틀린 것은?

① 어떤 대형사고가 발생하기 전에 그와 관련된 작은 사고나 징후들이 사후에 일어난다는 법칙이다.
② 산업재해 예방을 포함하여 각종 사고나 사회적, 경제적 위기 등을 설명하기 위해 의미를 확장하는 경우도 있다.
③ 큰 재해, 작은 재해, 사소한 사고의 비율을 1:29:300로 하여 1:29:300의 법칙이라고도 한다
④ 하인리히는 큰 재해는 우연히 발생하는 것이며, 반드시 그 전에 사소한 사고 등의 징후가 있는 것은 아니라는 것을 실증적으로 밝혔다.

132 다음 중 산업재해 예방과 관련한 하인리히 법칙에 대한 설명으로 틀린 것은?

① 어떤 대형사고가 발생하기 전에 그와 관련된 작은 사고나 징후들이 사후에 일어난다는 법칙이다.
② '사고의 삼각형(accident triangle)' 또는 '재해 연속성 이론'이라고도 한다.
③ 1:29:300의 법칙이라고도 한다
④ 1930년대 초 산업현장에서 발생한 노동재해에 대하여 실증적 분석결과를 토대로 주장한 것이다.

133 다음 중 하인리히 법칙에서 '중대한 사고: 경미한 사고 : 재해를 수반하지 않는 사고'의 발생 비율은?

① 1:29:300   ② 1:30:300
③ 1:300:29   ④ 29:1:300

134 다음 중 하인리히 법칙(1:29:300)에서 '숫자 29'는 무엇을 의미하는가?

① 경미한 사고(작은 재해) 비율
② 중대한 사고 비율
③ 재해를 수반하지 않는 사고 비율
④ 일반적인 숫자이다.

정답 129. ② 130. ② 131. ④ 132. ① 133. ① 134. ①

135 다음 중 교통안전표지의 설치에 관한 설명으로 잘못된 것은?

① 도로 이용자가 충분히 읽을 수 있도록 시야가 좋은 곳에 설치한다.
② 표지판은 일시에 집중할 수 있도록 집중해서 설치하는 것이 좋다.
③ 반드시 교차로 부근에 설치할 필요가 없는 표지는 교차로 부근을 피한다.
④ 도로표지와 교통안전표지가 가깝게 설치되어 표지 상호간에 시각장애가 발생하지 않도록 한다.

136 다음 중 재해의 기본원인인 4M이 아닌 것은?

① Man   ② Machine
③ Management   ④ Method

해설
- Man(인간) – 사람의 실수, 착각, 무의식, 피로 등
- Machine(기계) – 기계의 결함, 기계의 안전장치 미설치 등
- Media(매체) – 작업 순서, 작업방법, 작업환경 등
- Management(관리) – 안전관리 규정, 안전교육 및 훈련 미흡 등

137 다음 중 교통사고 다발자의 일반적인 특성이 아닌 것은?

① 주관적 판단과 자기 통제력의 미약
② 비협조적인 인간관계
③ 억압적 영향과 막연한 불안감
④ 만성적인 반응경향

138 다음 중 교통사고 발생원인 중 간접적 원인에 해당하는 것은?

① 과속운전
② 음주운전
③ 차량의 장비불량
④ 교육적 원인

139 다음 중 교통사고로 인한 공적 비용이 아닌 것은?

① 병원방문 비용
② 경찰서 사고처리 비용
③ 재판비용
④ 보험 청구비용

140 다음 중 교통사고 발생 시 당사자의 직접적인 손실로 볼 수 없는 것은?

① 간호비   ② 심리적 보상
③ 차량 연료의 손실   ④ 소득의 상실

141 다음 중 교통사고로 인한 피해자나 피해자 가족이 겪는 정신적인 고통을 보상해 주는 것은?

① 거마비   ② 재판비
③ 위자료   ④ 변호사비

142 다음 중 시몬즈 방식에 의한 비보험 코스트의 종류가 아닌 것은?

① 휴업상해   ② 통원상해
③ 노후 상해   ④ 구급조치상해

해설
- 시몬즈의 보험코스트 : 산재보험료
- 비보험 코스트 : 휴업상해, 통원상해, 구급조치상해, 무상해 사고

143 다음 중 시몬즈의 비보험 코스트의 설명 중 올바른 것은?

① 휴업상해 비용 : 일시 부분 노동 불능
② 통원상해 비용 : 일시 부분 노동 불능
③ 응급조치 비용 : 영구 부분 노동 불능
④ 무상해사고 비용 : 일시 전 노동 불능

정답 135. ① 136. ④ 137. ④ 138. ④ 139. ① 140. ③ 141. ③ 142. ③ 143. ②

해설
- 휴업상해비용 : 영구 부분 노동 불능, 일시 전 노동 불능
- 통원상해비용 : 일시 부분 노동 불능, 의사의 조치를 요하는 통원상해
- 응급조치비용 : 응급조치가 필요한 상해 또는 8시간 미만의 휴업의료 조치 상태
- 무상해사고비용 : 의료조치를 필요로 하지 않는 경미한 상해, 사고 및 무상해 사고

144 다음 중 보행자의 심리가 아닌 것은?

① 횡단보도를 찾아 건너려는 심리
② 현 위치에서 건너려는 심리
③ 빨리 횡단하려는 심리
④ 차량 통행이 적을 시 신호를 무시하고 횡단하려는 심리

145 다음 중 성공하려는 욕망 또는 모든 종류의 과제나 직장에서의 업무를 잘 수행하려는 욕망을 무엇이라 하는가?

① 유친 동기
② 성취동기
③ 접근동기
④ 회피동기

146 다음 중 재해손실비의 평가 방식 중 시몬즈 방식에서 비보험 코스트에 포함되지 않는 것은?

① 응급조치 건수
② 무 손실사고 건수
③ 통원상해 건수
④ 휴업상해 건수

147 다음 중 시몬즈의 재해손실비 평가 방식 중 비보험 코스트에 포함되지 않는 것은?

① 사망사고 건수
② 무 상해사고 건수
③ 통원상해 건수
④ 응급조치 건수

148 다음 중 운전자의 심리과정으로 옳은 것은?

① 인지-판단-조작
② 인지-조작-판단
③ 판단-인지-조작
④ 판단-조작-인지

149 다음 중 동체 시력은 정지 시력에 비해 통상 얼마나 감소하는가?

① 10%
② 20%
③ 30%
④ 50%

150 다음 중 운전 중 사물인지가 가능한 시야 각도는?

① 120~160
② 150~180
③ 180~210
④ 90~120

해설 운전자의 시야각은 차종에 따라 다르지만 통상 120~150이다. 하지만 운전 중일 경우는 줄어든다.

151 다음 중 동기 부여의 내용과 관련한 이론이 아닌 것은?

① 허즈버그의 2요인
② 매슬로우의 욕구단계설
③ 알더퍼의 ERG이론
④ 애덤스의 공정성 이론

해설
- **허즈버그의 2요인** : 만족과 불만족이 각기 다른 요인에 의해 발생한다는 것으로 동기요인, 위생요인이 있다.
- **매슬로우 욕구단계설** : 하위 단계의 욕구가 충분히 채워지면 그보다 높은 수준의 욕구가 인간의 행동을 유발한다는 것이다.
- **알더퍼의 ERG이론** : 인간의 욕구는 위계에 따라 존재(실존)욕구, 관계욕구, 성장욕구로 구분한다.
- **애덤스의 공정성 이론** : 개인이 자신의 기여(노력, 시간, 기술)와 결과(급여, 인정, 승진)를 전문 분야의 다른 사람들과 지속적으로 비교한다는 것으로 형평성, 과소 보상 불평등, 과다 보상 불평등이 있다.

정답 144. ① 145. ② 146. ② 147. ① 148. ① 149. ③ 150. ④ 151. ④

152 다음 중 다른 사람들과 시간을 함께 보내고자하는 동기 즉 다른 사람들과 어울려 살려고 하는 동기는?

① 유친 동기 ② 성취동기
③ 접근동기 ④ 회피동기

153 다음 중 알더퍼의 ERG이론으로 맞는 것은?

① 만족과 불만족이 각기 다른 요인에 의해 발생한다는 것으로 동기요인, 위생요인이 있다.
② 상위욕구가 행위에 따라 영향을 미치기 전에 하위욕구가 먼저 충족되어야 한다.
③ 개인이 자신의 기여와 결과를 전문 분야의 다른 사람들과 지속적으로 비교한다는 것이다.
④ 인간의 욕구는 위계에 따라 존재욕구, 관계욕구, 성장욕구로 구분한다.

154 다음 중 매슬로우의 욕구단계에서 알더퍼의 ERG이론의 성장욕구의 성격에 해당되는 것은?

① 자아실현의 욕구 ② 소속, 애정의 욕구
③ 생리적 욕구 ④ 안전의 욕구

[해설] ERG 이론
- 실존욕구 : 배고픔, 갈증, 안식처 등 생리적, 물질적 욕망이며 매슬로우 처음 2개 욕구와 같음.
- 관계욕구 : 가족, 감독자, 공동작업자, 부하, 친구 등 타인과의 모든 욕구이며 매슬로우 2,3,,4번째 욕구와 같음.
- 성장욕구 : 창조적 성장이나 개인적 성장과 관련된 모든 욕구로 매슬로우 4, 5번째 욕구와 같음.

155 다음 중 교통사고 요인 중 도로요인으로 볼 수 없는 것은?

① 교통량 ② 운전자의 연령
③ 중앙분리대 ④ 차도 및 차선

156 다음 허즈버그의 2요인 이론 중 동기요인에 해당되는 것은?

① 성취감 ② 급여
③ 근무환경 ④ 직업 안정성

[해설]
- 동기요인 - 성취감, 인정, 책임감, 개인 성장과 발전 기회, 직무의 도전성
- 위생요인 - 급여, 근무환경, 회사 정책과 관리, 직장 내 인간관계, 직업안정성

157 다음 재해의 직접적인 원인으로서 교통종사자의 불안전한 행동에 맞지 않는 것은?

① 위험물 취급 부주의
② 물체의 배치 및 작업장소 결함
③ 불안전한 속도 조작
④ 불안전한 상태 방치

[해설] 불안전한 행동은 인적요인으로서 위험장소 접근, 복장·보호구의 잘못 착용, 기계·기구의 잘못 사용, 운전 중인 기계장치의 손질, 안전장치의 기능 제거, 불안전한 속도 조작, 위험물 취급 부주의, 불안전한 상태 방치, 불안전한 자세 및 동작 등이 있다.

158 다음 재해의 간접적인 원인으로서 교통종사자의 불안전한 상태에 맞지 않는 것은?

① 물체 자체의 결함
② 작업환경의 결함
③ 안전방호장치 결함
④ 위험물 취급 부주의

[해설] 불안전한 상태는 물적 요인으로써 물체 자체의 결함, 작업환경의 결함, 생산 공정의 결함, 경계표시·설비의 결함, 안전방호장치의 결함, 복장·보호구의 결함, 물체의 배치 및 작업장소 결함 등이 있다.

159 다음 중 교통안전 시설물의 종류가 아닌 것은?

① 교통안전표지판 ② 노면표지
③ 신호등 ④ 쇄석재료

정답 152. ① 153. ④ 154. ① 155. ② 156. ① 157. ② 158. ④ 159. ④

해설 교통안전 시설물은 교통안전표지판, 노면표지, 신호등, 가로등 도로의 결함을 보완하기 위한 시설

160 다음 중 안전관리 조직의 개념으로 적절하지 않는 것은?

① 안전관리 목적 달성의 수단이라는 것
② 안전관리 목적 달성에 지장이 없는 한 단순할 것
③ 인간을 목적 달성의 수단의 요소로 인식할 것
④ 구성원을 획일적(일방적)으로 조절할 수 있어야 할 것

해설 구성원을 능률적으로 조절할 수 있어야 할 것

161 다음 보기에서 ( )에 들어갈 올바른 것은?

― 보기 ―
인간의 이동 및 화물의 수송, 전달과 관련된 모든 행위와 조직체계를 가리키는 것을 (   )라 하고, 운송이나 운반보다 큰 규모로 사람을 태워 나르거나 물건을 실어 나르는 것을 (   )라고 한다.

① 교통 – 운수
② 운수 – 교통
③ 수송 – 운수
④ 수송 – 교통

162 다음 중 교통의 기능으로 적절하지 않는 것은?

① 사람과 재화를 일정한 시간에 목적지까지 운송시킨다.
② 도시화를 촉진시키고 대도시와 주변 도시를 유기적으로 연결시켜 준다.
③ 유사시 국가방위에 기여한다.
④ 도시 혹은 지역 간 정치 · 경제 · 사회적 교류를 저해시킨다.

163 다음 중 교통의 기능으로 적절하지 않는 것은?

① 산업 활동의 생산성을 향상시키고 비용을 낮추는데 기여한다.
② 문화, 사회활동, 건강 및 교육 등의 활동을 위해 이동성을 부여한다.
③ 유사시 국가방위에 기여한다.
④ 소비자에게 다양한 품목을 제공해주나 교역의 범위를 축소시킨다.

164 다음 중 차로의 종류가 아닌 것은?

① 직진차로   ② 회전차로
③ 오르막 차로   ④ 분리대 차로

해설 차로에는 직진차로, 회전차로, 오르막차로, 양보차로 등이 있음.

165 '운행 중'이라는 용어의 차량상태를 뜻하는 것이 아닌 것은?

① 차도 내에서 움직이고 있는 상태
② 차량이 차도 상에 있는 상태
③ 지정된 주차구역이나 길 어깨에서 주차된 상태
④ 움직이고 있는 차량이 아닌 경우 지정된 주차구역이나 길, 어깨 이외의 장소에서 곧 움직이려고 하는 상태

166 다음 중 교통사고 요인 중 인적요인으로 볼 수 없는 것은?

① 운전습관
② 준법정신
③ 운전경력
④ 도로에서의 교통량

해설 운전자의 습관, 준법정신, 심리, 연령, 직업, 학력 그리고 운전자의 운전경력 및 운전 기술 등이 있음

정답 160. ④ 161. ① 162. ④ 163. ④ 164. ④ 165. ③ 166. ④

167 다음 중 교통사고 요인 중 자동차요인으로 타당한 것은?

① 도로의 안전표지
② 검사제도와 검사상의 문제점
③ 중앙분리대
④ 도로 노면표지

168 다음 보기의 설명으로 올바른 것은?

― 보기 ―
운전자가 자동차 진행방향의 전방에 있는 장애물 또는 위험요소를 인지하고 제동하여 정지하거나 장애물을 피하여 주행할 수 있는 길이

① 종단선형　　② 시거(視距)
③ 평면선형　　④ 제동거리

169 다음 중 교통 환경요인의 종류가 아닌 것은?

① 준법정신과 심리
② 교통여건
③ 교통정보 전달체계
④ 응급, 구조체계

170 우리나라 교통안전관계법 중 사후관리법의 종류가 아닌 것은?

① 도로 교통법
② 교통사고 처리 특례법
③ 자동차 손해 배상 보장법
④ 특정범죄 가중 처벌법

171 우리나라 교통안전관계법 중 자동차 관리법의 종류가 아닌 것은?

① 자동차 관리법
② 건설기계 관리법
③ 도로 교통법
④ 자동차 안전 기준에 관학 규칙

172 다음 중 우리나라 도로법의 주요 내용이 아닌 것은?

① 도로의 종류와 등급
② 도로에서 차마의 통행방법
③ 도로 관리
④ 자동차 전용 도로의 지정

173 우리나라 교통안전관계법 중 도로 환경관리법의 종류가 아닌 것은?

① 도로법
② 도시계획법
③ 주차장법
④ 도로 교통법

174 우리나라 교통안전관계법 중 운전자의 운행관리법의 종류가 아닌 것은?

① 총포, 도검, 화약류 단속법
② 고압가스 안전관리법
③ 자동차 관리법
④ 도로 교통법

175 다음 중 우리나라 자동차관리법의 주요 내용이 아닌 것은?

① 자동차의 등록
② 자동차의 점검 및 정비
③ 이륜 자동차관리
④ 도로의 종류와 등급

정답　167. ②　168. ②　169. ①　170. ①　171. ③　172. ②　173. ④　174. ③　175. ④

176 다음 중 우리나라 도로교통법의 주요 내용이 아닌 것은?

① 자동차의 안전기준 및 형식 승인
② 차마의 통행방법
③ 보행자의 통행방법
④ 고속도로 등에 있어서의 특례, 도로의 사용제한

177 다음 중 고령자의 교통행동 특성으로 잘못된 것은?

① 고령운전자의 운전은 신중하다.
② 고령운전자는 과속을 하지 않는다.
③ 오랜 경험으로 반사 신경이 신속하다.
④ 돌발사태시 대응력이 미흡하다.

178 다음 중 교육의 내용 중 집합교육이 아닌 것은?

① 강의 ② 시범
③ 토론 ④ 과제 제출

179 다음 중 교통안전관리 조직의 개념 설명과 다른 것은?

① 안전관리 목적 달성의 수단이라는 것
② 안전관리 목적 달성에 지장이 없는 한 복잡할 것
③ 인간을 목적 달성의 수단의 요소로 인식할 것
④ 구성원을 능률적으로 조절할 수 있어야 할 것

해설 안전관리 목적 달성에 지장이 없는 한 단순하여야 함.

180 다음 중 교통안전관리 조직의 개념 설명과 다른 것은?

① 그 운영자에게 통제 상의 정보를 제공할 수 있어야 할 것
② 안전관리 목적 달성에 지장이 없는 한 복잡할 것
③ 구성원 상호간을 연결할 수 있는 공식조직(Formal Organization) 이어야 할 것
④ 환경의 변화에 끊임없이 순응할 수 있는 산 유기체이어야 함

해설 안전관리 목적 달성에 지장이 없는 한 단순하여야 함

181 다음 중 교통안전관리자의 직접적인 직무와 관련이 없는 것은?

① 교통안전 관리에 관한 계획의 수립
② 차량 등의 운행 전후 안전점검 및 지도 감독
③ 도로 및 기상조건에 따른 안전운행 또는 그에 필요한 조치
④ 교통안전관리 회사의 대외 홍보활동

182 다음 중 교통안전관리자의 직접적인 직무와 관련이 없는 것은?

① 교통업무 종사원의 운행 중 근무상태 파악
② 교통업무 종사원에 대한 교통안전교육의 실시 및 과로 방지
③ 교통사고 예방을 위하여 필요한 사항
④ 교통안전관리 회사원들의 인사 및 급여 지급 활동

정답 176. ① 177. ③ 178. ④ 179. ② 180. ② 181. ④ 182. ④

183 다음 중 동체시력에 관한 설명으로 잘못된 것은?

① 주행 중 운전자의 시력을 동체시력이라고 한다.
② 동체시력은 자동차의 속도가 빨라지면 그 정도에 따라 점차 높아진다.
③ 동체시력은 개인차가 있어서 20대보다 30대가 즉 연령이 많아질수록 저하율이 크다.
④ 일반적으로 동체시력은 정지시력에 비해 30%정도 낮다.

184 다음 중 야간시력에 관한 설명으로 잘못된 것은?

① 추체는 밤에 활동하고 간체는 밝은 곳에서 활동한다.
② 야간시력은 일몰 전에 비하여 약 50% 저하될 수 있다.
③ 야간 운전이 어려운 것은 운전자의 시력과 밀접한 관계가 있다.
④ 야간운전이 주간운전보다 어렵다.

해설 추(상)체는 낮에 활동하고 간(상)체는 어두운 곳에서 활동한다.

185 다음 중 음주운전에 의한 교통사고의 특징으로 잘못된 것은?

① 도로를 잘못 보고 도로 밖으로 전락한다.
② 주차 중에 있는 다른 자동차 등에 충돌한다.
③ 정지물체 보다 이동 물체에 많이 충돌한다.
④ 음주 후 약 30분에서 60분 정도가 거의 60%를 차지하고 있다.

186 다음 중 음주운전 시의 장해로 잘못된 것은?

① 시력장해가 현저해진다.
② 시야가 좁아져서 볼 수 있는 범위가 한정된다.
③ 브레이크 조작이 늦어지면서 엑셀, 클러치가 난폭해지게 된다.
④ 혈액 순환이 잘되어 주의 집중력이 뛰어난다.

187 다음 중 음주운전 시의 장해로 잘못된 것은?

① 정체시력은 장해를 받으나 동체 시력은 문제가 없다.
② 시야가 좁아져서 볼 수 있는 범위가 한정된다.
③ 브레이크 조작이 늦어지면서 엑셀, 클러치가 난폭해지게 된다.
④ 호흡, 맥박은 증가하고 혈압은 저하된다.

188 다음 중 사고 운전자들의 특성으로 잘못된 것은?

① 초조적이고 즉행성이 강하다.
② 자기중심적이고 사회성(협동성)이 결여되어 있다.
③ 정서가 불안하고 사소한 일에도 감정을 사기 쉽다.
④ 타인을 배려하고 양보 정신이 강하다.

189 다음 중 어린이 교통행동으로 잘못된 것은?

① 교통상황에 대한 주의력이 뛰어나다.
② 사고방식이 단순하다.
③ 호기심이 많고 모험심이 강하다.
④ 추상적인 말은 잘 이해하지 못하는 경우가 많다.

정답 183. ② 184. ① 185. ③ 186. ④ 187. ① 188. ④ 189. ①

190 다음 중 어린이 교통사고의 특징으로 잘못된 것은?

① 나이가 많고 고학년일수록 사고를 많이 당한다.
② 보행 중 교통사고를 당하여 사상 당하는 비율이 2/3 이상이다.
③ 시간대별 어린이 사상자는 오후 4시에서 오후 6시 사이에 가장 많다.
④ 보행 중 사상사고는 대부분 집에서 2km 이내의 지점에서 발생되고 있다.

191 다음 중 교육의 내용 중 개별교육이 아닌 것은?

① 카운셀링
② 일상지도
③ 태코그래프에 의한 지도
④ 과제연구법

192 운전자 교육의 원리 중 다음의 내용과 맞는 것은?

― 보기 ―
초보 운전자에게는 그에 적합한 교육을 해야 하며, 숙련된 운전자에게는 그 사람에게 알맞은 교육을 해야 한다.

① 개별성의 원리 ② 자발성의 원리
③ 일관성의 원리 ④ 종합성의 원리

193 운전자 교육의 원리 중 다음의 내용과 맞는 것은?

― 보기 ―
효과적인 운전자 교육을 수행하기 위해서는 운전자 교육의 목적을 명확화하면서 개별성, 자발성, 일관성, 종합성 등의 원칙에 입각해서 지속적인 활동으로 전개되어야 한다.

① 집단교육의 원리 ② 반복성의 원리
③ 생활교육의 원리 ④ 종합성의 원리

194 다음 (   )에 들어갈 내용으로 맞는 것은?

― 보기 ―
(   )이란 부족 될 수 있는 지식을 보완하고 잘못된 지식을 수정해서 안전운전에 필요한 다량, 양질의 지식을 습득시키고자 하는 것이다.

① 운전지식교육 ② 운전기술교육
③ 운전태도교육 ④ 운전종합교육

195 다음 중 상담의 기본원리로 잘못된 것은?

① 비밀보장의 원리
② 의도적 감정표현의 원리
③ 심판적 태도의 원리
④ 자기결정의 원리

해설) 비심판적 태도의 원리

196 다음 중 운전 적성검사의 종류와 내용의 연결이 잘못된 것은?

① 속도예상 반응검사 : 초조성을 조사하는 검사
② 중복작업 반응검사 : 손발에 의한 반응의 정확성을 조사하는 검사
③ 처치판단 검사 : 좌우 주의력의 배분을 조사하는 검사
④ 동체시력 검사 : 정지된 대상에 대한 시력검사

197 다음 중 안전운전의 요건과 거리가 먼 것은?

① 안전운전 적성 ② 안전운전기술
③ 안전운전 태도 ④ 안전운전 요령

정답 190. ① 191. ④ 192. ① 193. ④ 194. ① 195. ③ 196. ④ 197. ④

198 다음 중 타코그래프(Taco Graph)의 사용 목적은 무엇인가?

① 운전자의 피로파악
② 자동차의 성능파악
③ 운행시간 파악
④ 안전운전 실태파악

199 운전자가 빨강 신호를 보고 위험을 인지하고 브레이크를 밟은 경우에 빨강 신호를 보았을 때부터 브레이크가 작동할 때까지의 시간을 무엇이라고 하는가?

① 반응시간   ② 여유시간
③ 제동시간   ④ 감각시간

200 다음 중 본능적, 무의식적 반응으로 최단시간을 필요로 하는 반응을 무엇이라 하는가?

① 직감적 반응
② 육감적 반응
③ 반사적 반응
④ 시간적 반응

정답 198. ④ 199. ① 200. ③

철 도 교 통 안 전 관 리 자

P·A·R·T 02

철도공학

필수과목

Chapter 1. 철도개론
Chapter 2. 철도계획
Chapter 3. 철도선로 및 건설
Chapter 4. 철도차량
Chapter 5. 전기철도 및 전기설비 개론
Chapter 6. 정거장
Chapter 7. 철도신호개론
Chapter 8. 철도공학 출제 예상문제

철도교통안전관리자

01 CHAPTER 철도 개론

1. 철도의 정의

철도(鐵道)는 레일 또는 일정한 Guide Way(안내로)에 유도되어 여객이나 화물을 운송하는 차량을 이동시키는 시설로, 레일로 된 일정한 주행로 위를 전용의 차량이 유도되어 주행하는 육상 교통수단이다.

※ 영국 : Railway, 미국 : Railroad

2. 철도의 목적

① 공공의 편리
② 산업의 발전
③ 국토의 개발
④ 지역격차 해소
⑤ 국토방위 역할(비상시)

3. 철도의 역사

(1) 해외 철도의 역사

① 1765년 와트(J.Watt)가 증기기관을 발명
② 1814년 영국의 스티븐슨(George Stephenson)이 증기기관차 제작에 성공
③ 1825년 영국 Stockton~Darlington 사이(약 40km)를 개통
④ 1828년 프랑스 철도 개업
⑤ 1830년 미국 철도 개업
⑥ 1853년 영국 식민지 철도 개통
⑦ 1869년 미국 대륙횡단열차 동서 연결
⑧ 1881년 독일 지멘스사의 전기기관차 운행

(2) 국내 철도의 역사

① 1899년 9월 18일   노량진~인천 경인선 개통
② 1905년 1월   서울~부산 경부선 개통
③ 1906년 4월   서울~신의주 경의선 개통

④ 1914년 1월　　　　대전~목포 호남선 개통
⑤ 1914년 9월　　　　용산~원산 경원선 개통
⑥ 1931년 8월　　　　천안~장항 장항선 개통
⑦ 1936년 12월　　　이리~여수 전라선 개통
⑧ 1937년 8월　　　　수원~남인천 수인선 개통
⑨ 1939년 7월　　　　성동~춘천 경춘선 개통
⑩ 1942년 4월　　　　청량리~경주 중앙선 개통
⑪ 1958년 5월　　　　조치원~봉양 충북선 개통
⑫ 1974년 8월 15일　서울 지하철 1호선(종로선) 서울~청량리 개통
⑬ 2004년 4월 1일　　서울~대구~동대구 경부고속철도(KTX) 1단계 개통
⑭ 2010년 11월 1일　동대구~경주~부산 경부고속철도 2단계 개통

4. 철도의 장·단점

(1) 장점

① 친환경성　　　　⑥ 안전성
② 고속성　　　　　⑦ 정시성
③ 쾌적성　　　　　⑧ 대량수송
④ 에너지 효율성　　⑨ 낮은 주행저항성
⑤ 국토이용 효율성　⑩ 편리성

(2) 단점

① 소량의 객화물 수송에 부적합하며, 기동성이 낮다.
② 시간 · 공간적으로 privacy 침해 등의 가능성 있음
③ 화물수송에 있어서 고급소량물품의 분산 · 집 배송에 적합하지 못하다.
④ 초기 투자비가 타 교통수단에 비해 상대적으로 크다.
⑤ 정밀한 유지보수를 필요로 한다.

5. 철도의 분류 및 구분

(1) 기능별 분류

1) 간선철도

① 국가 전체 철도망의 근간을 이루는 노선이다.
② 주요 대도시를 연결하는 역할을 한다.
③ 경부고속철도, 경부선, 호남선, 경전선 등이 간선철도에 해당한다.

2) 보조 간선철도(주요선철도)

① 주요 간선철도와 연결하는 노선이다.

② 주로 2개도 이상 권역 내의 간선을 형성하여 권역 내의 주요 도시를 연결한다.

③ 장항선, 충북선, 전라선 등이 광역철도에 해당한다.

3) 지선철도

① 간선 또는 보조간선에서 분기하여 지역내의 도시를 연결하는 노선이다.

② 산업단지, 항만, 화물터미널 등을 간선과 보조간선에 연결하는 역할을 한다.

③ 경북선, 진해선, 남부화물기지선 등이 여기에 해당한다.

(2) 성격별 분류

1) 일반철도

① 고속철도와 도시철도법에 정한 도시철도를 제외한 철도이다.

② 주로 여객 및 화물을 병행 수송한다.

③ 경부선, 호남선, 중앙선 등이 일반철도에 해당한다.

2) 고속철도

① 주요 구간을 200km/h이상으로 주행하는 철도를 말한다.

② 국토교통부 장관이 그 노선을 지정 및 고시한다.

③ 경부고속철도와 호남고속철도, 현재 공사 중인 동서고속화철도가 고속철도에 해당한다.

3) 광역철도

① 둘 이상의 시·도에 걸쳐 운행하는 도시철도 또는 철도로서 대통령령으로 정하는 요건에 해당되는 철도이다.

② 분당선, 안산선 등이 광역철도에 해당한다.

4) 산업철도

① 일반철도의 주요 거점 역에서 분기하여 산업단지, 항만, 화물기지를 연결하는 노선으로 주로 물류를 담당한다.

② 광양제철선, 진해선, 여천선 등이 산업철도에 해당한다.

(3) 일반적 분류

1) 국철

① 철도건설법에 의거 정부에서 입안하여 국가철도공단에서 건설하고 한국철도공사에서 운영하는 철도를 말한다.

② 우리나라 철도는 남북 축으로 발달되어 있다.

③ 서울을 중심으로 한 일축구조로 되어있어 서울~대전 구간의 병목현상이 심하다.

④ 동서축을 연결하는 철도는 경전선등 일부를 제외하고는 부족하다.

2) 도시철도

① 도시철도법에 의거 지방자치단체에서 기본계획을 수립한 후 중앙도시교통정책심의위원회 심의를 거쳐 국토교통부장관이 확정 및 고시하는 철도를 말한다.

② 도시철도법에서는 궤도에 의한 모든 교통시설을 총칭하되 도시교통권역에서 건설·운영되는 도시교통시설로 한정하고 있다.

③ 우리나라는 수도권과 5개 광역시(부산, 인천, 대전, 대구, 광주)에서 도시철도를 운영하고 있다.

3) 신교통시스템

① 미국에서는 ATS, 일본에서는 NTS로 불리고 있으며, 우리나라 일부에서는 신교통시스템을 경량전철(LRT: Light Rail Transit))이란 명칭을 사용하고 있다.

② 신교통시스템은 교통계획 측면에서 대중 교통수단인 버스의 수송분담을 대체하고, 전체 도로교통의 수송분담률을 경감하고 중량전철에 비해 건설비를 대폭 줄일 수 있다.

③ 운영적인 측면에서는 완전 무인자동운전으로 지하철 시스템에 비하여 운영요원 50[%]이상 감축이 가능한 특징이 있다.

6. 철도차량

(1) 철도차량의 정의

① 철도차량은 한 쌍의 차바퀴를 갖춘 2조 이상의 차륜위에 차체를 실어 전용궤도 위를 주행할 수 있는 설비이다.

② 여객이나 화물의 운속을 목적으로 하는 차량과 견인하기 위한 동력을 장착한 차량 특수차를 총칭한다.

(2) 철도차량의 종류

1) 객차

① 여객을 수송하기 위한 차량을 객차라 한다.

② 객차는 열차등급에 따라 KTX, ITX-새마을, ITX-청춘, 무궁화호, 누리로 등이 있다.

2) 화차

① 화물을 수송하기 위한 차량을 화차라 한다.

② 화차는 지붕의 유무에 따라 유개화차, 무개화차로 구분하며 운반품목에 따라 시멘

트 벌크차, 유리 및 화학물 조차, 석탄차, 자갈차 등으로 구분한다.

3) 동력차
① 차량을 견인하기 위해 동력장치를 갖춘차량을 동력차라 한다.
② 동력차의 위치에 따라 동력집중식, 동력분산식 열차로 구분한다.

4) 특수차
① 위 철도차량의 종류 밖에 특별한 구조 또는 설비를 갖춘 차량을 특수차라 한다.
② 제설차, 궤도시험차, 기중기 등이 특수차에 해당한다.

7. 철도시스템의 구성요소

(1) 선로
선로는 차량이 주행하는 길로서 궤도, 노반, 분기기, 선로방호설비, 방재설비 등 선로부속설비를 포함한다.

(2) 차량
차량은 승객과 화물을 목적지까지 이동하는 운반구이다.

(3) 역 시설
철도를 이용하는 승객이 타고 내리거나 화물을 싣고 내리기 위한 각종 시설을 말하며 역사와 승강장으로 구성된다.

(4) 에너지 공급설비
디젤차의 경우 경유를 공급하는 설비나 기지, 전기차의 경우 발전소로부터 송전된 전기를 변전소에서 변전하여 선로위의 전차선을 통해 전기를 공급하는 설비 등을 에너지 공급설비라고 한다.

(5) 시스템 설비
선로, 차량, 역 시설, 에너지 공급설비를 경제성과 함께 운용효율 및 안전을 고려하여 종합 관리함을 말한다. 위에 나와 있는 4가지 요소를 시스템 관리를 통해 안전성, 정시성을 확보할 수 있고 열차운행을 최적화하여 경제성을 확보한 철도운영을 할 수 있다. 철도의 시스템 관리는 철도종합사령실에서 이루어 지며 담당구역 안의 시설 및 설비상태와 운행하는 열차를 24시간 관찰하며 사고나 운전 변경 등을 열차에 알리고 시설의 보수를 지시하는 등 안전한 철도운영을 하는데 중요한 두뇌의 역할을 한다.

① 전산망 사령

예를 들어 철도운영정보시스템 등 여러 전산장비와 이에 따른 통신망들이 원활히 작동하는지 감시한다.

② 역무자동화 사령

열차행선지 안내장치, 전철 승차권 발매 등 역무설비가 제대로 작동하는지를 감시한다.

③ 시설 사령

선로의 상태를 감시하고 이상 발생시 이에 맞는 조치를 지시한다.

④ 열차집중제어장치(CTC) 사령

담당구역 내의 모든 열차의 움직임을 살피고, 열차가 원활하게 운행될 수 있도록 명령을 내리는 곳으로 사령의 중심역할을 한다.

⑤ 기관차, 객화차검수 사령

차량고장 및 이상 발생시 기관사에게 적절한 조치를 지시하고 화물, 여객사령과 협의 후 운행요소 차량과 정비대상 차량을 결정하는 등 원활한 열차조성을 지원한다.

⑥ 화물, 여객 사령

화물 혹은 여객열차 조성을 위한 차량수요를 정하고 운행 가능한 차량을 감안하여 열차를 조성하며 여객 및 화물이 목적지까지 정확하게 수송될 수 있도록 명령을 내린다.

⑦ 신호사령

열차가 안전하게 운행토록 하는 신호설비가 정상적으로 작동하는지를 감시한다.

⑧ 급전사령

열차에 동력을 공급하는 전차선로나 기타 고압 배전선로의 상태를 감시하고 이상 발생시 상황에 적절한 명령을 내린다.

8. 신 도시철도시스템

(1) 신 도시철도시스템의 개요

① 종래의 교통수단과 달리, 하드웨어적으로 신기술을 적용한 교통수단 또는 기존 교통수단의 운영형태를 소프트웨어적으로 개량한 교통수단을 신 도시철도시스템이라 한다.

② AGT, 모노레일, LRT, 리니어 전동차, PRT 등이 신 도시철도시스템에 속한다.

③ 신 교통시스템은 현 대중교통시스템의 수송분담을 대체할 수 있고 전체 노면교통네의 수송 분담률을 감소시키고 건설비용이 상대적으로 저렴하다.

④ 완전 무인자동운전으로 이루어지기 때문에 운영인력 및 비용을 감축시킬 수 있다.

(2) 신 도시철도 시스템의 종류

1) 노면전차 (Tram)

① 도로상에 궤도를 부설하여 운행하는 차량을 노면전차(tram)라 한다.
② 일반철도나 도시철도에 비해 수송력과 속도는 떨어지지만 역 설비, 노반구조물, 신호 보안 시스템을 간소화 할 수 있기 때문에 건설비용을 절감할 수 있다.
③ 선로의 위치는 도로의 중앙을 원칙으로 하며 자동차 운행의 왕복구간을 구분한다.
④ 정류장의 간격은 지하철의 반 정도로 짧고, 표정속도가 낮다.
⑤ 별도의 용지비용을 감소시킬 수 있어서 일반철도에 비해 경제적이다.

그림1 ▶ 노면전차

2) AGT(Automated Guideway Transit)

① 고가 위 등의 전용궤도를 소형 경량의 철제차륜 또는 고무차륜의 차량이 안내로를 따라 자동으로 주행하는 신 도시철도시스템으로 AGT라 한다.
② 기존 전동차에 비해 건설비 및 운영비가 저렴하고 도로교통수단에 비해 정시성, 신속성, 환경친화성이 우수하다.
③ 컴퓨터 제어에 의해 무인운전이 가능한 시스템이다.

그림2 ▶ AGT

2) 자기부상열차(Mag.-Lev. Train)
   ① 전자석의 흡인력이나 반발력을 이용하여 차량을 선로에서 부상시키고 선형모터(LIM)를 이용해서 추진력을 얻는 방식의 열차를 자기부상열차라 한다.
   ② 자기부상열차는 선로와의 마찰이 없기 때문에 구조물에 가해지는 충격하중이 거의 없고 소음 및 진동이 적고 부품교환이 적기 때문에 유지관리비가 적고 승차감이 우수하다.
   ③ 기존 철도에 비해 등판능력 및 가감속이 우수하다.
   ④ 우리나라는 현재 인천국제공항에 일본에 이어 세계에서 2번째로 도시형 자기부상열차를 운행하고 있다.

그림3 ▶ 자기부상열차

3) 모노레일
   ① 고가인 한 가닥의 궤도선로를 고무타이어 차륜에 의해 주행하는 교통수단을 모노레일이라 한다.
   ② 차량이 주행로 위를 지나가는 과좌식과 주행로 아래를 매달려 지나가는 현수식이 있으며 두 형식 모두 주행보가 큰 기둥에 지지되는 고가 구조이다.

그림4 ▶ 모노레일

   ③ 차량과 주행 빔이 일체형으로 되어 진동이 적고 다른 시스템에 비해 탈선의 우려가 적다.
   ④ 주행로가 한가닥이므로 주행장치에 구동바퀴 외에 다수의 안내차륜과 때로는 안정바퀴를 필요로 하기 때문에 차량의 기구가 복잡하고 고가이다.
   ⑤ 보통철도와 궤도 방식이 다르기 때문에 상호환승이 불가하다.

⑥ 별도의 대형구조물인 분기기설비가 필요하다.

4) 리니어 전동차(LIM : Linear Induction Motor Car)

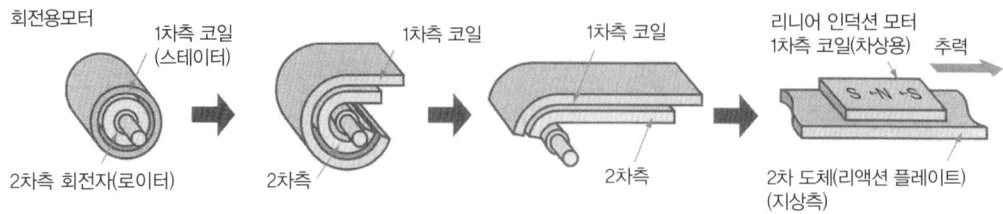

그림5 ▶ LIM(선형모터)의 원리

① 리니어모터의 전자력추진에 의해 주행하는 지하철이다.
② 물리적 접촉이 없더라도 구동력이 주어지기 때문에 차륜과 레일간의 마찰력은 불필요하다.
③ 리니어 모터는 판상의 선형모터이기 때문에 차량하부를 낮출 수 있고, 작은 터널 단면에서 일정한 차량공간을 확보할 수 있다.(직경이 작은 바퀴의 장착가능)
④ 차량의 높이가 낮아서, 터널단면이 작아지기 때문에 건설비의 절감할 수 있다.
⑤ 기존 철도에 비해 급경사에 유리하다.(즉 철제차륜 대비 등판능력이 우수하다)
⑥ 가감속 성능이 우수하다.
⑦ 선형모터의 사용으로 회전체가 적어서 소음, 진동이 적은 친환경 교통수단이다.

그림6 ▶ 리니어 지하철

철도 계획

1. 철도계획

(1) 철도계획의 특징
① 대규모 투자를 필요
② 장기간에 걸친 Life Cycle
③ 효과와 영향이 지역사회에 광범위하고 복잡하게 미친다.
④ 많은 사람들과 직, 간접으로 이해관계를 가진다.

(2) 철도계획의 내용
① 목표설정
② 세력권의 설정
③ 경제조사 및 현황분석
④ 수송수요 예측
⑤ 설비기준 책정
⑥ 운전계획 및 수송능력 검토
⑦ 투자비 소요판단
⑧ 투자평가
⑨ 효과분석

(3) 철도투자계획
① 수송력의 증가 : 신형차량 도입, 복선화, 배선의 변경, 전산화 등
② 기존설비의 근대화 : 차량의 개조, 노후화된 설비의 개량으로 안전운행의 확보
③ 수송 서비스의 개량 : 냉난방, 에스컬레이터 등 각종 시설의 확대
④ 신선(新線)건설계획 : 수요증대 시 새로운 선로의 건설 계획

2. 수송수요의 예측

(1) 수송 수요의 요인
① 자연요인 : 인구, 생산, 소득, 소비 등의 경제적, 사회적 요인
② 유발요인 : 열차횟수, 차량 수, 속도, 운임 등의 철도 서비스
③ 전가요인 : 자동차, 선박, 항공기 등의 타교통기관의 수송서비스

(2) 수요의 예측 과정
① 예측하는 지역의 설정과 지역의 분할
② 기준 년도에 있어서 교통 유동의 실태, 사회경제 활동 및 교통시설에 관한 조사
③ 교통기관의 교통 수요를 표현하기 위한 모델의 구축과 파라미터의 설정
④ 목표 년도에 있어서 사회경제 활동, 교통시설 등 조건의 설정
⑤ 목표 년도에 있어서 교통수요 예측

(3) 예측시행의 기본적 단계
① 과거의 경향과 장래의 예측에 관한 기본적 조사
② 과거 수요의 변동요인 분석
③ 이전 예측과 현재의 수요가 다른 요인 해명
④ 장래 수요에 영향을 줄 것으로 생각되는 요인 탐색
⑤ 장래의 수요 예측
⑥ 예측의 정밀도와 그 오차의 원인 검토
⑦ 필요에 따라 가까운 장래 예측의 수정

(4) 수요예측의 방법
① **시계열 분석법** : 통계량의 시간적 경과에 따른 과거의 변동을 통계적으로 재구성요소를 분석하고, 이들 정보로부터 장래의 수요를 예측하는 방법을 말한다.
② **요인분석법** : 현상과 몇 개의 요인변수와의 관계를 분석하고, 그 관계로부터 장래의 예측치를 구하는 방법이다.
③ **중력 모델법** : 두 지역 상호간의 교통량이 해당 지역의 수송수요발생량 크기의 제곱에 비례하고, 양 지역 간의 거리에 반비례한다는 예측 모델법을 말한다.
④ **원 단위법** : 대상지역을 여러 개의 교통구역으로 분할하며 각 구역 시설의 교통발생량을 조사하여 장래의 토지이용과 인구를 추정하여 교통수송량을 구하는 방법이다.
⑤ **OD(Origin Destination)표 작성법** : 대상으로 하는 지역을 몇 개의 존으로 분할하고 각 존 상호간의 교통 흐름을 파악하여 OD표를 작성하여 장래 수송수요를 예측하는 방법이다.

3. 수송 계획

(1) 수송계획
수송계획이란 예측한 수송량을 고객의 희망에 따르도록 효율적으로 수송하는 구체적인 계획을 말한다.

(2) 수송계획 고려사항

　① 수송력의 설정　　　　　　　　④ 열차 종별의 책정
　② 열차 방식의 선정　　　　　　　⑤ 열차 속도의 책정
　③ 열차 단위와 횟수의 결정

4. 선로 용량

선로 용량이란 수송력의 열차 설정에서 1일에 열차를 몇 회 주행시킬 수 있는가 라는 선구의 열차설정 능력을 나타내는 수치 척도를 말한다.

① 한계용량 : 수송능력의 한계 판단에 사용, 최대 한계용량
③ 실용용량 : 한계용량에 선로이용률을 곱한 일반적인 선로용량
④ 경제용량 : 수송력 증강대책의 선택이나 착공시기에 대한 지표가 되는 것으로 최저 수송원가가 되는 선로의 열차 횟수
④ 기술용량 : 착공시기에 대한 지표가 되는 선로용량
⑤ 선로용량(1일)
　㉠ 단선 : 70~100회
　㉡ 복선 : 120~140회
　㉢ 복선전철(일반열차 혼입 시) : 200~280회
　㉣ 복선전차 전용선 : 340~430회

(1) 선로용량 산정 시 고려사항

　① 열차의 속도(운전시분)　　　　⑥ 신호현시 및 폐색방식
　② 열차의 속도차이　　　　　　　⑦ 열차의 유효시간대
　③ 열차종별의 순서 및 배열　　　⑧ 선로시설 및 보수시간
　④ 역간거리 및 구내배선　　　　　⑨ 열차운전 여유시분
　⑤ 열차의 운전시분

(2) 선로용량의 변화요인

　① 열차설정 및 열차속도 변경
　② 폐색방식의 변경
　③ ABS(자동폐색장치: Automatic block system) 및 CTC(열차집중제어장치: Centralized traffic control) 구간의 폐색신호기 거리변경
　④ 선로조건의 근본적인 변경

(3) 선로용량 증대를 위한 방안

1) 열차운용
   ① 열차종별의 단순화
   ② 정차시간 단축
   ③ 중련운행
   ④ 열차설정 시 불용시간의 최소화
   ⑤ 열차길이의 최대화

2) 시설
   ① 단선 복선화
   ② 무인 신호장 등 교행대피시설 확대
   ③ 선로기울기 완화
   ④ 정거장 구내시설 개량
   ⑤ 분기기의 번호 높임
   ⑥ 선로속도의 향상

3) 차량
   ① 차량 가속도와 감속도의 성능 향상
   ② 차량 최고속도 향상

4) 전기 및 신호
   ① 전철화 확장
   ② 폐색구간 단축(신호기 간격 조정)
   ③ 신호시스템 개량

(4) 선로이용률

선로이용률이란 1일에 열차설정가능 시간의 비율을 말한다. 즉 (실제 1일에 투입가능 열차횟수) ÷ (1일에 투입가능한 열차 최대횟수)

(5) 선로이용률에 영향을 주는 조건

① 선로 물동량의 종류
② 여객열차와 화물열차의 횟수 비례
③ 열차횟수 및 인접 역간 운전시분의 차이
④ 열차운전의 여유시분
⑤ 주요도시로부터의 거리와 시간
⑥ 열차의 시간대별 집중도
⑦ 인위적 및 기계적 보수시간

5. 정거장 구내용량

① 정거장 구내용량이란 정거장 구내에서 얼마나 많은 차량을 유치, 조성, 운영할 수 있는지의 능력을 말한다.
② 차량 수는 길이 14m를 1량으로 환산하는 차장율로 나타낸다. 즉, 차장율 1.5는 1량의 길이가 21m라는 뜻이다.

6. 동력차의 견인정수

견인정수는 동력차가 정해진 속도 종별에 해당하는 열차중량을 견인하여 정해진 운전시간에 지연하지 않고 안전하게 운행할 수 있는 견인중량을 말한다.

7. 철도의 건설계획

① **철도건설의 의의** : 철도건설은 철도선로가 없던 두 지점 간을 연결하여 그 지역의 경제개발, 지역 간 격차해소를 목적으로 하는 신규노선의 건설과 기존철도를 개량하는 것을 말한다.
② 국토교통부장관은 국가의 효율적인 철도망구축을 위해 10년 단위로 국가철도망구축계획을 수립하고 시행하여야 한다.
③ 국가철도망구축계획은 관계 중앙행정기관의 장 및 관계 시·도지사와 협의하여 수립하고 철도망계획은 국가기간교통망계획과 교통투자시설계획, 대도시권광역교통계획과 조화를 이루어야 한다.

8. 예비타당성 조사

(1) 예비타당성 조사의 개요

① 정부가 참여하는 대형 신규 공공투자사업의 정책적 의의와 경제성을 판단하고, 사업이 효율적이고 현실적인 추진방안을 제시하는 데 목적이 있다.
② 예비타당성 조사는 1999년 처음으로 도입돼 기획재정부가 주관 부처로 담당하고 있다.
③ 수요가 없거나 경제성이 낮은 사업의 무리한 추진을 방지한다.
④ 예기치 않은 사업비 증액과 잦은 사업계획 변경으로 인한 재정운영의 불확실성을 차단하고, 중도에 사업을 취소하는 것을 방지한다.
⑤ 전반적인 재정운용이라는 정책적 측면에서 문제가 되는 경우를 막기 위해 대형 투자사업에 대한 면밀한 사전검토를 실시하게 된다.

(2) 예비타당성 조사 과정

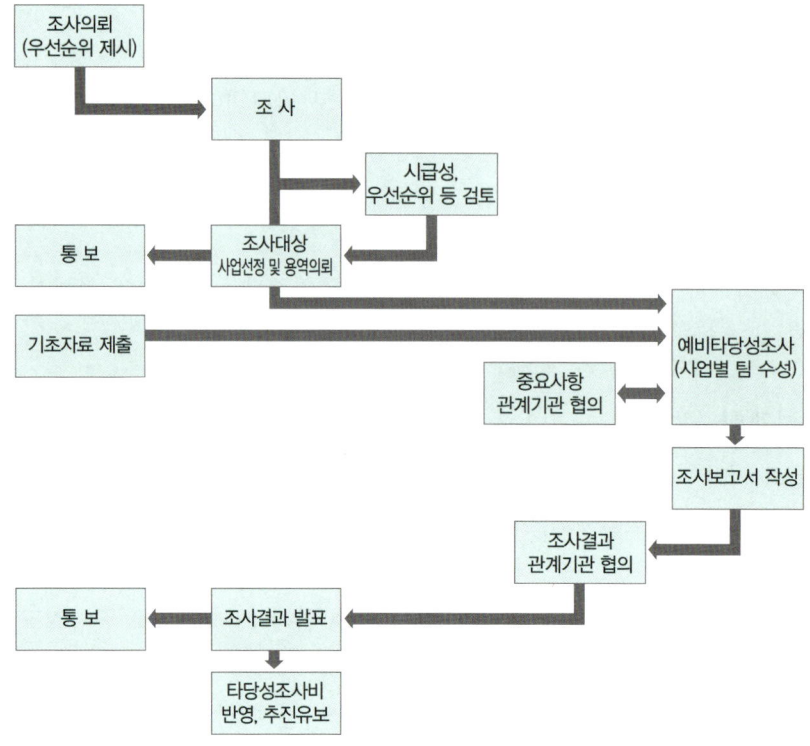

그림7 ▶ 예비타당성 조사의 과정

9. 타당성 조사

(1) 타당성 조사의 개요

① 타당성 조사는 어느 사업의 기술적 가능성을 기본으로 경제적, 재무적인 측면에서의 평가를 하여 그 사업의 추진여부를 결정하는 것에 목적이 있다.
② 타당성조사는 사업주무부처가 담당한다.
③ 토질조사, 공법 분석 등 다각적인 기술성 분석한다.
④ 실제 사업 착수를 위하여 보다 정밀하고 세부적인 수준에서 시행하는 조사임.

(2) 타당성 조사의 조사단계

① 관련 계획 조사 및 검토
② 현지조사 및 현황분석
③ 대체 안을 포함한 조사대상 계획안과 장래 토지이용계획의 설정
④ 교통량 예측과 운영계획 조사
⑤ 운영계획 검토
⑥ 환경부문에서의 기본설계
⑦ 건설비의 산출

⑧ 사회 및 생활환경에 대한 영향 분석과 경제 분석 및 채무분석
⑨ 종합평가

(3) 타당성 조사의 계획단계

① 수송수요 예측 및 평가
② 철도시스템 검토
③ 건설기준 검토
④ 노선선정
⑤ 정거장 선정
⑥ 열차운영 계획
⑦ 경제성 분석 및 재무 분석
⑧ 환경, 교통영향성 검토
⑨ 관계기관 협의

10. 예비타당성 조사와 타당성 조사 비교표

구분	예비타당성 조사	타당성 조사
목적	타당성조사 이전에 예산반영 여부 및 투자우선순위 결정	예비타당성 조사를 통과한 후 본격적인 사업 착수
조사의 주체	기획재정부	사업 주무부처
경제성 분석	본격적인 타당성조사의 필요성 여부를 판단하기 위하여 개략적인 수준에서 조사	실제 사업 착수를 위하여 보다 정밀하고 세부적인 수준에서 조사
정책적 분석	경제성 분석 이외에 국민경제적, 정책적 차원에서 고려되어야 할 사항들을 분석	검토 대상이 아니며, 다만 환경성 등 실제 사업의 추진과 관련된 일부 항목에 대해서는 면밀한 조사를 실시
기술적 분석	검토대상이 아니며, 필요시 전문가 자문 등으로 대체	토질조사, 공법 분석 등 다각적인 기술성 분석

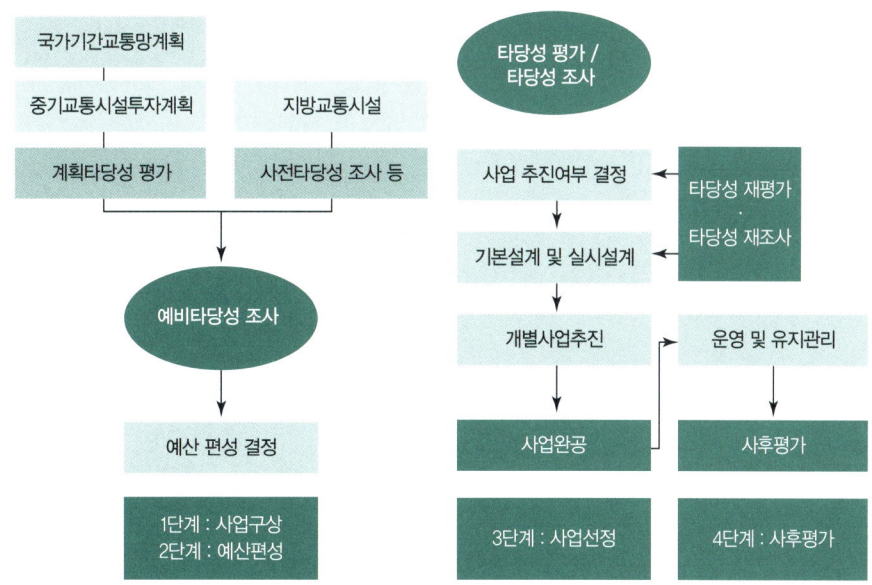

그림8 ▶ 예비타당성조사와 타당성조사 도표

11. 국가철도망구축계획

① 국토교통부장관에 의해 10년 단위로 국가철도망구축계획을 수립·시행하여야 한다.

② 국가철도망구축계획을 수립하기 위해서는 관계중앙행정기관의 장, 시·도지사와 협의해야 한다.

③ 국가철도망구축계획에는 다음 사항은 포함해야 한다.
  ㉠ 철도의 중장기 건설계획
  ㉡ 다른 교통수단과의 연계교통체계 구축
  ㉢ 소요재원의 조달방안
  ㉣ 환경 친화적인 철도의 건설방안
  ㉤ 그 밖에 체계적인 철도건설 사업을 위하여 필요한 사항

④ 국가철도망구축계획에 따라 사업별로 수립된 철도건설기본계획은 다음 사항을 포함해야 한다.
  ㉠ 장래의 철도교통수요 예측
  ㉡ 철도건설의 경제성과 타당성 그 밖의 관련사항의 평가
  ㉢ 개략적인 노선 및 차량기지 등의 배치계획
  ㉣ 공사내용, 공사시간 및 사업시행자
  ㉤ 개략적인 공사비 및 재원조달 계획
  ㉥ 연차별 공사시행계획
  ㉦ 환경보전·관리에 관한 사항
  ㉧ 지진대책 등

⑤ 국가철도망구출계획에 따라 사업별로 수립된 철도건설기본계획의 고시 내용은 다음 사항을 포함해야 한다.
  ㉠ 사업의 명칭
  ㉡ 사업의 목적
  ㉢ 사업시행자의 명칭 및 주소
  ㉣ 공사의 내용
  ㉤ 공사비
  ㉥ 공사기간
  ㉦ 공사노선의 기점과 종점
  ㉧ 주요 경유지 및 철도차량기지의 위치

12. 철도의 설계

(1) 기본계획수립 조사

기본계획수립조사는 크게 기술분야와 정책분야로 나누어진다.

1) 기술분야 조사
   ① 관련계획 조사 분석
   ② 철도시스템 계획
   ③ 건설기준 계획
   ④ 노선선정

2) 정책분야 조사
   ① 사회, 경제지표 현황 분석
   ② 교통현황 분석
   ③ 장래여건 분석
   ④ 교통수요 예측
   ⑤ 경제성 분석
   ⑥ 재무성 분석
   ⑦ 최적 대안 노선 세부분석
   ⑧ 재원대책 계획
   ⑨ 지자체 협의 및 자문

(2) 실시 설계

1) 분야별 실시설계
   ① 노반공사
   ② 궤도공사
   ③ 전기, 신호, 통신공사
   ④ 차량기지공사
   ⑤ 상하수도공사
   ⑥ 조경공사
   ⑦ 열차운행계획
   ⑧ 경제성 검토

(3) 노선설계

1) 노선계획의 의의
   ① 노선계획은 지역발전계획과 부합하고 목표하는 수송능력을 달성하면서 열차운행효율과 건설비를 최적화 시킬 수 있도록 하는 것에 그 목적이 있다.
   ② 노선계획은 주변의 여건상 선로등급에 따라 기술적으로 건설기준에 적합해야 한다.

2) 노선계획의 순서
   ① **도상선정계획** : 1/25,000~1/50,000 지형도상 비교노선, 개략적인 선로 종·평면도를 작성한다.
   ② **답사** : 도상선정계획에서 선택된 비교 노선 등에 대하여 현지의 지형상황, 지질의 조사 한다.
   ③ **예측** : 1/50,000 선로 종·평면도, 50m 간격의 선로횡단면도를 작성하여 비교노선의 건설비 분석 및 경제성을 평가한다.

④ 실측 : 최종 선정된 노선에 대한 확정측량을 시행하여 최종적으로 노선의 위치, 시공 기면고, 정거장의 위치를 결정한다.

3) 노선계획 시 고려사항
① 정거장의 위치선정(가능한 수평, 직선으로 계획한다.)
㉠ 광역철도 : 2~3km
㉡ 일반철도 : 10~15km
㉢ 고속철도 : 50km
② 기울기의 산정
③ 곡선의 선정
④ 선로중심선 및 시공기면의 높이
⑤ 교량의 경간비
⑥ 터널위치 및 단면

4) 노선규격의 선정
수송계획에 기초하여 차량의 종류 및 형식, 열차의 최고속도, 기관차 견인열차의 단위 등을 고려하여 선로규격을 선정한다.

(4) 곡선
① 선로는 여러 측면에서 볼 때 직선이 가장 이상적이다.
② 지형과 주변의 여러 환경여건 등으로 곡선건설은 불가피하다.
③ 곡선은 건설비나 개량비에 크게 영향을 주기 때문에 열차속도나 선로 사명에 따라 구분된다.
④ 곡선에 의한 속도제한 고려사항
㉠ 전복의 위험
㉡ 탈선의 위험
㉢ 승차감의 악화
㉣ 궤도 파괴

(5) 구배
① 곡선과 마찬가지로 지형과 주변 환경 등으로 인해 노선을 설계할 때 구배건설은 불가피하다.
② 구배는 그 수치가 크면 열차의 주행성능 등에 큰 영향을 미친다.
③ 구배는 여객 및 화물 수송의 양과 질적 서비스에 큰 영향을 미친다.
④ 구배 역시 곡선과 마찬가지로 될 수 있는 한 완만하게 설계해야 한다.

⑤ 구배는 고저차이와 수평거리와의 비율로 나타내며 단위로는 퍼밀(‰)을 사용한다.

(6) 종곡선
① 종곡선은 선로의 구배가 변화하는 곳에 열차의 주행을 원활하게 만들기 위한 중요한 요소이다.
② 종곡선은 차량의 충격을 줄이고 구배 변화로 인한 승차감의 질이 낮아지는 것을 적게 하는 역할을 한다.

(7) 사업영향성조사
철도의 건설 사업은「환경교통재해등에관한영향평가법」의 규정에 의한 환경 등 사업영향 평가를 받아야 하는 대상사업이므로 사업실시계획 승인 절차에 따른 적합한 시기에 평가를 받기위해 조사를 한다. 사업영향성조사에는 아래 항목들이 있다.
① 환경영향조사
② 문화재영향조사
③ 폐광 등 광산실태조사

13. 철도 공사 시행

(1) 공사시행계획

1) 추진계획 확정
   ① 건설사업 추진계획에 따라 대형공사 집행계획 및 추진방법을 결정한다.
   ② 공사발주기관과 물품 및 장비조달기관은 소관 사업계획을 수립한다.

2) 물품 및 장비조달계획
   건설사업 시행기관에서는 공사발주 전에 발주처에서 공급할 물품 및 장비조달계획을 수립한다.

3) 예산배정
   ① 세부사업별 공사발주나 물품 및 장비조달이 추진계획에 지장이 없도록 소요예산을 적기에 배정 조치한다.
   ② 해외에서 도입해야할 특수한 물품 및 장비가 있을 경우 소요예산을 내자와 외자로 구분하여 이를 확보할 수 있게 계획한다.

4) 공사관리조직 및 관리요원 확보
   ① 공사현장의 효율적인 관리를 위해 공사규모와 세부사업별 전문기술과 특성을 고려한 지역단위 현장관리사무소 운영체계의 직제와 관리요원을 확보하도록 계획한다.

② 공사발주 이전에 현장관리사무소를 설치하여 시공업체와 감리단이 착공신고서를 접수할 수 있도록 계획한다.

5) 공사발주
① 시공경험이 풍부하고 우수한 기술요원과 최신장비를 보유한 시공업체가 낙찰될 수 있도록 계획한다.
② 건설사업의 특성에 따라 총 공정을 고려하여 공기를 좌우하는 개소는 우선발주를 선행하는 방향으로 계획한다.
③ 부분개통을 목표로 하는 사업은 단계별 개통계획에 따라 공사를 발주한다.
④ 영업선 근접공사 또는 기존선을 개량하는 공사는 열차운행 횟수와 운행시격 등 열차 특성을 고려하여 안전하게 시공할 수 있는 공법과 가 시설 등을 선로차단 시간 내에 안전하게 시공할 수 있는 방안으로 공사 발주를 계획한다.
⑤ 궤도, 전기, 신호 등 부대공사도 노반공사와 기술적 연계성을 고려하여 안전하게 시공하고 공정을 관리하는 방향으로 공사발주를 계획한다.

(2) 공사 관리
① 예산 및 자금 확보계획을 수립한다.
② 발주처조달 공사용 자재 및 장비확보 계획을 수립한다.
③ 공사 관리지원 계획을 수립한다.

14. 시운전계획

(1) 시운전계획의 필요성
① 건설사업의 전반적인 공사가 완료되면 영업개시 이전에 반드시 열차운행계획에 따라 열차를 실제 운행하면서 운전성능시험과 안전성시험을 하여 보완하고 영업개시계획을 수립해야한다.
② 차량, 팬터그래프, 카테나리(전차선), 열차제어, 궤도 등을 실제운행을 하며 성능시험과 안정성시험을 해야 한다.
③ 속도정수 사정기준 규정에 차량의 신조 또는 도입, 중요부분을 개조하였을 경우 시험을 거쳐 운전성능을 사정하도록 규정하고 있다.

(2) 운전시험의 구분
1) 운전성능시험
① 견인성능시험   ③ 제동성능시험
② 열차저항시험   ④ 기기용량시험

2) 차량주행 안전성운전시험(운전속도한계 결정)
   ① 탈선에 대한 안전성시험
   ② 승차감시험

3) 전력 및 신호설비 안전성운전시험(노치 취급, 운전속도 관련)
   ① 변전소의 변전용량시험
   ② 변전소의 집전용량시험
   ③ 신호가시거리 시험
   ④ 신호장애시험

(3) 시운전 실시계획

시운전 실시계획은 다음 항목들을 검토하여 수립한다.
① 시험목적
② 측정조건
③ 시운전 장소
④ 시험 일시 및 기간
⑤ 측정자
⑥ 측정항목
⑦ 시운전열차편성
⑧ 시운전열차운행표
⑨ 시운전준비
⑩ 시운전 소요경비

15. 영업개시

영업개시는 다음 항목에 따라 시행한다.
① 영업개시 예정기일 보고
② 시운전실시 결과 보완시행
③ 대장 및 도표제출
④ 개통식행사 계획
⑤ 유지보수관리계획

03 CHAPTER 철도선로 및 건설

1. 선로 구조물 건설

(1) 선로 구조물
선로 구조물이란 선로 구조 중 교량, 터널, 성토, 깎기 등을 말한다.

(2) 선로 구조물의 구조계획
① 구조물의 구조계획은 구조물의 종별과 구조 형식을 선정하는 일이다.
② 철도의 루트 선정, 역 및 차량기지의 위치 선정이 끝난 단계에서 행한다.
③ 설계 협의상의 제약 조건을 염두에 두고, 측량 · 지질조사 · 적용하는 기술기준을 선정한다.
④ 유사한 구조물에 관한 기 설계의 자료를 수집한다.
⑤ 사업계획의 상세 검토에 앞서 계획 단계에서 중요한 단계이다.

(3) 선로 구조물 구조계획 시 유의점
① 목적으로 하는 철도에 적합한 선형의 기준
② 안전성의 확보
③ 방재를 위한 배려
④ 주변 환경과의 조화
⑤ 건설에서 유지관리까지의 비용 절감

(4) 구조계획의 진행방법
1) 구조 종별의 선정

토공 또는 고가 선정, 고가 또는 교량 선정, 터널 또는 절토시공 선정 등을 경제성, 기술적 난이도, 환경 등에 착안하여 비교, 검토하고 대국적인 방침을 세우는 것이다.

(5) 구조 형식의 선정과 요소
구조물의 종별이 선정되면 구조 종별마다 구체적인 구조 형식을 선정한다.
① 터널 ③ 토공
② 교량 ④ 고가

2. 토공의 계획과 시공(깎기, 흙 쌓기)

(1) 토공의 정의

토공이란 자연 지형에 도로 등 시설물을 시공하기 위한 기초지반 형성 작업으로 땅깎기(절토) 또는 흙 쌓기(성토) 등의 작업을 말한다.

(2) 토공 노반의 구분

토공노반은 땅깎기 노반, 원지반 및 흙 쌓기 노반으로 구분되며 흙 쌓기 노반은 상부노반과 하부노반으로 구분한다. 상부노반은 시공기면으로부터 1.5m 깊이에 있는 흙쌓기 노반을 말하고 하부노반은 상부노반 아랫부분부터 원지반까지의 흙쌓기 노반으로 구분한다.

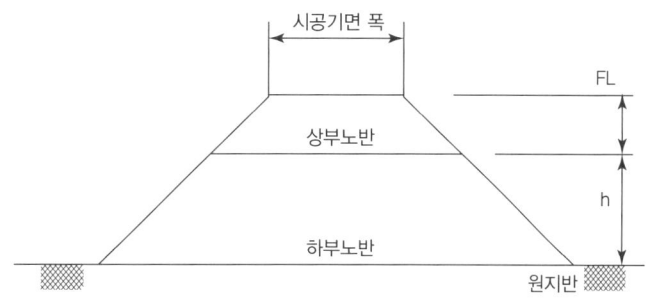

그림9 ▶ 흙쌓기 노반

(3) 토공노반의 폭과 시공기면의 횡단기울기

시공기면 폭은 열차하중의 분산범위, 노반의 차수성, 시공기면의 배수성, 시공성 등을 고려하여 철도건설규칙에 따라 계획하고 시공기면 횡단면 기울기는 3%의 배수기울기를 설치해야 한다.

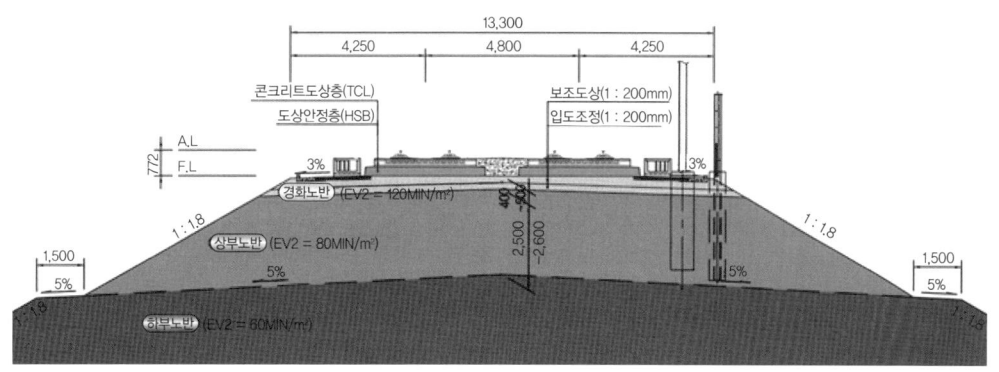

그림10 ▶ 토공노반의 설계폭

3. 터널(Tunnel)의 계획과 건설

(1) 터널의 사명

터널은 그 사명에 따라 산맥과 구릉을 지나는 산악터널, 지하철 등의 도시터널, 해협의 해저터널로 대별된다.

(2) 터널의 계획

터널을 뚫기까지는 사전에 충분히 조사, 검토 되어 건설에 지장 없이 수행 될 수 있도록 계획해야 한다. 터널공사는 이처럼 사전에 충분히 조사, 검토를 하여도 지중의 모두를 정확하게 탐지하기 어렵기 때문에 그에 따른 예기치 못한 사고 등 공사에 위험이 따르는 것은 피할 수 없다. 또한, 터널은 완성이 되면 그 효과는 상당히 크기 때문에 공기의 단축에 중점이 주어지는 경우가 많다.

(3) 터널 노선의 선정

① 직선이 바람직하고 곡선도 가능한 반경이 큰 것이 좋다.
② 불량한 지질(연약한 파쇄대, 단층 등)은 피한다.
③ 장대터널은 입갱, 사갱을 설치하기 쉬운 조건도 고려한다.
④ 시가지에서는 사유지의 아래를 되도록 피하고, 도로아래 등의 공유지를 통과하도록 한다.

(4) 지질 조사

1) 지표 답사

노선 후보의 주변을 도보에 의하여 답사하고 지형이나 노두를 관찰하면서 지질 구조를 추정한다.

2) 탄성파 조사

일직선상으로 감진기를 설치하여 인공지진을 일으켜 지반을 전파하는 탄성파를 수신 및 해석하며 전파속도가 지질에 따라 다른 점을 이용한다.

3) 보링(Boring) 조사

지표면에서 보링 기계를 사용하여 지름 5mm 정도의 구멍을 터널 통과의 깊이까지 뚫어 흙이나 암석을 채취하여 지질을 조사한다. 다른 조사에 비해 정확도는 뛰어나지만, 작업이 대규모적이며 비용이 크기 때문에 문제가 크다고 생각하는 점을 선택하여 행한다.

(5) 환경 조사

① 터널은 주변 환경에 영향을 주어 사회 문제를 초래하는 등 여러 문제가 생길 수 있기 때문에 실시한다.

② 터널의 건설에 따라 주위의 환경에 미치는 영향을 사전에 조사하여 영향이 있을 경우 처치를 신속, 적절하게 취해야한다.

(6) 터널 단면의 산정

1) **원형단면**

    ① 지압의 외력을 받아내기에 이상적인 형상이다.

    ② 터널한계에 대해 하부에 쓸데없이 많은 공간이 생기고, 굴착량이 많아 비경제적이다.

    ③ 지압이 높은 경우, 터널 보링머신 공법, 쉴드공법 굴착 등에 채용된다.

2) **말굽형 단면**

    ① 저부의 폭을 넓게 만들기 때문에 쓸데없는 공간이 생기는 경우가 적다.

    ② 경제적인 단면이기 때문에 산악터널의 표준형상으로서 채용된다.

3) **직사각형 단면**

    ① 도로 아래의 지하철 등에 대하여 지표로부터 비교적 낮을 개착 터널이나 하천 아래 등의 침매 터널에 채용된다.

표1 ▶ 철도용터널의 단면 형상별 특징

구분	원형	마제형	난형
단면	(D1)	(R1, R2, R3)	(R1, R2, R3)
특징	• 구조적으로 가장 안전 • 하중이 큰 경우(비매수 터널 등) 많이 적용 • 인버트부 시공이 까다롭고 불필요한 공간형성으로 비경제적 요소 존재	• 다른 단면형상보다 외력에 대해 구조적으로 취약 • 배수형 터널에 많이 적용 • 시공성이 양호하고 경제적임	• 구조적으로 원형과 마제형의 중간 정도로 양호 • 비배수형 터널에도 적용 가능 (형상 조정) • 굴착량은 마제형보다 다소 증가하나 원형단면처럼 불필요한 공간을 형성하지 않음

(7) 터널공법의 종류

1) **산악터널**

    ① 절삭기 또는 다이너마이트를 사용하여 굴착작업을 한다.

    ② 굴착, 발파한 토석을 레일 또는 운반차를 사용해 갱외로 반출한다.

③ 원지반의 내벽 붕괴를 방지하기 위해 원지반에 콘크리트를 뿌려 지보작업을 한다.
④ 터널 내벽을 콘크리트로 둘러싸서 항구 구조물로 복공작업을 한다.

> ▶ **산악터널 단면공법**
> ① 전단면 공법
> ② 상부 반 단면 선진공법(벤치 컷 공법)
> ③ 저설 도갱 선진 상부 반 단면 공법
> ④ 측벽 도갱 선진 공법

2) 개착터널
① 지표면부터 굴착하는 오픈 컷(Open Cut) 공법이다.
② 산악 터널에 비해 건설비는 2~3배 비싸다.
③ 도시지구에서 일반적으로 채용된다.

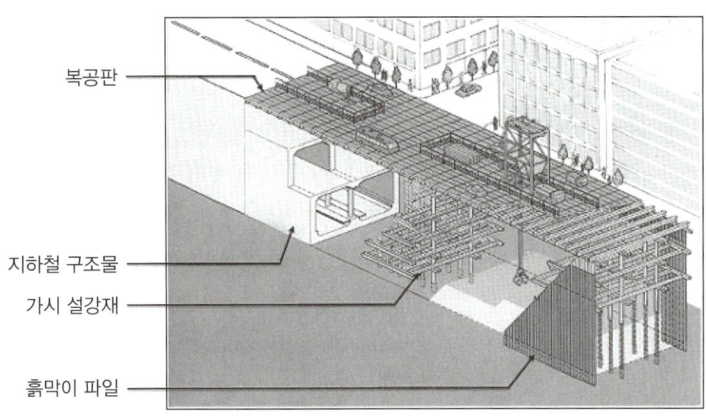

그림11 ▶ 개착터널 공법의 구조

> ▶ **개착터널 공법**
> ① 건설하는 구축에 들어가는 폭과 깊이의 양측에 강말뚝(Steel Pile)을 박아 토류를 한다.
>   *토류(土留) : 지반을 굴삭하거나 사면을 공사하는 경우, 토사붕괴를 방지하기 위해 토압에 저항하는 구조물을 설치하는 공사
> ② 강말뚝 사이에 강형을 설치하고 그 위에 임시의 복공판을 깔아 노면 교통을 확보한다.
>   *강말뚝: 강철로 만들어진 말뚝으로, 주로 건축물의 기초를 지지하는 데 사용됨
> ③ 갱내의 매설물을 방호하면서 굴착과 지보작업을 행한다.
>   *지보작업 : 터널이나 갱도 등 굴착 공사 시 굴착면의 붕괴를 방지하고 안정성을 확보하기 위해 실시하는 작업
> ④ 콘크리트로 구축한다.
> ⑤ 대부분의 경우 철근콘크리트의 직사각형 단면이 채용된다.
> ⑥ 공사가 마무리되면 다시 메꾸어 복구한다.

3) 쉴드터널(Shield tunnel)
    ① 지반내에 쉴드라 칭하는 강제 원통형의 굴진기를 추진시켜 터널을 구축하는 공법이다.
    ② 산악터널에 비해 건설비는 비싸지만, 각종의 개선에 의하여 비용저감이 도모되고 있다.
    ③ 하저, 해저에서의 특수공법으로 채용되었으나, 최근에는 시공 시 노면교통의 확보와 소음, 진동 방지대책 등의 이유로 전용기의 성능을 향상시켜 지하터널에도 채용되었다.

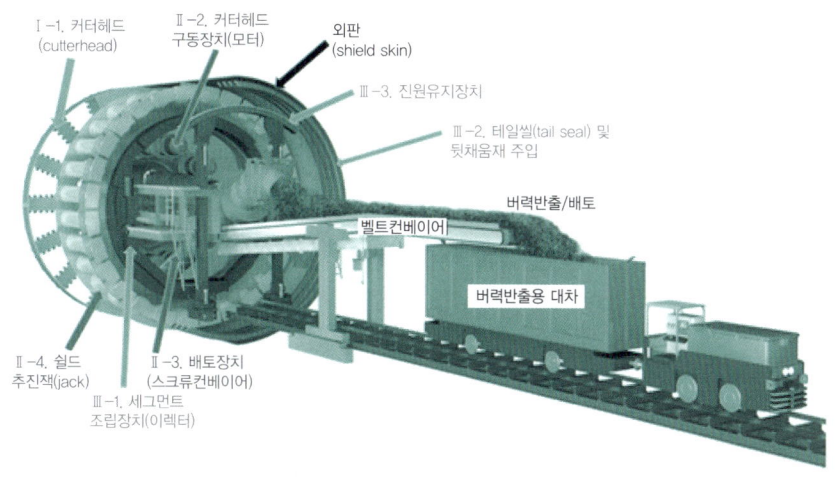

그림12 ▶ 쉴드터널 공법 구조

4) 침매터널(Tubing tunnel)
    ① 하천 등을 횡단하여 물밑에 터널을 건설하기 위한 특수공법이다.
    ② 쉴드공법과 비교하여 전후의 설치 구간의 장단점 등의 우열을 검토하여 선정한다.

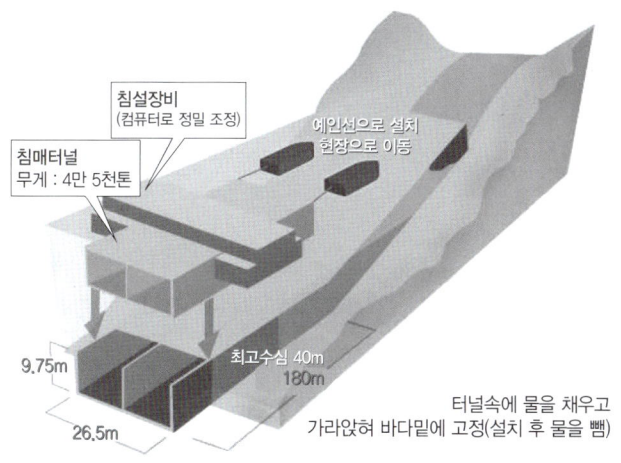

그림13 ▶ 침매터널 공법 구조

> ▶ **침매터널 공법**
> ① 터널 구절(element)을 제작한다.
> ② 터널 구절을 현장까지 배로 수송하여 소정의 장소에 침하 설치하며 순차 접속한다.

 5) 해저(Submarine tunnel)터널

  ① 해저(海底)에 건설되는 터널. 강 아래에 건설되는 터널을 포함하여 수저(水底)터널이라고 총칭되고 있다.

  ② 수원이 무한으로 존재하기 때문에 시공 중의 용수대책과 완성 후의 누수대책에 특단의 배려가 요구된다.

  ③ 수심이나 흙의 두께가 많은 경우는 고수압의 처리가 중요하다.

> ▶ **해저터널 공법**
> ① 지반주입법 : 암반의 갈라진 틈으로 특수시멘트를 주입하여 내벽으로부터 용수를 방지한다.
> ② 뿜어 붙이기 콘크리트 공법 : 믹서로 시멘트, 골재, 급결재를 혼합하여 압축공기에 의하여 노즐로 분사시켜 터널의 벽에 뿜어 붙이는 공법이다.
> ③ 선진 보링(Drift Boring) : 지질 조사를 위해 사전에 터널의 굴착 예정 노선에 평행하게 긴 구멍을 보링을 한 것이다.
> *선진 보링(Drift Boring)은 터널 굴착 시 본 터널보다 먼저 소규모로 굴착하는 도갱(Pilot Drift)을 이용한 굴착 공법 중 하나입니다. 도갱은 버력 반출, 자재 운반, 환기, 배수 등에 활용되며, 주로 해저 터널이나 장대 터널에서 사용함.
>
> ▶ **해저터널의 안전대책**
> 해저터널은 주변수압에 의해 외력이 상당히 많이 작용하고 터널 내 발생할 수 있는 모든 위험에 대하여 안전대책이 필요하다.
> ① 열차화재 검지장치
> ② 정점 소화설비
> ③ 정점 환기·배연설비
> ④ 정점 피난유도설비
> ⑤ 배수(drainage)설비

4. 철도교량의 계획과 구조

(1) 철도교량의 역할

 하천, 계곡, 저지대, 도로 등을 넘어가기 위한 교량은 철도의 건설에 있어 빼놓을 수 없는 중요한 철도 구조물이다.

(2) 철도교량의 계획

 ① 철도교량은 구조형식, 구성재료, 주행로별, 궤도구조 등에 따라 여러 종류가 있다.

② 내구성도 고려하여 합리적으로 안전과 경제성, 주위의 경관을 고려하여 계획한다.

(3) 철도교량의 기본 구조

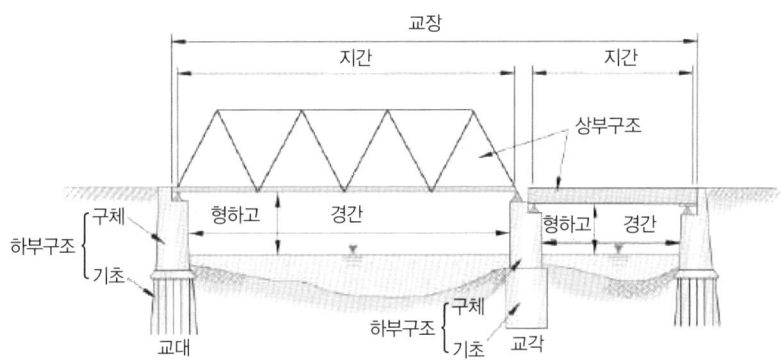

그림14 ▶ 철도교량의 기본구조

1) 상부구조

① 상부구조는 상판, 주구 또는 주형 등에 의해 통로를 형성한다.
② 상부구조를 직접 지지하는 것을 받침이라 한다.

2) 하부구조

① 하부구조란 상부구조를 지지하는 교각, 교대 등을 말한다.
② 교대는 연결부분 성토의 토압 등을 받는 것이 중간의 교각과 다르므로 유의한다.
③ 교각과 교대는 철근 콘크리트제가 원칙이다.
④ 상부구조로 부터의 하중 외에 지진 등에 의한 수평 방향의 하중을 상정하여 설계한다.

3) 기초

① 기초는 하부 구조로부터의 힘을 대지로 전달함과 동시에 교량을 고정하는 것을 말한다.
② 가교지점의 암반이 깊은 경우나 연약지반에서는 말뚝 기초 또는 케이슨 기초 등의 대규모 기초공사를 필요로 한다.

(4) 철도교량의 구조형식에 의한 종류

1) 거더교량(Girder Bridge)

① 보 구조로 하중을 받아낸다.
② 강형·콘크리트 빔 등을 수평으로 설치하여 건너므로 가장 경량의 교량이다.

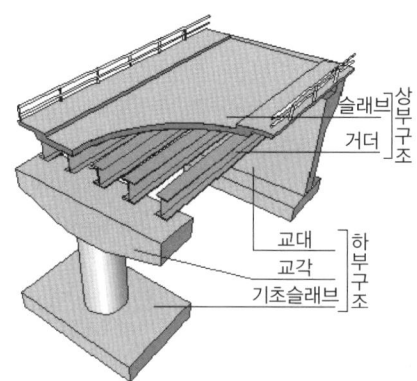

그림15 ▶ 철도교량의 기본구조

2) 트러스교(Truss Bridge)

① 트러스란 3개의 부재를 삼각형으로 연결한 골조 구조를 말한다.
② 트러스구조를 연속시킨 주형에 의하여 만들어진 교량을 트러스교라고 한다.
③ 각 부재는 압축력 또는 인장력만을 받아 전체로서 하중에 의한 휨
④ 사용되는 트러스의 형식은 여러 가지가 있지만, 최근에는 평행현(平行弦)의 워런트러스 등이 많이 사용되고 있다.

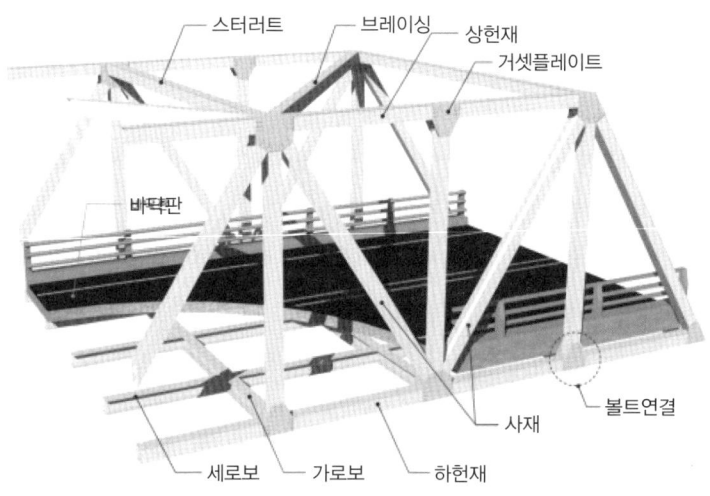

그림16 ▶ 트러스교의 구조

3) 아치교(Arch Bridge)

① 아치교는 주된 구조 중에 아치작용을 가진 부분이 있는 교량을 말한다.
② 긴 지간이 필요한 경우에 채용된다.
③ 구성재를 압축재로서 사용한 모양의 형태로서 휨 하중이나 전단하중에도 저항이 가능하도록 설계한다.

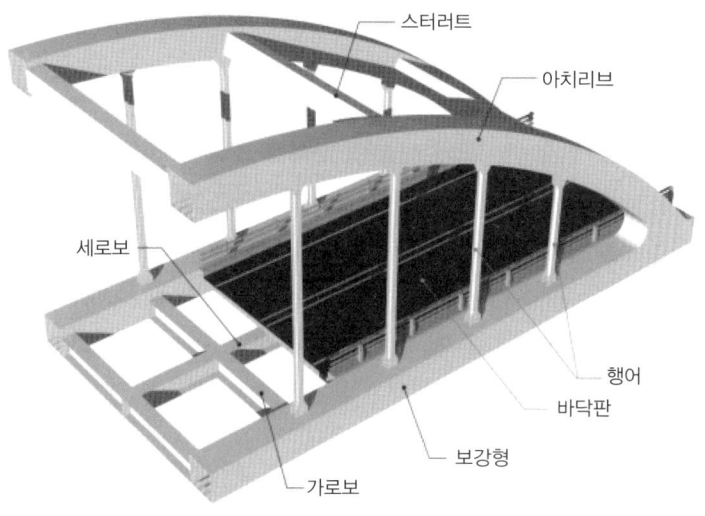

그림17 ▶ 아치교의 구조

4) 라멘교(Rigid-frame Bridge)
   ① 거더와 교각을 일체화 한 것이며 상부구조와 하부구조의 구분이 없는 것이 특징이다.
   ② 상부와 하부구조가 일체화 되어있어 주형의 휨 모멘트가 감소하여 교각의 안정성을 증가시키고 받침을 생략할 수 있으며 내진 구조로서도 우수하다.
   ③ 최근 고가교에는 RC에 의한 라멘 구조가 건설비, 보수비, 소음 등의 이유로 보급되어 있다.

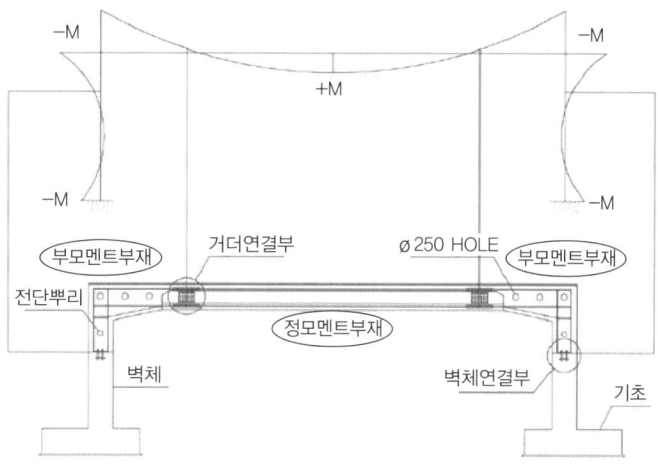

그림18 ▶ 라멘교의 구조

5) 현수교(Suspension Bridge)
   ① 현수교는 강제 케이블을 주체로 하여 교상을 매다는 구조로 되어있으며 적교로도 불린다.
   ② 아치교, 사장교 등에서는 불가능한 긴 지간이 필요한 경우에 채용된다.
   ③ 주요 인장재인 주케이블, 주케이블의 장력을 대지로 이끄는 앵커 부분, 주케이블의 최고점을 지지하는 강제 또는 철근 콘크리트구조 등의 주탑, 보강형(플레이트거더 또는 트러스), 보강형을 주케이블에 매다는 현수재로 구성되어있다.
   ④ 매달아 놓은 케이블은 유연한 구조이기 때문에 교상은 보강구조가 필요하다.
   ⑤ 강풍에 의한 진동에 대한 안전 등은 축척 모형을 사용하는 풍동 실험으로 검증한다.

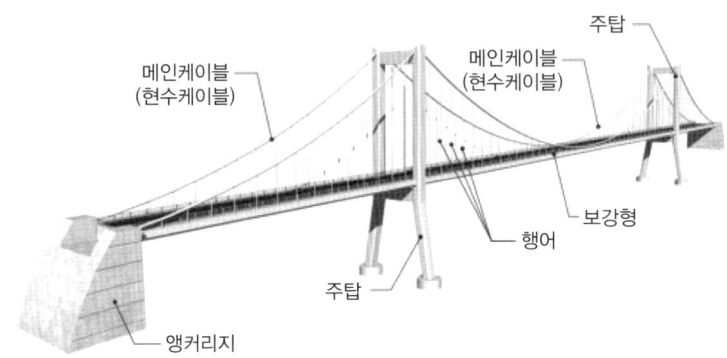

그림19 ▶ 현수교의 구조

6) 사장교(Oblique Suspension Bridge)
   ① 사장교는 거더교의 하중을 케이블로 지지하는 형식으로 현수교보다는 단경간에 사용되나 대표적인 장대교량이다.
   ② 과거에는 구조해석 계산이 난해했기 때문에 채용이 적었으나 최근에는 전산도입에 의한 설계해석이 많이 발전함에 따라 채용이 증가하고 있다.

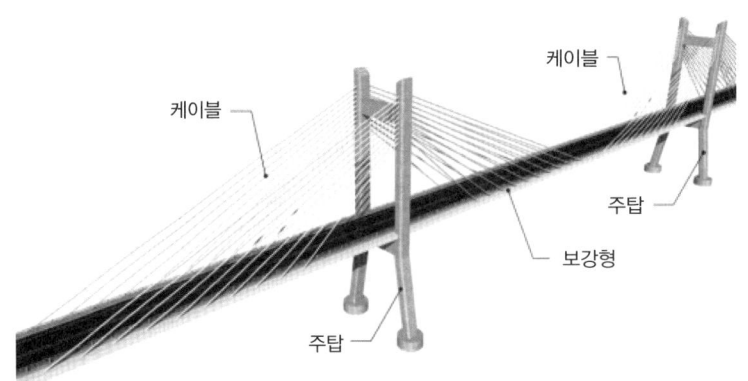

그림20 ▶ 사장교의 구조

(5) 철도교량의 구성재료에 의한 종류

  1) 강철도교

   ① 강철도교는 중량과 강도 면에서 우수하고 가공성도 뛰어나고 접합이 용이하고 얇은 두께의 부재를 구성하기에 가장 적합하다.
   ② 과거에 접합을 리벳으로 했지만 최근 용접기술의 발달로 인하여 공장생산의 기본 구성은 대부분 용접으로 되어있다.
   ③ 현장에서 접합 또는 조립을 할 경우 시공 조건에 의해 접합강도에 변수가 많기 때문에 안정성이 뛰어난 고장력 볼트에 의한 마찰 접합이 널리 사용되고 있다.

   ▶ 강철도교의 장점
   ① 구조상의 신뢰성이 높다.
   ② 가설이나 교체가 쉽고 단시간에 시공이 이루어지기 때문에 교통량이 많은 지점에 적합하다.
   ③ 중량이 작고 하부구조가 단순하기 때문에 연약지반과 같이 지진의 영향을 고려해야하는 경우 유리하다.

   ▶ 강철도교의 종류
   ① 침목 직결식   ④ 슬래브 궤도식
   ② 강형 직결식   ⑤ 콘크리트 직결식
   ③ 자갈 도상식

  2) 콘크리트 교량

   ① 콘크리트 교량은 내구성 면에서는 강철도교보다 우수하지만 얇은 두께에는 한도가 있어 강철도교에 비하여 중량이 많이 나가는 단점이 있다.
   ② RC · PC 구조가 보급되어 지간 25m 이상에서는 대부분 PC구조로 하고 있다.

   ▶ 콘크리트 교량 구조형식의 종류
   ① 라멘식 고가교   ② 빔 교량   ④ 사장교   ③ 아치교   ④ 사장교   ⑤ 트러스교

5. 철도교의 시공

(1) 강철도교의 가설

  1) 강철도교 가설 시 고려사항

   ① 현지조건 : 가설 지점의 지형, 가설 거더의 지지 방식, 자재의 운반로
   ② 교형의 조건 : 거더 지간, 높이, 폭과 연결 위치, 부재 각각의 크기 및 중량
   ③ 환경조건: 작업시간대의 제약, 하천 사용기간의 제약, 지역 주민
   ④ 가설 기재의 운용 : 가설기재의 능력과 가설기재의 대수

2) 벤트공법(Bent)
   ① 교량가설지점의 아래 공간 활용이 가능할 시 벤트 공법을 채용한다.
   ② 벤트(Bent)란 사각형 또는 삼각형으로 만든 강철재의 지주를 말한다.
   ③ 지간의 중앙위치 부근에 강제 스테이징을 짜고 그 위에 롤러를 설치하고 거더를 인출하여 가설해 나가는 공법이다.
   ④ 스테이징 또는 침목 새들이 가설 중에 침하하지 않도록 기초를 하고 설치한다.
   ⑤ 롤러지점반력에 대해 거더가 국부적으로 견딜 수 있는지를 체크해야하고 지점반력이 허용치를 넘을 시에는 2축 롤러를 사용해야 한다.

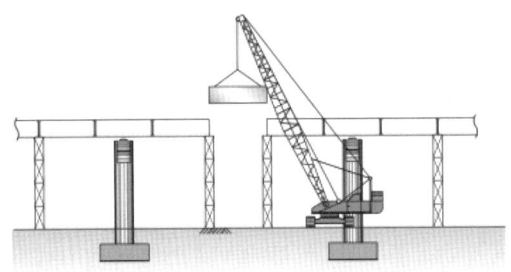

그림21 ▶ 크레인을 이용한 벤트공법

3) 케이블 가설공법(Cable Erection)
   ① 하천이나 깊은 계곡 등에서 철탑과 케이블을 이용해 부재를 가설하는 공법이다.
   ② 깊은 골짜기 부근의 지반이 견고한 곳에 채용한다.
   ③ 바다 또는 폭이 넓은 하천과 같이 수심이 깊고 유속이 빠른 곳에 채용한다.
   ④ 장마 등으로 인해 벤트공법 사용이 위험이 예상되는 곳에 채용한다.

그림22 ▶ 케이블 가설 공법

(12) 콘크리트교의 가설
  1) 동바리 공법(FSM : Full Staging Method)
     ① 동바리공법은 콘크리트를 타설하는 경간 전체에 동바리를 설치하여 타설된 콘크리트가 소정의 강도에 도달할 때까지 콘크리트의 자중 및 거푸집, 작업대 등의 중량을 동바리가 지지하는 공법이다.

② 다른 공법에 비해 특수한 거푸집 장비가 필요하지 않으며 비용이 저렴하고 간편하다.
③ 교각이 높지 않고 평탄한 지형에 적용한다.

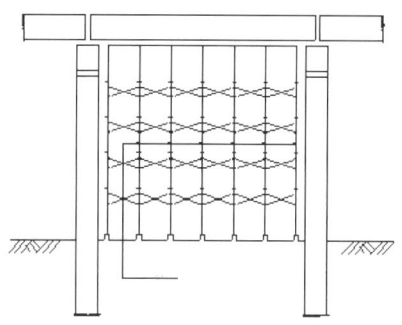

그림23 ▶ 동바리 공법

2) 연속압출 공법(ILM : Incremental Launching Method)
    ① 연속압출 공법은 교대측에 거더 제작장을 만들고 10~30m의 블록으로 분할하여 콘크리트를 이어서 타설해 교량 거더를 제작하여 압출장치에 의해 박스거더를 다음 교각으로 밀어내는 공법이다.
    ② 지형과 장애물에 구애받지 않는 공법으로 주로 높은 교각이나 강 또는 바다를 통과하는 구간에 적용한다.
    ③ 거더를 제작장에서 만들기 때문에 품질관리가 용이하다.
    ④ 직선이나 원곡선 부에만 적용이 가능하고 제작장 비용이 많이 소요된다.

3) 이동식 비계 공법(MSS : Movable Scaffolding Systen)
    ① 이동식 비계 공법은 지상의 동바리를 없애고 거푸집이 부착된 특수 이동식 지보인 비계보와 추진보를 이용하여 교각위에서 이동하며 교량을 가설하는 공법이다.
    ② 연속압출 공법이나 캔틸레버 공법에 비해 강선이 적다.
    ③ 하부지형에 영향을 받지 않고 시공이 가능하고 교각이 높을수록 경제적이다.

그림24 ▶ 연속압출 공법

그림25 ▶ 이동식 비계 공법

4) 캔틸레버 공법(FCM : Free Cantilever Method)

① 캔틸레버 공법은 동바리 없이 교각 위에서 양쪽으로 주로 3~4m 가량의 세그먼트를 이어 나가는 공법이다.
② 교각을 중심으로 양쪽 캔틸레버 끝부분에 이동식 거푸집을 설치하고 콘크리트를 타설한다.
③ 깊은 계곡, 하천, 바다 등 동바리의 설치가 어려운 구간에 적용한다.
④ 이동식 비계공법에 비해 장비비용이 적으나 강연선이 많이 사용되고 시공 중에 처짐을 고려해야 한다.

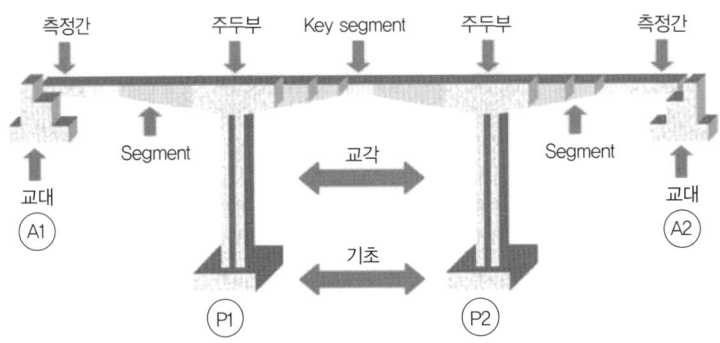

그림26 ▶ 캔틸레버 공법

5) 프리캐스트 세그먼트 공법(PSM : Precast Segment Method)

① 프리캐스트 세그먼트 공법은 일정한 길이로 분할된 세그먼트를 제작장에서 제작하여 가설 현장으로 옮긴 후 크레인 등 강선을 인장하여 상부 구조를 완성하는 공법이다.
② 세그먼트를 이동 및 거치하기 위하여 대규모의 장비와 제작장이 필요하다.
③ 대규모 교량인 경우 공기를 단축시킬 수 있다.
④ 비용의 소요가 크므로 경간수가 적은 교량에는 적용하지 않는다.

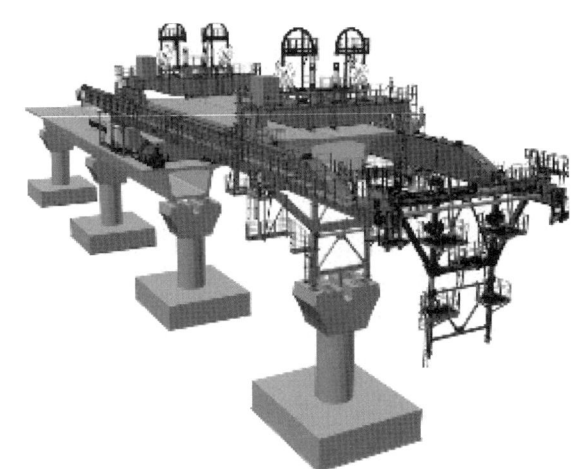

그림27 ▶ 프리캐스트 세그먼트 공법

6. 철도선로

(1) 선로의 등급 및 표준 활하중

선로등급	표준활하중	설계속도[km/h]	선로등급	표준활하중	설계속도[km/h]
고속선	HL-25	350	3등급선	LS-22	120
1등급선	LS-22	200	4등급선	LS-22	70
2등급선	LS-22	150			

7. 궤도

(1) 궤도의 조건

① 매끄러운 차륜(차바퀴)의 주행로이며 높은 정밀도로 유지하여야 한다.
② 강대한 차륜의 집중하중을 노반에 전달하여 노반구성 재료의 강도 이하로 분산시켜 지지 안내 할 수 있어야 한다.
③ 불가피하게 발생되는 노반이나 구조물 등의 변형에 쉽게 대응할 수 있어야 한다.
④ 환경조건에 적응할 수 있어야 한다.

8. 궤간의 정의

궤간은 레일의 맨 위쪽 부분으로부터 14㎜ 아래 지점에 위치한 양쪽 레일의 안쪽간의 최단거리이다.

9. 궤간에 따른 궤도의 분류

(1) 광궤 : 1,675㎜, 1,500㎜

광궤는 열차의 주행안전도를 증대시키고 동요를 감소시키며 기관차에 직경이 큰 동륜을 사용할 수 있으므로 고속도를 내는 데에 유리하다. 또한 차량의 폭이 넓어 용적이 크므로 차량설비를 여유있게 할 수 있고 수송효율이 향상된다.

(2) 표준궤 : 1,435㎜

표준궤는 협궤에 비해 차륜의 주행안정성이 높고 고속도라고 하는 점에서 직선의 경우나 곡선의 경우를 불구하고 다방면으로 유리하고 궤도의 강도면이나 대량 수송면에서도 우수하다.

(3) 협궤 : 1,067㎜, 1,000㎜, 871㎜, 762㎜

협궤는 차량의 폭이 좁아 차량시설물의 규모가 작아도 되고 급곡선을 채택해도 광궤에 비해 곡선저항이 작아도 되므로 건설비와 유지비가 적게 소요된다.

10. 궤도의 구조

도상, 침목, 레일

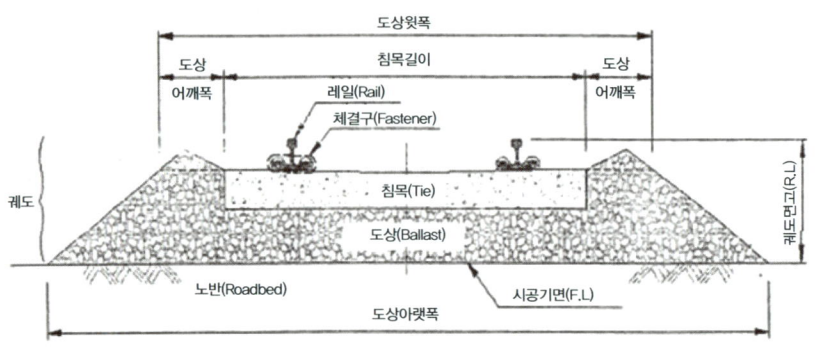

그림28 ▶ 궤도의 구조

11. 레일

(1) 레일의 역할

① 차량의 하중을 직접 지지하고 차륜으로부터의 하중을 침목과 도상에 전달한다.
② 차량의 주행을 유도한다.
③ 신호전류의 궤도회로, 귀선전류의 통로를 형성한다.

(2) 레일의 무게에 따른 분류

레일의 무게는 일반적으로 1m당 무게 즉 kg/m로 표시한다.

종류	70kg	60kg	50kg	37kg
	148mm	174mm	153mm	122mm
사용처	분기기 제작	수도권 전철, 자대교량	본선, 주요축선	축선

최근에는 열차의 고속화와 선로보수를 줄이기 위해 1등급선과 2등급선도 60kg 레일을 사용하는 등 레일의 중량화 경향이 뚜렷하다.

(3) 레일의 손상 · 마모와 수명

레일은 열차통과에 의해 반복하중을 받으며 차륜의 주행에 의해 마모되고 변형되며 시간이 지남에 따라 부식, 전식된다. 보통 10~25년을 표준으로 하고 있으나, 실제로는 열차의 속도, 통과톤수, 궤도보수정도, 경영상황 등에 의해 레일의 수명이 결정된다.

(4) 장대레일

장대레일은 200m이상 되는 레일을 말한다. 궤도의 이음매는 궤도 구조상 가장 큰 약점이기 때문에 보수가 많이 필요하고 차량의 동요를 일으켜 승차감을 저하시킨다. 때문에 이음매 수를 줄이기 위해 레일의 길이를 길게 하여 연속적인 궤도로 형성하기 위해 만들어졌다.

(5) 장대레일 부설 기준

① 곡선반경 1,000m 이상
② 기울기의 종곡선 반경 3,000m 이상
③ 레일의 무게 50kg/m이상
④ PC침목 사용
⑤ 침목본수 25m당 38본 이상
⑥ 도상은 깬 자갈 도상
⑦ 도상저항력 500kg/m

(6) 가드레일

본래의 레일과 병행하여 마모나 탈선을 방지하기 위하여 건널목 또는 분기기 등에 가드레일이 사용된다.

(7) 선로 이음매(유간)

레일의 접속부를 이음매라 한다.

그림29 ▶ 선로 이음매

1) 이음매의 단점

① 이음매는 승차감을 저하시킨다.
② 이음매는 차륜과 레일에 상당한 피로와 마모를 발생시킨다.
③ 이음매 부위의 취약성으로 인해 보수비가 증가한다.

2) 이음매의 종류

① 기능상의 분류

㉠ 보통 이음매 : 이음매판, 볼트, 록크너트와셔 등으로 체결하는 이음매를 말한다.
㉡ 절연 이음매 : 신호기를 제어하는 궤도 회로나 건널목 경보기의 제어구간을 두기 위한 이음매를 말한다. 절연 이음매에는 절연튜브와 절연플레이트가 설치된다.

ⓒ 신축 이음매 : 레일의 이음매부분을 비스듬히 사선으로 겹쳐놓는 것을 말한다. 신축 이음매는 철도레일을 직각으로 썰지 않고 사선으로 길게 썰어서 서로 대각선으로 마주보게 연결시켜 놓는다.

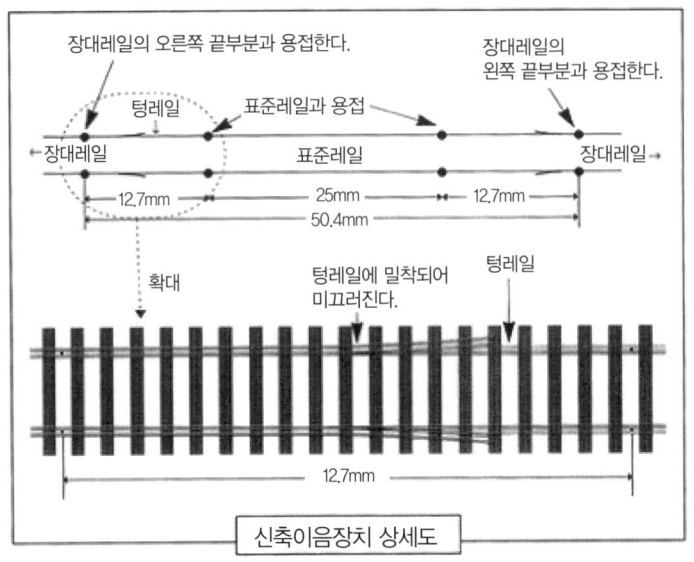

그림30 ▶ 신축 이음매

② 배치상의 분류
ⓐ 상대식 이음매 : 상대식 이음매는 양측 레일의 이음매를 법선방향으로 일치시킨 이음매이다. 이 방식은 좌우 이음매의 위치가 같기 때문에 침목의 보강을 하기는 쉬우나 이음매의 침하를 막을 수는 없다.
ⓑ 상호식 이음매 : 상호식 이음매는 좌우 이음매의 위치를 교차하여 한쪽 레일의 이음매가 상대 쪽의 중앙부분에 위치하도록 배치한 방식으로 충격이 상대식에 비해 적지만 궤도의 좌우 불균형으로 인한 차량의 롤링을 일으키므로 보수작업에 유의 해야한다.

(8) 레일 용접법

1) 플래시 버트(Flash butt)

플래시 버트 용접법은 레일의 이음부에 강력한 전류를 통과시켜 저항으로 발생하는 열을 이용해 레일과 레일을 연결시키는 방법이다. 용접시간은 약 3~5분이다.

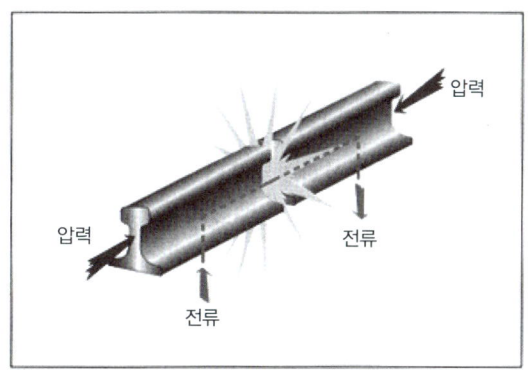

그림31 ▶ 플래시 버트 용접

2) 테르밋 용접(Thermit)

레일 이음매에 주형을 만들고 도가니에 알루미늄과 산화철 분말을 혼합하여 점화시키면 섭씨 약 3,000도의 뜨거운 열을 내면서 화학반응을 일으켜 산화철로부터 분리된 철이 이음매 사이로 흘러들어가게 하여 용접하고 이음매를 깨끗이 다듬어 마무리하는 용접법을 테르밋 용접이라 한다. 용접시간은 약 20분 이내이다.

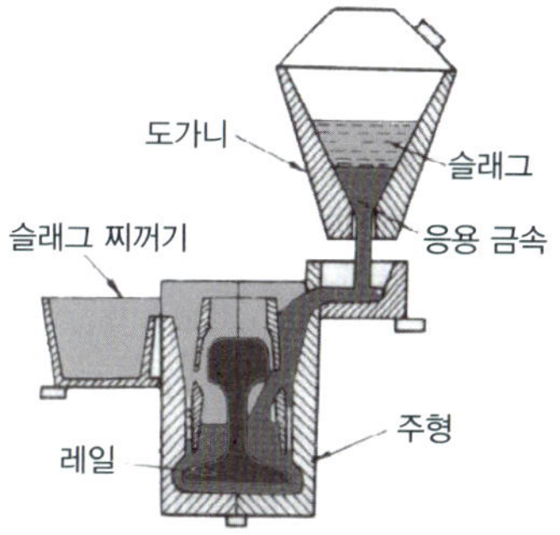

그림32 ▶ 테르밋 용접

3) 가스압접법

가스압접법은 두 레일의 단면을 맞대어 맞댄 접합부분을 산소와 아세틸렌이 혼합된 가스를 이용하여 약 1200℃에서 가열 축 방향으로부터 압축력을 가해 접합하는 공법이다. 용접시간은 약 5~8분이다.

12. 침목

(1) 침목의 역할

① 레일로부터 받은 하중을 도상에 넓게 분산시킨다.
② 레일을 단단히 체결시키고 궤간을 유지한다.

그림33 ▶ 가스압접법

(2) 침목의 구비조건

① 레일과 견고한 체결에 적당하고 열차하중을 지지할 수 있는 강도를 가질 것

② 탄성, 완충성, 내구성 등이 풍부할 것
③ 수평방향의 도상저항이 크고 도상다지기 작업에 편리한 치수일 것
④ 취급이 용이하고 내구연한이 길고 경제적일 것

(3) 침목의 종류

1) 목침목

① 탄성이 좋고 레일과 체결이 쉽다.
② 취급이 용이하며 전기절연도가 높다.
③ 내구연한이 짧고 도상저항력이 적다.

2) PC(Prestressed concrete)침목

① PC침목은 압축에도 잘 견디지만 인장에는 약한 콘크리트의 약점을 보완한 침목이다.
② 내장된 강선을 인장하여 미리 응력을 가한 다음 콘크리트를 넣어 제작한다.
③ 목침목에 비해 약 5배나 오래 쓸 수 있고 보수비용이 절감되며, 도상저항이 커서 장대레일 부설이 쉽다.
④ 무게가 무거워 취급이 어렵고 도상을 보수할 때 파괴되기 쉽고, 목침목에 비해 비싸다.

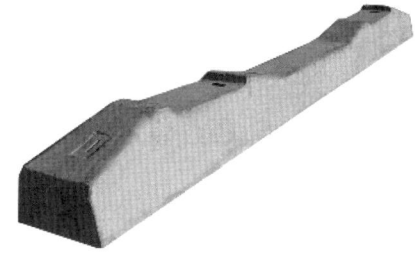

그림35 ▶ PC침목

13. 도상

(1) 도상의 역할

① 레일 및 침목으로부터 받은 하중을 분산시켜 노반에 전달한다.
② 침목의 위치를 유지한다.
③ 탄성으로 열차운행 시 진동에너지를 흡수한다.

(2) 도상의 종류와 재료

도상은 크게 자갈도상과 콘크리트도상으로 대별되며, 자갈도상은 보통도상과 보조도상으로 구분되고, 일반쇄석과 친자갈이 사용된다. 도상은 반복적으로 열차의 하중을 받아 노반 속으로 매립되어 변위를 일으켜 궤도 틀림의 원인이 된다. 노반이 연약한 경우에는 이 현상이 뚜렷하게 나타난다. 때문에 도상두께를 충분히 확보하고 보통도상의 밑에 막자갈, 자갈 등을 사용하여 보조도상을 부설하면 배수를 원활하게 한다.

1) 자갈도상

① 자갈도상은 일반쇄석과 친 자갈, 깬 자갈 등이 사용된다.
② 건설비가 적고 궤도틀림 정정이 쉽고 무거운 중량의 차량을 잘 지지하여 많이 사용되어왔다.
③ 궤도틀림현상은 장대레일, PC침목, 깬 자갈 무거워진 레일의 사용으로 적어지고 있다.
④ 시간의 경과에 따라 궤도틀림보수 및 자갈 치기 작업을 해야하나 열차운행횟수의 증가로 인해 작업시간을 가지는 데에 어려움이 있다.

그림36 ▶ 자갈도상

2) 콘크리트 도상

① 콘크리트 도상은 자갈도상의 문제점을 보완하고자 자갈대신 콘크리트로 대체한 것을 말한다.
② 자갈도상과 달리 콘크리트 도상은 침목을 콘크리트도상에 매설하거나 레일 자체를 콘크리트 슬레브에 직접적으로 체결하는 구조로 별도의 탄성대책과 함께 채택되어 사용되고 있다.
③ 침목을 매설하거나 레일을 직접 체결하기 때문에 터널 단면의 높이를 낮출 수 있다.
④ 궤도틀림현상이 적고 도상다짐이 불필요하기 때문에 유지보수비가 적다.
⑤ 궤도의 탄성이 적기 때문에 충격과 소음이 크고 건설비와 교체비용이 많이 든다.

그림37 ▶ 콘크리트 도상

3) 슬래브 궤도

① 궤도틀림과 도상침하의 보수작업 및 보수비를 줄일 목적으로 새로 개발한 궤도이다.

② 슬래브궤도는 궤도패드를 삽입하여 상하, 좌우로 조정가능한 체결장치로 레일을 고정시킨다.

③ 자갈도상궤도와 동등한 탄성을 가졌기 때문에 진동, 소음문제를 줄이고 궤도 틀림을 고치기 쉽다.

④ 다른 도상에 비해 구조가 복잡하고 건설비가 비싸지만 수명주기비용이 적고 유지보수비가 적다는 것이 장점이다.

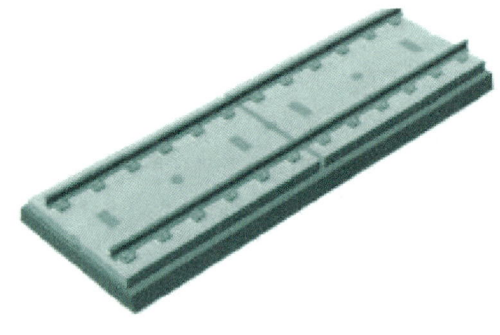

그림38 ▶ 슬레브 궤도

14. 노반(Road bed)

노반은 궤도를 직접지지하기 위한 흙 구조물로서, 이 위를 중량이 큰 열차가 계속해서 고속으로 운행하므로 노반은 열차하중을 분산, 전달하여 열차가 안전히 주행할 수 있도록 강한 탄성을 가지고 궤도를 견고하게 지지해야 하며 열차하중에 의한 압력과 충격으로 인해 침하 또는 변형이 일어나서는 안 되도록 해야 한다.

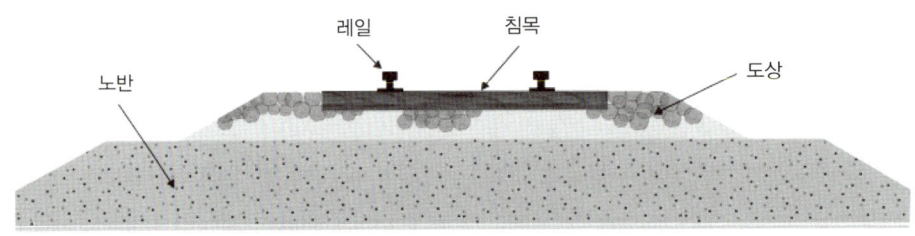

그림39 ▶ 노반 단면

(1) 노반의 조건

① 분니 또는 도상자갈의 박힘 등 노반표층의 파괴가 적어야 한다.
② 노반 자체의 변형이 적어야 한다.
③ 노상으로 전하는 하중이 그 지지력 이하로 되도록 하중을 분산 전달할 수 있어야 한다.
④ 돋기개소에서는 노반의 침하에 주의해야 하고 깎기개소에서는 배수가 양호하도록 유의해야 한다.
⑤ 노반 침하계수가 일정치 이상이어야 한다.

(2) 노반의 시공기면 폭

선로등급	폭	선로등급	폭
1급등선	4m	3등급선	3.5m
2등급선	4m	4등급선	3m

15. 궤도 역학

(1) 궤도에 작용하는 힘

1) 수직력

수직력은 차륜을 통해 레일에 작용하는 힘으로 다른 말로 윤중이라고 불린다. 수직력은 궤도에 발생하는 응력의 원인이 되어 궤도와 노반피로의 결정적인 원인으로 작용하며 궤도를 구성하는 부재의 크기를 결정하는 중요한 요소이다.

2) 횡력

횡력은 차륜으로부터 레일에 작용하는 횡방향의 힘을 말한다. 횡력은 정지시에도 작용하나 무시할 정도이고 주행 시 나타난다. 횡력은 승차감에 영향을 주며 열차 안전에 중요한 영향을 비친다. 횡력이 궤도의 횡저항력을 초과하면 궤도가 이동하고 결국에는 탈선을 일으킨다.

3) 축방향력

축방향력은 온도변화나 열차의 가감속에 의해 발생하고 레일의 길이 방향으로 작용하는 힘으로써 철도교량 설계 등에 고려된다.

4) 침목응력

침목에 작용하는 힘은 레일압력으로 레일과 침목은 도상 및 노반과는 대조적으로 거의 탄성 거동을 나타낸다. 침목 간격을 좁게하면 좁게 할수록 하중분포가 더 좋아지기 때문에 응력은 적게 발생한다.

5) 도상압력

도상압력은 침목에서 전달된 힘으로 침목 바로아래 부분에서 가장 크고 도상의 두께와 침목 중심 간격이 같을 때 고르게 분포된다.

16. 곡선

(1) 곡선의 종류

평면 곡선에는 단곡선(Simple curve), 복심곡선(Compound curve), 반향곡선(Reverse curve), 완화곡선(Transition curve)등이 있으며 철도에서는 단곡선과 완화곡선이 많이 사용되고 구배의 변화점에는 종곡선을 삽입한다.

(2) 완화곡선과 종곡선

① **완화곡선** : 열차가 직선에서 원곡선으로 바로 진입하거나 원곡선에서 바로 직선으로 진입할 경우에는 열차의 주행방향이 급변함으로써 차량의 동요가 심해서 원활한 운전을 할 수 없으므로 직선과 원곡선 사이에 완화곡선을 삽입한다.

$$l = \frac{c \cdot n}{1,000}$$

l : 완화곡선 길이[m]이며 5[m]의 정배수(5[m] 미만은 올림)
c : 캔트[mm]
n : 선로등급에 따라 정해지는 상수를 각각 뜻한다.

② **종곡선** : 선로구배의 변화점을 통과하는 열차는 충동을 주어 승차감이 불쾌하며, 열차가 탈선할 우려가 있으므로, 구배 변환점에 넣는 것이 종곡선이다.

(3) 곡선의 표시

곡선은 보통 원곡선을 사용하며 일반적으로 곡선반경을 R로 표시한다.

(4) 최소 곡선반경

최소곡선반경은 궤간, 열차속도, 차량의 고정거리 등에 따라 결정된다.

선로등급	일반본선	특수한 경우	선로등급	일반본선	특수한 경우
1등급선	2000m	600m	3등급선	800m	300m
2등급선	1200m	400m	4등급선	400m	250m

(5) 종곡선의 삽입

종곡선은 차량이 선로기울기의 변경지점을 원활하게 통과하도록 종단면상에 두는 곡선을 말한다. 선로의 기울기 변경지점에는 열차가 주행할 때 열차 전후방향으로 인장력과 압축력이 크게 작용하여 연결기의 파손위험 발생 뿐만 아니라 차량이 부상되어 탈선위험과 선로에 손상을 주게 되고 상하동요가 커져 승차감을 악화시키고 건축한계와 차량한계에도 영향이 있으므로 이러한 악영향을 완화시키기 위하여 기울기 변경점에는 종곡선을 설치하도록 한 것이다. 선로의 등급에 따라 종곡선 반경을 아래 표와 같이 한다.

선로의 등급	기울기(‰)	선로의 등급	기울기(‰)
고속선	25,000	3등급선	6,000
1등급선	16,000	4등급선	4,000
2등급선	9,000		

17. 기울기

(1) 기울기의 표시
① **천분율** : 수평거리 1,000에 대한 고저차로 20/1,000 또는 20‰로 표기하고 한국, 프랑스, 독일, 일본 등 세계 각국 철도에 널리 사용되고 있다.
② **백분율** : 수평거리 100에 대한 고저차로 표시하며 2/100 또는 2%로 표기하고 미국 철도에 사용하고 있으며 한국에서는 도로에서 백분율을 사용하고 있다.
③ **고저차** : 높이 1에 대한 수평거리를 표시하며 영국에서 사용되고 있다. 일반적으로 높이를 분자로 하고 수평거리를 분모로 하여 고저차와 수평거리의 비율로 표기하고 있다.

(2) 기울기의 분류
① **최급기울기** : 열차운전 구간 중 가장 급한 기울기를 말한다.
② **제한기울기** : 기관차의 견인정수를 제한하는 기울기를 말하며 반드시 최급기울기와 일치하는 것은 아니다.
③ **타력기울기** : 제한기울기보다 심한 기울기라도 그 연장이 짧은 경우에는 열차의 타력에 의하여 기울기를 통과할 수 있다. 이러한 기울기를 타력기울기라 한다.
④ **표준기울기** : 열차운전 계획상 정거장 사이마다 조정된 기울기로서 역간에 임의 지점 간 1km의 구간 중 가장 급한 기울기로 조정된다.
⑤ **가상기울기** : 철도선로에서 실제 기울기 이외, 운전계획을 세우기 위해 필요한 가상의 기울기로 제한기울기, 표준기울기 등이 있다.

(3) 선로등급별 기울기
본선의 기울기는 선로의 등급에 따라 아래 표의 크기 이하로 하여야 한다.

선로의 등급	기울기(‰)	선로의 등급	기울기(‰)
고속선	25	3등급선	15
1등급선	10	4등급선	25
2등급선	12.5		

본선의 정거장의 전후구간 등 부득이 한 경우는 선로의 기울기를 아래 표와 같이 급하게 할 수 있도록 하였다.

선로의 등급	기울기(‰)	선로의 등급	기울기(‰)
고속선	30	3등급선	20
1등급선	15	4등급선	30
2등급선	15		

전동차전용선인 경우는 선로의 등급에 관계없이 35‰

18. 슬랙(Slack)

(1) 슬랙의 정의

철도차량은 자동차와 달리 2~3개의 차축을 대차에 결합시켜 고정된 축거로 구성되어 있다. 때문에 고정축거가 곡선을 통과할 때 전, 후 차축의 위치 이동이 불가능할 뿐만 아니라 차륜에는 플랜지가 있어 곡선을 원활하게 통과하지 못하게 하므로 레일과 끼임현상이 생기게 된다. 그러므로 곡선부에서는 직선보다 궤간을 확대시켜야 한다. 이와 같이 곡선의 내측레일의 궤간을 확대하는 것을 슬랙(Slack)이라 한다.

(2) 슬랙의 공식 산출법

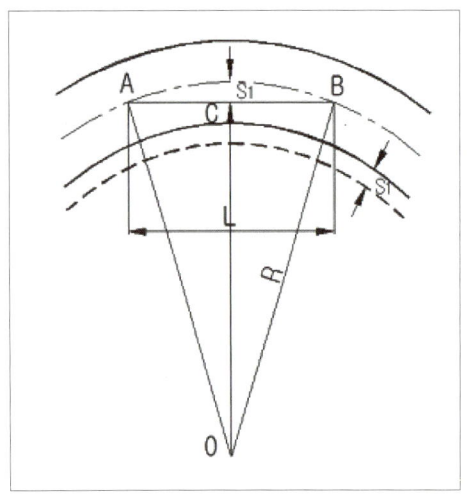

$$S_1 = \frac{2400}{R} - S' \text{ (단위 : } mm\text{)}$$

S : 슬랙
R : 곡선반경(m)
S' : 조정치(0~15)

(3) 캔트

열차가 곡선구간을 통과할 때 원심력이 외측으로 작용하여 기울어지면서 승차감이 나빠지고 차량의 중량과 횡압이 레일에 부담을 주어 보수량을 증가시키게 된다. 이러한 것을 방지하기 위하여 외측레일을 높여주는 것을 캔트라고 하고 높여주는 양을 캔트량이라고 한다.

$$C = 11.8 \frac{V^2}{R} - C'$$

C : 설정캔트(㎜)
V : 열차최고속도(km/h)
R : 곡선반경(m)
C' : 캔트부족량(0~100㎜, 고속선 0~110㎜)

(4) 캔트부족량

고속 및 저속 열차가 동시에 통과하는 곡선에서는 이 열차들의 2승 평균속도를 구하여 그 속도에 맞는 캔트를 설정하기 때문에 고속열차의 경우는 캔트가 부족하게 되고 저속 열차의 경우는 캔트가 남게 된다. 이처럼 고속열차의 부족한 캔트의 양을 캔트 부족량이라 한다.

(5) 최대 허용 캔트 부족량

캔트 부족 때문에 원심력이 발생하여 안정성과 승차감이 떨어지기 때문에 캔트 부족량에도 한계를 두고 있는데 한국 철도의 최대 허용 캔트 부족량은 100㎜이다.

(6) 궤도의 중심간격

열차가 서로 비켜 지나갈 때 승무원, 승객 또는 작업자들의 안전을 확보하고 또 역이나 차량 사무소 등의 구내에서 차량 정비나 입환 작업을 할 수 있도록 하기 위해 인접한 두 선로 중심 상호간의 간격을 규정을 정해두고 있는데 이를 궤도중심간격이라 한다.

① 정거장 외
    ㉠ 2선의 선로를 나란히 설치하는 경우 : 4.0(m) 이상
    ㉡ 3선 이상의 경우 : 인접하는 선로 중 하나는 4.3(m) 이상
    ㉢ KTX 선로 : 5.0(m) 이상

② 정거장 내 : 4.3(m) 이상

③ 곡선부 : $w = \dfrac{50,000}{R}$의 2배만큼 확장(각각의 선로를 $\dfrac{50,000}{R}$(㎜) 만큼 확대)

④ 선로 사이에 전차선로 지지주 및 신호기 등을 설치시 그만큼 확대함

19. 여러 가지 공식

슬랙(S)	캔트의 양(C)	완화곡선의 길이(l)
$S = \dfrac{3,600}{R} - S'$	$C = 11.8 \dfrac{V^2}{R} - C'$	$l = \dfrac{c \cdot n}{1,000}$

20. 분기기

(1) 분기기의 정의

분기기는 열차나 차량을 한 궤도에서 다른 궤도로 이동시키기 위하여 궤도상에 설치한 설비를 말한다.

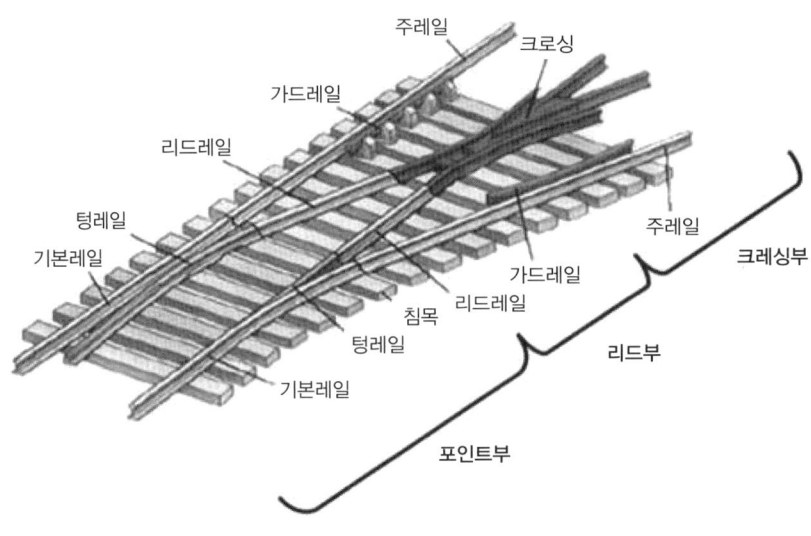

그림40 ▶ 분기기의 구조

(2) 분기기의 구성

분기기는 포인트(point)부와 리드(lead)부, 크로싱(crossing)부로 구성되는데, 선로가 분기된 지점에 설치한 장치를 포인트부라고 하며, 궤도가 완전히 분리되는 개소에 설치한 장치를 크로싱부라고 한다. 또한, 포인트부와 크로싱부를 연결한 부분을 리드부라 하며, 크로싱의 반대 측에서 차륜을 유도하는 장치를 가드 레일(guard rail)이라 한다. 이를 종합하여 분기기라고 한다.

(3) 포인트부

포인트부는 어느 쪽 궤도로 진입할 것인지를 선택하는 부분이다.

① **텅레일** : 분기점에서 길을 바꿀 수 있도록 된 레일. 기본 철길에 붙였다 떼었다 하여 열차의 진로를 결정한다.
② **전철봉** : 포인트를 전활할 때 전동기의 동력이나 인력으로 봉을 움직여 텅레일을 이동시킨다.
③ **프런트 로드** : 텅레일과 기본레일을 밀착시켜 열차가 통과할 때 레일이 전환되지 않도록 한다.
④ **상판** : 텅레일을 좌우로 이동시켜주기 위해 평평하고 넓게 다듬어진 철판이다.
⑤ **레일 프레스** : 기본레일이 횡압력에 저항하기 위한 레일체결 부품이다.
⑥ **멈춤쇠** : 텅레일이 기본레일 쪽으로 과도하게 밀리지 않도록 정지장치 역할을 하며 텅레일의 중간에 볼트와 너트로 체결되어 있다.

(4) 크로싱부

① 두 개의 선로가 평면에서 서로 교차하는 부분을 크로싱부라고 한다.

② V자형의 노우즈 레일과 X자형의 윙 레일로 구성되어 있다.

③ 크로싱의 번호는 $\frac{L_1}{L_2}$으로 결정한다. 예를 들면 $\frac{L_1}{L_2} = 9$이면 9번 분기라고 표시한다.

④ 크로싱 번호가 높아지면 분기기의 곡선반경이 커지므로 열차주행이 원활해지고 속도향상이 가능하다.

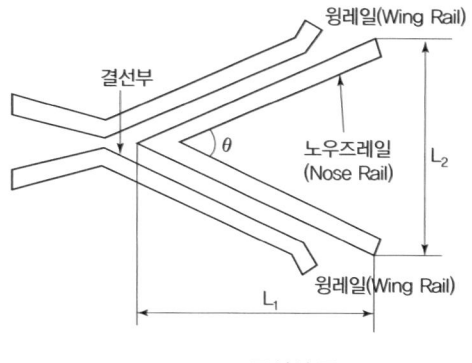

그림41 ▶ 크로싱의 구조

(5) 고정 크로싱과 가동 크로싱

① **고정 크로싱** : 크로싱 각부가 고정되어 철도차량이 어떤 방향으로 진행하든 결선부를 통과하여야 하므로 차량의 진동과 소음이 크고 승차감이 좋지 않다.

② **가동 크로싱** : 가동 크로싱은 결선부를 없도록 레일을 연결시켜 차량의 충격동요, 소음 등을 감소시켜 승차감을 개선하고 고속열차의 운행 안전도 향상에 큰 영향을 준다.

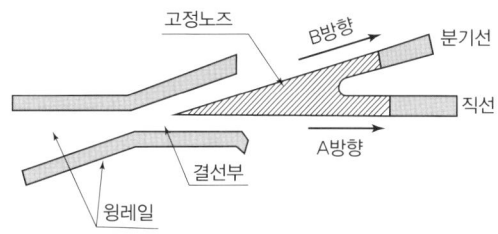

그림42 ▶ 고정 크로싱

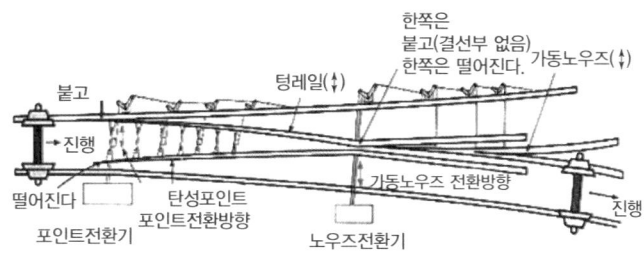

그림43 ▶ 가동 크로싱

(6) 분기기의 대향과 배향

① 열차가 분기기를 통과할 때 포인트에서 크로싱 방향으로 진입할 경우를 대향이라 하고 반대로 크로싱에서 포인트 방향으로 진입할 때를 배향이라 한다.
② 운전상 대향 분기기가 배향 분기보다 위험하다.

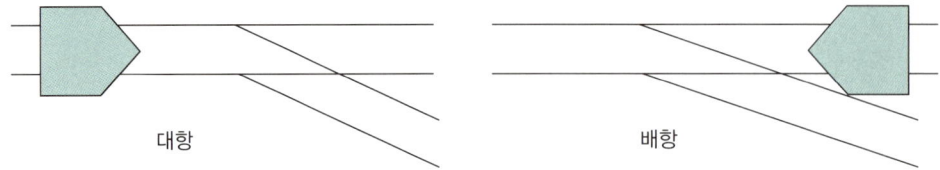

대향   배향

21. 선로전환기의 정위

① 본선 상호간에는 중요한 방향, 그러나 단선의 상하본선에서는 열차의 진입 방향
② 본선과 측선에서는 본선의 방향
③ 본선, 안전측선, 상호 간에서는 안전측선의 방향
④ 측선 상호 간에서는 중요한 방향, 탈선 포인트가 있는 선은 차량을 탈선시키는 방향

철도 차량

CHAPTER 04

철도교통안전관리자

1. 철도차량

철도 차량(鐵道車輛)은 철도의 선로(線路) 위를 운행할 목적으로 제조된 동력차·객차·화차 및 특수차 등을 말한다.

(1) 철도차량의 사용 동력별 분류

1) 증기차

   증기기관을 이용하여 구동력을 얻는 차량으로 최초의 철도차량이긴 하나 최근에는 관광용 외에는 거의 사용하지 않는다.

2) 내연차

   내연기관을 이용하여 구동력을 얻는 차량으로 동력차 및 이와 연결하여 운전되는 제어차와 부수차로서 디젤기관차, 디젤동차가 있다.

3) 전기차

   전기를 이용하여 전동기를 작동시켜 구동력을 얻는 차량으로 동력차와 이와 연결되어 운전되는 제어차, 부수차로 전기기관차, 전동차가 있다.

(2) 수송대상물의 종류에 따른 분류

1) 여객차

   여객을 수송하는데 사용되는 기관차 이외의 차량을 말하며 객차, 전동차, 디젤동차 등이 있다.

2) 화물차

   화물을 수송하는데 사용되는 기관차 이외의 차량을 말하며 화차를 말한다.

(3) 열차견인동력 유무에 따른 분류

1) 동력차

   동력을 발생하여 객차와 화차 등을 견인할 수 있도록 제작된 철도 차량을 말하며 기관차, 전동차, 내연동차를 총칭하는 것으로 증기기관차, 디젤기관차, 디젤동차, 전기기관차, 전기동차가 동력차에 속한다.

2) 비동력차

동력을 가지고 있지 않는 철도차량을 말하며 객차, 화차, 제어차 및 부수차 등이 있다.

(4) 동력집중 혹은 분산 여부에 따른 분류

1) 동력집중식

열차의 구동력이 견인차에 집중되어있는 방식으로 디젤기관차, 전기기관차 등이 속한다.

2) 동력분산식

여객차에 동력원인 디젤기관 또는 전동기를 장착하여 열차견인에 필요한 동력을 분산하는 방식으로 전동차, 디젤동차 등이 속한다.

2. 동력차 동력 전달체계

현재 철도차량에서 가장 많이 쓰이고 철도차량을 대표하는 것은 전기차이다. 전기차 역시 열차를 견인하는 동력의 배차방식에 의해 동력집중식과 동력분산식으로 구분할 수 있다. 또한 급전하는 전기의 종류에 따라 직류방식과 교류방식으로 나누어진다.

(1) 동력집중식과 동력분산식

1) 동력집중식

전기기관차(EL : Electric Locomotive)처럼 열차의 구동력을 견인차에 집중하는 방식으로 유럽에서 장거리열차로 많이 이용하고 있다. 한국철도에서는 중앙선, 태백선, 영동선 등의 산업선에서 이용되고 있다.

2) 동력분산식

전동차(EC : Electric Car)처럼 열차편성 중 여러 차량에 동력을 분산하는 방식으로 동력을 가진 차를 동력차(Motor Car : M차), 동력을 갖지 않은 차를 부수차(Trailer : T차)라고 부른다.

(2) 디젤차의 동력 전달체계

디젤차는 전기차에 비해 무겁고 성능도 떨어지기 때문에 전기차의 보급과 함께 점점 줄어들고 있는 실정이지만 전철화 되지 않은 구간 및 지선에서는 중요한 역할을 하고 있다.

1) 동력집중식과 동력분산식

① 동력집중식

디젤기관차(DL : Diesel Locomotive)와 같이 열차의 구동력을 견인차에 집중하는 방식이다. 열차견인에 필요한 디젤엔진을 1기 또는 2기를 탑재한 기관차가 동력을 갖지 않은 객차나 화차를 필요시마다 융통성 있게 연결 또는 분리 하여 사용할 수 있기 때문에 사용효율이 높고 객차나 화차의 구조를 간단하게 할 수 있다.

② 동력분산식

객차 차체 아래부분에 디젤엔진 또는 견인전동기를 장착하여 열차견인에 필요한 동력을 분산하는 방식으로 가속성능을 높일 수 있고, 축중을 분산시켜 열차의 견인력을 높일 수 있다. 그리고 전동기를 사용하는 차량의 경우 전기제동을 사용하여 마찰제동의 제동력 부족을 보완할 수 있다.

2) 동력전달방법에 대한 분류

① 기어식
   ㉠ 기어식은 엔진의 출력을 클러치, 기어변속기, 추진축, 감속역전기 등을 통하여 기계적으로 동륜을 구동하는 방식을 말한다.
   ㉡ 기어식 자동차와 같이 변속레버의 조작에 의해 단계적으로 변속하기 때문에 운전에 숙련이 되어야 한다.
   ㉢ 기동 및 변속 시 충격이 크고 총괄제어가 곤란하기 때문에 중련운용이나 편성운전에 적합하지 않다.

② 액체식
   ㉠ 액체식은 엔진출력을 액체 변속기, 정·역전기구, 감속기 등을 통해 동륜을 구동하는 방식으로 운전이 부드럽고 중련 운전이 가능하다.
   ㉡ 동력전달효율은 기어식에 비해 떨어지나 액압을 이용하기 때문에 기동시의 윤활작용에 의해 엔진에 무리가 가지 않고 충분한 토크를 얻을 수 있고 연속변속이 가능하다.
   ㉢ 전기식에 비해 차량 중량이 가볍고 제작비가 저렴하다.

③ 전기식
   ㉠ 전기식은 디젤엔진의 회전력으로 발전기를 돌려 직류 또는 교류전기를 얻은 다음 발생 전력을 견인전동기(TM : Traction Motor)에 공급하여 동륜을 구동하는 방식이다.
   ㉡ 엔진, 발전기, 전동기 등 중량의 고가물 탑재가 필요하여 차량의 중량이 무겁고 제작비도 고가이지만 2,000마력 이상의 대형 엔진이 사용가능하다.
   ㉢ 총괄제어에 용이하며 한국철도에서는 디젤전기기관차가 여객과 화물수송에 널리 이용되고 있다.

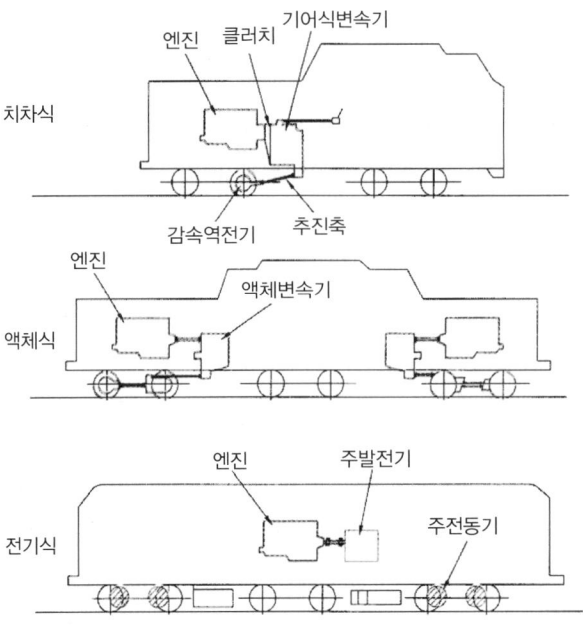

그림42 ▶ 디젤차의 동력전달방식

(3) 전기차의 동력전달체계

1) 직류전기방식과 교류전기방식

① 직류전기방식
㉠ 직류전기방식은 전기회사의 공급전류인 교류를 직류로 바꾸기 위해 정류기를 필요로 하는 등 차량에 전기를 공급하는 설비구조가 복잡하다.
㉡ 전압이 낮으므로 대 전류가 흘러 전압강하가 많기 때문에 변전설비의 설치간격을 짧게 해야 한다.
㉢ 저전압 대 전류를 소화하기 위해 직경이 큰 전차선 전선을 사용해야 하며 이를 지지할 수 있는 튼튼한 구조물을 사용해야 한다.
㉣ 직류방식차량은 전기장치가 교류에 비해 간단하고 가격이 저렴하다는 장점이 있다.
㉤ 주로 600~3000V 사이의 전압이 사용되는데 우리나라의 경우 750V, 1500V를 사용한다.

② 교류전기방식
㉠ 교류전기방식에는 단상식과 3상식이 있는데 3상식을 사용하고 있는 경우는 거의 없으며 한국철도의 경우 모두 단상식이다.
㉡ 한국철도에서는 60Hz, 25,000V가 산업선 전기기관차와 수도권 전동차에 사용되고 있다.

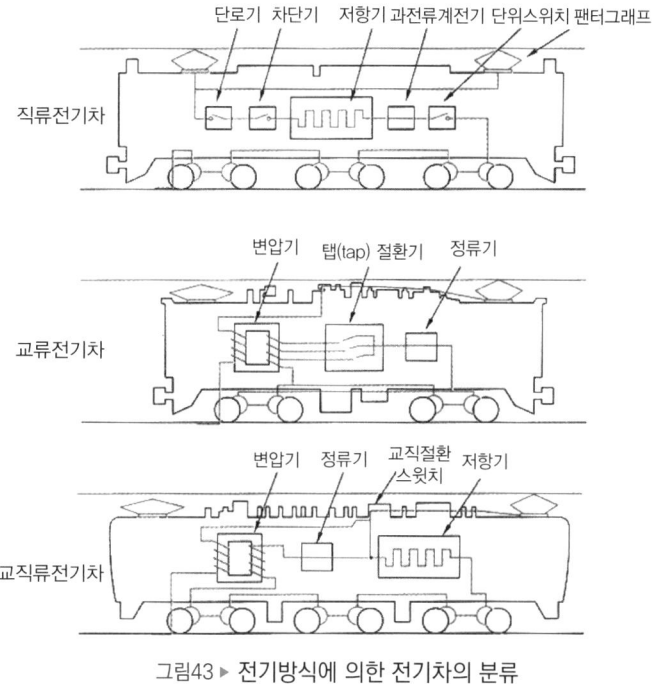

그림43 ▶ 전기방식에 의한 전기차의 분류

ⓒ 단상교류방식은 정류기가 필요 없고 변전소의 설비나 전차선로의 구조가 직류방식에 비해 간단하게 되어 비용이 저렴하다.
ⓔ 직류방식에 비해 전압강하가 작기 때문에 변전설비의 설치 간격을 길게 하는 것이 가능하고 전력손실이 작다는 등 장점이 많다.
ⓜ 차량의 전기장치 구조가 복잡하게 되고 유도장애가 일어나기 쉬운 등의 문제도 있다.

2) 전기동차의 제어방식
① 저항제어방식
  ㉠ 견인전동기는 직류직권전동기를 사용한다.

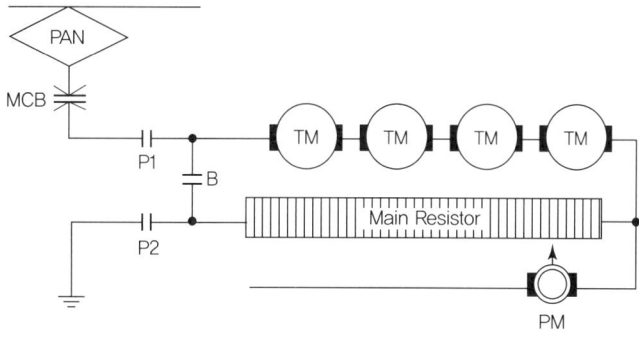

그림44 ▶ 저항제어회로

  © 비교적 간단한 제어장치로 속도를 제어할 수 있다.
  © 역행 시 P1, P2는 접촉하고 B는 차단 → Pilot Motor로 저항기 값 조정 → 속도제어
  © 제동 시 P1, P2 차단, B접촉 → 발전제동에 의해 생긴 전기는 저항기에서 열로 발산

② **쵸퍼(Chopper)제어방식**
  ㉠ 저항제어차에 비해 한 단계 진보한 기술이다.
  ㉡ 쵸퍼제어차는 싸이리스터를 이용한 쵸퍼장치로 전차선 전압을 적절히 조절하여 견인전동기에 전류를 공급하여 속도를 제어한다.
  ㉢ 회생제동을 사용할 수 있기 때문에 저항제어차에 비해 전력소비를 절감할 수 있다.
  ㉣ 역행 시 싸이리스터(T1)에 의한 직류전압 고속초핑으로 견인전동기 공급전력 조절
   • T1 on : 전차선 → MCB → FL → T1 → M1 → M2 → M3 → M4 → Rail
   • T1 off : M1 → M2 → M3 → M4 → Free Wheeling Diode → M1 …
  ㉤ 회생제동 시 견인전동기 발전량이 T2 off-time에 비례하여 D2를 통해 전차선 송출

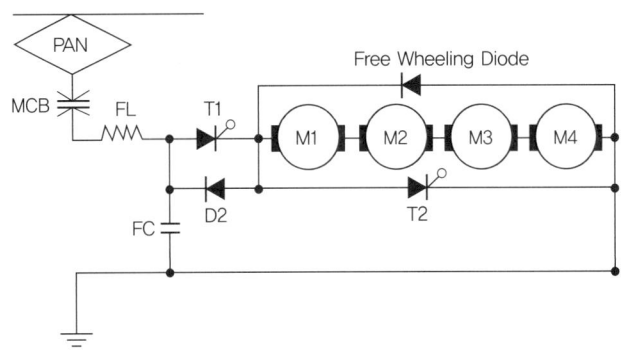

그림45 ▶ 쵸퍼제어회로

   • T2 on : M4 → M3 → M2 → M1 → T2 → M4
   • T2 off : M4 → M3 → M2 → M1 → D2 → FL → MCB → 전차선

③ **VVVF(Variable Voltage Varaible Frequency) Inverter 제어차**
  ㉠ VVVF는 교류유도전동기의 제어방법인 전압과 주파수를 동시에 변환시킨다는 뜻이다.
  ㉡ 브러시가 없는 교류유도전동기를 사용하기 때문에 보수점검이 거의 필요가 없을 정도로 성능이 우수하다.
  ㉢ 90년대 들어 전력용 반도체 기술과 마이크로프로세서의 발전이 많이 되어 열차 견인용 교류유도 전동기의 실용화가 가능해 졌다.
  ㉣ PWM 컨버터 및 VVVF인버터로 구성된 주변환장치에 의해 3상 교류유도전동기 구동방식으로 전환하여 견인전동기의 간소화와 무보수화를 실현했다.

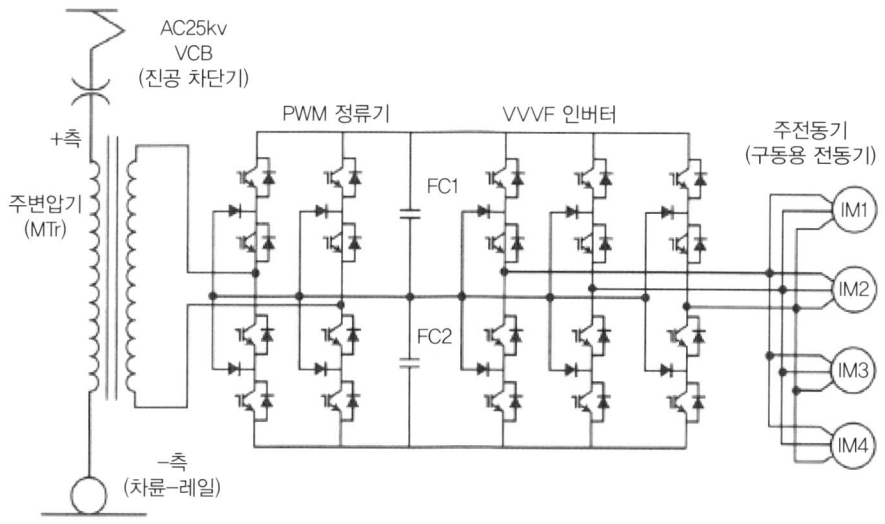

그림46 ▶ VVVF제어회로

3) 팬터그래프(Pantograph, 집전장치)

① 팬터그래프는 전차선과 직접 맞닿아 전력을 받아들이는 장치로서 일반적으로 공기압으로 상승하고 5kgf 전후의 압상력으로 전차선에 접촉한다.

② 팬터그래프가 접힌 상태(전차선과 접촉을 끊은 상태)에서 상승을 막고 있는 갈고리를 공기 실린더의 힘으로 풀어주면 팬터그래프는 스프링의 힘으로 상승하고 상승상태(전차선과 접촉상태)에서는 스프링의 힘에 맞선 하강 실린더의 공기압으로 하강시켜 갈고리를 다시 잠그면 접히도록 설계되어 있다.

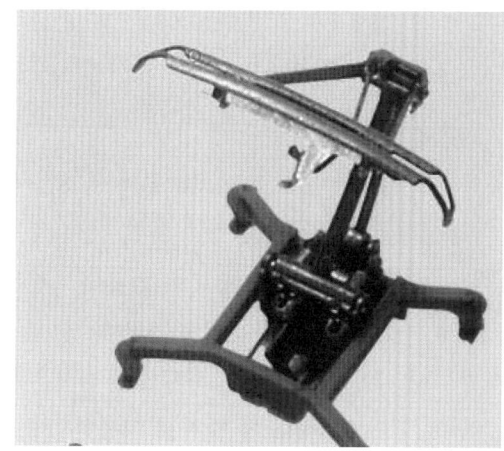

그림47 ▶ 팬터그래프(집전장치)

4) 주회로차단기(MCB : Main Circuit Brake)

① 교·직 전환시에 주회로와 전원의 연결을 끊거나 예기치 않은 사고 전류가 흐를 때 회로를 차단하여 기기를 보호하기 위한 장치이다.

② 압력공기를 공기실린더에 보내 대형스위치를 개폐함과 동시에 진공상태에서 확실한 전류 차단이 가능한 구조로 되어 있다.

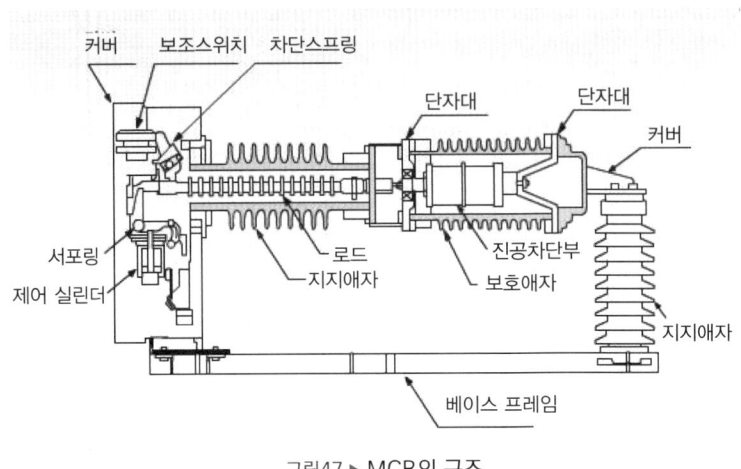

그림47 ▶ MCB의 구조

5) 피뢰기

① 피뢰기는 벼락 등에 의한 외부로부터의 유해한 이상전압을 차체를 통해 레일에 흘려 보내버릴 목적으로 설치된다.

② 주행 중 운전상태에 따라 넣었다 끊었다 하는 전류 개폐동작에 의해 주회로에 발생할 수 있는 이상전압(Surge, 서지전압)에 의한 기기손상을 막기 위한 목적도 있다.

③ 밀봉용기에 전극이 있는 간극(Gap)을 두어 이상전압이 가해지면 전극 간에 방전하여 전류가 흘러버리도록 되어있는 구조로 되어있다.

6) 주변압기

① 주변압기는 전차선에서 받은 특고압인 교류를 제어하기 쉬운 적당한 전압으로 낮추는 기기이다.

② 변압기를 밀봉용기의 기름에 담아 변압기 작동중 온도가 올라간 기름은 순환시키면서 송풍기로 강제 냉각한다.

③ 주변압기에서 강하된 교류전력은 정류장치에 의해 직류로 변환되는데 실리콘 다이오드인 반도체 소자를 이용한 것이 일반적이다.

7) 교·직전환기

교·직전환기는 교·직절환기와 연동하여 작동한다.

8) 주개폐기

주개폐기는 운전 중에는 전류가 통과하도록 닫혀 있고 검수 등으로 회로를 차단해야 할 필요가 있을 때는 수동 조작하여 전류를 차단시키는 장치이다.

9) 단류기

① 단류기는 직류 주회로의 전류개폐나 주회로 각 부의 비교적 큰 전류개폐를 위한 스위치이다.
② 운전 중의 모드에 대응하여 전류의 개폐를 행하는 동작의 빈도가 높아 내구성과 함계 신뢰도가 요구된다.
③ 직류 대전류 차단시의 섬광현상을 줄이기 위한 대책 등이 고안되어 사용되고 있다.

10) 주저항기

주저항기는 저항제어전차의 속도제어를 하는 장치로 역행전반을 제어하고 제동시에는 발전제동의 에너지를 흡수하는 역할을 한다.

11) 약계자저항기

차량의 고속성능을 좋게 만드는 장치를 약계자저항기라 한다.

12) 유도분류기

약계자 저항기와 직렬로 접속시킨 코일을 유도분류기라고 하며 계자제어를 할 때 주전동기에 이상전류가 흐르지 않게 하는 역할을 한다.

13) 직류전동기

① 전차의 구동모터로 사용되는 직류전동기는 회전속도를 광범위하게 변화시켜야 하는 특성 때문에 사용된다.
② 직류전동기의 구조는 회전자(전기자, 정류자, 축 및 냉각 팬)와 고정자(요크, 계자코일, 브러시 장치, 축수부)로 구성되어 있다.
③ 회전원리는 플레밍의 왼손법칙에 의하는 것으로 계자코일로 자계를 발생시키고 전기자에 시시각각 흐르는 위치가 변화되는 전류를 흘려 그 상호작용으로 회전하게 된다.

3. 철도차량의 제동장치

한꺼번에 많은 승객을 수송하는 철도차량의 제동장치는 어떤 상황에서도 확실하게 작동되어야 한다. 열차제동 시 작동불량 때문에 열차분리 등 최악의 상황이 생겨서는 안되기 때문에 신뢰성 확보를 위해 2중 안전장치 시스템을 도입하는 경우가 많다.

(1) 제동장치의 종류

1) 제동 슈(제륜자)를 이용한 제동장치(답면제동장치)

① 차륜답면과 주철제 제동 슈 사이의 마찰력을 이용하여 제동하는 구조로 이루어진 공기제동장치이다.

② 제륜자가 차륜에 닿을 때 차륜답면의 이물질과 미세한 흠을 제거하여 답면을 청결하게 유지하며 열발산 효과가 뛰어나고 값이 싸기 때문에 널리 이용된다.

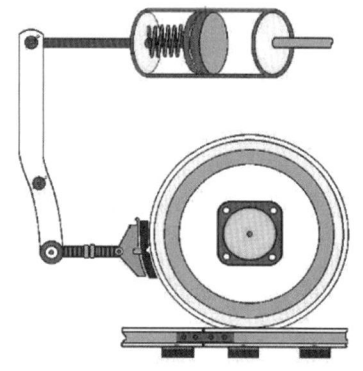

그림47 ▶ 제륜자를 이용한 제동장치의 구조

2) 디스크 제동장치

① 차축에 붙어있는 디스크 제동과 약 5~8kgf/cm^2정도의 제동 실린더의 공기압에 의해 레버로 작동되는 제동 패드 사이의 마찰력으로 제동을 잡는 구조이다.

② 차륜답면의 형상과 상관없이 독립으로 설치되어 있기 때문에 마찰면을 넓게 할 수 있고 열방산능력이 크고, 열응력 등에 효과가 있기 때문에 제동부하가 큰 철도차량에 사용하기 적합하다.

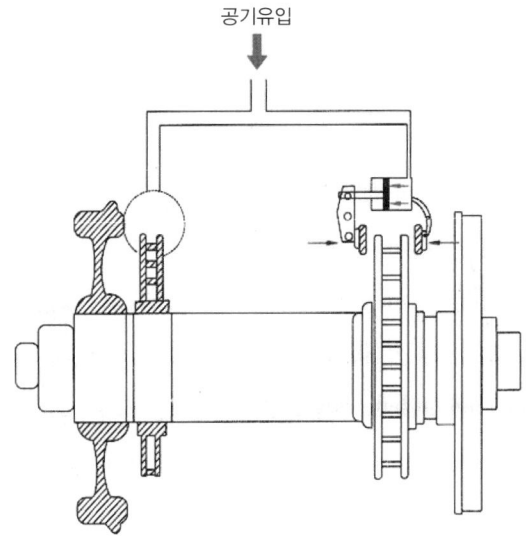

그림48 ▶ 디스크 제동장치의 구조

3) 전기제동장치

전기차량의 차륜을 회전시키는 주 전동기는 회로변경에 의해 쉽게 발전기로 변하기 때문에 이 원리를 이용하면 전기제동이 가능하다. 전기제동장치는 기계적 마찰제동의 최대 약점인 부품의 마모, 열부하 등의 문제점이 적기 때문에 대부분의 전기차에 채택 하고 있다.

① **회생제동** : 회생제동은 제동시 생산된 전력을 소모하지 않고 사용하기 때문에 에너지절약 측면에서 우수하다.
② **발전제동** : 전기모터로의 송전을 멈추어 통상의 구동을 정지해 차륜의 회전을 반대로 모터에 입력하는 형태로 전달하는 것으로, 모터를 발전기로서 작동시킨다. 발생 전력을 저항기에 흐르게 해 발열 소비시켜, 모터에 회전 저항을 일으키게 하고 제동력을 얻는다.
③ **와전류 제동**
   ㉠ 와전류제동이란 전자석과 궤도의 상대운동에 의해 궤도면에 유기되는 와전류에 의해 발생되는 제동력을 이용한 것이다.
   ㉡ 전자석과 궤도사이는 자력만으로 결합되어서 비접촉 제동력으로, 차체 측 전자석의 여자전류를 변화시킴에 따라 연속적으로 조절할 수 있어 특히 고속차량 및 자기부상식 철도차량에 가장 적합한 제동방식이다.
   ㉢ 차체에 궤도의 길이 방향으로 전자석의 자극을 N, S, N, S, 순으로 배치하고 이들 이동하게 되는 궤도에는 자속이 차례로 변화하기 때문에 그 변화를 줄이려는 방향으로 기전력이 발생하게 되고 와전류가 흘러 제동력이 생기게 되어 있다.
   ㉣ 저속에서는 반드시 마찰력을 이용한 마찰제동장치와 함께 사용하여야 한다.
   ㉤ 와전류식 제동은 레일과의 틈새에 따라 제동력이 크게 변화되기 때문에 틈새가 일정하게 유지되도록 해야한다.

표2 ▶ 발전제동과 회생제동의 원리

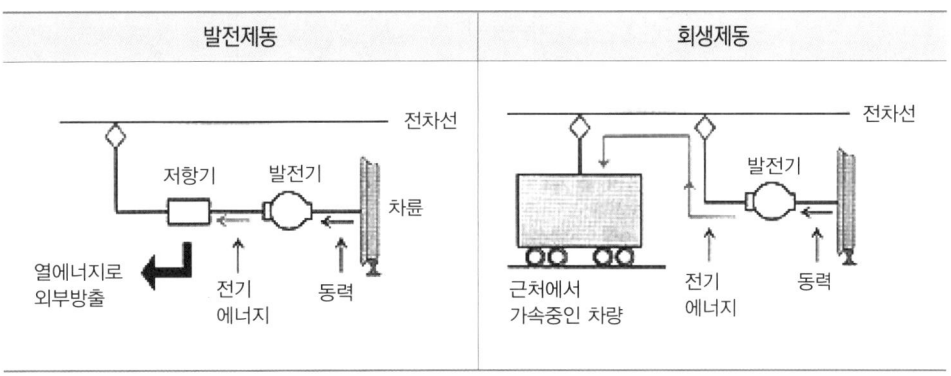

4. 대차

대차는 차량의 하중을 지지하고 견인력과 제동력을 전달함과 동시에 좋은 승차감과 안정성 유지, 곡선통과를 원활하게 할 수 있도록 하는 철도차량의 핵심장치이다.

(1) 대차의 조건

① 대차는 차체와 레일 간 상대운동의 중간매개체 역할을 하기 때문에 주행 중 각종 진동을 수반하고 진동들은 차량의 제원, 중량, 속도, 궤도의 상태 등에 따라 수시로 변하기 때문에 여러 가지 변수를 염두 해 두고 제작하여야 한다.
② 운행상의 안정성과 차륜과 레일 사이에서 발생하는 진동과 소음을 최소화 하여 쾌적하고 안락한 승차감을 확보할 수 있어야 한다.
③ 유지보수 비용이 저렴하고 궤도손상을 최소화하며 전 수명주기의 비용이 최소화 되어야 한다.

(2) 대차구조의 종류

1) 볼스터(Bolster) 대차

볼스터 사이를 2차 현가장치 및 볼스터 앵커로 연결하고 볼스터와 차체 사이에 센터피봇 및 사이드 베어러를 설치하는 방식이고 또 한 가지 방식은 볼스터와 차체 사이에 2차 현가장치를 설치하고 센터피봇 및 사이드베어러를 볼스터와 대차 프레임 사이에 두

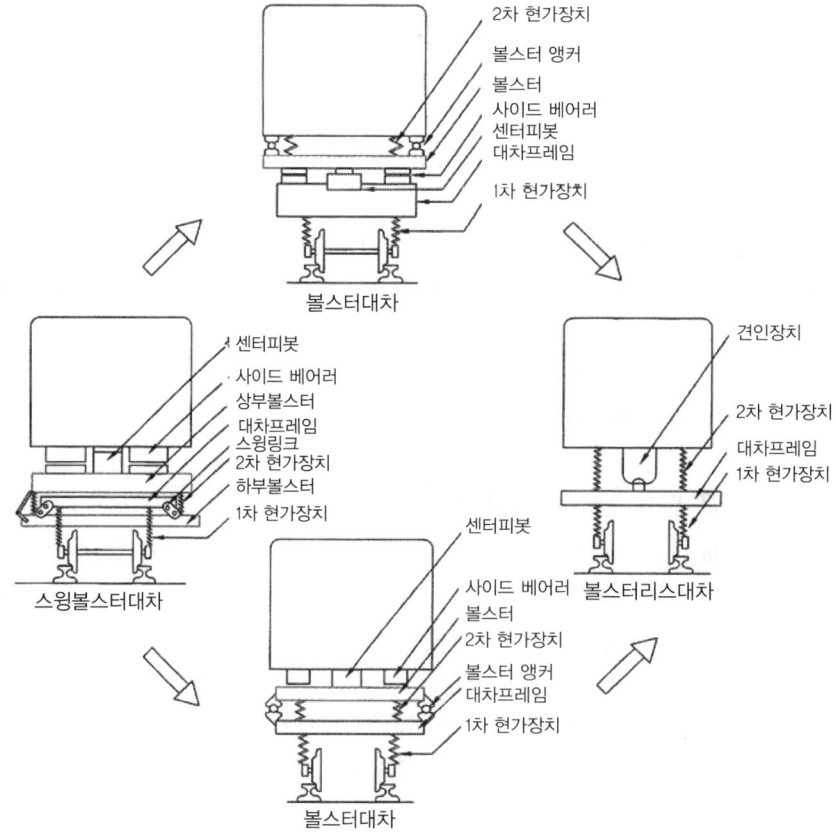

그림49 ▶ 대차의 구조 및 변천

는 구조의 대차를 볼스터 대차라고 한다.

2) 스윙볼스터(Swing Bolster) 대차

대차의 볼스터로서 스윙 블록, 볼스터 현가의 장치 또는 타원 스프링의 가로 휨에 의해 대차 프레임에 대하여 복원력을 가지고 좌우로 움직일 수 있게 되어 있는 것을 스윙볼스터 대차라고 한다.

3) 볼스터리스(Bolsterless) 대차

대차에서 수직하중과 견인력, 그리고 회전력이라는 세 가지의 힘을 전달했던 볼스터와 센터피봇을 생략하고, 수직하중과 회전력을 공기 용수철로, 견인력을 견인장치에서 각각 분담하는 것으로 대체하여 경량화한 대차를 볼스터리스 대차라고한다.

5. 수치상의 규제

(1) 차량한계

차량한계란 차량의 안전을 확보하기 위하여 직선, 평탄선로 위에 정지된 상태에서 측정한 차량의 너비 및 높이의 한계를 말한다.
- 최대폭 : 3,600㎜ - 최대높이 : 6,000㎜

(2) 건축한계

건축한계란 열차 또는 차량이 안전하게 운행하기 위하여 궤도 위에 확보하여야 할 최소한의 공간 경계를 말한다. 건물 등 어떠한 구조물이나 나무 등의 자연물도 건축한계 이내에 들어오는 것은 허용되지 않는다.(최소폭: 4,200mm, 최소높이: 6,450mm)

(3) 축중

철도의 건설기준에 관한 규칙에 따라 표준 활하중 22톤, 여객표준 16.5톤, EL표준 25, 22, 18톤 사용한다.

(4) 차륜

① 탈선에 대한 안전성이 높아야 한다.
② 주행 안정성이 좋아야 한다.
③ 곡선을 원활히 통과할 수 있어야 한다.
④ 레일과 차륜의 손상이 적어야 하고 삭정시 마모가 작아야 한다.

(5) 차량구조

① 차량은 20㎜의 슬랙을 가진 최소반경 120m의 곡선구간의 선로를 통과할 수 있는 구조

② 차체구조는 불연성 재료 사용이 원칙
③ 불연성 이외의 재료는 난연성의 재료를 사용한다.
④ 객차의 차체, 상판에 까는 재료는 화재사고에 대비하여 극난연성재료 사용 이외는 모두 불연성 재료를 사용함을 원칙으로 한다.

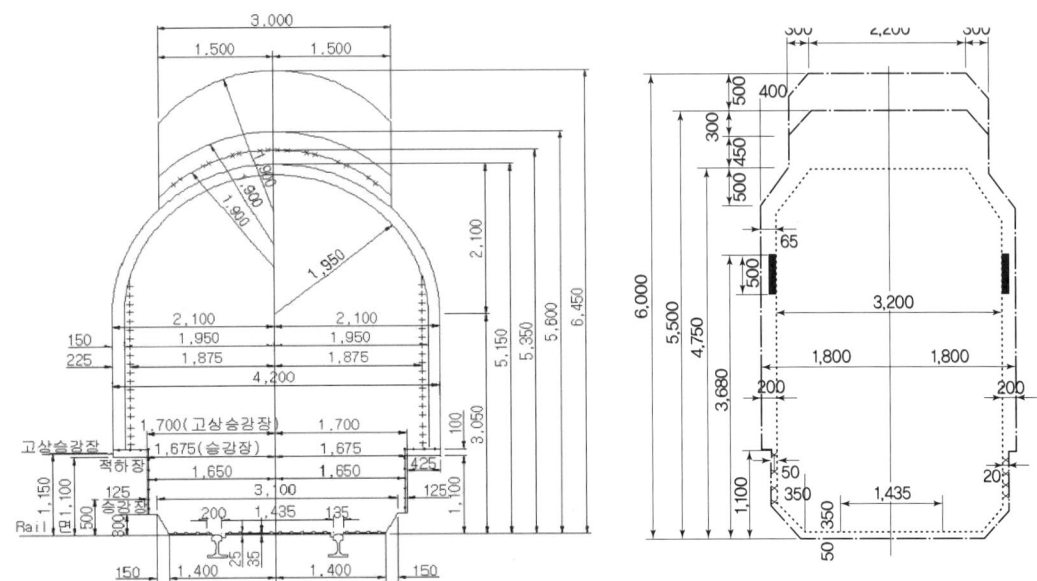

그림50 ▶ 한국철도의 건축한계

6. 열차의 운동역학

(1) 윤축(Wheelset)

① 윤축은 차륜 및 차축의 총칭을 의미한다.
② 일반적으로 1개의 차축과 2개의 서로 마주보는 차륜으로 조립되어 있다.
③ 윤축은 견인모터나 엔진 크랭크축의 회전력을 받아 회전운동을 하여 철도차량을 선로 위로 전진 또는 후진시키는 역할을 한다.

(2) 차륜답면(Wheel Tread)

① 철도차륜의 답면은 경사진 테이퍼(Taper) 형상으로 만들어져 있다.

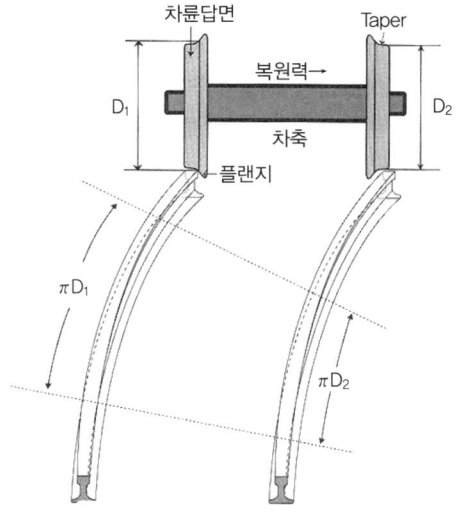

그림51 ▶ 철도차량의 차륜운동

② 테이퍼 형상으로 인해 레일상을 구르며 주행할 때 차량이 한쪽으로 쏠릴 경우에는 경사진 테이퍼로 인한 복원력이 작용하여 차량의 직선주행을 가능하게 한다.
③ 테이퍼 답면을 가진 윤축은 항상 선로의 중앙으로 향하는 힘이 작용하게 되며, 차량은 안정되게 주행한다.
④ 테이퍼 형상 답면으로 인해 야기되는 문제점은 사행동 현상과 요잉, 롤링 현상이 일어난다.

(3) 열차의 사행동

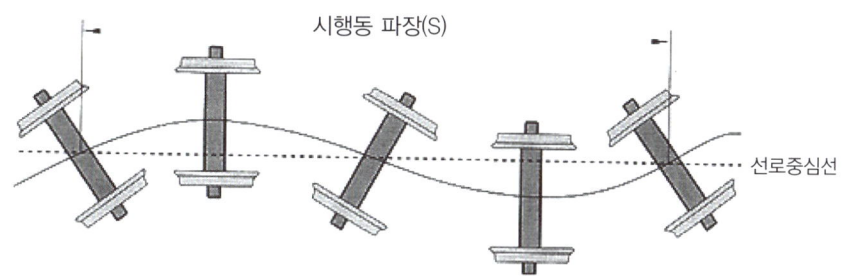

그림52 ▶ 차축의 사행동

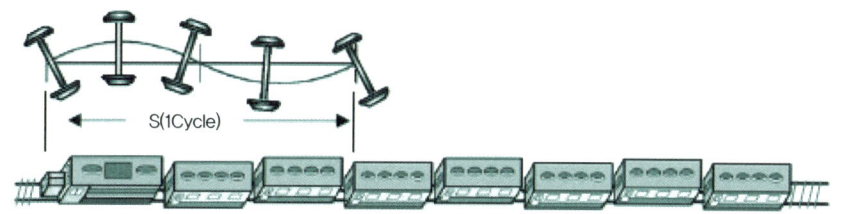

그림53 ▶ 열차의 사행동

차륜답면은 테이퍼 형상으로 되어 있기 때문에 윤축이 한쪽으로 쏠렸다가 반대쪽으로 쏠리는 현상의 반복이 나타나 열차가 선로위에서 뱀처럼 꾸불꾸불하게 전진하게 되는데 이를 사행동이라 한다. 사행동은 사인파 형상으로 나타는데 이론상 파장(Pitch)은 차륜답면의 기하학적 형상에 따라 정해지고 1축 대차의 파장(S1)과 2축 대차의 파장(S2)는 다음과 같은 식으로 표현된다.

$$S_1 = 2\pi \sqrt{br/\gamma} \qquad S_2 = 2\pi \sqrt{\frac{br}{\gamma}\left(1 + \frac{a^2}{b^2}\right)}$$

b=좌우 차륜이 레일과 접촉하는 점 사이의 직선거리의 1/2
a=축거의 1/2
r=접촉점에서의 차륜의 반지름
γ=접촉점 부근에서의 차륜의 답면 기울기

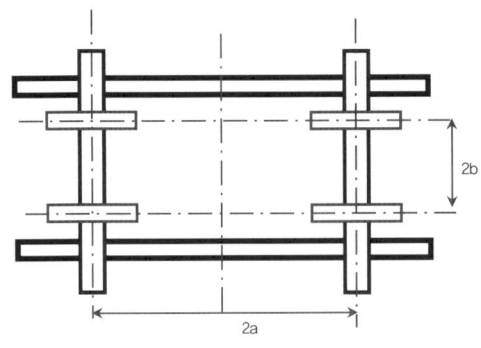

그림54 ▶ 대차평면도

(4) 사행동을 방지하는 방법

① 답면구배를 적게 하여 사행동의 파장을 크게 함으로써 일정 주행속도에서의 사행동 진동수를 감소시킨다.

② 1축 사행동이 발생하지 않도록 대차프레임에 윤축을 강하게 결속시키고 대차와 윤축이 결속되는 윤축 지지부에 적절한 완충장치 등을 사용하여 공진하지 않도록 한다.

(5) 차량진동의 종류

차량은 주행 중 전후, 좌우 및 상하방향의 직선운동(진동)과 아래의 3가지 회전운동(진동)이 동시에 일어난다.

① **롤링**(Rolling) : X축을 중심으로 회전.
② **피칭**(Pitching) : Y축을 중심으로 회전.
③ **요잉**(Yawing) : Z축을 중심으로 회전.

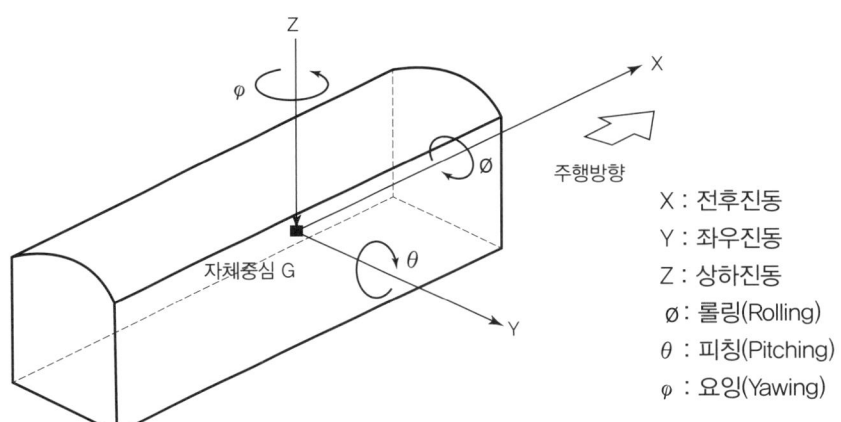

그림55 ▶ 차체진동의 여러 가지 형태

(6) 탈선이론
    ① 경합탈선 : 경합탈선이란 차량, 선로 등 여러 원인들이 상호복합작용하여 일어나는 것을 말한다.
    ② 탈선의 종류
        ㉠ 타오르기·미끄러져 오르기 탈선 : 차륜의 플랜지가 회전하면서 레일을 타오르거나 또는 미끄러져 올라가는 것으로 주로 곡선에서 일어난다.(플렌지와 레일 간 접촉시간이 0.05초 이상)
        ㉡ 튀어오르기 탈선 : 차륜 플렌지와 레일이 짧은시간에 충돌하고, 그 힘으로 차륜이 튀어 올라 탈선하는 것으로 주로 고속에서 일어난다.(플렌지와 레일 간 접촉시간이 0.05초 미만)

(7) 탈선 계수
    1) 타오르기·미끄러져오르기 탈선식 (휠 프렌지와 레일 간 0.05초 이상 접촉)

    탈선에 대한 안정성은 차륜이 레일을 횡방향으로 미는 횡압(Q)과 차량의 하중을 위에서 아래로 누르는 윤중(P)의 비, (Q/P)를 탈선계수라고 하며 탈선계수가 크면 클수록 탈선의 가능성은 커진다. 차륜이 횡방향으로 힘을 받아 그 플랜지 부분에서 레일과 접촉하여 타고 오르게 되는 상황은 아래 그림과 같다.

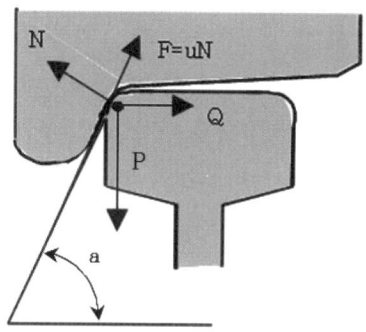

그림56 ▶ 차륜과 레일사이에 작용하는 힘

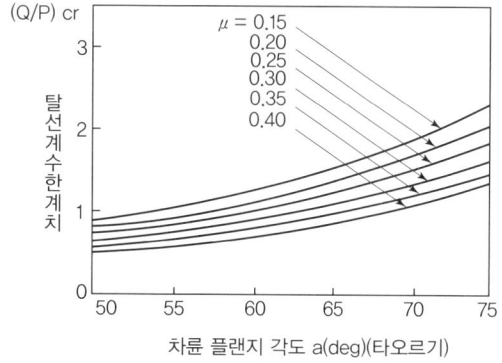

그림57 ▶ Nadal 식에 의한 탈선계수 한계치

2) 튀어오르기 탈선(0.05초 미만의 접촉)

모형 실험과 이론해석을 통한 연구에 의하면 대단히 짧은 시간에 횡압이 작용되므로 탈선계수의 한계치는 다음과 같다.

① 탈선계수의 임계시간 기준

$$Q/P = 0.05/t$$

② 안전율을 고려한 탈선계수
  ㉠ 횡압이 비교적 긴시간이 걸리는 경우 $Q/P = 0.8$
  ㉡ 횡압이 충격적으로 짧은 시간 걸리는 경우 $Q/P = 0.04/t$

7. 열차의 성능

(1) 점착과 점착계수

① 철도차량이 레일 위를 주행하고 속도를 제어하여 정차를 할수 있다는 것은 차륜답면과 레일접촉면사이의 마찰력 때문인데 철도에서는 점착력이라 표현한다.
② 마찰력을 구할 때 마찰계수를 철도에서는 점착계수라 표현하며 이는 기상상태와 선로상태, 동력차 종류, 축중 이동량에 따라 달라진다.
③ 주행 중 동륜과 레일의 관계를 역학적 관점에서 보면 차륜답면상에 작용하는 구동력 또는 제동력(F)와 답면이 레일과 접촉하는 점에 수직으로 가해지는 힘(축중)W, 답면과 레일과의 마찰계수(μ)와의 관계는 $F \leq \mu W$의 식이 성립해야 한다.
④ 점착력은 축중(W)과 점착계수(μ)를 곱한 값이지만 축중은 선로보호 등을 위한 규정에 의해 노선별로 제한되어 있기 때문에 축중을 일정값 이상으로 증가시킬 수는 없다.
⑤ 맑고 쾌청한 날씨의 점착계수가 0.2~0.3 정도인 반면 접촉면에 비나 서리가 내릴 경우 0.15~0.20이 되며 기름기가 낀 경우는 0.10까지 줄어든다.
⑥ 살사장치를 통해 모래를 뿌리는 방법은 일시적으로 점착계수를 높이는 효과는 있지만 접촉면이 손상되는 결점이 있다.

(2) 공전(Slip)현상

구동력이이 점착력보다 큰 경우에는 기동시나 가속시에 바퀴가 헛도는 현상이 일어나는데 이를 공전현상이라 한다.

(3) 활주(Skid)현상

제동력이 점착력보다 큰 경우에는 제동시 바퀴가 잠겨 선로위를 미끄러지게 되는데 이런 현상을 활주현상이라 한다. 활주현상이 일어날 경우 차륜 한쪽면만 계속 선로위를 미끄러지기 때문에 차륜 한쪽이 평평해지게되는 플랫(Flat)현상이 일어나 차륜손상이 나며 승차감에 안좋은 영향을 미친다.

(4) 열차의 견인력

1) 견인력

① 철도차량은 견인모터나 엔진의 회전력으로 차륜을 회전시켜 추진력을 얻는데 이 추진력은 차륜과 레일의 접촉부분의 마찰력에 의해 생기는 것으로 이를 견인력이라 부른다.

② 답면의 마찰계수(μ)와 그 축에 가해지는 축중(W)를 곱한 값으로 그 축이 최대로 얻을 수 있는 힘을 최대 견인력이라 한다.

③ 큰 견인력을 위해서는 구동 차량을 무겁게 하여 축중을 크게 해야 하지만 레일, 교량 등 이 부담할 수 있는 하중에는 제한이 있기 때문에 축중을 무한대로 할 수는 없고 허용 축중한계 내에서 구동축 수를 늘려 소정의 견인력을 얻을 수 밖에 없다.

2) 열차저항

열차가 견인력을 발휘하여 객화차를 견인하는 경우에는 그 진행방향과 반대방향으로 작용하는 힘이 작용하며, 이 때 작용하는 힘을 총칭하여 열차저항이라고 한다. 단위는 열차전체 저항을 표시하는 경우 kgf으로 하고 1톤당의 저항은 kgf/ton을 사용한다.
열차저항의 종류는 총 6가지(출발저항, 주행저항, 곡선저항, 가속저항, 터널저항, 구배저항)이고, 일반적으로 이들 중 가장 큰힘 3가지를 합해서 열차저항 이라고 한다. 즉,
열차저항 = 주행저항 + 구배저항 + 곡선저항

3) 출발저항

① 구배 없는 직선구간에서 출발할 때 받는 저항을 출발저항이라 한다.
② 움직이는 상태의 열차를 견인하는 것 보다 매우 큰 견인력이 필요하다.
③ 출발할 때 견인력을 저항으로 계산한 것을 출발저항이라 한다.

4) 출발저항의 산식

$$R_s = r_s \times W$$

R_s : 출발저항(kg), r_s : 출발저항(kg/t), W : 열차중량(t)

5) 주행저항

① 열차가 직선 평탄선로를 주행할 때 그 진행방향과 반대로 작용하는 모든 저항을 총칭한 것을 주행저항이라 한다.
② 전동기의 입력 대 출력 간의 손실, 치차의 전달손실 등은 포함하지 않는다.

6) 주행저항의 산식

주행저항=공기저항 + 차륜과 레일간 마찰저항 + 기타 차량 내 회전부에서의 마찰저항

$$R_R = a + bv + cv^2$$

R_R : 주행저항(kg), a : 차량 내부 기계부분 마찰저항
b : 휠과 레일간의 마찰계수, c : 공기저항계수(속도의 제곱에 비례)

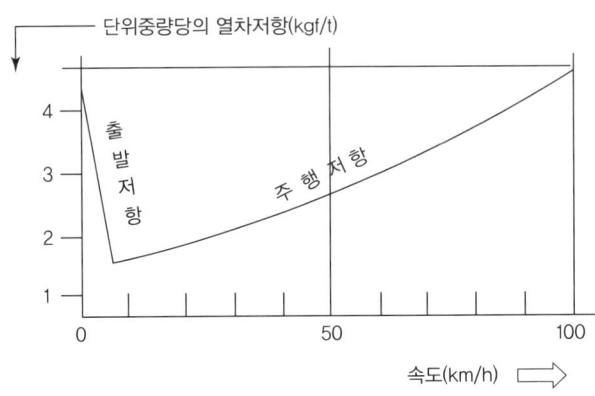

그림58 ▶ 출발저항 및 주행저항

7) 구배저항

① 열차가 구배가 있는 구간을 운전할 때 지구의 중력에 반하여 진행하므로 중력을 이기기 위한 힘이 더 필요하게 되며 이때 발생하는 저항을 구배저항 또는 기울기저항이라 한다.
② 구배저항은 지구중력에 의하여 생기는 것이므로 열차의 중량과 구배의 경사에 정비례하여 증감한다.
③ 상구배에서는 (+)저항, 하구배에서는 (−)저항이 작용한다.

8) 구배저항의 산식

$$R_g = \pm (G \times W)$$

R_g : 구배저항(kgf), G : 구배(‰), W : 차량 중량(ton)

9) 곡선저항

① 열차가 곡선을 주행할 때는 차륜의 플렌지와 레일 간 마찰로 인해, 직선보다 더 큰 견인력이 필요하게 되는데 이로 인해 증가하는 저항을 곡선저항이라고 한다.
② 곡선저항의 크기는 곡선반경의 크기, 켄트량, 슬랙량, 운전속도, 대차고정축거, 궤조의 형태 및 마찰력 등에 의한 제한을 받는다.

10) 곡선저항의 산식

$$R_c = \frac{700}{r} W$$

R_c : 곡선저항(kgf), r : 곡선반경(m), W : 차량중량(Ton)

11) 터널저항

한국철도에서는 중저속용열차(150km/h 이하)를 단선터널에서는 $rt_1 = 2$(kgf/t) 복선터널에서는 $rt_2 = 1$(kgf/t)으로 정하고 있다.

(5) 열차의 가속도와 감속도

1) 열차의 가속도

① 열차가 정지상태에서 출발하여 속도를 높여가는 과정을 역행 또는 가속상태라고 하고 1초간 속도가 얼마나 빨라지는가를 숫자로 표시한 것을 가속도라고 부르며 α(km/h/s)로 표시한다.

② 속도가 일정치에 도달하면 공급동력을 끊어 열차가 관성력으로 달리는 상태로 되고 이를 타행운전, 무동력운전 또는 관성운전상태라 부른다.

③ 어느 정도 속도가 높아지면 전기차에서는 모터의 특성상 서서히 견인력이 약화되고 열차저항은 속도의 제곱에 비례하여 커지기 때문에 견인력과 열차저항이 같아지는 곳의 속도를 균형속도라 한다.

2) 열차의 감속도

① 정차지점에 도달해가면 제동을 작동시켜 감속시키는 상태를 제동 상태 또는 감속상태라 부르고 가속도와는 반대로 1초간 얼마나 속도가 내려가는 가를 감속도라고 하여 β(km/h/s)로 표시한다.

② 타행운전의 경우에는 외부에서의 힘의 공급이 없으므로, 열차저항에 의해 서서히 속도가 내려간다.

(6) 열차의 제동 성능과 최대운전속도

① 열차의 속도를 자유자재로 조절하려면 역행성능과 제동 성능 모두 중요하다.
② 점착계수가 크면 강한 제동력을 얻을 수 있지만 점착계수는 변수가 많고 고속으로 주행하면 주행할수록 점착계수는 낮아진다.
③ 일반적으로 열차의 제동 장치에는 공기제동과 전기제동이 함께 사용되고 있다.
④ 열차의 제동거리는 열차의 안전운행에 중요한 요소이며, 신호기와 그 다음 신호기와의 거리인 폐색구간의 거리를 정하는 것과 밀접한 관련이 있다.
⑤ 폐색구간의 길이는 최고운전속도, 열차밀도 등을 결정하는 중요한 요소이다.

⑥ 고속철도처럼 속도가 높은 열차는 감속성능을 향상시키는 노력에도 불구하고 브레이크 거리를 크게 늘려 잡아야하기 때문에 폐색구간의 거리도 자연히 길어져야 한다.
⑦ 대량수송이 필요한 경우는 폐색구간을 짧게하여 열차수를 증가시킨다.

8. 열차의 제동

(1) 열차의 제동거리

열차의 제동거리는 기관사가 제동을 취급한 후 정차할 때까지의 시간 동안 진행한 거리를 말하며 실제동거리와 공주거리를 더한 것이다. 열차의 제동은 공기압을 이용하기 때문에 기초제동장치에서의 공기이동 등 시간이 소요된다. 따라서 기관사가 제동을 취급하였더라도 열차에 바로 제동효과가 생기는 것이 아니다. 제동력을 발휘될 때까지의 시간을 공주시간, 그때까지 주행한 거리를 공주거리라고 한다.

전 제동거리(S) = 공주거리(S_1) + 실제동거리(S_2)

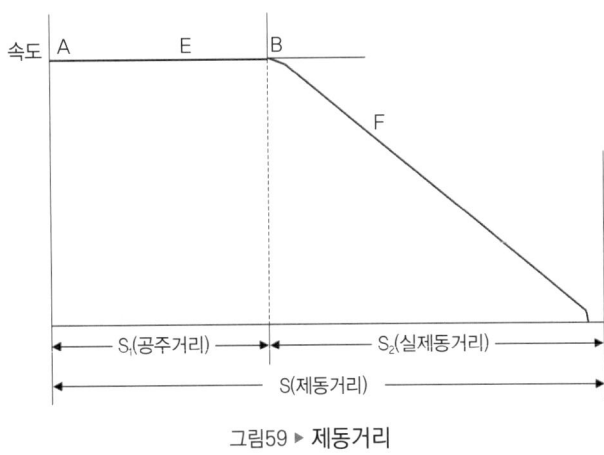

그림59 ▶ 제동거리

(2) 실제동거리 산출방법

중량이 W[ton]이고 속도가 V[km/h]인 열차의 실제동거리를 산출하기 위해서는 운동하고 있는 열차의 운동을 멈추게 하는 것이므로 열차를 멈추기 위해 외부에서 투입된 에너지(운동에너지)와 열차가 가지고 있는 열차의 감속력(F)에 실제동이 시작된 이후에 열차가 진행한 거리, 즉 실제동거리(S_2)를 곱하면 되며 열차의 운동에너지 $\frac{mv^2}{2}(1+e)$ 이다.
따라서 $F \cdot S_2(\text{kg} \cdot \text{m}) = \frac{mv^2}{2}(1+e)(\text{kg} \cdot \text{m})$로 쓸 수 있다.
단, 여기서 e는 회전체에 의한 부가관성중량으로 일반 열차에는 6[%] 정도를 잡아준다.

9. 철도차량의 내구연한

차량의 내용연수에는 대표적인 것으로 물리적, 경제적, 진부적 내용연수가 있다. 이들 사이의 관계는 진부적 내용연수 < 경제적 내용연수 < 물리적 내용연수이다.

(1) 물리적 내용연수

전기차량이나 디젤차량처럼 엔진 등 비싼 부품이 많이 장착된 경우는 원가 비중이 큰 부품을 정하는 것이 쉽지 않아 물리적 내용연수를 정하는 것이 어렵다. 그러나 화차나 객차의 경우 내용연수는 원가비중이 큰 부품의 수명으로 결정된다.

(2) 경제적 내용연수

경제적 내용연수는 해당연도의 보수비와 연간 평균 감가상각비의 합이 최소로 되는 연수를 말한다. 차량은 해가 지남에 따라 노후로 인한 부품의 교체나 수선 등이 늘어나 보수비가 증가하지만 여러 해 사용한 경우는 연 평균 감가상각비는 적어진다. 반대로 사용기간이 짧은 차량을 갱신하면 보수비는 경감되겠지만 연 평균 감가상각비는 증가할 것이다. 이처럼 차량의 갱신 기간이 너무 짧거나 길면 총 비용개념으로는 불리하게 되기 때문에 총 비용이 최소가 되는 연수를 선택하는 것이다.

철도교통안전관리자

CHAPTER 05 전기철도 및 전기설비 개론

1. 전기철도의 구성
① 전기철도는 전철·전력, 정보통신, 신호제어 부분으로 구성되어 상호지원과 보완을 통해 철도라는 운송시스템을 운영하는 데 기반이 될 뿐만 아니라 응용되고 발전되어 철도 운영에 적용되고 있다.
② 한국철도공사 내 기구조직에서 살펴보면, 전기본부 내에 전철전력과, 정보통신과, 신호제어과로 구성되어 긴밀한 상호 협조와 협의를 통해 각 설비들이 관리, 운영되고 있다.

2. 전기철도의 효과
① 수송능력 증강
② 에너지 이용효율 증대
③ 수송원가 절감
④ 환경개선
⑤ 지역균형 발전
⑥ 견인력이 크다.
⑦ 열차의 평균속도가 상승

3. 전기철도의 특징
(1) 장점
① 에너지 효율성이 상대적으로 높다.
② 견인력과 가감속도가 크고 속도 향상과 수송량이 크다.
③ 디젤운전에 비해 가볍고 동력비가 경제적이며 차량 보수비는 약 2:1의 비율로 적게 든다.
④ 매연과 배기가스가 없고 소음을 줄일 수 있어 공해로부터 주변환경을 보호하고 서비스 개선 효과도 크다.
⑤ 고속운전이 가능하고 발차나 정차시 간편하고 신속하다.
⑥ 기관사와 유지보수직원들의 격무 경감 등 많은 장점 가짐.

(2) 단점
① 건설비가 많이든다.
② 통신유도장애, 전식등을 방지하기 위한 투자와 보수비용이 많이 든다.

4. 급전방식

전철용 변전소로부터 전차선, 급전선 또는 전차선, 부급전선을 통해 전기차량에 전력을 공급하는 방식

5. 급전방식의 종류

(1) 직류급전방식

우리나라 1500V 사용

(2) 교류급전방식

단상교류방식(25000V, 60Hz 사용), 3상교류방식(현재사용x), 직접급전방식, 흡상변압기 급전방식(BT급전방식), 단권변압기 급전방식(AT급전방식)

6. 직류급전방식의 특징

① 전기차량의 설비가 간단하다.(차량가격이 저렴)
② 전압이 낮기 때문에 전차선로나 기기의 절연이 쉽다.
③ 통신선로에 유도장해가 작다.
④ 신호궤도 회로에도 교류방식을 사용할 수 있다.
⑤ 저전압, 대전류 방식으로 전압강하가 교류방식에 비해 크다.
⑥ 변전소 간격이 짧아서 급전설비가 상대적으로 많이 든다.
⑦ 누설전류에 의한 전식이 발생된다.

7. 교류급전방식의 특징

① 전압강하가 작다.
② 변전소 간격이 크게 되어 변전소의 수가 적다.
③ 고전압 고전력의 이용이 가능하다.
④ 사고전류의 선택차단이 용이하다.
⑤ 변압기의 전환탭을 이용하여 여러 가지의 전압을 이용할 수 있다.
⑥ 플리커현상 등으로 조명은 직류방식에 비하여 쾌적하지 못하다.
  *플리커(Flicker)현상: 전동차 운행 중 전압 변동으로 인해 발생하는 형광등빛의 깜빡거림을 말한다.
⑦ 고장점 표정장치에 의하여 사고지점까지의 거리를 판단한다.

8. 급전계통의 구성시 고려할 요소

① 전압강하
② 사고시의 구분
③ 보호계전기의 보호범위
④ 가선범위

9. 전철 급전계통의 특성
① 고신뢰도, 고안전도의 전원설비가 요구된다.
② 부하의 크기 및 시간적 변동이 극히 심하다.
③ 차량에 대한 전력공급은 전차선과 집전장치의 접촉에 의해 이루어진다.
④ 레일을 귀선선로로 사용한다.
⑤ 교류방식에서는 통신선에 대한 유도장애 대책, 직류방식에는 전식 대책이 필요하다.
⑥ 전차선의 지락(누전) 시에는 사고전류가 크게 된다.

10. 급전계통의 운전조건
① 전차선 전압이 차량의 운전에 영향을 주지 않는 일정한 범위를 유지
② 전류용량이 차량부하에 충분히 견딜 수 있도록 해야 함
③ 변전소, 전차선로, 차량 간의 절연협조가 충분히 요구되는 절연강도, 절연이격 확보
④ 보수작업 및 사고 발생시 신속하게 사고개소를 구분

11. 급전계통의 분리
① 급전별 분리
② 본선 간의 분리
③ 본선과 측선의 분리
④ 차량기지와 본선과의 분리

12. 직류 변전계통
직류 전철구간에서는 병렬급전방식이 표준이며 변전설비의 구성에는 변전소(SS : Sub Station), 구분소(SP : Sectioning Post), 급전타이포스트(TP : Tie-Post, 급전단말구분소), 정류포스트(RP : Rectifying Post) 등으로 구성되어 있다.

13. 전철 구분소(SS : Sub Station)
① 한국전력공사 또는 인접변전소에서 수전한 교류 3상 22.9[kV] 등의 전원을 전기차의 공급전원에 적합한 형태로 변환시켜 공급
② 직류변전소는 수전 설비, 변성설비, 급전설비, 고압 배전설비, 소내 전원설비 등의 설비로 구성

14. 구분소(SP : Sectioning Post)
본선과 지선이 분기되는 곳에 설치하는 설비로 전차선로의 전압강하를 경감시키고 고장검출을 용이하게 하며, 사고구간을 한정 구분하고 작업이나 사고시 정전구간을 단축하는 역할을 한다.

15. 급전 타이포스트(TP : Tie Post, 급전단말구분소)
복선구간에서 전차선을 병렬 급전할 수 없는 단말부분의 상선과 하선을 차단기를 통하여 접속할 수 있도록 한 설비이며 그 역할은 급전구분소와 같다.

16. 정류 포스트(Rectifying Post)
급전구간의 레일과 대지 간의 누선전류 경감을 목적으로 설치하는 것이다.

17. 집전장치
가공 전차선이나 제3레일 등에서 차량 내에 전류를 공급하기 위한 장치로 속도가 낮은 시가 전차 등에는 트롤리폴, 궁형집전장치가 사용되고 고속도에는 팬터그래프가 사용된다.

18. 제3레일(3-rd rail, 제3궤조)
터널 내 높이의 제한을 받을 때 적용하며 제 3 레일은 주행 레일보다 저항이 작은 저탄소 강이 사용된다. 구조는 T형, 쌍두형, 구형, 키스톤(keystone)형 등이 있다.

19. 판토그래프(pantograph)
경량 강관으로 마름모꼴과 반마름모꼴의 등의 종류가 있으며, 구조는 상부에 집전체가 있고 중간에 집전체를 지지하는 마름모꼴하부에 집전장치틀에 조작용 스프링과 공기 실린더가 장치되어 있다.

20. 구분장치
유사시 또는 부수 작업시에 전차선을 국부적으로 구분해서 정전시키기 위한 절연장치

① **전기적 구분장치** : 에어 섹션, 섹션 인슈레이터, 사구간(절연구간) 등
② **기계적 구분장치** : 전차선 장력조정 및 전선의 길이 등과 관련하여 설비하는 에어 조인트 등

21. 전차선 높이
레일면상에서 전기차가 직접 접촉하여 전기를 공급받는 전차선 하부까지를 말하며, 전철 전력설비 시설규정에는 최대 5,400[mm], 기준 5,200[mm], 최소 5,000[mm]이다.

22. 전차선의 편위
전차선의 궤도 중심면에서 수평거리를 말하며 규정상 200[mm]를 기준으로 하고 최대 250[mm]까지 할 수 있다.

23. 강체단선식(Rigid System)
전차선로의 가선방식에 있어 지하구간에 적합하도록 개발되어진 가선방식으로 도시 지하철 구간의 대표적인 방식이다.

24. 강체복선식(Double Rigid System)
모노레일 등에 사용되고 있는 것으로 주행 궤도 구조물에 강체구조로 한 급전용 및 귀선용의 정·부 도전 레일을 설비한 방식이다.

25. 제3궤조식(Thrid Rail System)
주행용 레일 외에 궤도 측면에 설치된 급전용 레일(제3레일)로부터 전기차에 전기를 공급하여 귀선으로 주행 레일을 사용하는 방식이다.

26. 전차선로 조가방식
직접 조가방식, 커티너리 조가방식, 강체 조가방식

27. 조가선
가공전차선에 주로 사용되는 전선으로 전차선을 같은 높이로 수평하게 유지시키기 위하여 드로퍼, 행거 등을 이용해서 조가하여 주는 전선을 말한다.

28. 부급전선
통신 유도장해를 경감하기 위해서는 흡상변압기(BT)급전방식으로 레일에 흐르고 있는 귀선전류를 흡상변압기에 의하여 흡상하여 강제적으로 변전소에 되돌려 보내기 위하여 귀선 레일에 병렬로 접속시킨 전선

29. 흡상선
교류 전차선로의 통신 유도장해를 경감하기 위하여 부급전선이 있는 흡상변압기(BT) 급전방식의 변전소 바로 근처 및 인접 흡상변압기의 중간지점 부근에서 부급전선과 레일을 접속하는 선

30. 중선선
단권변압기(AT) 급전방식의 변전소 등에 설비되어 있는 단권변압기의 중선점과 레일의 임피던스 본드의 중성점을 연결하는 선

31. 보조귀선
귀선로의 전기저항이 높은 경우는 전압강하나 전력손실이 크게 되고, 대지의 누설전류가 증가하여 전식의 원인이 되므로 직류 전차선로의 전압강하 및 레일의 전위상승이 심한경우에 보조귀선을 시설

32. 변전소 인입귀선
직류 급전방식의 변전소 인입개소에서 레일과 변전소 부극모선을 접속하는 선을 "변전소 인입귀선"이라고 한다.

33. 흐름방지장치
한쪽 방향으로 전차선이 흐르는 것을 방지하는 설비

34. 진동방지-곡선당김장치
전차선의 동요를 억제하고, 전차선을 곡선로에 적합한 위치에 가선되도록 하는 장치

35. 건널(교차)선 장치
건널선 장치는 선로의 분기개소에서 상호 전기차가 운전 가능하도록 전차선을 교차시켜 팬터그래프의 집전을 가능하게 하기 위한 설비

36. 구분장치
팬터그래프의 습동에 지장을 주지 않으면서 전차선을 전기적으로 구분하는 장치

37. 장력조정장치
이선에 따른 전차선의 집전성능의 악화, 장력 증대에 따른 전차선 단선 등의 위험이 발생하여 전기운전에 지장을 주기 때문에 전차선의 장력을 일정한 크기로 유지하기 위한 설비

자동식	수동식
활차식 자동장력 조정장치(Wheel Tension Balancer)	와이어 턴버클(Wire Turnbuckle)
스프링식 자동장력 조정장치	
레버식 텐션 밸런서(Lever Tension Balancer)	조정 스트랩(strap)
유압식 밸런서(OTB)	

38. 빔
전철주와 조립하여 전차선과 급전선 등을 지지하기 위한 강 구조물을 말한다.

39. 완철
전주 또는 고정빔 등에 취부하여 급전선, 부급전선, 보호선 등을 지지 또는 인류하기 위한 구조물

40. 전철주
가공전차선로를 지지 또는 인류하기 위한 설비를 말한다.

41. 평행틀
전차선 평행개소(Over Lap) 등에서 1본의 전주에 2개의 가동브래킷을 지지하기 위한 구조를 말한다.

42. 지선
전차선, 급전선 등의 인장력 또는 수평장력이 작용하는 전주에 취부하는 것으로 그 인장력 또는 수평장력에 의하여 전주가 경사 또는 구부러지지 않도록 하기 위한 설비를 지선이라 한다. 지선의 종류에는 단지선, V형지선, 2단지선, 수평지선, 궁형지선 등이 있다.

43. 변압기의 1차(입력측)와 2차(출력측)의 전압, 전류비와 권수와의 관계

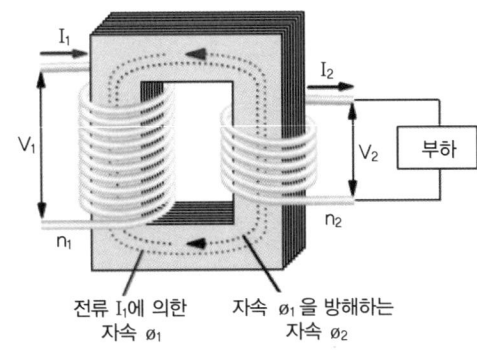

$$\frac{V_1}{V_2} = \frac{n_1}{n_2}, \quad \frac{I_2}{I_1} = \frac{n_1}{n_2}$$

V_1 : 입력전압 V_2 : 출력전압
n_1 : 입력측 권(선)수 n_2 : 출력측 권(선)수
I_1 : 입력전류 I_2 : 출력전류

44. 전철화의 필요성
① 철도 주요간선 수송력 증강 및 물류비 절감
② 에너지 이용효율 증대로 동력비 부담 절감
③ 수송원가 절감
④ 환경 친화적인 대중교통수단의 확보 개선
⑤ 지역균형 발전

45. 전철화의 장점

① 전기모터는 순간 과부하에 적합한 고출력
② 견인동력과 속도의 증감에 유리
③ 차량운영의 고밀도화
④ 동력차 유지보수의 경제성 및 용이성
⑤ 기관사와 유지보수직원들의 격무 경감
⑥ 도시교통의 가감특성과 차량조작의 용이성

46. 교류직류방식 비교

① 교류(25000V) : 지상설비가 적음, 변전소간격 30~50Km로 수가 적음, 직류방식에 비해 차량이 고가, 유도장애 큼
② 직류(1500V) : 지상설비비가 많음, 변전소간격 5~20Km로 수가 많음, 속도제어가 복잡, 전원설비 복잡, 차량가격은 저렴

47. 전기동차의 분류

(1) 사용전원 및 운행구간에 따른 분류

교직류 전동차(ADV), 직류전동차(DCV), 교류전동차(ACV)

(2) 견인 전동기 및 제어방식에 따른 분류

① 직류 직권 전동기 저항제어 전동차, Chopper 제어 전동차
② 교류 유도 전동기 VVVF 전동차

(3) 저항제어 전동차

① 속도제어법 : 저항 제어, 직병렬 제어, 약계자 제어
② 제동 : 발전제동 + 공기제동

(4) Chopper 제어 전동차

① 속도제어법 : 사이리스터를 이용한 고속 스위칭 작용(ON-OFF)으로 주전동기에 공급되는 전력을 제어하여 속도를 제어한다.
② 제동 : 회생제동 + 공기제동

(5) VVVF 전동차

① 속도제어법 : 가변전압, 가변주파수 제어
② 제동 : 회생제동+공기제동

48. 교류 급전계통
① **전철변전소**(S/S : Sub-Station) : 변전소로부터 수전받아 변압기에 의해 전기차에 필요한 전압으로 변성하여 전차선로에 공급하는 역할을 함
② **급전구분소**(SP : Sectioning Post) : 급전구간의 구분과 연장을 위해 개폐장치 설치
③ **보조급전구분소**(SSP : Sub-Sectioning Post) : 작업시나 사고시의 정전구간을 줄이고, 연장급전을 위해 개폐장치 설치

49. 사구간(Dead Section, 절연구간)
① 전차선로에서 전기방식이 다른 교류와 직류가 서로 만나는 부분
② **교류/교류구간(수도권)** : 22m
③ **교류/직류구간** : 66m

50. 전자유도 방지대책
교류단상 25Kv, 60Hz급전에서 교류구간에 의해 통신선에 전자유도가 나타나기 때문에 이를 막기 위해 전기철도에 최근 많이 보급되고 있는 급전방식

① BT(Booster Transformer 흡상변압기)를 약 4km마다 설치하여 레일에 흐르는 귀선전류를 부급전선에 흡상시켜 전차선을 통하는 전류와 반대방향의 전류를 강제로 부급전선으로 흐르도록 회로를 구성시켜 줌으로써 부하전류가 레일에 흐르는 구간을 한정시켜 전자유도에 의해 통신선에 유기되는 유기전압을 1/10이하로 줄여 유도장애를 감소시킨다. 산업선전철에 채택.
② AT(Auto Transformer)전차선과 급전선사이를 권수비 1:1인 단권변압기를 약 10km마다 설치하여 중성점과 레일을 접속하고 부하전류가 급전선을 통하여 변전소로 귀환하도록 함으로써 레일에 흐르는 전류를 경감시켜 통신선에 유기되는 전자유도장애를 감소시킴. 교류구간에 채택.

51. 전기철도용 변전소의 특징(구비조건)
① 기동, 정지를 빈번히 반복하므로 부하변화가 심하고 부하위치가 이동한다.
② 전기용량은 혼잡한 시간대에도 충분히 감당해야 한다.
③ 사고 시 1개소의 변전소가 정전되더라도 수송전체 열차운행에 지장이 없어야 한다.
④ 전차선로나 차량의 사고 등으로 급전회로가 단락하는 경우 즉시 검출되어 확실하게 사고 회선이 차단 되어야 한다.

52. 변전소 간격 결정

변전소는 부하의 중심에 위치해야 하며 간격은 평균전압강하 및 최대강하가 허용 범위 내에 있도록 한다.

53. 변전소 간격의 대략적인 표준

① 교류 전철 변전소

BT 변전소의 간격은 약 30~40(km) 간격이며, AT방식의 변전소 간격은 약 80~100(km) 간격으로 설치한다.

② 직류 변전소의 경우

DC 1,500(V) 방식은 4~6(km) 간격, 제 3궤조 방식인 DC 750(V)의 경우 2.5~3(km) 간격으로 설치한다.

06 CHAPTER 정거장

1. 정거장
여객의 승강, 화물의 적하, 열차의 조성, 차량의 입환, 열차의 교행 또는 대피를 위하여 상용하는 장소이며 역(Station), 신호장(Signal Station), 조차장(Shunting Yard)으로 구분된다.

2. 신호소(Signal Box)
수동 또는 반자동의 신호기를 취급하는 장소로 열차의 정거장이 아니다.
※ 신호장 : 여객취급은 하지 않고 열차의 교행 또는 대피하기 위해 설치한 정거장

3. 목적에 따른 정거장의 종류
① 보통역
② 여객역
③ 화물역
④ 화물조차장
⑤ 객차조차장

4. 본선로의 구내 배선에 따른 정거장의 분류
① **두단식 정거장** : 한쪽 끝이 막혀 있는 승강장
② **관통식 정거장** : 착발본선이 정거장을 관통하는 구조
③ **절선식 정거장**(switch back station) : 산악 등 급구배선이 연속되어, 정거장을 설치할만한 완구배를 얻지 못할 때 수평 또는 완구배의 선로를 본선에서 분기시켜 설치한 정거장.
④ **반환식 정거장**(reverse station) : 구배는 관계가 없고 지형상 이유로 착발선이 반환식으로 된 정거장이며 열차의 운용상으로는 좋지 못하다. 주로 종단정거장에 한한다.
⑤ **쐐기식 정거장**(wedged station) : 쐐기형 모양으로 된 정거장이며 적용사례는 거의없다.
⑥ **섬식 정거장**(island station) : 본선로의 사이에 승강장과 정거장 본실을 설치하여 지하도 또는 과선교에 의해 외부와 연결하는 것이 있으나 직통정거장의 변형에는 좋지 않다.

5. 배선의 종류

(1) 본선
① 본선로
② 여객, 화물본선
③ 도착선
④ 출발선
⑤ 대피선

(2) 측선: 본선이외의 선로
① 유치선(임시대기선)
② 입환선
③ 인상선
④ 화물적하선
⑤ 세차선
⑥ 수선선
⑦ 안전측선
⑧ 피난측선

6. 정거장 위치

(1) 도시계획측면
① 동일교통 및 타교통과의 연계체계가 확립되어야 할 것
② 여객과 화물이 집산되는 중심지에 근접되고, 타 교통기관과 연계수송이 용이 할 것
③ 지역 및 도시의 교통망 체계구축이 가능한 지역이어야 한다.

(2) 기술적 측면
① 정거장 구내는 가능한 직선 또는 수평이어야 하며 정거장 외라도 정거장에 근접하여 급구배나 급곡선을 피할 것
② 정거장간 거리는 4~8㎞, 대도시 전철역은 1~2㎞로 한다.
③ 정거장의 기능과 필요 면적이 확보되고 장래 확장 및 개량이 용이한 지역일 것
④ 정거장 전후 구배가 도착시는 상구배, 출발시는 하구배가 되는 지형이어야 한다.

7. 정거장 배선의 기본사항
① 본선과 본선의 평면교차는 피해야 한다. 특히, 도착열차와 도입선은 교차시키는 것은 위험하다.
② 정거장 구내 투시가 양호해야 한다.
③ 통과열차가 통과하는 본선은 직선 또는 반경이 큰 곡선일 것
④ 본선 상에 설치하는 분기기는 가능한 그 수를 줄이고 배향 분기기로 한다.
⑤ 분기기는 구내에 산재시키지 말고 집중 배치해야 한다.
⑥ 반대방향 열차가 서로 안전하게 착발하도록 한다.
⑦ 객차와 화차 입환 및 기관차 운행은 본선을 횡단하지 않도록 한다.

⑧ 각 작업은 서로 타 작업에 방해되지 않도록 2종류 이상의 작업이 동시에 이루어 질수 있도록 한다.
⑨ 장래 역 확장에 대비해야 한다.
⑩ 측선은 본선 한쪽에 배선하여 본선 횡단을 줄인다.
⑪ 사고 발생에 대비하여 비상 연결선을 설치할 필요가 있다.

8. 승강장

① 승강장은 직선구간에 설치하여야 한다. 다만 지형여건 등으로 부득이한 경우에는 곡선변경 600미터 이상의 곡선구간에 설치할 수 있다.
② 승강장의 수는 수송수요, 열차운행 횟수 및 열차의 종류 등을 고려하여 산출한 규모로 설치하여야 하며, 승강장의 길이는 여객열차 최대 편성길이9일반여객열차는 기관차를 포함한다)에 다음 각 호에 따른 여유길이를 확보하여야 한다.
  ㉠ 지상구간의 일반여객열차·간선형 전기동차는 10미터
  ㉡ 지하구간의 일반여객열차·간선형 전기동차는 5미터
  ㉢ 지하구간의 전기동차는 5미터
  ㉣ 지상구간의 전기동차는 10미터

9. 승강장의 높이

승강장의 높이는 다음 각 호에 따른다.

① 일반여객열차로 객차에 승강계단이 있는 열차가 정차하는 구간의 승강장의 높이는 레일면에서 500mm
② 화물 적하장의 높이는 레일면에서 1,100mm
③ 전기동차전용선 등 객차에 승강계단이 없는 열차가 정차하는 구간의 승강장(이하 "고상승강장"이라 한다)의 높이는 레일면에서 1,135mm. 다만, 자갈도상인 경우 1,150mm
④ 곡선구간에 설치하는 고상 승강장의 높이는 캔트에 다른 차량 경사량을 고려

10. 정거장내 궤도 중심간격

① **국철** : 정거장내 궤도 중심간격 4.3m 이상
양궤도 간에 가공전차선 지지주, 신호주 등이 설치되어 있는 경우 곡선건축한계 확대치 수 $\dfrac{5000}{R}$의 2배 이상 확대해야 한다.

11. 정거장내 설비

① **본선로** : 상본선, 하본선, 도착선, 출발선, 여객본선, 화물본선, 통과선, 대피선

② 측선 : 유치선, 입환선, 인상선, 화물적하선, 세차선, 검사선, 수선선, 기회선, 기대선, 안전측선, 피난측선

12. 선로 유효장(clearance)

① 정차장 내에서 열차를 정지하기 위한 선로, 또는 차량을 유치하는 선로에 있어서 인접 선로에 지장을 주지 아니하고 열차 또는 차량을 정지 유치 시킬 수 있는 길이를 말한다.
② 보통은 선로의 양단에 있는 차량접촉 한계표 사이의 거리를 말하지만 출발 신호기가 설치되어 있는 선로에서는 출발 신호기 까지의 길이를 말한다.
③ 본선 유효장은 그 구간을 운전하는 최장 열차 길이에 필요한 여유 길이를 더한 것으로 한다.

13. 중간역 배선

(1) 여객승강장

① 섬식 정거장 : 용지비, 건설비가 절약되나 여객이 선로를 횡단해야 하며 장래 확장이 곤란하고 상하 열차 동시 착발시 혼잡을 일으킬 수 있다.
② 상대식 정거장 : 용지비, 건설비가 고가이지만 여객의 승하차가 편리하고 장래 확장이 용이하며 상하 열차 동시 착발시 안전운행이 보장된다.

(2) 화물 적하장

차급화물 적하를 위해 여객 승강장과는 별도로 일반적으로 역본체 좌측에 설치한다.

(3) 대피선

① 후속 열차가 선행열차를 추월할 필요가 있는 경우
② 열차 밀차가 커서 선행 열차가 출발하기 전 후속 열차 진입이 필요한 경우
③ 화물열차 조성과 정리로 화물열차를 장시간 역에 정차시킬 필요가 있을 때 설치한다.

14. 종단역 배선

(1) 관통식 종단역

① 여객열차가 시·종착하는 종단역−객차 유치선의 선군을 설치한다.
② 화물열차가 시·종착하는 종단역−화차 분별선의 선군을 설치한다.
③ 기대선을 설치하여 직통하는 열차에 대해 기관차를 바꿔 달수 있어야 한다.
④ 유치선을 설치하여 여객 열차의 증결과 해방을 할 수 있어야 한다.
⑤ 기회선은 열차가 착발하는 본선 전단부에 설치해야 한다.

(2) 두단식 종단역
① 열차를 비교적 장시간 유치할 필요가 있을 때 사용되며 비교적 배선수가 많이 필요하다.
② 관통식 정거장에 비해 과선교, 지하도가 필요없고 여객 흐름이 원활하다.

15. 분기역 배선
(1) 선로별 배열방식
복복선 4선중 어느 한쪽의 각2선을 복선과 같이 운전하는 방식

(2) 방향별 배열방식
복복선 4선중 한쪽2선은 상행열차, 다른 쪽 2선은 하행열차 운전용으로 하는 방식

16. 역전광장 설계시 고려사항
① 역전광장 면적은 역의 승강인원, 광장 출입차량수에 의해 결정되며, 전철역과 일반역으로 구분된다.
② 차량혼잡을 적게 하기위해 차도는 일방 통행으로 한다.
③ 주차장이 필요하다.
④ 보행자와 차량 상호간에 지장을 주면 안된다.
⑤ 도시계획과 관련법을 검토하여 조화를 이루는 적합한 설계를 한다.

17. 역전광장의 기능
교통터미널의 기능, 도시활동의 기능, 환경정비의 기능, 방재기능

18. 역전광장의 정비효과
① 역세권 확대와 인구밀도를 상승하고 지자체의 수익을 증대한다.
② 시민 이동에 의한 교통수익과 상업시설 이용자 증대에 따라 수익이 증대된다.
③ 교통의 편리성, 안전성, 쾌적성과 도시경관이 향상된다.

19. 역본체 계획시 고려사항
① 정거장내 여객의 보행거리를 최소로 한다.
② 여객 진로가 서로 지장을 주거나 교차하지 않도록 한다.
③ 원거리 여객과 근거리 여객을 구분한다.
④ 역본체내를 한눈에 볼 수 있고 객실 위치를 여객이 식별하기 용이할 것
⑤ 계단은 가능한 피할 것
⑥ 채광, 환기, 난방에 주의할 것

20. 여객통로
① 여객을 역본체와 승강장 상호 간을 연결하는 것
② 평면횡단은 열차회수가 적고 여객수가 적은 경우 설치
③ 과선교는 여객수가 많아 평면 횡단시 위험요소가 많은 경우 설치하며 지하도는 잦은 열차 운행으로 넓은 시야 필요시 이용

21. 간이역
보통역의 기능 중 일부만 수행하는 소규모 역이다.

① **무배치간이역** : 철도직원을 배치하지 않고, 열차승무원이 여객을 취급하거나 승차권 이탁판매 규정에 의해서 위탁을 받은 자가 승차권을 발매하는 역으로, 역의 관리는 인접역의 관리역장이 수행하며, 운전취급은 하지 않는다.

② **배치 간이역** : 철도직원을 배치하고 여객 또는 화물을 취급하는 역으로, 지정된 역에서는 운전 취급을 수행한다. 다만, 역장은 별도로 임명하지 않으며, 인접역의 역장이 겸임한다.

③ **운전 간이역** : 보통역과 같이 역장이 배치되고 여객과 화물은 취급하지만 운전취급은 하지 않는 역을 의미한다. 현재는 사용되지 않는 분류이다.

22. 화물설비
화물의 적하와 보관을 위한 설비

23. 화물취급소
수송화물의 수수와 운임계산등을 하는 장소. 위치는 화주의 출입이 용이하고 구내작업이 적당한 장소로 한다.

24. 화물적하장
화차와 화물 자동차 중간에서 화물적하와 화물을 일시 유치하는 장소

25. 화물의 홈(화물 운송이나 보관과 관련된 장소나 시설, 플랫폼)
① 화물의 종류에 따른 분류 : 차급홈, 소급홈, 열차급홈, 중계홈
② 홈의 높이에 따른 분류 : 고상식홈, 저상식홈
③ 홈의 형상에 따른 분류 : 장방형홈, 계단형홈, 톱니바퀴형홈, 빗형홈, 세로홈

26. 운전설비
열차의 안전운전을 확보하기 위한 설비

27. 운전설비 종류
① 기관차 사무소는 차량의 검사, 수선, 급유, 급수 등의 제정비 작업과 열차의 운전 차량의 입환 등을 한다.
② 동력차고에는 기관차고, 전차고, 동차고 등이 있다.
③ 기타 급유 급수설비와 전차대, 루프선 등 전향설비가 있다.

28. 기관차 사무소의 적정위치
① 열차회수가 변화하며 선로가 분기하는 지점
② 타 사무소가 인접하여 업무연락이 원활한 곳
③ 급유급수가 편리하고 기관차고 출입이 편리한 곳

29. 객차조차장의 목적
① 종착역 착선에 열차 타선으로 입환하여 착발선의 능력을 향상시킨다.
② 장거리 운행 차량이 다음 운행을 위해 충분한 정비와 검사를 한다.
③ 운행된 차량의 외부와 내부를 청소하고 정돈한다.
④ 계절적, 시간적으로 수송량의 대소에 따라 여객열차의 편성차량 증감으로 경제적인 운전을 한다.
⑤ 식당차, 침대차, 전망차등 특수차에 보급품을 적재하고 차량 방향전환 등의 특수 작업을 한다.

30. 객차조차장의 위치
① 객차조차장과 여객역간 거리는 공차회송의 경우 원거리 열차는 10km, 근거리 열차는 5km 이내 인 곳
② 구내가 평탄하고 투시가 양호 지형일 것
④ 공장 또는 기타 시설과 출입이 편리한 곳
⑤ 여객역, 기관차 사무소등 상호간의 편의가 좋을 곳

31. 객차조차장 선군
도착선, 조체선, 세차선, 소독선, 검사선, 수선선, 유치선, 예비차선, 출발선
① **조체선**: 객차의 연결 순서를 바꾸거나 고장 난 차를 떼어 낼 때, 또는 객차를 임시로 더

붙이거나 떼어낼 때 사용되는 선로

32. 화차조차장
전국 각역의 화물을 신속하게 수송하기 위해 화물열차의 조성을 재편성하는 장소

33. 화차의 분리작업 방법
돌방입환(평면 조차장), 포링입환, 중력입환, 험프입환

① **포링입환**(포링入煥, poling method shunting) : 화차의 연결을 사전에 모두 풀어놓고 화차의 인상선에 병행하여 설치된 입환전용의 폴링선에서 폴링차가 횡방향에 돌출한 pole을 사용하여 화차를 순차적으로 밀어 목적선로에 입환시키는 방법
② **중력입환** : 조차장 전체가 하구배상에 위치해 있어, 화차가 자력으로 굴러내려가는 힘을 사용하여 입환을 실시하는 조차장이며, 우리나라에는 없다.
③ **험피입환** : 험프라 불리는 인공적인 언덕을 만들고, 이 위에 기울기를 가진 선로를 설치하야, 이 언덕 위에서 화차를 굴려보내어 입환을 실시하는 조차장이다.

34. 화차조차장의 선군
① 도착선
② 출발선
③ 분별선
④ 인상선
⑤ 수수선

35. 차량기지
열차 운행 후 차량의 유지, 정비, 수선 등을 실시하여 열차운행의 안전성 확보와 원활한 운전을 위한 철도설비

07 CHAPTER 철도신호 개론

1. 철도신호
신호장치, 전철장치 폐색장치, 건널목 보안장치를 이용하여 열차의 안전운행과 운전능률을 향상시킬 목적으로 부호, 형상, 색, 음향으로 상대에게 의사를 전달하고 열차의 운행조건을 기관사에게 지시하는 기능을 가지고 있다.

2. 신호보안장치
차량의 안전을 확보하고 선로 이용률을 최대한 높이며 수송능률을 향상시키는 설비를 총칭해서 신호보안장치라 한다.

3. 신호

(1) 상치신호기
① 주신호기 : 장내, 출발, 폐색, 엄호, 유도, 입환신호기
② 종속신호기 : 원방, 통과, 중계신호기
③ 신호부속기 : 진로표시기

(2) 임시신호기
서행, 서행예고, 서행해제신호기

(3) 수신호
대용수신호, 통과수신호, 임시수신호

(4) 특수신호
발뇌신호, 발광신호, 폭음신호, 화염신호, 발보신호

① **발뇌신호(發雷信號) detonator signal** : 악천후상태로 정지신호를 확인하기 어려운 경우 또는 예기치 않는 지점에 열차를 정차시키는 경우 뇌관의 폭음으로서 현시하는 정지신호를 말한다. 현재는 "폭음신호"로 용어 개정됨

② 발보신호(拔報信號) generated signal : 열차무선방호의 일종으로 경보음으로써 열차 또는 차량을 정지시키기 위한 것으로서 긴급한 사태가 발생했을 때 1km 이내의 다른 열차에게 알려주는 장치.

(5) ATS 차상신호, ATS 지상신호

4. 전호
　① 출발전호 : 역장과 차장이 지정된 방식에 따라 열차를 출발시킬 때 행하는 전호
　② 전철전호 : 선로전환기의 개통상태를 관계자에게 알릴 경우에 사용.
　③ 입환전호 : 정거장에서 차량을 입환할 때 수전호 또는 전호 등에 의하여 행하는 방식
　④ 제동시험전호 : 열차의 조성 또는 해결 등으로 제동기를 시험할 경우에 사용
　⑤ 대용수신호현시전호 : 상치신호기의 고장 또는 신호기의 사용중지 등으로 대용 수신호를 현시할 경우에 사용
　　※ • 신호 : 형태, 색, 음 등으로 열차 등에 대하여 운전의 조건을 지시하는 것
　　　• 전호 : 형태, 색, 음 등으로 직원상호간에 의사를 표시하는 것
　　　• 표지 : 형태, 색 등으로 물체의 위치, 방향, 조건을 표시하는 것

5. 신호기 구조상의 분류
(1) 기계식 신호기
　기계식 신호구간에 사용하는 신호기로 완목을 신호기둥에 설치하고 주간에는 완목의 위치, 상태, 색깔에 따라, 야간에는 신호기의 색에 따라 신호를 현시하는 것으로 주신호기, 종속신호기에 사용한다.

(2) 색등식 신호기
　주,야간 동일한 색깔과 배치로 신호를 현시하는 신호기

(3) 등렬식 신호기
　2개 이상의 백색등을 사용하여 점등위치가 수평, 경사 및 수직이 되도록 점등하여 신호를 현시하는 신호기이다.

6. 신호현시 상태별 분류
(1) 절대신호
　정지신호가 현시되었을 경우 반드시 정지해야 하는 신호기

(2) 허용신호

정지신호가 현시 되더라도 열차가 일단 정지한 다음 제한속도로 운행할 수 있는 신호기로 식별표지가 부착되어있다.

7. 신호현시별 분류

(1) 2위식

열차 진로 1구간의 상태를 표시하는 것

① 2현시 : 진행과 정지, 진행과 주의를 현시
② 3현시 : 진행, 경계, 정지 또는 진행, 감속, 주의를 현시

(2) 3위식

열차 진로 2구간의 상태를 표시하는 것

① 3현시 : 진행, 주의, 정지를 현시
② 4현시 : 진행, 감속, 주의, 정지 또는 진행, 주의, 경계, 정지
③ 5현시 : 진행, 감속, 주의, 경계, 정지

8. 주신호기

(1) 장내신호기

정거장의 입구에 설치하는 신호기로서 정거장에 진입할 열차에 내하여 그 신호기 안쪽으로 진입여부를 지시하는 신호기

(2) 출발신호기

정거장에서 출발하는 열차에 대하여 정거장 구내의 신호가 정당한 방향으로 개통되어 있는지 정거장외 선로로 운전할 수 있는지를 지시하는 신호기로 출발선 시점에 설치한다.

(3) 폐색신호기

폐색구간 입구에 설치되는 신호기로 폐색구간에 열차의 진입 여부를 지시한다.

(4) 유도신호기

장내신호기가 정지신호를 현시해도 유도를 받을 열차에 대하여 신호기 내방으로 진입할 것을 지시하는 신호기이다.

(5) 엄호신호기

정거장 방호를 요하는 지점을 통과시 열차에 대해 신호기 안쪽으로 진입여부를 지시하는 신호기

(6) 입환신호기
입환차량에 대하여 신호기 내방으로의 진입 가부를 지시하는 신호기이다.

9. 종속신호기

(1) 원방신호기
장내신호기의 투시거리가 짧을 경우 장내 신호 상당거리 외방에 설치하여 장내신호기의 현시상태를 예고해 주는 신호기

(2) 통과신호기
출발신호기에 종속하는 원방신호기로 장내신호기 하위에 설치하며 장내신호기 위치에서 열차가 정거장을 통과할지 여부를 예고해 주는 신호기

(3) 중계신호기
자동구간의 장내, 출발, 폐색 또는 엄호신호기에 종속하며 확인거리 부족에 따른 주체신호기의 신호를 중계하기 위하여 설치하는 신호기이다. 요즘에는 비자동 구간에도 중계신호기를 설치한다.

10. 신호부속기
주신호기의 지시내용을 보충하기 위하여 설치한 것으로 주신호기를 둘이상의 선로에 사용 시 주신호기 하단에 설치하여 그 신호기의 진로개통 방향을 나타낸다. 진로표시기는 3개 진로 이하는 등렬식을, 4개 진로 이상은 문자식 진로표시기를 사용한다.

11. 임시신호기
선로가 고장 또는 다른 이유로 열차를 평상시대로 운전 시킬 수 없을 경우 설치하는 신호기

(1) 서행예고 신호기
진행하려는 열차의 전방에 서행신호가 현시되어 있음을 예고하는 신호기

(2) 서행신호기
서행을 해야 하는 구역을 통과하려는 열차에 대하여 그 구역을 서행할 것을 지시하는 신호기

(3) 서행해제 신호기
서행구역을 벗어나는 열차에 대하여 서행이 해제되었음을 지시하는 신호기

12. 표지

(1) 자동식별표지
자동폐색구간의 폐색신호기 아래쪽에 설치하여 폐색신호기가 정지를 현시하더라도 일단 정차한 다음 시속 15km 이하의 속도로 폐색구간을 운행해도 좋다는 것을 표시한 것으로 반사재를 사용한 백색 원판 중앙에 폐색신호기의 번호를 표시한 것이다.

(2) 서행허용표지
급한 상구배와 그 밖의 지점에 자동폐색기 신호기주에 설치한 것으로 백색 테두리의 짙은 남색 반사재 원판 중앙에 백색으로 폐색신호기의 번호를 표시한 것이다.
폐색신호기의 정지 현시에 따라 열차가 정지하였을 때, 열차의 출발이 어렵다고 인정되는 장소의 폐색신호기에 열차가 일단 정지하지 않아도 좋다는 것을 표시한 것이다.

(3) 출발신호기 반응표지
승강장에서 역장 또는 기관사가 출발신호를 확인할 수 없는 정거장에 설치하는 것으로 3개의 백색등을 45°사선으로 점등하여 출발신호를 표시한 것이다.

(4) 입환표지
차량이 입환하는 선로로서 개통상태를 표시할 필요가 있을 경우에 이를 표시한다.

(5) 열차정지표지
정거장에서 열차가 정차할 한계를 표시할 필요가 있는 지점에 설치하며, 선로에 도착하는 열차는 열차정지표지 설치 지점을 지나 정차할 수 없다.

13. 궤도회로
궤도를 이용하여 전기회로를 구성하는 것으로 이 회로에 열차 또는 차량이 진입시 차량에 의해 양쪽 궤도가 단락되어 궤조에 흐르는 전류와 주파수의 변화 작용으로 신호보안장치를 제어하기 위한 목적으로 만들어진 전기회로이다.

(1) 궤도회로의 구성
전원장치, 한류장치, 궤조절연, 레일본드, 점퍼선, 궤도계전기

① **한류장치**(Current Limiting Equipment) : 열차의 바퀴에 의하여 궤도 회로의 전원을 단락하였을 때 전원 장치에 과전류가 흐르는 것을 제한하는 장치
② **궤조 절연**(Insulation Rail Joint) : 인접 궤도 회로와 전기적으로 절연하는 것을 의미함
③ **레일 본드**(Rail Bond) : 귀선전류의 흐름을 위한 레일 이음매 부분의 연결선

(2) 궤도회로의 종류

① 전원에 의한 분류 : 직류, 교류, 정류, 코드, AF, 무절연 궤도회로
② 회로구성 방법에 의한 분류 : 개전로식, 폐전로식 궤도회로
③ 궤조절연 설치 방법에 의한 분류 : 단궤조식, 복궤조식 궤도회로

(3) 궤도회로의 사구간과 극성

① 사구간 : 선로 분기 교차점, 크로싱 부분, 교량 등에서 좌우 레일 극성이 같게 되어 열차에 의한 궤도회로 단락이 불가능한 곳이 생기게 되는 구간으로 사구간의 길이는 7m를 넘지 못한다.
② 극성 : 궤도회로 경계지점의 궤조절연이 파괴되면, 인접궤도 회로의 송전전류가 흐르므로 궤도계전기는 오작동하게 되고 이럴 경우 가장 안전한 쪽으로 동작이 되도록 인접궤도 회로와의 극성을 다르게 한 것을 궤도회로의 극성이라 한다.

14. 폐색장치

정거장 상호간에 열차충돌을 막기 위해 열차와 열차 사이에 일정한 간격을 확보해야 하고, 일정한 시간과 거리를 두는 것을 폐색구간이라 하고 폐색구간의 폐색식 운행 위한 일체의 설비를 폐색장치라 한다.

15. 열차운행방식

① 시간 간격법 : 일정한 시간 간격을 두고 연속적으로 열차를 출발시키는 방법
② 공간 간격법 : 일정한 공간거리를 두고 일정한 구역을 정해 1개 열차만 운행할 수 있도록 한 방법

16. 폐색방식의 종류

(1) 단선 폐색방식

통표폐색식, 연동폐색식, 자동폐색식

(2) 복선 폐색방식

쌍신폐색식, 연동폐색식, 자동폐색식

(3) 대용 폐색방식

고장 발생 시 임시적으로 사용하는 방식으로 복선에서는 통신식, 단선에서는 지도 통신식을 사용하여 일시적으로 열차를 운행하는 방식

17. 연동장치(Inter-Locking device)
정거장 구내에 열차의 운행과 차량의 입환을 안전하고 신속하게 하기 위해 신호기와 전철기 상호간을 전기적, 기계적으로 연관시켜 작동하도록 만든 장치

18. 연쇄
정거장 신호기와 전철기 사이에는 열차운전 조건에 따라 일정한 순서로 조작 할 수 있도록 구성되어 있으며 잘못된 운전조작을 할 경우 동작을 제한하도록 쇄정하는 것을 연쇄라 한다.

19. 연쇄방법
(1) 기계쇄정 방법
연쇄하는 정자의 strock 사이에 다른 정자의 운동을 고정시키기 위해 기계적으로 쇄정하는 방법

(2) 전기쇄정 방법
전자석 회로의 개방에 따라 전자석이 전기정자의 운동을 기계적으로 쇄정하는 방법과 계전기의 회로를 여러 가지 신호보안장치에 이용하는 방법

20. 제1종 연동장치
신호기, 전철기 상호간의 연쇄를 신호취급소에 설치되어있는 제1종 연동장치에 의해 동시에 조작하는 장치

(1) 제1종 기계연동장치
기계정자를 사용하여 전철기와 신호기를 조작하는 것

(2) 제1종 전기연동장치
전기정자를 사용하여 전철기와 신호기를 조작하는 것으로 이들 상호간의 연쇄는 연동기에 의한다.

(3) 제1종 전기기 연동장치
전기정자와 기계정자를 사용하여 전철기, 신호기를 조작하는 것으로 신호기는 전기적으로 전철기는 기계적으로 제어, 쇄정한다.

(4) 제1종 전기계전 연동장치
신호 및 전철기를 전기에 의해 조작, 전환하고 이들 상호간의 연쇄는 조작반과 계전기로 구성된 계전연동기에 의해 이루어지며 전기 전철기를 사용한다.

(5) 제1종 전공계전 연동장치

신호기 및 전철기는 전기로 조작하고 전철기의 전환은 압축공기로 전화하며 이들 상호간의 연쇄는 전기계전 연동장치와 같이 계전연동기에 의해 이루어진다.

21. 제2종 연동장치

신호기 취급은 신호 취급소에서, 전철기의 취급은 현장에서 수동 전환하고 이들 상호간의 연쇄를 기계연동기 또는 전기연동기에 의해 조작하는 장치이다. 현재 우리나라에서는 제2종 연동장치만 사용하고 있으며 간선의 중간역에 설치한다.

(1) 제2종 기계연동장치

기계 연동기를 사용하여 현장의 전철정자와 취급소에 설치되어 있는 신호정자들 간에 상호연쇄를 하는 장치

(2) 제2종 전기연동장치

신호기 및 입환표식은 취급소의 탁상전기정자로 조작하고 전철기와의 연쇄는 현장의 전철정자에 설치한 전기쇄정기로 하는 장치

(3) 제2종 계전연동장치

취급소의 신호기 류의 정자를 집중한 제어반과 계전기를 사용하고 전철정자와의 상호연쇄는 전기 쇄정기에 의해 하는 장치

22. 계전기

전자석이나 트랜지스터를 이용하여 전기적인 중계작업을 하는 전동식 스위치장치인데 작은 입력전류 변화에 의해 주회로의 차단이나 접속을 변환시키는 것을 말한다.

(1) 계전기의 종류

① **직류계전기** : 전자석을 응용한 것 (유극계전기, 무극계전기)
② **교류계전기** : 전자유도작용을 응용한 것 (1원형 계전기, 2원형 계전기)

23. 연동도표

정거장 구내의 열차운전이 안전하게 이루어지도록 여러 가지 방법의 연쇄가 연동장치에 의해 이루어지는데, 이 연동장치를 도표로 표시한 것을 말하며 신호보안설비의 기초자료가 된다.

24. 계전연동장치

(1) 전기연동장치

연쇄방법 : 전기쇄정방식, 기계쇄정방식

(2) 계전연동장치

연쇄방법 : 모두 전기쇄정방식을 사용한다.

25. 건널목 보안장치

철도와 도로가 평면교차하는 곳에 설치하여 차량과 보행자가 건널목을 통과하기 전에 열차의 접근을 알려 건널목 사고를 예방하기 위한 설비

26. 건널목 보안장치의 종류

(1) 제1종 건널목

차단기와 경보기가 설치되어 있고 안내원이 상시 근무하는 건널목

(2) 제2종 건널목

차단기와 경보기가 설치되어 있고 열차통과 회수와 교통량이 많은 일정 시간만 안내원이 근무하고 그 외 시간은 안내원이 없음을 공시하는 건널목

(3) 제3종 건널목

자동 경보기만을 설치하고 안내원을 배치하지 않은 건널목

(4) 제4종 건널목

"건널목 주의" 표지만 설치하고 차단기, 경보기가 없는 건널목

27. 열차집중제어장치 (CTC : Centralized Traffic Control)

한 지점에서 광범위한 구간에 많은 신호설비를 원격제어 하여 운전취급을 직접 지령할 수 있는 장치

28. C.T.C의 조작

전구간을 일괄 제어하는 C.T.C 조작과 현장 단위역에서 자체조작하는 로컬(local)조작으로 나뉜다.

(1) C.T.C의 효과

① 운전비 인건비등이 절감된다.

② 평균운행속도가 향상된다.
③ 선로용량이 증대된다.
④ 보안도가 향상된다.

29. 역 설비

측선 입환시, 정전시 또는 신호보안장치 고장시 역단위로 로컬조작하게 되어있다. 열차궤도점유표시, 전철기 개통방향, 신호기 현시상태, 열차진행방향표시, 열차접근표시등이 설치되어 있다.

30. 열차자동제어장치

기상악화로 신호현시가 곤란하거나, 기관사의 신호무시, 신호오인 및 오작동으로 을 방지하기 위해 자동적으로 기관사에게 경보 및 주의를 촉구하고 열차에 제동을 걸어 열차를 정지 또는 감속시키는 장치

31. 차상신호설비 구조

차상신호방식은 ATC를 상위개념으로 ATO, ATP, ATS 하부장치가 있다.

(1) 열차자동제어장치(ATC : Automatic Train Control)

궤도에서 열차의 운전조건을 연속적으로 차상으로 전송하여 허용속도 초과시 자동으로 열차속도를 제어하는 장치

(2) 열차자동운전장치(ATO : Automatic Train Operation)

자동 및 무인운전이 가능한 방식으로 차량견인, 제동, 출입문개폐, 객실방송의 시스템에 의한 자동제어하는 장치

(3) 열차자동정지장치(ATS : Automatic Train Stop)

열차가 지상신호기의 지시속도를 초과 또는 무시하고 운행할 경우 자동으로 정지 또는 수동으로 감속하는 장치

(4) 열차자동방호장치(ATP : Automatic Train Protection)

선행열차위치에 따라 후속열차 위치를 제어하는 장치

32. 차상신호방식의 필요성

① 안정성과 신뢰성 확보
② 열차속도 향상
③ 선로용량 증대

33. ATO장치 구성

(1) ATO Genisys

신호 기계실에 설치, 출입문 개폐, 운전실 선택, 정차 표시등 제어, AF궤도회로, 전원장치 등의 이상 유무를 LCTC 컴퓨터로 전송

(2) PSM(Precision stop marker)

열차의 정위치 정차를 알려준다.

(3) TWC(Train to Wayside Communication)

ATO 운전을 위하여 차량과 지상 신호 설비간 선로 등의 운행조건, 역의 운행조건, 차량 운행조건 등의 각종 정보 교환

34. 지능형 열차제어시스템

ATC 하부 장치로써 열차운행 타이머에서 미리 정한 프로그램에 따라 정차하는 역에서의 열차속도 감소 및 정지에 관한 열차제어 기능을 한다.

35. 자동폐색 식별표지

자동폐색 식별표지는 초고휘도 반사재를 사용하여 백색 원판의 중앙에 폐색신호기의 번호를 표시한 것으로 자동폐색 구간의 폐색신호기 아래쪽에 설치하여 폐색신호기가 정지신호를 현시하더라도 일단정지 후 15[km/h] 이하 속도로 폐색구간 운행하여도 좋다는 것을 나타낸다.

36. 출발신호반응표지

승강장에서 승강홈의 곡선 등으로 인하여 역장 또는 차장이 출발신호기의 신호현시를 확인할 수 없는 경우에 설치한다.

37. 폐색장치

폐색장치는 열차의 안전주행을 위해 열차 상호 간 일정한 시간과 간격을 유지하는 것으로 폐색방법에는 시간 간극법(일정시간마다 열차 통과)과 공간 간극법(일정공간 거리 확보)이 있으며 공간 간격법에는 고정폐색방식과 이동 폐색방식이 있으며, 이동 폐색방식은 거리를 고정시키지 않고 지상에서 수신된 운행속도 신호에 따라 구역을 변화시키는 방식이다.

(1) 통표 폐색식

단선구간에서 폐색구간의 양쪽 정거장에 서로 정기적으로 쇄정된 통표 폐색기를 설치하고, 양쪽 정거장의 협의에 따라 1개의 통표가 빠져나오게 하여, 이 통표는 기관사가 휴대하고 열차를 운행하는 방식이다.

(2) 연동 폐색식

폐색구간의 양 끝에 폐색정자를 설치하여 이를 신호기와 연동시켜 신호현시와 폐색취급의 2중 취급을 단일화한 방식이다.

(3) 자동 폐색식

폐색구간에 설치한 궤도회로를 이용하여 열차의 진행에 따라 자동적으로 폐색 및 신호가 동작하는 방식으로서 자동 신호장치가 필요하다.

(4) 차내 신호폐색식

ATC구간에서 선행열차와의 간격 및 진로의 조건에 따라 차내기 열차운전의 허용지시 속도를 나타내고, 지시 속도보다 초과보다 초과 운전하거나 정지신호 또는 ATC장치가 고장이 발생하면 자동으로 제동하여 열차는 정지한다.

38. ABS(Automatic Blocking System, 자동폐색장치)

ABS(Automatic Blocking System, 자동폐색장치)는 폐색구간에 설치한 궤도회로(레일을 전기회로로 이용)를 이용하여 레일 위에 차량이 있는지에 대해 자동으로 신호를 내어주는 시스템으로 한 폐색구간을 절연 이음매로 인접한 다른 폐색구간과 절연시켜(이음매 부분에 임피던스 본드를 설치하여 신호 전류는 통하지 못하게 하고 전차선 전류는 통과) 구분하면서 폐색구간 내 레일은 레일본드로 접속시켜 전류가 자유롭게 통하도록 하며, 신호기의 현시를 열차에 의해 자동적으로 현시되도록 제어하는 방식이다.

39. 쇄정

(1) 조사쇄정

정자 취급소를 달리하는 정자 상호 간에 붙인 연쇄를 말한다.

(2) 철사쇄정

선로전환기를 포함하는 궤도회로 내에 열차가 있을 때 이 열차에 의하여 선로전환기가 전환되지 않도록 쇄정하는 것을 말한다. 철사쇄정은 궤도회로 조건으로 선로전환기의 전환을 통제하는 것이다.

(3) 진로쇄정

열차가 신호기 또한 입환신호기의 진행신호 현시에 따라 그 진로에 진입하였을 때 관계 선로전환기를 포함하는 궤도회로를 통과할 때까지 열차에 의하여 선로전환기를 전환할 수 없도록 쇄정하는 것을 말한다. 진로쇄정은 철사쇄정 만으로는 충분한 목적을 달성할 수가 없을 경우에 설치하는 것이다.

(4) 진로구분쇄정

열차가 신호기 또는 입환표지 등의 신호현시에 의해서 진로에 진입하였을 때 신호정지를 복귀시켜도 열차에 의해서 관계 선로전환기가 전환되지 않도록 쇄정하고 열차가 한 구간을 통과함에 따라 그 구간의 선로전환기를 해정하는 것을 진로구분쇄정이라 한다.

40. 건널목 설치기준

(1) 제1종 건널목

차단기, 경보기 및 건널목 교통안전표지를 설치하고 차단기를 주야간 계속 작동시키거나, 또는 건널목 안내원이 근무하는 건널목

(2) 제2종 건널목

경보기와 건널목 교통안전 표지만 설치하는 건널목

(3) 제3종 건널목

건널목 교통안전 표지만 설치하는 건널목

41. 신호 시스템의 설계기준

① Fail safe : 고장이 발생할 경우 안전측으로 작동
② Fool proof : 사람의 취급 실수를 예방
③ Redundancy : 신호시스템을 2중 3중으로 설치 병렬로 가동시킨다.
④ Fail soft : 설비의 일부가 고장이 발생하여도 전기능이 마비되지 않는다.
⑤ **정격 여유** : 전기적, 기계적 정격치보다 안전 또는 낮은 수치로 사용하여 여유치 확보

42. 궤도회로에 사용하는 본드의 종류

① 레일 본드 : 전차선의 귀선전류를 흐르게 하는 단면적이 큰 본드
② 신호 본드 : 신호전류만 흐르게 하는 본드
③ 크로스 본드 : 전차선 전류위 평형을 유지하기 위해 즉, 전차선 회로의 귀선저항을 감소시키기 위해 좌우의 레일 또는 인접 레일과의 사이를 전기적으로 접소하는 본드

④ 점퍼 본드 : 궤도회로의 레일에서 떨어져 있는 같은 극성의 다른 레일 상호간을 접속하는 전선
⑤ 임피던스 본드 : 전차선 전류와 신호 전류 구분 즉, 전철구간의 궤도회로 경계점에 설치하여 전차선 귀선전류는 다음 궤도회로 구간으로 보내고 신호전류는 1개의 궤도회로 내에만 흐르게 하는 기기

43. 전기연동장치

① 진로선별식 : 열차의 진로를 신호 취급버튼과 진로 선별 취급버튼의 취급에 의해 선별
② 진로취급 버튼식 : 신호 취급버튼의 조작에 의해 진로상의 각 선로전환기를 동시에 전환하여 진로를 구성하는 방식 (각 진로마다 1개의 취급 버튼)
③ 단독취급 버튼식 : 선로전환기의 전환과 신호 취급버튼을 개별적으로 저작하여 진로를 구성하는 방식

44. 상치신호기와 건식위치

선로의 바로 위 또는 좌측에 건식한다.

① 장내, 출발, 폐색, 원방신호기의 신호현시 확인가능거리 : 600m이상
② 입환, 중계, 진로신호기의 신호현시 확인가능거리 : 600m이상
③ 유도신호기 : 100m 이상
④ 임시신호기의 확인 가능거리 : 400m 이상

철도교통안전관리자

08 철도공학 출제 예상문제
CHAPTER

1. 예상문제

01 다음 중 철도의 정의를 설명한 것 중 옳지 않은 것은?

① 레일을 부설한 선로위에 동력을 이용한 차량을 운행하여 대량의 여객과 화물을 수송하는 육상교통수단이다.
② 일정한 가이드웨이에 유도되어 여객 또는 화물운송용 차량을 운전하는 설비이다.
③ 육상교통수단 중 대량성, 고속성, 확실성, 쾌적성, 저공해성을 가지고 있다.
④ 가공색도, 강색철도, 트롤리버스 등은 특수철도이다.

해설 철도의 정의를 설명한 것이 아니라 철도의 특징에 대한 내용이다.

02 다음 중 철도의 특징으로 볼 수 없는 것은?

① 안전성　　② 장거리성
③ 신속성　　④ 기동성

해설 철도의 단점
1. 시간적, 공간적으로 자유로운 여행을 만족시키지 못한다.
2. 고급 소량 물품에 대한 다방면의 분산·집 배송에 부적합하다.
3. 철도는 소량수송에 부적합하며 자동차보다 기동성이 떨어진다.

03 다음 중 철도의 목적에 아닌 것은?

① 도심의 개발　　② 공공의 편리
③ 산업의 발전　　④ 국토의 방위

해설 도심의 개발이 아닌 국토의 개발이다.

04 다음 중 철도의 사명을 수송형태면에서 설명한 것으로 옳지 않은 것은?

① 생산지와 소비지를 연결하는 중심거리 화물수송의 대단위화 및 고속화
② 개인의 자유로운 여행을 위한 철도망 형성
③ 지방 중핵 도시 간을 연결하는 고속수송 체계의 확립
④ 지방시와 대도시 근교에 있어서의 통근 통학 비즈니스 수송의 확보

해설 개인의 자유로운 여행을 위한 철도망 형성은 철도의 공익성에 반대되는 내용이다.

05 다음 중 철도의 장점에 해당하지 않는 것은?

① 고속성　　② 정확성
③ 기동성　　④ 쾌적성

해설 철도의 단점
1. 시간적, 공간적으로 자유로운 여행을 만족시키지 못한다.
2. 고급 소량 물품에 대한 다방면의 분산·집 배송에 부적합하다.
3. 철도는 소량수송에 부적합하며 자동차보다 기동성이 떨어진다.

정답 01. ③　02. ④　03. ①　04. ②　05. ③

06 다음 중 증기기관차를 제작한 인물은?

① 스티븐슨　② 포드
③ 와트　　　④ 잡스

해설 1814년 영국의 스티븐슨(George Stephenson)이 증기기관차 제작에 성공하였다.

07 다음 중 철도의 기능별 분류로 옳지 않은 것은?

① 간선철도　　② 지선철도
③ 도시철도　　④ 보조 간선철도

해설 도시철도는 철도의 일반적 분류에 해당한다.

08 다음 중 표정속도를 정의한 것으로 옳은 것은?

① 운전구간의 거리를 총소요시간으로 나눈 값
② 운전구간의 거리를 총 운전시간으로 나눈 값
③ 견인력과 견인차량의 총 저항이 균형을 이룬 속도
④ 운전구간 표준속도

해설 표정속도 : 열차가 운행하는 구간거리를 소요시간으로 나눈 수치의 속도로, 시간에는 도중역의 정차시분도 포함된다

09 다음 중 철도 경제상의 분류 중 간선철도, 주요선 철도, 지선철도 등으로 분류한 기준으로 옳은 것은?

① 수송수요에 의한 구분
② 수송상의 중요도에 의한 구분
③ 수송대상에 의한 구분
④ 수송목적에 의한 구분

해설 간선철도, 주요선 철도, 지선철도 등으로 분류한 기준은 수송상 중요도에 의한 구분이다.

10 다음 중 간선철도에 대한 설명으로 옳지 않은 것은?

① 국가 전체 철도망의 근간을 이루는 노선이다.
② 주요 대도시를 연결하는 역할을 한다.
③ 경북선, 진해선, 남부화물기지선 등이 여기에 해당한다.
④ 경부고속철도, 경부선, 호남선, 경전선 등이 간선철도에 해당한다.

해설 ③는 지선철도에 대한 설명이다.

11 다음 중 일반철도에 대한 설명으로 옳지 않은 것은?

① 경부선, 호남선, 중앙선 등이 일반철도에 해당한다.
② 고속철도와 도시철도법에 정한 도시철도를 제외한 철도이다.
③ 주로 여객 및 화물을 병행 수송한다.
④ 주요 거점 역에서 분기하여 산업단지, 항만, 화물기지를 연결하는 노선으로 주로 물류를 담당한다.

해설 ④는 산업철도에 대한 설명이다.

12 다음 중 철도를 구동 및 지지방식에 의하여 구별할 때 보통철도가 속하는 것으로 옳은 것은?

① 강색철도
② 단궤철도
③ 점착(마찰)철도
④ 치차철도

해설 보통철도는 마찰력을 이용하여 구동하기 때문에 점착(마찰)철도에 속한다.

정답 06. ①　07. ③　08. ①　09. ②　10. ③　11. ④　12. ③

13 다음 중 철도의 역사(歷史)에 대한 설명 중 옳은 것은?

① 1930년 경부선 철도를 부설한 것이 한국 철도의 시초이다.
② 우리나라의 철도영업은 1899년 경인선 제물포 ~ 노량진 구간이 최초였다.
③ 세계 최초의 철도영업은 1835년 영국에서 시작되었다.
④ 1890년 일본인 마쓰다가 한국의 지세, 교통, 경제상태 등을 4년간 답사하였다.

해설
① 1905년 경부선 철도가 부설되었고 1899년 경인선 개통이 한국 최초의 영업철도이다.
② 1885년 일본인 마쓰다가 한국의 지세, 교통, 경제 상태 등을 4년간 답사하였다.
③ 세계 최초의 철도영업은 1825년 영국에서 시작되었다.

14 다음 중 한국철도의 발전상황과 연도가 적절히 연결되지 않은 것은?

① 1899년 – 경인선 개통
② 1905년 – 경부선 개통
③ 1974년 서울 지하철 1호선 개통
④ 2010년 경부고속철도 1단계만 개통

해설 2010년 11월 1일 동대구~경주~부산 경부고속철도 2단계 개통을 했다.

15 다음 중 노면전차(Tram)에 대한 설명으로 틀린 것은?

① 도로상에 궤도를 부설하여 운행하는 차량을 노면전차라 한다.
② 별도의 용지비를 감소할 수 있어 일반철도에 비해 경제적이다.
③ 정류장의 간격은 지하철의 반 정도로 짧고, 표정속도가 높다.
④ 선로의 위치는 도로의 중앙을 원칙으로 하여 자동차 운행의 왕복구간을 구분한다.

해설 ③ 정류장의 간격은 지하철 반 정도로 짧고, 표정속도가 낮다.

16 다음 중 모노레일 대한 설명으로 옳지 않은 것은?

① 고가인 한 가닥의 궤도주형을 고무타이어 또는 강제차륜에 의해 주행하는 교통수단이다.
② 주행 형식은 과좌식과 현수식이 있다.
③ 차량과 주행 빔이 일체화 되어있지 않아 진동이 크지만 탈선의 우려가 적다.
④ 보통철도와 궤도 방식이 다르기 때문에 상호환승이 불가하다.

해설 차량과 주행 빔이 일체형으로 되어 진동이 적고 다른 시스템에 비해 탈선의 우려가 적다.

17 다음 중 모노레일의 특징으로 알맞은 것은?

① 도로의 노면상에 레일을 부설하고 여기에 차량을 주행시키는 철도이다.
② 1선의 궤도 위를 고무타이어 또는 강체의 차량에 의해 주행한다.
③ 승객 1인당 점유면적은 $0.2m^2$이다.
④ 모두 전기운전에 의하는 것으로 135년의 역사를 가지고 있다.

해설 모노레일이란 하나의 주행궤도를 사용하여 차량을 주행시키는 철도이다.

18 다음 중 도로의 폭은 복선궤도 부설폭이 5.5m로서 좌우 각 2차선의 차도쪽 11m에 1/6 이상의 보도폭을 확보하고 정거장은 도심부 200~300m 간격인 교통수단으로 옳은 것은?

① 노면철도 ② 자기부상열차
③ 트롤리 버스 ④ 모노레일 철도

정답 13. ② 14. ④ 15. ③ 16. ③ 17. ② 18. ①

해설 ② 자기력에 의해 선로위에 부상시켜 운행하는 교통수단
③ 트롤리에 의해 집전하고 모터를 구동하여 운행하는 교통수단이다.
④ 하나의 궤도를 이용하여 운행하는 교통수단이다.

19 다음 중 트롤리버스(Trolley Bus)와 버스의 비교시 트롤리버스의 장점으로 옳지 않은 것은?

① 승차기분이 좋고 운전이 용이하다.
② 공해를 줄이고 화재의 염려가 없다.
③ 노면에서 운전의 융통성이 있다.
④ 운전의 안전도가 높고 동력비가 적다.

해설 트롤리버스는 트롤리를 이용하여 차량 위의 전차선에서 전기를 공급을 받기 때문에 전차선과 접촉이 되지 않으면 운전이 불가능하다.

20 다음 중 고속철도의 특징으로 옳은 것은?

① 주요 구간을 200km/h이상으로 주행하는 철도이다.
② 경부선, 호남선, 태백선 등이 고속철도에 해당한다.
③ 주로 2개도 이상 권역 내의 간선을 형성하여 권역 내의 주요 도시를 연결한다.
④ 대통령이 그 노선을 지정 및 고시한다.

해설 고속철도의 특징
1. 경부고속철도와 호남고속철도, 강릉선 KTX 등이 고속철도에 해당한다.
2. 국토교통부 장관이 그 노선을 지정 및 고시한다.
3. 주요 구간을 200km/h이상으로 주행한다.

21 다음 중 리니어 지하철(LIM)에 대한 설명으로 옳지 않은 것은?

① 곡선반경이 작은 곳도 운행이 가능하여 불규칙한 가로망에서도 건설이 가능하며, 소음, 진동이 작다.
② 1회 승차 인원이 지하철보다 많다.
③ 물리적 접촉이 없더라도 구동력이 주어지므로 차륜과 레일 간의 마찰력이 필요 없다.
④ 선형 유도모터의 사용으로 높이가 낮아져 터널단면 축소가능으로 건설비가 절감된다.

해설 리니어 지하철의 단점
1. 차량에 부착된 Linear Motor의 회전자와 궤도의 유도자기판의 간격이 넓어 동력 소모량이 다소 (10[%]) 높다.
2. 1회 승차 인원이 지하철보다 작다.

22 다음 중 리니어 모터(Linear Motor) 차량의 특징에 대한 설명 중 옳은 것은?

① 차륜과 레일간의 마찰력이 필요 없다.
② 원심력이 크게 작용되어 속도를 향상시킨다.
③ 치차 등의 활동부에 부분적 마모 발생으로 경제적이다.
④ 소음, 진동은 적으나 대기오염이 크다.

해설 리니어 모터의 특징
1. 물리적 접촉이 없더라도 구동력이 주어지므로 차륜과 레일간의 마찰력 없음
2. 회전부분이 없으므로 원심력이 작용하지 않아 속도에 관하여 기구상의 제한 없음
3. 치차 등의 접촉, 활동 부분이 없으므로 마모가 없고 보수상 우수
4. 소음, 진동이 적고 공기도 오염되지 않으므로 교통기관의 구동력으로 적당

23 다음 중 자기부상열차에 대한 설명이 아닌 것은?

① 자기부상열차는 선로와의 마찰이 없기 때문에 구조물에 가해지는 충격하중이 적다.
② 자극간의 흡입력 또는 반발력을 이용하여 차량을 선로에서 부상시킨다.
③ 기존 철도에 비해 마찰력이 없기 때문에 등판능력이 열등하다.
④ 우리나라는 현재 인천국제공항에서 운영 중이다.

정답 19. ③ 20. ① 21. ② 22. ① 23. ③

해설 기존 철도에 비해 등판능력이 매우 우수하다.

24 다음 중 자기부상열차의 장점으로 옳지 않은 것은?

① 리니어 모터를 이용하기 때문에 차량의 경량화가 가능하다.
② 분기기의 형태가 경량구조물이다.
③ 유지보수비가 적게 든다.
④ 종래의 철도차량 혹은 타이어식의 신교통 시스템에 비해 소음이 적다.

해설 자기부상열차는 분기기의 구조가 대규모라는 단점이 있다.

25 다음 중 트롤리 버스(Trolly Bus)에 대한 설명으로 옳지 않은 것은?

① 고무타이어 이용으로 급구배 운행 및 가·감속이 가능하다.
② 레일을 이용하지 않으므로 건설비가 노면철도에 비해 적고 궤도보수가 없으며, 전식염려가 없다.
③ 노면 전차에 비해 후속차에 영향을 주지 않으며, 일반도로교통을 저해하는 우려가 적다.
④ 버스에 비해 운전상 융통성이 많아 운전노선이 다양하다.

해설 버스에 비해 운전상 융통성이 적고 운전 노선이 제한된다.

26 다음 중 표정속도 향상방법으로 옳지 않은 것은?

① 궤도구조의 강화 및 선형개량, 기관차의 견인력 증강, 정거장의 대피선, 교행선 증설한다.
② 정차시분을 단축하던가 정차역의 수를 줄인다.
③ 정차역의 수가 많은 경우에는 가·감속도를 작게 한다.
④ 폐색 취급시간 단축 및 폐색구간 축소 등 신호체계를 현대화한다.

해설 통근 열차와 같이 역간 거리가 짧고 정차역의 수가 많은 경우 가·감속도를 크게 한다.

27 다음 중 기존선의 속도향상 방안으로 적절하지 않은 것은?

① 레일의 중량화 및 장대화와 침목을 PC화하고 간격을 축소한다.
② 폐색신호기를 증설하여 폐색구간의 길이를 짧게 한다.
③ 도상두께를 증가하고 쇄석화 한다.
④ 체결구의 체결력 강화와 궤도 각부의 탄성화 및 횡압에 대한 강도를 향상한다.

해설 폐색구간의 길이를 길게 하여 폐색신호기를 줄인다.

28 다음 중 기존선의 속도 향상을 위한 궤도구조로 옳지 않은 것은?

① 포인트 전단부 슬랙 축소 및 탄성 포인트 이용과 이음매를 가능한 용접한다.
② 가드레일 플랜지웨이 도입각을 확대한다.
③ 분기각이 작고 리드곡선 반경이 큰 고번화 분기기를 이용한다.
④ 분기기 내 및 분기기 전후 약 20[m] 전후 타이플레이트 부설과 도상을 쇄석화한다.

해설 가드레일 플랜지 웨이 도입각을 축소한다.

정답 24. ② 25. ④ 26. ③ 27. ② 28. ②

29 다음 중 초전도 반발식에 대한 설명으로 옳지 않은 것은?

① 강한 반발력에 의해 Guide Way 상면에서 100[mm] 정도 부상한다.
② 초전도의 강력한 자력이 차내 승객에 미치는 영향이 상당하므로 자기부상열차의 기술로는 적합하지 않다.
③ 초전도 방식은 상업화까지 극저온 공학, 신소재 등 연구발전이 충분히 이루어졌다.
④ 자기부상열차의 부상 방식으로 자석의 척력을 이용한 방식이다.

해설 초전도 반발식
1. 강한 반발력에 의해 Guide Way 상면에서 100mm 정도 부상한다.
2. 초전도 방식은 상업화까지 연구발전이 진행되었다.
3. 초전도의 강력한 자력이 차내 승객에 미치는 영향은 거의 없는 것으로 보인다.

30 다음 중 주행 레일 이외의 치형 또는 사다리형의 Rack레일을 부설하고 동력차에 설치한 치차에 의해 급구배 운전을 하는 철도로 옳은 것은?

① 모노레일　　② 강색철도
③ 치차궤조 철도　　④ 점착철도

해설 주행 레일 이외의 치형 또는 사다리형의 Rack레일을 부설하고 동력차에 설치한 치차에 의해 급구배 운전을 하는 철도는 치차궤조 철도에 대한 설명이다.

31 다음 중 교통시스템의 하나인 HSST(High Speed Surface Transport)의 특징에 대한 설명으로 옳지 않은 것은?

① 주행성능이 뛰어나다.
② 안전성이 절대적으로 보장된다.
③ 우수한 경제성이 있다.
④ 타 교통기관과 상호승환이 용이하다.

해설 HSST(High Speed Surface Transport)는 자기부상열차의 종류로 특징은 환경 친화적인 최첨단 수단, 주행성능이 뛰어남, 승객의 안전이 절대적으로 보장, 경제성이 우수함 등이 있다.

32 다음 중 틸팅 열차에 대한 설명으로 옳지 않은 것은?

① 곡선부 통과시 가·감속 빈도가 줄어 에너지 소비가 감소한다.
② 공해, 소음, 자연파괴 등 심각한 환경문제에 직면하지 않고 고속화를 기대할 수 있다.
③ 고속화에 따른 승객이 느끼는 횡 가속도 저감 및 운행시간 단축의 효과가 있다.
④ 산악지형이 많고 지형상 곡선부와 구배 지역이 많은 우리나라 여건에는 틸팅 차량이 부적합하다.

해설 적은 투자비용과 최소의 환경영향 속에서 승차감의 양호와 운행시간 단축을 제공할 수 있으므로, 산악지형이 많고 지형상 곡선부와 구배지역이 많은 우리나라 여건에는 틸팅 차량을 적용하기에 적합하다고 할 수 있다.

33 다음 중 AGT(Automated Guideway Transit)에 대한 설명으로 옳지 않은 것은?

① 차량이 주행로 위를 지나가는 과좌식과 주행로 아래를 지나가는 현수식이 있다.
② 기존 전동차에 비해 건설비 및 운영비가 저렴하고 도로교통수단에 비해 정시성, 신속성, 환경친화성이 우수하다.
③ 컴퓨터 제어에 의해 무인운전이 가능한 시스템이다.
④ 고가 위 등의 전용궤도를 소형 경량의 철제차륜 또는 고무차륜의 차량이 안내로를 따라 자동으로 주행하는 신 도시철도시스템이다

해설 ①는 모노레일에 대한 설명이다.

정답 29. ②　30. ③　31. ④　32. ④　33. ①

34 다음 중 신 도시철도시스템에 대한 설명으로 옳지 않은 것은?

① 현재의 대중교통 시스템의 수송 분담을 대체 할 수 있고 전체 노면 교통의 수송 분담률을 감소시킬 수 있다.
② 완전 무인자동운전으로 이루어질 수 없기 때문에 운영인력을 많이 필요로 한다.
③ AGT, 모노레일, 자기부상열차 등이 신 도시철도시스템에 속한다.
④ 종래의 교통수단에 비해 건설비용이 저렴하다.

[해설] 완전 무인자동운전으로 이루어지기 때문에 운영인력을 감축시킬 수 있다.

35 다음 중 연동도표의 작성에 대한 설명으로 옳지 않은 것은?

① 배선약도는 연동 범위까지 그린다.
② 한 개의 역 구내를 단위로 작성하는 것으로 하되 역간의 도중 분기기 등 연동장치 조건에 필요시설은 포함한다.
③ 배선약도 신호설비의 위치는 선로평면도와 유사하도록 작성한다.
④ 주요 본선은 굵은 선, 기타 선은 가는 선으로 한다.

[해설] 배선약도는 연동 범위가 아니더라도 보안장치가 설치되는 데까지 배선약도를 그린다. 연동도표는 연동장치가 어떤 내용인지를 일목요연하게 알 수 있도록 만든 도표로, 신호기와 전철기의 연동관계를 표시한다.

36 다음 중 우리나라 철도상황에 대한 설명으로 틀린 것은?

① 서울~대전 구간의 병목현상이 심한 편이다.
② 우리나라 철도는 동서축으로 발달되어 서울을 중심으로 한 일축(一軸)구조로 되어 있다.
③ 동서축을 연결하는 철도는 경전선을 제외하고는 매우 부족한 실정이다.
④ 국철은 정부출연기관인 국가철도공단에서 건설하고 정부투자기관인 한국철도공사에서 운영하는 철도를 말한다.

[해설] 우리나라 철도는 남북측으로 발달되어 서울을 중심으로 한 일축(一軸)구조로 되어 있다.

37 다음 중 열차무선시스템은 정전 시에는 몇 시간 이상 운용될 수 있도록 하여야 하는가?

① 1시간 이상
② 3시간 이상
③ 6시간 이상
④ 12시간 이상

[해설] 열차무선시스템은 열차무선설비의 음성 또는 데이터가 신뢰도 및 정확성을 갖추어야 하며 간선 없이 송·수신이 가능하여야 하고 모든 지상설비간 및 地上설비와 車上설비 사이에 음성 또는 데이터 통신을 충분히 확보하여야 한다. 정전시에는 3시간 이상 운용될 수 있도록 하여야 한다.

38 다음 중 궤도의 구성요소와 거리가 가장 먼 것은?

① 레일
② 노반
③ 도상
④ 침목

[해설]
1. 레일은 차량을 직접지지 하고 차량을 일정한 방향으로 주행할 수 있도록 유도한다.
2. 침목은 레일로부터 받은 하중을 도상에 전달하고 레일의 위치를 일정하게 유지하는 역할을 한다.
3. 도상은 침목으로부터 받은 하중을 분포시켜 노반에 전달하게 침목의 위치를 유지시키며 열차운행에 의한 충격력을 완화시킨다.
 *궤도의 구성요소: 레일, 침목, 도상, 체결구 등

39 다음 중 철도의 분류 성격이 다른 것은?

① 도시철도
② 제3섹터 철도
③ 공영철도
④ 국영철도

[해설] 도시철도는 일반적 분류에 해당하고 나머지는 경영주체에 의한 분류에 해당한다.

정답 34.② 35.① 36.② 37.② 38.② 39.①

40 다음 중 철도의 신선 건설에 대한 설명으로 옳지 않은 것은?

① 중심선 양쪽 100~300[m] 범위에서 선로평면도와 선로 종단면도 50~100[m]마다 선로횡단면도를 작성한다.
② 실측 후에는 더 이상 개측하지 않는다.
③ 1/25,000~1/50,000 지형도에서 시, 종점 및 예정 경유지를 연결하는 노선을 찾는다.
④ 도상선정된 몇 개의 비교 안에 대해 현지에 가서 조사한다.

해설 실측 후로도 좋은 노선이 발견되면 개측한다.

41 다음 중 주요 구조물과 정거장의 개략 설계도의 축척으로 옳은 것은?

① 1/10,000~1/25,000
② 1/5,000~1/10,000
③ 1/2,000~1/5,000
④ 1/500~1/1,000

해설 교량, 터널 등 주요 구조물과 정거장의 개략 설계도는 1/500~1/1,000의 축척을 표준으로 한다.

42 다음 중 수송수요의 요인으로 틀린 것은?

① 전가요인   ② 유발요인
③ 자연요인   ④ 장래요인

해설 수송수요의 요인은 전가요인, 유발요인, 자연요인 3가지이다.

43 다음 중 철도계획의 특징으로 옳지 않은 것은?

① 많은 사람들과 직, 간접으로 이해관계를 가진다.
② 대규모 투자를 필요로 한다.
③ 단기간에 걸친 Life Cycle을 가진다.
④ 효과와 영향이 지역사회에 광범위하고 복잡하게 미친다.

해설 장기간에 걸친 Life Cycle을 가진다.

44 다음 중 철도의 수송수요 예측법의 종류가 아닌 것은?

① 경제성 분석법   ② 시계열 예측법
③ 요인 분석법   ④ 중력 모델법

해설 철도의 수송수요 예측법은 시계열 예측법, 중력 모델법, 요인 분석법, 원 단위법, OD표 분석법이 있다.

45 다음 중 철도계획의 내용으로 가장 적절하지 않은 것은?

① 수송수요를 예측하고 설비기준을 책정한다.
② 목표 및 세력권을 설정하고 그 지역의 역사와 문화를 조사한다.
③ 수송능력을 산정 검토하고 투자비 소요 판단을 한다.
④ 투자를 평가하고 효과분석 및 종합판단을 한다.

해설 목표 및 세력권을 설정하고 그 지역의 경제 및 현황을 조사한다.

46 다음 중 노선계획에 대한 설명으로 옳지 않은 것은?

① 도상선정계획은 1/50,000~1/75,000 지형도상 비교노선, 개략적인 선로 종·평면도로 작성한다.
② 노선계획은 주변의 여건상 선로등급에 따라 기술적으로 건설기준에 적합해야한다.
③ 노선계획은 지역발전계획과 부합하고 목표하는 수송능력을 달성하면서 열차운행효율과건설비를 최적화 시킬 수 있도록 하는 것에 그 목적이 있다.
④ 도상선정계획에서 선택된 비교 노선 등에 대하여 현지의 지형상황, 지질의 조사 한다.

정답 40. ② 41. ④ 42. ④ 43. ③ 44. ① 45. ② 46. ①

해설 도상선정계획은 1/25,000~1/50,000 지형도상 비교 노선, 개략적인 선로 종·평면도 작성한다.

47 다음 중 수송수요 요인 중 거리가 먼 것은?

① 전가요인
② 포괄요인
③ 자연요인
④ 유발요인

해설 수요수요 요인
1. 전가요인 : 자동차 선박 항공기 등 철도 이외의 교통기관의 수송서비스에 의한 요인
2. 자연요인 : 인구, 생산, 소비, 소득 등의 사회 경제적 요인
3. 유발요인 : 열차회수, 운임 속도 등 철도 자체의 수송서비스 요인

48 다음 중 수송수요의 요인 중 열차횟수, 속도, 차량 수, 운임 등의 철도 서비스는 어떤 요인인가?

① 자연요인
② 전기요인
③ 감소요인
④ 유발요인

해설 열차횟수, 속도, 차량 수, 운임 등의 철도 서비스는 유발요인에 해당한다.

49 다음 중 수송계획 고려사항으로 옳지 않은 것은?

① 수송력의 설정
② 열차 종별의 책정
③ 환경부문에서의 기본설계
④ 열차 속도의 책정

해설 환경부문에서의 기본설계는 타당성 조사의 조사단계 중 하나이다.

50 다음 중 타당성조사에 대한 설명으로 옳지 않은 것은?

① 실제 사업 착수를 위하여 보다 정밀하고 세부적인 수준에서 조사
② 토질조사, 공법 분석 등 다각적인 기술성 분석한다.
③ 타당성 조사는 어느 사업의 기술적 가능성을 기본으로 경제적, 재무적인 측면에서의 평가를 하여 그 사업의 추진여부를 결정하는 것에 목적이 있다.
④ 정부가 참여하는 대형 신규 공공투자사업의 정책적 의의와 경제성을 판단하고, 사업의 효율적이고 현실적인 추진방안을 제시하는 데 목적이 있다.

해설 ④는 예비타당성 조사에 대한 설명이다.

51 다음 중 수송수요 예측방법 중 OD표 작성법으로 옳은 것은?

① 대상으로 하는 지역을 몇 개의 존으로 분할하고 각 존 상호간의 교통 흐름을 파악하여 OD표를 작성하여 장래 수송수요를 예측하는 방법이다.
② 대상지역을 여러 개의 교통구역으로 분할하며 각 구역 시설의 교통발생량을 조사하여 장래의 토지이용과 인구를 추정하여 교통수송량을 구하는 방법이다.
③ 두 지역 상호간의 교통량이 해당 지역의 수송수요발생량 크기의 제곱에 비례하고, 양 지역 간의 거리에 반비례한다는 예측 모델법을 말한다.
④ 현상과 몇 개의 요인변수와의 관계를 분석하고, 그 관계로부터 장래의 예측치를 구하는 방법이다.

해설
1. ②는 원 단위법에 대한 설명이다.
2. ③는 중력모델법에 대한 설명이다.
3. ④는 시계열 분석법에 대한 설명이다.

정답 47. ② 48. ④ 49. ③ 50. ④ 51. ①

52 다음 중 단선구간의 선로용량을 구할 때 사용되지 않는 것은?

① 선로 이용률
② 설정 열차의 속도종별
③ 고속열차 회수비
④ 역간 평균 운전시분

해설 선로용량은 역간 평균 운전시분(단선의 경우), 설정 열차의 속도종별, 열차단위, 신호기의 종별, 선로 이용률 등에 따라서 결정되며, 선로 이용률은 60%를 표준으로 하고, 단선의 경우에는 60~80회, 복선의 경우에는 200~300회 정도가 된다.

53 다음 중 단선구간 선로용량의 산정식으로 옳은 것은?(단, N : 선로용량, t : 1개 열차의 역간 평균 운전시분, s : 운전취급시분, d : 선로 이용률)

① $N=[1440/(t+s)] \times d$
② $N=2 \times (1440/t) \times d$
③ $N=(1440/t) \times d$
④ $N=2 \times [(1440/t)+s] \times d$

해설 선로용량 구하는 식은 $N = \dfrac{fT}{t+s}$이다.
N = 선로용량, f = d = 선로이용률, T = 1일 시분(1440분), t = 역간 평균 운전시분, s = 열차 취급시분

54 다음 중 착공시기에 대한 지표가 되는 선로용량으로 옳은 것은?

① 경제용량   ② 한계용량
③ 기술용량   ④ 실용용량

해설 선로용량의 구분
1. 한계용량 : 기존 선구의 수송능력의 한계를 판단하는 용량이다.
2. 경제용량 : 최저 수송원가가 되는 선구의 열차회수이며 수송력 증강 대책의 선택이나 그 착공시기에 대한 지표가 된다.
3. 실용용량 : 일반적으로 한계용량에 선로이용률을 곱하여 구하고 선로용량이라 하면 이것을 일컫는다.

55 다음 중 선로용량 사정시 한계용량에 선로이용률을 곱하여 구하는 것으로 옳은 것은?

① 한계용량   ② 경제용량
③ 실용용량   ④ 사실용량

해설 실용용량 : 한계용량에 선로 이용률을 곱하여 구한 일반적인 선로용량

56 다음 중 선로용량산정 시 고려하지 않아도 되는 것은?

① 열차의 운전시분
② 역간 거리 및 구내배선
③ 이용여객의 수
④ 열차의 속도차

해설 선로용량산정 시 고려해야 할 사항은 열차의 운전시분, 역간거리 및 구내배선, 열차의 속도차이다. 이용여객의 수는 선로용량을 고려하는 사항이 아니다.

57 다음 중 국가철도망구축계획을 수립하고 시행해야하는 자로 옳은 것은?

① 국토교통부장관
② 지식경제부장관
③ 철도공사사장
④ 행정안전부장관

해설 국토교통부장관은 국가철도망 구축계획을 수립하고 시행해야 한다.

58 다음 중 선로용량의 사정에 있어 기존선구의 수송능력한계를 판단할 때 사용하는 것으로 옳은 것은?

① 한계용량   ② 경제용량
③ 최대용량   ④ 실용용량

해설 한계용량이란 기존 선구의 수송능력의 한계를 판단하는 용량이다.

정답 52. ③ 53. ① 54. ① 55. ③ 56. ③ 57. ① 58. ①

59 다음 중 선로용량의 내용으로 옳지 않은 것은?

① 단선 : 70~100회

② 복선 : 120~140회

③ 복선전철(일반열차 혼입 시) : 200~280회

④ 복선전차 전용선 : 430~450회

해설 복선전차 전용선 : 340~430회

60 다음 중 선로이용률에 영향을 주는 조건으로 옳지 않은 것은?

① 여객열차와 화물열차의 횟수 비례

② 선로 물동량의 종류와 주요도시로부터의 거리 및 시간

③ 열차횟수 및 인접 역간 운전시분의 차

④ 열차의 시간대별 분산도

해설 선로이용률에 영향을 주는 조건
1. 여객열차와 화물열차의 횟수 비례
2. 선로 물동량의 종류와 주요도시로부터의 거리 및 시간
3. 열차횟수 및 인접 역간 운전시분의 차

61 다음 중 선로용량의 변화요인으로 옳은 것은?

① 계절적 요인으로 화물이 격감할 경우

② 마모 레일을 교환하였을 경우

③ 이용승객의 수가 급격히 증가할 경우

④ 열차속도를 크게 변경시켰을 경우

해설 선로 용량이란 수송력의 열차 설정에서 1일에 열차를 몇 회 주행시킬 수 있는가 라는 선구의 열차설정 능력을 나타내는 수치 척도를 말한다. 선로용량은 열차속도를 크게 변경시켰을 경우 달라진다.

62 다음 중 수송계획에 대한 고려사항으로 옳지 않은 것은?

① 수송력의 설정

② 설비 기준 책정

③ 열차 속도의 책정

④ 열차단위와 횟수의 결정

해설 수송계획에 대한 고려사항은 수송력의 설정, 열차속도의 책정, 열차단위와 횟수의 결정, 열차 방식의 설정이 해당된다.

63 다음 중 철도의 수송능력을 나타내는 1일 열차회수의 선로용량 산정의 종류로 옳지 않은 것은?

① 실용용량   ② 표준용량

③ 경제용량   ④ 한계용량

해설 선로용량
1. 한계용량 : 기존선 수송능력의 한계를 판단하는데 사용
2. 실용용량 : 한계용량에 선로 이용률을 곱하여 구한 일반적인 선로용량
3. 경제용량 : 수송력 증강 대책의 선택이나 착공시기에 대한 지표가 되는 것으로 최저의 수송원가가 되는 선로의 열차횟수

64 다음 중 선로용량의 변화요인으로 옳지 않은 것은?

① 열차설정 및 열차속도 변경

② 폐색방식의 변경

③ 선로조건의 근본적인 변경

④ A.B.S 및 C.T.C 구간의 폐색신호기 거리 고정

해설 A.B.S 및 C.T.C 구간의 폐색신호기 거리변경을 해야 선로용량에 변화를 줄 수 있다.

65 다음 중 수송능력산정의 선로용량 중 수송력 증강대책의 선택이나 착공시기에 대한 지표가 되는 것으로 최저의 수송원가가 되는 선로의 열차횟수를 나타낸 것으로 옳은 것은?

① 경제용량   ② 선로용량평균

③ 한계용량   ④ 실용용량

해설 수송능력 산정의 선로용량 중 수송력 증강대책의 선택이나 착공시기에 대한 지표가 되는 것 중 최저의 수송원가가 되는 선로의 열차횟수를 나타낸 것은 경제용량이다.

정답 59. ④ 60. ④ 61. ④ 62. ② 63. ② 64. ④ 65. ①

66 다음 중 단선구간에서 역간 평균 운전시분이 5분, 열차 취급시분이 1분, 선로 이용율이 60%일 때 선로용량으로 옳은 것은?

① 144회 ② 288회
③ 432회 ④ 864회

해설 선로용량 구하는 식은 $N = \dfrac{fT}{t+c}$ 이다.
N=선로용량, f =선로이용률, T=1일 시분(1440분), t = 역간 평균 운전시분, c =열차 취급시분

67 다음 중 선로용량 증대를 위한 방안으로 옳지 않은 것은?

① 중련운행
② 무인 신호장 등 교행대피시설 확대
③ 분기기의 번호 낮춤
④ 차량 최고속도 향상

해설 선로용량을 증대하기 위해서는 분기기의 번호를 높여야 한다.

68 다음 중 국가철도망구축계획에 대한 설명으로 옳지 않은 것은?

① 국가교통부장관에 의해 10년 단위로 국가철도망구축계획을 수립·시행하여야 한다.
② 국가철도망구축계획을 수립하기 위해서는 관계중앙행정기관의 장, 시·도지사와 협의해야한다.
③ 철도의 중장기 건설계획을 포함하여야 한다.
④ 장래의 철도교통수요 예측을 포함하여야 한다.

해설 장래의 철도교통수요 예측은 철도건설기본계획에 포함되는 사항이다.

69 다음 중 시운전 계획에 대한 설명으로 옳지 않은 것은?

① 차량, 팬터그래프, 카테나리, 열차제어, 궤도 등을 실제운행을 하며 성능시험과 안정성시험을 해야 한다.
② 건설사업의 전반적인 공사가 완료되면 영업개시와 동시에 반드시 열차운행계획에 따라 열차를 실제 운행하면서 운전성능시험과 안전성시험을 하여 보완하고 영업개시계획을 수립해야한다.
③ 속도정수 사정기준 규정에 차량의 신조 또는 도입, 중요부분을 개조하였을 경우 시험을 거쳐 운전성능을 사정하도록 규정하고 있다.
④ 신호장애시험을 통해 전력 및 신호설비의 안정성 운전시험을 시행한다.

해설 건설사업의 전반적인 공사가 완료되면 영업개시 이전에 반드시 열차운행계획에 따라 열차를 실제 운행하면서 운전성능시험과 안전성시험을 하여 보완하고 영업개시계획을 수립해야한다.

70 다음 중 노선규격의 선정 중 구배에 대한 설명으로 옳지 않은 것은?

① 구배는 여객 및 화물 수송의 양과 질적 서비스에 큰 영향을 미친다.
② 지형과 주변 환경 등으로 인해 노선을 설계할 때 구배건설은 불가피하다.
③ 구배는 고저차이와 수평거리와의 비율로 나타내며 단위로는 퍼밀(‰)을 사용한다.
④ 구배는 그 수치가 크면 열차의 제약, 열차의 주행성능 등에 영향을 미치지 않는다.

해설 구배는 그 수치가 크면 열차의 제약, 열차의 주행성능 등에 큰 영향을 미친다.

정답 66.① 67.③ 68.④ 69.② 70.④

71 다음 중 철도투자 평가항목으로 옳지 않은 것은?

① 기술평가 ② 재무평가
③ 경영평가 ④ 운용평가

해설 철도투자 평가항목에는 운용평가는 포함되지 않는다.

72 다음 철도계획 중 철도투자계획으로 옳지 않은 것은?

① 설비의 근대화 ② 수송서비스 개량
③ 레일 확장계획 ④ 수송력 증강

해설 철도투자계획에는 기존설비의 근대화, 수송서비스의 개량, 수송력 증가, 신설노선 건설계획 등이 있다.

73 다음 중 예비타당성 조사에 대한 설명으로 옳지 않은 것은?

① 정책정 분석은 검토 대상이 아니며, 다만 환경성 등 실제 사업의 추진과 관련된 일부 항목에 대해서는 면밀한 조사를 실시한다.
② 경제성 분석은 본격적인 타당성조사의 필요성 여부를 판단하기 위하여 개략적인 수준에서 조사한다.
③ 조사의 주체는 기획재정부이다.
④ 타당성조사 이전에 예산반영 여부 및 투자 우선순위 결정을 하는데에 목적이 있다.

해설 ①의 내용은 타당성 조사에 대한 설명으로 예비타당성 조사의 경제성 분석은 경제성 분석 이외에 국민경제적, 정책적 차원에서 고려되어야 할 사항들을 분석한다.

74 다음 중 타당성 조사에 대한 설명으로 옳지 않은 것은?

① 조사의 주체는 기획재정부이다.
② 경제성 분석은 실제 사업 착수를 위하여 보다 정밀하고 세부적인 수준에서 조사한다.
③ 토질조사, 공법 분석 등 다각적인 기술성을 분석한다.
④ 예비타당성 조사를 통과한 후 본격적인 사업 착수 한다

해설 타당성 조사의 주체는 사업 주무부처이다.

75 다음 중 예비타당성 조사의 주체로 옳은 것은?

① 기획재정부
② 국가철도공단
③ 사업 주무부처
④ 국토교통부

해설 예비타당성 조사의 주체는 기획재정부이다.

76 다음 중 철도의 기본계획수립 조사 중 정책분야에 해당하지 않는 것은?

① 건설기준 계획
② 지자체 협의 및 자문
③ 사회, 경제지표 현황 분석
④ 교통수요 예측

해설 건설기준 계획은 기술분야 조사에 해당하는 내용이다.

77 다음 중 철도투자계획 시 차량 및 역의 냉난방화, 에스컬레이터의 설치, 대합시설의 정비, 장애인시설 확충 등이 해당하는 것은?

① 수송 서비스의 개량
② 신선건설계획
③ 수송력 증강
④ 기존설비의 근대화

해설 철도투자계획 시 차량 및 역의 냉난방화, 에스컬레이터의 설치, 대합시설의 정비, 장애인시설 확충 등은 수송 서비스의 개량에 해당하는 내용이다.

정답 71. ④ 72. ③ 73. ① 74. ① 75. ① 76. ① 77. ①

78 다음 중 철도투자평가 중 투자주체가 완성 후 원활한 운영의 인력조직, 재정사정, 경영기술 등에 대한 평가는 다음 중 어느 것인가?

① 경제평가 ② 재무평가
③ 기술평가 ④ 경영평가

해설 철도투자평가 중 투자주체가 완성 후 원활한 운영의 인력조직, 재정사정, 경영기술에 대한 평가는 경영평가에 해당하는 내용이다.

79 다음 중 철도수송력 증강 투자계획과 거리가 먼 것은?

① 전철화 ② 차량의 증차
③ 복선화 ④ 노후설비 교체

해설 철도수송력 증강 투자계획에 해당하는 것은 차량의 증차, 전철화, 복선화이다.

80 다음 중 철도건설계획 시 계획노선을 중심으로 한 노선세력권의 범위 중 옳지 않은 것은?

① 교통편이 불편할 경우 10~15km 정도
② 교통편이 양호한 경우 30~50km 정도
③ 자동차 등의 교통편이 다소 불량한 경우 10~30km 정도
④ 보행시간 1~2시간의 경우 4~8km 정도

해설 철도건설계획 시 계획노선을 중심으로 한 노선세력권의 범위
1. 교통편이 양호한 경우 30~50km 정도
2. 자동차 등의 교통편이 다소 불량한 경우 10~30km 정도
3. 보행시간 1~2시간의 경우 4~8km 정도

81 다음 중 선로구조물 구조계획 시 유의점으로 옳지 않은 것은?

① 안정성의 확보
② 주변 환경과의 조화
③ 건설에서 유지관리까지의 비용 확대
④ 목적으로 하는 철도에 적합한 선형의 기준

해설 건설에서 유지관리까지의 비용이 알맞은 내용이다.

82 다음 중 건축한계에 대한 설명으로 옳은 것은?

① 차량의 크기를 결정하고 제한하는 범위이다.
② 레일 부위는 건축한계와 무관하고 레일 상부만 제한 한다.
③ 건축한계는 직선부와 곡선부가 같다.
④ 열차가 안전하게 주행하기 위한 공간으로 건축한계 내에는 건조물을 설치하지 못한다.

해설 차량한계내의 차량이 안전하게 운행할 수 있도록 궤도상에 일정 공간을 확보하는 한계로 차량상부 시설만큼 확대하고 곡선부 터널에 있어서는 슬랙과 캔트에 따라 조절하여야 한다.

83 다음 중 철도건설의 의의로 옳은 것은?

① 정부가 참여하는 대형 신규 공공투자사업의 정책적 의의와 경제성을 판단하고, 사업이 효율적이고 현실적인 추진방안을 제시하는 데 목적이 있다.
② 철도건설은 철도선로가 없던 두 지점 간을 연결하여 그 지역의 경재개발, 지역 간 격차해소를 목적으로 하는 신규노선의 건설과 기존철도를 개량하는 것을 말한다.
③ 예측한 수송량을 고객의 희망에 따르도록 효율적으로 수송하는 구체적인 계획을 말한다.
④ 어느 사업의 기술적 가능성을 기본으로 경제적, 재무적인 측면에서의 평가를 하여 그 사업의 추진여부를 결정하는 것에 목적이 있다.

해설 철도건설은 철도선로가 없던 두 지점 간을 연결하여 그 지역의 경재개발, 지역 간 격차해소를 목적으로하는 신규노선의 건설과 기존철도를 개량하는 것이 철도의 의의이다.

정답 78. ④ 79. ④ 80. ① 81. ③ 82. ④ 83. ②

84 다음 중 토공노반의 폭과 시공기면의 횡단 기울기에 대한 설명으로 옳지 않은 것은?

① 시공기면 폭은 열차하중의 분산범위를 고려하여 설계한다.
② 시공기면 폭은 철도건설규칙에 따라 계획한다.
③ 시공기면 횡단면 기울기는 5%의 배수기울기를 설치해야한다.
④ 시공기면의 폭은 노반의 차수성, 시공기면의 배수성을 고려하여 설계한다.

해설 시공기면 횡단면 기울기는 3%의 배수기울기를 설치해야한다.

85 다음 중 노반의 선로중심에서 비탈면 머리까지의 수평거리가 의미하는 것으로 옳은 것은?

① 궤도중심간격   ② 도상정규
③ 시공기면 폭   ④ 토공정규

해설 시공기면 폭이란 선로 중심선에 있어서 노반의 높이를 표시하는 기준면을 말하며, 노반의 한쪽 비탈머리에서 다른 쪽 비탈머리까지 수평거리

86 다음 중 강화노반에 대한 설명으로 옳지 않은 것은?

① 쇄석층 위에 아스팔트 콘크리트 층을 설치하여 물을 차단한다.
② 일반적으로 고속도로와 같이 밑에서부터 다짐을 하여 FL밑 30[cm]를 쇄석층 25[cm]와 아스팔트 콘크리트 5[cm]로 한다.
③ 입도 조정한 쇄석(또는 Slag)을 편 후 다짐을 하여 쇄석층을 만든다.
④ 고르기는 한층의 두께를 30[cm] 이하로 하여 롤러로 다진 후 20[cm] 정도 쇄석을 편 후 다시 롤러로 다진다.

해설 고르기는 한층의 두께를 15[cm] 이하로 하여 롤러로 다진 후 10[cm] 정도 쇄석을 편 후 다시 롤러로 다진다.

87 다음 중 선로구조물의 더돋기높이에 영향을 주는 요인으로 옳지 않은 것은?

① 지반의 토질 및 높이
② 토질
③ 소요예산 및 공사비
④ 시공방법

해설 선로구조물의 더돋기 높이에 영향은 주는 요인은 지반의 토질 및 높이, 토질, 시공방법이다. 소요예산 및 공사비는 영향을 주는 요인으로 옳지 않다.

88 다음 중 터널의 설치가 부적절한 곳으로 옳은 것은?

① 예산의 절감을 위한 곳
② 하저나 교통량이 많고 복잡한 시가지통과를 하기 위한 곳
③ 산악이나 구릉지대에서 소정의 곡선반경으로 건설하기 어려운 곳
④ 산악이나 구릉지대에서 소정의 구배로 건설하기 어려운 곳

해설 터널은 선로가 지나가는 곳에 장애물이 되는 요소가 있는 곳에 설치하는 선로구조물이다. 때문에 터널을 긴설하면 예산이 많이 들어갈 수밖에 없다.

89 다음 중 토공에 대한 설명으로 옳은 것은?

① 산맥과 구릉을 지나는 산악터널, 지하철 등의 도시터널, 해협의 해저터널로 대별된다.
② 열차 또는 차량을 운행하기 위한 전용통로의 총칭이며 궤도와 이것을 지지하는데 필요한 노반을 포함한다.
③ 자연 지형에 도로 등 시설물을 시공하기 위한 기초지반 형성 작업으로 땅깎기(절토) 또는 흙 쌓기(성토) 등의 작업을 말한다.
④ 절삭기 또는 다이너마이트를 사용하여 굴착작업을 한다.

정답 84. ③ 85. ③ 86. ④ 87. ③ 88. ① 89. ③

해설 ③는 토공의 정의이다. ①, ②, ④는 터널에 대한 설명이다.

90 다음 중 교량의 구조형식에 의한 분류에 속하는 것으로 옳지 않은 것은?

① 트러스교 ② 강철도교
③ 거더교 ④ 라멘교

해설 ②는 구성재료에 의한 분류이다.

91 다음 중 돋기의 경우 비탈면 기울기(보통토사)로 옳은 것은?

① 1:1(높이: 175수평)
② 1:1.2(높이: 175수평)
③ 1:1.5(높이: 175수평)
④ 1:1.8(높이: 175수평)

해설 돋기의 경우 비탈면 기울기는 보통토사 1:1.50이며(높이: 175수평) 줄떼기를 심어 보호하며 암석인 경우 1:1.2이고 석재로 비탈면을 보호한다.

92 다음 중 어프로치 블록의 재료로 적당하지 않은 것은?

① 입도조정 쇄석 또는 입도조정 slag
② 공극이 많은 재료
③ 입도분포가 좋은 충분한 다짐이 가능한 재료
④ 압축성이 작은 재료자체

해설 압축성이 작은 재료가 좋으나 자체 공극이 많으면 성토로부터 세립분을 끌어들이거나 물의 통로가 되어 바람직하지 않다. 어프로치 블록은 성토가 교대 등의 구조물에 접속하는 위치에서는 성토 구조물 침하 차이에 의한 시공기면의 단차발생 또는 동적특성에 따른 궤도 변형의 진행, 승차감 저하 등이 발생하는바 이런 장해를 감소하기 위해 성토에서 구조물로 향해 압축성이 적은 재료를 사용하여 완화구간을 설치하는 것이다.

93 다음 중 지하철을 건설할 때 교량이나 건물 아래에 기존의 구조물을 대신 지지할 수 있는 다른 기초를 신설하고 나서 터널을 굴착하는 공법으로 옳은 것은?

① 언더피닝(under pinning)공법
② 트렌치(trench)공법
③ 생석회(quick lime)공법
④ 웰 포인트(well point)공법

해설 언더피닝공법 : 기존건물에 기초를 보강하거나 새로운 기초 설비를 위해 기존건물을 보호하는 보강공사공법이다.

94 다음 중 Ballast-Mat에 대한 설명으로 옳지 않은 것은?

① 열차 주행 시 소음과 진동을 감소시킨다.
② 자갈도상의 세립화 경감 및 궤도 침하를 경감한다.
③ 윤중 변동의 경감을 꾀한다.
④ 초기에는 방진을 목적으로 했다.

해설 Ballast-Mat는 초기에는 방진보다는 자갈파쇄방지를 목적으로 했다. Ballast-Mat는 소음 진동 경감대책으로 궤도에 적절한 탄성을 주기 위하여 지하철 교량구간의 콘크리트, 자갈도상 아래에 천연고무, 유리섬유, 폐타이어, 폴리우레탄 등의 탄성소재로 공장 또는 현장에서 평탄모양으로 고화성형(固化成形)한 것이다.

95 다음 중 PDM(Paper Drain Method)공법에 대한 설명으로 틀린 것은?

① Drain 단면이 길이 방향에 걸쳐 시행된다.
② 배수효과가 양호하며 시공이 간단하고 빠르다.
③ 타설에 의한 주변지반 교란이 없다.
④ Sand Drain에 비해 지반 중 타설시 투수성이 높아진다.

정답 90. ② 91. ③ 92. ② 93. ① 94. ④ 95. ④

해설 Sand Drain에 비해 지반 중 타설시 측압 및 압밀의 영향으로 투수성이 저하된다. Paper Drain 공법은 Sand Drain 공법과 같이 연약지반의 압밀촉진을 위한 공법으로 Terzaghi 압밀이론에 의해 지반개량에 필요한 압밀침하 시간은 드레인 재의 간격에 의해 결정되며, Drain 재료를 모래 대신 투수성이 좋은 특수종이(Card Board)를 사용한다.

96 다음 중 터널 노선 선정에 대한 설명으로 옳지 않은 것은?

① 직선이 바람직하고 곡선도 가능한 반경이 큰 것이 좋다.
② 장대터널은 입갱, 사갱을 설치하기 쉬운 조건도 고려한다.
③ 시가지에서는 사유지의 아래와 도로아래 등 모든 지역을 통과하도록 한다.
④ 불량한 지질(연약한 파쇄대, 단층 등)은 피한다.

해설 시가지에서는 사유지의 아래를 되도록 피하고, 도로 아래 등의 공유지를 통과하도록 한다.

97 다음 중 터널의 단면 형상으로 옳지 않은 것은?

① 원추형 단면   ② 원형 단면
③ 직사각형 단면   ④ 말굽형 단면

해설 터널의 단면 형상으로는 원형 단면, 말굽형 단면, 직사각형 단면이 있다.

98 다음 중 개착터널에 대한 설명으로 옳지 않은 것은?

① 지표면부터 굴착하는 오픈 컷(Open Cut) 공법이다.
② 산악 터널에 비해 건설비는 2~3배 비싸다.
③ 도시지구에서 일반적으로 채용된다.
④ 대부분의 경우 철근콘크리트의 말굽형 단면이 채용된다.

해설 대부분의 경우 철근콘크리트의 직사각형 단면이 채용된다.

99 다음 중 쉴드터널 공법에 대한 설명으로 옳지 않은 것은?

① 지반내에 쉴드라 칭하는 강제 원통형의 굴진기를 추진시켜 터널을 구축하는 공법이다.
② 공사가 마무리되면 다시 메꾸어 복구한다.
③ 산악터널에 비해 건설비는 비싸지만, 각종의 개선에 의하여 비용저감이 도모되고 있다.
④ 하저, 해저에서의 특수공법으로 채용되었으나, 최근에는 시공 시 노면교통의 확보와 소음, 진동 방지대책 등의 이유로 전용기의 성능을 향상시켜 지하터널에도 채용되었다.

해설 공사가 끝나 다시 메꾸어 복구하는 것은 개착터널 공법에 해당하는 내용이다.

100 다음 중 철도 교량의 구조로 옳지 않은 것은?

① 기초   ② 궤도
③ 하부구조   ④ 상부구조

해설 철도 교량의 구조는 상부구조, 하부구조, 기초로 이루어져 있다.

101 다음 중 철도에서 교량시공방법이 아닌 것은?

① 벤트 공법   ② 쉴드공법
③ PSM공법   ④ MSS공법

해설 ②는 터널을 시공할 때 사용하는 공법이다.

102 다음 중 교량은 양교대면 간이 몇 [m] 이상인 것을 말하는가?

① 5[m] 이상   ② 7[m] 이상
③ 10[m] 이상   ④ 12[m] 이상

정답 96. ③ 97. ① 98. ④ 99. ② 100. ② 101. ② 102. ①

해설 교량은 철도 선로가 하천, 도로, 시가지 및 철도를 횡단하는 개소에 설치하며 양교대면 간이 5[m] 이상인 것을 말한다.

103 다음 중 강철도교에 대한 설명으로 옳은 것은?

① 강철도교는 내구성 면에서는 콘크리트 교량보다 우수하지만 얇은 두께에는 한도가 있어 콘크리트 교량에 비하여 중량이 많이 나가는 단점이 있다.
② 라멘교는 강철도교에 속한다.
③ RC · PC 구조가 보급되어 지간 25m 이상에서는 대부분 PC구조로 하고 있다.
④ 과거에 접합을 리벳으로 했지만 최근 용접기술의 발달로 인하여 공장생산의 기본구성은 대부분 용접으로 되어있다.

해설 콘크리트 교량은 내구성 면에서는 강철도교보다 우수하지만 얇은 두께에는 한도가 있어 강철도교에 비하여 중량이 많이 나가는 단점이 있다.
1. 콘크리트 교량은 내구성 면에서는 강철도교보다 우수하지만 얇은 두께에는 한도가 있어 강철도교에 비하여 중량이 많이 나가는 단점이 있다.
2. 라멘교는 콘크리트 교량에 속한다.
3. 콘크리트 교량은 RC · PC 구조가 보급되어 지간 25m 이상에서는 대부분 PC구조로 하고 있다.

104 다음 중 거더교량에 대한 설명으로 옳은 것은?

① 3개의 부재를 삼각형으로 연결한 골조 구조로 이루어져 있다.
② 강형 · 콘크리트 빔 등을 수평으로 설치하여 건너므로 가장 경량의 교량이다.
③ 강제 케이블을 주체로 하여 교상을 매다는 구조로 되어있다.
④ 짧은 경간에 사용되나 대표적인 장대교량이다.

해설 거더교량은 강형 · 콘크리트 빔 등을 수평으로 설치하여 건너므로 가장 경량의 교량이다.

105 다음 중 연속압출공법(ILM)의 블록 하나당 길이로 알맞은 것은?

① 5~10m
② 10~30m
③ 15~40m
④ 20~50m

해설 연속압출공법 블록 하나당 길이는 10~30m이다.

106 다음 중 이동식 비계 공법(MSS)에 대한 설명으로 옳지 않은 것은?

① 고도화된 기계의 구동장치로 품질관리가 용이하며, 인력을 줄일 수 있다.
② 제반작업이 가설장비 안에서 시행되므로 안전하다.
③ 가설 장비가 하부조건에 지장을 많이 주는 편이다.
④ 시공속도가 빠르며 다경 간 교량 시공에 유리하다

해설 가설 장비가 교각상에서 이동하므로 하부조건에 지장을 주지 않는다. MSS(Movable Scaffolding System, 이동 지보공 공법)은 장대교량 연속 PC가설공법으로 지지되거나 매어달은 지보공과 거푸집을 사용하여 1경간씩 현장치기로 시공하고 탈형과 지보공 이동이 기계적으로 되며, 상부구조 제작에 소요되는 장비는 대부분 교각상에서 다음 경간으로 이동하여 전교량을 가설하는 이동식 비계공법이다.

107 다음 중 아치교에 대한 설명으로 옳지 않은 것은?

① 상부와 하부구조가 일체화 되어있어 주형의 휨 모멘트가 감소하여 교각의 안정성을 증가시키고 받침을 생략할 수 있으며 내진 구조로서도 우수하다.
② 주된 구조 중에 아치작용을 가진 부분이 있는 교량을 말한다.
③ 긴 지간이 필요한 경우에 채용된다.
④ 구성재를 압축재로서 사용한 모양의 형태로서 휨 하중이나 전단하중에도 저항이 가능하도록 설계한다.

정답 103. ④ 104. ② 105. ② 106. ③ 107. ①

해설 ①는 라멘교에 대한 설명이다.

108 다음 중 현수교에 대한 설명으로 옳은 것은?

① 가설이나 교체가 쉽고 단시간에 시공이 이루어지기 때문에 교통량이 많은 지점에 적합하다.
② 과거에는 구조해석 계산이 난해했기 때문에 채용이 적었으나 최근에는 전산도입에 의한 설계해석이 많이 발전함에 따라 채용이 증가하고 있다.
③ 상부구조와 하부구조의 구분이 없는 것이 특징이다.
④ 아치교, 사장교 등에서는 불가능한 긴 지간이 필요한 경우에 채용된다.

해설
1. ①는 강철도교에 대한 설명이다.
2. ②는 사장교에 대한 설명이다.
3. ③는 라멘교에 대한 설명이다.

109 다음 중 켄틸레버 공법(FCM)에 대한 설명으로 옳지 않은 것은?

① 직선이나 원곡선 부에만 적용이 가능하고 제작장 비용이 많이 소요된다.
② 이동식 비계공법에 비해 장비비용이 적으나 강연선이 많이 사용되고 시공 중에 처짐을 고려해야한다.
③ 깊은 계곡, 하천, 바다 등 동바리의 설치가 어려운 구간에 적용한다.
④ 동바리 없이 교각 위에서 양쪽으로 주로 3~4m가량의 세그먼트를 이어 나가는 공법이다.

해설 ①는 프리캐스트 세그먼트 공법(PSM)에 대한 설명이다.

110 다음 중 철도의 시설 중 궤도와 이를 지지하는 노반으로 구성하고, 분기기, 선로방호설비, 노반구조물 등을 포함한 시설로 옳은 것은?

① 신호설비 ② 정거장
③ 선로   ④ 시공기면

해설
1. 신호설비는 신호, 전호, 표지 등으로 구성되어있는 시설이다.
2. 정거장은 조차장, 역, 신호장 등으로 구성되어있는 시설이다.
3. 시공기면은 선로에 있어서 노반의 높이를 보여주는 기준면으로 선로에 포함되는 요소중 하나이다.

111 다음 궤도재료 점검의 종류 중에 도상점검 시 시행하여야 할 사항으로 옳지 않은 것은?

① 단면부족
② 자갈의 입도
③ 도상보충 또는 정리상태
④ 횡저항력 유지상태

해설 도상점검은 단면부족, 토사유입, 도상보충 및 정리상태, 횡저항력 유지상태를 점검한다.

112 다음 중 목침목의 방부처리 방법으로 옳지 않은 것은?

① 뉴톤법   ② 베셀법
③ 로오리법 ④ 루핑법

해설 **목침목 방부처리 방법** : 베셀법, 로오리법, 루핑법, 블톤법

113 다음 중 레일의 구성 원소로 맞지 않는 것은?

① 칼륨   ② 유황
③ 인   ④ 망간

해설 레일의 구성 원소 : 탄소, 망간, 규소, 인, 유황

정답 108. ④ 109. ① 110. ③ 111. ② 112. ① 113. ①

114 다음 중 내구연한이 길며 내마모성, 인장강도, 신율이 커서 분기기, 곡선부, 마모가 심한 개소에 사용되는 레일로 옳은 것은?

① 복합레일
② 망간레일
③ 경두레일
④ 고 탄소강레일

해설 망간레일 : 망간을 11~14% 함유하여 내마모성, 인장강도, 신율이 커서 분기기, 곡선부, 마모가 심한 개소에 사용된다.

115 도상반력 P=22kg/㎠, 측정지점의 탄성침하 r=2cm일 때 도상계수 값 K는 얼마이며, 이 노반에 대한 평가는?

① K=11kg/㎤, 우량노반
② K=1.1kg/㎤, 양호노반
③ K=11kg/㎤, 양호노반
④ K=1.1kg/㎤, 불량노반

해설 도상계수 $k = \dfrac{p}{r}$

k : 도상강도(kg/㎤), p : 도상반력(kg/㎠)
r : 측정지점탄성계수(cm)
• k = 5~9 불량노반
• k = 9~13 양호노반
• k = 13~ 우량노반

116 다음 중 일반적으로 도상을 불량, 양호, 우량노반으로 구분할 때 양호노반의 기준이 되는 도상계수값으로 옳은 것은?

① 2kg/㎠ ② 4kg/㎠
③ 9kg/㎠ ④ 15kg/㎠

해설 도상계수는 도상재료가 양호할수록, 다지기가 충분할수록, 노반이 견고할수록 큰값이 된다.
• 5kg/㎠일 경우 불량노반, 9kg/㎠일 경우 양호노반
• 13kg/㎠일 경우 우량노반이 된다.

117 다음 중 선로 등급별 기울기 제한으로 알맞지 않은 것은?

① 1급선 10‰ 이하
② 2급선 12.5‰ 이하
③ 3급선 20‰ 이하
④ 4급선 25‰ 이하

해설 3급선의 선로 기울기는 15‰이하로 제한한다.

118 다음 중 궤도의 조건으로 옳지 않은 것은?

① 매끄러운 차륜(차바퀴) 주행로를 높은 정밀도로 유지하여야 한다.
② 설계 시 환경조건에 대한 적응은 궤도에 미치는 영향이 적으므로 고려하지 않아도 된다.
③ 불가피하게 발생되는 노반이나 구조물 등의 변형에 쉽게 대응할 수 있어야 한다.
④ 강대한 차륜의 집중하중을 노반에 전달하여 노반구성 재료의 강도 이하로 분산시켜 지지 안내 할 수 있어야 한다.

해설 궤도는 환경조건에 잘 적응할 수 있도록 만들어야 한다.

119 다음 중 콘크리트 도상의 장점으로 옳지 않은 것은?

① 도상 파손 시 보수가 용이하다.
② 배수의 양호 및 동상이 없고 잡초 발생이 없다.
③ 도상 다짐이 불필요하며 궤도의 세척과 청소가 용이하다.
④ 도상의 진동과 차량 동요가 적다.

해설 1. 궤도 탄성이 적으므로 충격과 소음이 크며 건설비가 많이 든다.
2. 레일 파상마모 우려와 레일의 탄성체결이 필요하다.
3. 선형 변경 및 도상 파손 시 수선이 곤란하다.

정답 114. ② 115. ③ 116. ③ 117. ③ 118. ② 119. ①

120 다음 중 PC 침목의 장점으로 옳지 않은 것은?

① 자중이 커서 안정성이 양호하여 궤도틀림이 적다.
② 거의 모든 장소에 다양하게 사용할 수 있다.
③ 기상작용에 대한 저항력이 크고 보수비가 적어 경제적이다.
④ 철근 콘크리트 침목보다 단면이 작으므로 재료를 절약할 수 있다.

해설 전기 절연성이 목 침목보다 부족하며, 분기부, 건널목 등 특정장소 이용에 곤란하다.

121 다음 중 PC 침목의 단점으로 옳지 않은 것은?

① 중량이 무거워 취급이 곤란하고 부분 파손이 발생하기 쉽다.
② 인력 다지기 시 침목에 의한 손상 우려가 있다.
③ 균열 발생 시 사용할 수 없다.
④ 레일 체결이 복잡하고 탄성이 부족하며 충격력에 약하다.

해설 균열 발생시에도 탄성한계 내에서는 사용에 지장이 없다.

122 다음 중 완화곡선과 종곡선의 경합에 대한 설명으로 옳지 않은 것은?

① 완화곡선과 종곡선 경합은 선로보수 곤란, 주행 안정성, 승차감 손상 등을 부른다.
② 볼록형 종곡선은 차량의 수직방향 모멘트에 의해 궤도와 차량에 큰 충격이 작용한다.
③ 완화곡선과 종곡선의 경합 시에는 원심력 변화에 따라 차량의 동요가 심하다.
④ 완화곡선은 캔트의 체감이 있어 구조적인 궤도틀림이 있다.

해설 볼록형 종곡선은 원심력 작용에 따라 차량부상으로 윤중이 감소된다(열차의 부상가능성 크다). 오목형 종곡선은 차량의 수직방향 모멘트에 의해 궤도와 차량에 큰 충격이 작용한다.

123 다음 중 선로등급에 따른 노반 폭으로 옳지 않은 것은?

① 1급선 4m   ② 2급선 4m
③ 3급선 3.5m ④ 4급선 2.5m

해설 4급선의 노반 폭은 3m로 제한한다.

124 다음 중 레일의 변위 발생요인으로 옳지 않은 것은?

① 차륜에 의해 레일의 두정면에 연직방향으로 작용하는 윤중
② 온도변화에 의해 레일 길이방향으로 작용하는 축력
③ 차륜과의 마찰력에 의한 접선력
④ 차량동요에 따른 관성력

해설 레일의 변위 발생요인에는 차량동요에 따른 관성력이 작용하지 않는다.

125 다음 중 궤도의 평면성 틀림에 대한 설명으로 옳은 것은?

① 곡선부 내측레일을 기준으로 한 수평틀림
② 기준레일의 줄 및 면틀림이 중복된 틀림
③ 궤도의 10m 간격에 있어서 길이 방향에 대한 높이차
④ 궤도의 5m 간격에 있어서 수평 틀림의 변화량

해설 평면성 틀림이란 궤도 5m 간격에 있어서 수평틀림의 변화량으로 주행차량의 플랜지가 레일을 올라타서 탈선하는 원인이 된다.

정답 120.② 121.③ 122.② 123.④ 124.④ 125.④

126 다음 중 궤도에 작용하는 외력 중 횡압에 해당하는 것으로 옳은 것은?

① 자중
② 차량동요 관성력의 수직성분
③ 분기기 등 궤도 틀림에 의해 발생된 힘
④ 곡선통과 시 불평형 원심력에 따른 윤중

해설) 분기기, 신축이음매 등 궤도의 특수개소에 있어서 충격력 충격에 의한 횡압이 발생한다.

127 다음 중 캔트 설정속도보다 실제주행속도가 낮을 때는 곡선내측으로 횡압이 작용하고, 주행속도가 높을 때는 곡선외측으로 작용하는 횡압으로 옳은 것은?

① 차량전향에 의한 횡압
② 궤도틀림에 의한 횡압
③ 차량동요에 의한 횡압
④ 곡선의 불균형 원심력에 의한 횡압

해설) 곡선 구간에서 캔트 설정속도보다 실제주행속도가 높을 때는 곡선외측으로 원심력에 의한 횡압이 작용한다.

128 다음 중 레일 앵커 설치방법 중 옳은 것은?

① 레일 이음매판에 밀착시켜 설치
② 침목 1개당 4개씩 설치
③ 침목측면과 밀착시켜 레일 저부에 설치
④ 연속하여 집중적으로 설치

해설) 레일의 밑부분에 부착되고 침목에 지지되어 레일의 복진을 방지하는 쇠붙이.

129 다음 중 침목에 대한 설명으로 옳지 않은 것은?

① 자연지반, 절토(땅 깎기), 성토(흙 쌓기), 교량, 터널로 된 구조물이다.
② 궤간을 유지한다.
③ 차륜하중을 도상에 넓게 분산한다.
④ 레일을 고정한다.

해설) ①는 노반에 대한 설명이다.

130 다음 중 지하정거장의 20m당 침목개수로 알맞은 것은?

① 34   ② 35
③ 50   ④ 68

해설) 지하정거장의 20m당 침목개수는 68개이다.

131 다음 중 전동차 전용선의 최급 선로 기울기로 옳은 것은?

① 25‰   ② 30‰
③ 35‰   ④ 40‰

해설) ③ 전동차 전용선의 경우 시가지 구간에 건설, 운영되므로 기존 시설물의 보상을 최소화하기 위해 선로 기울기를 등급에 관계없이 35‰로 하고 있다.

132 다음 중 레일 위를 차량이 반복 주행하는 것에 의하여, 레일 표면이 어느 일정한 간격에 마모되어 형성되는 연속한 요철이 나타나는 마모는 어떤 마모인가?

① 편마모   ② 파상마모
③ 수직마모   ④ 표면박리

해설) 레일 위를 차량이 반복 주행하는 것에 의하여, 레일 표면이 어느 일정한 간격에 마모 혹은 소성 변형되어 형성되는 연속한 요철이 나타나는 현상을 레일의 파상마모현상이라고 한다.

133 다음 중 레일의 용접이음매 강한 전류를 흘려보내 열을 발생시켜 용접하는 용접법은 어느 것인가?

① 테르미트 용접
② 엔크로즈드 아크 용접
③ 플래시 버트 용접
④ 가스 압접

정답 126. ③ 127. ④ 128. ③ 129. ① 130. ④ 131. ③ 132. ② 133. ③

해설 플래시 버트 용접법은 레일의 이음부에 강력한 전류를 통과시켜 저항으로 발생하는 열을 이용해 레일과 레일을 연결시키는 방법이다. 용접시간은 약 3~5분이다.

134 다음 중 철도에서 주로 사용하는 레일로 옳은 것은?

① 어복 레일 ② 쌍두 레일
③ 우두 레일 ④ 평저 레일

해설 현재 철도에서 주로 사용하는 레일은 평저 레일이다.

135 다음 중 본선 1등급선에서 제한하고 있는 선로기울기로 옳은 것은?

① 10‰ ② 12.5‰
③ 15‰ ④ 25‰

해설 선로등급에 따른 본선의 선로기울기는 다음과 같이 제한한다.

선로의 등급	기울기(‰)
고속선	25
1등급선	10
2등급선	12.5
3등급선	15
4등급선	25

136 다음 중 레일의 내구연한을 결정하는 3요소로 옳지 않은 것은?

① 훼손 ② 산성화
③ 부식 ④ 마모

해설 레일의 내구연한 : 레일의 내구연한은 훼손, 부식, 마모 등의 3요소에 의해 결정된다.

137 다음 중 궤도의 충격율과 가장 밀접한 관계가 있는 것으로 짝지어진 것으로 옳은 것은?

① 레일의 중량, 운행속도
② 레일의 중량, 차륜의 직경
③ 차량의 중량, 운행속도
④ 차륜의 직경, 운행속도

해설 궤도의 충격율은 차륜의 직경과 운행속도에 비례한다.

138 다음 중 분기기에서 리드길이는 어느 지점간의 거리를 의미하는 것으로 옳은 것은?

① 포인트 전단에서 크로싱의 전단까지의 길이
② 포인트 후단에서 크로싱의 전단까지의 길이
③ 포인트 전단에서 크로싱의 이론교점까지의 길이
④ 포인트 후단에서 크로싱의 이론교점까지의 길이

해설 리드길이는 포인트 전단에서 크로싱의 이론교점 까지 길이가 된다.

139 다음 중 속도향상을 위한 선로의 대책 중 평면선형에 대한 대책으로 옳지 않은 것은?

① 곡선반경을 될 수 있는 한 크게 한다.
② 캔트부족량을 될 수 있는 크게 한다.
③ 캔트를 될 수 있는 한 크게 한다.
④ 곡률 변화구간과 캔트 변화구간이 일치하는 것이 바람직하다.

해설 캔트부족량은 평형속도를 위한 평형 캔트량 보다 부족한 캔트량을 뜻하는데, 평면에서는 캔트부족량을 작게 해서 캔트를 크게 해야 한다.

140 다음 중 궤도에 부담되는 충격률의 크기에 대한 설명으로 옳은 것은?

① 곡선반경이 작을수록 커진다.
② 기울기가 커질수록 커진다.
③ 속도에 비례한다
④ 축중에 비례한다.

정답 134.④ 135.① 136.② 137.④ 138.③ 139.② 140.③

해설 궤도에 부담되는 충격률의 크기는 속도에 비례한다.

141 다음 중 침목응력에 대한 설명으로 옳은 것은?

① 온도변화나 열차의 가감속에 의해 발생하고 레일의 길이 방향으로 작용하는 힘으로써 철도교량 설계 등에 고려된다.
② 차륜으로부터 레일에 작용하는 횡방향의 힘을 말한다.
③ 차륜을 통해 레일에 작용하는 힘으로 다른 말로 윤중이라고 불린다.
④ 침목 간격을 좁게하면 좁게 할수록 하중분포가 더 좋아지기 때문에 응력은 적게 발생한다.

해설 침목에 작용하는 힘은 레일압력으로 레일과 침목은 도상 및 노반과는 대조적으로 거의 탄성 거동을 나타낸다. 침목 간격을 좁게하면 좁게 할수록 하중분포가 더 좋아지기 때문에 응력은 적게 발생한다.

142 다음 중 차량이 탈선할 수 있는 최소횡압의 크기로 옳은 것은?

① 수직력의 50% 이상
② 수직력의 70~80% 이상
③ 이상수직력의 100% 이상
④ 수직력의 120% 이상

해설 횡압이 수직력의 70~80% 이상이 되면 차량이 탈선할 수 있다.

143 다음 중 철도선로에 대하여 설명한 것으로 옳은 것은?

① 도상, 침목, 레일과 그 부속품으로 이루어지며 선로의 중심부분이다.
② 궤간, 열차속도, 차량의 고정축거 등에 따라 결정된다.
③ 열차 또는 차량을 운행하기 위한 전용통로의 총칭이며 궤도, 노반 및 선로구조물 등으로 구성된다.
④ 선로의 건설과 보수에 있어서는 수송량과 속도 등에 따라 등급을 정한다.

해설 철도선로는 열차 또는 차량을 운행하기 위한 전용통로의 총칭이며 궤도, 노반 및 선로구조물 등으로 구성된다.

144 다음 중 슬래브 궤도의 설명으로 옳지 않은 것은?

① 궤도틀림과 도상침하의 보수작업 및 보수비를 줄일 목적으로 새로 개발한 궤도이다.
② 궤도패드를 삽입하여 상하, 좌우로 조정 가능한 체결장치로 레일을 고정시킨다.
③ 다른 도상에 비해 구조가 복잡하고 건설비가 비싸지만 수명주기비용이 적고 유지보수비가 적다는 것이 장점이다.
④ 건설비가 적고 궤도틀림 정정이 쉽고 무거운 중량의 차량을 잘 지지하여 많이 사용되어왔다.

해설 ④는 자갈도상에 대한 설명이다.

145 다음 중 철도에서 PC 침목 부설방법에 대한 설명 중 옳은 것은?

① 반경 300m 미만의 급곡선부에는 별도 설계 제작된 급곡선용 침목을 사용하여야 한다.
② 본선에서 PC침목을 부설할 때는 목침목과 섞어서 부설하여야 한다.
③ PC침목 운반 시 철재 받침 재를 사용한다.
④ 연속되는 분기기에서 분기기 전후 침목은 분기침목과 다른재질의 침목으로 부설하여야 한다.

정답 141. ④ 142. ② 143. ③ 144. ④ 145. ①

> **해설** PC침목 부설방법
> 1. 본선에서 PC침목을 부설할 때는 목침목과 섞어서 부설하여서는 안된다.
> 2. 반경 300m 미만의 급곡선부에는 별도 설계제작된 급곡선용 침목을 사용하여야 한다.
> 3. 연속되는 분기기에서 분기기 전후 침목은 분기침목과 동일재질의 침목으로 부설하여야 한다.

146 다음 중 궤도패드의 역할로 옳지 않은?

① 진동감쇠
② 복진저항 증가
③ 레일의 충격완화
④ 레일신축의 원활

> **해설** 궤도패드 (타이패드)
> 레일과 침목사이, 타이플레이트와 침목사이, 레일과 타이플레이트 사이에 삽입하는 완충판으로 레일로부터 진동감쇠, 충격완화, 하중분산, 복진저항 증가등의 역할을 한다.

147 다음 중 레일 마모를 경감시키는 방법과 직접적인 관계가 없는 것은?

① 찰상차륜을 교환한다.
② 중량이 큰 레일을 사용한다.
③ 경두 레일을 사용한다
④ 레일 도유기를 설치한다.

> **해설** 중량이 큰 레일과 마모와의 관계는 없다.

148 다음 중 열차의 주행과 온도변화의 영향으로 레일이 궤도의 전후방향으로 이동하는 현상으로 옳은 것은?

① 궤도의 변형
② 분니의 발생
③ 복진 (匐進)
④ 레일의 좌굴

> **해설** 레일의 복진현상은 열차의 주행과 온도변화의 영향으로 레일이 궤도의 전후방향으로 이동하는 현상이다.

149 다음 중 목침목의 장점으로 옳지 않은 것은?

① 전기절연도가 크다.
② 부식의 염려가 없으며 배수가 불량한 도상에도 적당하다.
③ 보수와 갱환작업이 용이하다.
④ 탄성이 풍부하며 완충성이 크다.

> **해설** 목침목은 시간이 갈수록 부식의 염려가 있다.

정답 146. ④ 147. ② 148. ③ 149. ②

2. 예상문제

01 다음 중 궤도강도를 증가시키기 위한 대책 중 옳지 않은 것은?

① 레일의 중량화
② 침목 접지면의 확대
③ 침목간격의 축소
④ 운행차량의 중량화

해설 운행차량의 경량화가 궤도강도를 증가시키기 위한 대책으로 옳다.

02 다음 중 횡력이 발생하는 원인으로 옳지 않은 것은?

① 곡선통과시의 횡력
② 곡선통과시 불평형 원심력의 좌우 방향 성분
③ 차량동에 따른 횡력
④ 차륜과 레일의 결함에 의한 충격력

해설 차륜과 레일의 결함에 의한 충격력은 수직력이 발생하는 원인이다.

03 다음 중 도상재료로 적당한 것은?

① 석탄재　　② 점토모래
③ 친자갈　　④ 깬자갈

해설 도상은 침목으로부터 전해오는 차량의 하중을 노반에 분산시켜주기 위한 목적이 있어 강도가 강한 재료를 사용해야 한다.

04 다음 중 우리나라의 표준 궤간의 길이로 옳은 것은?

① 1,415mm　　② 1,455mm
③ 1,435mm　　④ 1,475mm

해설 우리나라는 국제철도회의에서 정한 세계 표준궤간 1,435mm를 사용한다.

05 다음 중 두 레일의 단면을 맞대어 맞댄 접합부분을 산소와 아세틸렌이 혼합된 가스를 이용하여 약 1200℃에서 가열 축 방향으로부터 압축력을 가해 접합하는 공법으로 옳은 것은?

① 전호용접　　② 테르밋 용접
③ 플래시 버트 용접　④ 가스 압접법

해설 가스 압접법이란 두 레일의 단면을 맞대어 맞댄 접합부분을 산소와 아세틸렌이 혼합된 가스를 이용하여 약 1200℃에서 가열 축 방향으로부터 압축력을 가해 접합하는 공법이다.

06 다음 중 장대레일 체결 장치의 체결을 풀어서 재 구속하는 것으로 옳은 것은?

① 중위온도　　② 재설정
③ 재체결　　④ 궤도강성

해설 한번 설정한 장대레일 체결장치를 모두 풀어 레일의 신축을 자유롭게 한 후 다시 체결하는 것을 재설정이라고 한다.

07 장대레일 끝에 사용하여 신축량을 흡수하는 것으로 궤간의 변화와 충격을 주지않고 전 신축량을 흡수하는 것을 신축이음매라 한다. 다음 중 우리나라 신축이음매의 동정(Stroke)으로 옳은 것은?

① 230mm　　② 240mm
③ 250mm　　④ 260mm

해설 우리나라 신축이음매 동정은 250mm이다.

08 다음 중 장대레일의 장점으로 옳지 않은 것은?

① 소음진동이 적다
② 궤도의 보수주기가 길어진다.
③ 궤도재료의 손상이 적어진다.
④ 레일의 이음매에서 충격이 증가하였다.

해설 장대레일의 장점으로 레일의 이음매에서 충격이 대폭 완화 되었다.

정답　01. ④　02. ④　03. ④　04. ③　05. ④　06. ②　07. ③　08. ④

09 레일의 복진 원인은 각양각색이나 주된 원인은 다음과 같다. 다음 중 옳지 않은 것은?

① 열차의 견인과 진동에 있어서 차륜과 레일간의 마찰에 의한다.
② 차륜이 레일 단부에 부딪쳐 레일을 전방으로 떠민다.
③ 온도상승에 따라 레일이 신축되면서 복진원인이 발생 된다.
④ 열차의 주행시 레일에는 파상진동이 생겨 레일이 후방으로 이동되기 쉽다.

[해설] 열차 주행시 레일에는 파상진동이 생겨 레일이 전방으로 이동하기 쉽다.

10 장대레일을 부설하려면 궤도는 큰 축압력에 견딜 수 있고 충분한 용접강도가 확보될 수 있는 선로조건이어야 한다. 다음 중 장대레일의 부설이 가능한 선로조건으로 옳은 것은?

① 종곡선 반경이 3000m인 구배 변환점
② 복진현상이 심한 구간
③ 반경 500m이 곡선구간
④ 교량전장이 50m인 무도상 교량

[해설] 장대레일 부설 선로조건
1. 반경 600m 미만의 곡선에는 부설하지 않는다. (편마모를 고려해서)
2. 반경 1500m 미만의 반향곡선은 연속해서 1개의 장대레일로 하지않는다.
3. 장대레일을 곡선상에 설치할 때에는 신축이음매의 위치는 곡선 시종점 부근 직선상에 둔다.
4. 구배변환점에는 반경 3000m 이상의 종곡선을 삽입한다. (궤광부상에 따른 좌굴을 고려해서)
5. 전장이 25m를 넘는 무도상 교량이 있는 구간은 장대레일을 피한다.
6. 복진이 심한 구간은 피한다. (신축 이음매 동정(stroke) 여유 50mm을 고려)
7. 노반 불량개소, 흑점균열 및 공전상처가 발생하는 곳은 피한다.

11 다음 용접방법 중 용접, 설비, 운반이 용이하고 현장기지 용접이 가능하여 우리나라에서 가장 많이 사용되는 방법으로 옳은 것은?

① 엔크로즈드아크용접
② 플래시 버트용접
③ 가스압접용접
④ 테르밋트용접

[해설] 가스압접용법 : 산소, 아세틸렌 또는 부탄가스로 가열하며 플래시 버트 용접과 비슷하지만, 용접, 설비, 운반이 용이하고 현장기지 용접이 가능하여 우리나라에서 가장 많이 사용된다.

12 다음 중 냉한지에서 노반내의 물이 얼어 팽창하여 궤도를 들어올려 궤도면의 고저틀림을 발생시키는 현상으로 옳은 것은?

① 위터 포켓
② 동상
③ 분니
④ 도상침하

[해설] 궤도동상현상이란 노반에 스며든 물이 얼어 팽창함으로 인해 궤도를 들어올려 고저틀림을 발생시키는 현상

13 다음 중 궤도에 작용하는 각종 힘 중 온도변화와 제동 및 기동 하중 등에 의하여 생기면 특히 구배구간에서 차량 중량의 점착력에 의해 생기는 것으로 옳은 것은?

① 횡압
② 축방향력
③ 수직력
④ 불평형 원심력

[해설] 축방향력(축압) : 레일 길이방향으로 작용하는 힘을 축방향력 또는 축압이라한다.
1. 레일의 온도변화에 따른 축력 : 레일의 자유신축을 구속하여 생기는 것으로 레일축력이라고도하며 축력 중 가장 크다.
2. 제동 및 기동 하중 : 제동, 시동시 가감속력의 반력이 차륜을 통해 작용한다.
3. 구배구간에서 차량중량의 점착력을 통해 전후로 작용한다.

정답 09. ④ 10. ① 11. ③ 12. ② 13. ②

14 다음 중 진동원에 대한 방진 대책으로 옳지 않은 것은?

① 차량 : 운행속도 저감, 탄성차륜 사용
② 궤도 : 방진재 삽입, 레일 장대화
③ 터널 : 경량 구조물화, RC화
④ 교량 : 구조물내 진동차단 또는 완충기구 설치

해설) 경량 구조물화 해서는 터널이 쉽게 무너질 것이며 RC화 보다 PC화가 방진 대책으로 적합하다.

15 다음 중 궤도점검 중 레일점검 사항 중 옳지 않은 것은?

① 일반점검   ② 특별점검
③ 해체점검   ④ 초음파 탐상 점검

해설) 레일점검
1. 일반점검 : 연 1회 이상 손상, 마모, 부식의 정도를 검사
2. 해체점검 : 본선부설 레일 이음매는 연 1회이상 해체하여 훼손유무 및 상태 검사
3. 초음파 레일 탐상점검 : 초음파 레일 탐상기를 이용하여 검사

16 다음 레일이음의 침목배치 방법 중 레일단부가 내민보 역할을 하여 이음매 충격을 완화할 수 있는 것으로 옳은 것은?

① 지접법   ② 현접법
③ 2정 이음매법 ④ 3정 이음매법

해설) 현접법 : 레일 이음매를 침목 상간의 중간부에 두는 방식으로 레일단부가 내민보 역할을 하여 이음매의 충격을 완화할 수 있고 침목침하가 비교적 적으나 이음매판에 무리가 가고 레일 끝 처짐이나 균열이 발생하기 쉽다.

17 다음 중 크로싱 번호를 구하는 식으로 옳은 것은?(단, θ 는 크로싱각이다.)

① $\frac{1}{2} \cot \frac{\theta}{2}$

② $\frac{\pi}{4} \sin\theta$

③ $2 \times 106 \tan\theta$

④ $15.24 \csc \frac{\theta}{2}$

해설) 크로싱 번호 구하는 식 : $N = \frac{L}{h} = \frac{1}{2} \times \frac{\cot\theta}{2}$

18 다음 선로보수기계 장비 중 레일사용수명 연장을 도모하는 장비로 옳은 것은?

① 레일연마차   ② 레일탐상차
③ 바라스트크리너 ④ 궤도검측차

해설) 레일 연마차 : 레일 수명연장 및 소음, 진동감소를 위하여 손상된 레일 표면을 연마하여 승차감을 향상시키는 장비

19 다음 중 우리나라 고속철도에서 채용하고 있는 완화곡선 형상으로 옳은 것은?

① 3차 포물선
② 정현반파장곡선
③ 크로소이드곡선
③ 렘니스케이프곡선

해설) 직선과 원곡선 사이에 $y=ax^3$의 3차 포물선 완화곡선을 삽입하며 그 외 곡률이 곡선장에 비례해서 체감하는 크로소이드곡선과 극좌표의 장현에 비례해서 체감하는 렘니스케이프곡선 등이 있다. 우리나라 고속철도에는 3차 포물선을 채용하고 있다.

20 다음 중 본선레일과 마모방지용 레일과의 간격에 대한 설명으로 옳은 것은?

① 120mm이다.
② 탈선방지용 레일과 같이 65+Smm이다.
③ 안전레일과 같이 180mm 정도이다.
④ 탈선방지용 레일보다 좁아야 효과가 있다.

해설) 본선과 마모방지용 레일과의 간격은 탈선방지용 레일보다 좁아야 효과가 있다.

정답 14. ③ 15. ② 16. ② 17. ① 18. ① 19. ① 20. ④

21 다음 중 중계 레일에 대한 설명으로 옳지 않은 것은?

① 레일의 양단이 각각 접합하는 레일의 단면에 맞추도록 만들어지고 있다.
② 레일을 전기적으로 분할하기 위함
③ 다른 종류의 레일 접합부에 중계를 위해 사용하는 레일을 말한다.
④ 종류가 서로 다른 레일을 연결할 경우에는 10m 이상의 중계레일을 사용하여야 한다.

[해설] 레일을 전기적으로 분할하는 것을 목적으로 하는 것은 레일절연이다.

22 다음 중 곡선반경이 400m인 곡선에서 슬랙을 계산한 것으로 옳은 것은?(단, S′ = 0)

① 3mm   ② 4mm
③ 5mm   ④ 6mm

[해설] 계산식 : $S = \dfrac{2,400}{R} - S'$
S=슬랙(mm), R=곡선반경(m), S′=조정치(mm)

23 다음 중 곡선반경 700m의 곡선인 본선의 기울기가 보정 전에 20‰일 때 환산기울기로 보정한 후의 기울기로 옳은 것은?

① 17.9‰   ② 18.9‰
③ 19.9‰   ④ 20.9‰

[해설] 곡선보정의 일반적 적용 공식
$G_c = \dfrac{700}{R}$ [G_c : 보정량(‰) , R : 곡선반경(m)]
보정량 : 1‰이므로 20‰에서 19.9‰가 된다.

24 다음 중 PC침목이 목침목보다 불리한 점으로 옳은 것은?

① 궤도틀림이 심하다.
② 내구연한이 짧다.
③ 보수비가 적게 소요되어 경제적이다.
④ 전기절연도가 낮다.

[해설] PC침목은 목침목에 비해 전기절연도가 좋지 않다.

25 다음 중 자갈도상의 구비조건으로 적합하지 않는 것은?

① 능각이 풍부하고 입자간의 마찰역이 클 것
② 점토 및 불순물의 혼입률이 작고 배수가 양호할 것
③ 입도는 작을수록 유리
④ 견질로서 충격과 마찰에 강할 것

[해설] 자갈도상의 자갈의 입도가 작을수록 자갈도상의 구비조건에 충족하지 못한다.

26 다음 중 도상작업용 기계 중 침목과 침목사이 및 도상표면다지기를 하여 침목을 도상 내에 고정시키고 도상저항력을 증대시키는 장비로 옳은 것은?

① 바라스트 콤팩터
② 바라스트 레규레이터
③ 바라스트 크리너
④ 스윗치 타이탬퍼

[해설] 도상작업용 기계
자갈치기 기계화 작업 순서
1. 자갈치기 : 바라스트 크리너
2. 자갈보충 : 호퍼카
3. 자갈정리 : 바라스트레귤레이터
4. 동상 면, 수평, 줄맞춤 및 다지기 : 멀티플타이탬퍼
5. 도상표면다지기 : 바라스트콤팩터

27 다음 중 콘크리트 도상을 부설하는 이유로 옳지 않은 것은?

① 터널단면의 높이를 낮출 수 있다.
② 지하구간의 소음, 진동 감소
③ 장대 레일의 도상저항력 확보
④ 선로보수노력 경감

[해설] 궤도의 탄성이 적기 때문에 충격과 소음이 크다.

정답 21. ② 22. ④ 23. ③ 24. ④ 25. ③ 26. ① 27. ②

28 다음 중 국내철도에서 사용하는 장대레일 신축이음매 구조형식으로 옳은 것은?

① 편측첨단형 ② 편측첨단부 곡선형
③ 양측첨단형 ④ 양측둔단 중복형

해설 국내철도에서 사용하는 장대레일의 신축이음매 구조형식은 편측 첨단형이다.

29 다음 중 레일의 성분 중 제강시의 탈산제로 작용하므로 강재 중에 반드시 함유되며 양을 증가시킴에 따라 경도와 항장력을 증대시키나 연성이 감소되는 성분은?

① 인 ② 망간
③ 규소 ④ 탄소

해설 망간은 레일의 경도와 항장력을 증대시키지만 연성을 감소시킨다.

30 다음 중 레일 훼손의 원인으로 옳지 않은 것은?

① 레일의 취급 및 부설방법이 불량할 때
② 레일 제작 중 강괴 내부의 결함 또는 압연작업이 불량할 때
③ 부식, 이음매부 레일 끝처짐 등으로 레일 상태가 악화될 때
④ 레일의 하중이 강도에 비해 약할 때

해설 레일의 하중은 선로의 등급에 따라 다르게 규정되는 요소로 레일의 훼손원인으로 보기 어렵다.

31 다음 중 레일의 내구연한에 대한 설명 중 옳지 않은 것은?

① 보통 10~25년을 표준으로 하고 있다.
② 보통 레일의 통과 톤수는 중량에 관계없이 약 10억 톤이다.
③ 레일은 훼손, 부식, 마모의 3요인 및 피로현상 등에 따라 교체한다.
④ 레일의 수명은 궤도, 노반, 운전환경, 통과 톤 수 등에 따라 교체한다.

해설 보통레일의 통과 톤수는 2~6억톤 정도가 레일 교환의 기준이 된다.

32 다음 중 레일 이음매의 구비조건에 대한 설명으로 옳지 않은 것은?

① 구조가 간단하고 설치와 철거가 용이할 것
② 이음매 이외의 부분보다 강도와 강성이 클 것
③ 연직하중뿐만 아니라 횡압력에 대해서도 충분히 견딜 수 있을 것
④ 레일의 온도신축에 대하여 길이방향으로 이동할 수 있을 것

해설 수직하중과 횡하중에 대하여 레일과 동등한 강도가 있어야 한다.

33 다음 중 신축이음매의 조절량은 궤도상태에 따라 다르나 일반적으로 차이온도 1℃에 대한 표준으로 옳은 것은?

① 0.1mm ② 0.5mm
③ 1.0mm ④ 1.5mm

해설 신축이음매의 조절량은 최고온도와 최저온도의 중간온도에서 동정의 중위에 맞추고 중위온도에서 5℃이상차로 온도를 설정할 때에는 온도차 1℃에 대하여 조절량은 1.5mm 정도를 표준으로 한다.
※ 중위온도 : 실제 일어날 수 있는 최고 온도와 최저 온도의 중간온도

34 다음 중 궤간을 결정하는 요인으로 옳지 않은 것은?

① 지형 및 안전도 ② 선로의 등급
③ 수송량 ④ 속도

해설 궤간을 결정하는 요인은 속도, 수송량, 지형 및 안전도이다. 선로의 등급은 궤간을 결정하는 요인이라고 보기 어렵다.

정답 28.① 29.② 30.④ 31.② 32.② 33.④ 34.②

35 다음 중 국철일 경우 정거장내 궤도 중심 간격으로 옳은 것은?

① 4.25m 이상　② 4.3m 이상
③ 4.35m 이상　④ 4.4m 이상

해설　국철에서 정거장내 궤도 중심 간격은 4.3m 이상이다.

36 궤도회로는 어떠한 경우에도 단락구간인 사구간이 생기게 된다. 다음 중 사구간이 넘지 못하는 길이로 옳은 것은?

① 5m　② 6m
③ 7m　④ 8m

해설　사구간 : 선로 분기 교차점, 크로싱 부분, 교량 등에서 좌우 레일 극성이 같게 되어 열차에 의한 궤도회로 단락이 불가능한 곳이 생기게 되는 구간으로 사구간의 길이는 7m를 넘지 못한다.

37 다음 중 궤도역학의 이론모델 중 레일이 침목마다 스프링으로 지지되어 있다고 가정하는 모델로 옳은 것은?

① 단속탄성지지 모델
② 연속탄성지지 모델
③ 레일탄성지지 모델
④ 스프링탄성지지 모델

해설　단속탄성지지 모델 : 레일이 침목 마다 스프링으로 지지되어 있다고 하는 모델

38 다음 중 레일의 훼손중 이음매 볼트 부근의 응력집중이 원인으로 되어 방사선상으로 발생하는 균열이 대부분인 것으로 옳은 것은?

① 파단　② 파저
③ 유궤　④ 종열

해설　파단 : 이음매 볼트 부근의 응력집중이 원인이 되어 방사선상으로 발생하는 균열로 두부와 복부에 발생하기도 하고 레일 훼손의 약 50%를 차지한다.

39 다음 중 협궤의 장점으로 옳은 것은?

① 열차의 주행안전도를 증대시키고 동요를 감소시킨다.
② 고속도를 낼 수 있으며 수송력을 증대시킬 수 있다.
③ 차량설비를 충분히 할 수 있고 수송효율이 향상된다.
④ 건설비와 유지비가 적게 소요된다.

해설　협궤의 장점은 차량, 선로, 선로구조물의 소형화가 가능하기 때문에 건설비와 유지비를 적게 할 수 있다는 장점이 있다.

40 다음 중 표준궤간보다 넓은 광궤의 장점으로 옳은 것은?

① 급곡선을 채택해도 협궤에 비하여 곡선저항이 작다.
② 산악지대에서는 선로선정이 용이하다.
③ 고속에 유리하고 차륜의 마모를 경감시킬 수 있다.
④ 건설비와 유지비가 적게 소요된다.

해설　광궤는 표준궤 보다 궤간을 넓히면서 큰 차량을 사용할 수 있고, 대량수송이 가능하며, 흔들림이 적고 승차감이 좋아 고속에 유리하고 차륜이 마모를 경감시킬 수 있다는 장점이 있다.

41 다음 중 완화곡선에 대한 설명으로 옳지 않은 것은?

① 캔트부족량의 변화는 승차기분이 나쁘지 않은 범위 내에서 일정한 값 이하이어야 한다.
② 캔트의 체감을 완만하게 하여 차량부상으로 인한 탈선의 위험이 없도록 한다.
③ 우리나라 철도에는 2차 포물선 방정식을 채택하고 있다.
④ 주행차량이 받는 단위시간당의 캔트량 변화는 일정한 값 이하이어야 한다.

정답　35. ②　36. ③　37. ①　38. ①　39. ④　40. ③　41. ③

[해설] 우리나라 철도에는 3차 포물선 방정식을 채택하고 있다.

42 완충 레일의 부설방법에 대한 설명으로 옳은 것은?

① 일반 레일과 열처리이음매판과 볼트를 사용한다.
② 제작공장에서 일반 레일보다 고강도 특수레일을 제작하여 사용한다.
③ 경두 레일과 일반이음매판 볼트를 사용한다.
④ 양단부를 텅 레일과 같은 분기재료를 사용하여 신축을 처리한다.

[해설] 완충레일은 일반레일과 열처리이음매판과 볼트를 사용하여 부설한다.

43 다음 중 완충레일의 사용목적으로 옳은 것은?

① 신축이음매 설치가 곤란한 곡선부 등에 장대 레일 신축량을 처리
② 도상저항력이 약한 곳에 부설하여 장대레일 좌굴방지를 위함
③ 온도변화 또는 복진이 극히 작은 장대레일의 신축처리
④ 장대 레일의 회로 단락을 위함

[해설] 완충레일은 장대레일의 이음매에 있어 특별구조의 이음매를 사용하지 않고, 보통레일의 이음매를 3개소 정도 연속 설치하여, 그 이음매 유간을 이용하여 레일신축을 처리하는데 사용되는 레일이다.

44 다음 중 절연이음매에 대한 설명 중 옳은 것은?

① 레일의 이음매부분이 추운 겨울에 간격이 벌어져서 기차바퀴가 지나갈 때 소음을 발생시키는 것을 완화시키기 위한 것이다.
② 수직력은 물론 횡압에 대해서도 이음매 이외의 부분과 비교하여 같은 정도의 강도와 휨 강성을 가지고 있어야 한다.
③ 절연이음매는 상호식 이음매로 시공을 한다.
④ 레일 단면이 다른 지점에 설치를 한다.

[해설] ① 신축이음매에 대한 설명이다.
③ 이음매의 배치에 대한 설명이다.
④ 중계레일에 대한 설명이다.

45 다음 중 가드레일의 백 게이지에 대한 설명으로 옳은 것은?

① 크로싱 가드레일간의 거리
② 포인트 힐부의 텅 레일 내측간의 거리
③ 크로싱 노스 레일과 주 레일 내측에 부설되어 있는 가드레일 외측과의 거리
④ 좌우 텅 레일 내측간의 거리

[해설] 가드레일의 백 게이지란 크로싱 노스 레일과 주 레일 내측에 부설되어 있는 가드레일 외측과의 거리를 말한다.

46 다음 중 선로관리에 대한 용어 설명 중 옳지 않은 것은?

① 장대레일의 체결장치의 체결을 풀어서 재구속 하는 것은 재설정이라 한다.
② 도상자갈중 궤광을 궤도와 직각방향으로 수평 이동할 때 침목과 자갈사이에 생기는 최대 저항력을 도상종저항력이라 한다.
③ 장대레일 재설정시 체결구를 체결하기 시작할 때부터 완료할 때까지의 장대레일 전체에 대한 평균온도를 설정온도라 한다.
④ 궤도의 국부틀림이 좌굴을 일으킬 수 있는 충분한 조건이 되었을 때 이론상 좌굴을 일으킬 수 있다고 생각되는 최저의 축압력을 최저좌굴 축압이라 한다.

[해설] **도상종저항력**: 도상자갈중 궤광을 궤도와 직각으로 평행방향으로 수평이동 할 때 침목과 자갈 사이에 생기는 최대 저항력

정답 42. ① 43. ③ 44. ② 45. ③ 46. ②

47 다음 중 조치원역에서 공주까지 3등급 선으로 철도를 건설하려고 한다. 철도 궤도 설계 시 곡선에서 캔트를 160mm로 하면 알맞은 완화곡선장으로 옳은 것은?

① 100m   ② 120m
③ 140m   ④ 160m

해설 완화곡선장(l)
$$l = \frac{c \cdot n}{1,000}$$
완화곡선 설치기준

선로등급	곡선반경(m)	완화곡선 길이
1등급	5000	캔트의 1700배 이상
2등급	3000	캔트의 1300배 이상
3등급	2000	캔트의 1000배 이상
4등급	800	캔트의 600배 이상

l : 완화곡선장(m), 5m 정배수로 한다.(5m 미만은 올린다.)
c : 캔트(mm)
n : 상수, 1등급 = 1700, 2등급 = 1300, 3등급 = 1000, 4등급 = 600

48 다음 중 선로의 표준기울기를 설명한 것으로 옳은 것은?

① 기관차의 견인정수를 제한하는 기울기
② 열차운전 구간 중 경사가 가장 심한 기울기
③ 열차운전구간중 물매가 가장 심한 기울기
④ 열차운전 계획상 정거장 사이마다 조정된 기울기로서 역간의 임의지점간의 거리 1km의 연장 중 가장 급한 기울기

해설 표준기울기 : 열차운전 계획상 정거장 사이마다 조정된 기울기로 역간 임의 지점간 거리 1㎞ 연장중 가장 급한 기울기로 조정된다.

49 다음 중 망간레일 중 망간의 함유량으로 옳은 것은?

① 5-8%   ② 11-14%
③ 15-18%   ④ 21-24%

해설 망간레일은 망간을 11~14% 함유하여 내마모성, 인장강도, 신율이 커서 분기기, 곡선부, 마모가 심한 개소에 사용된다.

50 다음 중 고탄소강 레일의 탄소함유량으로 옳은 것은?

① 0.5%   ② 0.85%
③ 3.5%   ④ 12.5%

해설 고탄소강 레일이란 탄소함유량을 0.85%로 증가시켜 내마모성을 증가시킨 레일이다.

51 차륜으로부터 레일에 작용하는 횡방향의 힘을 횡압이라 한다. 다음 중 횡압의 발생 요인에 해당되는 사항으로 가장 가까운 것은?

① 레일의 온도변화에 의한 축력
② 제동 및 시동하중
③ 구배구간에서 차량중량의 점착력
④ 분기부 및 신축이음매 등에서의 충격력

해설 횡압의 발생 요인
1. 곡선전향 횡압
2. 곡선통과시 불평형 원심력의 좌우방향 성분
3. 차량동요에 따른 횡압
4. 분기기, 신축이음매등 궤도의 특수개소에 있어서 충격력

52 다음 중 전동차 전용선인 경우 설계 시 적용하여야 할 표준활하중으로 옳은 것은?

① L-18   ② L-22
③ EL-22   ④ EL-18

해설 표준활하중
1. 선로(레일은 제외한다.)는 선로 등급에 관계없이 L-22 표준활하중으로 한다. 다만, 선로 중 교량의 부담력은 선로 등급에 관계없이 LS-22 표준활하중으로 한다.
2. 전동차 전용선로의 경우 선로 등급에 관계없이 EL-18 표준활하중으로 한다.
3. 한국철도 표준활하중은 LS-18로 18톤 정수만 채택하여 표시한 것이다.

53 다음 중 철도를 법제상으로 구분할 때 옳지 않은 것은?

① 국유철도 ② 지방철도
③ 국영철도 ④ 전용철도

해설 법제 또는 경영상의 분류
1. 법제상 구분 : 국유철도, 지방철도, 전용철도, 궤도
2. 소유자(경영주체)에 의한 구분 : 국영철도, 공영철도, 사영철도

54 서울역 구내에 15번 양개분기기를 부설하였다. 다음 중 부산행 새마을호 열차의 이 분기기 통과 제한 속도로 옳은 것은?

① 50km/h ② 60km/h
③ 65km/h ④ 70km/h

해설 분기부 열차 통과속도

종별	분기번호	8번	10번	12번	15번
편개	곡선반경(m)	145	245	350	565
	속도(km/h)	20	30	40	50
양개	곡선반경(m)	295	490	720	1140
	속도(km/h)	35	45	55	65

55 다음 중 ( )에 알맞은 용어로 옳은 것은?

주행하는 열차가 분기기 후단으로부터 전단으로 진입할 때를 (㉠)이라 하며 운전상 (㉡)는 (㉢)보다 안전하고 위험도가 적다.

① ㉠ 배향, ㉡ 배향분기, ㉢ 대향분기
② ㉠ 배향, ㉡ 대향분기, ㉢ 배향분기
③ ㉠ 대향, ㉡ 배향분기, ㉢ 대향분기
④ ㉠ 대향, ㉡ 대향분기, ㉢ 배향분기

해설
1. 배향 : 분기기의 후단 측에서 전단 측으로의 향하는 것을 말함.
2. 배향분기 : 열차가 분기기 후단(크로싱)으로부터 전단(포인트)으로 진입할경우를 배향이라 한다.
3. 대향분기 : 열차가 분기기를 통과시 분기기 전단(포인트)으로부터 후단(크로싱)으로 진입할 경우를 대향이라 한다.

56 다음 중 전환기의 정위에 대한 표준으로 옳지 않은 것은?

① 본선 상호간에서 중요한 본선방향
② 탈선 포인트가 있는 선은 차량을 탈선시키는 방향
③ 본선, 측선에서는 본선방향
④ 본선, 측선, 안전측선 상호간에서는 본선의 방향

해설 전환기의 정위 설정표준
1. 본선 상호간에 중요한 방향
2. 본선과 측선에서는 본선방향
3. 본선, 측선, 안전측선 상호간에는 안전측선 방향
4. 측선 상호간에는 중요한 방향
5. 탈선 포인트가 있는 선은 차량을 탈선시키는 방향

57 다음 중 분기 가드레일의 부설목적으로 옳지 않은 것은?

① 크로싱 노스부의 손상방지
② 대향으로 차량통과시 이선진입 방지
③ 분기부의 결선부 차량 통과시 탈선방지
④ 크로싱 윙 레일의 마모방지

해설 분기 가드레일의 부설 목적은 크로싱 노스부의 손상 방지, 대향으로 차량통과시 이선진입 방지, 분기부의 결선부 차량 통과시 탈선방지이다. 크로싱 윙 레일의 마모방지를 위해 분기가드레일을 설치하지 않는다.

58 다음 중 한번 설정한 장대레일 체결장치를 모두 풀어서 레일의 신축을 자유롭게 한 다음 다시 체결하는 것으로 옳은 것은?

① 재설정
② 신축체결
③ 부동체경
④ 이중탄성체결

해설 재설정이란 한번 설정한 장대레일 체결장치를 모두 풀어 레일의 신축을 자유롭게 한 후 다시 체결하는 것을 말한다.

정답 53. ③ 54. ③ 55. ① 56. ④ 57. ④ 58. ①

59 다음 중 선로점검 중 궤도재료 점검 시 불량판정의 기준으로 옳은 것은?

① 목침목 : 박힘의 삭정량이 10mm 이상 된 것
② 스파이크 : 부식으로 15%이상 중량이 감소 된 것
③ 타이플레이트 : 바닥턱이 3mm 이상 마모 된 것
④ 이음매판의 볼트 및 너트 : 부식으로 5%이상 중량이 감소된 것

해설
1. **목침목** : 박힘의 삭정량이 20mm 이상된 것
2. **스파이크** : 부식으로 11% 이상 중량이 감소된 것
3. **이음매판 볼트 및 너트** : 부식으로 10% 이상 중량이 감소된 것

60 다음 중 궤도응력 계산 시 레일에 대한 응력 검토 중 일반적으로 검토해야 하는 부분으로 옳은 것은?

① 레일 두부의 압축응력
② 레일 두부의 인장응력
③ 레일 복부의 인장응력
④ 레일 저부의 인장응력

해설 궤도의 응력계산은 레일저부의 인장응력만 고려한다.

61 다음 중 완화곡선 중 곡률이 곡선장에 비례하여 체감되는 곡선으로 옳은 것은?

① 크로소이드곡선   ② 사이반파장곡선
③ 3차포물선   ④ 렘니스케이드곡선

해설 곡률이 곡선장에 비례하여 체감되는 곡선은 크로소이드곡선이다.

62 다음 중 장대레일의 신축대비로서 유간변화를 이용하여 장대레일단부의 신축량을 배분하는 방법으로 장대레일 상간에 부설하는 정척레일로 옳은 것은?

① 신축이음매   ② 장척레일
③ 완충레일   ④ 접착절연레일

해설 장대레일의 신축대비로서 3~5개 정도의 정척레일과 고탄소강의 이음매판과 이음매 볼트를 사용한 보통이음매 구조로, 유간의 변화를 이용하여 레일단부의 신축량을 배분하는 것으로 장대레일 상간에 부설하는 정척레일을 완충레일이라 한다.

63 다음 중 교량상의 장대레일 부설조건으로 옳지 않은 것은?

① 보의 온도와 비슷한 레일 온도에서 장대레일을 설정할 것
② 연속보의 중앙에 교량용 레일 신축이음매를 설치할 것
③ 레일과 침목의 체결은 레일의 복진과 온도신축을 방지할 수 있는 구조로 할 것
④ 훅 볼트는 체결력이 우수한 것을 선택하여 침목의 이동을 방지할 것

해설 교량상 장대레일의 부설조건으로 연속보의 중앙에 교량용 레일 신축 이음매를 설치하는 것은 옳지 않다.

64 다음 중 한번 부설한 장대 레일 체결장치를 모두 풀어서 레일의 신축을 자유롭게 한 다음 다시 체결하는 것은?

① 현장부설   ② 재설정
③ 신축량 조정 ④ 재부설

해설 한번 부설한 장대레일 체결장치를 모두 풀어서 레일의 신축을 자유롭게 한 다음 다시 체결하는 방법을 재설정이라고 한다.

65 구조가 간단하고 견고하나 열차가 분기선에 진입할 때 레일의 결선구간이 열차에 충격을 주는 포인트로 옳은 것은?

① 스프링 포인트   ② 승월 포인트
③ 첨단 포인트   ④ 둔단 포인트

해설 둔단 포인트는 구조가 단순하고 견고하나 열차가 분기선에 진입할 때 레일의 결선간격은 열차에 충격을 준다. 따라서 근래에는 잘 사용하지 않는다.

정답 59. ③ 60. ④ 61. ① 62. ③ 63. ② 64. ② 65. ④

66 다음 중 크로싱 중 두 선로가 평면교차하는 개소에 사용하는 크로싱으로 옳은 것은?

① 가동 둔단 크로싱
② 가동 노스 크로싱
③ 다이아몬드 크로싱
④ 시셔스 크로싱

해설 두 선로가 평면 교차하는 개소에 사용하며 직각 또는 사각으로 교차하는 크로싱을 다이아몬드 크로싱이라고 한다.

67 특수용 분기기의 분류 중 탈선포인트에 대한 설명으로 옳은 것은?

① 포인트부는 기준선 측에 보통레일 2본을 사용하며, 분기선측으로는 편도가 보통 텅레일 반대측은 본선레일의 위에 덮여지는 승월통 레일을 사용한다.
② 단선구간에서 신호기를 오인하는 경우 운전 보안상 중대한 사고가 예측될 때 열차를 고의로 탈선시켜 대향열차 또는 구내진입시 유치열차와 충돌을 방지하기 위하여 사용
③ 승월분기기와 비슷하나, 분기선을 배향 통과시키지 않는 것
④ 복선중의 일부 단구간에 한쪽 선로가 공사 등으로 장애가 있을 때 사용하며 포인트 없이 2선으로 크로싱과 연결선으로 되어 있는 특수선

해설 ①는 승월 분기기에 대한 설명이다.
③는 천이 분기기에 대한 설명이다.
④는 간트렛트 궤도에 대한 설명이다.

68 다음 중 장대 레일의 부설목적으로 옳지 않은 것은?

① 건설비를 절감한다.
② 선로보수의 노력과 재료가 절감된다.
③ 승차감을 좋게 한다.
④ 열차진동 및 충격을 감소한다.

해설 장대레일은 레일을 침목위에 부설하기 전에 길게 제작을 해야 하고 운반을 해야 하기 때문에 부설 할 때 건설비가 많다.

69 다음 중 도상저항력의 크기를 표시하는 방법으로 옳은 것은?

① 침목 1개당 받을 수 있는 힘
② 궤도의 양쪽 1m당 받을 수 있는 힘
③ 1m에 부설된 침목이 받을 수 있는 힘
④ 궤도의 한쪽 1m당 받을 수 있는 힘

해설 도상저항력의 크기는 궤도의 한쪽 1m당 받을 수 있는 힘으로 표시를 한다.

70 다음 중 내마모성을 향상시키기 위해서 머리부에 열처리를 실시하고 단단함을 증대시킨 특수레일의 종류로 옳은 것은?

① 고탄소강레일   ② 망간레일
③ 경두레일   ④ 복합레일

해설 경두레일은 내마모성을 향상시키기 위해서 머리부에 열처리를 실시하고 단단함을 증대시킨 레일이다.

71 다음 중 궤도틀림상태 중 도상저항력의 부족으로 발생하는 틀림상태를 정정하는 작업으로 옳은 것은?

① 이음매처짐 정정작업
② 레일 버릇 정정
③ 줄맞춤 작업
④ 면맞춤과 다지기 작업

해설 도상저항력이 부족하면 궤도의 고저차로 인해 궤도틀림이 일어나게 되는데 이런 현상이 일어나면 면맞춤과 다지기 작업을 시행하여 궤도틀림을 정정한다.

정답 66.③ 67.② 68.① 69.④ 70.③ 71.④

72 다음 중 앞으로의 보수방향에 대한 설명 중 옳지 않은 것은?

① 전자기술의 이용에 따른 보선경비처리 시스템의 확립
② 열차상간의 확보를 최대화하여 직원들의 휴무로 안전을 생활화 한다.
③ 궤도구조의 강화와 보선작업의 기계화
④ 레일의 중량화, 침목의 PC화, 장대 레일화

[해설] 열차상간의 확보를 최대화하여 직원들의 휴무로 안전을 생활화 한다는 내용은 옳지 않다.

73 다음 중 궤도노후화의 원인과 관계없는 것은 어느 것인가?

① 궤도의 노후화 및 궤도틀림을 정확하게 발견, 정량화하는 작업
② 매년 정기적으로 시행하는 표준측정
③ 열차횟수 및 하중조건
④ 열차의 축중과 속도

[해설] 궤도의 노후화와 궤도틀림을 정량화 하는 작업은 노후화를 막는 것이므로 노후화의 원인으로 볼 수 없다.

74 다음 중 열차의 운행 시 상하 좌우 진동검사를 시행하는 궤도보수검사로 옳은 것은?

① 노반검사　　② 소음측정검사
③ 선로진동검사　④ 유간검사

[해설] 열차의 운행시 상하 좌우 진동검사를 시행하는 궤도보수검사는 선로진동검사이다.

75 다음 중 PC침목의 연간검사주기로 옳은 것은?

① 본선 3회 이상, 측선 1회 이상
② 본선 4회 이상, 측선 2회 이상
③ 본선 1회 이상, 측선 2회 이상
④ 본선 2회 이상, 측선 1회 이상

[해설] PC침목의 연간 검사주기는 본선 2회 이상, 측선 1회 이상이다.

76 다음 중 궤도설계 시 허용도상압력으로 적절한 것은?

① $2km/cm^2$　② $4km/cm^2$
③ $6km/cm^2$　④ $8km/cm^2$

[해설] 궤도설계시 허용도상압력은 $4km/cm^2$이다.

77 다음 중 곡선에서의 건축한계의 확대요령으로 옳은 것은?

① 완화곡선상에서 체감한다.
② 원곡선상에서만 확대한다.
③ 복심곡선에서는 큰 값을 일률적으로 적용한다.
④ 완화곡선 시점부터 일률적으로 확대한다.

[해설] 곡선에서의 건축한계를 확대하려면 완화곡선상에서 체감해야 한다.

78 다음 중 궤간 틀림에 대한 설명으로 옳지 않은 것은?

① 주행차량의 사행동 등으로 궤간 확대 시에는 차륜이 궤간 내로 탈선한다.
② 정비기준은 본선, 측선은 증 10[mm], 감 2[mm]이며 크로싱부는 증 3[mm], 감 2[mm]이다.
③ 좌우 레일의 간격틀림으로서 레일 두부면에서 10[mm] 이내의 레일 내면 간의 최단거리로 표시한다.
④ 직선부에서는 차량의 사행동 및 곡선부에서 원심력에 의한 횡압과 마모에 의해 발생된다.

[해설] 좌우 레일의 간격틀림으로서 레일 두부면에서 14[mm] 이내의 레일내면 간의 최단거리로 표시한다.

정답 72. ②　73. ①　74. ③　75. ④　76. ②　77. ①　78. ③

79 다음 중 유간정정에 사용되는 유간 정정기의 종류로 옳지 않은 것은?

① 나사식 ② 유압식
③ 충격식 ④ 완화식

해설 유간정정에 사용되는 유간 정정기에는 나사식, 충격식, 유압식의 3종류가 있다.

80 다음 중 속도가 낮고 단순지방선 등의 중간역에 이용되며 전환에 품이 들지 않는 포인트로 옳은 것은?

① 스프링 포인트 ② 승월 포인트
③ 둔단 포인트 ④ 첨단 포인트

해설 포인트
1. 스프링 포인트 – 속도가 낮고 단순지방선 등의 중간역에 이용되며 전환에 품이 들지 않고 강한 스프링으로 포인트를 항시 일정한 방향으로 확보하며 배향 진입시 차륜의 플랜지로 텅레일을 눌러 벌리고 통과한다.
2. 승월 포인트 – 안전측선이나 작업기타 등으로 분기용으로 이용되며 곡선 내측의 텅레일은 특수한 형상을 본선레일을 타고 넘으며 크로싱도 본선 정위로 되어 있다.
3. 둔단 포인트 – 끝을 깍지 않은 보통레일을 이용하며 레일의 접속이 원활하지 않아 거의 이용이 적다.
4. 첨단 포인트 – 첨단 텅레일을 사용하며 주행이 원활하여 가장 많이 이용되나 첨단부 손상이 예상된다.

81 다음 중 분기부 문제점 중 기준선 측에 해당하는 것으로 옳지 않은 것은?

① 가드레일 통과시 차륜 플랜지가 충격을 받는다.
② 포인트의 입사각은 원활한 운행을 저해한다.
③ 관절포인트 분기에서 Heel 이음매가 느슨하며 Heel 포인트에서 분기기에 따라 수평차가 있다.
④ 포인트부 텅레일 단면이 일반레일보다 작아 포인트부 대향 진입시 손상 우려가 있으며 충격이 심하다.

해설 분기선 측 문제점
1. 포인트의 입사각은 원활한 운행을 저해한다.
2. 슬랙이 불충분하고 체감이 급하며 특수한 것을 제외하고는 캔트가 없다.
3. 분기부는 소반경의 분기곡선이 있으나, 완화곡선이 없으며 분기 내 곡선과 분기후방과의 사이에는 직선장이 짧다.

82 다음 중 분기기에 대한 설명으로 옳은 것은?

① 곡선분기기는 리드곡선반경이 작은 분기기를 말한다.
② 편개분기기란 가장 일반적인 기본형태로 직선에서 적당한 각도로 좌우로 분기한 것이다.
③ 양개분기기는 곡선 궤도로부터 좌우로 등각으로 분기한 것이다.
④ 가동크로싱은 차량통과 시 충격과 소음이 크고 결선부가 크다.

해설 곡선분기기는 리드곡선반경이 크다. 양개분기기는 직선 궤도로부터 좌우로 등각으로 분기한 것이며 가동크로싱은 충격과 소음이 적다.

83 다음 중 일반적으로 분기기 구조에서 특별히 압연한 비대칭 단면의 레일을 삭정하여 사용한 레일로 옳은 것은?

① 텅레일 ② 가드레일
③ 노스레일 ④ 윙레일

해설 텅레일이란 차량을 어느 궤도로 진입시킬 것인지 선택하는 부분이며 첨단을 얇게 삭정하여 기본레일에 밀착시켜 전환하는 구조로 가동레일의 형상 때문에 텅레일 또는 스위치레일이라고 한다.

84 다음 중 분기기의 구조를 구분하는 것으로 해당되지 않는 것은?

① 포인트 ② 리드
③ 가드 ④ 크로싱

해설 분기기의 구성 : 포인트, 크로싱, 리드의 3부분으로 구성된다.

정답 79. ④ 80. ① 81. ② 82. ② 83. ① 84. ③

85 다음 중 슬랙에 대한 설명으로 옳지 않은 것은?

① 최대 슬랙은 30[mm]를 초과하지 못한다.
② 곡선 외측 레일을 기준으로 내측 레일을 궤간 외측으로 슬랙만큼 확대한다.
③ 슬랙량이 너무 크면 차륜 Flange가 얇게 되는 경우 차륜이 궤간 내로 탈선 우려가 있다.
④ 슬랙은 곡선반경 500m 미만의 선로에 부설한다.

해설 슬랙은 곡선반경 300m 미만의 선로에 부설한다.

86 다음 중 캔트의 직선 체감에 대한 설명으로 옳지 않은 것은?

① 렘니스케이드 곡선은 완화곡선 장 길이에 비례하여 증가하는 방법으로 서울시 지하철에 이용된다.
② 곡률과 캔트의 직선 체감으로 완화곡선 시, 종점에서 캔트의 변화점이 불연속이 되므로 고속운전에 부적당하다.
③ 완화곡선의 길이가 짧다.
④ 3차 포물선은 곡률이 완화곡신 횡거에 비례하여 증가하는 방법으로 국철에 이용된다.

해설 크로소이드 곡선은 완화곡선장 길이에 비례하여 증가하는 방법으로 서울시 지하철에 이용된다. 렘니스케이드 곡선은 곡률이 현장에 비례하여 증가하며 급곡선의 도로나 도시철도에 유리하다.

87 다음 중 곡선반경이 800m인 곡선궤도에서 열차가 100km/h로 주행 시 산출 캔트량으로 옳은 것은?(단, c′ = 40mm임)

① 108mm ② 112mm
③ 118mm ④ 120mm

해설 캔트량 구하는 식 : $C = 11.8 \times \dfrac{V^2}{R} - C'$ (0~100mm)

88 다음 중 완화곡선에 대한 설명으로 옳지 않은 것은?

① 측선 및 분기기에 연속되는 경우는 일반적으로 차량속도가 저속이므로 완화곡선의 삽입이 필요 없다.
② 부족 캔트양 1,000[mm]를 기준으로 직선체감으로 하여 곡선반경을 정한다.
③ 국철에서는 선로등급에 따라 일정크기 이하의 곡선반경에 완화곡선을 설치한다.
④ 승차감을 좋게 하기 위해 완화곡선 부설 곡선반경은 클수록 좋다.

해설 건설비와 유지 보수관리 및 승차감을 해치지 않는 범위인 부족 캔트양 100[mm]를 기준으로 직선체감으로 하여 곡선반경을 정한다.

89 다음 중 입사각에 대한 설명으로 옳지 않은 것은?

① 입사각이 작으면 텅레일은 길어지고 곡선반경이 커진다.
② 열차의 고속운전에는 입사각이 클수록 유리하다.
③ 분기시 차륜이 텅레일에 닿는 부분을 적게 하기 위해서는 입사각을 가능한 작게 한다.
④ 높은 번호의 분기기일수록 입사각이 작다.

해설 열차의 고속운전에는 입사각이 작을수록 유리하다.

90 다음 중 광궤의 특성으로 옳지 않은 것은?

① 열차 주행 안전성을 증대하고 동요를 감소한다.
② 차량 폭이 넓으므로 차량 설비를 충분히 하고 수송 효율이 향상한다.
③ 고속도를 낼 수 있으며 수송력을 증대한다.
④ 차량 폭이 좁아 시설물의 규모가 적어도 되므로 건설비 및 유지비가 절감된다.

정답 85. ④ 86. ① 87. ① 88. ② 89. ② 90. ④

해설 협궤
1. 차량 폭이 좁아 시설물의 규모가 적어도 되므로 건설비 및 유지비가 절감된다.
2. 급곡선에서 광궤에 비해 곡선 저항이 적으므로 산악지대 선로선정에 용이하다.

91 다음 중 선로 이용률의 영향 요소로 옳지 않은 것은?

① 열차의 시간별 집중도 및 열차 운전 여유시설
② 인접 역간 운전시분의 차 및 열차 회수
③ 주요 도시로부터의 시간과 거리
④ 선구 물동량의 종류에 따라 발생되는 성격

해설 선로 이용률의 영향 요소
1. 선구 물동량의 종류에 따라 발생되는 성격
2. 주요 도시로부터의 시간과 거리
3. 인접 역간 운전시분의 차 및 열차 회수
4. 여객 열차와 화물 열차의 회수비
5. 인위적, 기계적 보수시간

92 다음 중 보선작업을 분류할 때 궤도틀림작업, 도상다지기 작업, 체결장치 보수작업, 이음매 볼트 작업 등이 해당하는 작업으로 옳은 것은?

① 선로유지작업
② 레일버릇정정
③ 레일체결장치보수작업
④ 레일진체작업

해설 선로유지작업이란 궤도틀림작업, 도상다지기 작업, 체결장치 보수작업, 이음매 볼트 작업 등이 해당하는 작업을 말한다.

93 다음 중 타력기울기에 대한 설명으로 옳은 것은?

① 제한기울기보다 심한 기울기라도 그 연장이 짧은 경우에는 열차의 타력에 의하여 기울기를 통과할 수 있다.
② 기관차의 견인정수를 제한하는 기울기를 말하며 반드시 최급기울기와 일치하는 것은 아니다.
③ 열차운전 계획상 정거장 사이마다 조정된 기울기로서 역간에 임의 지점 간 1km의 구간 중 가장 급한 기울기로 조정된다.
④ 열차운전 구간 중 가장 급한 기울기를 말한다.

해설
1. ②는 제한기울기에 대한 설명이다.
2. ③는 표준기울기에 대한 설명이다.
3. ④는 최급기울기에 대한 설명이다.

94 다음 중 탄성 체결 장치에 대한 설명으로 옳지 않은 것은?

① 레일과 침목은 스프링 작용에 의하여 레일의 복진 방진 및 횡압력에도 유효하게 저항한다.
② 침목 이하의 동적 부담력을 완화하고 궤도의 동적 틀림을 경감한다.
③ 레일이 침목을 상시 억누르고 있으므로 그 사이에서 충격력이 생기기 어렵다.
④ 레일 저부 상면을 스프링 크립만으로 체결하는 방식이 널리 이용되고 있다.

해설 이중탄성 체결은 레일 저부 하면에 탄성패드를 깔고 상면에서 스프링 크립으로 체결하는 방식으로 현재 가장 널리 이용하는 방식이다. 열차 주행시 고주파 진동이 궤도 파괴의 원인이 되는 바 이 진동을 흡수하기 위해 탄성 있는 레일못, 스프링 크립 이외에 타이패드를 이용하여 열차의 충격과 진동을 흡수 완화하고 레일이 침목에 박히는 것과 소음을 방지하는 등 궤도 근대화에 필요한 부분이다.

95 다음 중 신축이음매의 부설에 대한 설명으로 옳지 않은 것은?

① 실제 일어날 수 있는 최고온도에서 동정의 중위에 맞춘다.
② 신축 이음매는 직선 구간에 배향으로 부설하며 체결을 정확히 한다.
③ 동정의 위치는 최고온도에 적합한 위치에 오도록 한다.
④ 5[℃] 이상 차이로 온도 설정시에는 차이 온도 1[℃]에 대해 1.5[mm]율로 정정한다.

정답 91.① 92.① 93.① 94.④ 95.③

해설 실제 일어날 수 있는 최고온도와 최저온도와의 중간 온도에서 동정의 중위에 맞춘다. 신축 이음매는 장대 레일에 접속에 이용하는 이음매의 일종으로 장대레일 의 신축량을 신축부에서 처리토록한 것으로 장대레일 끝에 설치하여 가능한 궤간의 변화와 충격을 주지 않으면서 전 신축량을 흡수하게 하고 있으며 국철에서 는 입사각이 없는 텅레일과 비슷하며 레일 온도에 의한 신축과 복진 장대레일 연속 부설의 경우를 감안하여 동정(動靜, Storke)을 250[mm]로 한다.

96 다음 중 분기기의 구성으로 옳지 않은 것은?

① 섹션부
② 리드부
③ 포인트부
④ 크로싱부

해설 분기기의 구성은 포인트부, 리드부, 크로싱부로 이루어져 있다.

97 다음 중 장대레일 이음매 방법 중 신축이음매의 종류로 옳지 않은 것은?

① 양측둔단중복형
② 편측첨단형
③ 양측첨단형
④ 이형레일형

해설 이형레일형 이음매는 특수이음매 중 하나이다.

98 다음 중 레일의 버팀쇠에 대한 설명으로 옳지 않은 것은?

① 곡선반경이 적으면 간격을 크게 하여 못으로 침목에 고정시킨다.
② 분기부에서 차륜 충격이 심하므로 궤간 확보가 곤란하여 매 침목에 강철재의 견고한 레일 버팀쇠를 설치한다.
③ 레일 버팀쇠는 곡선 외측 뿐 아니라 내측에도 쓰인다.
④ 목재와 철재가 있으며 보통은 목재 지재(Wood Chock)에서 곡선부에서는 궤간 내·외부에 철재 또는 목재 지재를 부설한다.

해설 곡선반경이 작으면 간격을 적게 하여 많은 지재를 사용하고 곡선반경이 크면 간격을 크게 하여 못으로 침목에 고정시킨다.

99 다음 중 분기기 중 텅레일에 대한 설명으로 옳은 것은?

① 분기점에서 길을 바꿀 수 있도록 된 레일 기본 철길에 붙였다 떼었다하여 열차의 진로를 결정한다.
② 포인트를 전환할 때 전동기의 동력이나 인력으로 봉을 움직여 텅레일을 이동시킨다.
③ 기본레일이 횡압력에 저항하기 위한 레일체결 부품이다.
④ 기본레일을 밀착시켜 열차가 통과할 때 레일이 전환되지 않도록 한다.

해설 ②는 전철봉에 대한 선명이다.
③는 레일 프레스에 대한 설명이다.
④는 프런트 로드에 대한 설명이다.

100 다음 중 테르밋 용접에 대한 설명으로 옳은 것은?

① 용접시간은 약 3~5분이다.
② 섭씨 약 3,000도의 뜨거운 열을 내면서 화학반응을 일으켜 용접한다.
③ 레일의 이음부에 강력한 전류를 통과시켜 저항으로 발생하는 열을 이용해 레일과 레일을 연결시키는 방법이다.
④ 두 레일의 단면을 맞대어 맞댄 접합부분을 산소와 아세틸렌이 혼합된 가스를 이용하여 약 1200℃에서 가열 축 방향으로부터 압축력을 가해 접합하는 공법이다.

해설 1. ①, ③는 플래시 버트 용접에 대한 설명이다.
2. ④는 가스압접법에 대한 설명이다.

정답 96.① 97.④ 98.① 99.① 100.②

101 다음 중 유간정정에 대한 설명으로 옳지 않은 것은?

① 유간정정작업은 가능한 자주 하는 것이 바람직하다.
② 맹유간은 레일 신축 흡수 미비로 축압력이 발생하여 장출의 원인 및 열차사고 우려가 있다.
③ 과대 유간은 열차 운행시 충격, 동요가 발생하고 승차감이 좋지 않다.
④ 최고 온도시 궤도가 좌굴하지 않고, 이음매 볼트에 과대한 힘이 걸리지 않아야 한다.

[해설] 빈번한 유간정정작업은 작업이 과도하고 비경제적이다.

102 다음 중 구동력을 얻는 방식에 의한 철도차량의 분류로 옳지 않은 것은?

① 내연차　② 증기차
③ 동차　　④ 전기차

[해설] 동차는 동력집중식 또는 동력분산식의 분류로 동력분산식에 속한다.

103 다음 중 국철전기철도의 전기방식으로 옳은 것은?

① AC 1,500V　② DC 1,500V
③ DC 25,000V　④ AC 25,000V

[해설] 국철전기철도 전기방식은 AC 25,000V(25kV)이다.

104 다음 중 국내 철도의 열차에 전기를 공급하는 전차선의 직류전압으로 옳은 것은?

① 900V　② 1500V
③ 1900V　④ 2000V

[해설] 전차선의 직류전압은 1500V이다.

105 다음 중 철도차량연결기에 대한 설명으로 옳지 않은 것은?

① 차량연결기의 연결방식은 같아야 한다.
② 연결기의 형상이 상이한 차량간 연결도 쉽게 연결할 수 있어야 한다.
③ 연결기의 높이는 레일면에서 815 ~ 900mm로 규제한다.
④ 차량연결기의 높이는 일정해야 한다.

[해설] 차량연결방식은 자동연결기 또는 밀착연결기 등을 사용한다.

106 다음 중 철도차량의 특징을 설명한 것으로 옳은 것은?

① 건축한계를 벗어나지 않는 범위 내에서 크기를 적정하게 결정한다.
② 곡선주행 시 내측 차륜이 외측 차륜보다 회전수가 적다.
③ 일반적으로 2축이 평행하게 고정축거에 의하여 강결되어 있다.
④ 철도차량은 주로 원자력을 동력원으로 사용한다.

[해설] 1. 차량한계를 벗어나지 않는 범위 내에서 차량크기를 적정하게 결정한다.
2. 철도차량의 차륜은 한 개의 축으로 고정이 되어 회전수의 차이는 없다.
3. 철도차량의 동력원은 전기, 디젤을 주로 사용한다.

107 다음 중 디젤 전기기관차의 동력전달장치로 옳지 않은 것은?

① 기어식
② 콤파트식
③ 액체식
④ 전기식

[해설] 디젤기관차의 동력전달장치는 기어식, 액체식, 전기식이다.

정답　101.①　102.③　103.④　104.②　105.②　106.③　107.②

108 다음 중 차량의 종류 중 나머지 셋과 다른 분류는 어느 것인가?

① 증기차량 ② 디젤차량
③ 객화차 차량 ④ 전기차량

해설 ①, ②, ④는 동력을 얻는 방식에 대한 분류이다.

109 다음 중 크랭크 축에서 실제로 외부에 전달되는 마력은?

① 제동마력 ② 견인마력
③ 지시마력 ④ 마찰마력

해설 제동마력(Brake Horsepower, BHP) : 지시마력에서 마찰마력을 뺀, 크랭크 축에서 실제로 외부로 전달될 수 있는 마력이다.

110 다음 중 관절대차에 대한 설명으로 옳지 않은 것은?

① 차량 분리가 용이하고 대차구조가 간단하다.
② 2개의 연결객차가 일체화되며, 구름저항이나 진동감소 등 승차감이 향상된다.
③ 현재 우리나라에서는 KTX와 KTX-산천에 적용하고 있다.
④ 대차수 및 차륜수량이 감소되어 차량의 경량화가 이루어진다.

해설 차량 분리가 곤란하고 대차구조가 복잡하다.

111 다음 중 주회로 차단기(MCB)에 대한 설명으로 거리가 먼 것은?

① 교·직 전환 시에 주회로와 전원의 연결을 끊거나 예기치 않은 사고 전류가 흐를 때 회로를 차단하여 기기를 보호하기 위한 장치이다.
② 압력공기를 공기 실린더에 보내 대형스위치를 개폐함과 동시에 차단시 발생하는 아크를 압력공기로 불어 날려 보내 동작을 확실히 하는 구조로 되어있다.
③ 주로 절연구간에서 사용한다.
④ 외부에 받은 특별고압인 교류를 제어하기 쉬운 적당한 전압으로 낮추는 기기이다.

해설 ④는 주변압기에 대한 설명이다.

112 다음 중 VVVF(Variable Voltage Varaible Frequency)에 대한 설명으로 옳지 않은 것은?

① 제어장치 및 주전동기의 소형화, 경량화가 가능하고, 지하터널 내 숙열을 방지한다.
② 브러시가 없는 교류유도전동기를 사용하기 때문에 보수점검이 거의 필요가 없을 정도로 성능이 우수하다.
③ 제어 성능이 우수하여 승차감이 좋으며, 점착 성능이 좋아 차량편성에 유리하다.
④ 전파 잡음이 발생하지 않는다.

해설 가변주파수의 전력으로 전차를 구동하므로 저주파에서 고주파에 걸친 전파 잡음이 발생된다.

113 다음 중 동륜주 견인력에서 전동차 자체 주행 저항을 감안한 견인력으로 옳은 것은?

① 지시 견인력 ② 점착 견인력
③ 특성 견인력 ④ 유효 견인력

해설 동륜 주견인력에서 전동차 자체 주행 저항을 감안한 견인력으로 옳은 것은 유효 견인력이다.

114 다음 중 견인정수의 지배 요인 중에서 최대 영향을 미치는 것으로 옳은 것은?

① 사정구배 ② 배수구배
③ 압력구배 ④ 비탈구배

해설 사정구배
1. 견인정수의 지배 요인 중에서 최대 영향을 미치는 것이다.

정답 108.③ 109.① 110.① 111.④ 112.④ 113.④ 114.①

2. 어느 운전선구의 상 구배 중 최대 견인력을 요구하는 구배를 그 구간의 견인정수를 지배하는 구배라 하며 사정구배(지배구배)라 한다.
3. 사정구배의 길이가 긴 경우 견인정수는 그 구배의 균형속도 이상으로 사정한다.

115 다음 중 동력차 견인용량에 대한 설명으로 옳은 것은?

① 동력차가 정해진 속도 종별에 해당하는 열차중량을 견인하여 정해진 운전시간에 지연하지 않고 안전하게 운행할 수 있는 견인중량을 말한다.
② 정거장 구내에서 얼마나 많은 차량을 유치, 조성, 운영할 수 있는지의 능력을 말한다.
③ 차량 수는 길이 14m를 1량으로 환산하는 차장율로 나타낸다.
④ 수송력의 열차 설정에서 1일에 열차를 몇 회 주행시킬 수 있는가 라는 선구의 열차설정 능력을 나타내는 수치 척도를 말한다.

해설 ②, ③은 정거장 구내용량에 대한 설명이다.
④는 선로용량에 대한 설명이다.

116 다음 중 디스크 제동에 해당하는 것으로 옳은 것은?

① 발전 에너지를 전차선을 통하여 그 흡입력을 제동에 이용하는 방식이다.
② 제륜자를 궤도에 압착하여 제동한다.
③ 제륜자로 차륜과 달리 별개의 회전체를 눌러서 제동한다.
④ 제륜자로 직접 차륜답면을 눌러서 제동하는 방식이다.

해설 기계식 제동
1. 제륜자 제동 : 제륜자로 직접 차륜 답면을 눌러서 제동하는 방식이다.
2. Disk 제동 : 제륜자로 차륜과 달리 별개의 회전체를 눌러서 제동한다.
3. 궤도 제동 : 제륜자를 궤도에 압착하여 제동한다.

117 다음 중 주변압기에 대한 설명으로 옳지 않은 것은?

① 주변압기는 외부에 받은 특별고압인 교류를 제어하기 쉬운 적당한 전압으로 낮추는 기기이다.
② 변압기를 밀봉용기의 기름에 담아 변압기 작동중 온도가 올라간 기름은 순환시키면서 송풍기로 강제 냉각한다.
③ 주변압기에서 강하된 교류전력은 정류장치에 의해 직류로 변환되는데 실리콘 다이오드인 반도체 소자를 이용한 것이 일반적이다.
④ 주행 중 운전상태에 따라 넣었다 끊었다 하는 전류 개폐동작에 의해 주회로에 발생할 수 있는 이상전압(Surge, 서지전압)에 의한 기기손상을 막기위한 목적도 있다.

해설 ④는 피뢰기에 대한 설명이다.

118 다음 중 회생제동에 대한 설명으로 옳은 것은?

① 제륜자가 차륜에 닿을 때 차륜답면의 이물질과 미세한 흠을 제거하여 답면을 청결하게 유지하며 열발산 효과가 뛰어나고 값이 싸기 때문에 널리 이용된다.
② 전자석과 궤도의 상대운동에 의해 궤도면에 유기되는 와전류에 의해 발생되는 제동력을 이용한 것이다.
③ 제동시 생산된 전력을 재사용이 가능하기 때문에 에너지절약 측면에서 우수하다.
④ 제동 실린더 공기압에 의해 레버로 작동되는 제동 패드 사이의 마찰력으로 제동을 잡는 구조이다.

정답 115. ① 116. ③ 117. ④ 118. ③

> [해설]
> 1. ①, ④는 공기제동에 대한 설명이다.
> 2. ②는 와전류제동에 대한 설명이다.

119 다음 중 열차의 공전발생을 방지하는 방법으로 옳지 않은 것은?

① 선로보수상태가 좋도록 한다.
② 열차 출발 시 급가속하여 인장력을 최대화한다.
③ 레일에 모래를 뿌린다.
④ 기관차의 정비 상태가 양호하도록 한다.

> [해설] 열차출발 시 급가속을 하게 되면 공전발생의 원인이 된다.

120 다음 중 점착계수의 변화요인으로 옳지 않은 것은?

① 동력차의 종류
② 기후
③ 차량의 길이
④ 선로상태

> [해설] 점착계수의 변화요인은 동력차의 종류, 기후, 축중이동량, 선로상태가 주요 요인이다.

121 다음 중 볼스터 리스 대차에 대한 설명으로 옳지 않은 것은?

① 견인장치 링크부위의 정기적인 보수 요구
② 공기스프링이 대차틀과 연결되어 하중을 부담한다.
③ 견인장치가 차체에 연결되어 대차의 길이 방향하중을 부담한다.
④ 공기스프링과 측면 베어링으로 차체와 연결되어 차체하중을 부담한다.

> [해설] 볼스터 대차는 공기스프링과 측면 베어링으로 차체와 연결되어 차체하중을 부담한다.

122 다음 중 쾌청한 날의 점착계수로 가장 옳은 것은?

① 0.10
② 0.15~0.18
③ 0.18~0.20
④ 0.25~0.30

> [해설]
> 1. ①는 기름이 묻거나 눈이 내렸을 때 점착계수이다.
> 2. ②는 서리가 있을 때 점착계수이다.
> 3. ③는 습윤할 때 점착계수이다.

123 다음 중 열차가 주행할 때 그 운행방향과 반대로 작용하는 모든 저항을 총칭하여 말하며 전동기의 입력대 출력간의 손실, 치차의 전달손실 등이 포함되지 않는 저항으로 옳은 것은?

① 열차저항
② 출발저항
③ 주행저항
④ 가속도저항

> [해설] 주행저항은 화차가 직선 선로를 주행할 때 받는 저항으로 전동기의 입력대 출력간의 손실. 치차의 전달손실 등이 포함되지 않는다.

124 다음 중 전기동차에 대한 설명으로 옳지 않은 것은?

① 동력이 분산되어 있다.
② 전기동차의 M1, M2 car는 동력장치만을 가진 차량이다.
③ 여러 대의 차량을 1개 편성으로 구성하여 열차로 운행이 가능하다.
④ 총괄제어 운전을 한다.

> [해설] M1, M2, M'car는 동력장치와 집전장치 객실 등을 모두 가진 차량이다.

125 다음 중 전기동차의 특고압회로 중 ADCg(교직절환기)에 대한 설명으로 옳은 것은?

① 과전류를 신속하고 안전하게 차단할 목적으로 설치된 기기이다.

정답 119.② 120.③ 121.④ 122.④ 123.③ 124.② 125.③

② 주변압기를 보호할 목적으로 설치한 기기로 주변압기 1차측 회로에 이상전류가 들어올 경우 용손되어 주변압기를 보호한다.

③ 전차선 전원에 따라 전동차의 회로를 교류 또는 직류회로로 절환하는 기기이다.

④ 주변압기 1차측에 과전류 발생시 주차단기를 차단하여 주변압기를 보호한다.

해설
1. ①는 MCB(주차단기)에 대한 설명이다.
2. ②는 MFS(주휴즈)에 대한 설명이다.
3. ④는 ACOCR(교류과전류계전기)에 대한 설명이다.

126 다음 중 열차의 객차 승강문이 닫히는 중 장애감지하여 자동으로 문이 다시 열리도록 하는 것으로 옳은 것은?

① js 스위치
② 열림 스위치
③ 리미트오픈 스위치
④ 프레셔 웨이브 스위치

해설 열림스위치는 자동으로 문을 다시 열리도록 하는 스위치이다.

127 다음 중 동력분산식 열차의 단점으로 옳지 않은 것은?

① 동력장치가 증가되어 전동기 제작비용이 많다.
② 열차아래 동력장치에 의한 진동, 소음 때문에 승차감이 떨어진다.
③ 정비비용이 많이 소요되고 고장 등의 문제가 발생한다.
④ 축중 분산으로 선로에 주는 영향이 작아 선로건설, 유지관리비용이 적게 소요된다.

해설 ④는 동력분산식 열차의 장점이다.

128 다음 중 전기차의 집전장치의 평균적인 압상력으로 옳은 것을 고르시오.

① 3kgf
② 4kgf
③ 5kgf
④ 7kgf

해설 전기차의 집전장치는 5kgf전후의 압상력으로 전차선에 접촉한다.

129 다음 중 가공단선식에 대한 설명으로 옳지 않은 것은?

① 전차선을 궤도상부에 가설하고 레일을 귀선으로 하는 방식으로 가선구조가 간단하다.
② 전선이 무거울수록, 전차선의 장력이 낮을수록 처짐현상이 발생한다.
③ 속도가 높아지면 집전자치의 상하동이 심해져서 전차선으로부터 이선하여 장해가 일어나기 쉽다.
④ 전차선 대신 운행용 궤도와 병행으로 급전궤도를 부설하여 집전하는 방식이다.

해설 ④는 제 3궤조 방식에 대한 설명이다.

130 다음 중 열차의 주행저항에 대한 설명 중 옳은 것은?

① 차량동요에 따른 저항은 속도와 축중에 반비례한다.
② 공기저항은 열차속도와 정비례한다.
③ 기계부의 마찰 및 충격에 의한 저항은 속도의 자승에 비례한다.
④ 차륜과 레일간의 마찰저항은 속도와 축중에 비례한다.

해설 주행저항은 열차가 주행할 때 열차 진행방향과 반대로 작용하는 모든 저항이므로 마찰저항 역시 주행저항에 포함한다. 휠-레일간 저항은 속도와 축중에 비례한다.

정답 126. ② 127. ④ 128. ③ 129. ④ 130. ④

131 다음 중 열차가 평탄하고 직선인 선로에서 정지 상태에서 움직이는데 처음 발생하는 저항으로 옳은 것은?

① 곡선저항　　② 주행저항
③ 가속도저항　④ 출발저항

해설　열차가 움직이기 시작할 때에도 힘이 필요하며, 이를 출발저항이라 한다.

132 다음 중 제동거리에 대한 설명으로 옳지 않은 것은?

① 실 제동거리는 전 제동거리에서 공주거리를 뺀 값이다.
② 제동거리는 제동 가속도에 반비례하고 열차 중량에 비례한다.
③ 열차의 제동거리는 크게 공주거리와 실 제동거리로 분류한다.
④ 공주거리는 제동취급시점부터 제동력이 예정 제동률의 70[%] 달성 시까지 진행한 거리이다.

해설　공주거리는 제동 취급 시점부터 제동력이 예정 제동률의 75[%] 달성 시까지 진행한 거리이며, 이때까지 경과한 시간이 공주시간이다.

133 다음 중 동력을 가지고 있으며 단독 또는 자기 이외의 차량과 연결되어 운전하는 차량으로 옳은 것은?

① 객차　　　　② 전동차
③ 화차　　　　④ 전차의 제어차

해설　동력차는 원동기를 가지며 단독 또는 자기 이외의 차량과 연결되어 운전하는 차량으로 기관차, 전동차, 내연동차 및 동력화차의 총칭이다.

134 다음 중 열차의 구동력을 견인차에 집중하는 방식과 거리가 먼 것은?

① 새마을형 동차　② 전기기관차
③ 디젤기관차　　 ④ 전동차

해설　전동차는 동력을 분산하는 동력분산식이다.

135 다음 중 디젤차의 동력전달방식의 분류로 옳지 않은 것은?

① 전기식　　　② 전자식
③ 액체식　　　④ 기어식

해설　동력전달방식에는 기어식, 액체식 및 전기식의 세 종류가 있다.

136 다음 중 전기식 디젤차에 대한 설명으로 옳지 않은 것은?

① 엔진출력을 액체 변속기, 정·역전기구, 감속기 등을 통해 동륜을 구동하는 방식으로 운전이 부드럽고 중련 운전이 가능하다.
② 디젤엔진의 회전력으로 발전기를 돌려 직류 또는 교류전기를 얻은 다음 발생 전력을 견인전동기(TM : Traction Motor)에 공급하여 동륜을 구동하는 방식이다.
③ 총괄제어에 용이하며 한국철도에서는 디젤전기기관차가 여객과 화물수송에 널리 이용되고 있다.
④ 엔진, 발전기, 전동기 등 중량의 고가물 탑재가 필요하여 차량의 중량이 무겁고 제작비도 고가이지만 2,000마력 이상의 대형 엔진이 사용가능하다.

해설　①는 액체식 디젤차에 대한 설명이다.

137 다음 중 디젤 전기기관차에서 차륜에 직접적으로 회전동력을 발생 시키는 장치로 옳은 것은?

① 견인전동기　　② 주발전기
③ 기관차 제어기　④ 동력접촉기

정답　131. ④　132. ④　133. ②　134. ④　135. ②　136. ①　137. ①

해설 디젤기관차에서 차륜에 직접 회전동력을 발생시키는 장치는 견인전동기이다.

138 다음 중 동력분산식에 대한 설명으로 옳지 않은 것은?

① 축중을 분산시켜 결국 열차전체의 견인력을 높일 수 있다.
② 피견인 차량인 객차나 화차의 구조를 간단하게 할 수 있다.
③ 전동기 사용차량의 경우 전기제동을 사용하여 마찰제동의 제동력 부족을 보완하기 용이하다.
④ 가속 성능을 높일 수 있다.

해설 동력집중식은 열차견인에 필요한 대마력의 디젤엔진을 1기 또는 2기 탑재한 기관차가 동력을 갖지 않는 객차나 화차를 필요시마다 융통성 있게 연결·분리하여 사용할 수 있기 때문에 사용효율을 높일 수 있고, 피견인 차량인 객차나 화차의 구조를 간단하게 할 수 있는 장점이 있다.

139 다음 중 동력전달방식에 대한 설명으로 옳지 않은 것은?

① 액체식은 전기식에 비하여 차량 중량이 가볍고 제작비가 저렴하다.
② 전기식은 차량의 중량이 무겁고 제작비도 고가이다.
③ 액체식은 기어식에 비해 동력전달 효율이 좋은 편이다.
④ 기어식은 기동 및 변속시의 쇼크가 크고 총괄제어가 곤란하여 중련운용이나 편성운전에 적합하지 않다.

해설 액체식은 동력전달 효율은 기어식에 비해 떨어지나 액압을 이용하기 때문에 기동시의 윤활 작용에 의해 엔진에 무리가 가해지지 않고 충분한 기동 토크를 얻을 수 있을 뿐만 아니라 연속 변속도 가능한 등의 장점이 많다.

140 다음 중 건축한계의 설명으로 옳은 것은?

① 열차가 안전하게 주행하기 위한 공간으로 건축한계 내에는 건조물을 설치하지 못한다.
② 건축한계는 기관차, 동차, 객화차 등이 각각 다르다.
③ 차량의 크기를 결정하고 제한하는 범위이다.
④ 레일 부위는 건축한계와 무관하고 레일 상부만 제한한다.

해설 건축한계란 열차 또는 차량이 안전하게 운행하기 위하여 궤도 위에 확보하여야 할 일정한 공간의 경계를 말한다. 건물 등 어떠한 구조물이나 나무 등의 자연물도 건축한계 이내에 들어오는 것은 허용되지 않는다.

141 다음 중 전자석과 궤도의 상대 운동에 의해 제동하는 장치로 옳은 것은?

① 디스크 제동 ② 전기 제동
③ 와전류 제동 ④ 제륜자 제동

해설 와전류 제동이란 전자석과 궤도의 상대 운동에 의해 궤도면에 유기되는 와전류에 의해 발생되는 제동력을 이용한 것이다.

142 다음 중 제동장치에서 동력원에 의한 분류 중 제동시에 견인전동기가 발전기와 같은 역할을 하도록 하는 것으로 전기자의 역토크를 이용하여 제동력을 얻는 방식으로 옳은 것은?

① 컨버터제동 ② 답면제동
③ 전기제동 ④ 수용제동

해설 전기제동은 운동에너지를 전력으로 변환하는 제동방식으로 특성상 저속역에서는 제동력을 발휘하지 못하기 때문에 공기제동과의 병용을 원칙으로 하고 있다. 최근의 신형 차량은 회생제동으로 이행하고 있다. 전력 회생제동은 주전동기를 발전기로 하여 발생하는 전력을 전차선을 개입하여 다른 역행 전기차량에서 소비하든지 또는 변전소로 되돌려 보내어 제동력을 얻는 것이다.

정답 138. ② 139. ③ 140. ① 141. ③ 142. ③

143 다음 중 전기차의 전동기 제어방법으로 전력의 절감에 유리한 것으로 옳은 것은?

① 쵸퍼 제어법   ② 저항 제어법
③ 중저항 제어법   ④ 직병렬 제어법

해설 쵸퍼제어법은 회생제동이 가능하여 전력의 절감에 유리하다.

144 다음 중 직류직권전동기의 특성에 대한 설명 중 옳지 않은 것은?

① 회전수는 전류에 비례한다.
② 회전수는 공급전압에 비례한다.
③ 토크는 전류의 2승에 비례한다.
④ 토크는 공급전압이 줄어도 변하지 않는다.

해설 회전수는 전류에 반비례하고 전압에 비례한다. 토크는 전류의 2승에 비례한다. 직류직권 전동기에서는 공급 전압이 줄면 회전수도 줄어 전류는 변하지 않고 토크도 변하지 않는다.

145 다음 중 VVVF(Variable Voltage, Variable Frequency)방식의 전동기 형식으로 옳은 것은?

① 직류 직권 전동기
② 직류 복권 전동기
③ 교류 유도전동기
④ 동기 전동기

해설 VVVF방식의 전동기는 교류 유도전동기이다.

3. 예상문제

01 다음 중 저항제어 전동차의 M차에 설치된 기기로 옳은 것은?

① 주 제어기 함   ② 주 변압기
③ 고속도 차단기 함   ④ 주 차단기

해설 직류전기차량(직류전동기 부착)의 동력제어방식의 하나이며, 기동시에 가속에 따라 저항값을 감소하여 전류를 거의 일정하게 하는 제어방식으로 M차에는 주제어기, 주저항기, 공기압축기, 축전지, 견인전동기 등이 설치 되어 있다.

02 다음 중 전기동차의 기대 점착계수가 가장 큰 제어방식으로 옳은 것은?

① 저항 제어
② 전기자 쵸퍼 제어
③ 계자 쵸퍼 제어
④ VVVF 인버터 제어

해설 증기기관차나 구형 전기기관차는 구동 점착계수를 20% 전후로 하고 있었지만, 교류 전기기관차의 점착계수는 30%를 넘고 있다. 즉 교류전압을 출력하는 인버터 제어방식이 점착계수가 가장 크다.

03 다음 중 전기차의 집전장치로 볼 수 없는 것은?

① 팬터그래프
② 트롤리 폴(Trolley Pole)
③ 축전지
④ 뷰겔(Bugel)

해설 ① 팬터그래프는 전차선으로부터 직접 전력을 받은 집전장치이다.
② 트롤리 폴은 트롤리 버스 등에서 쇠막대를 통해 전력을 공급받는 집전장치이다.
④ 뷰겔은 노면전차 등에서 전력을 공급받기 위한 활 모양으로 된 집전장치이다.

정답 143. ① 144. ① 145. ③ / 01. ① 02. ④ 03. ③

04 다음 중 전기동차와 객차의 차륜 지름의 표준으로 옳은 것은?

① 680㎜ ② 800㎜
③ 860㎜ ④ 940㎜

해설 전기동차와 객차의 표준 차륜 지름은 860㎜이다.

05 다음 중 점착철도의 레일과 차륜과의 마찰계수와 구배한도로 옳은 것은?

① 마찰계수 0.10 ~ 0.25,
   구배한도 83 ~ 100‰
② 마찰계수 0.25 ~ 0.45,
   구배한도 83 ~ 100‰
③ 마찰계수 0.10 ~ 0.25,
   구배한도 20 ~ 50‰
④ 마찰계수 0.01 ~ 0.015,
   구배한도 20 ~ 50‰

해설 점착철도의 마찰계수는 일반적으로 0.10 ~ 0.25, 구배한도는 83~100‰이다.

06 다음 중 보통철도에서 이론적 한계속도로 옳은 것은?

① 150km/h
② 150~200 km/h
③ 200 ~ 250km/h
④ 300~350km/h

해설 보통철도의 이론적 한계속도는 300~350km/h이다.

07 다음 중 전동기에 의해 산악을 오르는 강색철도(케이블카)의 평균구배로 옳은 것은?

① 50 ~ 100‰ ② 100 ~ 200‰
③ 100 ~ 200‰ ④ 250‰

해설 강색철도의 평균구배는 1877년 스위스에서 처음 건설되었으며, 100~200‰ 정도이다.

08 다음 중 테이퍼 형상 차륜의 가장 큰 문제점은?

① 피칭 ② 져크
③ 사행동 ④ 롤링

해설 테이퍼 형상 차륜의 문제점은 윤축이 한쪽으로 쏠렸다가 반대쪽으로 쏠리는 현상의 반복으로 인해 열차가 뱀처럼 꾸불꾸불 전진하는 소위 사행동(蛇行動, Hunting)이 일어나기 쉽다는 점이다.

09 다음 중 대차의 사행(운)동을 방지하는 방법 중 하나로 옳은 것은?

① 궤간을 크게 한다.
② 고정축거를 작게 한다.
③ 차륜답면 구배를 크게 한다.
④ 차축 저널박스의 지지 강성을 약하게 한다.

해설 대차의 사행운동을 방지하는 방법 중 하나는 차륜의 답면구배를 작게 하는 것이다.

10 다음 중 곡선선로를 원활히 통과할 수 있도록 축간거리(차축 간 거리)를 제한하고 있는 것에 대한 용어설명으로 적당한 것은?

① 고정축거 ② 차량한계
③ 차축한계 ④ 차축중

해설 고정축거란 중심회전이 가능한 대차에 부착된 1군의 고정축 중 맨 앞부분의 차축과 맨 뒷부분의 차축중심 간 수평거리를 말한다.

11 다음 중 곡선에 대한 설명으로 옳지 않은 것은?

① 탈선계수(Derailment Coefficient)가 크면 클수록 탈선의 가능성은 커진다.
② 탈선 계수는 횡압과 윤중의 비(比)로 나타낸다.
③ 튀어 오르기 탈선은 주로 속도가 느릴 때 일어난다.
④ 타오르기·미끄러져 오르기 탈선은 주로 곡선에서 일어난다.

정답 04.③ 05.① 06.④ 07.③ 08.③ 09.① 10.① 11.③

해설 튀어 오르기 탈선은 차륜 플랜지가 레일에 충돌하고, 그 힘으로 차륜이 튀어 올라 탈선하는 것으로 주로 속도가 빠를 때 일어난다.

12 자중 60톤에 구동축 4축의 차량의 경우 마찰계수 μ가 0.1이라면 이 차량이 얻을 수 있는 견인력으로 옳은 것은?

① 2톤 ② 4톤
③ 6톤 ④ 10톤

해설 자중 60톤에 구동축 4축의 차량의 경우 마찰계수 μ가 0.1 이라면 이 차량이 얻을 수 있는 견인력은 0.1 × 15톤(축당 하중) ×4축 = 6톤이 된다.

13 다음 중 열차의 제동력과 점착력의 가장 이상적인 관계식으로 옳은 것은?

① 점착력 < 제동력
② 점착력 ≤ 제동력
③ 점착력 = 제동력
④ 점착력 ≥ 제동력

해설 제동력과 점착력의 가장 이상적인 관계식은 점착력 ≥ 제동력이다.

14 다음 중 운전선구의 상구배중 최대 인장력을 요구하는 구배로서, 그 구간의 견인정수를 지배하는 것으로 옳은 것은?

① 실제구배 ② 사정구배
③ 가상구배 ④ 견인중량

해설 사정구배란 운전선구의 상구배중 최대 인장력을 요구하는 구배로서, 그 구간의 견인정수를 지배하는 것으로 실재구배+가상구배(곡선저항을 구배로 환산한 것)이다.

15 다음 중 출발저항에 대한 설명과 거리가 먼 것은?

① 구배 없는 직선구간에서 출발할 때 받는 저항을 출발저항이라 한다.
② 출발할 때 견인력을 저항으로 계산한 것을 출발저항이라 한다.
③ 전동기의 입력 대 출력 간의 손실, 치차의 전달손실 등은 포함하지 않는다.
④ 움직이는 상태의 열차를 견인하는 것 보다 매우 큰 견인력이 필요하다.

해설 ③는 주행저항에 대한 설명이다.

16 다음 중 견인정수 산정에 있어 고려할 사항으로 직접적인 관계가 없는 것은?

① 화물수송량
② 선로 사정구배 조사
③ 동력차별 차량성능 조사
④ 동력차별 견인력 산출

해설 견인정수 산정절차는 선로자료 수집 – 동력차별 차량성능 조사 – 선로 사정구배 조사 – 동력차별 견인력 산출 – 견인정수 산정 – 견인정수 적용 순으로 산정한다.

17 다음 중 열차의 운전 중이나 차량의 연결시에 발생하는 충격에너지를 흡수하고 완충시간을 연장해서 승객이나 화물에 주어지는 충격력을 완화하기 위하여 설치된 장치로 옳은 것은?

① 연결장치 ② 압축장치
③ 완충장치 ④ 복원장치

해설 완충장치는 차량의 앞 뒤 양쪽에 차량의 연결 그 밖의 급격한 충격을 완화시키기 위해 설치된 장치로서 탄력이 있는 중간체로 구성되어 있고 내부에는 스프링 고무판 등이 있음.

정답 12. ③ 13. ④ 14. ② 15. ③ 16. ① 17. ③

18 다음 중 차량중량을 기준중량으로 나눈 값에 의하여 견인정수를 구하는 방법으로 옳은 것은?

① 수정톤수법 ② 환산량수법
③ 인장봉하중법 ④ 실제량수법

해설 환산량수법이란 차량중량을 기준중량으로 나눈 값에 의하여 견인정수를 구하는 방법이다.
1. 수정톤수법 : 객화차의 톤당 저항이 만차, 공차별로 상이하므로 이를 수정하여 인장봉 인장력과 같은 열차저항의 객화차 수를 견인정수로 하는 방법
2. 인장봉하중법 : 균형속도(견인력=열차저항)시 객화차 수를 견인정수로 하는 방법
3. 실제량수법 : 객화차의 환산량수에 의하여 견인정수를 구하는 방법

19 다음 중 철도차량의 기본 제동방식으로 옳은 것은?

① 기관제동 ② 공기제동
③ 기어제동 ④ 유압제동

해설 철도차량은 공기제동을 제동방식으로 사용한다.

20 다음 중 철도차량의 제동장치에 필요 없는 것은?

① 유압 배관 ② 공기압축기
③ 공기통 ④ 삼동 밸브

해설 철도차량은 공기제동을 이용하기 때문에 유압배관은 필요하지 않다.

21 다음 중 최고평균속도에 대한 설명으로 옳지 않은 것은?

① 최고평균속도는 최고운전속도와 함께 최고속도로 분류된다.
② 최고평균속도의 향상은 최고운전속도 향상보다 수송시간 단축에 영향이 크다.
③ 최고평균속도가 최고운전속도보다 실질적 최고속도라 할 수 있다.
④ 최고평균속도는 제한속도의 개념이다.

해설 운행한 뒤의 운행결과에 대한 평가속도이다. 최고평균속도는 열차가 어느 선구를 운행시에는 분기부, 곡선부 통과시 제한 속도의 소요시간, 양호한 선로구간의 직선구간에서 최고속도 소요시간 등 선로조건에 따라 속도변경이 되므로 평균속도는 운전거리에 대한 운전시간으로 열차의 운전거리를 정차 시분을 제외한 실제 운전 시분으로 나눈 속도이다.

22 다음 중 대차에 대한 설명으로 옳지 않은 것은?

① 대차는 볼스터리스 대차 → 스윙 볼스터 대차 → 볼스터 대차 순으로 발전했다.
② 유지보수 비용이 저렴하고 궤도손상을 최소화하며 전 수명비용이 최소화 되어야 한다.
③ 대차는 차체와 레일간 상대운동의 중간 매개체 역할을 하기 때문에 주행 중 각종 진동을 수반하고 진동들은 차량의 제원, 중량, 속도, 궤도의 상태 등에 따라 수시로 변하기 때문에 여러 가지 변수를 염두 해 두고 제작하여야 한다.
④ 운행상의 안정성과 차륜과 레일 사이에서 발생하는 진동과 소음을 최소화 하여 쾌적하고 안락한 승차감을 확보할 수 있어야한다.

해설 대차는 스윙 볼스터 대차 → 볼스터 대차 → 볼스터리스 대차 순으로 발전했다.

23 다음 중 차량의 제한이 아닌 것은 어느 것인가?

① 차륜직경 및 차량연결기의 높이
② 차량한계
③ 차축중 및 고정축거
④ 건축한계

해설 건축한계는 건축의 제한이다.

정답 18. ② 19. ② 20. ① 21. ④ 22. ① 23. ④

24 다음 중 균형속도에 대한 설명으로 옳지 않은 것은?

① 같은 값의 기울기가 무한으로 이어져 있을 때는 열차속도가 최종적으로 균형속도로 안정되고 그 이후로는 등속도 운동을 한다.
② 열차가 균형속도 이상으로 운전되고 있다면 열차저항이 감소하여 증속된다.
③ 기관차가 특정의 견인중량을 견인하여 주행하는 경우에 기울기마다 결정하는 속도이다.
④ 열차가 소정의 균형속도로 주행 시에는 소정의 기울기는 기관차의 견인정수를 제한하는 제한 기울기이다.

해설 열차가 균형속도 이상으로 운전되고 있다면 열차저항이 증가하여 속도가 감속된다. 열차가 균형속도 이하로 주행하고 있을 때 열차저항이 감소하여 증속된다.

25 다음 중 전기철도에 대한 설명으로 옳지 않은 것은?

① 에너지 효율이 좋고 가·감속도가 커서 속도 향상과 수송력을 증가할 수 있다.
② 역 간 거리가 짧은 도시교통에 가·감속도가 크므로 유리하고 연료비 및 차량 보수비가 저렴하다.
③ 매연과 배기가스가 적고 고속향상, 저빈도 열차운행이 가능하다.
④ 건설에 많은 액수의 설비투자가 필요하다.

해설 전기철도는 매연과 배기가스가 없고 고속향상, 고빈도 열차운행이 가능하다.

26 다음 중 전기철도가 일반철도에 비하여 좋은 점으로 옳은 것은?

① 에너지 효율이 높다.
② 전류에 의하여 재료부식이 방지된다.
③ 건설단가가 낮다.
④ 통신 및 신호설비의 설치가 용이하다.

해설 전기철도는 일반철도에 비해 물류비 절감, 에너지 효율 증대, 수송원료 절감, 친환경적인 교통수단 등이 있다.

27 다음 중 전기철도에 있어 직류방식이 교류방식보다 좋은 점으로 옳은 것은?

① 운전 전류가 작아서 사고전류판별이 용이하다.
② 차량가격이 싸다.
③ 지하에 매설된 강재의 부식에 유리하다.
④ 속도제어가 쉽다

해설 직류방식의 장점으로는 차량가격이 싸고 전압이 낮아 교류에 비해 터널 및 구름다리의 높이를 줄일 수 있다는 것, 통신 유도 장해에 대해 특별한 대책이 필요없다는 것이 있다.

28 다음 중 전기철도에 있어 교류방식이 직류방식보다 좋은 점으로 옳은 것은?

① 절연이격거리가 짧아 터널 단면이 작다.
② 통신유도장애가 적다.
③ 점착성능이 좋아 소형으로 큰 하중을 견인할 수 있다.
④ 견인력이 좋고 튼튼하며 제작하기 쉽다.

해설 교류방식의 장점으로는 변전소 지상설비 건설비가 싸고 사고전류판별이 용이하며 점착성능이 좋다는 것 등이 있다.

29 다음 중 전기철도에 있어 교류방식이 직류방식보다 유리한 점은?

① 차량가격이 저렴하다.
② 고압송전이 가능하다.
③ 통신유도장애가 적다
④ 절연이격거리가 짧아 터널 단면이 작다.

해설 직류방식은 고압송전이 불가능하여 변전소와 급전구분소 등의 간격을 짧게 하여 여러 곳에 설치해야 하지만 교류방식은 고압송전이 가능하다.

정답 24. ② 25. ③ 26. ① 27. ② 28. ③ 29. ②

30 다음 중 직류급전방식의 장점으로 옳지 않은 것은?

① 직류모터는 견인력이 매우 좋을 뿐 아니라, 튼튼하며, 제작하기 쉽고, 가격이 저렴하다.
② 전류가 크기 때문에 고정설비가 무거워진다.
③ 가압된 상태에서도 작업하기에 용이하다.
④ 통신선로에 유도장해가 많고 신호궤도 회로에도 교류방식을 사용할 수 있다.

해설 직류급전방식은 통신선로에 유도장해가 적고 신호궤도 회로에도 교류방식을 사용할 수 없다.

31 다음 중 직류급전방식의 단점으로 옳지 않은 것은?

① 교류방식과 비교하여 전차선 전류가 크기 때문에 전압강하가 크다.
② 변전소 간격이 짧아지므로 변전소의 수가 증가된다.
③ 전압이 높기 때문에 절연거리를 길게 해야 한다.
④ 누설전류에 의한 전식대책이 필요하다.

해설 직류급전방식은 전압이 낮기 때문에 전차선로나 기기의 절연이 쉽고, 터널이나 교량 등에서 절연거리도 짧게 할 수 있다.

32 다음 중 BT 급전방식에 대한 설명으로 옳지 않은 것은?

① 전차선로가 간단하다.
② 변전소 간격이 넓다.
③ 회로가 단순하므로 고장점 발견이 쉽다.
④ 급전전압이 낮으므로 고장전류가 적어 보호가 어렵다.

해설 BT 급전방식은 변전소 간격이 좁다.

33 다음 중 AT 급전방식에 대한 설명으로 옳지 않은 것은?

① 전차선로가 복잡하다.
② 전압이 낮으므로 보호가 비교적 용이하다.
③ 대용량 장거리급전에 가장 적합하다.
④ 건설비가 적게 든다.

해설 AT 급전방식은 전압이 높으므로 보호가 비교적 용이하다.

34 다음 중 급전계통의 구성시 고려할 요소로 옳지 않은 것은?

① 전압강하
② 사고시의 구분
③ 사고로 인한 정전구간
④ 가선범위

해설 급전계통의 구성시 고려할 요소
1. 전압강하
2. 사고시의 구분
3. 보호계전기의 보호범위
4. 가선범위

35 다음 중 전철 급전계통의 특성에 대한 설명으로 옳지 않은 것은?

① 고신뢰도, 고안정도의 전원설비가 요구된다.
② 직류방식에서는 전식대책이 필요하다.
③ 부하의 크기 및 시간적 변동이 작다.
④ 레일을 귀선로로 사용한다.

해설 전철 급전계통은 부하의 크기 및 시간적 변동이 극히 심하다.

36 다음 중 급전구간의 레일과 대지 간의 누설전류 경감을 목적으로 설치하는 것으로 옳은 것은?

① 변전소
② 구분소
③ 급전타이포스트
④ 정류포스트

정답 30.④ 31.③ 32.② 33.② 34.③ 35.③ 36.④

> **해설** 정류포스트(Rectifying Post)는 급전구간의 레일과 대지 간의 누설전류 경감을 목적으로 설치하는 것이다.

37 다음 중 본선과 지선이 분기되는 곳에 설치하는 설비로 옳은 것은?

① 변전소 ② 구분소
③ 급전타이포스트 ④ 정류포스트

> **해설** 구분소(SP : Sectioning Post)는 본선과 지선이 분기되는 곳에 설치하는 설비로서 전차선로의 전압강하를 경감시키고 고장검출을 용이하게 하며, 사고구간을 한정 구분하고 사고시나 작업시에는 정전구간을 단축하게 하는 역할을 한다.

38 다음 중 변전설비에 대한 설명으로 옳지 않은 것은?

① 직류 전철구간에는 복수의 변전소가 직렬로 접속되는 직렬급전방식이 표준이다.
② 교류전철방식에는 선로에 근접하는 통신선 등 약전류 전선에 유도장애를 일으키는 문제가 있다.
③ 우리나라교류전철방식에는 BT방식(Booster Transformer), AT방식(Auto Transformer)이 있다.
④ 직류변전소는 수전 설비, 변성설비, 급전설비, 고압 배전설비, 소내 전원설비 등의 설비로 구성되어 있다.

> **해설** 직류 전철구간에는 복수의 변전소가 병렬로 접속되는 병렬급전방식이 표준이다.

39 다음 중 전차선로 가선방식 중 전차선로의 가선방식에 있어 지하구간에 적합하도록 개발되어진 가선방식으로 도시지하철 구간의 대표적인 방식으로 옳은 것은?

① 강체단선식 ② 강체복선식
③ 제3궤조식 ④ 단선식

> **해설**
> 1. 강체복선식(Double Rigid System)이란 모노레일 등에 사용되고 있는 것으로 주행 궤도 구조물에 강체 구조로 한 급전용 및 귀선용의 정·부 도전레일을 설치한 방식이다.
> 2. 제3궤조식(Thrid Rail System)이란 주행용 레일 외에 궤도 측면에 설치된 급전용 레일(제3레일)로부터 전기차에 전기를 공급하여 귀선으로 주행 레일을 사용하는 방식이다.
> 3. 단선식(Single-trolley System)이란 전기 철도에 있어서 전차, 전기 기관차에 대한 전력 전송방식의 하나로, 궤도 상에 궤도를 따라 한가닥 전차선을 가설하는 방식이다.

40 다음 중 가공전차선의 부설방법 중 옳은 것은?

① 궤도면과 일정한 높이를 유지하고 궤도 중심과 일치해야 한다.
② 구배는 궤도와 같아야 하고 선형은 팬터그래프가 벗어나지 않을 정도로 한다.
③ 선형은 궤도중심과 일치해야 하고 구배의 편차는 어느 정도 허용된다.
④ 선형은 궤도중심선 좌우 허용범위 내에서 지그재그로 하고 본선의 구배는 궤도구배와 3 이내가 되도록 한다

> **해설** 선형은 궤도중심선 좌우 허용범위 내에서 지그재그로 하고 본선의 구배는 궤도구배와 3 이내가 되도록 한다.

41 다음 중 가공전차선의 선형을 지그재그로 부설하는 이유로 옳은 것은?

① 차량의 사행운동을 감안해서
② 집전의 효율을 높이기 위하여
③ 팬터그래프의 미끄럼판의 이상마모 방지를 위하여
④ 전차선 설치가 용이하므로

> **해설** 팬터그래프의 편마모 마모 방지를 위해 가공전차선의 선형을 지그재그로 부설한다.

정답 37. ② 38. ① 39. ① 40. ④ 41. ③

42 다음 중 직접 조가방식에 대한 설명으로 옳지 않은 것은?

① 가장 단순한 구조의 방식이다.
② 전차선만 1조로 구성된다.
③ 수송밀도가 높은 전철구간에 적합한 가선방식이다.
④ 중속도(85[km/h])까지 사용가능하다.

해설 직접 조가방식은 수송밀도가 별로 높지 않은 전철구간에 적합한 가선방식이다.

43 다음 중 전철전력설비 시설규정상 기준이 되는 전차선 높이로 옳은 것은?

① 5,000[mm]   ② 5,200[mm]
③ 5,400[mm]   ④ 5,600[mm]

해설 전차선 높이는 레일면상에서 전기차가 직접 접촉하여 전기를 공급받는 전차선 하부까지를 말하며, 전철전력설비 시설규정에는 최소 5,000[mm], 기준 5,200[mm], 최대 5,400[mm]이다.

44 다음 중 기준이 되는 전차선의 편위로 옳은 것은?

① 200[mm]   ② 210[mm]
③ 220[mm]   ④ 230[mm]

해설 전차선의 편위는 전차선의 궤도 중심면에서 수평거리를 말하며 규정상 200[mm]를 기준으로 하고 최대 250[mm]까지 할 수 있다.

45 다음 중 강체조가방식에 대한 설명으로 옳지 않은 것은?

① 전차선의 위쪽에 조가선을 설치하고 이 조가선의 행거나 드롭퍼로 전차선을 잡아맨다.
② 알루미늄 합금제인 T형재가 급전선을 겸하면서 단선의 위험이 없다.
③ 강성이 커서 팬터그래프가 주행 중에 동요를 일으켜 전차선에 붙었다 떨어지곤 할 때 도약해버리기 쉽다.
④ 카테나리 방식으로는 터널의 단면적이 커질 수밖에 없기 때문에 주로 지하철에서 많이 사용한다.

해설 ①는 심플 카테나리에 대한 설명이다.

46 다음 중 신교통시스템이나 모노레일 등에서 고무타이어 주행차량의 경우 사용하는 전차선의 분류로 옳은 것은?

① 강체복선방식   ② 가공복선식
③ 제 3궤조 방식   ④ 가공단선식

해설
② +와 − 두가닥의 전차선을 궤도 상부에 가선하는 방식으로 노면전차 등에 사용된다.
③ 전차선 대신 운행용 궤도와 병행으로 급전궤도를 부설하여 집전하는 방식이다.
④ 전차선을 궤도상부에 가설하고 레일을 귀선으로 하는 방식이다.

47 다음 중 절연구간에 대한 설명으로 옳지 않은 것은?

① 전차선로에서 전기방식이 다른 교류와 직류가 서로 만나는 부분이나 교류방식에서 공급되는 전기가 서로 상이 다를 경우 일정한 길이만큼 전기가 통하지 않도록 하는 구간이다.
② 절연구간은 오직 교류와 직류를 구분하기 위한 교·직 절연구간만 설치한다.
③ 절연구간 통과 시에는 전기차가 동력이 없는 상태로 타행운전 하여야 한다.
④ 곡선반경이 800m보다 커야하고 오르막 기울기는 5‰ 보다는 완만해야 한다.

해설 절연구간은 교류와 직류를 구분하는 교·직 절연구간과 교류와 교류를 절연하는 교·교 절연구간을 설치한다.

정답 42. ③ 43. ② 44. ① 45. ① 46. ① 47. ②

48 다음 중 절연구간의 길이를 계산할 때 고려해야할 조건으로 옳지 않은 것은?

① 차종별 축중
② 팬터그래프의 수
③ 차량의 구조에 따른 팬터그래프 간 거리
④ 차량이 절연구간을 통과할 때 발생하는 아크의 길이

해설 절연구간의 길이를 계산할 때는 팬터그래프간 거리, 팬터그래프의 수, 절연구간 통과 시 발생하는 아크의 길이 등을 고려하고 차종별 축중은 고려할 사항이 아니다.

49 다음 중 지그재그 가선에 대한 설명으로 옳지 않은 것은?

① 편마모를 방지하기 위해 설치한다.
② 직선 및 곡선반경 1,600m이상의 선로에서는 전주 2개 사이를 일주기로 둔다.
③ 표준편위는 최대 300mm까지 할 수 있다.
④ 직선 및 곡선반경 1,600m이상의 선로에서는 좌우 교대로 200mm의 편위를 두도록 하고 있다.

해설 표준편위는 좌우 200mm를 표준으로 하고 최대를 좌우 250mm로 한다.

50 다음 중 가선종단표에 대한 설명으로 옳은 것은?

① 전차선의 급전구분장치 시작지점에 설치한다.
② 전기직원이 역구내외 본선에서 작업을 할 때, 그 작업 지점을 표시하기 위하여 전차선 작업장소 200m 전방에 설치한다.
③ 팬터그래프 내림표는 작업전방 20m 이상 지점에 설치한다.
④ 전기기관차, 전기동차(이하 전기차)는 이 표지를 넘어서 운전하지 못한다.

해설 가선종단표는 전차선로가 끝나는 지점에 설치하여 더 이상 전차선이 없음을 표시한다. 따라서 전기기관차, 전기동차(이하 전기차)는 이 표지를 넘어서 운전하지 못한다.

51 다음 중 전차선의 구비조건으로 옳지 않은 것은?

① 건설 및 유지비용은 고려하지 않아도 된다.
② 도전률이 크고 내열성이 있어야 한다.
③ 마모에 강해야 한다.
④ 기계적 강도가 커서 자중뿐 아니라 강풍에 의한 횡방향 하중, 적설결빙 등의 수직 방향하중에도 견딜 수 있어야한다.

해설 전차선은 건설 및 유지비용이 적어야 한다.

52 다음 중 에어조인트에 대한 설명으로 옳지 않은 것은?

① 다른 구분장치들이 전기적 구분을 목적으로 하고 있음에 반해 전기적으로는 접촉하고 있으면서 전차선을 기계적으로 구분하여 주는 장치이다.
② 중간중간에 전차선을 약 1600m 이하로 구분 절단하여 자동으로 장력을 조정하는 것이 에어조인트의 설치 이유이다.
③ 기계적으로 완전히 구분된 별개의 설비를 전기적으로 균압선을 사용하여 접속한 것을 말한다.
④ 평행부분 전차선의 이격거리는 300mm를 원칙으로 한다.

해설 ④는 에어섹션에 대한 설명이다.

53 다음 중 귀선로의 전기저항이 높은 경우는 전압강하나 전력손실이 크게 되고, 대지의 누설전류가 증가하여 전식의 원인이 되므로 직류 전차선로의 전압강하 및 레일의 전위상승이 심한 경우 시설하는 것으로 옳은 것은?

① 부급전선
② 흡상선
③ 중성선
④ 보조귀선

해설
1. 부급전선은 통신 유도장해를 경감하기 위해서는 흡상변압기(BT)급전방식으로 레일에 흐르고 있는 귀선전류를 흡상변압기에 의하여 흡상하여 강제적으로 변전소에 되돌려 보내기 위하여 귀선과 레일에 병렬로 접속시킨 전선이다.
2. 흡상선은 교류 전차선로의 통신 유도장해를 경감하기 위하여 부급전선이 있는 흡상변압기(BT) 급전방식의 변전소 바로 근처 및 인접 흡상변압기의 중간지접 부근에서 부급전선과 레일을 접속하는 선이다.
3. 중성선은 단권변압기(AT) 급전방식의 변전소 등에 설비되어 있는 단권변압기의 중선점과 레일의 임피던스 본드의 중성점을 연결하는 선이다.

54 다음 중 선로의 분개개소에서 상호 전기차가 운전 가능하도록 전차선을 교차시켜 팬터그래프의 집전을 가능하게 하기 위한 설비로 옳은 것은?

① 흐름방지장치
② 진동방지-곡선당김 장치
③ 건널(교차)선 장치
④ 구분장치

해설
1. 흐름방지장치란 한쪽 방향으로 전차선이 흐르는 것을 방지하는 설비다.
2. 진동방지-곡선당김 장치란 전차선의 동요를 억제하고, 전차선을 곡선로에 적합한 소정의 위치에 가선되도록 하는 장치다.
3. 구분장치(Section)란 팬터그래프의 습동에 지장을 주지 않으면서 전차선을 전기적으로 구분하는 장치다.

55 다음 중 장력조정장치 중 수동식에 해당하는 것으로 옳은 것은?

① 조정 스트랩
② 스프링식 자동장력 조정장치
③ 레버식 텐션 밸런서
④ 유압식 밸런서

해설 장력조정장치는 이선에 따른 전차선의 집전성능의 악화, 장력 증대에 따른 전차선 단선 등의 위험이 발생하여 전기운전에 지장을 주기 때문에 전차선의 장력을 일정한 크기로 유지하기 위한 설비이다.

자동식	수동식
• 활차식 자동장력 조정장치(Wheel Tension Balancer) • 스프링식 자동장력 조정장치 • 레버식 텐션 밸런서(Lever Tension Balancer) • 유압식 밸런서(OTB)	• 와이어턴버클(Wire Turnbuckle) • 조정 스트랩(strap)

56 다음 중 강체전차선에 대한 설명으로 옳지 않은 것은?

① 터널구조물의 단면 높이를 축소할 수 있어 건설비를 절감할 수 있다.
② 장력장치, 곡선당김 장치, 진동방지 장치가 불필요하다.
③ 설비가 간단하기 때문에 보수유지가 쉽다.
④ 집전특성이 좋기 때문에 운행속도에 장점이 있다.

해설 강체전차선은 팬터그래프가 강체전차선에 습동하여 운행될 때 이에 대한 추종성이 없어 집전특성이 나쁘기 때문에 전기차 운행속도에 한계가 있다.

57 다음 중 전주 또는 고정빔 등에 취부하여 급전선, 부급전선, 보호선 등을 지지 또는 인류하기 위한 구조물로 옳은 것은?

① 완철
② 빔
③ 전철주
④ 평행틀

해설
1. 빔이란 전철주와 조립하여 전차선과 급전선 등을 지지하기 위한 강 구조물을 말한다.
2. 전철주란 가공전차선로를 지지 또는 인류하기 위한 설비를 말한다.
3. 평행틀이란 전차선 평행개소(Over Lap) 등에서 1본의 전주에 2개의 가동 브래킷을 지지하기 위한 구조를 말한다.

정답 53. ④ 54. ③ 55. ① 56. ④ 57. ①

58 다음 중 전차선의 전주에 대한 지선의 종류로 옳지 않은 것은?

① 단지선 ② V형지선
③ 수직지선 ④ 궁형지선

해설 전차선, 급전선 등의 인장력 또는 수평장력이 작용하는 전주에 취부하는 것으로 그 인장력 또는 수평장력에 의하여 전주가 경사 또는 구부러지지 않도록 하기 위한 설비를 지선이라 한다. 지선의 종류에는 단지선, V형지선, 2단지선, 수평지선, 궁형지선 등이 있다.

59 다음 중 정거장이 아닌 것은?

① 조차장 ② 역
③ 신호장 ④ 신호소

해설 신호소는 분기점에서의 신호를 담당하는 시설이다. 승강장 등 역이 갖추는 기본적인 시설이 없는 경우가 많다.

60 다음 중 화물조차장의 위치로서 가장 적합하지 않은 것은?

① 장거리 간선의 시·종점 부근
② 공업단지부근
③ 항만지대
④ 화물이 다량 집산되는 대도시주변

해설 화물조차장은 화물이 다량 집산되는 대도시주변, 공업단지부근, 철도선로의 분기점, 장거리 간선의 중간지점, 항만지대, 석탄중심지등에 위치하기 적합하다.

61 다음 중 섬식 정거장에 대한 설명으로 옳지 않은 것은?

① 일반적으로 종단역에 설치하여 건설비와 용지비가 절약된다.
② 장래 확장이 쉽고 상하열차 동시 착발 시 혼잡 우려가 없다.
③ 승객의 혼잡도를 1개소로 이용 가능하며, 승강장 이용도가 높다.
④ 구축 내 공간 이용도가 높으며 반대방향의 열차 탑승이 쉽다.

해설 섬식 정거장은 장래 확장이 곤란하며 상하열차 동시 착발 시 혼잡 우려가 있다.

62 다음 중 상대식 정거장에 대한 설명으로 옳지 않은 것은?

① 일반적으로 중간역에 설치하며 장래연선이 용이하다.
② 승강장 전후에 곡선이 없고 대부분 직선형이다.
③ 승객의 혼잡도를 1개소로 집약이 곤란하며 승강장 이용도가 낮다.
④ 구축 내 공간 이용도가 높고 반대방향 열차 탑승 시 지하도 또는 과선교가 필요없다.

해설 상대식 정거장은 구축 내 공간 이용도가 낮고 반대방향 열차 탑승 시 지하도 또는 과선교가 필요하다.

63 다음 중 승강장 홈이 선로를 사이에 두고 상대로 설치된 홈으로 홈의 한쪽에 열차를 발착시킬 수 있는 본선로를 설치한 승강장 방식으로 옳은 것은?

① 내향식홈 (separate platform)
② 섬식홈 (island platform)
③ 빗형홈 (comb shaped platform)
④ 쐐기형홈 (Wedge platform)

해설 대향식홈이란 형상에 의한 승강장의 분류로 선로를 사이에 두고 양쪽으로 마주보고 설치된 홈으로 홈 한쪽에 열차를 발착시킬 수 있는 본선로를 설치한 것이다.

64 다음 중 여객승강장 중 단선구간의 중간역으로 승하차가 편리하며 장래 확장이 용이하고 상하열차 동시착발시 안전운행이 보장되는 형식으로 옳은 정거장은?

① 섬식 정거장 ② 상대식 정거장
③ 둑식 정거장 ④ 혼합식 정거장

정답 58.③ 59.④ 60.① 61.② 62.④ 63.① 64.②

해설 상대식은 섬식에 비해서 장래 확장이 용이하며 상하 열차 착발시 혼잡의 우려가 없지만 건설비를 더 부담해야 한다.

65 다음 중 정거장 위치선정시 고려사항으로 옳지 않은 것은?

① 정거장 구내는 가능하면 수평이고 급구배나 급곡선이 없어야 한다.
② 여객과 화물이 집산되는 중심지를 피하고 타 교통기관과 연계를 피해서 수송을 독점할 수 있어야 한다.
③ 정거장의 기능 및 필요면적이 확보되고 장래확장 및 개량이 용이한 지역
④ 정거장은 용지매수가 용이하고 토공과 구조물이 적은 지형일 것

해설 정거장 위치선정시 여객과 화물이 집산되는 중심지를 피하고 타 교통기관과 연계를 피해서 수송을 독점해서는 안 된다.

66 다음 중 정거장내 본선유효장의 결정기준으로 옳은 것은?

① 승강장의 연장
② 여객열차의 최대길이
③ 화물열차의 최대길이
④ 정거장내 지형조건

해설 일반적으로 화물열차가 여객열차보다 길기 때문에 여객역 이외의 정거장에서는 화물열차의 길이에 의하여 유효장이 결정된다.

67 다음 중 후속열차가 선행열차를 추월할 때 필요한 것으로 옳은 것은?

① 대피선   ② 안전측선
③ 피난측선   ④ 인상선

해설 대피선은 열차가 착발할 때 이용되는 본선으로 정거장 선로에는 본선과 측선으로 구분되며 본선은 열차가 착발할 때 이용하는 선로로서 대피선은 본선의 일종이며 다음과 같은 사항 발생 시 설치한다.

1. 후속열차가 선행열차를 추월할 필요시
2. 열차 밀도가 높아서 선행열차 출발 전 후속 열차 진입 시

68 다음 중 객차조차장에 존재하는 선들이다. 해당 없는 선으로 옳은 것은?

① 검사선   ② 도착선
③ 유치선   ④ 계중대선

해설 객차 조차장의 선군에는 도착선, 조체선, 세차선, 소독선, 검사선, 수선선, 유치선, 예비차선, 출발선 이 있다.

69 다음 중 험프조차장에서 분해 작업을 할 경우에는 인상선에 상당하는 것이 험프에 향하여 오르막으로 된 화차조차장의 선군으로 옳은 것은?

① 분별선   ② 도착선
③ 압상선   ④ 수수선

해설 취급화차수가 많을 경우 구내에 험프하고 하는 소구배면(H=2~4m)을 구축하고 화차자체 중력을 이용하여 분별선에 전주시켜 조차하는 방식을 험프입환 이라고 한다.

70 다음 중 정거장에 2개 이상의 열차를 동시에 진입시킬 때 열차의 충돌 등을 예방하기 위하여 설치하는 선로로 옳은 것은?

① 안전측선   ② 대피선
③ 인상선   ④ 피난측선

해설 안전측선이란 정차장 내에서 둘 이상의 열차 또는 차량이 동시 진입 또는 진출할 때, 지나쳐 주행하여 충돌 등의 사고를 일으키는 것을 방지하기 위해서 설치되는 측선이다.

71 다음 중 정거장에 인접한 본선에 급구배가 있을 경우 고장차량 등으로 역행하여 정차장내의 다른 열차와 충돌하는 것을 예방하고자 부설한 선로로 옳은 것은?

① 안전측선   ② 피난측선
③ 인상선   ④ 대피선

정답 65. ② 66. ③ 67. ① 68. ④ 69. ① 70. ① 71. ②

해설 정차장에 접근하여 본선에 급구배가 있을 경우 만일 차량고장과 운전 부주의 등으로 차량이 일주하거나 연결기 절단이 발생하여 차량이 도중에서 역행하여 정차장 내에 진입함으로서 다른 열차 또는 차량이 충돌하는 사고를 방지하기 위하여 설치하는 측선이 피난측선이다.

72 다음 중 후속열차가 선행열차를 추월할 필요가 있을 때 또는 열차 밀도가 높아서 선행열차가 출발하기 전에 후속열차를 진입시킬 필요가 있을 때 설치하는 선로로 옳은 것은?

① 유치선 ② 대피선
③ 수선선 ④ 입환선

해설 대피선이란 정차장에서 열차를 대피시킬 목적으로 부설하여 놓은 선로, 후속열차가 선행열차를 추월할 필요가 있을 때 또는 열차 밀도가 높아서 선행열차가 출발하기 전에 후속열차를 진입시킬 필요가 있을 때, 화물열차의 조성과 정리를 화물열차를 장시간 역에 정차시킬 필요가 있을 때 등을 위해 설치한 선로이다.

73 다음 중 정거장을 본선로의 구내배선에 의해 분류할 때 그림과 같은 정거장으로 옳은 것은?

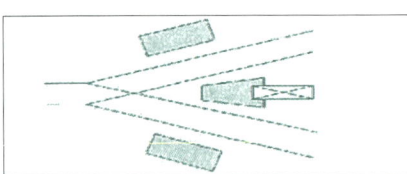

① 섬식 정거장 ② 쐐기식 정거장
③ 관통식 정거장 ④ 반환식 정거장

해설 쐐기 모양은 윗부분이 넓고 밑 부분이 점차 좁아져서 마치 목수가 사용하는 쐐기의 측면에 흡사한 모양으로 다음 그림은 쐐기식 정거장의 모습이다.

74 다음 중 지상 정거장 위치선정과 가장 거리가 먼 것으로 옳은 것은?

① 구내는 가능한 수평이고 직선이어야 한다.
② 해당 도시의 발전을 위하여 도시중앙에 위치하도록 해야 한다.
③ 열차운전 효율 향상을 위하여 출발 시에는 하구배 도착 시에는 상구배가 되어야 한다.
④ 구내는 가능한 구조물이 없는 위치로 해야 한다.

해설 정거장 위치선정시 고려사항
1. 정거장 구내는 가능한 직선 또는 수평이어야 하며 정거장 외라도 정거장에 근접하여 급구배나 급곡선을 피해야 된다.
2. 여객과 화물이 집산되는 중심지에 근접되고, 타 교통기관과 연계수송이 용이 해야 된다.
3. 정거장간 거리는 4~8km, 대도시 전철역은 11km 전후에 설치한다.
4. 정거장의 기능과 필요 면적이 확보되고 장래 확장 및 개량이 용이한 지역이어야 한다.
5. 정거장은 넓은 면적이 소요되므로 용지매수가 용이하고 토공과 구조물이 적은 지형이어야 한다.
6. 정거장 전후 구배가 도착시는 상구배, 출발시는 하구배가 되는 지형이어야 한다.
7. 객차 조차장, 차량기지는 가능한 종단 정거장을 가깝게 해야 한다.

75 다음 중 대심도 지하철의 일반적인 역간거리로 옳은 것은?

① 1 ~ 3 [km] ② 4 ~ 6 [km]
③ 7 ~ 9 [km] ④ 10 ~ 12 [km]

해설 대도시 도심지역은 고층빌딩의 고밀도와 지하철망 확대로 통상의 지하철과 같이 직접 도로 밑을 진입할 수 있는 여유 공간이 없으므로 대도시 지하철망을 확충하는 경우 새로운 노선은 기존의 지하철 또는 고층빌딩 지하 등 지하 심층부에 노선을 선정해야 하는 경우가 있다. 이와 같은 경우를 대심도 지하철이라 하고 일반적으로 지하 50[m] 이상 역간거리 4~6[km]가 된다.

76 다음 중 정거장 외 구간에서 2개의 선로를 설치하는 경우 선로중심간격은 몇 [m] 이상이어야 옳은가?

① 3.5[m] 이상 ② 4.0[m] 이상
③ 4.5[m] 이상 ④ 5.0[m] 이상

해설 정거장 외 구간에서 2개의 선로를 설치하는 경우 선로중심간격은 4.0[m] 이상, 3개 이상의 선로를 설치하는 경우 하나는 4.5[m] 이상이어야 한다.

정답 72.② 73.② 74.② 75.② 76.②

77 다음 중 정거장 안에 설치하는 선로중심간격을 몇 [m] 이상이어야 옳은가?

① 4.1[m] 이상　② 4.2[m] 이상
③ 4.3[m] 이상　④ 4.4[m] 이상

해설 정거장 안에 나란히 설치하는 선로중심간격은 4.3[m] 이상어야 한다.

78 다음 중 직선구간에서의 승강장 높이에 대한 설명으로 옳은 것은?

① 도시철도의 승강장 높이는 승강면과 차량바닥면의 차이가 ±20mm이내가 되도록 해야한다.
② 전동차를 취급하는 승강장의 높이는 1,135mm로 한다.
③ 일반열차와 전동차를 혼합운행하는 구간에서 일반객차로 승강계단이 있는 열차가 운행되는 승강장 높이는 레일면에서 300mm로 한다.
④ 승강장에 캔트가 있는 곡선구간에서의 높이는 승강장 끝에서 내외 궤도 레일면을 포함한 평면에 수직으로 내린 길이가 승강장 높이가 된다.

해설
① 도시철도 승강장 높이는 승강면과 차량바닥면의 차이가 ±15mm 이내가 되도록 해야한다.
③ 일반열차와 전동차를 혼합운행하는 구간에서 일반객차로 승강계단이 있는 열차가 운행되는 승강장 높이는 레일면에서 500mm로 한다.
④ 곡선구간에서의 승강장 높이에 대한 설명이다.

79 다음 중 승강장의 구조형식에 대한 설명으로 옳지 않은 것은?

① 승강장은 열차에 근접한 위치에 설치하게 되므로 한 쪽 기울어짐이나 변형이 없는 견고한 구조로 보행의 안전과 하역이 편리한 구조로 되어야 한다.
② 승강장은 배수가 잘 되도록 표면에 기울기를 두어야 한다.
③ 미끄럼 방지 타일은 승강장 끝에서 400mm~800mm 떨어져 있어야 한다.
④ 승강장 끝부분에는 여객이 진입하고 진출하는 열차에 안전하도록 미끄럼 방지 타일을 붙여야 한다.

해설 미끄럼 방지 타일은 승강장 끝에서 600~1,000mm (표준 800mm)떨어져 있어야 하고 황색 점자타일을 붙인다.

80 다음 중 복선구간의 대피역 중 주본선 대피선 정차 형에 대한 설명으로 옳은 것은?

① 하행 쪽에 대피선을 설치하는 것으로, 상행대피 열차는 도착, 출발 어느 것이나 하 본선을 지장하므로 상행열차의 대피를 상당히 제약한다.
② 새마을 등 쾌속열차가 정차한 후 각 역 정차열차를 추월하는 경우 및 동일방향의 상호 착발열차를 취급하는 경우 등의 배선으로 표준적인 형이다.
③ 대피열차는 도착, 출발 시 대향열차와 경합되지 않는다.
④ 통과열차가 많고 정차열차가 적은 경우에 알맞은 형태이다.

해설
①는 편대피 형에 대한 설명이다.
③는 중대피 형에 대한 설명이다.
④는 주본선 통과 추원형 중 상대식에 대한 설명이다.

81 다음 중 정거장의 사용목적에 의한 분류로 여객과 화물을 같이 취급하는 역으로 대부분의 역이 해당하는 형태로 옳은 역은?

① 화물역　② 여객역
③ 조차장　④ 보통역

해설 보통역은 여객과 화물을 같이 취급하는 역으로 대부분의 역이 이런 형태이다. 또한 열차의 조성, 해방, 급수 등을 하기 위한 운전상의 여러 시설을 갖춘 큰 규모의 역도 있다.

정답　77. ③　78. ②　79. ③　80. ②　81. ④

82 다음 중 기관차 사무소 위치 선정시 고려사항으로 옳지 않은 것은?

① 선로가 분기하는 지점
② 타기관 사무소와 가까운 곳
③ 수질이 양호하고 풍부한 곳
④ 연료 수급이 양호한 곳

해설 기관차 사무소 위치 선정시 고려사항
1. 열차회수 변화 지점 일 것 (즉, 열차운행 기점장소일 것)
2. 선로가 분기하는 지점일 것
3. 타기관 사무소와 적당한 이격이 있는 곳일 것
4. 수질이 양호하고 풍부한 곳일 것
5. 연료 수급이 양호한 곳일 것
6. 기관차고에 기관차 출입이 편리하고 역구내 배선이 가능한 장소일 것

83 정거장 분기기의 배치에 대한 설명 중 옳지 않은 것은?

① 조차장 입환선에 설치하는 분기기는 차량의 주행저항을 커지게 한다.
② 분기기는 위치, 방법, 종별에 관하여 충분히 검토해야 한다.
③ 분기기는 가능하면 집중배치한다.
④ 특별 분기기는 유지관리 및 보수를 위하여 가급적 많이 설치한다.

해설 특별 분기기는 보수면을 고려하여 될 수 있는 한 피하고 배선상 큰 이점이 있을 경우에만 설치한다.

84 다음 중 차량기지에 대한 설명으로 옳지 않은 것은?

① 각종 차량의 청소, 검사, 수선, 정비, 유치 등을 하는 시설의 종합기능을 수행하는 장소이다.
② 기관차, 전동차, 여객차, 화물차기지로 구분한다.
③ 규모를 점점 소형화하여 시설을 보다 활용하고 작업을 기계화 및 단순화하여 효율을 향상시키는 것이 바람직하다.
④ 열차를 운전하는 승무원의 거점이다.

해설 차량기지는 규모를 어느 정도 크게 하여 시설을 보다 활용하고 작업을 기계화 및 단순화하여 효율을 향상하는 것이 바람직하다.

85 다음 중 역사의 조건으로 옳지 않은 것은?

① 역사 내나 여객 플랫폼까지 여객의 보행 거리가 짧도록 해야 한다.
② 다른 교통기관과의 접속은 고려하지 않아도 된다.
③ 업무 동선과 여객 동선이 교차하지 않도록 한다.
④ 출구와 개찰구 등의 배치가 알기 쉽고, 여객이 방향을 잃는 일이 없도록 한다.

해설 역사는 2차 교통기관과의 연락이 편리해야하며 다른 교통기관과의 접속을 배려하여야 한다.

86 다음 중 여객 승강장의 길이로 옳은 것은?

① 발착하는 열차의 길이보다 5~10m 길게 한다.
② 발착하는 열차의 길이보다 8~15m 길게 한다.
③ 발착하는 열차의 길이보다 10~20m 길게 한다.
④ 발착하는 열차의 길이보다 20~30m 길게 한다.

해설 여객승강장의 길이는 발착하는 열차의 길이보다 10~20m 길게해야 한다.

정답 82. ② 83. ④ 84. ③ 85. ② 86. ③

87 다음 중 대피선 설치에 대한 설명으로 옳지 않은 것은?

① 복선구간의 방향별 운전을 위해서 설치
② 화물열차를 장시간 역에 정차시킬 필요가 있을 때 설치
③ 후속열차가 선행열차를 추월할 필요가 있을 때 설치
④ 열차밀도가 높아서 선행열차가 출발하기 전에 후속열차의 진입필요시 설치

해설   대피선은 후속열차가 선행열차를 추월할 필요가 있을 때, 열차 밀도가 높아서 후속열차를 선행열차가 출발하기 전에 진입시킬 필요가 있을 때, 화물열차의 조성과 정리로 화물열차를 장시간 역에 정차시킬 필요가 있을 때 등을 위해 설치한다.

88 다음 중 정차장 설비에 있어서 두단식 외에 종단역의 배선으로 볼 수 있는 것으로 옳은 것은?

① 단식   ② 섬식
③ 상대식   ④ 관통식

해설   종단역 배선에는 두단식 종단역, 관통식 종단역 두 종류가 있다.

89 다음 중 정거장 구내의 비선을 결정할 때 고려해야 할 일반 원칙 중 옳지 않은 것은?

① 정거장 구내는 사용 효율이 같을 때에는 가능하면 길이가 짧고 넓이가 좁도록 할 것
② 정거장 구내의 투시가 양호토록 할 것
③ 정거장 구내의 용지는 넓고 평탄 할 것
④ 통과열차가 통과하는 본선을 직선 또는 반경이 큰 곡선일 것

해설   정거장 구내는 사용 효율이 같을 때에는 가능하면 길이가 길고 넓이가 넓도록 해야 한다.

90 다음 중 화차의 분해작업 방법 중 입환작업 능률을 향상시키기 위하여 구내의 적당한 위치에 소구배면을 구축하고 입환기관차로 압상하여 화차자체의 중력으로 자주 시켜 분별 선중에 전주시키는 조차법으로 옳은 것은?

① 돌방입환
② 포링입환(poling method shunting)
③ 중력입환
④ 험프입환

해설   험프입환이란 취급화차수가 많을 경우 구내에 험프하고 하는 소구배면(H=2~4m)을 구축하고 화차자체 중력을 이용하여 분별선에 전주시켜 조차하는 방식이다.

91 다음 중 착발본선이 막힌 종단형으로 된 정거장으로 주요 구조물이 선로의 종단쪽에 설치되는 정거장으로 옳은 것은?

① 절선식 정거장   ② 관통식 정거장
③ 두단식 정거장   ④ 반환식 정거장

해설   두단식 정거장은 본선 착발선이 막힌 종단형으로 된 정거장으로 주요 건물은 선로 양단쪽에 설치된다.

92 다음 중 화물취급설비에 대한 설명으로 옳지 않은 것은?

① 역사, 화물 바꿔 싣기 설비, 화물 분류 설비, 화물 보관 설비, 화차나 컨테이너의 일시 체류 설비 등이 필요하다.
② 철도 이용의 촉진을 위해서는 화물역과 직결한 창고가 필요하다.
③ 컨테이너 열차의 도중 역에서 싣고 내리기 수송에 대응하여 착발선 컨테이너 하역 역이 정비되어 있다.
④ 최근에는 화차의 바닥면에 높이를 맞춘 화물 플랫폼(높이 960~1,60mm)이 사용되고 있다.

해설   화물취급설비는 최근에 지게차 사용에 따라 궤도면과 같은 높이의 플랫폼이 원칙으로 되어있다.

정답   87. ①   88. ④   89. ①   90. ④   91. ③   92. ④

93 다음 중 새로운 여객역 검토시 고려사항으로 옳지 않은 것은?

① 화물취급에 대한 연결 관계
② 근대적 영업시설과 업무운영방식의 시스템화
③ 토지공간의 입체적 이용 및 여행 서비스의 능률적인 제공설비
④ 타 교통기관과 유기적 연계

해설 여객역은 여객만을 취급하는 역이고 화물시설 집중에 따라 이런 형태의 역이 많아지고 있기 때문에 화물취급에 대한 연결 관계는 고려하지 않아도 된다.

94 다음 중 정거장 설비에서 본선로에 해당하지 않는 것은?

① 여객 및 화물본선   ② 통과선 및 대피선
③ 도착선 및 출발선   ④ 유치선 및 인상선

해설 유치선 및 인상선은 측선에 해당한다.

95 다음 중 영업활동은 하지 않고 열차의 교행 또는 대피를 위하여 설치한 정거장으로 옳은 것은?

① 신호장   ② 역
③ 조차장   ④ 신호소

해설 신호장은 여객이나 화물의 취급 등 영업활동은 하지 않고 열차의 교행 또는 대피를 위해 시설한 장소이다.

96 다음 중 승강장의 배치방식 중 선로별 배치에 대한 설명으로 옳은 것은?

① 각 계통별로 선로가 분리될 때 입체교차를 하지 않아도 되는 장점이 있다.
② 같은 방향의 여객은 같은 승강장에서 취급되므로 여객에게 편리하다.
③ 전차와 같이 운전시격이 3분 이내로 짧은 경우 승강장 양측에 같은 방향의 도착이나 출발선을 설치하여 혼잡완화, 운전시격의 조정 및 열차의 지연 정리를 하는 경우가 있다.
④ 양선이 분리하는 경우 반드시 입체교차가 필요하게 되어 많은 공사비가 소요된다.

해설 1. ②와 ④는 방향별 배치에 대한 설명이다.
2. ③는 교호착발에 대한 설명이다.

97 다음 중 정거장 개량 계획에 대한 설명으로 옳지 않은 것은?

① 과밀, 다양화가 진행되는 이용자의 편리를 향상하여 여유와 헤아림이 있는 수송거점으로서의 역으로 개량한다.
② 다른 수송기관, 관련 사업과의 연계를 견고하게 하는 설비로 개량한다.
③ 역무 전반에 기계 설비 오작동으로 인한 사고와 장애를 막기 위해 아날로그적인 설비로 개선한다.
④ 운반의 철도에서 서비스의 철도로 변환하며, 정보를 파악하여 광역·중점적인 영어 체제에 조화된 서비스를 제공하고, 판매하는 설비로 개량한다.

해설 정거장은 역무 전반에 걸쳐 현대직이고 합리적인 업무 운영 시스템 설비로 개선해야 한다.

98 다음 중 차량기지의 배치에 대한 설명으로 옳지 않은 것은?

① 예전의 증기기관차 시대에는 증기기관차를 운용할 수 있는 거리인 약 60km마다 기관차기지가 설치되었다.
② 객차의 경우 시·종착역에 가까운 장소에 기지가 설치된다.
③ 역 등의 착발선에서 운전대를 교환하는 일이 없이 기지로 입출고 할 수 있는 위치를 선택한다.
④ 입출고 루트는 본선열차에 대한 지장은 고려하지 않아도 된다.

정답 93. ①　94. ④　95. ①　96. ①　97. ③　98. ④

해설 입출고 루트는 본선열차에 대한 지장 적극 적게 하며 경우에 따라서는 입체교차로 한다.

99 다음 중 차단기를 설치하고 교통량이 많은 일정 시간만 간수를 배치하는 건널목으로 옳은 것은?

① 제4종 건널목　　② 제3종 건널목
③ 제2종 건널목　　④ 제1종 건널목

해설 2종 건널목은 총 교통량 300,000회 이상 500,000회 미만일 경우(단 1종과 같이 3종 건널목 대상이나 위험도가 높은 경우)에 설치되며 1종 건널목에서 차단기, 관리원 없음 표지, 조명장치, 고장검지장치가 생략된 것이다.

100 다음 중 선로구배표의 건식에 대한 설명으로 옳은 것은?

① 선로구배의 시종점에 건식한다.
② 선로구배의 변환점에 건식한다.
③ 선로구배의 시작점에 건식하며 표지판 한면(열차진행방향)에 표시한다.
④ 기관사가 구배표시를 확인할 수 있는 투시거리가 양호한 지점에 설치한다.

해설 운전 및 보선상 필요에 의하여 구배 변환점에 세우는 선로제표의 일종으로 구배표에는 화살표로서 상하구배의 방향을 숫자로 써서 구배도수를 표시한다.

101 다음 중 건널목 보안장치에 대한 설명으로 옳지 않은 것은?

① 제 2종 건널목에는 교통안전 표지만이 설치되어있다.
② 건널목 경보기의 경보음 발생기는 트랜지스터를 이용한 발진기부와 스피커로 구성되어 있다.
③ 건널목 차단기는 구조가 간단한 완목식이 대부분 채용되어 있다.
④ 제 1종 건널목은 차단기를 설치하여 열차 통과 시에 도로를 차단한다.

해설 제2종 건널목은 경보기를 설치하여 열차가 지나간다는 것을 경보한다.

102 다음 건널목 입체교차 중 철도와 도로의 입체교차 방법으로 옳지 않은 것은?

① 선로와 도로를 나란히 두는 방법
② 한쪽을 어느 높이까지 올려놓는 방법
③ 선로를 도로위로 통과하는 방법
④ 도로를 선로위로 통과하는 방법

해설 철도와 도로의 입체교차 방법
1. 도로를 선로위로 통과하는 방법
2. 선로를 도로위로 통과하는 방법
3. 한쪽을 어느 높이까지 올려놓는 방법

103 다음 중 승강장 설계시 고려사항에 대한 설명으로 옳지 않은 것은?

① 길이는 최장열차보다 10~20[m] 정도 길게 한다.
② 폭원은 여객열차의 승강인원에 의해 결정한다.
③ 높이는 용도에 의해 결정하며 전철용과 일반용으로 구분한다.
④ 승강장 기둥은 연단에서 1.5[m] 이상, 그 외 시설물은 1[m] 이상으로 한다.

해설 승강장 기둥은 연단에서 1[m] 이상, 그 외 시설물은 1.5[m] 이상으로 한다.

104 다음 중 정차장 위치 선정 시 옳지 않은 것은?

① 장래확장 및 개량이 용이한 곳
② 여객과 화물이 분산되는 곳
③ 정차장이 인접해서 급구배, 급곡선이 없을 것
④ 정차장 간 거리는 일반철도에서 10~20km 정도에 설치

해설 여객과 화물이 집중되는 곳에 정차장이 위치해야 한다.

105 다음 중 공차회송의 경우 객차 조차장과 여객역과의 거리는 몇 [km] 이내여야 옳은가?

① 근거리 열차는 4[km], 원거리 열차는 9[km] 이내
② 근거리 열차는 5[km], 원거리 열차는 10[km] 이내
③ 근거리 열차는 6[km], 원거리 열차는 11[km] 이내
④ 근거리 열차는 7[km], 원거리 열차는 12[km] 이내

해설 공차회송의 경우 객차 조차장과 여객역과의 거리는 근거리 열차는 5[km], 원거리 열차는 10[km] 이내여야 한다.

106 다음 중 차량의 제동기 시험, 제동관 연결, 견인 기관차 연결 등의 작업을 하는 곳으로 옳은 것은?

① 도착선 ② 출발선
③ 분별선 ④ 인상선

해설 출발선
1. 분별작업이 완료된 열차가 출발시까지 대기하는 선로이다.
2. 차량의 제동기 시험, 제동관 연결, 견인 기관차 연결 등 제 작업을 한다.
3. 소요선수와 유효장은 도착선과 같으며 평면 조차장에서는 도착선과 출발선을 겸용하는 경우가 있다.

107 다음 중 정거장 배선시 기본사항에 대한 설명으로 옳지 않은 것은?

① 구내투시가 양호하고 본선과 본선의 평면교차는 피한다.
② 통과열차가 통과하는 본선은 직선 또는 반경이 작아야 한다.
③ 분기기는 수를 줄이고 가능한 집중 배치한다.
④ 객차 화차의 입환 기관차의 주행에 대하여는 본선을 횡단하지 않는다.

해설 통과열차가 통과하는 본선은 직선 또는 반경이 커야 한다.

108 다음 중 정거장 위치에 대한 고려사항으로 옳지 않은 것은?

① 가능한 수평이고 직선이며 정거장에 인접하여 급곡선 급기울기가 없어야 한다.
② 도착시에는 하기울기, 출발시에는 상기울기가 좋다.
③ 정거장 거리는 일반적으로 4~8[km], 대도시 전철역은 1~2[km]로 한다.
④ 장래확장 및 개량이 용이해야 하며 그 기능을 충분히 발휘하고 소요면적이 확보될 수 있어야 한다.

해설 도착시에는 상기울기, 출발시에는 하기울기가 좋다.

109 다음 중 정거장 배선에 대한 설명으로 옳지 않은 것은?

① 선로의 기울기의 경우 차량을 유치하지 않는 측선은 45/1,000까지 할 수 있다.
② 선로의 유효장은 인접선로와의 차량접촉한계 간의 거리이다.
③ 여객 화물공용의 본선로 유효장은 화물열차장으로 한다.
④ 측선은 본선 한쪽에 배선하여 본선횡단을 적게 한다.

해설 선로의 기울기의 경우 차량을 유치하지 않는 측선은 35/1,000까지 할 수 있다.

정답 105. ② 106. ② 107. ② 108. ② 109. ①

110 다음 중 정거장 배선계획수립시 고려할 사항으로 옳지 않은 것은?

① 본선상의 분기기는 배향분기기로 한다.
② 측선은 본선의 양측보다 안쪽으로 배선한다.
③ 분기기는 산재시키지 않고 집중적으로 설치한다.
④ 유효장의 길이는 균등하게 한다

해설 선로의 유효장은 인접선로와의 차량접촉한계 간의 거리이며, 여객 화물공용의 본선로 유효장은 화물열차장으로 한다.

111 다음 중 관통식 배선에 대한 설명으로 옳지 않은 것은?

① 착발 본선이 정거장을 관통하는 것으로 건조물은 선로측면에 설치한다.
② 여객, 화물열차의 시종착하는 종단역에는 객차유치선의 선군 및 화차 분별선의 선군을 설치한다.
③ 과선교 지하도가 불필요하고 여객흐름이 원활하다.
④ 일부 객차의 증결 해방하기 위한 유치선이 필요하다.

해설 두단식 배선
1. 착발 본선이 막힌 종단역으로 주요 건조물은 선로 종단에 설치한다.
2. 관통식에 비해 과선교 지하도가 불필요하고 여객흐름이 원활하다.
3. 시내 중심부에 반복운전일 경우 유리하다
4. 전차종단역의 경우 선로를 도심연결에 편리한 지점까지 부설하고 기지는 교외에 설치한다.

112 다음 중 분기역 배선에 대한 설명으로 옳지 않은 것은?

① 복선배선에서 상호간은 평면교체가 불리하다.
② 방향별 배선은 복복선 4선 중 어느 한쪽 2선은 상행 타2선은 하행이다.
③ 일반여객 승환에는 방향별이 유리하다.
④ 분기역은 본선과 지선의 열차 통과 운전을 하며 선로별 방식과 방향별 방식이 있다.

해설 복선배선에서 상호간은 평면교체가 유리하다.

113 다음 중 정거장에 대한 설명으로 옳지 않은 것은?

① 섬식은 여객이 횡단을 해야 하며 장래 확장이 곤란하다.
② 섬식은 용지비와 건설비가 많이 든다.
③ 상대식은 상하 열차의 여객수가 차이가 있거나 본선 측에 많은 승객을 승강하는 데 편리하다.
④ 화물적하장은 여객승강장과는 별도로 설치하며 역본체를 향해 좌측에 설치한다.

해설 섬식은 용지비와 건설비가 절약되며 여객이 횡단을 해야 하며 장래 확장이 곤란하고 상하열차 동시 발착 시 혼잡 우려가 있다.

114 다음 중 정거장에 대한 설명으로 옳지 않은 것은?

① 역전광장 면적은 역의 승강인원과 출입하는 차량수에 의해 결정된다.
② 보도는 일반도로보다 넓게 하며 시민 집합의 공간을 확보해야 한다.
③ 차도는 일방통행을 원칙으로 한다.
④ 택시승강장은 하차장, 체류장, 승강장을 2개의 동선으로 한다.

해설 택시승강장은 하차장, 체류장, 승강장을 1개의 동선으로 한다.

정답 110. ④ 111. ③ 112. ① 113. ② 114. ④

115 다음 중 상대식 승강장에 대한 설명으로 옳지 않은 것은?

① 반대방향의 열차 탑승이 용이하다.
② 승객의 혼잡도를 1개소로 집약이 곤란하다.
③ 구축 내 공간의 이용도가 낮다.
④ 상·하선 승객수가 비슷한 중간역 및 상호 혼잡을 피할 때 유리하다.

해설 구축 내 공간의 이용도가 낮으며 반대방향의 열차 탑승이 불편하다.

116 다음 중 섬식 승강장에 대한 설명으로 옳지 않은 것은?

① 시간대별로 상하 이용승객의 이용에 큰 차이가 있는 경우 유리하다.
② 승객의 혼잡도를 1개소로 집약이 가능하며 승강장의 이용도가 높다.
③ 구축 내 공간의 이용도가 높으며 반대방향의 열차탑승이 유리하다.
④ 섬식 정거장은 대부분 직선이며 승강장 연신이 용이하다.

해설 섬식 정거장은 승강장 전후에 배향곡선 등 곡선이 있으며 확장시 선로를 움직여야 하므로 연신에 문제점이 있다.

117 다음 중 기울기에 대한 설명으로 옳지 않은 것은?

① 제한기울기(제한구배)는 기관차의 견인정수를 결정하고, 열차 운행의 기준이 되는 기울기이기 때문에, 열차 운행의 효율성을 확보하기 위해 전 구간에 걸쳐 일관되게 선정한다.
② 1개의 동일 열차가 3개 이상의 기울기에 걸치는 것은 좋지 않다.
③ 교량상에는 기울기 변경점(처짐발생)을 두고 하향급 기울기에서 기울기 변경을 한다.
④ 터널 내는 터널저항 습기 등에 의한 점착력 감소에 따라 제한기울기보다 1/1,000 정도 완화한다.

해설 교량상에는 기울기 변경점(처짐발생)을 가능한 두지 않으며 하향급 기울기에서 기울기 변경은 피한다.

118 다음 중 열차의 교행 또는 대피를 위하여 설치한 정차장으로 옳은 것은?

① 역(Station)
② 조차장(Shunting Yard)
③ 신호소(Signal Box)
④ 신호장(Signal Station)

해설 신호장 : 열차를 정지하여 열차의 교행 또는 추월을 수행하는 설비

119 다음 중 정거장으로 옳지 않은 것은?

① 신호소(Signal Station)
② 역(Station)
③ 조차장(Shunting Yard)
④ 신호장(Signal Box)

해설 신호소(Signal Box)는 수동 또는 반자동의 신호기를 취급하는 장소로 열차의 정거장이 아니다.

120 다음 중 건널목의 위험도에 따라 설치되는 건널목 보안설비를 위한 건널목 위험도의 조사판단 기준으로 옳지 않은 것은?

① 열차횟수
② 도로교통량
③ 열차속도
④ 건널목 길이

해설 건널목 보안설비 설치 시 검토사항 : 열차회수, 도로교통량, 건널목 투시거리, 건널목 폭, 건널목 길이, 건널목 선로수, 건널목 전후 지형

정답 115. ① 116. ④ 117. ③ 118. ④ 119. ① 120. ③

121 다음 중 복선구간에서만 사용되는 폐색방식으로 옳지 않은 것은?

① 통표폐색식
② 연동폐색식
③ 자동폐색식
④ 차내 신호 폐색식

해설 　폐색방식의 종류
1. 복선구간 : 연동폐색식, 자동폐색식, 차내 신호 폐색식(ATC 장치)
2. 단선구간 : 통표폐색식, 연동폐색식, 자동폐색식

122 다음 중 특수신호로 옳지 않은 것은?

① 발보신호　② 폭음신호
③ 화염신호　④ 서행신호

해설 　특수신호
발보신호, 발광신호, 폭음신호, 화염신호, 발뇌신호

123 다음 중 수신호로 옳지 않은 것은?

① 대용수신호　② 통과수신호
③ 서행수신호　④ 임시수신호

해설 　수신호
대용수신호, 통과수신호, 임시수신호

124 다음 중 장내신호기 방호구역 내 열차가 열차의 증결 등으로 다른 열차 진입 시, 선행열차 정차 중 후속열차 진입 시 장내신호기와 동일기둥 주신호기 아래에 설치하는 신호기로 옳은 것은?

① 장내신호기　② 출발신호기
③ 폐색신호기　④ 유도신호기

해설
- 장내신호기는 정거장 입구에 설치하며 정거장 진입 가부를 표시한다.
- 출발신호기는 정거장에서 출발하는 열차에 대한 출발가부를 지시하며 정거장 진입열차에 대한 정지 경계를 나타낸다.
- 폐색신호기는 폐색입구에 설치하여 열차의 진입가부를 나타내며 자동신호기가 이용되며 열차 진입시는 정지, 출발시에는 진행신호로 현시된다.

125 다음 중 정거장 방호구역을 통과하는 열차에 대해 신호기 안쪽 진입가부를 지시하는 신호기로 옳은 것은?

① 입환신호기　② 엄호신호기
③ 통과신호기　④ 원방신호기

해설
- 입환신호기는 구내운전을 하는 차량에 대해 방호구간의 운전조건을 지시하며 시점에 설치한다.
- 통과신호기는 장내신호기 위치에서 그 열차에 대한 그 정거장의 통과여부를 결정한다.
- 원방신호기는 주신호기를 향해 진행하는 열차에 대해 주신호기 현시를 예고한다.

126 다음 중 궤도회로의 사구간의 최대 길이로 옳은 것은?

① 6[m]　② 7[m]
③ 8[m]　④ 9[m]

해설 　궤도회로의 사구간은 선로의 분기교차점, 크로싱 부분, 교량 등에 있어서 좌우 레일 극성이 같게 되어 열차에 의해 궤도단락이 불가능한 곳을 말하며 길이는 7[m]를 넘지 않게 한다.

127 다음 중 신호기의 현시를 열차에 의해 자동적으로 현시되도록 제어하는 장비로 옳은 것은?

① ATS　② ATO
③ ABS　④ ATC

해설 　ABS(Automatic Blocking System, 자동폐색장치)는 폐색구간에 설치한 궤도회로(레일을 전기회로로 이용)를 이용하여 레일 위에 차량이 있는지에 대해 자동으로 신호를 내어주는 시스템으로 한 폐색구간을 절연 이음매로 인접한 다른 폐색구간과 절연시켜(이음매 부분에 임피던스 본드를 설치하여 신호 전류는 통하지 못하게 하고 전차선 전류는 통과) 구분하면서 폐색구간 내 레일은 레일본드로 접속시켜 전류가 자유롭게 통하도록 하며, 신호기의 현시를 열차에 의해 자동적으로 현시되도록 제어하는 방식이다.

128 다음 중 열차의 ATS차상장치로 옳지 않은 것은?

① 확인기구　② 발신기
③ 표시기　④ 수신기

정답　121. ①　122. ④　123. ③　124. ④　125. ②　126. ②　127. ③　128. ②

해설 **ATS차상장치**
지상장치에서 전송한 정보를 차상에서 수신, 처리하는 장치로 차상자, 수신기, 경보기, 표시기 및 확인 기구(확인 스위치, 복구 스위치) 등으로 구성된다.

129 다음 중 신호보안 설비에 있어서 역과 역 사이를 여러 구간으로 나누어 동시에 여러 개의 열차를 운전하게 되는 데 이와 같은 경우 각 구간의 시점에 설치되는 신호기로서 그 구간에 열차가 진입할 수 있는가의 여부를 지시하는 신호기로 옳은 것은?

① 장내신호기 ② 유도신호기
③ 폐색신호기 ④ 통과신호기

해설 **폐색신호기**
폐색구간 입구에 설치되는 신호기로 폐색구간에 열차의 진입 여부를 지시하며 자동신호기를 사용한다

130 다음 중 열차속도가 지정속도보다 높아지면 자동적으로 제동이 작용하게 되어 일정속도의 열차운행을 하게 하는 장치로 옳은 것은?

① A.T.C ② A.T.S
③ C.T.C ④ A.T.O

해설 **A.T.O**
열차속도가 높아지면 자동적으로 제동이 작동하여 일정속도로 열차를 운행하게 하는 장치

131 다음 중 상치신호기가 아닌 것은?

① 특수신호기 ② 신호부속기
③ 종속신호기 ④ 주신호기

해설 상치신호기는 신호 확인이 쉽도록 지상 또는 지하의 고정된 장소에 설치되어 있는 신호기이다. 주신호기, 종속신호기, 신호부속기는 상치신호기에 포함된다.

132 다음 중 철도신호기의 구조상 분류로 옳지 않은 것은?

① 색등식 신호기 ② 등렬식 신호기
③ 완목식 신호기 ④ 전기식 신호기

해설 철도신호기의 구조상 분류는 완목식 신호기 색등식 신호기로 구분한다. 등렬식 신호기는 색등식 신호기의 한 종류이다.

133 다음 중 철도의 상치신호기 중 주신호기로 옳지 않은 것은?

① 유도신호기 ② 출발신호기
③ 장내신호기 ④ 원방신호기

해설 원방 신호기는 주로 비자동구간에서 장내신호기의 현시를 예고하는 신호기로 종속신호기에 속하는 신호기이다.

134 다음 중 ATS-P방식에 대한 설명으로 옳지 않은 것은?

① S방식 개선한 것으로 즉, S형이 경보를 발하여 확인 취급을 한 후에는 방호기능이 없게 되는 기본적인 약점을 개량한 것으로 지상, 차상 정보 전달 수단으로 디지털 통신장치를 이용한다.
② 지상자로부터 정지현시 신호기까지 거리, 속도정보, 제한 속도 등을 차상으로 전송한다.
③ 차상에서는 전송된 정보를 기초로 자신의 제동 성능에 대한 속도 조사 패턴 작성과 현재 주행 속도를 비교한다.
④ 신호기 외방 일정 거리에 지상자를 설치하여 신호기가 정지현시에만 차상장치의 발진 주파수를 변화하여 경보를 발한다.

해설 **ATS-S방식**
1. 구조가 간단하고 설비도 작아 모든 열차에 대응하기 위해 지상자 제동 성능이 나빠 화물 열차를 전제로 설치된다.
2. 신호기 외방 일정 거리에 지상자를 설치하여 신호기가 정지현시에만 차상장치의 발진 주파수를 변화하여 경보를 발한다.
3. 고성능 열차에서는 경보지점이 빠르고 열차밀도가 높은 서구에서는 경보지점이 많아 확인취급이 소홀이 될 수 있다.

정답 129. ③ 130. ④ 131. ① 132. ④ 133. ④ 134. ③

135 다음 중 이동 폐색 장치에 대한 설명으로 옳지 않은 것은?

① 폐색거리를 고정하지 않고 지상에서 수신되는 열차운행속도신호에 따라 구간을 변화한다.
② 열차운행 위치를 감지하여 무선으로 전달 열차의 간격, 위치 등을 파악하여 신호를 제어하는 방법이
③ 일반적으로 ATC를 설치하지 않는 구간에 단독으로 설치한다.
④ 최적 안전거리 연산에 의한 열차 운행으로 열차 간 간격을 최소화한다.

해설 신뢰성 측면에서 ATC와 병행한다. 폐색장치는 열차의 안전주행을 위해 열차 상호 간 일정한 시간과 간격을 유지하는 것으로 폐색방법에는 시간 간격법(일정시간마다 열차 통과)과 공간 간격법(일정공간 거리 확보)이 있으며 공간 간격법에는 고정폐색방식과 이동 폐색방식이 있으며, 이동 폐색방식이 거리를 고정시키지 않고 지상에서 수신된 운행속도 신호에 따라 구역을 변화시키는 방식이다.

136 다음 중 신호기에 대한 설명으로 옳지 않은 것은?

① 종속신호기는 주신호기의 인식거리를 보충하기 위하여 내방에 설치하는 신호기이다.
② 통과신호기는 기계연동장치의 완목식 출발신호기에 종속하여 장내신호기의 하위에 설치하는 신호기이다.
③ 신호부속기는 주신호기의 지시내용을 보충하기 위하여 설치하는 기기이다.
④ 진로표시기는 3개진로 이하는 등렬식, 4개진로 이상은 문자식 진로표시기를 사용한다.

해설 종속신호기는 외방에 설치하는 신호기이다.

137 다음 중 경보제어장치의 일반사항으로 옳지 않은 것은?

① 건널목 경보등의 인식거리 : 특별한 경우를 제외하고 45[m] 이상
② 경보시분 : 구간 열차최고속도를 감안 20초 기준으로 하고 10초 이하로는 할 수 없음
③ 경보등 섬광횟수 : 분당 50 ± 10회
④ 경보종 타종수 : 매분 70 ~ 100회

해설 경보시분 : 구간 열차최고속도를 감안 30초 기준으로 하고 20초 이하로는 할 수 없다(다만 차단기가 설치되어 있는 개소에는 차단기가 완전히 하강된 후 열차가 완전히 진입할 때까지 15초 이상 확보할 것).

138 다음 중 3현시로 옳지 않은 것은?

① 정지 ② 주의
③ 진행 ④ 경계

해설 신호현시별 분류
1. 2현시 : 정지, 진행 또는 주의, 진행
2. 3현시 : 정지, 주의, 진행
3. 4현시 : 정지, 주의, 감속, 진행 또는 정지, 경계, 주의, 진행
4. 5현시 : 정지, 경계, 주의 감속, 진행

139 철도신호 중 전호의 뜻으로 옳은 것은?

① 기관사에게 선로상태를 알려주는 것
② 관계자 상호간의 의사를 표시하는 것
③ 장소의 상태를 표시하는 것
④ 신호기의 신호표시

해설 전호
철도신호의 신호, 표지와 병행하는 종류로써 형·색·음 등에 따라 관계자 상호간에 의사를 전하는 것

정답 135. ③ 136. ① 137. ② 138. ④ 139. ②

140 다음 중 열차집중제어장치(C.T.C)의 효과 중 옳지 않은 것은?

① 선로용량의 증대
② 열차주행저항의 감소화
③ 보안도의 향상
④ 운전비, 인건비 등의 절감

해설 C.T.C의 효과
1. 운전비, 인건비등이 절감된다.
2. 평균운행속도가 향상된다.
3. 선로용량이 증대된다.
4. 보안도가 향상된다.

141 다음 중 열차의 조성 또는 해결 등으로 제동기를 시험할 경우에 사용하는 전호로 옳은 것은?

① 출발전호 ② 전철전호
③ 입환전호 ④ 제동시험전호

해설 1. 출발전호는 역장과 차장이 지정된 방식에 따라 열차를 출발시킬 때 행하는 전호이다.
2. 전철전호는 선로전환기의 개통상태를 관계자에게 알릴 경우에 사용한다.
3. 입환전호는 정거장에서 차량을 입환할 때 수전호 또는 전호 등에 의하여 행하는 방식이다.
4. 제동시험전호는 열차의 조성 또는 해결 등으로 제동기를 시험할 경우에 사용한다.

142 다음 중 자동폐색 식별표지의 경우 허용속도로 옳은 것은?

① 일단 정지 후 5[km/h] 이하 속도로 폐색구간 운행
② 일단 정지 후 10[km/h] 이하 속도로 폐색구간 운행
③ 일단 정지 후 15[km/h] 이하 속도로 폐색구간 운행
④ 일단 정지 후 20[km/h] 이하 속도로 폐색구간 운행

해설 자동폐색 식별표지는 자동폐색 구간의 폐색신호기 아래쪽에 설치하여 폐색신호기가 정지신호를 현시하더라도 일단정지 후 15[km/h] 이하 속도로 폐색구간 운행하여도 좋다는 것을 나타낸다.

143 다음 중 표지에 대한 설명으로 옳지 않은 것은?

① 서행허용표지는 선로상태가 1,000분의 10 이상의 상구배에 설치된 자동폐색신호기 하위에 설치한다.
② 서행허용표지는 폐색신호기에 정지신호가 현시되었으므로 일단 정지 후 서행해도 좋다는 표시이다.
③ 열차정지표지는 그 선로에 도착하는 열차에 대하여 열차 정지표지 설치지점을 지나서 정차할 수 없도록 한 표지이다.
④ 열차정지표지는 정거장에서 항상 열차의 정차할 한계를 표시할 필요가 있는 지점에 설치한다.

해설 서행허용표지는 폐색신호기에 정지신호가 현시되었더라도 일단 정지하지 않아도 좋다는 표시이다.

144 다음 중 표지에 대한 설명으로 옳지 않은 것은?

① 자동폐색 식별표지는 황색 원판의 중앙에 폐색 신호기의 번호를 표시한 것이다.
② 폐색 신호기 번호는 도착역 장내신호기 외방 가장 가까운 신호기를 「1」로 하고 이하 출발역 쪽으로 뒷번호를 순차적으로 부여한다.
③ 출발신호 반응표지는 승강장에서 승강홈의 곡선 등으로 인하여 역장 또는 차장이 출발신호기의 신호현시를 확인할 수 없는 경우에 설치한다.
④ 출발선 식별표지는 정거장 내 출발신호기가 동일한 장소에 2기 이상 나란히 설치되어 해당선 출발신호기의 인식이 곤란한 경우 해당 선로번호를 표시하는 표지이다.

정답 140. ② 141. ④ 142. ③ 143. ② 144. ①

해설 자동폐색 식별표지는 초고휘도 반사재를 사용하여 백색 원판의 중앙에 폐색신호기의 번호를 표시한 것이다.

145 다음 중 선로전환기를 포함하는 궤도회로 내에 열차가 있을 때 이 열차에 의하여 선로전환기가 전환되지 않도록 쇄정하는 것으로 옳은 것은?

① 조사쇄정   ② 철사쇄정
③ 진로쇄정   ④ 진로구분쇄정

해설
1. 조사쇄정 : 정자 취급소를 달리하는 정자 상호 간에 붙인 연쇄를 말한다.
2. 철사쇄정 : 선로전환기를 포함하는 궤도회로 내에 열차가 있을 때 이 열차에 의하여 선로전환기가 전환되지 않도록 쇄정하는 것을 말한다. 철사쇄정은 궤도회로 조건으로 선로전환기의 전환을 통제하는 것이다.
3. 진로쇄정 : 열차가 신호기 또한 입환신호기의 진행신호 현시에 따라 그 진로에 진입하였을 때 관계 선로전환기를 포함하는 궤도회로를 통과할 때까지 열차에 의하여 선로전환기를 전환할 수 없도록 쇄정하는 것을 말한다. 진로쇄정은 철사쇄정 만으로는 충분한 목적을 달성할 수가 없을 경우에 설치하는 것이다.
4. 진로구분쇄정 : 열차가 신호기 또는 입환표지 등의 신호현시에 의해서 진로에 진입하였을 때 신호정지를 복귀시켜도 열차에 의해서 관계 선로전환기가 전환되지 않도록 쇄정하고 열차가 한 구간을 통과함에 따라 그 구간의 선로전환기를 해정하는 것을 진로구분쇄정이라 한다.

146 다음 중 건널목 교통안전 표지만 설치하는 건널목으로 옳은 것은?

① 제1종 건널목   ② 제2종 건널목
③ 제3종 건널목   ④ 제4종 건널목

해설
1. 제1종 건널목 : 차단기, 경보기 및 건널목 교통안전 표지를 설치하고 차단기를 주야간 계속 작동시키거나, 또는 건널목 안내원이 근무하는 건널목
2. 제2종 건널목 : 경보기와 건널목 교통안전 표지만 설치하는 건널목
3. 제3종 건널목 : 건널목 교통안전 표지만 설치하는 건널목

147 다음 중 열차자동제어장치인 것으로 옳은 것은?

① ATP   ② ATO
③ ATC   ④ ATS

해설 차상신호방식은 ATC를 상위개념으로 ATO, ATP, ATS 하부장치가 있다.
1. 열차자동제어장치(ATC : Automatic Train Control)
2. 열차자동운전장치(ATO : Automatic Train Operation)
3. 열차자동방호장치(ATP : Automatic Train Protection)
4. 열차자동감시장치(ATS : Automatic Train Supervison)

148 다음 중 주간에는 신호기에 부착된 완목의 위치, 형태, 색깔에 따라 신호를 현시하고 야간에는 완목에 달려 있는 색등에 따라 신호를 현시하는 신호기로 옳은 것은?

① 완목식 신호기   ② 단등형 신호기
③ 다등형 신호기   ④ 등열식 신호기

해설
1. 단등형 신호기 : 한 개의 등으로 정지, 주의, 진행의 신호를 현시하는 신호기
2. 다등형 신호기 : 한 개의 신호기구에 여러 개의 등이 있어 정지, 주의. 진행신호를 각각의 등에서 현시하는 신호기로 적, 등황, 녹색의 3색을 조합하여 2~5현시를 할 수 있다.
3. 등열식 신호기 : 2개 이상의 백색등을 사용하여 점등위치에 따라 신호를 현시하는 것으로 유도, 입환, 중계신호기가 있다.

149 다음 중 신호현시방법 중 3위식으로 옳은 것은?

① 진행, 주의, 정지만을 현시하는 방법
② 열차진로의 2구간의 상태를 표시하는 방법
③ 열차진로의 3구간의 상태를 표시하는 방법
④ 진행, 경계, 정지만을 현시하는 방법

해설 열차진로의 2구간의 상태를 표시하는 방법이 3위식이다.

정답 145. ② 146. ③ 147. ③ 148. ① 149. ②

150 다음 중 정차장간의 열차와 열차 사이에 열차의 충돌을 방지하기 위하여 일정한 시간간격 또는 거리간격을 두는 것으로 옳은 것은?

① 절연구간　② 폐색구간
③ 운행구간　④ 단선구간

해설　열차의 충돌 또는 추돌을 방지하기 위해 1개 이상의 열차가 동시에 진입할 수 없도록 일정한 거리로 나눈 선로를 폐색구간 이라고 한다.

151 다음 중 연동장치의 작동원리 중 옳은 것은?

① 신호기와 전철기를 서로 연관시켜 동시에 제어되도록 하였다.
② 차량이 궤도회로를 단락시켜 신호기를 제어한다.
③ 선행열차가 일정 거리 전방에 있을시 후행열차의 차상에 신호가 현시된다.
④ 신호기와 전철기를 일정 장소에서만 동시에 작동되도록 한 것이다.

해설　신호기와 전철기를 서로 연관시켜 제어되는 것이 작동원리 이다.

152 다음 중 열차집중제어장치(C.T.C)의 효과와 관계없는 것으로 옳은 것은?

① 열차운행경비를 절감시킨다.
② 열차의 평균운행속도를 향상시킨다.
③ 선로용량을 극대화할 수 있다.
④ 열차속도가 높아지면 자동으로 제동시킬 수 있다.

해설　C.T.C의 효과로는 열차운행계획 관리, 신호 설비의 감시제어, 열차의 진로 자동제어, 열차운행 상황 표시 등이 있다.

153 다음 중 전호에 대한 설명으로 옳은 것은?

① 전호를 현시하는 기구를 신호기라고 한다.
② 형·색 등으로 물체의 위치, 방향, 조건 등을 표시하는 것을 말한다.
③ 전호는 철도신호에서 가장 중요한 위치를 점하고 있다.
④ 형·색·음 등으로 관계자 상호간에 의사를 전하는 것이다.

해설　1. ① 신호를 현시하는 기구를 신호기라고 한다.
2. ② 표지에 대한 설명이다.
3. ③ 철도신호에서 가장 중요한 위치를 점하고 있는 것은 신호이다.

154 다음 중 무폐색 운전 시 제한 속도로 옳은 것은?

① 10km/h　② 15km/h
③ 20km/h　④ 25km/h

해설　무폐색 운전 시 기관사의 주의력에만 의존해 운전하기 때문에 곧바로 정지가 가능하도록 열차의 속도는 15km/h 이하로 제한한다.

155 다음 중 차상신호에 대한 설명으로 옳지 않은 것은?

① 차상신호는 고속철도, 신종 교통, 모노레일, 일부의 지하철 등에서 채용되고 있다.
② 차량의 운전대에 설치된 장치로 신호를 현시하는 것이며, 열차의 현재 위치에 대한 운전조건을 나타낸다.
③ 설치비가 저렴하고 분기기가 많은 정거장 구내와 저속 운행선구에 적합하다.
④ 차상신호는 기후 조건에 따른 영향이 적으며 운전시격 단축과 기기 집중식으로 유지보수가 용이하다.

해설　③는 지상신호에 대한 설명이다.

정답　150. ②　151. ①　152. ④　153. ④　154. ②　155. ③

156 다음 중 임시 신호기에 속하는 신호기로 옳지 않은 것은?

① 서행 신호기 ② 원방 신호기
③ 서행예고 신호기 ④ 서행해제 신호기

해설 원방 신호기는 종속 신호기에 속한다.

157 다음 중 상치 신호기의 설치 위치에 대한 설명으로 옳지 않은 것은?

① 상치 신호기는 원칙적으로 선로의 바로 위 또는 우측에 설치한다.
② 선로가 둘 이상 인접하여 있는 경우에는 신호기를 선로의 배열순으로 설치하여 소속하는 선로가 판별될 수 있도록 설치한다.
③ 진로 표시기의 확인 가능한 거리는 주신호용 200m 이상, 입환 신호용 100m로 한다.
④ 원방신호기, 입환신호기, 중계신호기의 신호 현시가 확인 가능한 거리는 200m 이상, 유도신호기는 100m 이상으로 한다.

해설 상치신호기는 원칙적으로 선로의 바로 위 또는 좌측에 설치한다.

158 다음 중 임피던스 본드에 대한 설명으로 옳지 않은 것은?

① 궤도회로 경계지점에서 전차선 전류는 통과시키고 신호전류는 차단하는 장치이다.
② 궤도회로 경계지점에서 신호전류는 통과시키고 전차선 전류는 차단하는 장치이다.
③ 전차선 전류는 (−)극성이 레일의 양쪽에 반반씩 반대방향으로 흐르므로 임피던스 본드의 철심은 자화되지 못해 2차 코일로는 유기되지 못하고 전기적중성점을 거쳐 인근 궤도회로로 흐른다.
④ 신호전류는 한 방향으로만 흐르므로 철심을 자화시켜 2차 코일에 전압을 유기 후계전기를 여자시킨다.

해설 궤도회로의 경계지점에서 전차선 전류는 통과시키고 신호전류는 차단하는 장치이다.

159 다음 중 자동열차제어장치(ATC)에 대한 설명으로 옳지 않은 것은?

① 지상신호에 의존하지 않는 시스템으로 고안된 것이 ATC시스템이다.
② 지상신호가 없고 운전실 안의 속도계에 진로상의 상황에 응하여 주행가능한 속도를 운전자가 항상 알 수 있도록 표시한다.
③ 속도 초과 시에는 자동적으로 적정한 제동을 작동시켜 속도를 조절하면서 운전을 계속할 수 있도록 한다.
④ 우리나라에서 사용하고 있는 ATC시스템은 점제어식과 속도조사식을 사용한다.

해설 ④는 ATS에 대한 설명이다.

160 다음 중 열차집중제어장치(C.T.C) 고장 시 취해야할 행동으로 옳지 않은 것은?

① 연결축수 100에 대하여 제동축수 50% 미만일 때에는 구원 연결하여 회송조치 할 수 있다.
② 역취급을 할 때 관제사 및 역장은 개시 및 종료시각을 기록해야한다.
③ 관제사는 열차집중장치가 고장 등으로 사용할 수 없을 때에는 관계역장에게 지시하여 역취급으로 전환한다.
④ 역취급 시 역장은 열차의 착발 및 통과시각을 기록하고 관제사에게 보고하여야 한다.

정답 156. ② 157. ① 158. ② 159. ④ 160. ①

해설 ①는 열차의 제동장치가 고장났을 때 조치 사항에 대한 설명이다.

161 다음 중 ATO에 대한 설명으로 옳지 않은 것은?

① 열차자동운전장치에서 기관사는 감시하는 일을 할 뿐이며 기관사와 차장의 승무를 단독으로도 할 수 있다.
② 무인운전이 가능하므로 인력을 절감할 수 있으며 안전하고 정확하다.
③ 지상설비가 현장에 산재되어있어 보수가 불편하고 장애발생시 복구시간이 지연된다.
④ 속도제한을 받을 경우에는 자동으로 비상 제동이 동작되며 속도제한이 해제되면 가속된다.

해설 ③는 열차자동방호장치(ATP)에 대한 설명이다.

162 다음 중 지상신호 방식에 대한 설명으로 옳지 않은 것은?

① 기상 조건에 따른 안개, 우천 시 신호의 확인이 어렵다.
② 최대 5현시로 한정되며 그 이상의 제한 속도에는 현시가 불가능하다.
③ 속도의 가감속 및 제동은 기관사에 의한 수동제어방식이다.
④ ATC/ATO 설비에 의하여 자동 가감속이 되므로 기관사는 예비적인 기능을 하며 신호의 오인이 없다.

해설 ④는 차상신호방식에 대한 설명이다.

163 다음 중 폐색 준용법의 종류로 옳지 않은 것은?

① 지도 통신식   ② 격시법
③ 지도 격시법   ④ 전령법

해설 지도 통신식은 대용 폐색방식이다.

164 다음 중 운전시격의 단축방법으로 옳지 않은 것은?

① 최소 운전시격을 단축하여 선로 이용률을 최대한으로 높이기 위해서는 속도 가감이 쉬운 고성능 동력차를 사용한다.
② 정차시간을 단축한다.
③ 정거장의 도착선을 2개 이상 설치하여 선행 열차가 1번선에 도착하면 후속 열차를 2번선에 도착하게 한다.
④ 장내신호기 전방에 정지하는 횟수를 적게 하기 위하여 열차운행이 빈번한 역 구내에 유도신호기를 설치하지 않는다.

해설 장내신호기 전방에 정지하는 횟수를 적게하기 위해서는 열차운행이 빈번한 역 구내에 유도신호기를 설치한다.

165 다음 중 C.T.C의 장점으로 옳지 않은 것은?

① 경영의 합리화
② 운전명령의 신속 · 정확화
③ 열차종류의 단일화
④ 보수의 성력화

해설 C.T.C.장치의 장점은 경영의 합리화, 운전명령의 신속 · 정확화, 보수의 성력화이다.

166 다음 중 신호설비 보수작업 시 금지사항으로 옳지 않은 것은?

① 배선용 차단기 또는 휴즈에 정격재료가 아닌 다른 도체로 대신 사용하는 일
② 지정된 종별의 계전기 이외의 것을 대신 사용하는 일
③ 취급자가 정해진 것을 허락없이 취급하는 일
④ 보수 시 AF 궤도회로의 정해진 주파수나 지시속도 코드비를 취급하지 않는 일

정답 161. ③ 162. ④ 163. ① 164. ④ 165. ③ 166. ④

해설 AF 궤도회로의 정해진 주파수나 지시속도 코드비는 취급하지 않고 신호설비 보수를 해야하기 때문에 금지사항으로 볼 수 없다.

167 다음 중 ATP 차상신호에 대한 설명으로 옳지 않은 것은?

① ATP는 점제어 차상신호방식이라고도 불린다.
② ATP 장치는 동일한 선구에 서로 다른 열차를 혼용하여 운행할 때 안전정지 거리를 확보한 상태에서 운행될 수 있도록 하는 설비이다.
③ 폐색구간 경계지점의 양 선로 외측에 지상자를 설치하고 지상자를 통해 폐색구간의 길이, 구배, 분기위치 등 지역정보와 지상신호기 현시정보 등의 지상정보를 차상으로 전송한다.
④ 지상과 지상간의 정보전송을 연속적으로 송·수신하고 있으며, 지상에서 차상으로 차상에서 지상으로 정보를 전송하는 양방향 전송 시스템이다.

해설 폐색구간 경계지점의 양 선로 중앙에 지상자를 설치하고 지상자를 통해 폐색구간의 길이, 구배, 분기위치 등 지역정보와 지상신호기 현시정보 등의 지상정보를 차상으로 전송한다.

168 다음 중 제어방식 중 속도중심 제어방식에 대한 설명으로 옳지 않은 것은?

① 속도중심 제어방식은 지상의 신호기에 의해 단계적으로 속도를 감속하여 안전을 확보하는 방식이다.
② 대표적으로는 ATS장치가 있다.
③ 안전운행만을 목적으로 열차 간 제동거리를 충분히 확보하기 위해 열차간 간격이 길게 된다.
④ 열차와 열차사이에 일정한 거리를 두고 운행하는 공간 간격법이다.

해설 ④는 거리중심제어의 고정폐색방식에 대한 설명이다.

169 다음 중 이동폐색방식에 대한 설명으로 옳지 않은 것은?

① 운전시격을 매우 유연하게 변화할 수 있다.
② 신호기의 위치가 고정되어 있고 차내 신호방식의 경우에도 정해진 폐색구간의 궤도회로에 선행열차와 후속열차간의 간격이 일정한 거리를 유지하도록 하여 열차를 운행한다.
③ 폐색거리는 선행열차의 속도에 따라 변화한다.
④ 열차간의 거리는 폐색구간의 길이에 의해 제한되지 않으므로 정차거리가 최소한으로 감소한다.

해설 ②는 고정폐색방식에 대한 설명이다.

170 다음 중 연동도표의 기본조건으로 옳지 않은 것은?

① 진로가 완전히 구성되어 있어야 한다.
② 구성된 진로를 방해하려는 열차의 운전 가능성이 없어야 한다.
③ 진로상에는 다른 열차 또는 차량이 있어도 무관하다.
④ 연동도표의 기본조건이 절대적으로 확보되어야 신호기에 진행신호를 현시할 수 있게 된다.

해설 진로상에는 다른 열차 또는 차량이 없어야 한다.

정답 167. ③ 168. ④ 169. ② 170. ③

171 다음 중 유도 및 입환신호기에 대한 설명으로 옳지 않은 것은?

① 장내와 유도신호기를 공용하는 진로에서 유도신호기가 현시된 후 도착선의 궤도회로가 단락되었을 때 유도신호기는 진행신호를 현시하여야 한다.
② 입환신호기와 입환표지를 공용하는 진로에서 입환신호기가 현시된 후 도착선의 궤도회로가 단락되면 입환신호기의 무유도 표지 등은 소등 되어야 한다.
③ 다시 도착선 궤도회로가 복구될 때 점등하며 이때 입환표지의 현시상태는 변함이 없어야 한다.
④ 장내신호기가 방호하는 진로내의 구내 폐색신호기는 장내 신호기의 신호취급에 의하여야한다.

해설 ④는 구내 폐색신호기에 대한 설명이다.

172 다음 중 신호용 계전기를 반도체 등의 소자들과 비교했을 때 장점으로 옳지 않은 것은?

① 입력회로와 출력회로가 완전히 절연되어 동작의 확실성을 얻을 수 있다.
② 주재질이 금 또는 은으로 되어있어 경제적이며 양선이 가능하다.
③ 동작시간, 즉 완동과 완방 등의 시간특성을 비교적 간단한 회로로 구현할 수 있다.
④ 1개의 계전기로 여러개의 접점을 가질 수 있다.

해설 ② 주재질이 금 또는 은으로 되어있으면 경제적이지 못하기 때문에 철과 동을 주재질로 한다.

173 다음 중 연동장치의 분류로 옳지 않은 것은?

① 지도 통신식 ② 진로 취급 버튼식
③ 진로 선별식 ④ 단독 취급 버튼식

해설 ①는 대용 폐색방식에 대한 분류이다.

174 다음 중 건널목의 구간최고속도를 감안하여 설정한 경보시간의 기준으로 옳은 것은?

① 15초 ② 20초
③ 30초 ④ 35초

해설 건널목의 경보시간은 구간최고속도를 감안하여 30초를 기준으로 하고 적어도 20초 이상을 확보하도록 설비해야 한다.

175 다음 중 가선 종단표지에 대한 설명으로 옳은 것은?

① 정거장내 출발신호기가 동일한 장소에 2기 이상 나란히 설치되어 해당선 출발신호기의 인식이 곤란한 경우 설치한다.
② 정거장에서 항상 열차의 정차할 한계를 표시할 필요가 있는 지점에 설치한다.
③ 가공전차선로의 끝부분에 설치하여 전차선로의 종단을 표시할 필요가 있는 지점에서 실치하는 표지이다.
④ 승강장 홈의 공선 등으로 인하여 역장, 차장 또는 기관사가 출발신호기의 신호현시를 확인할 수 없는 경우에 설치한다.

해설 1. ①는 상치신호기 식별표지에 대한 설명이다.
2. ②는 열차정지표지에 대한 설명이다.
3. ④는 출발신호기 반응표지에 대한 설명이다.

176 다음 중 신호기의 모양과 치수에 대한 설명으로 옳지 않은 것은?

① 장내신호기, 출발신호기, 엄호신호기, 폐색신호기와 원방신호기는 색등식 신호기로 한다.

② 유도신호기와 중계신호기는 등열식으로 한다.
③ 입환신호기(입환표지 포함)은 색등식으로 한다.
④ 입환신호 중계기는 색등식으로 한다.

해설 입환신호 중계기는 등열식으로 해야한다.

177 다음 중 전자연동장치의 장점으로 옳지 않은 것은?

① 자가진단 기능을 가지고 있기 때문에 효율적으로 장치를 관리할 수 있으며 장애발생시에도 신속한 보수가 가능하다.
② 많은 비용이 들지만 시스템의 다중화를 이룰 수 있어 신뢰성을 향상시킬 수 있다.
③ 소량의 통신케이블에 의해 장치를 제어할 수 있다.
④ 사고나 장애발생시의 원인 추적이 가능하다.

해설 전자연동장치는 적은 비용으로 시스템의 다중화를 이룰 수 있어 신뢰성을 향상시킬 수 있다.

178 다음 중 열차의 차축에 의하여 궤도회로가 단락 되었을 때 전원장치에 과다한 전류가 흐르는 것을 제한하기 위한 장치로 옳은 것은?

① 궤조절연 ② 한류장치
③ 임피던스 본드 ④ 레일 본드

해설 열차의 차축에 의하여 궤도회로가 단락 되었을 때 전원장치에 과다한 전류가 흐르는 것을 제한하는 장치는 한류장치이다.

179 다음 중 열차자동운전장치(ATO)의 기능으로 옳지 않은 것은?

① 정위치 정지제어 ② 정속도 운행제어
③ 지상신호방식 ④ 감속 제어

해설 ATO의 기능은 정속도 운행제어, 정위치 정지제어, 감속 제어, 열차정보송신장치 기능 등이 있다.

180 철도신호는 기관사에게 열차의 운전조건을 제시하는 설비로서 열차의 진행 가부를 색이나 형 시하는 것이다. 다음 중 "형과 색"의 2가지를 제시하는 철도신호로 옳은 것은?

① 특수신호 ② 선로전환기 표지
③ 차막이표지 ④ 진로표시기

해설

구분	형에 의한 것	색에 의한 것	형과 색에 의한 것	음에 의한 것
신호	중계신호기 진로표시기	색등식신호기 수신호	완목식신호기 특수신호발광기	발뇌신호 발보신호
전호	제동시험전호	이동금지전호 추진운전전호	입환전호	기적전호
표지	차막이표지	서행허용표지 입환표지	선로전환기표지 가선종단표지	

181 다음 중 궤조절연 설치위치에 대한 설명 중 옳지 않은 것은?

① 신호기로부터 외방 2m 이내
② 차량접촉 한계표지 외방 2m 이내
③ 정차장 구외는 신호기 내방 12m 이내
④ 정차장 구내는 신호기 내방 6m 이내

해설 차량접촉 한계표지의 경우 유효장에 지장이 없는 범위에서 내방에 설치한다.

182 다음 중 운전에 편리하고 신호기 수가 적은 신호방식으로 옳은 것은?

① 속도표시방식 ② 진로표시방식
③ 유도신호방식 ④ 방향표시방식

해설 속도표시방식은 운전에 편리하고 신호기 수가 적다.

정답 177.② 178.② 179.③ 180.② 181.② 182.①

183 다음 중 주간에는 신호기에 부착된 완목의 위치, 야간에는 완목에 달려 있는 색등에 따라 신호를 현시하는 신호기로 옳은 것은?

① 등열식 신호기　② 색등식 신호기
③ 단등식 신호기　④ 기계식 신호기

해설
1. 단등식 신호기 : 한 개의 등으로 정지, 주의, 진행의 신호를 현시하는 신호기
2. 색등식 신호기 : 녹색·황색·적색의 세 가지 색 전등불로 진행, 주의, 정지 따위의 교통 신호를 나타내는 신호기
3. 등열식 신호기 : 2개 이상의 백색등을 사용하여 각 등의 점등위치가 수평, 경사, 수직이 되도록 점등하여 신호를 현시하는 신호기

184 다음 중 신호현시별 분류 중 3현시로 옳은 것은?

① 열차진로의 2구간의 상태를 표시하는 방법
② 진행, 주의, 정지만을 현시하는 방법
③ 진행, 경계, 정지만을 현시하는 방법
④ 열차진로의 3구간의 상태를 표시하는 방법

해설 정지, 주의, 진행만을 현시한다.

185 다음 중 데드맨(Deadman)장치에 대한 설명으로 옳은 것은?

① 중앙의 지령소와 운전 중인 열차 혹은 열차 상호간에 수시로 정보를 교환하여 예기치 않은 선로상황이나 차량의 이상 등에 관하여 신속한 조치를 할 수 있도록 하는 장치이다.
② 주간제어기의 핸들이나 페달에 설치하여 손, 발을 일정시간 이상 뗀다든가 할 때는 비상제동이 작동하도록 하는 장치이다.
③ 기관사는 기기를 감시하는 일을 할 뿐이며 무인운전도 가능하여 예산절감과 안전, 정확한 여객서비스를 향상시킬 수 있다.
④ 객실 내에 무엇인가 이상이 발생했을 때 승객이 승무원에게 통보할 수 있도록 설치된 장치이다.

해설
1. ①는 무선장치에 대한 설명이다.
2. ③는 A.T.O에 대한 설명이다.
3. ④는 비상통보장치에 대한 설명이다.

186 다음 중 철도의 설비 중 보안설비에 해당하는 것으로 옳은 것은?

① 역, 조차장
② 전신, 유선전화
③ 기술연구 시험설비
④ 신호, 연동장치

해설 신호 및 연동장치는 보안설비에 해당한다.

187 다음 중 평균속도를 정의한 것으로 옳은 것은?

① 운전구간의 거리를 총 소요시간으로 나눈 것
② 운전구간의 거리를 정차시간을 제외한 총 운전시간으로 나눈 것
③ 견인력과 견인차량의 총 저항이 균형을 이룬 속도
④ 운전구간 표준속도

해설 평균속도란 운전구간의 거리를 정차시간을 제외한 총 운전시간으로 제한 것이다.

정답 183. ④　184. ②　185. ②　186. ④　187. ②

188 다음 중 궤도회로에 대한 설명으로 옳지 않은 것은?

① 궤도회로를 이용하여 관제사는 각 열차의 위치를 파악할 수 있다.
② 궤도회로는 각 구간별로 궤도 사이에 절연물질을 삽입하여 구간을 나눈다.
③ 레일본드는 레일 이음매 부분의 전기저항을 줄이기 위해 삽입한다.
④ 궤도회로 구간에 열차가 진입했을 시 차량의 차체에 의해 회로가 단락됨으로 열차위치를 파악한다.

해설 궤도회로 구간에 열차가 진입했을 시 차량의 차륜에 의해 회로가 단락됨으로 열차위치를 파악한다.

189 다음 중 측선의 종류로 틀린 것은?

① 입환선
② 인상선
③ 대피선
④ 안전측선

해설 본선은 착발선, 상본선, 하본선, 통과선, 대피선, 주본선, 부본선 등이 해당된다.

190 콘크리트 교량의 공법 중, ILM(Incremental Launch Method, 압출공법)에서 1개의 Segment 작업에 걸리는 시간은?

① 1~2일
② 3~4일
③ 1~2주일
④ 1~2개월

해설 1개의 Segment 작업은 7~14일 정도로 시공속도가 빠르다.

철도교통안전관리자

P·A·R·T 03

열차운전

선택과목

Chapter 1. 열차운전이론
Chapter 2. 철도차량운전규칙
Chapter 3. 도시철도운전규칙
Chapter 4. 열차운전 출제 예상문제

철도교통안전관리자

01 열차운전이론
CHAPTER

01 열차운전이론 개요

1. 열차운전 이론의 정의

열차운전 이론이란 여객 및 화물의 안전하고 정시적인 수송을 달성하기 위해 열차의 움직임을 제어하고 관리하는 기술적·운용적 원리의 총체이다. 이는 열차 운행의 안전성 확보, 정시성 유지, 경제성과 효율성 향상을 위한 제동·신호·속도 제어 등의 운전 원칙을 포함한다.

2. 용어의 해설

(1) 견인정수(牽引定數)

견인정수는 하나의 기관차(동력차)가 특정 선로 조건에서 운전속도 종별에 따라 소정의 속도 이상으로 안전하게 운행하며 끌거나 밀 수 있는 최대 편성량(객차, 화차의 수) 또는 총 중량을 말한다. 이는 기관차(동력차)의 최대 운송 능력 또는 최대 부하 허용치를 의미한다.

(2) 고압

고압이란 직류는 1,500V 초과하고 7,000V 이하, 교류는 1,000V 초과하고 7,000V 이하인 전압을 말한다.

(3) 저압

저압이란 직류는 1,500V 이하, 교류는 1,000V 이하인 전압을 말한다.

(4) 공차중량(W_0)

공차중량이란 승객과 화물이 없는 차량의 중량으로서 주행에 필요한 물, 모래, 연료 등은 제외된다.

(5) 만차중량(W_2)

만차중량이란 열차 차량(객차, 화차 등)이 주행 가능한 정비중량(W_1)에 적재할 수 있는 최대치의 승객과 화물을 모두 실었을 때의 총 중량을 말한다. 여기에는 휴게 공간 등을 점유한 승객은 제외된다.

(6) 정비중량(W_1)

정비중량이란 운행 준비 단계에서의 차량중량으로서 공차중량(W_0)에 주행에 필요한 물, 연료, 윤활유, 제동용모래, 승무원 등을 포함한 중량을 말한다.

(7) 초과중량(W_3)

초과중량이란 다른 열차가 고장난 경우 고장 차량의 모든 승객과 화물을 적재한 최대 열차 중량을 말한다.

(8) 공칭전압

공칭전압이란 특정 전기 시스템, 기기 또는 부품이 설계되거나 식별될 때 기준이 되는 명목상의 전압값으로서 선로의 경우는 그 전선로를 대표하는 선간 전압을 말한다.

(9) 구동장치

구동장치란 주 전동기(Main Motor)에서 발생한 회전력을 열차를 움직이는 차륜(바퀴)에 전달하는 핵심적인 장치로서 주 전동기의 지지방식이나 구동력의 전달 방법에 따라 다양하게 분류된다.

(10) 구조체

구조체란 열차 차량(객차, 기관차, 화차 등)의 기본적인 뼈대이자 외형을 구성하는 차체 프레임, 측면 구조 틀, 지붕 구조 등의 주요 구조부를 말한다. 이는 열차의 모든 하중을 지탱하고 승객 및 장비를 보호하며, 안전한 운행을 위한 기본적인 형태와 강성을 제공한다.

(11) 궤도회로(軌道回路, Track Circuit)

궤도회로란 철도 선로를 전기회로의 일부로 사용하여 선로상의 열차를 검지하거나 선로를 전송로로 하여 지상에서 차상으로 정보를 전달하는 회로이다. 이를 이용해서 열차의 존재 여부(점유 여부)를 감지하고 신호를 제어하며, 선로의 안전 상태를 확인한다.

(12) 기초 제동장치

기초 제동장치란 열차의 제동 시스템에서 실제로 바퀴에 제동력을 직접 가하는 기계적인 장치들의 총합을 의미한다. 즉 제동 실린더에서 발생한 힘을 최종적으로 제륜자(制輪子) 또는 제동편(Brake Shoe/Pad)를 통해 차륜(바퀴)에 전달하여 마찰력을 발생시키고 열차를 감속 또는 정지시키는 역할을 한다.

(13) 답면구배(踏面勾配, Wheel Tread Taper/Slope)

답면구배란 열차 바퀴(차륜)의 레일과 닿는 면(답면)이 수평이 아니라 특정 각도로 경사져 있는 정도를 의미한다. '답면경사' 또는 '답면테이퍼'라고도 한다. 이는 좌우 차륜의 회전반경 차이를 갖게 하여 열차가 곡선 구간을 원활하게 통과할 수 있게 하고 직선 구간에서의 안정적인 주행을 가능하게 한다.

(14) 대차(臺車, Bogie 또는 Truck)

대차란 열차 차량(객차, 기관차, 화차 등)의 차체 아래에 장착되어 바퀴와 차체를 연결하는 장치이다. 이는 차체를 지지하고 충격을 흡수하는 등 열차가 선로 위를 안정적으로 주행하도록 하고 제동할 수 있게 한다.

(15) 도시철도차량

도시철도차량이란 도시교통의 원활한 소통을 위하여 도시 권역에서 운영하는 철도차량을 말한다. 이에는 고무차륜 차량, 모노레일, 노면전차, 선형 유동전동기, 자기부상열차 등 경전철 차량이 포함된다.

(16) 동력차(動力車, Powered Rolling Stock)

동력차란 스스로 움직일 수 있는 동력원(엔진, 전동기 등)을 갖추고 자체적으로 움직이거나 또는 다른 차량을 견인하거나 추진하는 역할을 하는 기관차, 동차(제어차 포함) 등을 말한다.

(17) 부수차(附隨車, Unpowered/Trailing Car)

부수차란 동력차에 대비되는 개념으로서 스스로 움직일 수 있는 동력원이 없이 다른 동력차에 의해 움직여야 하는 차량을 말한다.

(18) 신호제어설비(信號制御設備, Signal Control Equipment/Facilities)

신호제어설비란 열차의 안전하고 효율적인 운행을 위해 열차의 진로, 운행 간격, 속도 등을 제어하고 관리하는 데 사용되는 모든 장치와 설비의 총체를 말한다. 여기에는 신호기장치, 선로 전환기 장치, 궤도회로 장치, 폐색장치, 연동장치, 건널목 보안장치, 열차 자동 정지 장치(ATS), 열차 자동 제어장치(ATC), 열차 집중 제어장치(CTC), 신호 원격제어장치(RC), 열차 자동 방호 장치(ATP), 통신 기반 열차 제어 시스템(CBTC), 고속철도 신호 설비, 고속철도 안전 설비 등이 포함된다.

(19) 운전선도(運轉線圖, Operation Diagram)

운전선도란 철도 노선상에서 열차들의 운행 상황을 시간과 거리에 따라 그림(그래프)으로 나타낸 것을 말한다. 이는 동력차의 성능 및 운전 조건을 고려하여 '거리-속도 곡선', '거리-시간 곡선', '거리-온도상승 곡선', '거리-연료(전력) 소비량 곡선'으로 표현된다.

(20) 유효장(有效長)

유효장이란 역 선로와 같은 시설물이 열차 또는 차량을 안전하게 수용하거나 특정 기능을 수행할 수 있는 실제 사용 가능한 최대 길이를 말한다.

(21) 윤중(輪重, Wheel Load)

윤중이란 철도차량이 수평 상태에 있을 때 열차의 각각의 바퀴(차륜)가 수직으로 궤도에 가하는 하중(무게, 중량)을 말한다.

(22) 일반 철도차량

일반 철도차량이란 선로를 최고시속 200km 미만의 운행속도로 주행할 수 있는 철도차량을 말한다.

(23) 저크(Jerk)

저크란 가속도의 변화율을 나타내는 물리량이다. 즉 가속도 또는 감속도의 시간 변화율이며 위치에 대한 시간의 3차 미분치를 말한다.

(24) 점착력(粘着力, Adhesion)

점착력이란 열차의 바퀴(차륜)와 레일의 표면 사이에서 발생하는 마찰력으로서 바퀴가 레일에서 미끄러지지 않고 회전을 계속할 수 있는 마찰력이다.

(25) 주행저항(走行抵抗, Running Resistance 또는 Train Resistance)

주행저항이란 열차가 평탄한 직선 구간을 달릴 때 발생하는 저항의 총집합을 말한다. 이에는 구름저항(Rolling Resistance), 차축 마찰저항(Bearing Friction), 공기 저항(Air Resistance),

내부 기계저항 등이 있다.

(26) 집전장치(集電裝置, Current Collector)

집전장치란 전기로 움직이는 열차(전기 기관차, 전동차 등)가 외부의 전원 설비(전차선 또는 제3궤조)로부터 전기를 공급받아 열차 내부의 전기장치로 공급하는 장치로서 팬터그래프(Pantograph)와 집전 슈(Collector shoe) 등이 있다.

(27) 축중(軸重, Axle Load)

축중이란 열차 차량이 수평 상태에 있을 때 하나의 차축에 연결된 모든 차륜의 윤중을 합한 값을 말한다. 즉 한 차축에 연결된 두 바퀴(차륜)가 각각 레일에 수직 방향으로 가하는 하중인 윤중의 합계이다.

(28) 탈선계수(脫線係數, Derailment Coefficient)

탈선계수란 열차의 바퀴가 레일 위를 벗어나 탈선할 위험도를 나타내는 지표로서, 윤중에 대한 횡압의 비율(횡압(橫壓)/윤중(輪重))을 말한다. 이는 철도 운행 안전을 평가하는데 중요한 계수 중 하나이다.

(29) 횡압(橫壓, Lateral Force 또는 Side Force)

횡압이란 열차가 정상적으로 선로 위를 주행할 때 바퀴(차륜)가 레일의 측면(옆면)에 가하는 수평 방향의 힘을 말한다.

(30) 활주(滑走, Wheel Slide 또는 Skid)

활주란 열차의 바퀴(차륜)가 레일 위를 미끄러지는 현상을 말한다. 이는 열차제동 시 제동력이 점착력을 초과할 때 발생한다.

(31) 회생제동(回生制動, Regenerative Braking)

회생제동이란 열차의 제동을 걸 때 그 운동에너지를 전기에너지로 다시 변환하여 재활용하는 제동방식을 말한다. 즉 주 전동기를 발전기로 변환하여 제동력을 얻고 이때 발생하는 전력은 전차선을 거쳐서 반송하는 제동방식이다.

(32) 열차 자동 정지 장치 (ATS : Automatic Train Stop)

열차 자동 정지 장치란 철도 운행에서 인적 오류로 인한 사고를 미연에 방지하기 위한 안전 시스템으로서 열차가 지상에 설치된 신호기의 현시 속도를 초과하면 열차를 자동으로 정지시키는 장치를 말한다.

(33) 열차 자동 제어장치(ATC : Automatic Train Control)

열차 자동 제어장치란 열차의 속도와 운행 간격을 지속적으로 감시하고 제어하여 안전을 확보하는 고도의 신호 시스템으로서 선행 열차의 위치와 운행속도를 후속 열차의 차내신호기에 현시하고 후속 열차의 실제 운행속도가 이를 초과하면 자동으로 감속시킨다.

(34) 열차 자동 방호 장치(ATP : Automatic Train Protection)

열차 자동 방호장치란 열차의 안전한 운행을 위해서 신호기의 지시 및 제한 속도를 준수하도록 감시 및 제어하는 시스템으로서 열차 운행에 필요한 각종 정보를 지상 장치를 통해 차량으로 전송하면 이를 차내신호기에 표시하고 일정 속도 이상을 초과하면 자동으로 감속·제어하는 장치를 말한다.

(35) 전기동차(電氣動車, EMU : Electric Multiple Unit)

전기동차란 전기를 동력원으로 하여 움직이며, 열차(객차)를 구성하는 여러 칸의 차량 중 일부 또는 모든 차량에 자체적인 전동기를 분산하여 열차의 전·후방에서 운전과 제어가 가능한 차량을 말한다.

3. 열차운전이론의 기본 3요소

열차운전이론의 기본 3요소는 견인력, 열차저항, 제동력이다. 이 세 요소는 열차의 가감속, 안정적인 주행, 정지 제어 등 전반적인 운행 성능을 결정하는 주요 변수이며, 열차 운전 계획과 성능 시험의 기초가 된다.

(1) 견인력

견인력은 동력차가 열차를 끌어 움직이게 하는 힘으로, 차량이 전진하기 위해 꼭 필요한 힘이다. 견인력의 크기는 차륜과 레일 사이의 점착력, 주행저항의 극복, 구동력 등에 의해 좌우된다. 견인력은 열차의 가속 성능, 등판능력, 편성 길이 결정 등에 직접적인 영향을 미치며, 차량의 성능 특성을 결정하는 중요한 요소이다.

(2) 열차저항

열차저항은 열차가 선로 위를 주행할 때 주행 방향과 반대 방향으로 작용하는 저항력이다. 이는 열차의 운행 효율성과 에너지 소모량에 큰 영향을 주며 주행저항, 곡선저항, 기울기저항, 가속저항 등으로 구성된다.

(3) 제동력

제동력은 주행 중인 열차의 운전속도를 제어하여 열차를 감소시키거나 정지시키기 위한 힘이다. 단순히 속도를 줄이는 데 그치지 않고 정확한 목표지점(정차 위치)에 정지시키는 힘을 말한다. 마찰제동, 전기제동, 공기제동 등의 방법이 있다.

02 기초공학 이론

1. 단위와 물리량

(1) 기본단위

국제단위계(SI단위 : System of International Units)의 기본단위는 다음과 같다.

양	기호	명칭	양	기호	명칭
길이	m	미터	온도	K	켈빈
질량	kg	킬로그램	물질량	mol	몰
시간	s	세컨드	광도	cd	칸델라
전류	A	암페어			

(2) 물리량

1) 스칼라(Scalar)

① 정의 : 크기(magnitude)만을 가지며, 그 양을 하나의 실수로 나타낼 수 있는 물리량. 방향은 따로 가지지 않음
② 예시 : 시간, 길이, 온도, 속력, 일, 에너지, 질량, 부피, 비중, 밀도, 거리 등

2) 벡터(Vector)

① 정의 : 크기(magnitude)뿐만 아니라 방향(direction)까지 함께 나타내어야 하는 물리량
② 예시 : 변위, 속도, 가속도, 힘, 충격량, 운동량, 전기장 세기, 자기장 세기 등

3) 속력(speed)

물체의 빠른 정도를 나타내는 물리량으로 걸린 시간 대비 이동 거리로 나타낸다(이동거리/걸린시간). 빠르기(크기)만을 나타내는 스칼라이고, 거리는 항상 양(+)의 값을 갖는다.

4) 속도(velocity)

속력에 이동한 방향을 고려한 물리량으로 걸린 시간 대비 변위로 나타낸다(변위/걸린시간). 빠르기(크기)와 방향을 나타내는 벡터이고, 변위는 항상 양(+)의 값을 갖는 것은 아니다.

5) 표정속도(表定速度, Schedule Speed 또는 Timetable Speed)

① 표정속도의 정의 : 시간표 속도 또는 스케줄 속도라고도 불리며, 이동한 총 거리를 운행에 걸린 총 시간으로 나눈 값(이동 총거리/걸린 총시간)을 말한다. 걸린 총시간에는 실제 운행 시간뿐만 아니라 도중에 정차한 시간까지 포함한다.

② 표정속도의 향상 방안
㉠ 정차시간 단축
㉡ 운행시간 단축
㉢ 정차역 수 최소화
㉣ 고가속도 · 고감속도 운전
㉤ 최고 속도 향상
㉥ 차량 성능 개선(가속 · 감속 성능 향상)

6) 평균속력

어떤 물체의 전체 이동거리를 전체 걸린 시간으로 나눈 값

7) 평균속도

열차의 이동 거리를 중간역의 정차 시간을 뺀 순수 운전 시간으로 나눈 값

$$평균속도 = \frac{운전거리}{순수운전시간}$$

8) 제한속도

제한속도란 열차가 주행 시 운전 설비, 신호 조건 등의 제한으로 인해 초과하여 운행할 수 없는 최대 속도를 말한다. 여기에는 ① 신호 현시 조건에 따른 속도제한, ② 내리막 선로의 속도제한, ③ 곡선 선로의 속도제한, ④ 선로 분기기 종류에 따른 속도제한, ⑤ 측선 선로 운행에 따른 속도제한 등이 있다.

9) 상대속도

한 물체의 속도를 다른 물체의 관점에서 본 속도이다. 즉, 관측자의 운동상태를 기준으로 본 물체의 속도라 할 수 있다.

10) 최고속도

단위시간 중 변위가 가장 큰 속도이다.

11) 가속도

속도의 변화량이다. 속도의 변화량을 시간으로 나눈 값[(나중속도−처음속도)/시간]이다.

12) 진동가속도(gb)

진동 운동을 하는 물체의 가속도이다. 즉, 진동하는 물체가 시간에 따라 그 진동하는 속도가 얼마나 빠르게 변하는지를 나타내는 물리량을 말한다. 열차의 진동으로 작용한 가속도를 지구 중력가속도 단위로 환산해서 나타내는 물리량으로서 열차의 안전성, 승차감, 궤도 상태 평가, 차량 설계 및 유지보수 기준 수립 시 매우 중요한 지표가 된다.

2. 운동과 힘

(1) 운동

물체의 위치가 시간이 지남에 따라 변하는 현상으로서 속력과 속도가 있다.

1) 등가속도 직선운동

등가속도 직선운동은 속력이 일정한 방향으로 시간이 지남에 따라 일정하게 증감하는 운동을 말하며, 이는 속도의 변화율인 가속도가 일정한 직선운동을 말한다. 등속 직선운동이 속력과 방향이 모두 일정한 것과 달리, 등가속도 운동은 속력의 변화가 일정한 것이 핵심적인 특징이다.

2) 등속원운동

등속원운동은 물체가 일정한 속력으로 원을 따라 움직이는 운동으로, 속력은 일정하지만 방향이 계속 변하므로 가속도(구심가속도)가 존재하는 운동이다. 이 운동에서 각속도는 일정하며, 주기와 반비례하고 진동수에 비례한다.

(2) 힘

1) 힘의 정의

힘이란 운동상태를 변화시키거나 모양을 변화시키는 원인이 되는 물리량으로서 크기, 방향, 작용점의 3요소를 갖는다. 물체에 힘이 가해지면 가한 힘의 방향으로 가속도가 발생하며, 힘의 크기가 증가할수록 가속도도 비례하여 증가한다. 힘을 F라 하고, 물체의 질량을 m, 물체에 작용하는 가속도를 a라고 한다면 F=m·a로 표현할 수 있다.

2) 힘의 단위

힘의 단위로는 kgf, gf, N, dyne 등이 있다.

① 1N은 1kg의 질량을 $1m/s^2$ 만큼 가속시키는 데 필요한 힘이다.

② 1dyne은 1g의 질량을 1cm/s² 만큼 가속시키는 데 필요한 힘이다.

3) 중력

① 질량을 가진 두 물체 사이에 작용하는 만유인력이다.
② 중력의 크기는 두 물체의 질량에 비례하고, 거리의 제곱에 반비례한다.
③ 중력(W) = 질량(m)×중력가속도(g)

4) 중력가속도

① 중력에 의해 물체가 가지는 가속도를 중력가속도(g)라고 한다.
② 중력가속도(g) = $\dfrac{중력(W)}{질량(m)}$
③ 중력가속도는 지구 중심에서 멀어질수록 감소한다.
④ 중력가속도는 적도 지역(9.78m/s²)보다 극 지역(9.83m/s²)에서 더 크다.
⑤ 중력가속도는 연직 아래 방향, 곧 지구 중심을 향한다.

5) 구심력

① 질량 m인 물체가 일정한 속력으로 등속원운동을 할 때 원의 중심 방향으로 작용하는 힘을 구심력이라 한다.
② 등속원운동에서 속력은 일정하지만, 속도는 계속 방향이 변하므로 변한다.
③ 물체의 운동 방향은 구심력과 항상 직각을 이룬다.
④ 질량이 m인 물체가 v의 속도로 반지름이 r인 원주를 돌 때 발생하는 구심력 F_g는 다음과 같다. 또한 각속도를 ω라고 하면 아래와 같은 식이 성립한다.

$$F_g = m\dfrac{v^2}{r} = mr\omega^2$$

⑤ 구심력은 등속원운동을 하는 물체의 질량과 속도의 제곱에 비례한다.
⑥ 구심력은 등속원운동을 하는 원의 반지름에 반비례한다.

6) 원심력

① 원심력은 등속원운동을 하는 물체가 원의 중심에서 바깥 방향으로 받는 것처럼 느껴지는 힘으로서 실제 힘이 아닌 가상의 관성력이다.
② 원심력의 크기는 구심력과 동일하지만 방향이 반대이다.
③ 질량이 m인 물체가 v의 속도로 반지름이 r인 원주를 돌 때 발생하는 구심력 F_c는 다음과 같다. 또한 각속도를 ω라고 하면 아래와 같은 식이 성립한다.

$$F_c = m\dfrac{v^2}{r} = mr\omega^2$$

7) 관성력
   ① 정지해 있거나 등속도운동을 하던 시스템(계)이 가속도운동을 할 때, 시스템 속에 있는 물체가 시스템의 운동 방향과 반대 방향으로 받는 힘을 관성력이라 한다.
   ② 관성력은 실제로 물체에 작용하지 않는 가상의 힘이므로 반작용이 없다.
   ③ 시스템 속에 있는 물체의 질량은 m이라 하고, 시스템의 가속도를 a라고 한다면 관성력 F_i는 아래와 같다.
   $$F_i = (-)m \cdot a^{1)}$$

8) 마찰력
   ① 마찰력이란 두 물체가 서로 접촉하여 운동할 때 그 운동을 방해하는 방향으로 작용하는 힘이다.
   ② 마찰력의 종류에는 정지마찰력, 최대정지마찰력, 운동마찰력(미끄럼마찰력), 회전마찰력(구름마찰력) 등이 있다.
   ③ 정지마찰력
      ㉠ 정지마찰력이란 접촉면 위에 정지해 있는 물체가 움직이려고 할 때, 그 운동을 방해하기 위해 외부에서 가해지는 힘과 반대 방향으로 작용하는 마찰력을 말한다.
      ㉡ 접촉면을 따라 움직이게 하려는 시도만으로도 정지마찰력이 발생한다.
      ㉢ 정지마찰력은 물체의 표면 상태와 접촉면의 재질에 따라 그 크기가 달라진다.
      ㉣ 정지마찰력은 물체가 움직이려는 방향과 반대 방향으로 작용하여 운동을 방해한다.
      ㉤ 물체가 정지해 있거나 등속도로 움직이고 있다면, 정지마찰력의 크기는 외부에서 가한 힘의 크기와 같다. 따라서 서로 평형을 이루어 가속도가 생기지 않는다.
   ④ 최대정지마찰력
      ㉠ 접촉면 위에 정지하고 있는 물체를 움직이게 하려고 힘을 가했을 때, 물체가 막 움직이기 시작하는 순간에 작용하는 가장 큰 마찰력을 최대정지마찰력이라 한다.
      ㉡ 최대정지마찰력은 수직항력과 정지마찰계수에 비례한다.
      ㉢ 최대정지마찰력은 접촉면의 넓이와는 무관하고 접촉면의 성질에 따라 달라진다.
      ㉣ 최대정지마찰력의 정지마찰계수는 1보다 작다.
   ⑤ 운동마찰력
      ㉠ 물체가 접촉면 위에서 이미 운동하고 있을 때 그 운동을 방해하는 방향으로 작용하는 마찰력을 운동마찰력이라 한다.

---

1) (−)는 물체의 운동 방향과 반대 방향을 의미한다.

  © 운동마찰력은 수직항력과 운동마찰계수에 비례한다.
  © 운동마찰력은 물체의 이동속도와는 무관하고 접촉면의 성질에 따라 달라진다.
  ② 운동마찰력의 방향은 운동 방향과 반대 방향이고, 가속도나 외력 방향과는 무관하다.
  ⑩ 운동마찰력에는 미끄럼마찰력과 구름마찰력이 있다.

⑥ **구름(회전)마찰력**

바퀴나 구체처럼 회전하면서 움직이는 물체가 구르는 것을 방해하는 저항력을 구름마찰력이라 한다. 이는 접촉면의 변형이나 미세한 마찰 등에 의해 발생하며, 운동마찰력보다 일반적으로 작다.

⑦ **미끄럼마찰력**

미끄럼 마찰력은 두 물체가 접촉한 상태에서 서로 미끄러지며 상대 운동을 할 때, 그 운동을 방해하는 방향으로 작용하는 마찰력이다. 일반적으로 운동마찰력과 같은 의미로 사용되며, 마찰계수와 수직항력에 의해 크기가 결정된다.

⑧ **마찰계수**

마찰계수란 두 물체가 접촉할 때 마찰의 크기를 수치로 나타낸 값이다. 표면이 거칠거나 마찰이 크면 마찰계수도 커지고, 표면이 매끄럽고 잘 미끄러지면 마찰계수는 작아진다. 운동마찰계수는 미끄럼마찰계수와 구름마찰계수로 분류할 수 있다. 다음은 여러 마찰계수의 크기를 비교한 것이다.

 ☉ 정지마찰계수 > 운동마찰계수
 © 정지마찰계수 > 미끄럼마찰계수 > 구름마찰계수

물질	정지마찰계수	운동마찰계수
철판과 철판	0.74	0.57
눈과 얼음	0.10	0.03
기름 친 금속과 금속	0.15	0.06

3. 일

(1) 일

일(W)이란 힘(F)이 작용하여 물체가 그 힘의 방향으로 이동(S)할 때 발생하는 물리량으로, 일=힘×이동 거리(W=F·S)로 정의할 수 있다. 힘이 있어도 이동이 없거나, 이동 방향이 힘과 수직이면 일은 0이 된다. 일의 단위는 줄(Joule), 뉴턴미터(N·m), 또는 킬로그램힘미터(kgf·m) 등을 사용한다.

(2) 운동량

운동량이란 움직이는 물체가 지닌 운동의 양을 나타내는 물리량으로, 질량(m)과 속도(v)의 곱으로 정의되며, P=m·v(단위 : kg·m/s)로 표현된다. 운동량은 질량이 크거나 속도가 빠를수록 커지며, 방향을 갖는 벡터량이다. 충돌, 반동, 보존법칙 등에서 중요한 역할을 하며, 충격량과 밀접한 관계가 있고, 외부 힘이 작용하지 않으면 보존되는 특성을 가진다.

(3) 각운동량

각운동량은 물체가 특정 축을 중심으로 회전 상태를 유지하려는 물리량, 즉 회전운동의 관성을 나타내는 물리량이다. 외부에서 토크(회전력)가 작용하지 않는 한, 물체는 기존의 회전 상태를 유지하려 한다. 물체의 회전관성(관성모멘트)을 I_r이라고 하고, 각속도를 ω라 할 때 각운동량 $P_r=I_r×ω$(단위 : m·rad/s)로 정의할 수 있다. 각운동량은 물체의 질량 분포와 회전속도에 따라 달라진다.

(4) 토크

토크(Torque)란 물체를 회전시키려는 효과, 즉 회전의 원인이 되는 물리량으로, 회전력이라고도 한다. 이는 물체가 특정 회전축에 대해 얼마나 크게 회전하는지를 측정하며, 가하는 힘(F)과 회전축으로부터 힘이 작용하는 지점까지의 거리(r)의 곱으로 정의된다. 따라서 토크 T=F·r(단위 : N·m)로 표현되며, 힘이 클수록, 회전축으로부터 거리가 멀수록 토크는 커진다. 토크는 전동기의 회전력이나 나사를 조이는 힘 등을 설명할 때 사용되는 중요한 개념이다.

(5) 뉴턴의 운동법칙

1) 뉴턴의 운동 제1법칙(관성의 법칙)

뉴턴의 운동 제1법칙은 외부에서 힘이 작용하지 않으면 정지해 있는 물체는 계속 정지하고, 움직이는 물체는 일정한 속도로 직선운동을 계속하려는 성질을 말한다. 관성의 크기는 물체의 질량에 비례한다.

2) 뉴턴의 운동 제2법칙(힘과 가속도와 질량 관계 법칙)

뉴턴의 운동 제2법칙은 물체에 작용하는 알짜힘이 있을 때, 그 힘은 물체에 가속도를 발생시킨다는 법칙으로 가속도의 크기는 힘에 비례하고 질량에 반비례한다. 그리고 가속도는 힘이 작용하는 방향으로 발생한다. 힘을 F라 하고, 질량을 m, 가속도를 a라 할 때 F=m×a라는 식으로 표현할 수 있다.

3) 뉴턴의 운동 제3법칙(작용력 반작용력 법칙)

뉴턴의 운동 제3법칙은 두 물체 사이에 힘이 작용할 때, 한 물체가 다른 물체에 힘(작용력)을 가하면, 그 다른 물체도 동시에 같은 크기이면서 반대 방향의 힘(반작용력)을 첫 번째 물체에 가한다. 즉, 모든 작용에는 크기가 같고 방향이 반대인 반작용이 존재한다는 법칙이다. 그 특징은 다음과 같다.

① 힘은 항상 쌍으로 존재한다.
② 힘의 크기는 같고 작용 방향은 반대이다.
③ 작용과 반작용은 서로 다른 두 물체에 작용하므로, 하나의 물체에 대한 합력으로 계산되지 않는다.
④ 같은 크기의 힘을 받는 두 물체는 질량이 작을수록 더 큰 가속도를 가진다.

4. 전기

(1) 전기의 정의

전기란 전하의 이동 또는 정지 상태에서 발생하는 물리적 현상으로서, 자연에서는 번개나 정전기 형태로 나타나며, 인공적으로는 전류와 전압으로 표현된다. 전기는 전자의 흐름을 통해 에너지를 전달하거나 기기를 작동시키는 데 사용되며, 전기 현상은 정전기(정지 전하)와 전류(움직이는 전하)로 나뉜다.

(2) 전하와 전류

1) 전하

전하는 물체가 띠는 전기의 성질로, 양전하(+)와 음전하(-)가 있으며 그 양은 전하량 또는 전기량이라 하고 단위는 쿨롱(C)이다. 전하를 띤 물체를 대전체라 하며, 이러한 상태를 대전이라고 한다. 전하 사이에는 전기력이 작용하는데, 같은 전하끼리는 서로 밀어내는 척력, 다른 전하끼리는 서로 당기는 인력을 나타낸다. 이 전기력은 두 전하량의 곱에 비례하고, 거리의 제곱에 반비례한다.

2) 전류

전류는 전하가 이동하면서 생기는 전기의 흐름을 의미한다. 주로 이동하는 전하는 음전하인 전자로, 실제 전류는 전자의 이동 방향과 반대 방향으로 정의된다. 전류의 단위는 암페어(A)이며, 1A는 1초 동안 1쿨롱(C)의 전하가 흐르는 것을 뜻한다. 금속 도체에서는 자유전자들이 이동하면서 전류를 형성한다. 전류의 크기는 전하의 양과 흐르는 시간에 따라 결정된다.

(3) 전압

전압은 전류를 흐르게 하는 전기적 압력으로, 전위 차이가 클수록 전압도 높아진다. 전압이 높을수록 전류의 세기도 강해지며, 에너지 소비도 많아진다. 전압은 전지의 연결 방식에 따라 달라지며, 직렬 연결은 전압을 높이고 병렬 연결은 사용 시간을 늘린다. 전압의 단위는 볼트(V)이다.

(4) 전기저항

전기저항은 전류의 흐름을 방해하는 물질의 성질로, 도체 내부에서 자유전자가 원자와 충돌하면서 발생한다. 저항의 크기는 도체의 길이에 비례하고, 단면적에 반비례하며, 비저항에 따라 결정되며, 단위는 옴(Ω)을 사용한다. 전압이 V, 전류가 I 그리고 저항이 R일 때 이들의 관계는 옴의 법칙 $V = I \cdot R$로 표현된다. 저항은 전류가 흐를 때 전기에너지를 열에너지로 전환하여 소모시키는 역할도 한다. 여러 저항이 직렬 연결되는 경우 전체 저항은 각 저항의 합이며, 병렬 연결에서는 각 저항의 역수의 합의 역수로 계산한다. 전기저항은 회로의 전류를 조절하고 에너지 효율을 결정하는 핵심 요소이다.

(5) 줄의 법칙(Joule's Law)

줄의 법칙은 전류가 흐를 때 전기저항에서 발생하는 열에너지의 양을 구하는 법칙이다. 이 법칙에 따르면, 전기저항을 가진 도선에 전류가 흐르면 전기에너지가 열에너지로 변환되며, 이때 발생하는 열량(또는 열에너지) Q와 전류(I), 저항(R), 시간(t)의 관계는 $Q = I^2Rt$로 표현된다. 즉, 전류가 클수록, 저항이 클수록, 시간이 길수록 더 많은 열이 발생한다.

(6) 전력과 전력량

1) 전력

전력은 단위 시간당 소비되거나 발생하는 전기에너지의 양을 의미하며, 전압과 전류의 곱으로 계산된다. 공식은 $P = V \times I$이며, 단위는 와트(W)이다. 전력은 전기기기의 소비 능력을 나타내는 지표로, 소비전력이 클수록 더 많은 에너지를 사용한다.

2) 전력량

전력량은 일정 시간 동안 사용된 전기에너지의 총량을 의미하며, 공식은 $P_t = VIt = I^2Rt$로 표현된다. 전력량의 단위는 와트시(Wh) 또는 킬로와트시(kWh)이며, 전기요금 산정에 사용된다. 즉, 전력량은 누적된 사용량을 나타낸다.

(7) 자기장(자계)

자기장이란 자석이나 전류가 흐르는 도체 주변에 형성되어 자기력이 작용하는 공간을 말한다. 이 공간에 자성체나 전류가 흐르는 도체를 놓으면 힘(자기력)이 작용한다. 자기장의 세기는 자기장 벡터의 크기로 나타내며, 자기력선의 밀도로 시각화할 수 있고, 단위는 테슬라(T) 또는 가우스(G)를 사용한다. 자기력선의 방향은 자석의 N극에서 S극을 향하며, 전류가 흐르는 도체 주변에서 형성되는 자기장의 방향은 앙페르의 오른손 법칙으로 판단할 수 있다.

(8) 패러데이의 법칙(Faraday's Law of Electromagnetic Induction)

패러데이의 법칙은 시간에 따라 변화하는 자기장이 도체에 기전력(전압)을 유도하는 현상을 설명한다. 자기장 속에서 도체(예 : 코일)를 이동시키거나, 자석을 도체 주변에서 움직이면 자기선속(자속)이 변하게 되고, 이로 인해 도체에 전류가 유도된다. 이 현상을 전자기유도라 하며, 유도되는 전류의 세기는 자기선속 변화의 속도에 비례한다. 즉, 자석을 빠르게 움직일수록 유도 전류의 크기는 커진다. 또한, 자석의 극이나 이동 방향을 바꾸면 전류의 방향도 반대로 바뀐다. 이 원리는 발전기, 변압기, 유도 조리기 등 다양한 전기기기의 핵심 원리로 활용된다.

(9) 렌츠의 법칙(Lenz's Law)

렌츠의 법칙은 전자기유도에 의해 생긴 전류는 항상 원래의 자기선속 변화를 방해하는 방향으로 흐른다는 법칙이다. 즉, 유도된 전류는 자기선속의 증가를 억제하거나 감소를 막는 방향으로 자기장을 생성한다. 이와 같은 작용은 에너지 보존 법칙과 일치하며, 유도 전류가 외부 변화에 저항하려는 성질로 이해할 수 있다. 예를 들어, 자석을 코일 쪽으로 가까이 가져가면 코일에는 반대 극의 자기장을 만들어 자석의 접근을 방해하는 방향으로 전류가 흐른다. 이 법칙은 전자기유도, 발전기, 유도 제동 등 다양한 전기기기의 작동 원리에 적용된다.

(10) 플레밍의 오른손 법칙(Fleming's Right-Hand Rule)

플레밍의 오른손 법칙은 전자기유도 현상에서 유도 전류의 방향을 결정하는 법칙이다. 자기장 속에서 도체가 움직일 때, 도체 내에 기전력(전압)이 유도되며 전류가 흐르게 된다. 이때 유도 전류의 방향은 오른손의 세 손가락을 서로 수직이 되도록 펼쳐 다음과 같이 정한다.

① 엄지 : 도체의 운동 방향
② 검지 : 자기장의 방향 (N극 → S극)
③ 중지 : 유도되는 전류의 방향

이 법칙은 발전기의 원리에 적용되며, 기계적 운동이 전기에너지로 전환되는 과정에서 전류 방향을 예측하는 데 사용된다.

(11) 플레밍의 왼손 법칙(Fleming's Left-Hand Rule)

플레밍의 왼손 법칙은 전동기에서 전류가 흐를 때 도체에 작용하는 힘의 방향을 결정하는 법칙이다. 자기장 안에 놓인 도체에 전류가 흐르면 자기장과 전류의 상호작용으로 운동(힘)이 발생하는데, 이때 도체가 움직이는 방향은 왼손의 세 손가락을 서로 수직으로 펴서 다음과 같이 정한다.

① **엄지** : 도체가 움직이는 힘(운동)의 방향
② **검지** : 자기장의 방향 (N극 → S극)
③ **중지** : 도체에 흐르는 전류의 방향

이 법칙은 전기에너지를 운동에너지로 바꾸는 전동기(Motor)의 작동 원리에 적용된다.

03 전기기기

1. 직류전동기

(1) 직류전동기의 개념

직류전동기는 직류 전기에너지를 기계적 회전력으로 변환하는 전동 장치로서, 전기에너지를 동력으로 변환하여 열차 운전에서는 열차의 구동, 제동, 속도 조절 등 핵심적인 추진 기능을 수행한다. 속도 제어가 용이하고, 부하 변화에 빠르게 반응하여 급격한 하중 변화에도 안정된 운전을 유지할 수 있다. 또한, 회전 방향 전환이 간단하고, 직선적인 시동 토크를 발생시켜 열차 출발 시 필요한 초기 견인력 확보에 유리하다. 직류전동기에는 자체적으로 역기전력(회전으로 인해 발생하는 반대 방향의 전압)이 생기며, 이는 항상 단자 전압보다 작고, 전동기의 전류 흐름과 토크 형성에 중요한 역할을 한다.

(2) 직류전동기의 원리

1) 전자기력의 작용

    직류전동기는 자기장 속에서 도체에 전류가 흐를 때 발생하는 전자기력을 이용하여 회전 운동을 만든다.

2) 플레밍의 왼손 법칙 적용

힘의 방향은 플레밍의 왼손 법칙으로 결정된다. 왼손의 중지는 전류의 방향, 검지는 자기장의 방향(N극 → S극), 엄지는 작용하는 힘(운동 방향)을 나타낸다.

3) 회전운동의 발생

회전자의 도선들이 고정자의 자기장 내에서 배열되어 있기에, 각 도체에 작용하는 전자기력이 합쳐져 연속적인 회전력(토크)을 만들어낸다. 도선에 전류가 공급되면 회전자가 회전하며, 직류전동기로서 작동하게 된다.

4) 정류자의 역할

직류전동기에는 정류자(commutator)가 장착되어 있어, 회전자가 회전하면서도 극성이 자동으로 반전되도록 한다. 이로 인해 회전 방향이 유지되며 안정적인 회전 운동이 가능해진다.

5) 역기전력의 발생과 의미

전동기가 회전하면 회전자가 고정자의 자속을 끊게 되어, 발전기처럼 기전력(역기전력)이 유도된다. 이 역기전력은 공급 전압 V_t와 반대 방향으로 발생하며, 전류 흐름을 방해하는 방향으로 작용한다.

6) 역기전력과 속도의 관계

역기전력은 회전 속도에 비례하므로, 부하가 증가하여 회전 속도가 낮아지면 역기전력도 감소하고, 이에 따라 전류가 증가하여 토크를 보상한다. 이러한 자기 조절 특성은 직류전동기를 철도차량 등 부하 변동이 심한 운전 조건에 적합한 전동기로 만들어준다.

(3) 직류전동기의 구조

직류전동기는 크고 안정적인 기동 토크, 부하 변화에 대한 우수한 적응력, 그리고 속도 및 회전 방향 제어의 용이성 등 여러 장점을 바탕으로 철도차량, 특히 전기동차의 추진용 전동기로 널리 사용된다. 직류전동기는 크게 계자(Field), 회전자(Armature), 정류자(Commutator), 브러시(Brush) 등 네 가지의 주요 구성 요소로 이루어진다.

1) 계자(Field Magnet)

계자는 전동기 내부에 자기장을 형성하는 부분으로, 계자 철심, 계자권선, 자극, 계철 등으로 구성된다. 직류직권전동기에서는 계자에 전류가 공급되면 N극과 S극 사이에 자기력선속이 형성되며, 이 자계는 회전자에 전류가 흐를 때 전자기력을 발생시켜 회전을 유도한다.

2) 회전자(Armature)

회전자는 실제로 기계적 회전 운동을 수행하는 부분이며, 회전자 철심, 회전자 권선, 축(shaft), 정류자 등으로 구성된다. 계자에서 형성된 자계 속에 놓인 회전자 권선에 전류가 공급되면, 플레밍의 왼손 법칙에 따라 각 도체에 힘이 작용하여 회전운동이 발생한다. 회전자는 지속적인 회전을 통해 외부에 기계적 동력을 전달하며, 열차의 구동력으로 작용하게 된다.

3) 정류자(Commutator)

정류자는 회전자 축에 부착되어 함께 회전하는 부품이다. 브러시를 통해 외부 직류전원으로부터 전류를 공급받아 회전자 권선에 흐르는 전류의 방향을 주기적으로 반전시키는 역할을 한다. 이러한 정류 작용 덕분에 회전자는 회전 방향이 유지되는 연속적인 회전 운동을 할 수 있게 된다.

4) 브러시(Brush)

① 브러시는 정류자와 접촉하면서 회전자와 외부 회로를 전기적으로 연결하는 부품이다. 회전하는 정류자에 지속적으로 접촉하여 전류를 공급하거나 회전자로부터 전류를 외부 회로로 전달한다.

② 브러시는 일반적으로 탄소 브러시, 전기 흑연 브러시, 금속 브러시 등이 있으며, 그 중 접촉 저항이 크고 정류 성능이 안정적인 탄소 브러시가 많이 사용된다.

(4) 직류전동기의 종류

직류전동기는 계자 자계(磁界)를 어떻게 형성하느냐, 즉 계자권선에 전류를 어떻게 공급하느냐에 따라 타여자 전동기와 자여자 전동기로 분류한다.

1) 타여자 전동기(他勵磁 電動機, Separately Excited DC Motor)

계자권선과 전기자권선이 서로 다른 전원에서 전류를 공급받는 구조이다. 계자전류를 독립적으로 제어 가능하여 속도 · 토크 제어가 우수하다. 제어장치가 필요하여 구조는 복잡하지만, 정밀한 운전에 유리하다. 실험 장치, 제어기기, 고급 자동화 시스템 등에 사용된다.

2) 자여자 전동기(自勵磁 電動機), Self-Excited DC Motor)

계자권선과 전기자권선이 같은 전원에서 전류를 공급받는 구조이다. 이는 직권전동기, 분권전동기, 복권전동기로 분류된다.

① **직권전동기**(Series DC Motor) : 계자권선과 전기자권선이 직렬로 연결되고, 기동 토크가 매우 크며, 무부하 운전은 위험하다. 철도차량에 가장 널리 사용되는 형식이다.

② **분권전동기**(Shunt DC Motor) : 계자권선과 전기자권선이 병렬(분권)로 연결되고, 속도 변화가 적고 안정적인 운전이 가능하다. 부하 변화가 심하지 않은 장비에 적합하다.
③ **복권전동기**(Compound DC Motor) : 계자에 직권과 분권 권선을 함께 구성하는 구조이다. 이는 다시 가동복권전동기, 차동복권전동기로 분류된다.
  ㉠ **가동복권전동기**(Cumulative Compound Motor) : 직권과 분권 계자전류가 같은 방향으로 작용하며, 기동 토크와 속도 안정성 모두 확보가 가능하다.
  ㉡ **차동복권전동기**(Differential Compound Motor) : 두 계자전류가 반대 방향으로 작용하며, 부하 증가 시 속도가 증가하는 불안정성이 단점이어서 실무에서는 거의 사용되지 않는다.

(5) 직류전동기의 토크

직류전동기에서 토크는 자기장 속에 놓인 회전자에 전류가 흐를 때 발생하는 회전력이다. 회전자에 전압을 가하면 전류가 흐르고, 이 전류와 자기장의 상호작용으로 회전하려는 힘이 생긴다. 토크의 크기는 회전자 전류의 세기와 한 극당 자기력선속의 크기에 비례한다. 이 토크는 열차의 출발, 가속, 등판 등에서 필요한 견인력을 제공하는 핵심 요소다. 특히 기동 토크가 큰 직권형 전동기가 철도차량에서 널리 사용된다.

(6) 직류직권전동기의 속도 특성

① 직류전동기의 회전속도는 역기전력에 비례하고, 계자 자속(자기력선속)에 반비례하는 특성을 가진다.
② 단자 전압이 높거나 전기자 전류가 클수록 속도는 증가하고, 자속이 강할수록 속도는 감소한다.
③ 직권전동기는 계자와 전기자가 직렬로 연결되어 있어, 자속이 전류에 비례하고 속도는 부하 전류에 반비례한다. 이로 인해 부하가 작아지면 속도가 급격히 상승하며, 무부하 상태에서는 위험한 속도 폭주 현상이 발생할 수 있다.

(7) 직류직권전동기의 속도 제어

속도 제어 방법에는 전기자 회로 저항 제어, 자속 제어, 전압 제어가 있으며, 각 방식은 특성과 적용 대상이 다르다.

① 저항 제어는 구조가 간단하지만, 속도 변화가 크고 효율이 낮으며, 주로 직권전동기에 사용된다.
② 자속 제어는 정출력 특성을 가지나 응답성이 낮고, 분권전동기 및 복권전동기에서 활용된다.

③ 전압 제어는 정속도 운전에 적합하고 속도 응답성이 우수하여, 타여자 전동기에 주로 적용된다.

2. 유도전동기

(1) 유도전동기의 개념

유도전동기는 도체와 자기장 사이의 전자기유도 작용을 이용하여 회전운동을 발생시키는 교류 전동기이다. 고정자 권선에 교류 전류를 공급하면 회전자기장(rotating magnetic field)이 형성되고, 이 자기장이 정지된 회전자를 통과하면서 패러데이의 법칙에 따라 회전자 도체에 전류를 유도한다. 회전자에 흐르는 유도 전류는 자기장을 형성하며, 고정자의 회전자기장과 상호작용하여 회전력이 발생한다. 회전자에는 외부 전원을 직접 공급하지 않으므로 구조가 단순하고 유지보수가 용이하다. 일반적으로 3상 유도전동기가 가장 널리 사용되며, 회전자는 동기속도보다 약간 낮은 속도로 운전된다.

(2) 유도전동기의 원리

① 유도전동기는 고정자에 3상 교류 전류를 인가하면 회전하는 자기장(회전자기장)이 형성되고, 이 회전자기장이 정지된 회전자를 통과하면서 전자기유도에 의해 회전자에 전류가 유도된다.
② 유도된 전류는 회전자 내 자기장을 형성하고, 고정자의 회전자기장과 상호작용하여 회전력이 발생한다.
③ 회전자는 동기속도보다 약간 느린 속도로 회전하며, 이 속도 차가 유도작용을 지속시키는 원동력이 된다.

(3) 유도전동기의 구조

유도전동기는 기본적으로 고정자(Stator)와 회전자(Rotor)로 구성된다.

1) 고정자
   ① **고정자 철심** : 규소강판을 적층한 구조로, 자기력선속이 통과하는 자기회로를 형성한다.
   ② **고정자 권선** : 3상 교류 전원을 받아 회전자기장(Rotating Magnetic Field)을 형성한다.

2) 회전자
   ① **축** : 회전자 철심을 지지하고, 회전의 중심축 역할을 한다.
   ② **회전자 권선** : 유도전류가 흘러 회전자기장을 형성하며, 구조에 따라 아래 두 가지로 나뉜다.

⊙ 농형 회전자 : 도체봉과 단락링으로 구성된 단단한 구조로, 가장 널리 사용된다.
ⓒ 권선형 회전자 : 권선이 감겨 있으며 외부 저항 연결로 속도 및 기동 특성 제어가 가능하다.

③ 공극(Air Gap) : 고정자와 회전자 사이에 위치하며, 자속의 상호작용을 가능하게 한다.

(4) 유도전동기의 슬립(slip)

① 슬립은 고정자의 회전자기장 속도(동기속도)와 회전자의 실제 속도 차이를 의미한다.
② 슬립이 존재해야 회전자에 유도 전류가 흐르고, 이 전류로 인해 토크가 발생한다.
③ 슬립이 0이면 회전자계와 속도가 같아 유도 작용이 일어나지 않아 전동기는 토크를 발생시키지 못한다.
④ 슬립은 무부하에서 거의 0에 가깝고, 부하가 클수록 값이 커진다.
⑤ 슬립의 일반적인 범위는 $0 < s < 1$이며, $s = 1$은 정지 상태, $s = 0$은 이상적인 무부하 상태이다.
⑥ 동력 운전 중에는 회전자가 회전자계보다 약간 느리게 회전하며, 회생제동 중에는 더 빠르게 회전한다.
⑦ 슬립이 양(+)일 때는 동력 운전, 음(-)일 때는 회생제동 상태를 나타낸다.
⑧ 슬립의 변화는 전력 반도체 소자의 게이트 제어에 의해 조절되며, 전동기의 회전 방향은 3상 전원의 순서를 바꾸어 조정한다.
⑨ 유도전동기는 항상 약간의 슬립을 가진 상태에서 정상 운전되며, 이는 전동기의 필수 작동 원리이다.

(5) 유도전동기의 동기속도 (Synchronous Speed)

① 동기속도는 고정자에서 생성되는 회전자기장이 회전하는 이론적인 속도로, 전원 주파수와 극 수에 의해 결정된다.
② 유도전동기는 일반적으로 동기속도보다 약간 느린 속도로 회전하며, 이 속도 차이를 '슬립'이라고 한다.
③ 동기속도는 유도 작용의 기준이며, 슬립이 있어야 회전자에 유도 전류가 발생하고 토크가 형성된다.
④ 견인 전동기로 사용할 경우, 회전자는 동기속도보다 느리게, 발전기로 사용할 경우는 더 빠르게 회전한다.

(6) 유도전동기의 회전수제어

① 유도전동기의 회전속도는 동기속도와 슬립에 의해 결정되며, 동기속도는 전원 주파수

와 극 수에 따라 정해진다.
② 회전수제어의 핵심은 동기속도를 조절하거나 슬립을 변화시키는 것이다.
③ 주파수 제어 방식(인버터 제어)이 가장 보편적이며, 인버터를 통해 주파수와 전압을 동시에 변화시켜 회전수를 자유롭게 조절한다.
④ 극 수 변경 방식은 고정자 권선의 극 수를 바꾸어 회전속도를 제어하는 방식이며, 속도 단수가 제한되므로 주로 단순 기계에 사용된다.
⑤ 슬립 제어 방식은 권선형 회전자에 적용되며, 회전자 회로에 저항을 삽입하여 슬립을 조절한다.
⑥ 현대 철도차량에서는 인버터 기반의 주파수 제어가 표준으로, 정밀 제어 및 효율이 우수하다.

(7) 유도전동기의 분류

유도전동기는 전원 방식과 회전자 구조에 따라 단상 유도전동기와 3상 유도전동기로 구분된다. 이들은 고정자 권선에 교류 전류를 인가하면 형성되는 회전자기장에 의해 회전자가 회전하게 되는 원리를 기반으로 작동한다. 회전자기장과 회전자 속도 간의 차이(슬립)를 통해 유도 전류가 발생하고, 이 전류로 인해 토크가 형성된다.

1) **단상 유도전동기(Single-phase Induction Motor)**

　소형 가전제품, 팬, 펌프 등 경부하 및 가정용 기기에 주로 사용되며, 기동 토크가 작아 보조기구가 필요하다.

　① **분산 기동형** : 보조 권선을 통해 기동 시 위상차를 발생시켜 회전을 시작한다. 구조가 간단하고 가격이 저렴하나, 기동 토크는 낮다.
　② **콘덴서형** : 기동 또는 운전 중 콘덴서를 삽입하여 위상차를 크게 함으로써 기동 토크를 향상시킨다. 기동용, 운전용, 겸용 콘덴서형으로 나뉜다.
　③ **셰이딩 코일형** : 극의 일부에 보조 동선(셰이딩 코일)을 감아 약한 회전자계를 형성하여 기동한다. 구조가 매우 단순하며 소형 기기에 사용된다.
　④ **반발 기동형** : 정류자와 브러시 구조를 활용해 반발력으로 기동하고, 이후 유도전동기처럼 작동한다. 기동 토크가 크지만, 마모와 구조 복잡성이 단점이다.

2) **3상 유도전동기(Three-phase Induction Motor)**

　산업 현장에서 가장 널리 사용되며, 기동 토크가 크고 효율이 높고, 구조도 단순한 것이 특징이다. 고정자에 3상 교류 전류를 공급하면 120° 위상차의 회전자기장이 생성되며, 이 자계가 회전자에 유도 전류를 흐르게 하여 회전력을 발생시킨다.

① 농형(Squirrel-cage type) : 회전자 도체가 다람쥐 케이지 모양으로 구성되어 견고하고 유지보수가 간편하다. 가격이 저렴하고 운전이 안정적이나, 슬립 제어가 어렵고 속도 제어에는 한계가 있다.

② 권선형(Wound-rotor type) : 회전자에 권선을 감고 외부 저항을 삽입하여 슬립을 조절할 수 있다. 이를 통해 기동 토크를 크게 하거나 속도 제어가 가능하지만, 구조가 복잡하고 가격이 높은 단점이 있다.

04 운전성능

1. 점착력과 점착계수

(1) 점착력

1) 점착력의 정의

점착력이란 철도차량의 바퀴(차륜)와 철로(레일) 사이에 발생하는 마찰력으로서 바퀴가 레일 위에서 미끄러지지 않고 견인력이나 제동력을 전달할 수 있도록 해주는 역할을 한다.

2) 점착력에 영향을 미치는 요소

① 차륜과 레일의 접촉면 상태

차륜과 레일의 마모 정도나 상태가 불량하면 접촉면이 불안정해져 점착력이 낮아질 수 있으며, 레일 표면에 물, 기름기, 먼지, 녹, 낙엽 등이 부착되면 점착력이 더욱 감소한다.

② 점착계수의 크기

점착력은 차륜과 레일 사이의 수직하중에 점착계수를 곱한 값이므로, 점착계수가 클수록 동일한 하중에서 더 큰 점착력이 발생한다.

③ 열차의 속도 변화

열차의 속도가 빨라지면 차륜과 레일 사이의 접촉 조건이 불안정해져 점착계수가 감소하는 경향이 있다.

④ 축 중량의 이동

운행 중 차량의 가속, 감속 또는 선로 기울기에 따라 축 중량이 이동하면 바퀴에 걸리는 수직하중이 달라져 점착력에 영향을 준다.

⑤ 곡선 선로 운행 시 횡 방향으로 작용하는 슬립

곡선 선로를 주행할 때 바퀴에 횡 방향 슬립이 발생하면 접촉이 불안정해져 점착력이 저하될 수 있다.

3) 점착력 향상 방안

① 철도차량에 활주 방지 장치의 설치

제동 시 차륜이 레일 위에서 미끄러지는 현상을 감지하고 자동으로 제동력을 조절하여, 제동거리 증가와 사고 위험을 줄일 수 있다.

② 동력제어기 취급 시 순차적으로 취급

가속 시 견인력을 단계적으로 조절함으로써 차륜의 헛돎을 방지하고, 점착력을 안정적으로 유지할 수 있다.

③ 축 중량 이동 보상

곡선 주행이나 가·감속 시 발생하는 축 중량 이동을 보정하여 차륜 간 하중을 균등하게 분배하고, 접지력을 향상시킬 수 있다.

④ 기준에 적합한 선로 보수

레일의 평탄도, 청결도, 마찰 조건을 기준에 맞게 유지함으로써 바퀴와 레일 사이의 안정적인 접촉을 확보할 수 있다.

⑤ 전동기 제어의 세분화

전동기의 견인력을 세밀하게 조절할 수 있도록 제어단계를 나눔으로써, 출발 및 가속 시 점착력을 안정적으로 유지할 수 있다.

⑥ 마찰 증강제 및 모래 살포 장치 운용

레일에 마찰 보조제를 살포하여 낙엽, 수분 등으로 인한 미끄러짐을 방지하고, 점착력을 높일 수 있다.

(2) 점착계수(adhesion coefficient)

1) 점착계수의 정의

점착계수란 차륜과 레일 사이에서 발생하는 최대 마찰력과 수직하중의 비율을 말한다. 이 값은 마찰력이 얼마나 효과적으로 견인력이나 제동력으로 전환될 수 있는지를 나타내는 지표이다.

2) 레일 위 조건에 따른 점착계수

레일 위 조건	일반적인 경우	모래를 분사한 경우
맑음/건조	0.3~0.25	0.4~0.35
습	0.2~0.18	0.25~0.22
서리	0.18~0.15	0.22~0.2
기름	0.1	0.15
낙엽	0.08	-

(3) 견인정수

1) 견인정수의 정의

견인정수는 하나의 기관차(동력차)가 특정 선로 조건에서 운전속도 종별에 따라 소정의 속도 이상으로 안전하게 운행하며 끌거나 밀 수 있는 최대 편성량(객차, 화차의 수) 또는 총 중량을 말한다. 이는 기관차(동력차)의 최대 운송 능력 또는 최대 부하 허용치를 의미한다.

2) 운전속도 종별

열차 종류	속도 등급(종별)	열차 종류	속도 등급(종별)
고속열차	고속	보통열차	보갑, 보을, 보병, 보정
특급열차	특갑, 특을, 특병, 특정	혼합열차	혼갑, 혼을, 혼병, 혼정
급행열차	급갑, 급을, 급병, 급정	화물열차	화갑, 화을, 화병, 화정

3) 견인정수 산정법

종류	내용
실제 량(輛)수법	열차를 구성하는 차량의 대수(량수)에 따라 필요한 견인력을 산정하는 방식
실제 톤(ton)수법	열차의 총 중량(톤수)을 기준으로 견인력을 계산하는 방식
인장봉(draw-bar) 하중법	기관차와 열차 사이의 연결점(인장봉)에 작용하는 하중을 기준으로 견인력을 산정하는 방식
수정 (ton)톤수법	차량 종류나 저항 특성에 따라 가중치를 부여한 톤수로 환산하여 견인력을 산정하는 방식
환산 량(輛)수법 (현재 사용)	실제 차량을 표준 차량으로 환산한 량수(대수)로 계산하여 견인력을 추정하는 방식

4) 환산 량(輛)수법 계산

차량중량을 기준중량으로 나눠서 계산한다.

$$환산량 = \frac{차량중량}{기준중량}$$

5) 견인정수 산정 시 차량중량 기준

① 차량중량은 자중(자체중량)과 적재중량(동력차는 관성중량[2] 포함)을 합한 중량
② 객차의 적재중량은 탑승한 승객의 인원수에 75kgf을 곱하여 산정
③ 고속열차와 좌석이 지정된 열차는 100% 승차율[3]로 계산
④ 전기동차는 150%의 승차율로 계산

6) 차량 종류별 기준 중량

차종	기준 중량(ton)
기관차(동력차는 관성중량 포함)	30
동차 및 객차	40
화차	43.5

7) 차중률(車重率, train loading rate)

차중률이란 열차의 자중 대비 적재중량의 비율이다. 즉, 얼마나 싣고 있는가를 나타내는 지표이다.

$$차중률(\%) = \frac{적재중량}{차중} \times 100$$

8) 견인정수의 표시

구분	내용
견인정수 표시	전동차 및 디젤동차 : 차량 형식 + 편성 비율(M:T)[4] + 편성량 수
	전동차 및 디젤동차로 견인하는 경우 : 차량 형식 + 편성 비율(M:T) + 편성량 수 + 견인 가능한 환산량 수
편성비율 규정	비율이 같고, 열차장 ≤ 220m이면 50% 이내 증편 시 동일 운전 시간 사용 가능
운전 시·분 단위	기본 : 30초 / 특급 이상 또는 전동차는 15초, 10초 가능

---

2) 관성 중량이란 열차가 가속 또는 감속할 때, 회전체(바퀴, 축, 전동기 등)의 회전운동에 의해 추가로 필요한 에너지를 등가 질량의 형태로 환산한 중량이다.
3) 철도차량의 좌석 수 대비 실제 승객 수의 비율
4) M : 동력차, T : 무동력차(객차)

9) 견인정수 산정 시 고려사항

견인정수 산정 시 고려하여야 할 사항은 다음과 같다.

① **열차의 총중량** : 차량 자중 + 적재중량(승차율 · 적재율 반영)
② **편성 형태 및 동력 분포 방식** : 동력차 · 부수차 비율, 동력차의 상태, 전동기 성능, 사용 연료 또는 전차선 전압
③ **관성중량계수** : 가속 · 감속 시 관성 영향을 고려한 계수
④ **연속정격 및 열용량** : 전동기 · 변압기 · 컨버터 등의 연속 견인력 및 열적 허용 한계
⑤ **주행저항 요소** : 기본 주행저항, 곡선저항, 구배(기울기)저항(상구배 완급 및 장단), 고속 시 터널저항 · 풍저항
⑥ **사정구배(査定勾配)** : 노선 여건을 반영해 운전상 허용 가능한 최대 구배(지형, 차량 성능, 수송량 종합 검토 결과)
⑦ **레일 · 기상 상태에 따른 점착계수** : 레일 마모 · 청결 상태, 기온, 습도, 결빙, 오염 여부
⑧ **목표 운행속도** : 최고속도 및 구간별 제한속도
⑨ **가속도 요구 조건** : 운전 계획상 필요한 가속 성능
⑩ **정차 간격** : 역간 거리 및 정차 횟수
⑪ **운전 시격 및 운영 제약** : 열차 간 간격, 시간표 제약 등
⑫ **제동력 및 제동 거리 확보 조건** : 선로 유효장, 승강장 유효장, 하구배(내리막)에서의 제동 거리 확보

2. 견인력

(1) 견인력의 정의

견인력이란 전기동차의 전동기에 전력이 공급되어 전자기유도 작용을 통해 회전자가 회전하면서 발생하는 회전력이 차륜을 통해 레일에 전달되어, 차륜과 레일 접지면(답면)에서 실제로 발휘되는 추진력을 말한다.

(2) 감속장치

1) 감속장치의 정의

감속장치는 전동기의 고속 회전운동을 저속의 차축 회전으로 변환하는 장치이다. 여기서 전동기에 붙어있는 피니언 기어를 구동기어(소치차(小齒車))라 하고, 차축에 붙어있는 기어를 종동기어(대치차(大齒車))라 한다.

2) 치차비(齒車比, gear ratio, 기어비)
   ① 치차비란, 구동기어(소치차)의 회전수와 종동기어(대치차)의 회전수 또는 두 기어의 이(齒) 수의 비율을 말한다.

   $$치차비(기어비) = \frac{대치차치수}{소치차치수} = \frac{종동기어수}{구동기어수}$$

   ② 치차비(기어비)는 대치차의 치수에 비례하고 소치차의 치수에 반비례한다.
   ③ 속도는 치차비에 반비례한다.
   ④ 견인력은 치차비에 비례한다.

(3) 견인력의 분류

견인력은 지시견인력, 동륜주견인력, 유효견인력, 점착견인력, 정격견인력 등으로 분류할 수 있다.

1) 지시견인력
   ① 전동기(또는 디젤기관)의 출력 토크를 바탕으로 계산된 이론적인 견인력이다.
   ② 실제 열차 주행 시 도출된 수치가 아니라, 기계 내부(모터 또는 엔진)에서 이론상 발생 가능한 최대 견인력이다.
   ③ 실제로는 여러 손실 요소(감속기 손실, 회전저항, 점착 손실 등)로 인해 실제 견인력보다 크다.

2) 동륜주(動輪周)견인력
   ① 전동기에서 생성된 회전력이 감속장치를 거쳐 차륜(동륜)의 바퀴 둘레인 차륜답면에 실제로 전달되는 견인력을 말한다.
   ② 지시 견인력에서 기계부 마찰과 시스템 내부 발생 손실을 뺀 견인력이다.
   ③ 동륜주견인력(Td)$=0.3672 \times \frac{단자전압(Et) \times 전류(I)}{속도(V)} \times 전동기수(m) \times 기관차효율(전동기효율 \times 치차효율)$
   ④ 차륜 지름 및 전기동차의 속도에 반비례한다.
   ⑤ 전동기 회전력, 치차비, 치차 전달 효율, 전동기 수, 단자전압, 전동기에 공급되는 전류, 전동기 효율 등에 비례한다.

3) 유효견인력(인장봉견인력)
   ① 차륜이 선로에 실제로 전달한 견인력에서, 주행저항을 뺀 순수한 추진력이다.
   ② 유효 견인력 = 동륜주 견인력 − 주행저항

③ 동력차 및 동력차가 견인하는 객화차를 동시에 견인하는데 유효하게 작용하는 견인력이다.
④ 견인력 중 가장 작은 견인력이다.

4) 점착견인력

① 점착 견인력은 차륜(동륜주)과 레일 사이에서 미끄러짐 없이 발휘할 수 있는 최대 견인력을 의미한다.
② 점착 견인력 = 점착 계수 × 차륜에 작용하는 수직하중
③ 점착 견인력은 차륜이 헛돌지 않고 추진력을 유지할 수 있는 한계치이며, 이를 초과하면 슬립(Slip)이나 활주(Skid)가 발생한다.
④ 차륜이 공전하지 않으려면 점착 견인력이 동륜주 견인력보다 커야 한다.

5) 정격견인력

① 정격 견인력이란 전동기의 정격 출력 상태에서 안정적으로 발휘할 수 있는 지속 견인력을 의미한다.
② 전동기 과열 없이 연속 운전이 가능한 조건에서의 견인력이다.
③ 정격 견인력 = 전동기 견인력 × 전동기 수

3. 제동이론

(1) 마찰제동의 종류

① **답면제동** : 답면제동은 차륜의 바퀴 면에 직접 마찰을 주는 방식으로, 단식과 복식이 있으며 마모가 큰 것이 단점이다.
② **디스크제동** : 디스크제동은 차축에 설치된 디스크를 제동 패드로 압착해 제동하는 방식으로, 차륜 마모를 줄이기 위해 답면 제동의 단점을 보완한 제동방식이다.
③ **드럼제동** : 드럼제동은 차축에 고정된 드럼을 안쪽 또는 바깥쪽에서 브레이크 라이닝으로 눌러 제동하는 방식이다.
④ **레일제동** : 레일제동은 브레이크슈를 레일에 직접 밀착시켜 마찰력으로 제동하는 방식으로, 트랙 브레이크라고도 불린다.

(2) 비(非)마찰 제동의 종류

1) 발전제동

① 발전제동의 정의
발전제동은 견인전동기를 발전기로 작동시켜 전기자의 역토크로 제동력을 발생시

키는 방식이다.

② 발전제동의 장점
- ㉠ 기계적 마모 감소 : 제륜자나 차륜에 직접적인 마찰이 없어 이완, 찰상 등 손상이 발생하지 않음
- ㉡ 제동력의 안정성 : 전기적 제어를 통해 균일하고 정밀한 제동력 유지 가능
- ㉢ 공주시간 단축 : 빠른 제동 반응으로 열차의 공주거리(제동 전 관성 주행 거리)가 짧아짐
- ㉣ 환경 친화성 : 소음, 마모 분진 등 환경오염 요소가 적고, 회생 가능 조건에서는 에너지 절감 효과도 있음
- ㉤ 장거리 하강 제어에 유리 : 내리막 구간에서도 지속적이고 안정적인 속도 유지 및 제동이 가능

③ 발전제동의 단점
- ㉠ 보조 제동장치 필요 : 발전제동만으로는 정지까지 제동하기 어렵기에 공기제동장치 등 기계적 제동과 병행 운용이 필요
- ㉡ 저항기 설치 요구 : 발생한 전기를 소모하기 위해 대형 저항기가 필요하며, 이에 따른 공간 확보 및 발열 관리가 필요
- ㉢ 전기회로의 복잡성 : 전동기 전환, 제동 전류 흐름, 저항기 연결 등으로 인해 회로 구성과 유지보수가 복잡
- ㉣ 속도 의존성 : 고속 또는 저속 구간에서는 발전 제동력이 약해져, 일정 속도 범위에서만 효과적인 제동이 가능

2) 회생제동

① 회생제동의 정의

회생제동은 제동 시 전동기를 발전기로 작동시켜 발생한 전기를 전차선 등을 통해 변전소나 다른 차량에 되돌려보내는 에너지 회수형 제동방식이다.

② 회생제동의 특성
- ㉠ 전압 종속 제동 : 발전기의 단자전압은 외부 전차선 전압에 의해 결정되므로, 회생제동은 전력 계통 조건에 영향을 받는다.
- ㉡ 고속 시 약계자 운전 필요 : 고속 주행 중 회생제동을 사용할 때는 계자 자속을 약하게(약계자) 하여 과도한 전압 발생을 방지하며, 제동력이 부족할 경우 공기제동으로 보완해야 한다.
- ㉢ 저속 시 강계자 전환 필요 : 열차 속도가 감소하면 발전 전압도 낮아지므로, 이를 보상하기 위해 계자를 강하게(강계자) 하여 전차선보다 높은 발전 전압을 유지해

야 회생 전류가 흐를 수 있다.

③ 회생제동의 문제점
- ㉠ 넓은 계자 제어 범위 필요 : 속도 변화에 따라 견인전동기의 계자 자속을 정밀하게 조절해야 하므로 계자 제어 범위가 넓고 복잡한 제어 기술이 요구된다.
- ㉡ 제어 시스템 복잡성 : 회생제동은 전동기, 전차선 전압, 전력 계통과 연동되어 작동하므로 이를 위한 제어 회로 및 장치 구성이 복잡하고 유지관리가 까다롭다.

3) 와류제동

와류제동은 전자석으로 생성한 회전자기장이 금속에 와전류를 유도해, 이 와전류와 자기장의 작용으로 제동력을 발생시키는 비접촉식 제동방식이다.

(3) 제동기초 이론

1) 마찰계수의 특성

마찰계수는 제동력의 핵심 요인으로, 다양한 열적 · 기계적 · 환경적 조건에 따라 민감하게 변화한다. 그 주요 특성은 다음과 같다:

① **온도상승에 따른 마찰계수 저하** : 제륜자를 강하게 누르거나 장시간 제동할 경우, 접촉면의 온도가 상승하고, 접촉면이 용융 상태에 가까워지면서 마찰계수가 감소한다. 제륜자가 얇으면 열 방산이 원활하지 않아 마모가 빨라지고 마찰계수도 더 쉽게 낮아진다.
② **속도에 따른 영향** : 저속일 때는 제륜자와 차륜 간 접촉이 완전하여 마찰계수가 높다. 고속일 때는 구름마찰이 주로 작용하면서 접촉이 불완전해지고, 마찰계수가 낮아진다.
③ **접촉 면적과 마찰력의 관계** : 접촉 면적을 넓혀도 마찰계수 자체가 증가하지는 않는다. 오히려 접촉 면적이 작을 경우, 해당 부위의 온도상승이 집중되어 마찰계수가 급격히 저하될 수 있다.
④ **재질에 따른 차이** : 주철, 특수 주철, 합성계 재료 등이 주로 사용되며, 합성계 재료는 일반적으로 높은 마찰계수를 갖는다.
⑤ **외부 환경의 영향** : 외기 온도가 낮은 겨울철에는 마찰계수가 감소하며, 특히 제륜자와 차륜 사이에 눈이나 결빙물이 끼면 마찰력이 크게 저하된다.
⑥ **제동력과 밀착력의 관계** : 제륜자를 누르는 힘이 커져도 마찰계수가 비례적으로 증가하지 않으며, 오히려 일정 이상 힘이 가해지면 온도 상승으로 인해 마찰계수가 오히려 낮아지는 비선형적 특성을 보인다.

2) 제동통 유효 압력(Pe)

제동통 유효 압력(Pe)이란, 제동통 피스톤이 움직여 제동이 시작되기 위해 필요한 최소한의 공기압력을 말한다. 이는 제동통 리턴 스프링의 탄성력과 피스톤 로드의 마찰력을 이겨낼 수 있을 만큼의 압력이어야 하며, 이보다 낮은 압력으로는 제동 작용이 일어나지 않는다.

3) 제동원력

제동원력은 제동통에서 최초로 발생하는 제동력으로, 제동통 피스톤의 단면적과 제동통 유효 압력의 곱으로 계산된다.

$$제동원력 = 제동통\ 피스톤\ 단면적 \times 제동통\ 유효\ 압력$$

4) 제동배율

제동배율은 제동통 피스톤 로드에서 발생한 힘에 대해 제륜자에 실제 작용하는 힘의 비율을 나타내는 값이다. 제륜자를 미는 힘은 제동원력보다 제동배율 만큼 크다.

$$제동배율 = \frac{제륜자를\ 미는\ 힘}{제동원력} = \frac{제동통\ 피스톤\ 로드의\ 이동거리}{제륜자의\ 이동거리}$$

5) 전달효율(기초제동장치 효율)

제동통 피스톤 로드에서 발생한 힘이 기초 제동장치(지렛대, 링크, 스프링 등)를 거쳐 제륜자에 도달할 때까지의 손실을 고려한 비율이다. 보통 90% 정도로 간주한다.

$$전달효율 = \frac{제륜자에\ 실제\ 작용하는\ 힘}{피스톤\ 로드에서\ 발생한\ 힘} \times 100(\%)$$

(4) 제동률

제동률은 제륜자가 차륜을 누르는 힘이 과도해 차륜이 레일 위에서 미끄러지지 않도록 적절한 제동력을 설정하기 위한 비율을 의미한다. 제동률이 너무 과도하면 차륜이 미끄러지게(skid) 되어 안전에 위험을 줄 수 있으므로, 적정 수준으로 유지되어야 한다.

1) 축 제동률

축 제동률이란 하나의 축(차륜 2개)에 작용하는 제동력이 그 축의 축중(무게)에 대해 어느 정도인지를 나타내는 비율이다.

$$축\ 제동률 = \frac{해당축에\ 작용하는\ 제륜자의\ 제동력}{해당축의\ 축중} \times 100(\%)$$

2) 제동률 크기에 영향을 미치는 요소

① 제동통에 유입되는 공기압력의 크기 : 제동통 내부에 공급되는 압력이 클수록 제동

통 피스톤이 더 강한 힘을 발생시킨다.
② **제동통의 안지름 크기**(피스톤 직경) : 피스톤의 단면적이 클수록 동일한 압력 하에서 발생하는 힘은 커진다.
③ **제동배율 크기** : 제동배율이 크면 제륜자를 미는 힘)이 증가하여, 결과적으로 제동률도 커지게 된다.
④ **제동효율** : 제동효율이 낮으면 동일한 제동원력이나 제동배율 조건하에서도 실제 제륜자를 미는 힘이 감소하여 제동률이 낮아질 수 있다.
⑤ **제동통 수** : 차량에 장착된 제동통의 수가 많을수록 전체 제동력이 증가하므로 전체 제동률도 커질 수 있다.

(5) 제동통 피스톤 행정에 영향을 미치는 주요 요소

제동통 피스톤의 행정 거리는 제동성능과 직결되는 요소로서 다음과 같은 물리적 · 운용적 요인에 의해 변화한다.

① **제륜자의 마모** : 제동이 반복될수록 제륜자(브레이크슈)는 점진적으로 마모되며, 이로 인해 차륜과의 간격이 벌어지게 되므로 동일한 제동력을 발생시키기 위해서는 피스톤이 더 멀리 이동해야 하므로, 피스톤 행정이 증가한다.
② **하중 변화에 따른 위치 이동** : 차량 하중이 증가하면 공기 스프링 및 축 스프링이 압축되어 차량이 낮아지고, 이에 따라 제륜자의 기준 위치도 하향 이동하므로 이로 인해 차륜과 제륜자 사이의 거리가 늘어나고, 피스톤의 초기 이동 거리(행정)가 커진다.
③ **제동통 압력의 크기** : 같은 조건에서도 상용제동, 급제동, 비상제동 등 제동 단계에 따라 제동통에 가해지는 압력이 달라지며, 압력이 클수록 피스톤이 더 크게 이동하여 강한 제동력을 제공하므로, 그만큼 행정도 증가한다.
④ **제동 초속도**(Initial Braking Speed) : 열차 속도가 높을수록 필요한 제동력이 커지므로 제동 시스템은 더 많은 피스톤 이동량을 통해 강한 제동력을 형성해야 한다. 따라서 초기 속도가 빠를수록 피스톤 행정은 길어진다.

4. 제동거리

제동거리는 제동을 시작한 시점부터 열차가 완전히 정지할 때까지 이동한 거리이다. 이는 공주거리(제동 지시 후 실제 제동이 시작되기 전까지 거리)와 실제동거리의 합으로 구성된다.

$$제동거리 = 공주거리 + 실제동거리^{5)}$$

---

5) 공주거리와 실제동거리의 합은 제동거리이다. 이 경우에는 좀 더 명확히 하기 위해 제동거리를 '전제동거리'로 표현하기도 한다.

(1) 공주거리

① 공주시간이란 제동변(제동핸들)을 제동 위치로 이동시킨 후, 제동력이 실제로 작용하기 직전까지 걸리는 시간을 말한다.
② 이 시간 동안 열차는 계속 이동하게 되며, 그때 이동한 거리를 공주거리라고 한다.
③ 공기제동장치의 특성상 공기 전달 지연과 기초 제동장치 작동 시간 때문에 제동이 즉시 시작되지 않으며, 이로 인해 공주 구간이 발생한다.

(2) 실제동거리

실제동거리란 제동력이 실제로 작용하기 시작한 시점부터 열차가 완전히 정지할 때까지 이동한 거리를 말한다. 즉, 공주시간이 지난 후부터 정지 완료 시점까지의 거리이며, 실질적인 제동 작용에 의한 감속 구간을 의미한다.

(3) 제동거리의 특징

① **열차 중량에 비례** : 열차의 질량이 클수록 운동에너지가 커지므로, 정지시키기 위한 제동거리도 길어진다.
② **제동 시작 속도(제동초속도)의 제곱에 비례** : 속도가 조금만 높아져도 제동거리는 급격히 증가하며, 특히 고속 열차일수록 제동거리가 길다.
③ **톤당 열차저항에 반비례** : 주행저항(회전저항, 공기저항, 기울기저항 등)이 클수록 열차가 더 빨리 감속되어 제동거리는 짧아진다.
④ **제동률에 반비례** : 동일 조건에서 제동률이 높을수록 제동력이 커지므로, 짧은 거리에서 정지가 가능해진다.

(4) 제동시간

제동시간은 제동을 시작한 시점부터 열차가 완전히 정지할 때까지 걸리는 시간을 의미한다. 이는 공주시간과 실제 제동이 작용되는 시간을 합한 것으로 열차의 초기 속도, 제동력 크기, 열차 중량 등에 따라 달라진다. 속도가 빠를수록, 제동력이 약할수록 제동시간은 길어진다.

5. 차륜공전

(1) **차륜공전의 정의**

차륜공전이란 열차 가속 시 차륜이 레일과의 접촉면에서 구름 운동 없이 헛도는 현상으로, 차륜의 회전속도가 실제 주행속도보다 크게 되어 견인력이 점착력보다 클 때 발생한다. 즉, 동륜이 회전은 하지만 열차는 레일 위를 충분히 밀고 나가지 못하는 상태를 말한다. 이는 구동력의 손실뿐 아니라 차륜·레일의 마모 증가, 주행 안정성 저하, 정시성 저해 등 다양한 문제를 초래할 수 있다.

(2) 차륜공전의 역학적 발생 원인

① 점착 견인력이 실제 견인력보다 작을 때 → 구동력이 레일과 차륜 사이의 점착력을 초과할 경우
② 급격한 가속·감속 시 → 토크의 급격한 증가로 차륜이 접지력을 잃음
③ 레일의 점착계수가 낮을 때 → 비, 눈, 서리, 기름기, 낙엽 등으로 인해 레일 표면 마찰력 저하
④ 신설 선로, 갓 교체한 레일 운행 시 → 레일 표면에 윤활 피막이 남아있는 경우 발생률 증가
⑤ 차량 진동(상·하 또는 전·후) → 차륜과 레일의 접촉력이 불균일해짐
⑥ 축중 이동 또는 부적절한 하중 분포 → 일부 차륜에 실리는 하중이 작아져 점착력 저하

(3) 차륜공전 방지 및 최소화 대책

1) 점착력 개선 조치

① 살사(撒沙) : 모래를 레일에 분사해 마찰계수 증가 → 가장 효과적인 방법이지만, 긴 오르막 구간에서는 주행 저항 증가에 주의해야 함
② 레일 유지관리 강화 : 레일 청소 및 오염물 제거, 노후 레일 교체 등
③ 차량 보수 최적화 : 동력 전달계통, 서스펜션, 제어장치 상태 점검

2) 운전 조작 기술

① 곡선부나 기울기 구간 : 급가속을 피하고 1~2단계 감속 조절로 견인력 분산
② 평탄 직선 구간 : 상대적으로 속도 상승이 유리하며 점착력 유지가 쉬움
③ 공전 감지 시스템 연계 제어 : 일부 전동차는 공전 감지 시 자동으로 토크를 조절함

05 열차저항

1. 열차저항의 정의

열차저항이란 열차가 선로 위를 주행할 때 운동을 방해하는 모든 저항력을 통칭한다. 주요 저항에는 회전저항, 공기저항, 기울기저항, 곡선저항 등이 포함되며, 이 저항들은 견인

력 요구량과 제동성능에 직접적인 영향을 미친다. 열차저항은 일반적으로 속도, 중량, 선로 조건에 따라 달라진다.

2. 열차저항의 분류

(1) 출발저항

1) 출발저항의 정의

출발저항이란 전기동차가 정지 상태에서 출발하려 할 때 발생하는 초기 저항력으로, 차량의 관성력과 정지마찰력을 극복해야 하므로 가장 큰 저항 중 하나로 간주된다. 일반적으로 0~3km/h 구간에서 발생하는 저항을 출발저항으로 분류한다.

2) 출발저항의 발생원인

① 관성력 : 정지 상태에 있던 열차의 질량이 운동을 시작할 때 작용하는 저항
② 정지마찰력 : 차축과 축수, 기어 등 금속 부품 간의 접촉으로 인한 마찰
③ 연결기 유격 및 압축력 : 차량 간 연결기의 유간 상태와 완충기 압축에 의한 기계적 반작용
④ 제동잔류력 : 정차 직전까지 작용하던 제동력이 완전히 해제되지 않았을 경우 발생

3) 출발저항에 영향을 주는 요소

① 기계적 요소 : 축수 구조(예 : 롤러 축수 vs 평면 축수), 마찰면의 상태 및 윤활 상태
② 환경적 조건 : 기온 변화(저온 시 윤활 저하), 차량의 정차 시간(장시간 정차 시 고착 가능성 증가)
③ 운용 조건 : 연결기 간 유간 및 압축 상태, 차량별 하중 차이 및 제동력 불균형
④ 선로 조건 : 정차 위치의 기울기, 선로 평탄도 및 유지 관리 상태

4) 출발저항의 특성

① 출발 시에는 정지 마찰력 > 운동 마찰력이므로 큰 힘이 요구됨
② 일단 회전이 시작되면 마찰이 급격히 감소하여 주행저항으로 전환
③ 열차 전체 길이가 길고, 연결기가 압축되어 있을수록 출발저항은 상대적으로 감소

(2) 주행저항

1) 주행저항의 정의

주행저항이란 열차가 일정 속도로 선로 위를 주행할 때, 운동을 지속적으로 방해하는 모든 기계적 및 공기역학적 저항의 총합을 말한다. 이는 열차가 정상적으로 운행되는 동안 지속적으로 작용하는 기본적인 저항으로서 공기저항, 구름저항, 회전체의 마찰력 등을 모두 합한 저항이다.

2) 주행저항의 발생 원인

① **차륜과 축수 간 마찰** : 차륜과 차축 간의 마찰력은 차축과 축수 간의 마찰계수[6], 차축에 작용하는 중량, 차축 지름에 비례하며, 차륜 지름과는 반비례한다.

② **기어, 베어링 등의 회전마찰**

③ **차륜과 레일 간 구름마찰**

④ **차체 주변 공기의 저항(공기저항)** : 전면부 압축, 차체 간 와류 현상, 차에 측면과 상하면 공기 마찰, 후면부 낮은 공기압

⑤ **차륜의 편마모, 틀림 등에 의한 불규칙한 회전저항**

3) 주행저항에 영향을 주는 요소

① **열차의 중량** : 중량이 무거울수록 구름마찰 및 회전마찰 증가

② **속도** : 속도가 증가할수록 공기저항의 영향이 급격히 커짐

③ **차륜·레일의 상태** : 마모, 윤활, 표면 불균형 등은 저항 증가 요인

④ **기계장치의 유지관리 상태** : 베어링, 기어박스 등 회전체의 정비 상태

⑤ **차량 형상과 구조** : 공기역학적으로 불리한 구조일수록 저항 증가

4) 주행저항의 특성

① 일정 속도 구간에서 안정적으로 작용하며, 일반적으로 열차 운전 중 항상 존재한다.

② 저속일 때는 기계적 마찰이 주된 저항이며, 속도가 높아질수록 공기저항이 지배적이다.

③ 열차의 설계, 형상, 정비 수준에 따라 저항값은 크게 달라질 수 있다.

④ 곡선, 기울기, 요철 등 선로 상태가 불량할 경우 일시적으로 주행저항이 증가할 수 있다.

5) 주행저항과 속도와의 관계

① **속도와 무관한 저항** : 기계부 마찰저항, 차축-축수 간 마찰저항, 차륜 회전 마찰저항

② **속도에 비례하는 저항** : 플랜지-레일 간 마찰저항, 선로충격 저항

③ **속도의 제곱에 비례하는 저항** : 공기저항, 진동(동요)에 의한 저항

(3) 공기저항

1) 공기저항의 정의

공기저항은 열차가 주행할 때 공기와의 상대 운동으로 발생하는 저항력으로, 열차 전면에는 공기와의 마찰저항이 발생하고, 열차 후면에는 진공으로 인한 저항이 발생하는데 이를 공기저항이라 한다. 이는 속도의 제곱에 비례하여 증가하는 주행저항의 한 종류로서 저속에서는 주행저항에서 차지하는 비중이 작지만, 고속 영역에서는 전체 주행

---

6) 차축과 축수 간의 마찰계수에 영향을 주는 요소로는 윤활유의 점도, 기온, 축과 축수 간의 접촉면 압력 등이 있다.

저항의 대부분을 차지한다.

2) 공기저항의 분류

① **전부저항** : 열차 맨 앞 차량(선두부)에서 공기를 전방으로 밀어내면서 발생하는 압력 저항과 표면 마찰저항의 합이다.

② **후부저항** : 열차 맨 뒤 차량 후방에서 공기 흐름이 분리되며 발생하는 난류·와류에 의한 압력저항이다.

③ **차량 간 와류저항** : 차량과 차량 사이의 연결부 틈새에서 공기 흐름이 불안정해져 난류(와류)가 형성되면서 발생한다.

④ **측면·상하면 저항** : 차량 측면·상부·하부 표면에서 공기와의 점성 마찰로 발생하는 저항이다.

3) 공기저항의 특성

① 전부저항, 후부저항, 차량간 와류저항은 속도의 제곱에 비례한다.
② 측면·상하면 저항은 속도에 비례한다.
③ 공기저항은 열차 중량과는 무관하고, 열차의 형상, 연결량 수, 공기와의 접촉면 등에 의해 결정된다.

4) 위치별 공기저항 비율(중간차량이 1이라고 가정)

① **맨 앞 차량**(전부저항) : 중간차량의 10배
② **맨 뒤 차량**(후부저항) : 중간차량의 2.5배

(4) 기울기저항

1) 기울기저항의 정의

기울기저항이란 열차가 경사면(상행 기울기)을 주행할 때 중력의 작용에 의해 열차의 전진을 방해하는 저항력을 의미한다. 이는 상행 경사일 때만 발생하며, 하행 경사에서는 오히려 추진력으로 작용한다.

2) 기울기저항의 발생원인

① 지구 중력에 의한 하중 분력 작용 → 경사진 선로에서 열차 중량의 일부가 운행 방향과 반대 방향으로 작용
② 기울기 각도의 증가에 따라 중력 성분이 커져 저항도 함께 증가
③ 주로 상행 구간에서 열차의 견인력을 감소시키는 요인이 된다.

3) 기울기저항에 영향을 주는 요소
   ① **경사율**(‰ 단위) : 경사가 클수록 저항력도 증가
   ② **열차의 중량** : 질량이 클수록 중력이 크게 작용하여 더 큰 저항 발생
   ③ **차축 수 및 하중 분포** : 하중이 균등하지 않으면 특정 축에 과도한 저항이 집중될 수 있음
   ④ **선로 상태** : 경사 구간에서의 마찰력, 레일 상태 등이 추가적인 저항에 영향

4) 기울기저항의 특성
   ① 평탄 선로에서는 발생하지 않으며, 오직 기울기를 가진 상행선에서 작용
   ② 열차가 하행 경사를 내려가는 경우는 기울기저항이 음(-)의 값으로 적용되어 추진력 보조 역할을 함
   ③ 기울기저항은 속도와 관계없이 일정하며 이는 다른 저항들과 달리 열차의 운동상태보다는 지형 조건에 따라 결정됨
   ④ 견인력 산정 및 제동 거리 계산 시 반드시 고려되어야 하는 중요한 외력 요인

(5) **곡선저항**

1) 곡선저항의 정의
   곡선저항이란 열차가 곡선 구간을 주행할 때 차륜과 레일 사이에서 발생하는 추가적인 저항력을 말한다. 이는 차륜의 측압, 선회 저항, 윤축의 횡방향 마찰 등으로 인해 평탄 직선 구간보다 더 큰 저항이 발생한다.

2) 곡선저항의 발생원인
   ① 곡선 주행 시 차륜과 레일 간 측압 증가 및 마찰력 발생
   ② 차륜 플랜지의 접촉, 윤축의 회전 중심 변화 등
   ③ 차량 간 연결기의 선회에 따른 기계적 저항 증가

3. 곡선저항에 영향을 주는 요소
   ① **곡선반경** : 반경이 작을수록 저항 증가
   ② **차축 간 거리**(축거) : 축거가 길수록 선회 저항이 커짐
   ③ **궤간 거리** : 궤간이 넓을수록 곡선저항이 작아지고, 좁을수록 커짐
   ④ **차량 수 및 중량** : 차량 수가 많고 무거울수록 곡선저항 누적
   ⑤ 차륜 및 레일의 마모 상태도 저항 변화에 영향

4) 곡선저항의 특성
   ① 직선 구간에서는 발생하지 않으며, 곡선반경에 따라 저항이 결정됨

② 일반적으로 급곡선에서 저항이 현저히 증가

(6) 터널저항

1) 터널저항의 정의

   터널저항이란 열차가 터널 내부를 주행할 때 공기 흐름이 제한되어 발생하는 공기저항 증가 현상으로, 일반적인 주행저항 외에 추가적인 공기역학적 저항을 말한다.

2) 터널저항의 발생 원인

   ① 터널 내부에서 열차의 빠른 주행으로 인해 공기가 앞에서 압축되고, 뒤에서는 흡입됨
   ② 터널 단면이 좁을수록 공기 배출 공간이 부족하여 압력 차이와 공기저항이 커짐
   ③ 고속 주행 시 충격파 또는 압력파 발생이 추가 저항 요인이 됨

3) 터널저항에 영향을 주는 요소

   ① 터널 단면적과 열차 단면의 비율(폐색률)
   ② **열차 속도** : 속도가 빠를수록 터널 내 압축공기 저항 급증
   ③ **터널 길이와 형상** : 길고 직선일수록 저항 지속 시간 증가
   ④ **차량의 전면 형상** : 공기 흐름을 가르는 형상에 따라 저항 차이 발생

4) 터널저항의 특성

   ① 일반 공기저항보다 훨씬 급격하게 증가할 수 있음
   ② 고속철도에서 중요한 설계 고려 요인이 됨
   ③ 터널저항은 특수한 환경에서만 발생
   ④ 주행저항에 일시적으로 가산되는 형태로 작용함
   ⑤ 고속 주행 시 소음, 압력파, 진동 등의 부가적 영향도 동반될 수 있음

(7) 가속도저항

1) 가속도저항의 정의

   가속도저항이란 열차가 정지 또는 저속 상태에서 속도를 증가시킬 때 질량을 가진 모든 부품이 가속되는 데 필요한 저항력을 말한다.

2) 가속도저항의 발생원인

   ① 차량의 본체, 차륜, 축, 구동부 등 모든 질량이 움직이기 위해 관성에 저항
   ② 회전체(차륜, 기어, 전동기 회전자 등)의 질량은 운동에너지 축적으로 인해 추가 저항 발생
   ③ 차량 내 비회전체와 회전체 모두 가속도에 비례하는 힘을 요구

3) 가속도저항에 영향을 주는 요소

① 열차의 총질량 : 무거울수록 관성 극복을 위한 저항 증가

② 회전체의 비율 : 회전 질량이 많을수록 가속도저항 증가

③ 목표 가속도 크기 : 가속도가 클수록 저항도 비례하여 증가

④ 차량 편성 길이 및 구성 : 동력차·무동력차의 구성에 따라 저항 분포 달라짐

4) 가속도저항의 특성

① 정지 또는 저속 상태에서만 일시적으로 발생

② 일정 속도 도달 시에는 소멸

③ 다른 주행 저항과 달리 속도보다는 가속도와 질량에 주로 의존

06 주행안정성과 탈선

1. 진동

(1) 병렬 운동에 의한 진동

전후(x축), 좌우(y축), 상하(z축) 방향의 직선운동에서 발생하며, 제동 시 앞뒤 흔들림이나 울퉁불퉁한 선로에서의 상하 진동이 이에 해당한다.

(2) 회전운동에 의한 진동

차체가 축을 중심으로 회전하면서 발생하며, 대표적으로 롤링(x축), 피칭(y축), 요잉(z축) 등이 있다.

(3) 선로 상태에 의한 진동

레일 이음매, 틀림, 곡률 변화 등 선로 불균형이 원인이 되어 반복적 충격이나 불규칙한 흔들림을 유발한다.

(4) 차량 자체에 의한 진동

차륜 사행동, 장비 작동, 연결 충격, 차체 휨 등 차량 구조적 요인에서 기인한다.

2. 차량과 궤도 사이의 작용력

(1) 윤중(수직력)

1) 윤중의 정의

윤중은 차륜이 레일에 작용하는 수직 방향의 힘을 의미하며, 정지 시에는 차량 중량과 축 배치에 따라 결정된다. 하나의 차륜에는 축중의 절반이 걸린다.

2) 주행 중 윤중 변화 요인

① 곡선 주행 시 원심력 불균형

설정된 캔트 속도[7]와 실제 주행 속도 차이로 인해 차량에 회전 모멘트가 발생하고, 이로 인해 좌우 차륜에 윤중이 불균형하게 분포하여 윤중이 정지 시보다 50~60%까지 증가할 수 있음

② 차량 동요 및 사행동에 따른 관성력

주행 중 발생하는 차량의 상하, 좌우 흔들림(동요)이나 사행동은 수직 방향 관성력을 유발하고, 경우에 따라 정지 윤중의 약 20% 정도 증감이 발생할 수 있음

③ 레일면 및 차륜답면의 불균일성

레일 이음매, 파상 마모, 요철 등으로 인해 차륜이 순간적으로 충격을 받으면서 수직력 변동이 발생하고, 주기적인 충격으로 윤중의 불규칙한 증감을 유발함

④ 축중 자체의 편차 및 설계 오차

차량마다 설계된 공칭 축중과 실제 윤중 사이에 ±20% 내외의 차이 발생하여 축 하중 배분이 불균형하고, 적재 상태 등으로 인해 정지 상태에서도 윤중은 차량별로 차이가 존재함

(2) 횡압(Lateral Force)

1) 횡압의 정의

횡압이란 차륜이 레일에 가하는 횡 방향(수평 방향)의 힘을 말한다. 주행 중 차량의 운동 조건, 선로 형상, 차량 구조 등에 따라 발생하며, 선로 구조물에 손상을 유발하거나 주행 안전성에 영향을 미치는 주요 하중이다. 정지 상태에서도 차륜 테이퍼(원추형)로 인해 미세한 횡압이 존재하지만 무시할 수준으로 낮다.

---

[7] 캔트(cant)란 열차가 곡선 선로를 원활하게 운행할 수 있도록 내측 레일을 기준으로 외측 레일을 조금 높게 부설하는 것을 말한다. 캔트속도란 곡선 선로에서 캔트에 의해 차량에 작용하는 원심력과 중력의 수평 성분이 서로 균형을 이루도록 설계된 기준 속도를 말한다.

2) 횡압의 주요 발생 원인
① **곡선 전향에 따른 횡압** : 2축 이상의 고정 차축 차량이 곡선을 주행할 때, 차륜과 레일 간의 상대 운동으로 인해 횡압이 발생한다.
② **곡선 주행 시 불평형 원심력의 성분** : 차량이 곡선을 주행할 때 속도와 캔트 속도의 관계에 따라 횡압의 방향이 달라진다.
ⓐ 캔트 속도 미만 → 곡선 안쪽 레일에 횡압
ⓑ 캔트 속도 초과 → 곡선 바깥쪽 레일에 횡압
③ **차량 동요 및 사행동에 의한 횡압** : 차체 동요 또는 사행동(Hunting motion)에 따라 차량 질량의 관성력이 좌우로 작용하며 횡압이 발생한다.
④ **특수 궤도 구조물 통과 시 충격 횡압** : 분기기, 크로싱부, 신축 이음매 등 궤도 구조가 불연속적인 구간에서는 충격성 횡압이 발생한다.

(3) 축 방향력

1) 축 방향력의 정의

축 방향력이란 레일의 길이 방향으로 작용하는 힘을 말하며, 레일의 구조적 안정성, 궤도 유지력, 체결장치 성능 등에 직접적인 영향을 미치는 주요 하중이다.

2) 축 방향력의 주요 발생 원인
① **온도 변화에 의한 축력** : 레일이 열팽창·수축하려 할 때 신축이 제한되어 발생한다.
② **제동 및 시동 시 반력** : 차량의 가속 또는 감속 시 차륜을 통해 레일에 전달된다.
③ **경사 구간에서의 중량 하중** : 기울어진 선로에서 차량의 무게가 레일 길이 방향으로 작용한다.

3. 탈선(Derailment)

(1) 탈선의 정의

탈선이란 철도차량의 차륜이 궤도 레일 위에서 벗어나 정상 주행이 불가능한 상태로 이탈하는 현상을 말한다.

(2) 탈선의 분류

1) 주행 탈선

주행 탈선이란 차륜이 주행 중 레일을 타고 올라가거나 미끄러져 올라가며 궤도를 벗어나는 탈선 현상을 말한다. 이는 철도 탈선 중 가장 일반적인 형태이며, 주로 곡선부,

분기기부 등에서 발생한다. 주행탈선은 차륜 플랜지가 레일 두부를 넘는 방식에 따라 다음 두 가지로 분류된다.

① 타오르기 탈선

타오르기 탈선은 차륜이 주행 중 플랜지 부분이 레일의 측면 견부(肩部)를 굴러 올라가면서 발생하는 탈선 형태이다. 이는 공격각[8]이 양(+)일 때, 즉 차륜이 레일과 비스듬히 접촉하면서 플랜지가 견부를 타고 상승하며 나타난다. 주로 곡선부에서 발생하며, 차륜과 레일 간 마찰력이 작용하는 조건에서 저속 주행 중에도 일어날 수 있다. 실제 철도 탈선 사고의 대다수가 이 유형에 해당할 만큼 대표적인 탈선 형태이다.

② 미끄러져 오르기 탈선

미끄러져 오르기 탈선은 차륜의 플랜지가 레일 측면을 따라 미끄러지듯 올라가며 궤도를 이탈하는 탈선 형태이다. 이는 공격각이 음(-)일 때 발생하며, 차륜의 회전력이 작거나 차륜이 거의 정지 상태일 때 잘 나타난다. 윤중이 부족하거나, 차륜과 레일 사이의 마찰력이 현저히 낮을 경우 쉽게 발생할 수 있다.

2) 뛰어오르기 탈선

뛰어오르기 탈선은 차륜의 횡방향 운동 속도가 커져 레일 견부에 충돌하며, 그 충격으로 차륜이 레일 위로 튀어 올라 이탈하는 탈선이다. 주로 고속 주행 시, 횡압력과 윤중이 난시간에 충격적으로 작용할 때 발생한다. 곡선이나 분기기를 통과할 때 사행동과 좌우 진동이 심할 경우 위험이 커진다. 차륜이 레일과 일정한 각도를 이루며 접촉하면 플랜지가 견부와 부딪혀 탈선으로 이어질 수 있다. 타오르기 탈선이나 미끄러져 오르기 탈선과 달리 레일을 타고 오르기보다는 순간적 충격으로 뛰어넘는 형태이다.

3) 좌굴 탈선

좌굴 탈선은 열차 주행 중 차량 간에 과도한 압축 하중이 작용하면서 차량이 좌우 또는 상하로 밀리며 궤도를 이탈하는 현상이다. 주로 내리막 구간에서 제동 시, 차량 전후에 급격한 압축력이 작용할 때 발생하며, 차량이 S자 형태로 밀리거나 포개지는 현상으로 이어질 수 있다. 보조 기관차를 후방에 연결한 오르막 운전 시에도 과도한 추력이 작용하면 발생할 수 있다.

---

[8] 공격각(攻擊角, Angle of Attack)은 차륜의 주행 방향과 레일의 진행 방향 사이에 생기는 각도를 말한다. 즉, 차륜이 선로 중심선과 정확히 평행하지 않고, 비스듬히 접근할 때 생기는 각도를 말한다.

(3) 탈선계수(De, Derailment Coefficient)

1) 탈선계수의 정의

탈선계수란 철도차량이 선로 위에서 안정적으로 주행할 수 있는지를 판단하는 지표로서 차륜에 작용하는 횡압(Q)과 윤중(P)의 비로 정의된다.

$$\text{탈선계수}(D_e) = \frac{\text{횡압}(Q)}{\text{윤중}(P)}$$

2) 허용 기준

곡선 반지름이 250m 이상인 구간에서는 탈선계수가 0.8 미만(De < 0.8)이어야 탈선 위험이 없는 안정된 주행상태로 간주한다. 탈선계수가 클수록 탈선 가능성이 올라간다. 이때 횡압이 작용하는 시간은 0.05초 이상이어야 한다.

07 운전 계획

1. 운전 계획

운전 계획은 열차, 차량, 설비, 요원 등을 종합적으로 검토·계획하는 철도 운영의 핵심 업무로서 여기에는 열차 계획, 차량 계획, 설비 계획, 요원 계획 등이 있다. 여기서 열차 계획은 수송 수요에 따라 열차 횟수를 산정하며, 여객은 승차 인원 또는 인·km, 화물은 톤수 또는 톤·km로 수송량을 측정한다.

2. 열차 운행도표(열차 DIA[9])

(1) 열차 운행도표의 개요

열차 운행도표는 열차 간의 시간·공간 관계를 시각적으로 표현한 선도로, 가로축에 시간을 표시하고 세로축에 거리를 표시한 거리-시간 선으로 나타낸 도표이다. 운전 계통, 열차 종별, 운전 구간, 정차역, 편성, 기준 운전 시간 등이 반영되며, 이 과정에서 선로 구조, 역 설비, 단·복선 여부, 차량 및 인력 배치 등 다양한 조건이 고려된다. 열차의 소요 시간은 구간별 운전 시간과 정차 시간의 합으로 계산되며, 정시성 확보를 위해 단선은 3~5%,

---

9) Train Diagram 또는 Train Timetable Diagram이라고 표현한다.

복선은 2~4%의 여유 시간을 둔다. 복선에서는 저속 열차의 대피, 단선에서는 교행 계획을 포함하여 열차 운행도표가 작성된다.

(2) 열차 운행도표의 종류

1) 1시간 목(目)[10] 운행도표

   ① 가로축 시각 눈금 간격이 1시간 간격, 보통 20mm 또는 30mm로 설정
   ② 정확한 시각보다는 열차 간 상호 관계와 운행 순서 파악에 중점
   ③ 주로 장기 운전 계획, 시각 개정 검토, 차량 운용 계획 수립 등에 활용
   ④ 역별 정차 시각은 생략, 대신 열차 순번과 흐름 위주로 표시
   ⑤ 대규모 노선 운영 계획 검토 시 주로 사용됨

2) 10분 목(目) 운행도표

   ① 가로축 눈금을 10분 단위로 구성
   ② 열차 운행이 다소 빈번한 구간에서 1시간 목보다 좀 더 정밀한 계획 수립에 적합
   ③ 단기 시각 개정, 특정 시간대 집중 분석 시 유용
   ④ 주간 계획이나 특정 역세권 집중 분석 시 사용 가능

3) 2분 목(目) 운행도표

   ① 가로축을 2분 간격으로 설정, 열차운행도표 작성의 표준 형태
   ② 일반 열차 운전 계획, 시각 개정, 임시 열차 투입 계획 등 정밀 작업에 사용
   ③ 정확한 도착·출발 시각을 기입하며, 운전 정리와 실무에도 널리 쓰임
   ④ 열차 운행 밀도가 높은 경우, 30초 단위로 기호화하여 추가 기입하기도 함
   ⑤ 실제 운전 시행 표준 도표로서 실무에서 가장 많이 사용됨

4) 1분 목(目) 운행도표

   ① 가장 정밀한 시간 단위 운행도표, 수도권 등 열차 운행 밀도가 극히 높은 구간에 사용
   ② 출·도착 시각을 15초, 30초, 45초 단위까지 기호화하여 표기
   ③ 도심 통근 열차, 급행/완행 혼행 노선, 복잡한 환승 구조를 가진 노선에서 필수
   ④ 운전 정리실 또는 신호 통제센터 등에서 실시간 대응 도표로도 활용 가능

---

10) 모눈종이의 눈금을 말함

(3) 열차 운전도표 표기 사항

열차 운전도표에 표기하는 주요 사항은 다음과 같다.
① 열차선
② 열차번호
③ 정거장명 및 정거장의 종류
④ 하행 열차에 대한 표준 오르막 기울기 또는 내리막 기울기
⑤ 정거장 간의 거리
⑥ 각 정거장의 기점부터의 거리
⑦ 폐색 방식의 종류
⑧ 정거장 구내 본선의 유효장
⑨ 대피 또는 교행 가능 여부

(4) 열차 운행도표 작성 시 고려사항

① **열차 간의 지장 방지 및 선로 용량 확보** : 한 폐색 구간에 두 대 이상의 열차 시각을 설정해서는 안 됨
② **수송 수요에 적합할 것** : 운행도표는 시간적, 시기적인 수송 수요의 변동을 충분히 고려하여 작성해야 함
③ **지연에 대한 탄력성 확보** : 열차 운행에 지연이 발생하더라도 정상 회복을 위한 시간적 여유(여유 시간)를 두어야 함
④ **선로 및 역 설비 조건** : 선로와 역 설비의 조건, 단선과 복선 여부, 폐색 방식, 역의 착·발선 수와 유효장 등 다양한 인프라 조건이 고려되어야 함
⑤ **열차 편성 및 인원** : 열차의 견인정수, 편성 칸수, 차량이나 승무원 배치 등도 중요한 고려 요소임
⑥ **접속 관계** : 지선 열차와의 접속 등 여러 열차의 운행 관계를 고려하여야 함

3. 운전선도(運轉線圖, Operation Diagram)

(1) 운전선도의 정의

운전선도란 철도 노선상에서 열차들의 운행 상황을 시간과 거리에 따라 그림(그래프)으로 나타낸 것을 말한다. 이는 동력차의 성능 및 운전 조건을 고려하여 '거리-속도 곡선', '거리-시간 곡선', '거리-온도 상승 곡선', '거리-연료(전력) 소비량 곡선'으로 표현된다.

(2) 거리 기준 운전선도

1) 거리 기준 운전선도의 개요

① 열차의 정거장 간 누적 거리를 기준으로 시간의 흐름을 나타낸 도표이다.
② 가로축은 거리, 세로축은 속도, 시간, 전력량 등으로 구성되며, 열차 운행의 정밀 분석과 시각 개정, 에너지 최적화에 중요한 도구로 사용된다.
③ 열차의 주행속도, 정차 시간, 가·감속 구간, 지연 발생 시점 등을 시각적으로 분석하는 데 활용된다.
④ 일반적으로 가장 많이 사용된다.

2) 거리 기준 운전선도의 종류

① 속도시간 곡선　　　　　　　② 거리시간 곡선
③ 전력량 곡선

(3) 사용 목적에 따른 운전선도

1) 계획 운전선도

계획 운전선도는 운행 전 열차의 이상적인 주행 경로와 시간표를 기준으로 작성된 선도이다. 정차 시간, 최고속도, 가·감속 시간 등을 반영하여 정시 운행과 열차 간 간섭 방지를 목적으로 사용된다. 운전 계획, 시각 개정, 선로 용량 분석 등에 활용된다.

2) 실제 운진선도

실제 운전선도는 열차의 실제 운행 데이터를 기반으로 그려진 선도이다. 지연, 정차 시간 초과, 가속·감속 차이 등 운행 중 발생한 실제 상황을 반영한다. 정시성 분석, 운전 정리, 운전 패턴 평가 등에 활용된다.

3) 가속력 선도

가속력 선도는 열차가 정지 상태에서 출발할 때 시간에 따른 속도 증가를 나타낸 선도이다. 견인력, 주행 저항, 차량 중량 등을 반영하여 차량의 성능을 평가하거나 운전 곡선 설계에 사용된다. 운행 시간 예측과 에너지 최적화에 중요한 자료가 된다.

4. 열차번호

(1) 열차번호

열차번호란 열차의 운행 계통, 종류, 방향, 구간 등을 구분하기 위해 부여하는 고유한 식별번호이다. 구간별, 영업별로 열차번호를 부여함으로써 열차 운전을 정리할 때의 혼란을 방지하고 운용의 효율을 기하고자 매일 운행하는 열차 단위별로 열차 고유번호를 부여한다.

(2) 열차번호 부여 기준

① 열차번호는 하루 1회 운행 열차는 1개의 번호를 부여한다.
② 열차번호는 시발역에서 종착역까지 동일한 열차번호를 부여한다.
③ 열차가 노선별 칭호방향(稱號方向)이 다른 구간을 걸쳐 운전하는 경우 시발역을 기준으로 부여한다.
④ 열차번호는 상행열차는 짝수번호, 하행열차는 홀수번호를 부여한다.
⑤ 시각별로 순차적으로 부여한다.

08 경제운전

1. 차량성능상의 경제운전

(1) 차량성능상의 경제운전 개요

차량성능상의 경제운전이란 철도차량이 가진 기술적·기계적 성능 특성을 최적화하여 연료(전력) 소비를 줄이고, 부품 수명을 연장하며, 효율적인 운행을 달성하는 운전 방식을 의미한다. 이는 차량 설계 단계에서 결정되는 성능을 전제로, 실제 운전 시 가속·감속 패턴, 제어 방식 등을 합리적으로 조절함으로써 달성된다.

(2) 직접적인 요소

차량 성능이 에너지 소비에 직접적으로 영향을 미치는 요소로, 주행 중 운전 패턴이나 제어 방식이 즉시 전력 소모에 반영됩니다.

1) 고가속도 운전
    ① **의미** : 차량의 설계 허용 범위 내에서 초기 가속도를 높여 목표 속도에 빠르게 도달하는 운전 방식이다.
    ② **경제성 효과** : 일정 구간에서 필요한 운행 시간을 확보하면서 불필요한 중간 가속 구간을 줄여, 이후 구간에서 주행을 안정적으로 유지할 수 있어 에너지 효율이 높아진다.

③ 유의점 : 가속도가 지나치게 높으면 차량 부품에 부담을 주고, 승객 승차감이 저하될 수 있으므로 차량 성능과 선로 조건을 고려해야 한다.

2) 고감속도 운전
① 의미 : 정차 지점 근접 시 차량 제동성능을 최대한 활용하여 짧은 거리에서 속도를 줄이는 운전 방식입니다.
② 경제성 효과 : 불필요하게 미리 제동하지 않고 주행 시간을 최대로 활용함으로써, 운행 효율을 높이고 에너지 회생제동(전동차의 경우) 효과를 극대화할 수 있다.
③ 유의점 : 제동거리를 정확히 계산해야 하며, 제동장치의 상태와 노면 상태에 따라 안전성을 확보해야 한다.

3) 약계자방식 운전
① 의미 : 전동차의 주전동기 계자(磁界)전류를 줄여 속도를 일정 구간 이상으로 높이는 운전 제어 방식이다.
② 경제성 효과 : 고속 주행 구간에서 모터의 출력 특성을 효율적으로 활용하여 에너지 소비를 줄일 수 있다.
③ 유의점 : 과도한 약계자방식 운전은 모터 과열이나 효율 저하를 초래할 수 있으므로, 구간 특성과 차량 성능에 맞춰야 한다.

(3) 간접적인 요소

차량 성능과 운행 환경은 간접적으로 경제운전에 영향을 미치며, 차량의 공기저항 · 구름저항, 중량, 유지보수 상태 등은 장기적으로 에너지 소비 효율에 작용하므로, 저항을 최소화하고 불필요한 중량을 줄이면 가속과 주행 시 필요한 동력이 감소한다.

2. 운전기술상의 경제운전

(1) 운전기술상 경제운전의 개요

운전기술상의 경제운전은 운전자가 노선 조건과 차량 특성을 고려해 운행 시간은 지키면서 동력 사용을 최소화하고, 승차감과 차량 · 기기의 안전을 확보하는 운전 방법이다.

(2) 운전기술상의 경제운전 3원칙
① 정시운전을 할 수 있을 것 : 정해진 운행 계획에 맞춰 열차가 출발 · 도착 시간을 정확히 지키는 원칙으로서 불필요한 가 · 감속을 줄이면서도 운행 시간을 안정적으로 유지한다.
② 동력비가 최소일 것 : 주어진 구간을 운행하는 데 필요한 에너지를 최소화하는 원칙으

로서 관성 주행과 적절한 가속·감속 제어로 불필요한 동력 소모를 억제한다.
③ **열차 충격이 없고 기기 손상이 없을 것** : 승객 승차감과 적재 화물의 안전을 확보하고, 차량 및 기기 부품의 수명을 연장하는 원칙으로서 급가속·급제동, 불필요한 진동과 충격을 방지한다.

(3) **운전기술상 경제운전 3원칙의 기본운전 취급방법**

① 발차 시에는 스로틀을 1~2단에 두어 열차 전체의 연결기가 충분히 인장된 후 스로틀을 올려 충격을 방지한다.
② 스로틀은 인장력이 급격히 변하지 않도록 부드럽게 취급한다.
③ 스로틀을 올릴 때는 발차 단계에서 직렬 단계, 직렬 단계에서 병렬 단계로 순차적으로 전환하며, 각 단계 전환 시에는 최소 1초 이상의 간격을 둔다.
④ 스로틀을 내릴 때는 열차저항의 변화가 적은 지점을 선택하고, 이때도 최소 1초 이상의 간격을 유지한다.
⑤ 공전 가능성이 있는 경우에는 미리 살사(砂撒)를 실시하여 공전으로 인한 동력손실을 예방한다.

3. 특수 운전 취급법

상구배(오르막) 선로 위 정차 시 인출법에는 다음의 방법이 있다.

(1) **자연인출법**

1) **자연인출법의 정의**

자연인출법은 기울기가 없는 평단 선로에서 출발할 때와 같은 방법으로 실시하는 인출 방법으로서, 객·화차를 많이 연결한 경우는 기동 불능의 우려가 있다.

2) **자연인출법의 순서**

① 제동을 완해한다.
② 가·감간을 서서히 상승시켜 동력 운전을 한다.

(2) **압축인출법**

1) **압축인출법의 정의**

압축인출법은 다른 인출 방식보다 인출이 용이하여 상구배(오르막) 정차 후 출발 시 가장 많이 사용되는 방법이다. 열차의 출발저항을 활용하여, 제동이 완전히 풀리기 전에 견인력을 발생시켜 차량이 뒤로 밀리지 않도록 하는 것이 핵심이다.

2) 압축인출법의 순서
① 오르막 선로에서 정차할 때는 반드시 자동 제동변[11]을 사용하여 기관차와 객·화차 전체에 제동을 작용시킨다.
② 자동 제동변을 사용하여 기관차와 객·화차의 제동을 완해한다.
③ 후부 객·화차의 제동이 완전히 풀리기 전에, 즉 제동이 완해되는 순간 스로틀(가·감속 핸들)을 상승시켜 견인력을 발생시킨다.
④ 차륜공전을 방지하기 위해 살사를 미리 작동한다.
⑤ 단독 제동변을 이용해 제동 → 완해 → 제동 → 완해를 반복하면서 순간적인 공전을 예방한다.

3) 압축 인출법 실행 시 주의 사항
① 오르막 정차 시 단독 제동변만으로 제동을 걸면 인출이 불가능하다.
② 자동 제동변을 완해 위치로 두고, 후부 객·화차의 제동이 완전히 풀린 후에 동력을 투입하면 인출이 어렵다.

(3) **후퇴인출법**

1) 후퇴인출법의 정의
의도적으로 차량을 아주 짧게 뒤로 굴려 연결기(커플러) 간의 장력을 풀어준 뒤, 동력을 투입해 전진하는 방법이다.

2) 후퇴인출법의 특징
① 차량 전체의 연결기에 걸린 장력을 해소해 원활한 출발이 가능하다.
② 특히 중량 화물열차에서 효과적이다.

3) 후퇴인출법 실행 시 주의 사항
① 뒤로 굴리는 거리가 길면 안전사고 위험이 있으므로, 매우 짧은 거리(수십 cm 이내)에서만 실시해야 한다.
② 후방 선로와 신호 상태를 반드시 확인해야 한다.

---

11) 자동 제동변 : 조성된 기관차와 객·화차 전체를 동시에 제동 및 완해 작용을 할 수 있는 제동변, 단독 제동변 : 조성된 기관차와 객·화차 전체를 동시에 제동 및 완해 작용을 할 수 없는 제동변으로, 기관차만 제동 및 완해 작용을 할 수 있는 제동변

철도차량운전규칙

철도교통안전관리자

02 CHAPTER

01 총칙

1. 목적(제1조)

이 규칙은 철도안전법 제39조12의 규정에 의하여 열차의 편성, 철도차량의 운전 및 신호방식 등 철도차량의 안전운행에 관하여 필요한 사항을 정함을 목적으로 한다.

2. 용어의 정의(제2조)

(1) 정거장

정거장이라 함은 여객의 승강(여객 이용시설 및 편의시설을 포함한다), 화물의 적하(積下), 열차의 조성(組成, 철도차량을 연결하거나 분리하는 작업을 말한다), 열차의 교행(交行) 또는 대피를 목적으로 사용되는 장소를 말한다.

(2) 본선

본선이라 함은 열차의 운전에 상용하는 선로를 말한다.

(3) 측선

측선이라 함은 본선이 아닌 선로를 말한다.

(4) 차량

차량이라 함은 열차의 구성부분이 되는 1량의 철도차량을 말한다.

(5) 전차선로

전차선로라 함은 전차선 및 이를 지지하는 공작물을 말한다.

(6) 완급차

완급차(緩急車)라 함은 관통제동기용 제동통·압력계·차장변(車掌弁) 및 수(手)제동기를 장치한 차량으로서 열차승무원이 집무할 수 있는 차실이 설비된 객차 또는 화차를 말한다.

(7) 철도신호

철도신호라 함은 제76조[13]의 규정에 의한 신호·전호(傳號) 및 표지를 말한다.

(8) 진행지시신호

진행지시신호라 함은 진행신호·감속신호·주의신호·경계신호·유도신호 및 차내신호(정지신호를 제외한다) 등 차량의 진행을 지시하는 신호를 말한다.

(9) 폐색

폐색이라 함은 일정 구간에 동시에 2 이상의 열차를 운전시키지 아니하기 위하여 그 구간을 하나의 열차의 운전에만 점용시키는 것을 말한다.

(10) 구내운전

구내운전이라 함은 정거장내 또는 차량기지 내에서 입환신호에 의하여 열차 또는 차량을 운전하는 것을 말한다.

(11) 입환

입환(入換)이라 함은 사람의 힘에 의하거나 동력차를 사용하여 차량을 이동·연결 또는 분리하는 작업을 말한다.

(12) 조차장

조차장(操車場)이라 함은 차량의 입환 또는 열차의 조성을 위하여 사용되는 장소를 말한다.

(13) 신호소

신호소라 함은 상치신호기 등 열차제어시스템을 조작·취급하기 위하여 설치한 장소를 말한다.

(14) 동력차

동력차라 함은 기관차(機關車), 전동차(電動車), 동차(動車) 등 동력발생장치에 의하여 선로를 이동하는 것을 목적으로 제조한 철도차량을 말한다.

(15) 위험물

위험물이라 함은 철도안전법 제44조제1항[14]의 규정에 의한 위험물을 말한다.

(16) 무인운전

무인운전이란 사람이 열차 안에서 직접 운전하지 아니하고 관제실에서의 원격조종에 따라 열차가 자동으로 운행되는 방식을 말한다.

(17) 운전취급담당자

운전취급담당자란 철도 신호기·선로전환기 또는 조작판을 취급하는 사람을 말한다.

3. 업무규정의 제정·개정 등(제4조)

① 철도운영자 및 철도시설관리자(철도운영자등이라 한다)는 이 규칙에서 정하지 아니한 사항이나 지역별로 상이한 사항 등 열차운행의 안전관리 및 운영에 필요한 세부기준 및 절차(업무규정이라 한다)를 이 규칙의 범위 안에서 따로 정할 수 있다.
② 철도운영자등은 다음의 경우에는 이와 관련된 다른 철도운영자등과 사전에 협의해야 한다.
　㉠ 다른 철도운영자등이 관리하는 구간에서 열차를 운행하려는 경우
　㉡ 다른 철도운영자등이 관리하는 구간에서의 열차 운행과 관련하여 업무규정을 제정·개정하는 경우

4. 철도운영자등의 책무(제5조)

철도운영자등은 열차 또는 차량을 운행함에 있어 철도사고를 예방하고 여객과 화물을 안전하고 원활하게 운송할 수 있도록 필요한 조치를 하여야 한다.

02 철도종사자 등

1. 교육 및 훈련 등

(1) 교육 실시 의무(제6조제1항)

철도운영자등은 다음의 어느 하나에 해당하는 사람에게 철도안전법 등 관계 법령에 따라 필요한 교육을 실시해야 하고, 해당 철도종사자 등이 업무 수행에 필요한 지식과 기능을 보유한 것을 확인한 후 업무를 수행하도록 해야 한다.

① 철도안전법 제2조제10호가목에 따른 철도차량의 운전업무에 종사하는 사람(운전업무종사자라 한다)
② 철도차량운전업무를 보조하는 사람(운전업무보조자라 한다)
③ 철도안전법 제2조제10호나목에 따라 철도차량의 운행을 집중 제어·통제·감시하는 업무에 종사하는 사람(관제업무종사자라 한다)
④ 철도안전법 제2조제10호다목에 따른 여객에게 승무 서비스를 제공하는 사람(여객승무원이라 한다)
⑤ 운전취급담당자
⑥ 철도차량을 연결·분리하는 업무를 수행하는 사람
⑦ 원격제어가 가능한 장치로 입환 작업을 수행하는 사람

(2) 안전관리체계 구비 의무(제6조제2항, 제3항)

① 철도운영자등은 운전업무종사자, 운전업무보조자 및 여객승무원이 철도차량에 탑승하기 전 또는 철도차량의 운행중에 필요한 사항에 대한 보고·지시 또는 감독 등을 적절히 수행할 수 있도록 안전관리체계를 갖추어야 한다.
② 철도운영자등은 전항의 규정에 의한 업무를 수행하는 자가 과로 등으로 인하여 당해 업무를 적절히 수행하기 어렵다고 판단되는 경우에는 그 업무를 수행하도록 하여서는 아니된다.

2. 열차에 탑승하여야 하는 철도종사자(제7조)

① 열차에는 운전업무종사자와 여객승무원을 탑승시켜야 한다. 다만, 해당 선로의 상태, 열차에 연결되는 차량의 종류, 철도차량의 구조 및 장치의 수준 등을 고려하여 열차운행의 안전에 지장이 없다고 인정되는 경우에는 운전업무종사자 외의 다른 철도종사자를 탑승시키지 않거나 인원을 조정할 수 있다.
② 전항에도 불구하고 무인운전의 경우에는 운전업무종사자를 탑승시키지 않을 수 있다.

03 적재제한 등

1. 차량의 적재 제한 등

(1) 최대적재량 제한 의무(제8조제1항)

차량에 화물을 적재할 경우에는 차량의 구조와 설계강도 등을 고려하여 허용할 수 있는 최대적재량을 초과하지 않도록 해야 한다.

(2) 화물 적재 방법(제8조제2항)

차량에 화물을 적재할 경우에는 중량의 부담을 균등히 해야 하며, 운전 중의 흔들림으로 인하여 무너지거나 넘어질 우려가 없도록 해야 한다.

(3) 차량한계 초과 금지(제8조제3항 전단)

차량에는 차량한계(차량의 길이, 너비 및 높이의 한계를 말한다)를 초과하여 화물을 적재·운송해서는 안 된다.

(4) 차량한계 초과 금지 예외(제8조제3항 후단)

다만, 열차의 안전운행에 필요한 조치를 하는 경우에는 차량한계를 초과하는 화물(특대화물이라 한다)을 운송할 수 있다.

2. 특대화물의 수송(제9조)

철도운영자등은 제8조제3항 단서에 따라 특대화물을 운송하려는 경우에는 사전에 해당 구간에 열차운행에 지장을 초래하는 장애물이 있는지 등을 조사·검토한 후 운송해야 한다.

04 열차의 운전

1. 열차의 조성

(1) 열차의 조성 원칙(제10조)

열차의 최대연결차량수는 이를 조성하는 동력차의 견인력, 차량의 성능·차체(Frame) 등

차량의 구조 및 연결장치의 강도와 운행선로의 시설현황에 따라 이를 정하여야 한다.

(2) 동력차의 연결 위치(제11조)

열차의 운전에 사용하는 동력차는 열차의 맨 앞에 연결하여야 한다. 다만, 다음의 어느 하나에 해당하는 경우에는 그러하지 아니하다.

① 기관차를 2 이상 연결한 경우로서 열차의 맨 앞에 위치한 기관차에서 열차를 제어하는 경우
② 보조기관차를 사용하는 경우
③ 선로 또는 열차에 고장이 있는 경우
④ 구원열차·제설열차·공사열차 또는 시험운전열차를 운전하는 경우
⑤ 정거장과 그 정거장 외의 본선 도중에서 분기하는 측선과의 사이를 운전하는 경우
⑥ 그 밖에 특별한 사유가 있는 경우

(3) 여객열차의 연결 제한(제12조)

① 여객열차에는 화차를 연결할 수 없다. 다만, 회송의 경우와 그 밖에 특별한 사유가 있는 경우에는 그러하지 아니하다.
② 제1항 단서의 규정에 의하여 화차를 연결하는 경우에는 화차를 객차의 중간에 연결하여서는 아니된다.
③ 파손차량, 동력을 사용하지 아니하는 기관차 또는 2차량 이상에 무게를 부담시킨 화물을 적재한 화차는 이를 여객열차에 연결하여서는 아니된다.

(4) 열차의 운전 위치(제13조)

1) 원칙

열차는 운전방향 맨 앞 차량의 운전실에서 운전하여야 한다.

2) 예외

다음의 어느 하나에 해당하는 경우에는 운전방향 맨 앞 차량의 운전실 외에서도 열차를 운전할 수 있다.

① 철도종사자가 차량의 맨 앞에서 전호를 하는 경우로서 그 전호에 의하여 열차를 운전하는 경우
② 선로·전차선로 또는 차량에 고장이 있는 경우
③ 공사열차·구원열차 또는 제설열차를 운전하는 경우
④ 정거장과 그 정거장 외의 본선 도중에서 분기하는 측선과의 사이를 운전하는 경우

⑤ 철도시설 또는 철도차량을 시험하기 위하여 운전하는 경우
⑥ 사전에 정한 특정한 구간을 운전하는 경우
⑦ 무인운전을 하는 경우
⑧ 그 밖에 부득이한 경우로서 운전방향 맨 앞 차량의 운전실에서 운전하지 아니하여도 열차의 안전한 운전에 지장이 없는 경우

(5) 열차의 제동장치(제14조)

1) 원칙

2량 이상의 차량으로 조성하는 열차에는 모든 차량에 연동하여 작용하고 차량이 분리되었을 때 자동으로 차량을 정차시킬 수 있는 제동장치를 구비하여야 한다.

2) 예외

다음의 어느 하나에 해당하는 경우에는 그러하지 아니하다.

① 정거장에서 차량을 연결 · 분리하는 작업을 하는 경우
② 차량을 정지시킬 수 있는 인력을 배치한 구원열차 및 공사열차의 경우
③ 그 밖에 차량이 분리된 경우에도 다른 차량에 충격을 주지 아니하도록 안전조치를 취한 경우

(6) 열차의 제동력(제15조)

① 열차는 선로의 굴곡정도 및 운전속도에 따라 충분한 제동능력을 갖추어야 한다.
② 철도운영자등은 연결축수(연결된 차량의 차축 총수를 말한다)에 대한 제동축수(소요 제동력을 작용시킬 수 있는 차축의 총수를 말한다)의 비율(제동축비율이라 한다)이 100이 되도록 열차를 조성하여야 한다. 다만, 긴급상황 발생 등으로 인하여 열차를 조성하는 경우 등 부득이한 사유가 있는 경우에는 그러하지 아니하다.
③ 열차를 조성하는 경우에는 모든 차량의 제동력이 균등하도록 차량을 배치하여야 한다. 다만, 고장 등으로 인하여 일부 차량의 제동력이 작용하지 아니하는 경우에는 제동축비율에 따라 운전속도를 감속하여야 한다.

(7) 완급차의 연결(제16조)

① 관통제동기를 사용하는 열차의 맨 뒤(추진운전의 경우에는 맨 앞)에는 완급차를 연결하여야 한다. 다만, 화물열차에는 완급차를 연결하지 아니할 수 있다.
② 제1항 단서의 규정에 불구하고 군전용열차 또는 위험물을 운송하는 열차 등 열차승무원이 반드시 탑승하여야 할 필요가 있는 열차에는 완급차를 연결하여야 한다.

2. 열차의 운전

(1) 철도신호와 운전의 관계(제18조)

철도차량은 신호·전호 및 표지가 표시하는 조건에 따라 운전하여야 한다.

(2) 열차의 운전방향 지정 등(제20조)

1) 운행방향 사전 지정 의무

철도운영자등은 상행선·하행선 등으로 노선이 구분되는 선로의 경우에는 열차의 운행방향을 미리 지정하여야 한다.

2) 반대선로 열차운행

다음의 어느 하나에 해당되는 경우에는 지정된 선로의 반대선로로 열차를 운행할 수 있다.

① 철도운영자등과 상호 협의된 방법에 따라 열차를 운행하는 경우
② 정거장내의 선로를 운전하는 경우
③ 공사열차·구원열차 또는 제설열차를 운전하는 경우
④ 정거장과 그 정거장 외의 본선 도중에서 분기하는 측선과의 사이를 운전하는 경우
⑤ 입환운전을 하는 경우
⑥ 선로 또는 열차의 시험을 위하여 운전하는 경우
⑦ 퇴행(退行)운전을 하는 경우
⑧ 양방향 신호설비가 설치된 구간에서 열차를 운선하는 경우
⑨ 철도사고 또는 운행장애(철도사고등이라 한다)의 수습 또는 선로보수공사 등으로 인하여 부득이하게 지정된 선로방향을 운행할 수 없는 경우

(3) 정거장외 본선의 운전(제21조)

차량은 이를 열차로 하지 아니하면 정거장외의 본선을 운전할 수 없다. 다만, 입환작업을 하는 경우에는 그러하지 아니하다.

(4) 열차의 정거장외 정차금지(제22조)

열차는 정거장외에서는 정차하여서는 아니된다. 다만, 다음의 어느 하나에 해당하는 경우에는 그러하지 아니하다.

① 경사도가 1000분의 30 이상인 급경사 구간에 진입하기 전의 경우
② 정지신호의 현시(現示)가 있는 경우
③ 철도사고등이 발생하거나 철도사고등의 발생 우려가 있는 경우
④ 그 밖에 철도안전을 위하여 부득이 정차하여야 하는 경우

(6) 열차의 퇴행 운전(제26조)

① 열차는 퇴행하여서는 아니된다. 다만, 다음의 어느 하나에 해당하는 경우에는 그러하지 아니하다.
  ㉠ 선로·전차선로 또는 차량에 고장이 있는 경우
  ㉡ 공사열차·구원열차 또는 제설열차가 작업상 퇴행할 필요가 있는 경우
  ㉢ 뒤의 보조기관차를 활용하여 퇴행하는 경우
  ㉣ 철도사고등의 발생 등 특별한 사유가 있는 경우

② 제1항 단서의 규정에 의하여 퇴행하는 경우에는 다른 열차 또는 차량의 운전에 지장이 없도록 조치를 취하여야 한다.

(7) 열차의 동시 진출·입 금지(제28조)

2 이상의 열차가 정거장에 진입하거나 정거장으로부터 진출하는 경우로서 열차 상호간 그 진로에 지장을 줄 염려가 있는 경우에는 2 이상의 열차를 동시에 정거장에 진입시키거나 진출시킬 수 없다. 다만, 다음의 어느 하나에 해당하는 경우에는 그러하지 아니하다.

① 안전측선·탈선선로전환기·탈선기가 설치되어 있는 경우
② 열차를 유도하여 서행으로 진입시키는 경우
③ 단행기관차로 운행하는 열차를 진입시키는 경우
④ 다른 방향에서 진입하는 열차들이 출발신호기 또는 정차위치로부터 200미터(동차·전동차의 경우에는 150미터) 이상의 여유거리가 있는 경우
⑤ 동일방향에서 진입하는 열차들이 각 정차위치에서 100미터 이상의 여유거리가 있는 경우

(8) 무인운전 시의 안전확보(제32조의2)

열차를 무인운전하는 경우에는 다음의 사항을 준수해야 한다.

① 철도운영자등이 지정한 철도종사자는 차량을 차고에서 출고하기 전 또는 무인운전 구간으로 진입하기 전에 운전방식을 무인운전 모드(mode)로 전환하고, 관제업무종사자로부터 무인운전 기능을 확인받을 것
② 관제업무종사자는 열차의 운행상태를 실시간으로 감시하고 필요한 조치를 할 것
③ 관제업무종사자는 열차가 정거장의 정지선을 지나쳐서 정차한 경우 다음의 조치를 할 것
  ㉠ 후속 열차의 해당 정거장 진입 차단
  ㉡ 철도운영자등이 지정한 철도종사자를 해당 열차에 탑승시켜 수동으로 열차를 정지선으로 이동
  ㉢ 나목의 조치가 어려운 경우 해당 열차를 다음 정거장으로 재출발

④ 철도운영자등은 여객의 승하차 시 안전을 확보하고 시스템 고장 등 긴급상황에 신속하게 대처하기 위하여 정거장 등에 안전요원을 배치하거나 순회하도록 할 것

3. 열차의 운전속도

(1) 열차의 운전속도(제34조)

1) 열차 운전원칙

  열차는 선로 및 전차선로의 상태, 차량의 성능, 운전방법, 신호의 조건 등에 따라 안전한 속도로 운전하여야 한다.

2) 최고속도 지정

  철도운영자등은 다음을 고려하여 선로의 노선별 및 차량의 종류별로 열차의 최고속도를 정하여 운용하여야 한다.

  ① 선로에 대하여는 선로의 굴곡의 정도 및 선로전환기의 종류와 구조
  ② 전차선에 대하여는 가설방법별 제한속도

(2) 운전방법 등에 의한 속도제한(제35조)

철도운영자등은 다음의 어느 하나에 해당하는 경우에는 열차 또는 차량의 운전제한속도를 따로 정하여 시행하여야 한다.

① 서행신호 현시구간을 운전하는 경우
② 추진운전을 하는 경우(총괄제어법에 따라 열차의 맨 앞에서 제어하는 경우를 제외한다)
③ 열차를 퇴행운전을 하는 경우
④ 쇄정(鎖錠)되지 않은 선로전환기를 대향(對向)으로 운전하는 경우
⑤ 입환운전을 하는 경우
⑥ 제74조(전령법의 시행)에 따른 전령법(傳令法)에 의하여 열차를 운전하는 경우
⑦ 수신호 현시구간을 운전하는 경우
⑧ 지령운전을 하는 경우
⑨ 무인운전 구간에서 운전업무종사자가 탑승하여 운전하는 경우
⑩ 그 밖에 철도안전을 위하여 필요하다고 인정되는 경우

(3) 열차 또는 차량의 정지(제36조)

① 열차 또는 차량은 정지신호가 현시된 경우에는 그 현시지점을 넘어서 진행할 수 없다. 다만, 다음의 어느 하나에 해당하는 경우에는 그러하지 아니하다.

㉠ 수신호에 의하여 정지신호의 현시가 있는 경우

㉡ 신호기 고장 등으로 인하여 정지가 불가능한 거리에서 정지신호의 현시가 있는 경우

② 자동폐색신호기의 정지신호에 의하여 일단 정지한 열차 또는 차량은 정지신호 현시중이라도 운전속도의 제한 등 안전조치에 따라 서행하여 그 현시지점을 넘어서 진행할 수 있다.

③ 서행허용표지를 추가하여 부설한 자동폐색신호기가 정지신호를 현시하는 때에는 정지신호 현시중이라도 정지하지 아니하고 운전속도의 제한 등 안전조치에 따라 서행하여 그 현시지점을 넘어서 진행할 수 있다.

4. 입환

(1) 입환작업계획서의 작성(제39조제1항)

철도운영자등은 입환작업을 하려면 다음의 사항을 포함한 입환작업계획서를 작성하여 기관사, 운전취급담당자, 입환작업자에게 배부하고 입환작업에 대한 교육을 실시하여야 한다. 다만, 단순히 선로를 변경하기 위하여 이동하는 입환의 경우에는 입환작업계획서를 작성하지 아니할 수 있다.

① 작업 내용
② 대상 차량
③ 입환 작업 순서
④ 작업자별 역할
⑤ 입환전호 방식
⑥ 입환 시 사용할 무선채널의 지정
⑦ 그 밖에 안전조치사항

(2) 입환의 기준(제39조제2항)

입환작업자(기관사를 포함한다)는 차량과 열차를 입환하는 경우 다음의 기준에 따라야 한다.

① 차량과 열차가 이동하는 때에는 차량을 분리하는 입환작업을 하지 말 것
② 입환 시 다른 열차의 운행에 지장을 주지 않도록 할 것
③ 여객이 승차한 차량이나 화약류 등 위험물을 적재한 차량에 대하여는 충격을 주지 않도록 할 것

(3) 선로전환기의 쇄정 및 정위치 유지(제40조)

① 본선의 선로전환기는 이와 관계된 신호기와 그 진로내의 선로전환기를 연동쇄정하여

사용하여야 한다. 다만, 상시 쇄정되어 있는 선로전환기 또는 취급회수가 극히 적은 배향(背向)의 선로전환기의 경우에는 그러하지 아니하다.

② 쇄정되지 아니한 선로전환기를 대향으로 통과할 때에는 쇄정기구를 사용하여 텅레일(Tongue Rail)을 쇄정하여야 한다.

③ 선로전환기를 사용한 후에는 지체없이 미리 정하여진 위치에 두어야 한다.

05 열차간의 안전확보

1. 총칙

(1) 열차 간의 안전 확보(제46조)

① 열차는 열차 간의 안전을 확보할 수 있도록 다음의 어느 하나의 방법으로 운전해야 한다. 다만, 정거장 내에서 철도신호의 현시·표시 또는 그 정거장의 운전을 관리하는 사람의 지시에 따라 운전하는 경우에는 그렇지 않다.
  ㉠ 폐색에 의한 방법
  ㉡ 열차 간의 간격을 확보하는 장치(열차제어장치라 한다)에 의한 방법
  ㉢ 시계운전에 의한 방법

② 단선(單線)구간에서 폐색을 한 경우 상대역의 열차가 동시에 당해 구간에 진입하도록 하여서는 아니된다.

③ 구원열차를 운전하는 경우 또는 공사열차가 있는 구간에서 다른 공사열차를 운전하는 등의 특수한 경우로서 열차운행의 안전을 확보할 수 있는 조치를 취한 경우에는 제1항 및 제2항의 규정에 의하지 아니할 수 있다.

2. 폐색에 의한 방법

(1) 폐색에 의한 열차 운행(제49조)

① 폐색에 의한 방법으로 열차를 운행하는 경우에는 본선을 폐색구간으로 분할하여야 한다. 다만, 정거장내의 본선은 이를 폐색구간으로 하지 아니할 수 있다.

② 하나의 폐색구간에는 둘 이상의 열차를 동시에 운행할 수 없다. 다만, 다음에 해당하는 경우에는 그렇지 않다.
  ㉠ 제36조(열차 또는 차량의 정지)제2항 및 제3항에 따라 열차를 진입시키려는 경우

ⓛ 고장열차가 있는 폐색구간에 구원열차를 운전하는 경우
ⓒ 선로가 불통된 구간에 공사열차를 운전하는 경우
ⓔ 폐색구간에서 뒤의 보조기관차를 열차로부터 떼었을 경우
ⓜ 열차가 정차되어 있는 폐색구간으로 다른 열차를 유도하는 경우
ⓗ 폐색에 의한 방법으로 운전을 하고 있는 열차를 열차제어장치로 운전하거나 시계운전이 가능한 노선에서 열차를 서행하여 운전하는 경우
ⓢ 그 밖에 특별한 사유가 있는 경우

(2) 폐색방식의 구분(제50조)

폐색방식은 다음과 같이 구분한다.

① **상용(常用)폐색방식** : 자동폐색식 · 연동폐색식 · 차내신호폐색식 · 통표폐색식
② **대용(代用)폐색방식** : 통신식 · 지도통신식 · 지도식 · 지령식

(3) 자동폐색장치의 기능(제51조)

자동폐색식을 시행하는 폐색구간의 폐색신호기 · 장내신호기 및 출발신호기는 다음의 기능을 갖추어야 한다.

① 폐색구간에 열차 또는 차량이 있을 때에는 자동으로 정지신호를 현시할 것
② 폐색구간에 있는 선로전환기가 정당한 방향으로 개통되지 아니한 때 또는 분기선 및 교차점에 있는 차량이 폐색구간에 지장을 줄 때에는 자동으로 정지신호를 현시할 것
③ 폐색장치에 고장이 있을 때에는 자동으로 정지신호를 현시할 것
④ 단선구간에 있어서는 하나의 방향에 대하여 진행을 지시하는 신호를 현시한 때에는 그 반대방향의 신호기는 자동으로 정지신호를 현시할 것

(4) 연동폐색장치의 구비조건(제52조)

연동폐색식을 시행하는 폐색구간 양끝의 정거장 또는 신호소에는 다음의 기능을 갖춘 연동폐색기를 설치해야 한다.

① 신호기와 연동하여 자동으로 다음 각 목의 표시를 할 수 있을 것
　ⓐ 폐색구간에 열차 있음
　ⓑ 폐색구간에 열차 없음
② 열차가 폐색구간에 있을 때에는 그 구간의 신호기에 진행을 지시하는 신호를 현시할 수 없을 것
③ 폐색구간에 진입한 열차가 그 구간을 통과한 후가 아니면 '폐색구간에 열차 있음' 표시

를 변경할 수 없을 것
④ 단선구간에 있어서 하나의 방향에 대하여 폐색이 이루어지면 그 반대방향의 신호기는 자동으로 정지신호를 현시할 것

(5) 차내신호폐색장치의 기능(제54조)

차내신호폐색식을 시행하는 구간의 차내신호는 다음의 경우에는 자동으로 정지신호를 현시하는 기능을 갖추어야 한다.

① 폐색구간에 열차 또는 다른 차량이 있는 경우
② 폐색구간에 있는 선로전환기가 정당한 방향에 있지 아니한 경우
③ 다른 선로에 있는 열차 또는 차량이 폐색구간을 진입하고 있는 경우
④ 열차제어장치의 지상장치에 고장이 있는 경우
⑤ 열차 정상운행선로의 방향이 다른 경우

(6) 통표폐색장치의 기능 등(제55조)

① 통표폐색식을 시행하는 폐색구간 양끝의 정거장 또는 신호소에는 다음의 기능을 갖춘 통표폐색장치를 설치해야 한다.
　㉠ 통표는 폐색구간 양끝의 정거장 또는 신호소에서 협동하여 취급하지 아니하면 이를 꺼낼 수 없을 것
　㉡ 폐색구간 양끝에 있는 통표폐색기에 넣은 통표는 1개에 한하여 꺼낼 수 있으며, 꺼낸 통표를 통표폐색기에 넣은 후가 아니면 다른 통표를 꺼내지 못하는 것일 것
　㉢ 인접 폐색구간의 통표는 넣을 수 없는 것일 것
② 제1항의 규정에 의한 통표폐색기에는 그 구간 전용의 통표만을 넣어야 한다.
③ 인접폐색구간의 통표는 그 모양을 달리하여야 한다.
④ 열차는 당해 구간의 통표를 휴대하지 아니하면 그 구간을 운전할 수 없다. 다만, 특별한 사유가 있는 경우에는 그러하지 아니하다.

(7) 통신식 대용폐색 방식의 통신장치(제57조)

통신식을 시행하는 구간에는 전용의 통신설비를 설치하여야 한다. 다만, 다음의 어느 하나에 해당하는 경우에는 다른 통신설비로서 이를 대신할 수 있다.

① 운전이 한산한 구간인 경우
② 전용의 통신설비에 고장이 있는 경우
③ 철도사고등의 발생 그 밖에 부득이한 사유로 인하여 전용의 통신설비를 설치할 수 없는 경우

(8) 지도통신식의 시행(제59조)

① 지도통신식을 시행하는 구간에는 폐색구간 양끝의 정거장 또는 신호소의 통신설비를 사용하여 서로 협의한 후 시행한다.
② 지도통신식을 시행하는 경우 폐색구간 양끝의 정거장 또는 신호소가 서로 협의한 후 지도표를 발행하여야 한다.
③ 지도표는 1폐색구간에 1매로 한다.

(9) 지도표와 지도권의 사용구별(제60조)

① 지도통신식을 시행하는 구간에서 동일방향의 폐색구간으로 진입시키고자 하는 열차가 하나뿐인 경우에는 지도표를 교부하고, 연속하여 2 이상의 열차를 동일방향의 폐색구간으로 진입시키고자 하는 경우에는 최후의 열차에 대하여는 지도표를, 나머지 열차에 대하여는 지도권을 교부한다.
② 지도권은 지도표를 가지고 있는 정거장 또는 신호소에서 서로 협의를 한 후 발행하여야 한다.

(10) 지도표 · 지도권의 기입사항(제62조)

① 지도표에는 그 구간 양끝의 정거장명 · 발행일자 및 사용열차번호를 기입하여야 한다.
② 지도권에는 사용구간 · 사용열차 · 발행일자 및 지도표 번호를 기입하여야 한다.

(11) 지도식의 시행(제63조)

지도식은 철도사고등의 수습 또는 선로보수공사 등으로 현장과 가장 가까운 정거장 또는 신호소간을 1폐색구간으로 하여 열차를 운전하는 경우에 후속열차를 운전할 필요가 없을 때에 한하여 시행한다.

(12) 지도표의 발행(제64조)

① 지도식을 시행하는 구간에는 지도표를 발행하여야 한다.
② 지도표는 1폐색구간에 1매로 하며, 열차는 당해구간의 지도표를 휴대하지 아니하면 그 구간을 운전할 수 없다.

(13) 지령식의 시행(제64조의2)

1) 지령식 시행의 요건
지령식은 폐색 구간이 다음의 요건을 모두 갖춘 경우 관제업무종사자의 승인에 따라 시행한다.

① 관제업무종사자가 열차 운행을 감시할 수 있을 것
② 운전용 통신장치 기능이 정상일 것

2) 지령식 시행 시 준수사항

관제업무종사자는 지령식을 시행하는 경우 다음의 사항을 준수해야 한다.

① 지령식을 시행할 폐색구간의 경계를 정할 것
② 지령식을 시행할 폐색구간에 열차나 철도차량이 없음을 확인할 것
③ 지령식을 시행하는 폐색구간에 진입하는 열차의 기관사에게 승인번호, 시행구간, 운전속도 등 주의사항을 통보할 것

3. 열차제어장치에 의한 방법

(1) 열차제어장치에 의한 방법(제65조)

열차 간의 간격을 자동으로 확보하는 열차제어장치는 운행하는 열차와 동일 진로상의 다른 열차와의 간격 및 선로 등의 조건에 따라 자동으로 해당 열차를 감속시키거나 정지시킬 수 있어야 한다.

(2) 열차제어장치의 종류(제66조)

열차제어장치는 다음과 같이 구분한다.
① 열차자동정지장치(ATS, Automatic Train Stop)
② 열차자동제어장치(ATC, Automatic Train Control)
③ 열차자동방호장치(ATP, Automatic Train Protection)

(3) 열차제어장치의 기능(제67조)

① 열차자동정지장치는 열차의 속도가 지상에 설치된 신호기의 현시 속도를 초과하는 경우 열차를 자동으로 정지시킬 수 있어야 한다.
② 열차자동제어장치 및 열차자동방호장치는 다음의 기능을 갖추어야 한다.
　㉠ 운행 중인 열차를 선행열차와의 간격, 선로의 굴곡, 선로전환기 등 운행 조건에 따라 제어정보가 지시하는 속도로 자동으로 감속시키거나 정지시킬 수 있을 것
　㉡ 장치의 조작 화면에 열차제어정보에 따른 운전 속도와 열차의 실제 속도를 실시간으로 나타내 줄 것
　㉢ 열차를 정지시켜야 하는 경우 자동으로 제동장치를 작동하여 정지목표에 정지할 수 있을 것

4. 시계운전에 의한 방법

(1) 시계운전에 의한 방법(제70조)

① 시계운전에 의한 방법은 신호기 또는 통신장치의 고장 등으로 제50조제1호 및 제2호15 외의 방법으로 열차를 운전할 필요가 있는 경우에 한하여 시행하여야 한다.
② 철도차량의 운전속도는 전방 가시거리 범위 내에서 열차를 정지시킬 수 있는 속도 이하로 운전하여야 한다.
③ 동일 방향으로 운전하는 열차는 선행 열차와 충분한 간격을 두고 운전하여야 한다.

(2) 시계운전에 의한 열차의 운전(제72조)

① 복선운전을 하는 경우
  ㉠ 격시법
  ㉡ 전령법

② 단선운전을 하는 경우
  ㉠ 지도격시법(指導隔時法)
  ㉡ 전령법

(3) 격시법 또는 지도격시법의 시행(제73조)

① 격시법 또는 지도격시법을 시행하는 경우에는 최초의 열차를 운전시키기 전에 폐색구간에 열차 또는 차량이 없음을 확인하여야 한다.
② 격시법은 폐색구간의 한끝에 있는 정거장 또는 신호소의 운전취급담당자가 시행한다.
③ 지도격시법은 폐색구간의 한끝에 있는 정거장 또는 신호소의 운전취급담당자가 적임자를 파견하여 상대의 정거장 또는 신호소 운전취급담당자와 협의한 후 시행해야 한다. 다만, 지도통신식을 시행 중인 구간에서 통신두절이 된 경우 지도표를 가지고 있는 정거장 또는 신호소에서 출발하는 최초의 열차에 대해서는 적임자를 파견하지 않고 시행할 수 있다.

(4) 전령법의 시행(제74조)

① 열차 또는 차량이 정차되어 있는 폐색구간에 다른 열차를 진입시킬 때에는 전령법에 의하여 운전하여야 한다.
② 전령법은 그 폐색구간 양끝에 있는 정거장 또는 신호소의 운전취급담당자가 협의하여 이를 시행해야 한다. 다만, 다음의 어느 하나에 해당하는 경우에는 협의하지 않고 시행할 수 있다.
  ㉠ 선로고장 등으로 지도식을 시행하는 폐색구간에 전령법을 시행하는 경우

ⓒ 전령법을 시행하는 경우 외의 경우로서 전화불통으로 협의를 할 수 없는 경우
ⓒ 전령법을 시행하는 경우 외의 경우로서 전화불통으로 협의를 할 수 없는 경우에는 당해 열차 또는 차량이 정차되어 있는 곳을 넘어서 열차 또는 차량을 운전할 수 없다.

(5) 전령자(제75조)

① 전령법을 시행하는 구간에는 전령자를 선정하여야 한다.
② 전령자는 1폐색구간 1인에 한한다.
③ 전령법을 시행하는 구간에서는 당해구간의 전령자가 동승하지 아니하고는 열차를 운전할 수 없다.

06 철도신호

1. 총칙

(1) 철도신호(제76조)

철도의 신호는 다음과 같이 구분하여 시행한다.

① 신호는 모양·색 또는 소리 등으로 열차나 차량에 대하여 운행의 조건을 지시하는 것으로 할 것
② 전호는 모양·색 또는 소리 등으로 관계직원 상호간에 의사를 표시하는 것으로 할 것
③ 표지는 모양 또는 색 등으로 물체의 위치·방향·조건 등을 표시하는 것으로 할 것

(2) 주간 또는 야간의 신호 등(제77조)

주간과 야간의 현시방식을 달리하는 신호·전호 및 표지의 경우 일출 후부터 일몰 전까지는 주간 방식으로, 일몰 후부터 다음 날 일출 전까지는 야간 방식으로 한다. 다만, 일출 후부터 일몰 전까지의 경우에도 주간 방식에 따른 신호·전호 또는 표지를 확인하기 곤란한 경우에는 야간 방식에 따른다.

(3) 지하구간 및 터널 안의 신호(제78조)

지하구간 및 터널 안의 신호·전호 및 표지는 야간의 방식에 의하여야 한다. 다만, 길이가 짧아 빛이 통하는 지하구간 또는 조명시설이 설치된 터널 안 또는 지하 정거장 구내의 경우에는 그러하지 아니하다.

(4) 제한신호의 추정(제79조)

① 신호를 현시할 소정의 장소에 신호의 현시가 없거나 그 현시가 정확하지 아니할 때에는 정지신호의 현시가 있는 것으로 본다.
② 상치신호기 또는 임시신호기와 수신호가 각각 다른 신호를 현시한 때에는 그 운전을 최대로 제한하는 신호의 현시에 의하여야 한다. 다만, 사전에 통보가 있을 때에는 통보된 신호에 의한다.

2. 상치신호기

(1) 상치신호기(제81조)

상치신호기는 일정한 장소에서 색등(色燈) 또는 등열(燈列)에 의하여 열차 또는 차량의 운전조건을 지시하는 신호기를 말한다.

(2) 상치신호기의 종류(제82조)

상치신호기의 종류와 용도는 다음과 같다.

1) 주신호기

① 장내신호기 : 정거장에 진입하려는 열차에 대하여 신호를 현시하는 것
② 출발신호기 : 정거장을 진출하려는 열차에 대하여 신호를 현시하는 것
③ 폐색신호기 : 폐색구간에 진입하려는 열차에 대하여 신호를 현시하는 것
④ 엄호신호기 : 특히 방호를 요하는 지점을 통과하려는 열차에 대하여 신호를 현시하는 것
⑤ 유도신호기 : 장내신호기에 정지신호의 현시가 있는 경우 유도를 받을 열차에 대하여 신호를 현시하는 것
⑥ 입환신호기 : 입환차량 또는 차내신호폐색식을 시행하는 구간의 열차에 대하여 신호를 현시하는 것

2) 종속신호기

① 원방신호기 : 장내신호기·출발신호기·폐색신호기 및 엄호신호기에 종속하여 열차에 주 신호기가 현시하는 신호의 예고신호를 현시하는 것
② 통과신호기 : 출발신호기에 종속하여 정거장에 진입하는 열차에 신호기가 현시하는 신호를 예고하며, 정거장을 통과할 수 있는지에 대한 신호를 현시하는 것
③ 중계신호기 : 장내신호기·출발신호기·폐색신호기 및 엄호신호기에 종속하여 열차에 주 신호기가 현시하는 신호의 중계신호를 현시하는 것

3) 신호부속기

① **진로표시기** : 장내신호기 · 출발신호기 · 진로개통표시기 및 입환신호기에 부속하여 열차 또는 차량에 대하여 그 진로를 표시하는 것

② **진로예고기** : 장내신호기 · 출발신호기에 종속하여 다음 장내신호기 또는 출발신호기에 현시하는 진로를 열차에 대하여 예고하는 것

③ **진로개통표시기** : 차내신호를 사용하는 열차가 운행하는 본선의 분기부에 설치하여 진로의 개통 상태를 표시하는 것

4) 차내신호

동력차 내에 설치하여 신호를 현시하는 것

(3) 차내신호(제83조)

차내신호의 종류 및 그 제한속도는 다음과 같다.

① **정지신호** : 열차운행에 지장이 있는 구간으로 운행하는 열차에 대하여 정지하도록 하는 것
② **15신호** : 정지신호에 의하여 정지한 열차에 대한 신호로서 1시간에 15킬로미터 이하의 속도로 운전하게 하는 것
③ **야드신호** : 입환차량에 대한 신호로서 1시간에 25킬로미터 이하의 속도로 운전하게 하는 것
④ **진행신호** : 열차를 지정된 속도 이하로 운전하게 하는 것

(4) 신호현시방식(제84조)

상치신호기의 현시방식은 다음과 같다.

1) 장내신호기·출발신호기·폐색신호기 및 엄호신호기

종류	신호현시방식					
	5현시	4현시	3현시	2현시		
	색등식	색등식	색등식	색등식	완목식	
					주간	야간
정지신호	적색등	적색등	적색등	적색등	완·수평	적색등
경계신호	• 상위 : 등황색등 • 하위 : 등황색등					
주의신호	등황색등	등황색등	등황색등			
감속신호	• 상위 : 등황색등 • 하위 : 녹색등	• 상위 : 등황색등 • 하위 : 녹색등				
진행신호	녹색등	녹색등	녹색등	녹색등	완·좌하향 45도	녹색등

2) 유도신호기(등열식)

　　백색등열 좌·하향 45도

3) 입환신호기

종류	신호현시방식		
	등열식	색등식	
		차내신호폐색구간	그 밖의 구간
정지신호	• 백색등열 수평 • 무유도등 소등	적색등	적색등
진행신호	• 백색 등열 좌하향 45도 • 무유도등 점등	등황색등	• 청색등 • 무유도등 점등

4) 원방신호기(통과신호기를 포함한다)

종류	신호현시방식			
		색등식	완목식	
			주간	야간
주신호기가 정지신호를 할 경우	주의신호	등황색등	완·수평	등황색등
주신호기가 진행을 지시하는 신호를 할 경우	진행신호	녹색등	완·좌향 45도	녹색등

5) 중계신호기

종류		등열식	색등식
주신호기가 정지신호를 할 경우	정지중계	백색등열(3등) 수평	적색등
주신호기가 진행을 지시하는 신호를 할 경우	제한중계	백색등열(3등) 좌하향 45도	주신호기가 진행을 지시하는 색등
	진행중계	백색등열(3등) 수직	

6) 차내신호

종류	신호현시방식
정지신호	적색사각형등 점등
15신호	적색원형등 점등(15 지시)
야드신호	노란색 직사각형등과 적색원형등(25등신호) 점등
진행신호	적색원형등(해당신호등) 점등

(5) 신호현시의 기본원칙(제85조)

1) 상치신호기의 기본원칙

별도의 작동이 없는 상태에서의 상치신호기의 기본원칙은 다음과 같다.

① **장내신호기** : 정지신호
② **출발신호기** : 정지신호
③ **폐색신호기**(자동폐색신호기를 제외한다) : 정지신호
④ **엄호신호기** : 정지신호
⑤ **유도신호기** : 신호를 현시하지 아니한다.
⑥ **입환신호기** : 정지신호
⑦ **원방신호기** : 주의신호

2) 그 외 신호기의 기본원칙

① 자동폐색신호기 및 반자동폐색신호기는 진행을 지시하는 신호를 현시함을 기본으로 한다. 다만, 단선구간의 경우에는 정지신호를 현시함을 기본으로 한다.
② 차내신호는 진행신호를 현시함을 기본으로 한다.

3. 임시신호기

(1) 임시신호기의 설치(제90조)

선로의 상태가 일시 정상운전을 할 수 없는 상태인 경우에는 그 구역의 바깥쪽에 임시신호기를 설치하여야 한다.

(2) 임시신호기의 종류(제91조)

임시신호기의 종류와 용도는 다음과 같다.

① **서행신호기** : 서행운전할 필요가 있는 구간에 진입하려는 열차 또는 차량에 대하여 당해구간을 서행할 것을 지시하는 것
② **서행예고신호기** : 서행신호기를 향하여 진행하려는 열차에 대하여 그 전방에 서행신호의 현시 있음을 예고하는 것
③ **서행해제신호기** : 서행구역을 진출하려는 열차에 대하여 서행을 해제할 것을 지시하는 것
④ **서행발리스**(Balise) : 서행운전할 필요가 있는 구간의 전방에 설치하는 송·수신용 안테나로 지상 정보를 열차로 보내 자동으로 열차의 감속을 유도하는 것

(3) 임시신호기의 신호현시방식(제92조)

① 임시신호기의 신호현시방식은 다음과 같다.

종류	신호현시방식	
	주간	야간
서행신호	백색테두리를 한 등황색 원판	등황색등 또는 반사재
서행예고신호	흑색삼각형 3개를 그린 백색삼각형	흑색삼각형 3개를 그린 백색등 또는 반사재
서행해제신호	백색테두리를 한 녹색원판	녹색등 또는 반사재

② 서행신호기 및 서행예고신호기에는 서행속도를 표시하여야 한다.

4. 수신호

(1) 수신호의 현시방법(제93조)

신호기를 설치하지 아니하거나 이를 사용하지 못하는 경우에 사용하는 수신호는 다음과 같이 현시한다.

종류	신호현시방식	
	주간	야간
정지신호	적색기. 다만, 적색기가 없을 때에는 양팔을 높이 들거나 또는 녹색기외의 것을 급히 흔든다.	적색등. 다만, 적색등이 없을 때에는 녹색등 외의 것을 급히 흔든다.
서행신호	적색기와 녹색기를 모아쥐고 머리 위에 높이 교차한다.	깜박이는 녹색등
진행신호	녹색기. 다만, 녹색기가 없을 때는 한 팔을 높이 든다.	녹색등

(2) 선로에서 정상 운행이 어려운 경우의 조치(제94조)

선로에서 정상적인 운행이 어려워 열차를 정지하거나 서행시켜야 하는 경우로서 임시신호기를 설치할 수 없는 경우에는 다음호의 구분에 따른 조치를 해야 한다. 다만, 열차의 무선전화로 열차를 정지하거나 서행시키는 조치를 한 경우에는 다음의 구분에 따른 조치를 생략할 수 있다.

① **열차를 정지시켜야 하는 경우** : 철도사고등이 발생한 지점으로부터 200미터 이상의 앞 지점에서 정지 수신호를 현시할 것
② **열차를 서행시켜야 하는 경우** : 서행구역의 시작지점에서 서행수신호를 현시하고 서행구역이 끝나는 지점에서 진행수신호를 현시할 것

5. 전호

(1) 전호현시(제98조)

열차 또는 차량에 대한 전호는 전호기로 현시하여야 한다. 다만, 전호기가 설치되어 있지 아니하거나 고장이 난 경우에는 수전호 또는 무선전화기로 현시할 수 있다.

(2) 출발전호(제99조)

열차를 출발시키고자 할 때에는 출발전호를 하여야 한다.

(3) 기적전호(제100조)

다음의 어느 하나에 해당하는 경우에는 기관사는 기적전호를 하여야 한다.
① 위험을 경고하는 경우
② 비상사태가 발생한 경우

(4) 입환전호방법

1) 입환전호방법(제101조제1항)

    입환작업자(기관사를 포함한다)는 서로 맨눈으로 확인할 수 있도록 다음의 방법으로 입환전호해야 한다.

종류	입환전호방법	
	주간	야간
오너라전호	녹색기를 좌우로 흔든다. 다만, 부득이한 경우에는 한 팔을 좌우로 움직임으로써 이를 대신할 수 있다.	녹색등을 좌우로 흔든다.
가거라전호	녹색기를 위·아래로 흔든다. 다만, 부득이 한 경우에는 한 팔을 위·아래로 움직임으로써 이를 대신할 수 있다.	녹색등을 위·아래로 흔든다.
정지전호	적색기. 다만, 부득이한 경우에는 두 팔을 높이 들어 이를 대신할 수 있다.	적색등

2) 무선전화 입환전호(제101조제2항)

    제1항에도 불구하고 다음의 어느 하나에 해당하는 경우에는 무선전화를 사용하여 입환전호를 할 수 있다.

    ① 무인역 또는 1인이 근무하는 역에서 입환하는 경우
    ② 1인이 승무하는 동력차로 입환하는 경우
    ③ 신호를 원격으로 제어하여 단순히 선로를 변경하기 위하여 입환하는 경우
    ④ 지형 및 선로여건 등을 고려할 때 입환전호하는 작업자를 배치하기가 어려운 경우

⑤ 원격제어가 가능한 장치를 사용하여 입환하는 경우

(5) 작업전호(제102조)

다음의 어느 하나에 해당하는 때에는 전호의 방식을 정하여 그 전호에 따라 작업을 하여야 한다.

① 여객 또는 화물의 취급을 위하여 정지위치를 지시할 때
② 퇴행 또는 추진운전시 열차의 맨 앞 차량에 승무한 직원이 철도차량운전자에 대하여 운전상 필요한 연락을 할 때
③ 검사·수선연결 또는 해방을 하는 경우에 당해 차량의 이동을 금지시킬 때
④ 신호기 취급직원 또는 입환전호를 하는 직원과 선로전환기취급 직원간에 선로전환기의 취급에 관한 연락을 할 때
⑤ 열차의 관통제동기의 시험을 할 때

6. 표지

(1) 열차의 표지(제103조)

열차 또는 입환 중인 동력차는 표지를 게시하여야 한다.

(2) 안전표지(제104조)

열차 또는 차량의 안전운전을 위하여 안전표지를 설치하여야 한다.

CHAPTER 03 도시철도운전규칙

01 총칙

1. 목적(제1조)

이 규칙은 도시철도법 제18조[12]에 따라 도시철도의 운전과 차량 및 시설의 유지·보전에 필요한 사항을 정하여 도시철도의 안전운전을 도모함을 목적으로 한다.

2. 용어의 정의(제3조)

(1) 정거장

정거장이란 여객의 승차·하차, 열차의 편성, 차량의 입환(入換) 등을 위한 장소를 말한다.

(2) 선로

선로란 궤도 및 이를 지지하는 인공구조물을 말하며, 열차의 운전에 상용(常用)되는 본선(本線)과 그 외의 측선(側線)으로 구분된다.

(3) 열차

열차란 본선에서 운전할 목적으로 편성되어 열차번호를 부여받은 차량을 말한다.

(4) 차량

차량이란 선로에서 운전하는 열차 외의 전동차·궤도시험차·전기시험차 등을 말한다.

(5) 운전보안장치

운전보안장치란 열차 및 차량(열차등이라 한다)의 안전운전을 확보하기 위한 장치로서 폐색

---

12) (−)는 물체의 운동 방향과 반대 방향을 의미한다.

장치, 신호장치, 연동장치, 선로전환장치, 경보장치, 열차자동정지장치, 열차자동제어장치, 열차자동운전장치, 열차종합제어장치 등을 말한다.

(6) 폐색

폐색(閉塞)이란 선로의 일정구간에 둘 이상의 열차를 동시에 운전시키지 아니하는 것을 말한다.

(7) 전차선로

전차선로란 전차선 및 이를 지지하는 인공구조물을 말한다.

(8) 운전사고

운전사고란 열차등의 운전으로 인하여 사상자(死傷者)가 발생하거나 도시철도시설이 파손된 것을 말한다.

(9) 운전장애

운전장애란 열차등의 운전으로 인하여 그 열차등의 운전에 지장을 주는 것 중 운전사고에 해당하지 아니하는 것을 말한다.

(10) 노면전차

노면전차란 도로면의 궤도를 이용하여 운행되는 열차를 말한다.

(11) 무인운전

무인운전이란 사람이 열차 안에서 직접 운전하지 아니하고 관제실에서의 원격조종에 따라 열차가 자동으로 운행되는 방식을 말한다.

(12) 시계운전

시계운전(視界運轉)이란 사람의 맨눈에 의존하여 운전하는 것을 말한다.

3. 시험운전

(1) 신설구간 등에서의 시험운전(제9조제1항)

도시철도운영자는 선로·전차선로 또는 운전보안장치를 신설·이설(移設) 또는 개조한 경우 그 설치상태 또는 운전체계의 점검과 종사자의 업무 숙달을 위하여 정상운전을 하기 전에 60일 이상 시험운전을 하여야 한다.

(2) 기간 단축(제9조제2항)

이미 운영하고 있는 구간을 확장·이설 또는 개조한 경우에는 관계 전문가의 안전진단을 거쳐 시험운전 기간을 줄일 수 있다.

02 선로 및 설비의 보전

1. 선로

(1) 선로의 보전(제10조)

선로는 열차등이 도시철도운영자가 정하는 속도(지정속도라 한다)로 안전하게 운전할 수 있는 상태로 보전(保全)해야 한다.

(2) 선로의 점검·정비(제11조)

① 선로는 매일 한 번 이상 순회점검 하여야 하며, 필요한 경우에는 정비하여야 한다.
② 선로는 정기적으로 안전점검을 하여 안전운전에 지장이 없도록 유지·보수하여야 한다.

(3) 공사 후의 선로 사용(제12조)

선로를 신설·개조 또는 이설하거나 일시적으로 사용을 중지한 경우에는 이를 검사하고 시험운전을 하기 전에는 사용할 수 없다. 다만, 경미한 정도의 개조를 한 경우에는 그러하지 아니하다.

2. 전력설비

(1) 전력설비의 보전(제13조)

전력설비는 열차등이 지정속도로 안전하게 운전할 수 있는 상태로 보전하여야 한다.

(2) 전차선로의 점검(제14조)

전차선로는 매일 한 번 이상 순회점검을 하여야 한다.

(3) 전력설비의 검사(제15조)

전력설비의 각 부분은 도시철도운영자가 정하는 주기에 따라 검사를 하고 안전운전에 지장이 없도록 정비하여야 한다.

(4) 공사 후의 전력설비 사용(제16조)

전력설비를 신설·이설·개조 또는 수리하거나 일시적으로 사용을 중지한 경우에는 이를 검사하고 시험운전을 하기 전에는 사용할 수 없다. 다만, 경미한 정도의 개조 또는 수리를 한 경우에는 그러하지 아니하다.

3. 통신설비

(1) 통신설비의 보전(제17조)

통신설비는 항상 통신할 수 있는 상태로 보전하여야 한다.

(2) 통신설비의 검사 및 사용(제18조)

① 통신설비의 각 부분은 일정한 주기에 따라 검사를 하고 안전운전에 지장이 없도록 정비하여야 한다.
② 신설·이설·개조 또는 수리한 통신설비는 검사하여 기능을 확인하기 전에는 사용할 수 없다.

4. 운전보안장치

(1) 운전보안장치의 보전(제19조)

운전보안장치는 완전한 상태로 보전하여야 한다.

(2) 운전보안장치의 검사 및 사용(제20조)

① 운전보안장치의 각 부분은 일정한 주기에 따라 검사를 하고 안전운전에 지장이 없도록 정비하여야 한다.
② 신설·이설·개조 또는 수리한 운전보안장치는 검사하여 기능을 확인하기 전에는 사용할 수 없다.

5. 건축한계안의 물품유치금지

(1) 물품유치 금지(제21조)

차량 운전에 지장이 없도록 궤도상에 설정한 건축한계 안에는 열차등 외의 다른 물건을 둘 수 없다. 다만, 열차등을 운전하지 아니하는 시간에 작업을 하는 경우에는 그러하지 아니하다.

(2) 선로 등 검사에 관한 기록보존(제22조)

선로·전력설비·통신설비 또는 운전보안장치의 검사를 하였을 때에는 검사자의 성명·검사상태 및 검사일시 등을 기록하여 일정 기간 보존하여야 한다.

03 열차등의 보전

1. 열차등의 보전

(1) 열차등의 보전(제23조)

열차등은 안전하게 운전할 수 있는 상태로 보전하여야 한다.

(2) 차량의 검사 및 시험운전(제24조)

① 제작·개조·수선 또는 분해검사를 한 차량과 일시적으로 사용을 중지한 차량은 검사하고 시험운전을 하기 전에는 사용할 수 없다. 다만, 경미한 정도의 개조 또는 수선을 한 경우에는 그러하지 아니하다.
② 차량의 각 부분은 일정한 기간 또는 주행거리를 기준으로 하여 그 상태와 작용에 대한 검사와 분해검사를 하여야 한다.
③ 제1항 및 제2항에 따른 검사를 할 때 차량의 전기장치에 대해서는 절연저항시험 및 절연내력시험을 하여야 한다.

(3) 편성차량의 검사(제25조)

열차로 편성한 차량의 각 부분은 검사하여 안전운전에 지장이 없도록 하여야 한다.

(4) 검사 및 시험의 기록(제27조)

제24조 및 제25조에 따라 검사 또는 시험을 하였을 때에는 검사 종류, 검사자의 성명, 검사 상태 및 검사일 등을 기록하여 일정 기간 보존하여야 한다.

04 운전

1. 열차의 편성

(1) 열차의 편성(제28조)

열차는 차량의 특성 및 선로 구간의 시설 상태 등을 고려하여 안전운전에 지장이 없도록 편성하여야 한다.

(2) 열차의 비상제동거리(제29조)

열차의 비상제동거리는 600미터이하로 하여야 한다.

(3) 열차의 제동장치(제30조)

열차에 편성되는 각 차량에는 제동력이 균일하게 작용하고 분리 시에 자동으로 정차할 수 있는 제동장치를 구비하여야 한다.

(4) 열차의 제동장치시험(제31조)

열차를 편성하거나 편성을 변경할 때에는 운전하기 전에 제동장치의 기능을 시험하여야 한다.

2. 열차의 운전

(1) 열차등의 운전(제32조)

① 열차등의 운전은 열차등의 종류에 따라 철도안전법 제10조제1항[13]에 따른 운전면허를 소지한 사람이 하여야 한다. 다만, 제32조의 2에 따른 무인운전의 경우에는 그러하지 아니하다.
② 차량은 열차에 함께 편성되기 전에는 정거장 외의 본선을 운전할 수 없다. 다만, 차량을 결합·해체하거나 차선을 바꾸는 경우 또는 그 밖에 특별한 사유가 있는 경우에는 그러하지 아니하다.

(2) 무인운전 시의 안전확보 등(제32조의2)

도시철도운영자가 열차를 무인운전으로 운행하려는 경우에는 다음의 사항을 준수하여야 한다.

---

[13] 관성 중량이란 열차가 가속 또는 감속할 때, 회전체(바퀴, 축, 전동기 등)의 회전운동에 의해 추가로 필요한 에너지를 등가 질량의 형태로 환산한 중량이다.

① 관제실에서 열차의 운행상태를 실시간으로 감시 및 조치할 수 있을 것
② 열차 내의 간이운전대에는 승객이 임의로 다룰 수 없도록 잠금장치가 설치되어 있을 것
③ 간이운전대의 개방이나 운전 모드(mode)의 변경은 관제실의 사전 승인을 받을 것
④ 운전 모드를 변경하여 수동운전을 하려는 경우에는 관제실과의 통신에 이상이 없음을 먼저 확인할 것
⑤ 승차·하차 시 승객의 안전 감시나 시스템 고장 등 긴급상황에 대한 신속한 대처를 위하여 필요한 경우에는 열차와 정거장 등에 안전요원을 배치하거나 안전요원이 순회하도록 할 것
⑥ 무인운전이 적용되는 구간과 무인운전이 적용되지 아니하는 구간의 경계 구역에서의 운전 모드 전환을 안전하게 하기 위한 규정을 마련해 놓을 것
⑦ 열차 운행 중 다음 각 목의 긴급상황이 발생하는 경우 승객의 안전을 확보하기 위한 조치 규정을 마련해 놓을 것
  ㉠ 열차에 고장이나 화재가 발생하는 경우
  ㉡ 선로 안에서 사람이나 장애물이 발견된 경우
  ㉢ 그 밖에 승객의 안전에 위험한 상황이 발생하는 경우

(3) 열차의 운전위치(제33조)

열차는 맨 앞의 차량에서 운전하여야 한다. 다만, 추진운전, 퇴행운전 또는 무인운전을 하는 경우에는 그러하지 아니하다.

(4) 운전 진로(제36조)

1) 운전진로 원칙

    열차의 운전방향을 구별하여 운전하는 한 쌍의 선로에서 열차의 운전 진로는 우측으로 한다. 다만, 좌측으로 운전하는 기존의 선로에 직통으로 연결하여 운전하는 경우에는 좌측으로 할 수 있다.

2) 운전진로 원칙의 예외

    다음의 어느 하나에 해당하는 경우에는 운전 진로를 달리할 수 있다.

    ① 선로 또는 열차에 고장이 발생하여 퇴행운전을 하는 경우
    ② 구원열차(救援列車)나 공사열차(工事列車)를 운전하는 경우
    ③ 차량을 결합·해체하거나 차선을 바꾸는 경우
    ④ 구내운전(構內運轉)을 하는 경우
    ⑤ 시험운전을 하는 경우

⑥ 운전사고 등으로 인하여 일시적으로 단선운전(單線運轉)을 하는 경우
⑦ 그 밖에 특별한 사유가 있는 경우

(5) 폐색구간(제37조)

① 본선은 폐색구간으로 분할하여야 한다. 다만, 정거장 안의 본선은 그러하지 아니하다.
② 폐색구간에서는 둘 이상의 열차를 동시에 운전할 수 없다. 다만, 다음의 어느 하나에 해당하는 경우에는 그러하지 아니하다.
  ㉠ 고장난 열차가 있는 폐색구간에서 구원열차를 운전하는 경우
  ㉡ 선로 불통으로 폐색구간에서 공사열차를 운전하는 경우
  ㉢ 다른 열차의 차선 바꾸기 지시에 따라 차선을 바꾸기 위하여 운전하는 경우
  ㉣ 하나의 열차를 분할하여 운전하는 경우

(6) 추진운전과 퇴행운전(제38조제1항)

열차는 추진운전이나 퇴행운전을 하여서는 아니 된다. 다만, 다음의 어느 하나에 해당하는 경우에는 그러하지 아니하다.

① 선로나 열차에 고장이 발생한 경우
② 공사열차나 구원열차를 운전하는 경우
③ 차량을 결합 · 해체하거나 차선을 바꾸는 경우
④ 구내운전을 하는 경우
⑤ 시설 또는 차량의 시험을 위하여 시험운전을 하는 경우
⑥ 그 밖에 특별한 사유가 있는 경우

(7) 열차의 동시 출발 및 도착의 금지(제39조)

둘 이상의 열차는 동시에 출발시키거나 도착시켜서는 아니 된다. 다만, 열차의 안전운전에 지장이 없도록 신호 또는 제어설비 등을 완전하게 갖춘 경우에는 그러하지 아니하다.

(8) 정거장 외의 승차 · 하차 금지(제40조)

정거장 외의 본선에서는 승객을 승차 · 하차시키기 위하여 열차를 정지시킬 수 없다. 다만, 운전사고 등 특별한 사유가 있을 때에는 그러하지 아니하다.

(9) 선로의 차단(제41조)

도시철도운영자는 공사나 그 밖의 사유로 선로를 차단할 필요가 있을 때에는 미리 계획을 수립한 후 그 계획에 따라야 한다. 다만, 긴급한 조치가 필요한 경우에는 운전업무를 총괄

하는 사람(관제사라 한다)의 지시에 따라 선로를 차단할 수 있다.

(10) 열차등의 정지(제42조)

① 열차등은 정지신호가 있을 때에는 즉시 정지시켜야 한다.
② 제1항에 따라 정차한 열차등은 진행을 지시하는 신호가 있을 때까지는 진행할 수 없다. 다만, 특별한 사유가 있는 경우 관제사의 속도제한 및 안전조치에 따라 진행할 수 있다.

(11) 열차등의 서행(제43조)

① 열차등은 서행신호가 있을 때에는 지정속도 이하로 운전하여야 한다.
② 열차등이 서행해제신호가 있는 지점을 통과한 후에는 정상속도로 운전할 수 있다.

(12) 열차등의 진행(제44조)

열차등은 진행을 지시하는 신호가 있을 때에는 지정속도로 그 표시지점을 지나 다음 신호기까지 진행할 수 있다.

(13) 노면전차의 시계운전(제44조의2)

시계운전을 하는 노면전차의 경우에는 다음의 사항을 준수하여야 한다.

① 운전자의 가시거리 범위에서 신호 등 주변상황에 따라 열차를 정지시킬 수 있도록 적정 속도로 운전할 것
② 앞서가는 열차와 안전거리를 충분히 유지할 것
③ 교차로에서 앞서가는 열차를 따라서 동시에 통과하지 않을 것

3. 차량의 결합·해체 등

(1) 차량의 결합 · 해체 등(제45조)

① 차량을 결합 · 해체하거나 차량의 차선을 바꿀 때에는 신호에 따라 하여야 한다.
② 본선을 이용하여 차량을 결합 · 해체하거나 열차등의 차선을 바꾸는 경우에는 다른 열차등과의 충돌을 방지하기 위한 안전조치를 하여야 한다.

(2) 차량결합 등의 장소(제46조)

정거장이 아닌 곳에서 본선을 이용하여 차량을 결합 · 해체하거나 차선을 바꾸어서는 아니된다. 다만, 충돌방지 등 안전조치를 하였을 때에는 그러하지 아니하다.

4. 선로전환기의 취급

(1) 선로전환기의 잠금 및 정위치 유지(제47조)

① 본선의 선로전환기는 이와 관계있는 신호장치와 연동하여 잠금(전기적 또는 기계적으로 작동되지 않도록 잠금장치를 하는 것을 말한다)되도록 해야 한다.
② 선로전환기를 사용한 후에는 지체없이 미리 정하여진 위치에 두어야 한다.
③ 노면전차의 경우 도로에 설치하는 선로전환기는 보행자 안전을 위해 열차가 충분히 접근하였을 때에 작동하여야 하며, 운전자가 선로전환기의 개통 방향을 확인할 수 있어야 한다.

5. 운전속도

(1) 운전속도(제48조)

① 도시철도운영자는 열차등의 특성, 선로 및 전차선로의 구조와 강도 등을 고려하여 열차의 운전속도를 정하여야 한다.
② 내리막이나 곡선선로에서는 제동거리 및 열차등의 안전도를 고려하여 그 속도를 제한하여야 한다.
③ 노면전차의 경우 도로교통과 주행선로를 공유하는 구간에서는 도로교통법 제17조에 따른 최고속도를 초과하지 않도록 열차의 운전속도를 정하여야 한다.

(2) 속도제한(제49조)

도시철도운영자는 다음의 어느 하나에 해당하는 경우에는 운전속도를 제한해야 한다.

① 서행신호를 하는 경우
② 추진운전이나 퇴행운전을 하는 경우
③ 차량을 결합·해체하거나 차선을 바꾸는 경우
④ 잠금되지 않은 선로전환기를 향하여 진행하는 경우
⑤ 대용폐색방식으로 운전하는 경우
⑥ 자동폐색신호의 정지신호가 있는 지점을 지나서 진행하는 경우
⑦ 차내신호의 "0" 신호가 있은 후 진행하는 경우
⑧ 감속·주의·경계 등의 신호가 있는 지점을 지나서 진행하는 경우
⑨ 그 밖에 안전운전을 위하여 운전속도제한이 필요한 경우

6. 차량의 유치

(1) 차량의 구름 방지

① 차량을 선로에 두는 경우에는 저절로 구르지 않도록 필요한 조치를 하여야 한다.
② 동력을 가진 차량을 선로에 두는 경우에는 그 동력으로 움직이는 것을 방지하기 위한 조치를 마련하여야 하며, 동력을 가진 동안에는 차량의 움직임을 감시하여야 한다.

05 폐색방식

1. 통칙

(1) 폐색방식의 구분(제51조)

① 열차를 운전하는 경우의 폐색방식은 일상적으로 사용하는 폐색방식(상용폐색방식이라 한다)과 폐색장치의 고장이나 그 밖의 사유로 상용폐색방식에 따를 수 없을 때 사용하는 폐색방식(대용폐색방식이라 한다)에 따른다.
② 제1항에 따른 폐색방식에 따를 수 없을 때에는 전령법(傳令法)에 따르거나 무폐색운전을 한다.

2. 상용폐색방식

(1) 상용폐색방식(제52조)

상용폐색방식은 자동폐색식 또는 차내신호폐색식에 따른다.

(2) 자동폐색식(제53조)

자동폐색구간의 장내신호기, 출발신호기 및 폐색신호기에는 다음의 구분에 따른 신호를 할 수 있는 장치를 갖추어야 한다.

① 폐색구간에 열차등이 있을 때 : 정지신호
② 폐색구간에 있는 선로전환기가 올바른 방향으로 되어 있지 아니할 때 또는 분기선 및 교차점에 있는 다른 열차등이 폐색구간에 지장을 줄 때 : 정지신호
③ 폐색장치에 고장이 있을 때 : 정지신호

(3) 차내신호폐색식(제54조)

차내신호폐색식에 따르려는 경우에는 폐색구간에 있는 열차등의 운전상태를 그 폐색구간에 진입하려는 열차의 운전실에서 알 수 있는 장치를 갖추어야 한다.

3. 대용폐색방식

(1) 대용폐색방식(제55조)

대용폐색방식은 다음의 구분에 따른다.

① 복선운전을 하는 경우 : 지령식 또는 통신식
② 단선운전을 하는 경우 : 지도통신식

(2) 지령식 및 통신식(제56조)

① 폐색장치 및 차내신호장치의 고장으로 열차의 정상적인 운전이 불가능할 때에는 관제사가 폐색구간에 열차의 진입을 지시하는 지령식에 따른다.
② 상용폐색방식 또는 지령식에 따를 수 없을 때에는 폐색구간에 열차를 진입시키려는 역장 또는 소장이 상대 역장 또는 소장 및 관제사와 협의하여 폐색구간에 열차의 진입을 지시하는 통신식에 따른다.
③ 제1항 또는 제2항에 따른 지령식 또는 통신식에 따르는 경우에는 관제사 및 폐색구간 양쪽의 역장 또는 소장은 전용전화기를 설치·운용하여야 한다. 다만, 부득이한 사유로 전용전화기를 설치할 수 없거나 전용전화기에 고장이 발생하였을 때에는 다른 전화기를 이용할 수 있다.

(3) 지도통신식(제57조)

① 지도통신식에 따르는 경우에는 지도표 또는 지도권을 발급받은 열차만 해당 폐색구간을 운전할 수 있다.
② 지도표와 지도권은 폐색구간에 열차를 진입시키려는 역장 또는 소장이 상대 역장 또는 소장 및 관제사와 협의하여 발행한다.
③ 역장이나 소장은 같은 방향의 폐색구간으로 진입시키려는 열차가 하나뿐인 경우에는 지도표를 발급하고, 연속하여 둘 이상의 열차를 같은 방향의 폐색구간으로 진입시키려는 경우에는 맨 마지막 열차에 대해서는 지도표를, 나머지 열차에 대해서는 지도권을 발급한다.
④ 지도표와 지도권에는 폐색구간 양쪽의 역 이름 또는 소(所) 이름, 관제사, 명령번호, 열차번호 및 발행일과 시각을 적어야 한다.

⑤ 열차의 기관사는 제3항에 따라 발급받은 지도표 또는 지도권을 폐색구간을 통과한 후 도착지의 역장 또는 소장에게 반납하여야 한다.

4. 전령법

(1) 전령법의 시행(제58조)

① 열차등이 있는 폐색구간에 다른 열차를 운전시킬 때에는 그 열차에 대하여 전령법을 시행한다.
② 제1항에 따른 전령법을 시행할 경우에는 이미 폐색구간에 있는 열차등은 그 위치를 이동할 수 없다.

(2) 전령자의 선정 등(제59조)

① 전령법을 시행하는 구간에는 한 명의 전령자를 선정하여야 한다.
② 제1항에 따른 전령자는 백색 완장을 착용하여야 한다.
③ 전령법을 시행하는 구간에서는 그 구간의 전령자가 탑승하여야 열차를 운전할 수 있다. 다만, 관제사가 취급하는 경우에는 전령자를 탑승시키지 아니할 수 있다.

06 신호

1. 통칙

(1) 신호의 종류(제60조)

도시철도의 신호의 종류는 다음과 같다.

① **신호** : 형태·색·음 등으로 열차등에 대하여 운전의 조건을 지시하는 것
② **전호(傳號)** : 형태·색·음 등으로 직원 상호간에 의사를 표시하는 것
③ **표지** : 형태·색 등으로 물체의 위치·방향·조건을 표시하는 것

(2) 주간 또는 야간의 신호(제61조)

① 주간과 야간의 신호방식을 달리하는 경우에는 일출부터 일몰까지는 주간의 방식, 일몰부터 다음날 일출까지는 야간방식에 따라야 한다. 다만, 일출부터 일몰까지의 사이에 기상상태로 인하여 상당한 거리로부터 주간방식에 따른 신호를 확인하기 곤란할 때에

는 야간방식에 따른다.
② 차내신호방식 및 지하구간에서의 신호방식은 야간방식에 따른다.

2. 상설신호기

(1) 상설신호기(제64조)

상설신호기는 일정한 장소에서 색등 또는 등열에 의하여 열차등의 운전조건을 지시하는 신호기를 말한다.

(2) 상설신호기의 종류(제65조)

상설신호기의 종류와 기능을 다음과 같다.

1) 주신호기
   ① **차내신호기** : 열차등의 가장 앞쪽의 운전실에 설치하여 운전조건을 지시하는 신호기
   ② **장내신호기** : 정거장에 진입하려는 열차등에 대하여 신호기 뒷방향으로의 진입이 가능한지를 지시하는 신호기
   ③ **출발신호기** : 정거장에서 출발하려는 열차등에 대하여 신호기 뒷방향으로의 진입이 가능한지를 지시하는 신호기
   ④ **폐색신호기** : 폐색구간에 진입하려는 열차등에 대하여 운전조건을 지시하는 신호기
   ⑤ **입환신호기** : 차량을 결합·해체하거나 차선을 바꾸려는 차량에 대하여 신호기 뒷방향으로의 진입이 가능한지를 지시하는 신호기

2) 종속신호기
   ① **원방신호기** : 장내신호기 및 폐색신호기에 종속되어 그 신호상태를 예고하는 신호기
   ② **중계신호기** : 주신호기에 종속되어 그 신호상태를 중계하는 신호기

3) 신호부속기
   ① **진로표시기** : 장내신호기, 출발신호기, 진로개통표시기 또는 입환신호기에 부속되어 열차등에 대하여 그 진로를 표시하는 것
   ② **진로개통표시기** : 차내신호기를 사용하는 본선로의 분기부에 설치하여 진로의 개통 상태를 표시하는 것

(3) 상설신호기의 종류 및 신호방식(제66조)

상설신호기는 계기·색등 또는 등열(燈列)로써 다음의 방식으로 신호하여야 한다.

1) 주신호기
   ① 차내신호기

주간·야간별 \ 신호의 종류	정지신호	진행신호
주간 및 야간	"0"속도를 표시	지령속도를 표시

   ② 장내신호기, 출발신호기 및 폐색신호기

방식	주간·야간별 \ 신호의 종류	정지신호	경계신호	주의신호	감속신호	진행신호
색등식	주간 및 야간	적색등	상하위 등황색등	등황색등	• 상위는 등황색등 • 하위는 녹색등	녹색등

   ③ 입환신호기

방식	주간·야간별 \ 신호의 종류	정지신호	진행신호
색등식	주간 및 야간	적색등	등황색등

2) 종속신호기
   ① 원방신호기

방식	주간·야간별 \ 신호의 종류	주신호기가 정지신호를 할 경우	주신호기가 진행을 지시하는 신호를 할 경우
색등식	주간 및 야간	등황색등	녹색등

   ② 중계신호기

방식	주간·야간별 \ 신호의 종류	주신호기가 정지신호를 할 경우	주신호기가 진행을 지시할 경우
색등식	주간 및 야간	적색등	주신호기가 한 진행을 지시하는 색등

3) 신호부속기
   ① 진로표시기

방식	주간·야간별 \ 개통방향	좌측진로	중앙진로	우측진로
색등식	주간 및 야간	흑색바탕에 좌측방향 백색화살표 ←	흑색바탕에 수직방향 백색화살표 ↑	흑색바탕에 좌측방향 백색화살표 →
문자식	주간 및 야간	4각 흑색바탕에 문자 A 가		

② 진로개통표시기

방식	주간·야간별 \ 개통방향	진로가 개통되었을 경우		진로가 개통되지 아니한 경우	
색등식	주간 및 야간	등황색등	● ○	적색등	○ ●

3. 임시신호기

(1) 임시신호기의 설치(제67조)

선로가 일시 정상운전을 하지 못하는 상태일때에는 그 구역의 앞쪽에 임시신호기를 설치하여야 한다.

(2) 임시신호기의 종류(제68조)

임시신호기의 종류는 다음과 같다.

① **서행신호기** : 서행운전을 필요로 하는 구역에 진입하는 열차등에 대하여 그 구간을 서행할 것을 지시하는 신호기
② **서행예고신호기** : 서행신호기가 있을 것임을 예고하는 신호기
③ **서행해제신호기** : 서행운전구역을 지나 운전하는 열차등에 대하여 서행 해제를 지시하는 신호기

(3) 임시신호기의 신호방식(제69조)

① 임시신호기의 형태·색 및 신호방식은 다음과 같다.

주간·야간별 \ 신호의 종류	서행신호	서행예고신호	서행해제신호
주간	백색 테두리의 황색 원판	흑색 삼각형 무늬 3개를 그린 3각형판	백색 테두리의 녹색 원판
야간	등황색등	흑색 삼각형 무늬 3개를 그린 백색등	녹색등

② 임시신호기 표지의 배면(背面)과 배면광(背面光)은 백색으로 하고, 서행신호기에는 지정속도를 표시하여야 한다.

4. 수신호

(1) 수신호방식(제70조)

신호기를 설치하지 아니한 경우 또는 신호기를 사용하지 못할 경우에는 다음의 방식으로 수신호를 하여야 한다.

1) 정지신호
   ① 주간 : 적색기. 다만, 부득이한 경우에는 두 팔을 높이 들거나 또는 녹색기 외의 물체를 급격히 흔드는 것으로 대신할 수 있다.
   ② 야간 : 적색등. 다만, 부득이한 경우에는 녹색등 외의 등을 급격히 흔드는 것으로 대신할 수 있다.

2) 진행신호
   ① 주간 : 녹색기. 다만, 부득이한 경우에는 한 팔을 높이 드는 것으로 대신할 수 있다.
   ② 야간 : 녹색등

3) 서행신호
   ① 주간 : 적색기와 녹색기를 머리 위로 높이 교차한다. 다만, 부득이한 경우에는 양 팔을 머리 위로 높이 교차하는 것으로 대신할 수 있다.
   ② 야간 : 명멸(明滅)하는 녹색등

(2) 선로 지장 시의 방호신호(제71조)

선로의 지장으로 인하여 열차등을 정지시키거나 서행시킬 경우, 임시신호기에 따를 수 없을 때에는 지장지점으로부터 200미터 이상의 앞 지점에서 정지수신호를 하여야 한다.

5. 전호

(1) 출발전호(제72조)

열차를 출발시키려 할 때에는 출발전호를 하여야 한다. 다만, 승객안전설비를 갖추고 차장을 승무(乘務)시키지 아니한 경우에는 그러하지 아니하다.

(2) 기적전호(제73조)

다음의 어느 하나에 해당하는 경우에는 기적전호를 하여야 한다.
① 비상사고가 발생한 경우
② 위험을 경고할 경우

(3) **입환전호(제74조)**

입환전호방식은 다음과 같다.

1) 접근전호
   ① 주간 : 녹색기를 좌우로 흔든다. 다만, 부득이한 경우에는 한 팔을 좌우로 움직이는 것으로 대신할 수 있다.
   ② 야간 : 녹색등을 좌우로 흔든다.

2) 퇴거전호
   ① 주간 : 녹색기를 상하로 흔든다. 다만, 부득이한 경우에는 한 팔을 상하로 움직이는 것으로 대신할 수 있다.
   ② 야간 : 녹색등을 상하로 흔든다.

3) 정지전호
   ① 주간 : 적색기를 흔든다. 다만, 부득이한 경우에는 두 팔을 높이 드는 것으로 대신할 수 있다.
   ② 야간 : 적색등을 흔든다.

6. 표지

(1) **표지의 설치(제75조)**

도시철도운영자는 열차등의 안전운전에 지장이 없도록 운전관계표지를 설치하여야 한다.

7. 노면전차 신호

(1) **노면전차 신호기의 설계(제76조)**

노면전차의 신호기는 다음의 요건에 맞게 설계하여야 한다.
① 도로교통 신호기와 혼동되지 않을 것
② 크기와 형태가 눈으로 볼 수 있도록 뚜렷하고 분명하게 인식될 것

CHAPTER 04 열차운전 출제 예상문제

제1장 열차운전이론

01 다음 중 열차운전이론에 대한 설명으로 가장 적절한 것은?

① 열차운전이론은 열차의 정비 및 유지보수 계획을 수립하기 위한 기술 지침을 의미한다.
② 열차운전이론은 여객 편의 향상을 위한 서비스 개선 절차를 규정한 것이다.
③ 열차운전이론은 철도차량 제작 기술과 부품 규격을 정하는 기준을 포함한다.
④ 열차운전이론은 여객 및 화물의 안전하고 정시적인 수송을 위해 열차의 움직임을 제어하고 관리하는 기술적·운용적 원리의 총체이다.

해설 열차운전 이론이란 여객 및 화물의 안전하고 정시적인 수송을 달성하기 위해 열차의 움직임을 제어하고 관리하는 기술적·운용적 원리의 총체를 말한다. 이는 열차 운행의 안전성 확보, 정시성 유지, 경제성과 효율성 향상을 위한 제동·신호·속도 제어 등의 운전 원칙을 포함한다.

02 열차운전과 관련하여 다음 지문의 괄호 안에 들어갈 말로 맞게 나열된 것은?

> 고압이란 직류는 (ㄱ)를 초과하고 7,000V 이하, 교류는 (ㄴ)를 초과하고 7,000V 이하인 전압을 말한다.

① ㄱ : 1,000V, ㄴ : 1,000V
② ㄱ : 1,000V, ㄴ : 1,500V
③ ㄱ : 1,500V, ㄴ : 1,000V
④ ㄱ : 1,500V, ㄴ : 1,500V

해설 열차운전이론 용어의 정의

03 열차 차량의 기본적인 뼈대이자 외형을 구성하는 차체 프레임, 측면 구조 틀, 지붕 구조 등의 주요 구조부를 무엇이라 하는가?

① 구동장치 ② 대차
③ 구조체 ④ 동력차

해설 열차운전이론 용어의 정의

04 열차 바퀴의 레일과 닿는 면이 수평이 아니라 특정 각도로 경사져 있는 정도를 의미하며, 좌우 바퀴의 회전 반경 차이를 갖게 하여 열차가 곡선 구간을 원활하게 통과할 수 있게 하고 직선 구간에서의 안정적인 주행을 가능하게 하는 이것을 무엇이라 하는가?

① 차륜 ② 윤중
③ 저크 ④ 답면구배

해설 답면구배란 열차 바퀴(차륜)의 레일과 닿는 면(답면)이 수평이 아니라 특정 각도로 경사져 있는 정도를 의미한다. '답면경사' 또는 '답면테이퍼'라고도 한다. 이는 좌우 차륜의 회전 반경 차이를 갖게 하여 열차가 곡선 구간을 원활하게 통과할 수 있게 하고 직선 구간에서의 안정적인 주행을 가능하게 한다.

정답 01.④ 02.③ 03.③ 04.④

05 다음 중 열차운전과 관련한 용어에 대한 설명으로 타당하지 않은 것은?

① 유효장이란 역 선로와 같은 시설물이 열차 또는 차량을 안전하게 수용하거나 특정 기능을 수행할 수 있는 실제 사용 가능한 최대 길이를 말한다.
② 윤중이란 철도차량이 수평 상태에 있을 때 열차의 각각의 바퀴가 수직으로 궤도에 가하는 하중을 말한다.
③ 저크란 속도의 변화율을 나타내는 물리량이다.
④ 점착력이란 열차의 바퀴(차륜)와 레일의 표면 사이에서 발생하는 마찰력으로서 바퀴가 레일에서 미끄러지지 않고 회전을 계속할 수 있는 마찰력이다.

해설 저크란 가속도의 변화율을 나타내는 물리량이다. 즉 가속도 또는 감속도의 시간 변화율이며 위치에 대한 시간의 3차 미분치를 말한다.

06 열차운전과 관련한 용어의 설명으로 바르지 않은 것은?

① 일반 철도차량이란 선로를 최고시속 100km 미만의 운행속도로 주행할 수 있는 철도차량을 말한다.
② 횡압이란 열차가 정상적으로 선로 위를 주행할 때 바퀴(차륜)가 레일의 측면(옆면)에 가하는 수평 방향의 힘을 말한다.
③ 활주란 열차의 바퀴(차륜)가 레일 위를 미끄러지는 현상을 말한다. 이는 열차제동 시 제동력이 점착력을 초과할 때 발생한다.
④ 전기동차란 전기를 동력원으로 하여 움직이며, 열차(객차)를 구성하는 여러 칸의 차량 중 일부 또는 모든 차량에 자체적인 전동기를 분산하여 갖춘 열차를 말한다.

해설 일반 철도차량이란 선로를 최고시속 200km 미만의 운행속도로 주행할 수 있는 철도차량을 말한다.

07 열차운전과 관련한 용어의 설명으로 타당하지 않은 것은?

① 축중이란 열차 차량이 수평 상태에 있을 때 하나의 차축에 연결된 모든 차륜의 윤중을 합한 값을 말한다.
② 회생제동이란 열차의 제동을 걸 때 그 운동에너지를 전기에너지로 다시 변환하여 재활용하는 제동방식을 말한다.
③ 열차저항이란 열차가 평탄한 직선 구간을 달릴 때 발생하는 저항의 총집합을 말한다.
④ 점착력이란 열차의 바퀴(차륜)와 레일의 표면 사이에서 발생하는 마찰력으로서 바퀴가 레일에서 미끄러지지 않고 회전을 계속할 수 있는 마찰력이다.

해설 열차저항은 열차가 선로 위를 주행할 때 주행 방향과 반대 방향으로 작용하는 저항력이다. 이는 열차의 운행 효율성과 에너지 소모량에 큰 영향을 주며 주행저항, 곡선저항, 기울기저항, 가속저항 등으로 구성된다. 열차가 평탄한 직선 구간을 달릴 때 발생하는 저항의 총집합은 주행저항이라 한다.

08 열차운전이론의 기본 3요소에 해당하지 않는 것은?

① 견인력
② 열차저항
③ 제동력
④ 탈선계수

해설 열차운전 이론의 기본 3요소는 견인력, 열차저항, 제동력이다. 이 세 요소는 열차의 가감속, 안정적인 주행, 정지 제어 등 전반적인 운행 성능을 결정하는 주요 변수이며, 열차 운전 계획과 성능 시험의 기초가 된다.

정답 05. ③ 06. ① 07. ③ 08. ④

09 다음 중 열차운전 이론의 기본 3요소에 대한 설명으로 바른 것은?

① 견인력은 열차의 감속을 위한 힘으로, 주로 제동장치의 성능에 의해 결정된다.
② 열차저항은 열차의 진행을 돕는 방향으로 작용하며, 견인력을 증가시키는 역할을 한다.
③ 제동력은 열차의 속도를 제어하여 정지 지점에 정확히 멈추게 하는 힘을 의미한다.
④ 견인력은 외부에서 가해지는 저항력으로, 열차의 주행을 방해하는 요인 중 하나이다.

해설
1. 견인력은 동력차가 열차를 끌어 움직이게 하는 힘으로, 차량이 전진하기 위해 꼭 필요한 힘이다. 견인력의 크기는 차륜과 레일 사이의 점착력, 주행저항의 극복, 구동력 등에 의해 좌우된다. 견인력은 열차의 가속 성능, 등판능력, 편성 길이 결정 등에 직접적인 영향을 미치며, 차량의 성능 특성을 결정하는 중요한 요소이다.
2. 열차저항은 열차가 선로 위를 주행할 때 주행 방향과 반대 방향으로 작용하는 저항력이다. 이는 열차의 운행 효율성과 에너지 소모량에 큰 영향을 주며 주행저항, 곡선저항, 기울기저항, 가속저항 등으로 구성된다.
3. 제동력은 주행 중인 열차의 운전속도를 제어하여 열차를 감소시키거나 정지시키기 위한 힘이다. 단순히 속도를 줄이는 데 그치지 않고 정확한 목표지점(정차 위치)에 정지시키는 힘을 말한다. 마찰제동, 전기제동, 공기제동 등의 방법이 있다.

10 다음 중 국제단위계(SI)의 기본단위로 바르지 않은 것은?

① 길이(m) ② 시간(s)
③ 온도(℃) ④ 전류(A)

해설 국제단위계(SI단위 : System of International Units)의 기본단위는 다음과 같다.

양	기호	명칭	양	기호	명칭
길이	m	미터	온도	K	켈빈
질량	kg	킬로그램	물질량	mol	몰
시간	s	세컨드	광도	cd	칸델라
전류	A	암페어			

11 다음 중 벡터(Vector)가 아닌 것은?

① 변위 ② 속력
③ 힘 ④ 운동량

해설 벡터(Vector)는 크기(magnitude)뿐만 아니라 방향(direction)까지 함께 나타내어야 하는 물리량으로서 변위, 속도, 가속도, 힘, 충격량, 운동량, 전기장 세기, 자기장 세기 등이 있다. 속력은 스칼라(Scalar)에 해당한다.

12 다음 중 스칼라(Scalar)에 대한 설명으로 타당하지 않은 것은?

① 크기(magnitude)만을 가진 물리량이다.
② 그 양을 하나의 실수로 나타낼 수 있는 물리량이다.
③ 방향은 따로 가지지 않는다.
④ 시간, 길이, 온도, 속도, 일, 에너지, 질량, 부피, 비중, 밀도, 거리 등이 여기에 해당한다.

해설 속도는 벡터(Vector)에 해당한다.

13 다음 지문이 설명하고 있는 것은 무엇인가?

> 시간표 속도 또는 스케줄 속도라고도 불리며, 이동한 총 거리를 운행에 걸린 총 시간으로 나눈 값(이동 총거리/걸린 총시간)을 말한다.

① 표정속도 ② 최고속도
③ 운전속도 ④ 평균속도

해설 표정속도는 시간표 속도 또는 스케줄 속도라고도 불리며, 이동한 총 거리를 운행에 걸린 총 시간으로 나눈 값(이동 총거리/걸린 총시간)을 말한다. 걸린 총시간에는 실제 운행 시간뿐만 아니라 도중에 정차한 시간까지 포함한다.

14 다음 중 표정속도의 향상 방안으로 적절하지 않은 것은?

① 정차시간 단축 ② 운행시간 단축
③ 정차역 수 최소화 ④ 최저속도 향상

정답 09.③ 10.③ 11.② 12.④ 13.① 14.④

해설 표정속도의 향상 방안으로는 다음과 같은 방법이 있다.
1. 정차시간 단축
2. 운행시간 단축
3. 정차역 수 최소화
4. 고가속도 · 고감속도 운전
5. 최고 속도 향상
6. 차량 성능 개선(가속 · 감속 성능 향상)

15 다음 중 속도에 관련한 설명으로 타당하지 않은 것은?

① 평균속도란 열차의 이동 거리를 중간역의 정차 시간을 뺀 순수 운전 시간으로 나눈 값이다.
② 상대속도란 한 물체의 속도를 다른 물체의 관점에서 본 속도이다.
③ 단위시간 중 변위가 가장 큰 속도를 표정속도라고 한다.
④ 진동가속도는 진동 운동을 하는 물체의 가속도이다.

해설 단위시간 중 변위가 가장 큰 속도는 최고속도라고 한다.

16 역과 역 사이의 거리가 108km, 순수운전시간이 60분 그리고 정차시간이 12분일 때 표정속도와 평균속도가 바르게 짝지어진 것은?

① 표정속도 90km/h, 평균속도 108km/h
② 표정속도 108km/h, 평균속도 135km/h
③ 표정속도 108km/h, 평균속도 90km/h
④ 표정속도 90km/h, 평균속도 135km/h

해설 표정속도는 거리를 순수운전시간과 정차시간을 합한 시간으로 나눈 값이다. 순수운전기간 60분은 시간으로 환산하면 $\frac{60}{60}$(h), 정차시간 12분은 시간으로 환산하면 $\frac{12}{60}$(h)로서 총 걸린 시간은 $\frac{72}{60}$(h)이므로 표정속도는 $108 \div (\frac{72}{60}) = 90$km/h이다. 평균속도는 거리를 순수운전시간으로 나눈 값이므로 $108 \div (\frac{60}{60}) = 108$km/h이다.

17 A역과 B역 사이의 거리가 27.5km이고, 운전소요시간이 20분, 중간 정차시간이 5분인 경우, A역과 B역 구간의 표정속도와 평균속도는 얼마인가?

① 표정속도 66km/h, 평균속도 82.5km/h
② 표정속도 82.5km/h, 평균속도 66km/h
③ 표정속도 90km/h, 평균속도 108km/h
④ 표정속도 108km/h, 평균속도 90km/h

해설 표정속도는 거리를 순수운전시간과 정차시간을 합한 시간으로 나눈 값이다. 순수운전기간 60분은 시간으로 환산하면 $\frac{20}{60}$(h), 정차시간 5분은 시간으로 환산하면 $\frac{5}{60}$(h)로서 총 걸린 시간은 $\frac{25}{60}$(h)이므로 표정속도는 $27.5 \div (\frac{25}{60}) = 66$km/h이다. 평균속도는 거리를 순수운전시간으로 나눈 값이므로 $27.5 \div (\frac{20}{60}) = 82.5$km/h이다.

18 다음 중 정차시분(D)에 대한 계산식으로 타당한 것을 고르시오. (A : 표정속도, B : 운전거리, C : 운전시분)

① D=C÷(A+B)
② D=B÷(A+C)
③ D=(A÷B)−C
④ D=(B÷A)−C

해설 $A = \frac{B}{(C+D)}$ 이므로 양변에 (C+D)를 곱한 후, 다시 양변을 A로 나누고 C를 이항하면 정답은 D=(B÷A)−C 가 된다.

19 다음 중 관측자와 상대방이 같은 방향으로 움직이는 경우 상대속도를 계산하는 방법으로 옳은 것은? (A : 상대속도, B : 상대방속도, C : 관측자속도)

① A=B+C
② A= B−C
③ A=B×C
④ A=C÷B

해설 상대속도는 관측자가 본 상대방의 속도로, 대상 속도−관측자속도로 구한다. 따라서 같은 방향으로 움직일 때는 대상의 속도(B)에서 관측자의 속도(C)를 빼서(B−C) 계산한다. 하지만, 서로 다른 방향으로 움직일 때는 방향 벡터를 고려하여 계산하게 된다.

정답 15. ③ 16. ① 17. ① 18. ④ 19. ②

20 열차의 속도제한을 해야 하는 경우로 보기 어려운 것은?

① 신호 현시 조건에 따른 속도제한
② 오르막 선로의 속도제한
③ 곡선 선로의 속도제한
④ 선로 분기기 종류에 따른 속도제한

해설 제한속도란 열차가 주행 시 운전 설비, 신호 조건 등의 제한으로 인해 초과하여 운행할 수 없는 최대 속도를 말한다. 여기에는 신호 현시 조건에 따른 속도제한, 내리막 선로의 속도제한, 곡선 선로의 속도제한, 선로 분기기 종류에 따른 속도제한, 측선 선로 운행에 따른 속도제한 등이 있다.

21 다음 중 힘에 대한 설명으로 타당하지 않은 것은?

① 힘이란 운동상태를 변화시키거나 모양을 변화시키는 원인이 되는 물리량이다.
② 힘은 크기, 방향, 작용점의 3요소를 갖는다.
③ 물체에 힘이 가해지면 가한 힘의 방향으로 가속도가 발생한다.
④ 정지 상태의 물체에는 작용하는 힘이 없다.

해설 물체에 작용하는 힘의 합력이 0인 경우 정지 상태를 유지한다.

22 다음 중 힘의 단위가 아닌 것은?

① kgf
② lb
③ N
④ dyne

해설 힘의 단위로는 kgf, gf, N, dyne 등이 있다.

23 다음 중 중력가속도에 대한 설명으로 타당하지 않은 것은?

① 중력에 의해 물체가 가지는 가속도를 중력가속도라고 한다.
② 중력가속도는 질량을 중력으로 나눈 값이다.
③ 중력가속도는 지구 중심에서 멀어질수록 감소한다.
④ 중력가속도는 적도 지역보다 극 지역에서 더 크다.

해설
1. 중력에 의해 물체가 가지는 가속도를 중력가속도(g)라고 한다.
2. 중력가속도(g) = $\frac{중력(W)}{질량(m)}$
3. 중력가속도는 지구 중심에서 멀어질수록 감소한다.
4. 중력가속도는 적도 지역(9.78m/s^2)보다 극 지역(9.83m/s^2)에서 더 크다.
5. 중력가속도는 연직 아래 방향, 곧 지구 중심을 향한다.

24 다음 중 구심력에 대한 설명으로 타당하지 않은 것은?

① 질량 m인 물체가 일정한 속력으로 등속원운동을 할 때 원의 중심 방향으로 작용하는 힘을 구심력이라 한다.
② 등속원운동에서 속도는 일정하지만, 속력은 계속 방향이 변하므로 변한다.
③ 물체의 운동 방향은 구심력과 항상 직각을 이룬다.
④ 구심력은 등속원운동을 하는 물체의 질량과 속도의 제곱에 비례한다.

해설
1. 질량 m인 물체가 일정한 속력으로 등속원운동을 할 때 원의 중심 방향으로 작용하는 힘을 구심력이라 한다.
2. 등속원운동에서 속력은 일정하지만, 속도는 계속 방향이 변하므로 변한다.
3. 물체의 운동 방향은 구심력과 항상 직각을 이룬다.
4. 질량이 m인 물체가 v의 속도로 반지름이 r인 원주를 돌 때 발생하는 구심력 F_g는 다음과 같다. 또한 각속도를 ω라고 하면 아래와 같은 식이 성립한다.

$F_g = m\frac{v^2}{r} = mr\omega^2$

5. 구심력은 등속원운동을 하는 물체의 질량과 속도의 제곱에 비례한다.
6. 구심력은 등속원운동을 하는 원의 반지름에 반비례한다.

정답 20.② 21.④ 22.② 23.② 24.②

25 다음 중 원심력과 구심력에 대한 설명으로 타당하지 않은 것은?

① 원심력의 크기는 구심력과 같지만 방향이 반대이다.
② 원심력은 실제 힘이 아닌 가상의 관성력이다.
③ 구심력은 물체의 운동방향에 수직으로 작용한다.
④ 물체의 속도와 질량이 크고 반지름이 작을수록 구심력은 작아진다.

해설
1. 구심력은 물체의 질량과 속도의 제곱에 비례한다.
2. 원심력은 등속원운동을 하는 물체가 원의 중심에서 바깥 방향으로 받는 것처럼 느껴지는 힘으로서 실제 힘이 아닌 가상의 관성력이다.
3. 원심력의 크기는 구심력과 동일하지만 방향이 반대이다.
4. 질량이 m인 물체가 v의 속도로 반지름이 r인 원주를 돌 때 발생하는 원심력 Fc는 다음과 같다. 또한 각속도를 ω라고 하면 아래와 같은 식이 성립한다.

$$F_c = m\frac{v^2}{r} = mr\omega^2$$

26 다음 중 마찰력에 대한 설명으로 바르지 않은 것은?

① 마찰력이란 두 물체가 서로 면이 접해서 생기는 접선력이다.
② 두 물체가 서로 접촉하여 운동할 때 그 운동을 방해하는 방향으로 작용하는 힘이다.
③ 수직항력과 두 물체 사이의 마찰계수에 비례한다.
④ 접촉면의 넓이에 비례한다.

해설 마찰력
1. 마찰력이란 두 물체가 서로 접촉하여 운동할 때 그 운동을 방해하는 방향으로 작용하는 힘이다.
2. 마찰력의 종류에는 정지마찰력, 최대정지마찰력, 운동마찰력(미끄럼마찰력), 회전마찰력(구름마찰력) 등이 있다.
3. 정지마찰력
   ㉠ 정지마찰력이란 접촉면 위에 정지해 있는 물체가 움직이려고 할 때, 그 운동을 방해하기 위해 외부에서 가해지는 힘과 반대 방향으로 작용하는 마찰력을 말한다.
   ㉡ 접촉면을 따라 움직이게 하려는 시도만으로도 정지마찰력이 발생한다.
   ㉢ 정지마찰력은 물체의 표면 상태와 접촉면의 재질에 따라 그 크기가 달라진다.
   ㉣ 정지마찰력은 물체가 움직이려는 방향과 반대 방향으로 작용하여 운동을 방해한다.
   ㉤ 물체가 정지해 있거나 등속도로 움직이고 있다면, 정지마찰력의 크기는 외부에서 가한 힘의 크기와 같다. 따라서 서로 평형을 이루어 가속도가 생기지 않는다.
4. 최대정지마찰력
   ㉠ 접촉면 위에 정지하고 있는 물체를 움직이게 하려고 힘을 가했을 때, 물체가 막 움직이기 시작하는 순간에 작용하는 가장 큰 마찰을 최대정지마찰력이라 한다.
   ㉡ 최대정지마찰력은 수직항력과 정지마찰계수에 비례한다.
   ㉢ 최대정지마찰력은 접촉면의 넓이와는 무관하고 접촉면의 성질에 따라 달라진다.
   ㉣ 최대정지마찰력의 정지마찰계수는 1보다 작다.
5. 운동마찰력
   ㉠ 물체가 접촉면 위에서 이미 운동하고 있을 때 그 운동을 방해하는 방향으로 작용하는 마찰력을 운동마찰력이라 한다.
   ㉡ 운동마찰력은 수직항력과 운동마찰계수에 비례한다.
   ㉢ 운동마찰력은 물체의 이동속도와는 무관하고 접촉면의 성질에 따라 달라진다.
   ㉣ 운동마찰력의 방향은 운동 방향과 반대 방향이고, 가속도나 외력 방향과는 무관하다.
   ㉤ 운동마찰력에는 미끄럼마찰력과 구름마찰력이 있다.
6. 구름(회전)마찰력
   바퀴나 구체처럼 회전하면서 움직이는 물체가 구르는 것을 방해하는 저항력을 구름마찰력이라 한다. 이는 접촉면의 변형이나 미세한 마찰 등에 의해 발생하며, 운동마찰력보다 일반적으로 작다.
7. 미끄럼마찰력
   미끄럼 마찰은 두 물체가 접촉한 상태에서 서로 미끄러지며 상대 운동을 할 때, 그 운동을 방해하는 방향으로 작용하는 마찰력이다. 일반적으로 운동마찰력과 같은 의미로 사용되며, 마찰 계수와 수직항력에 의해 크기가 결정된다.

정답 25. ④ 26. ④

27 다음 지문의 괄호 안에 들어갈 말로 알맞은 것은?

> 물체에 외력을 가하면, 접촉면에 평행하게 외력의 반대 방향으로 운동을 방해하는 힘이 발생하는데, 이를 ( )이라 한다.

① 원심력
② 구심력
③ 마찰력
④ 관성력

해설 마찰력 해설 참조

28 다음 중 마찰계수의 크기 순서가 바르게 나열된 것은?

① 정지마찰계수 > 미끄럼마찰계수 > 구름(회전)마찰계수
② 정지마찰계수 > 구름(회전)마찰계수 > 미끄럼마찰계수
③ 미끄럼마찰계수 > 정지마찰계수 > 구름(회전)마찰계수
④ 구름(회전)마찰계수 > 미끄럼마찰계수 > 정지마찰계수

해설 마찰계수란 두 물체가 접촉할 때 마찰의 크기를 수치로 나타낸 값이다. 표면이 거칠거나 마찰이 크면 마찰계수도 커지고, 표면이 매끄럽고 잘 미끄러지면 마찰계수는 작아진다. 운동마찰계수는 미끄럼마찰계수와 구름마찰계수로 분류할 수 있다. 다음은 여러 마찰계수의 크기를 비교한 것이다.
① 정지마찰계수 > 운동마찰계수
② 정지마찰계수 > 미끄럼마찰계수 > 구름마찰계수

물질	정지마찰계수	운동마찰계수
철판과 철판	0.74	0.57
눈과 얼음	0.10	0.03
기름 친 금속과 금속	0.15	0.06

29 다음 중 마찰력에 대한 설명으로 타당하지 않은 것은?

① 마찰계수는 접촉면의 넓이와는 무관하다.
② 마찰계수는 온도가 올라가면 작아진다.
③ 운동마찰계수는 정지마찰계수보다 크다.
④ 표면이 거칠면 마찰계수가 커진다.

해설 마찰계수 해설 참조

30 다음 중 마찰력에 대한 설명으로 바르지 않은 것은?

① 물체의 접촉면의 넓이가 커질수록 마찰력도 커진다.
② 마찰력은 수직항력과 마찰계수에 비례한다.
③ 마찰계수는 접촉면의 성질에 따라 다르다.
④ 운동마찰력에는 미끄럼마찰력과 구름(회전)마찰력이 있다.

해설 마찰력 및 마찰계수 해설 참조

31 다음 중 정지마찰력에 대한 설명으로 타당하지 않은 것은?

① 정지마찰력이란 접촉면 위에 정지해 있는 물체가 움직이려고 할 때, 그 운동을 방해하기 위해 외부에서 가해지는 힘과 반대 방향으로 작용하는 마찰력을 말한다.
② 접촉면을 따라 움직이게 하려는 시도만으로도 정지마찰력이 발생한다.
③ 정지마찰력은 물체의 표면 상태와 접촉면의 면적에 따라 그 크기가 달라진다.
④ 물체가 정지해 있거나 등속도로 움직이고 있다면 가속도는 생기지 않는다.

해설 마찰력 및 마찰계수 해설 참조

정답 27. ③ 28. ① 29. ③ 30. ① 31. ③

32 다음 중 최대정지마찰력에 대한 설명으로 타당하지 않은 것은?

① 접촉면 위에 정지하고 있는 물체를 움직이게 하려고 힘을 가했을 때, 물체가 막 움직이기 시작하는 순간에 작용하는 가장 큰 마찰력을 최대정지마찰력이라 한다.
② 최대정지마찰력은 수직항력과 정지마찰계수에 비례한다.
③ 최대정지마찰력은 접촉면의 넓이와는 무관하고 접촉면의 성질에 따라 달라진다.
④ 최대정지마찰력의 정지마찰계수는 1보다 크다.

해설 마찰력 및 마찰계수 해설 참조

33 다음 중 운동마찰력에 대한 설명으로 바르지 않은 것은?

① 물체가 접촉면 위에서 이미 운동하고 있을 때 그 운동을 방해하는 방향으로 작용하는 마찰력을 운동마찰력이라 한다.
② 운동마찰력은 수직항력과 운동마찰계수에 비례한다.
③ 운동마찰력은 물체의 이동속도에 비례한다.
④ 운동마찰력의 방향은 운동 방향과 반대 방향이고, 가속도나 외력 방향과는 무관하다.

해설 마찰력 및 마찰계수 해설 참조

34 다음 중 그 설명이 바르지 않은 것은?

① 일(W)이란 힘(F)이 작용하여 물체가 그 힘의 방향으로 이동(S)할 때 발생하는 물리량으로, 일=힘×이동 거리 (W=F·S)로 정의할 수 있다
② 운동량이란 움직이는 물체가 지닌 운동의 양을 나타내는 물리량으로, 질량(m)과 속도(v)의 곱으로 정의할 수 있다.
③ 각운동량은 물체의 질량과 각속도의 곱으로 정의되며, 회전하는 물체의 질량 분포와는 무관하다.
④ 토크(Torque)란 물체를 회전시키려는 효과, 즉 회전의 원인이 되는 물리량으로, 회전력이라고도 한다.

해설 각운동량은 물체가 특정 축을 중심으로 회전 상태를 유지하려는 물리량, 즉 회전운동의 관성을 나타내는 물리량이다. 외부에서 토크(회전력)가 작용하지 않는 한, 물체는 기존의 회전 상태를 유지하려 한다. 물체의 회전관성(관성모멘트)을 Ir이라고 하고, 각속도를 ω라 할 때 각운동량 $Pr=Ir \times \omega$(단위 : m·rad/s)로 정의할 수 있다. 각운동량은 물체의 질량 분포와 회전속도에 따라 달라진다.

35 질량 100kg인 물체에 180N의 힘이 작용할 때 가속도는 얼마인가?

① $1.8(m/sec^2)$
② $18,000(m/sec^2)$
③ $100(m/sec^2)$
④ $180(m/sec^2)$

해설 뉴턴의 운동 제2법칙(힘과 가속도와 질량 관계 법칙) 뉴턴의 운동 제2법칙은 물체에 작용하는 알짜힘이 있을 때, 그 힘은 물체에 가속도를 발생시킨다는 법칙으로 가속도의 크기는 힘에 비례하고 질량에 반비례한다. 그리고 가속도는 힘이 작용하는 방향으로 발생한다. 힘을 F라 하고, 질량을 m, 가속도를 a라 할 때 F=m×a라는 식으로 표현할 수 있으므로 가속도 a=F÷m으로 계산할 수 있다.

36 질량 70kg인 물체에 140N의 힘이 작용할 때 가속도는 얼마인가?

① $70(m/sec^2)$
② $14,000(m/sec^2)$
③ $140(m/sec^2)$
④ $2.0(m/sec^2)$

해설 뉴턴의 운동 제2법칙(힘과 가속도와 질량 관계 법칙) 참조

정답 32.④ 33.③ 34.③ 35.① 36.④

37 다음 전기와 관련된 설명 중 타당하지 못한 것은?

① 전기란 전하의 이동 또는 정지 상태에서 발생하는 물리적 현상으로서, 자연에서는 번개나 정전기 형태로 나타나며, 인공적으로는 전류와 전압으로 표현된다.
② 전하는 물체가 띠는 전기의 성질로, 양전하(+)와 음전하(-)가 있으며 그 양은 전하량 또는 전기량이라 하고 단위는 쿨롱(C)이다.
③ 전류는 전하가 이동하면서 생기는 전기의 흐름을 의미하며, 주로 이동하는 전하는 음전하인 전자로, 실제 전류는 전자의 이동 방향과 반대 방향으로 정의된다.
④ 전압은 전류를 흐르게 하는 전기적 압력으로, 직렬 연결은 사용 시간을 늘리고 병렬 연결은 전압을 높인다.

[해설] 전압은 전류를 흐르게 하는 전기적 압력으로, 전위 차이가 클수록 전압도 높아진다. 전압이 높을수록 전류의 세기도 강해지며, 에너지 소비도 많아진다. 전압은 전지의 연결 방식에 따라 달라지며, 직렬 연결은 전압을 높이고 병렬 연결은 사용 시간을 늘린다. 전압의 단위는 볼트(V)이다.

38 전압, 전류, 저항의 관계를 설명한 내용으로 바르지 못한 것은?

① 전압은 전류와 비례한다.
② 저항은 전압에 비례한다.
③ 전류는 저항에 비례한다.
④ 저항은 전류에 반비례한다.

[해설] 전기저항은 전류의 흐름을 방해하는 물질의 성질로, 도체 내부에서 자유전자가 원자와 충돌하면서 발생한다. 저항의 크기는 도체의 길이에 비례하고, 단면적에 반비례하며, 비저항에 따라 결정되며, 단위는 옴(Ω)을 사용한다. 전압이 V, 전류가 I 그리고 저항이 R일 때 이들의 관계는 옴의 법칙 $V = I \times R$, $I = \frac{V}{R}$, $R = \frac{V}{I}$로 표현된다.

39 다음 지문은 어떤 법칙을 설명한 것인가?

> 시간에 따라 변화하는 자기장이 도체에 기전력(전압)을 유도하는 현상을 설명한다. 자기장 속에서 도체(예 : 코일)를 이동시키거나, 자석을 도체 주변에서 움직이면 자기선속(자속)이 변하게 되고, 이로 인해 도체에 전류가 유도된다. 이 현상을 전자기유도라 하며, 유도되는 전류의 세기는 자기선속 변화의 속도에 비례한다.

① 패러데이의 법칙
② 렌츠의 법칙
③ 플레밍의 오른손 법칙
④ 플레밍의 왼손 법칙

[해설] 패러데이의 법칙은 시간에 따라 변화하는 자기장이 도체에 기전력(전압)을 유도하는 현상을 설명한다. 자기장 속에서 도체(예 : 코일)를 이동시키거나, 자석을 도체 주변에서 움직이면 자기선속(자속)이 변하게 되고, 이로 인해 도체에 전류가 유도된다. 이 현상을 전자기유도라 하며, 유도되는 전류의 세기는 자기선속 변화의 속도에 비례한다. 즉, 자석을 빠르게 움직일수록 유도 전류의 크기는 커진다. 또한, 자석의 극이나 이동 방향을 바꾸면 전류의 방향도 반대로 바뀐다. 이 원리는 발전기, 변압기, 유도 조리기 등 다양한 전기기기의 핵심 원리로 활용된다.

40 전자기유도에 의해 생긴 전류는 항상 원래의 자기선속 변화를 방해하는 방향으로 흐른다는 법칙은 무슨 법칙인가?

① 패러데이의 법칙
② 렌츠의 법칙
③ 플레밍의 오른손 법칙
④ 플레밍의 왼손 법칙

[해설] 렌츠의 법칙은 전자기유도에 의해 생긴 전류는 항상 원래의 자기선속 변화를 방해하는 방향으로 흐른다는 법칙이다. 즉, 유도된 전류는 자기선속의 증가를 억제하거나 감소를 막는 방향으로 자기장을 생성한다. 이와 같은 작용은 에너지 보존 법칙과 일치하며, 유도 전류가 외부 변화에 저항하려는 성질로 이해할 수 있다. 예를 들어, 자석을 코일 쪽으로 가까이 가져가면 코일에는 반대 극의 자기장을 만들어 자석의 접근을 방해하는 방향으로 전류가 흐른다. 이 법칙은 전자기유도, 발전기, 유도 제동 등 다양한 전기기기의 작동 원리에 적용된다.

정답 37. ④ 38. ③ 39. ① 40. ②

41 다음 중 직류전동기의 주요 구성 요소에 해당하지 않는 것은?

① 계자(Field)
② 권선(Winding)
③ 정류자(Commutator)
④ 브러시(Brush)

해설 직류전동기는 크고 안정적인 기동 토크, 부하 변화에 대한 우수한 적응력, 그리고 속도 및 회전 방향 제어의 용이성 등 여러 장점을 바탕으로 철도차량, 특히 전기동차의 추진용 전동기로 널리 사용된다. 직류전동기는 크게 계자(Field), 회전자(Armature), 정류자(Commutator), 브러시(Brush) 등 네 가지의 주요 구성 요소로 이루어진다.

42 다음 지문은 직류전동기의 주요 구성 요소 중 무엇을 설명한 것인가?

> 회전자 축에 부착되어 함께 회전하는 부품이다. 브러시를 통해 외부 직류전원으로부터 전류를 공급받아 회전자 권선에 흐르는 전류의 방향을 주기적으로 반전시키는 역할을 한다.

① 계자(Field)
② 회전자(Armature)
③ 정류자(Commutator)
④ 베어링(Bearing)

해설 정류자는 회전자 축에 부착되어 함께 회전하는 부품이다. 브러시를 통해 외부 직류전원으로부터 전류를 공급받아 회전자 권선에 흐르는 전류의 방향을 주기적으로 반전시키는 역할을 한다. 이러한 정류 작용 덕분에 회전자는 회전 방향이 유지되는 연속적인 회전 운동을 할 수 있게 된다.

43 계자권선과 전기자권선이 직렬로 연결되고 기동 토크가 매우 커서 철도차량에 가장 널리 사용되는 형식은?

① 직권전동기(Series DC Motor)
② 분권전동기(Shunt DC Motor)
③ 가동복권전동기(Cumulative Compound Motor)
④ 차동복권전동기(Differential Compound Motor)

해설 자여자 전동기(自勵磁 電動機, Self-Excited DC Motor) 계자권선과 전기자권선이 전류를 공급받는 구조이다. 이는 직권전동기, 분권전동기, 복권전동기로 분류된다.
1. 직권전동기(Series DC Motor) : 계자권선과 전기자 권선이 직렬로 연결되고, 기동 토크가 매우 크며, 무부하 운전은 위험하다. 철도차량에 가장 널리 사용되는 형식이다.
2. 분권전동기(Shunt DC Motor) : 계자권선과 전기자 권선이 병렬(분권)로 연결되고, 속도 변화가 적고 안정적인 운전이 가능하다. 부하 변화가 심하지 않은 장비에 적합하다.
3. 복권전동기(Compound DC Motor) : 계자에 직권과 분권 권선을 함께 구성하는 구조이다. 이는 다시 가동복권전동기, 차동복권전동기로 분류된다.
  ㉠ 가동복권전동기(Cumulative Compound Motor) : 직권과 분권 계자전류가 같은 방향으로 작용하며, 기동 토크와 속도 안정성 모두 확보가 가능하다.
  ㉡ 차동복권전동기(Differential Compound Motor) : 두 계자전류가 반대 방향으로 작용하며, 부하 증가 시 속도가 증가하는 불안정성이 단점이어서 실무에서는 거의 사용되지 않는다.

44 다음 중 직류직권전동기의 속도 특성으로 바르지 않은 것은?

① 직류전동기의 회전속도는 역기전력에 비례하고, 계자 자속(자기력선속)에 반비례하는 특성을 가진다.
② 단자 전압이 높거나 전기자 전류가 클수록 속도는 증가하고, 자속이 강할수록 속도는 감소한다.
③ 직권전동기는 계자와 전기자가 직렬로 연결되어 있어, 자속이 전류에 비례하고 속도는 부하 전류에 반비례한다.
④ 부하가 작아지면 속도가 줄어들며, 무부하 상태에서는 안정적인 속도를 유지할 수 있다.

해설 직권전동기는 부하가 작아지면 속도가 급격히 상승하며, 무부하 상태에서는 위험한 속도 폭주 현상이 발생할 수 있다.

정답 41. ② 42. ③ 43. ① 44. ④

45 직류전동기의 속도 제어와 관련한 설명으로 타당하지 않은 것은?

① 직류직권전동기의 속도 제어 방법에는 전기자 회로 저항 제어, 자속 제어, 전압 제어가 있다.
② 저항 제어는 구조가 복잡하지만, 속도 변화가 작고 효율이 높아서 주로 직권전동기에 사용된다.
③ 자속 제어는 정출력 특성을 가지나 응답성이 낮고, 분권전동기 및 복권전동기에서 활용된다.
④ 전압 제어는 정속도 운전에 적합하고 속도 응답성이 우수하여, 타여자 전동기에 주로 적용된다.

해설 저항 제어는 구조가 간단하지만, 속도 변화가 크고 효율이 낮으며, 주로 직권전동기에 사용된다.

46 다음 중 유도전동기에 대한 설명으로 옳지 않은 것은?

① 고정자 권선에 교류 전류를 공급하면 회전자기장이 형성된다.
② 회전자에는 외부 전원을 직접 공급하지 않는다.
③ 유도전동기의 회전자는 항상 동기속도와 동일한 속도로 운전된다.
④ 유도전동기는 도체와 자기장 사이의 전자기유도 작용을 이용하여 회전력을 발생시킨다.

해설 유도전동기는 도체와 자기장 사이의 전자기유도 작용을 이용하여 회전운동을 발생시키는 교류 전동기이다. 고정자 권선에 교류 전류를 공급하면 회전자기장(rotating magnetic field)이 형성되고, 이 자기장이 정지된 회전자를 통과하면서 패러데이의 법칙에 따라 회전자 도체에 전류를 유도한다. 회전자에 흐르는 유도 전류는 자기장을 형성하며, 고정자의 회전자기장과 상호작용하여 회전력이 발생한다. 회전자에는 외부 전원을 직접 공급하지 않으므로 구조가 단순하고 유지보수가 용이하다. 일반적으로 3상 유도전동기가 가장 널리 사용되며, 회전자는 동기속도보다 약간 낮은 속도로 운전된다.

47 유도전동기의 슬립(slip)에 대한 설명으로 타당하지 않은 것은?

① 슬립은 고정자의 회전자기장 속도(동기속도)와 회전자의 실제 속도 차이를 의미한다.
② 슬립이 존재해야 회전자에 유도 전류가 흐르고, 이 전류로 인해 토크가 발생한다.
③ 슬립이 0이면 회전자계와 속도가 같아 유도 작용이 일어나지 않아 전동기는 토크를 발생시키지 못한다.
④ 슬립은 무부하에서 거의 1에 가깝고, 부하가 클수록 값이 작아진다.

해설 유도전동기의 슬립(slip)
1. 슬립은 고정자의 회전자기장 속도(동기속도)와 회전자의 실제 속도 차이를 의미한다.
2. 슬립이 존재해야 회전자에 유도 전류가 흐르고, 이 전류로 인해 토크가 발생한다.
3. 슬립이 0이면 회전자계와 속도가 같아 유도 작용이 일어나지 않아 전동기는 토크를 발생시키지 못한다.
4. 슬립은 무부하에서 거의 0에 가깝고, 부하가 클수록 값이 커진다.
5. 슬립의 일반적인 범위는 0 < s < 1이며, s = 1은 정지 상태, s = 0은 이상적인 무부하 상태이다.
6. 동력 운전 중에는 회전자가 회전자계보다 약간 느리게 회전하며, 회생제동 중에는 더 빠르게 회전한다.
7. 슬립이 양(+)일 때는 동력 운전, 음(−)일 때는 회생제동 상태를 나타낸다.
8. 슬립의 변화는 전력 반도체 소자의 게이트 제어에 의해 조절되며, 전동기의 회전 방향은 3상 전원의 순서를 바꾸어 조정한다.
9. 유도전동기는 항상 약간의 슬립을 가진 상태에서 정상 운전되며, 이는 전동기의 필수 작동 원리이다.

48 다음 중 유도전동기의 슬립(slip)에 대한 설명으로 바르지 못한 것은?

① 슬립의 일반적인 범위는 0 < s < 1이며, s = 1은 정지 상태, s = 0은 이상적인 무부하 상태이다.
② 동력 운전 중에는 회전자가 회전자계보다 약간 느리게 회전하며, 회생제동 중에는 더 빠르게 회전한다.

정답 45. ② 46. ③ 47. ④ 48. ③

③ 슬립이 양(+)일 때는 회생제동, 음(−)일 때는 동력 운전 상태를 나타낸다.
④ 슬립의 변화는 전력 반도체 소자의 게이트 제어에 의해 조절되며, 전동기의 회전 방향은 3상 전원의 순서를 바꾸어 조정한다.

해설 유도전동기의 슬립(slip) 해설 참조

49 다음 중 유도전동기의 회전수제어에 대한 설명으로 틀린 것은?

① 유도전동기의 회전속도는 동기속도와 슬립에 의해 결정되며, 동기속도는 전원 주파수와 극 수에 따라 정해진다.
② 주파수 제어 방식(인버터 제어)이 가장 보편적이며, 인버터를 통해 주파수와 전압을 동시에 변화시켜 회전수를 자유롭게 조절한다.
③ 극 수 변경 방식은 고정자 권선의 극 수를 바꾸어 회전속도를 제어하는 방식이며, 속도 단수가 무제한이므로 주로 정밀 제어에 많이 사용된다.
④ 슬립 제어 방식은 권선형 회전자에 적용되며, 회전자 회로에 저항을 삽입하여 슬립을 조절한다.

해설 극 수 변경 방식은 고정자 권선의 극 수를 바꾸어 회전속도를 제어하는 방식이며, 속도 단수가 제한되므로 주로 단순 기계에 사용된다. 현대 철도차량에서는 인버터 기반의 주파수 제어가 표준으로, 정밀 제어 및 효율이 우수하다.

50 다음 지문이 설명하고 있는 유도전동기는?

> 산업 현장에서 가장 널리 사용되며, 기동 토크가 크고 효율이 높고, 구조도 단순한 것이 특징이다. 고정자에 3상 교류 전류를 공급하면 120° 위상차의 회전자기장이 생성되며, 이 자계가 회전자에 유도 전류를 흐르게 하여 회전력을 발생시킨다.

① 분산 기동형 유도전동기
② 콘덴서형 유도전동기
③ 셰이딩 코일형 유도전동기
④ 3상 유도전동기

해설 3상 유도전동기에 대한 설명으로 이에는 농형(Squirrel-cage type)과 권선형(Wound-rotor type)이 있다.

51 다음 지문이 설명하고 있는 것은 무엇인가?

> 철도차량의 바퀴(차륜)와 철로(레일) 사이에 발생하는 마찰력으로서 바퀴가 레일 위에서 미끄러지지 않고 견인력이나 제동력을 전달할 수 있도록 해주는 역할을 한다.

① 견인력
② 마찰력
③ 제동력
④ 점착력

해설 지문은 점착력에 대한 설명이다.

52 다음 중 점착력에 영향을 미치는 요소로 가장 거리가 먼 것은?

① 차륜과 레일의 접촉면 상태
② 점착계수의 크기
③ 축 중량의 이동
④ 구배(기울기) 저항

해설 점착력에 영향을 미치는 요소로는 다음과 같은 요소가 있다.
1. 차륜과 레일의 접촉면 상태 : 차륜과 레일의 마모 정도나 상태가 불량하면 접촉면이 불안정해져 점착력이 낮아질 수 있으며, 레일 표면에 물, 기름기, 먼지, 녹, 낙엽 등이 부착되면 점착력이 더욱 감소한다.
2. 점착계수의 크기 : 점착력은 차륜과 레일 사이의 수직하중에 점착계수를 곱한 값이므로, 점착계수가 클수록 동일한 하중에서 더 큰 점착력이 발생한다.
3. 열차의 속도 변화 : 열차의 속도가 빨라지면 차륜과 레일 사이의 접촉 조건이 불안정해져 점착계수가 감소하는 경향이 있다.
4. 축 중량의 이동 : 운행 중 차량의 가속, 감속 또는 선로 기울기에 따라 축 중량이 이동하면 바퀴에 걸리는 수직하중이 달라져 점착력에 영향을 준다.
5. 곡선 선로 운행 시 횡 방향으로 작용하는 슬립 : 곡선 선로를 주행할 때 바퀴에 횡 방향 슬립이 발생하면 접촉이 불안정해져 점착력이 저하될 수 있다.

정답 49.③ 50.④ 51.④ 52.④

53 다음 중 점착력 향상 방안으로 보기 어려운 것은?

① 철도차량에 활주 방지 장치의 설치
② 동력제어기 취급 시 순차적으로 취급
③ 축 중량 이동 보상
④ 제동통 유효 압력의 증가

해설 점착력 향상 방안은 다음과 같다.
1. 철도차량에 활주 방지 장치의 설치 : 제동 시 차륜이 레일 위에서 미끄러지는 현상을 감지하고 자동으로 제동력을 조절하여, 제동거리 증가와 사고 위험을 줄일 수 있다.
2. 동력제어기 취급 시 순차적으로 취급 : 가속 시 견인력을 단계적으로 조절함으로써 차륜의 헛돎을 방지하고, 점착력을 안정적으로 유지할 수 있다.
3. 축 중량 이동 보상 : 곡선 주행이나 가·감속 시 발생하는 축 중량 이동을 보정하여 차륜 간 하중을 균등하게 분배하고, 접지력을 향상시킬 수 있다.
4. 기준에 적합한 선로 보수 : 레일의 평탄도, 청결도, 마찰 조건을 기준에 맞게 유지함으로써 바퀴와 레일 사이의 안정적인 접촉을 확보할 수 있다.
5. 전동기 제어의 세분화 : 전동기의 견인력을 세밀하게 조절할 수 있도록 제어단계를 나눔으로써, 출발 및 가속 시 점착력을 안정적으로 유지할 수 있다.
6. 마찰 증강제 및 모래 살포 장치 운용 : 레일에 마찰 보조제를 살포하여 낙엽, 수분 등으로 인한 미끄러짐을 방지하고, 점착력을 높일 수 있다.

54 다음 중 점착력 향상 방안으로 거리가 먼 것은?

① 차체 경량화
② 기준에 적합한 선로 보수
③ 전동기 제어의 세분화
④ 마찰 증강제 및 모래 살포 장치 운용

해설 점착력 향상 방안 참조

55 차륜과 레일 사이에서 발생하는 최대 마찰력과 수직하중의 비율을 무엇이라 하는가?

① 마찰하중계수 ② 점착계수
③ 견인정수   ④ 차중률

해설 점착계수란 차륜과 레일 사이에서 발생하는 최대 마찰력과 수직하중의 비율을 말한다. 이 값은 마찰력이 얼마나 효과적으로 견인력이나 제동력으로 전환될 수 있는지를 나타내는 지표이다.

56 다음 중 레일의 점착계수가 가장 낮은 조건은?

① 맑고 건조한 경우
② 습한 경우
③ 기름기가 있는 경우
④ 낙엽이 있는 경우

해설 레일 위 조건에 따른 점착계수는 다음과 같다.

레일 위 조건	일반적인 경우	모래를 분사한 경우
맑음/건조	0.3~0.25	0.4~0.35
습	0.2~0.18	0.25~0.22
서리	0.18~0.15	0.22~0.2
기름	0.1	0.15
낙엽	0.08	–

57 레일 위의 일반적인 조건이 습한 경우의 점착계수는 얼마인가?

① 0.3 ~ 0.25   ② 0.2 ~ 0.18
③ 0.18 ~ 0.15 ④ 0.1 ~ 0.08

해설 레일 위 조건에 따른 점착계수 참조

58 다음 지문이 설명하고 있는 것은 무엇인가?

> 하나의 기관차(동력차)가 특정 선로 조건에서 운전속도 종별에 따라 소정의 속도 이상으로 안전하게 운행하며 끌거나 밀 수 있는 최대 편성량(객차, 화차의 수) 또는 총 중량을 말한다. 이는 기관차(동력차)의 최대 운송 능력 또는 최대 부하 허용치를 의미한다.

① 마찰계수   ② 점착계수
③ 견인정수   ④ 차중률

해설 견인정수의 정의

정답 53. ④ 54. ① 55. ② 56. ④ 57. ② 58. ③

59 다음 중 견인정수에 대한 설명으로 타당한 것은?

① 소정의 운전속도로 기관차(동력차)가 끌 수 있는 최대 편성량을 말한다.
② 견인정수 산정은 기관차(동력차)가 발휘하는 견인력으로만 산정한다.
③ 견인정수의 단위는 차장률이다.
④ 동일한 기관차(동력차)에는 급행열차나 완행열차의 차량 수는 동일하여야 한다.

해설 기관차(동력차)의 견인정수 산정은 기관차(동력차)가 발휘하는 견인력과 열차저항을 기초로 산정하며 환산량수(대수) 또는 톤수 기반으로 산정·표시한다.

60 견인정수 산정법에 해당하지 않는 것은?

① 견인 량(輛)수법
② 실제 톤(ton)수법
③ 인장봉(draw-bar) 하중법
④ 환산 량(輛)수법

해설 견인정수 산정법으로는 다음과 같은 방식이 있다.

종류	내용
실제 량(輛)수법	열차를 구성하는 차량의 대수(량수)에 따라 필요한 견인력을 산정하는 방식
실제 톤(ton)수법	열차의 총 중량(톤수)을 기준으로 견인력을 계산하는 방식
인장봉(draw-bar) 하중법	기관차와 열차 사이의 연결점(인장봉)에 작용하는 하중을 기준으로 견인력을 산정하는 방식
수정 (ton)톤수법	차량 종류나 저항 특성에 따라 가중치를 부여한 톤수로 환산하여 견인력을 산정하는 방식
환산 량(輛)수법 (현재 사용)	실제 차량을 표준 차량으로 환산한 량수(대수)로 계산하여 견인력을 추정하는 방식

61 견인정수 산정 시 차량 중량의 기준으로 타당하지 않은 것은?

① 차량중량은 자중(자체중량)과 적재중량(동력차는 관성중량 포함)을 합한 중량이다.
② 객차의 적재중량은 탑승한 승객의 인원수에 75kgf을 곱하여 산정한다.
③ 고속열차와 좌석이 지정된 열차는 100% 승차율로 계산한다.
④ 전기동차는 200%의 승차율로 계산한다.

해설 전기동차는 150%의 승차율로 계산한다.

62 다음 중 차량 종류별 기준 중량으로 바르지 않은 것은?

① 기관차 : 30톤   ② 동차 : 30톤
③ 객차 : 40톤   ④ 화차 : 43.5톤

해설 차량 종류별 기준 중량은 다음과 같다.

차종	기준중량(ton)
기관차(동력차는 관성중량 포함)	30
동차 및 객차	40
화차	43.5

63 다음 중 견인정수의 표시에 관한 설명으로 타당하지 않은 것은?

① 전동차 및 디젤동차는 차량 형식 + 편성 비율(M : T) + 편성량 수로 표시한다.
② 전동차 및 디젤동차로 견인하는 경우는 차량 형식 + 편성 비율(M : T) + 편성량 수 + 견인 가능한 환산량 수로 표시한다.
③ 편성 비율이 같고, 열차장이 220m 이상이면 50% 이내 증편 시 동일 운전 시간 사용이 가능하다.
④ 견인정수 표시는 차량 형식, 편성비율(M : T), 편성량 수, 환산량 수 등으로 구성된다.

해설 편성 비율이 같고, 열차장이 220m 이하이면 50% 이내 증편 시 동일 운전 시간 사용이 가능하다. 이는 승강장 유효장 및 운전 시격 확보를 위한 기준이며, 220m를 초과하는 경우에는 승강장 길이, 신호시스템 한계 등으로 동일 운전 시간 유지가 어렵기 때문이다.

정답 59. ① 60. ① 61. ④ 62. ② 63. ③

64 다음 중 차중률에 대한 설명으로 타당하지 않은 것은?

① 차중률이란 열차의 자중 대비 적재중량의 비율이다.
② 차중률이란 열차가 얼마나 싣고 있는가를 나타내는 지표이다.
③ 차중률(%) = (적재중량 ÷ 자중) × 100 식으로 표현할 수 있다.
④ 차중률이란 열차의 차량 중량을 기준 중량으로 나눠서 계산한다.

해설 열차의 차량 중량을 기준 중량으로 나눠서 계산하는 것은 환산량이다.

65 다음 중 견인정수 산정 시 고려하여야 하는 사항으로 보기 어려운 것은?

① 열차의 총 중량 ② 주행저항 요소
③ 구배(기울기) 저항 ④ 상구배의 제동거리

해설 견인정수 산정 시 고려하여야 할 사항은 다음과 같다.
1. 열차의 총중량 : 차량 자중 + 적재중량(승차율·적재율 반영)
2. 편성 형태 및 동력 분포 방식 : 동력차·부수차 비율, 동력차의 상태, 전동기 성능, 사용 연료 또는 전차선 전압
3. 관성중량계수 : 가속·감속 시 관성 영향을 고려한 계수
4. 연속정격 및 열용량 : 전동기·변압기·컨버터 등의 연속 견인력 및 열적 허용 한계
5. 주행저항 요소 : 기본 주행저항, 곡선저항, 구배(기울기)저항(상구배 완급 및 장단), 고속 시 터널저항·풍저항
6. 사정구배(査定勾配) : 노선 여건을 반영해 운전상 허용 가능한 최대 구배(지형, 차량 성능, 수송량 종합 검토 결과)
7. 레일·기상 상태에 따른 점착계수 : 레일 마모·청결 상태, 기온, 습도, 결빙, 오염 여부
8. 목표 운행속도 : 최고속도 및 구간별 제한속도
9. 가속도 요구 조건 : 운전 계획상 필요한 가속 성능
10. 정차 간격 : 역간 거리 및 정차 횟수
11. 운전 시격 및 운영 제약 : 열차 간 간격, 시간표 제약 등
12. 제동력 및 제동 거리 확보 조건 : 선로 유효장, 승강장 유효장, 하구배(내리막)에서의 제동 거리 확보

66 열차의 견인정수 산정 시 고려사항으로 거리가 먼 것은?

① 터널저항
② 하구배의 장단
③ 레일의 상태
④ 곡선저항

해설 견인정수 산정 시 고려사항 참조

67 열차의 견인정수 산정 시 가장 크게 영향을 미치는 것은?

① 관성중량 계수
② 열차의 중량
③ 사정구배(査定勾配)
④ 목표 운행속도

해설 견인정수는 노선에서 요구되는 최대 견인력을 기준으로 산정하며, 이 값은 주행저항 중 구배저항이 가장 큰 구간에서 결정된다. 특히 사정구배는 해당 노선에서 허용 가능한 최대 구배를 의미하므로, 이 값이 커질수록 필요한 견인력이 크게 증가하여 견인정수에 가장 큰 영향을 미친다.

68 열차의 견인정수 산정 시 고려하여야 할 사항과 거리가 먼 것은?

① 선로의 상태
② 열차의 운행속도
③ 급 구배 운전 시 견인력
④ 기상 상태

해설 견인정수 산정 시 고려사항 참조

69 열차의 견인정수 산정 시 고려하여야 할 사항으로 타당하지 않은 것은?

① 정차 간격
② 하구배의 완급과 장단
③ 곡선 및 터널
④ 사용 연료 또는 전차선 전압

정답 64.④ 65.④ 66.② 67.③ 68.③ 69.②

해설 견인정수는 노선에서 요구되는 최대 견인력을 기준으로 산정하며, 이는 상구배(오르막)의 완급과 장단에 크게 좌우된다. 하구배(내리막)의 완급과 장단은 주로 제동 거리와 제동력 확보에 영향을 주므로, 견인정수 산정 시 직접적인 고려 요소가 아니다.

70 다음 지문이 설명하고 있는 것은 무엇인가?

> 전기동차의 전동기에 전력이 공급되어 전자기유도 작용을 통해 회전자가 회전하면서 발생하는 회전력이 차륜을 통해 레일에 전달되어, 차륜과 레일 접지면(답면)에서 실제로 발휘되는 추진력을 말한다.

① 견인력 ② 치차비
③ 마력   ④ 추력

해설 견인력의 정의

71 다음 중 견인력에 대한 설명으로 타당하지 않은 것은?

① 지시견인력은 전동기의 출력 토크를 바탕으로 계산된 이론상 발생 가능한 최대 견인력이다.
② 동륜주견인력은 지시 견인력에서 기계부 마찰과 시스템 내부 발생 손실을 뺀 견인력이다.
③ 유효견인력(인장봉견인력)은 동력차 및 동력차가 견인하는 객화차를 동시에 견인하는데 유효하게 작용하는 견인력으로 견인력 중 가장 작은 견인력이다.
④ 차륜이 공전하지 않으려면 동륜주 견인력이 점착 견인력보다 커야 한다.

해설 차륜이 공전하지 않으려면 점착 견인력이 동륜주 견인력보다 커야 한다. 견인력은 지시견인력, 동륜주견인력, 유효견인력, 점착견인력, 정격견인력 등으로 분류할 수 있다.
1) 지시견인력
   ① 전동기(또는 디젤기관)의 출력 토크를 바탕으로 계산된 이론적인 견인력이다.
   ② 실제 열차 주행 시 도출된 수치가 아니라, 기계 내부(모터 또는 엔진)에서 이론상 발생 가능한 최대 견인력이다.
   ③ 실제로는 여러 손실 요소(감속기 손실, 회전저항, 점착 손실 등)로 인해 실제 견인력보다 크다.
2) 동륜주(動輪周)견인력
   ① 전동기에서 생성된 회전력이 감속장치를 거쳐 차륜(동륜)의 바퀴 둘레인 차륜답면에 실제로 전달되는 견인력을 말한다.
   ② 지시 견인력에서 기계부 마찰과 시스템 내부 발생 손실을 뺀 견인력이다.
   ③ 동륜주견인력(Td)
   $= 0.3672 \times \dfrac{단자전압(Et) \times 전류(I)}{속도(V)} \times 전동기수(m)$
   $\times 기관차효율(전동기효율 \times 치차효율)$

   ④ 차륜 지름 및 전기동차의 속도에 반비례한다.
   ⑤ 전동기 회전력, 치차비, 치차 전달 효율, 전동기 수, 단자전압, 전동기에 공급되는 전류, 전동기 효율 등에 비례한다.
3) 유효견인력(인장봉견인력)
   ① 차륜이 선로에 실제로 전달한 견인력에서, 주행 저항을 뺀 순수한 추진력이다.
   ② 유효 견인력 = 동륜주 견인력 − 주행저항
   ③ 동력차 및 동력차가 견인하는 객화차를 동시에 견인하는데 유효하게 작용하는 견인력이다.
   ④ 견인력 중 가장 작은 견인력이다.
4) 점착견인력
   ① 점착 견인력은 차륜(동륜주)과 레일 사이에서 미끄러짐 없이 발휘할 수 있는 최대 견인력을 의미한다.
   ② 점착 견인력 = 점착 계수 × 차륜에 작용하는 수직하중
   ③ 점착 견인력은 차륜이 헛돌지 않고 추진력을 유지할 수 있는 한계치이며, 이를 초과하면 슬립(Slip)이나 활주(Skid)가 발생한다.
   ④ 차륜이 공전하지 않으려면 점착 견인력이 동륜주 견인력보다 커야 한다.
5) 정격견인력
   ① 정격 견인력이란 전동기의 정격 출력 상태에서 안정적으로 발휘할 수 있는 지속 견인력을 의미한다.
   ② 전동기 과열 없이 연속 운전이 가능한 조건에서의 견인력이다.
   ③ 정격견인력=전동기견인력×전동기 수

정답 70. ① 71. ④

72 다음 지문의 괄호 안에 들어갈 말로 바르게 나열된 것은?

> (ㄱ)는 전동기의 고속 회전운동을 저속의 차축 회전으로 변환하는 장치이다. 여기서 전동기에 붙어있는 피니언 기어를 (ㄴ)라 하고, 차축에 붙어있는 기어를 (ㄷ)라 한다. (ㄹ)란 (ㄴ)의 회전수와 (ㄷ)의 회전수 또는 두 기어의 이(齒) 수의 비율을 말한다.

① ㄱ : 감속장치, ㄴ : 소치차, ㄷ : 대치차, ㄹ : 치차비
② ㄱ : 컨버터, ㄴ : 소치차, ㄷ : 대치차, ㄹ : 변환비
③ ㄱ : 감속장치, ㄴ : 대치차, ㄷ : 소치차, ㄹ : 치차비
④ ㄱ : 컨버터, ㄴ : 대치차, ㄷ : 소치차, ㄹ : 변환비

해설 감속장치 및 치차비의 정의
1. 치차비란, 구동기어(소치차)의 회전수와 종동기어(대치차)의 회전수 또는 두 기어의 이(齒) 수의 비율을 말한다.
   치차비(기어비) = $\frac{\text{대치차 치수}}{\text{소치차 치수}} = \frac{\text{종동 기어수}}{\text{구동 기어수}}$
2. 치차비(기어비)는 대치차의 치수에 비례하고 소치차의 치수에 반비례한다.
3. 속도는 치차비에 반비례한다.
4. 견인력은 치차비에 비례한다.

73 다음 중 견인력에 대한 설명으로 바르지 않은 것은?

① 지시견인력은 견인력 중 가장 큰 값이다.
② 동륜주견인력은 지시견인력에서 기계부 마찰과 시스템 내부 발생 손실을 뺀 값이다.
③ 견인력은 치차비에 비례한다.
④ 속도는 치차비에 비례한다.

해설 속도는 치차비에 반비례한다.

74 다음 중 견인력과 관련한 다음의 내용 중 바르지 않은 것은?

① 견인력은 속도에 반비례한다.
② 견인력은 치차비에 비례한다.
③ 속도는 치차비에 비례한다.
④ 속도는 동륜직경에 비례한다.

해설 속도는 치차비에 반비례한다.

75 치차비가 2.5, 동륜직경이 900mm 그리고 회전수가 600rpm일 때 속도는 얼마인가?

① 40.7km/h ② 43.7km/h
③ 121.5km/h ④ 216km/h

해설 속도(V) = 0.1885(속도 산정 단위환산계수) × $\frac{\text{동륜직경(m)}}{\text{치차비}}$ × 주전동기 1분간 회전수(rpm)이므로

속도는 $0.1885 \times \frac{0.9}{2.5} \times 600 = 40.716$

76 대치차의 치수가 30, 소치차(피니언기어, 구동기어)의 치수가 15, 동륜직경이 1m이고 회전수가 800rpm일 때 속도는 얼마인가?

① 150.8km/h ② 75.4km/h
③ 146.9km/h ④ 293.8km/h

해설 치차비 = $\frac{\text{대치차 치수}}{\text{소치차 치수}}$ 이므로 $\frac{30}{15} = 2$이다.

속도(V) = 0.1885(속도 산정 단위환산계수) × $\frac{\text{동륜직경(m)}}{\text{치차비}}$ × 주전동기 1분간 회전수(rpm)이므로

속도는 $0.1885 \times \frac{1}{2} \times 800 = 75.4$

77 동륜주견인력에 대한 설명으로 바르지 않은 것은?

① 차륜(동륜)의 바퀴 둘레인 차륜답면에 실제로 전달되는 견인력을 말한다.
② 지시 견인력에서 기계부 마찰과 시스템 내부 발생 손실을 뺀 견인력이다.

정답 72. ① 73. ④ 74. ③ 75. ① 76. ② 77. ③

③ 차륜 지름 및 전기동차의 속도에 비례한다.

④ 전동기 회전력, 치차비, 치차 전달 효율 등에 비례한다.

해설 동륜주(動輪周)견인력은 다음과 같다.
1. 전동기에서 생성된 회전력이 감속장치를 거쳐 차륜(동륜)의 바퀴 둘레인 차륜답면에 실제로 전달되는 견인력을 말한다.
2. 지시 견인력에서 기계부 마찰과 시스템 내부 발생 손실을 뺀 견인력이다.
3. 차륜 지름 및 전기동차의 속도에 반비례한다.
4. 전동기 회전력, 치차비, 치차 전달 효율, 전동기 수, 단자 전압, 전동기에 공급되는 전류, 전동기 효율 등에 비례한다.

78 다음 중 동륜주견인력과 반비례 관계인 것은 무엇인가?

① 차륜지름(동륜직경)
② 치차비
③ 전동기 수
④ 전동기 회전력

해설 동륜주(動輪周) 견인력 해설 참조

79 동력차의 운전속도가 80km/h이고, 주전동기의 전류는 400A, 단자전압은 700v, 전동기효율은 90%, 치차효율이 96%이고 전동기 수가 5개일 때 동륜주견인력은 얼마인가?

① $0.3672 \times 15,120$(kg)
② $0.3612 \times 15,120$(kg)
③ $0.3672 \times 17,500$(kg)
④ $0.3612 \times 17,500$(kg)

해설 동륜주견인력(Td)을 구하는 수식은

0.3672(견인력 산정 단위환산계수) $\times \dfrac{\text{단자전압(Et)} \times \text{전류(I)}}{\text{속도(V)}}$
$\times$ 전동기수(m) $\times$ 전동기효율 $\times$ 치차효율이므로

$0.3672 \times \dfrac{700 \times 400}{80} \times 5 \times 0.90 \times 0.96$
$= 0.3672 \times 15,120$

80 다음 지문과 같은 조건일 때 동륜주견인력은 얼마인가?

- 동력차의 운전속도 : 90km/h
- 주전동기의 전류 : 450A
- 단자전압 : 650v
- 전동기효율 : 90%
- 치차효율 : 100%
- 전동기 수 : 6개

① $0.3612 \times 15,120$(kg)
② $0.3672 \times 15,120$(kg)
③ $0.3612 \times 17,550$(kg)
④ $0.3672 \times 17,550$(kg)

해설 동륜주견인력(Td)을 구하는 수식은

0.3672(견인력 산정 단위환산계수) $\times \dfrac{\text{단자전압(Et)} \times \text{전류(I)}}{\text{속도(V)}}$
$\times$ 전동기수(m) $\times$ 전동기효율 $\times$ 치차효율이므로

$0.3672 \times \dfrac{650 \times 450}{90} \times 6 \times 0.90 \times 1 = 0.3672 \times 17,550$

81 유효견인력(인장봉견인력)은 동력차의 (　　)에서 동력차 자체의 (　　)을 뺀 견인력을 말하며, 견인력 중 가장 작은 견인력이다. 괄호에 들어갈 말을 순서대로 나열된 것은?

① 지시견인력, 주행저항
② 동륜주견인력, 주행저항
③ 지시견인력, 출발저항
④ 동륜주견인력, 출발저항

해설 유효견인력(인장봉견인력)
1. 차륜이 선로에 실제로 전달한 견인력에서, 주행저항을 뺀 순수한 추진력이다.
2. 유효견인력 = 동륜주견인력 – 주행저항
3. 동력차 및 동력차가 견인하는 객화차를 동시에 견인하는데 유효하게 작용하는 견인력이다.
4. 견인력 중 가장 작은 견인력이다.

82 다음 중 마찰제동의 종류에 해당하지 않는 것은?

① 답면제동
② 디스크제동
③ 레일제동
④ 발전제동

정답　78. ①　79. ①　80. ④　81. ②　82. ④

> **해설** 마찰제동의 종류에는 다음과 같은 제동방법이 있다.
> 1. 답면제동 : 답면제동은 차륜의 바퀴 면에 직접 마찰을 주는 방식으로, 단식과 복식이 있으며 마모가 큰 것이 단점이다.
> 2. 디스크제동 : 디스크제동은 차축에 설치된 디스크를 제동 패드로 압착해 제동하는 방식으로, 차륜 마모를 줄이기 위해 답면 제동의 단점을 보완한 제동 방식이다.
> 3. 드럼제동 : 드럼제동은 차축에 고정된 드럼을 안쪽 또는 바깥쪽에서 브레이크 라이닝으로 눌러 제동하는 방식이다.
> 4. 레일제동 : 레일제동은 브레이크슈를 레일에 직접 밀착시켜 마찰력으로 제동하는 방식으로, 트랙 브레이크라고도 불린다.

83 발전제동에 대한 설명으로 타당하지 않은 것은?

① 발전제동은 견인전동기를 발전기로 작동시켜 전기자의 역토크로 제동력을 발생시키는 방식이다.
② 기계적 마모가 감소하고 안정적이고 정밀한 제동력을 유지할 수 있다.
③ 열차의 공주거리가 짧아진다.
④ 장거리 하강 제어에는 불리하다.

> **해설** 발전제동의 특징은 다음과 같다.
> 1. 기계적 마모 감소 : 제륜자나 차륜에 직접적인 마찰이 없어 이완, 찰상 등 손상이 발생하지 않음
> 2. 제동력의 안정성 : 전기적 제어를 통해 균일하고 정밀한 제동력 유지 가능
> 3. 공주시간 단축 : 빠른 제동 반응으로 열차의 공주거리(제동 전 관성 주행 거리)가 짧아짐
> 4. 환경 친화성 : 소음, 마모 분진 등 환경오염 요소가 적고, 회생 가능 조건에서는 에너지 절감 효과도 있음
> 5. 장거리 하강 제어에 유리 : 내리막 구간에서도 지속적이고 안정적인 속도 유지 및 제동이 가능
> 6. 보조 제동장치 필요 : 발전제동만으로는 정지까지 제동하기 어렵기에 공기제동장치 등 기계적 제동과 병행 운용이 필요
> 7. 저항기 설치 요구 : 발생한 전기를 소모하기 위해 대형 저항기가 필요하며, 이에 따른 공간 확보 및 발열 관리가 필요
> 8. 전기회로의 복잡성 : 전동기 전환, 제동 전류 흐름, 저항기 연결 등으로 인해 회로 구성과 유지보수가 복잡
> 9. 속도 의존성 : 고속 또는 저속 구간에서는 발전 제동력이 약해져, 일정 속도 범위에서만 효과적인 제동이 가능

84 다음 중 회생제동에 대한 설명으로 타당하지 않은 것은?

① 회생제동은 제동 시 전동기를 발전기로 작동시켜 발생한 전기를 전차선 등을 통해 변전소나 다른 차량에 되돌려보내는 에너지 회수형 제동방식이다.
② 발전기의 단자전압은 외부 전차선 전압에 의해 결정되므로, 회생제동은 전력 계통 조건에 영향을 받는다.
③ 고속 주행 중 회생제동을 사용할 때는 계자 자속을 약하게(약계자) 하여 과도한 전압 발생을 방지하며, 제동력이 부족할 경우 공기제동으로 보완해야 한다.
④ 회생제동은 전동기, 전차선 전압, 전력 계통과 연동되어 작동하므로 이를 위한 제어 회로 및 장치 구성이 단순하고 유지관리가 간편하다.

> **해설** 전동기, 전차선 전압, 전력 계통과 연동되어 작동하므로 이를 위한 제어 회로 및 장치 구성이 복잡하고 유지관리가 까다롭고 속도 변화에 따라 견인전동기의 계자 자속을 정밀하게 조절해야 하므로 계자 제어 범위가 넓고 복잡한 제어 기술이 요구된다.

85 다음 중 마찰계수의 특성에 대한 설명으로 타당하지 않은 것은?

① 제륜자를 강하게 누르거나 장시간 제동할 경우, 접촉면의 온도가 상승하고, 접촉면이 용융 상태에 가까워지면서 마찰계수가 감소한다
② 고속일 때는 구름마찰이 주로 작용하면서 접촉이 불완전해지고, 마찰계수가 낮아진다.
③ 접촉 면적을 넓히면 마찰계수가 증가한다.
④ 외기 온도가 낮은 겨울철에는 마찰계수가 감소하며, 특히 제륜자와 차륜 사이에 눈이나 결빙물이 끼면 마찰력이 크게 저하된다.

정답 83. ④ 84. ④ 85. ③

해설 마찰계수는 제동력의 핵심 요인으로, 다양한 열적·기계적·환경적 조건에 따라 민감하게 변화한다. 그 주요 특성은 다음과 같습니다:
1. 온도상승에 따른 마찰계수 저하 : 제륜자를 강하게 누르거나 장시간 제동할 경우, 접촉면의 온도가 상승하고, 접촉면이 용융 상태에 가까워지면서 마찰계수가 감소한다. 제륜자가 얇으면 열 방산이 원활하지 않아 마모가 빨라지고 마찰계수도 더 쉽게 낮아진다.
2. 속도에 따른 영향 : 저속일 때는 제륜자와 차륜 간 접촉이 완전하여 마찰계수가 높다. 고속일 때는 구름마찰이 주로 작용하면서 접촉이 불완전해지고, 마찰계수가 낮아진다.
3. 접촉 면적과 마찰력의 관계 : 접촉 면적을 넓혀도 마찰계수 자체가 증가하지는 않는다. 오히려 접촉 면적이 작을 경우, 해당 부위의 온도상승이 집중되어 마찰계수가 급격히 저하될 수 있다.
4. 재질에 따른 차이 : 주철, 특수 주철, 합성계 재료 등이 주로 사용되며, 합성계 재료는 일반적으로 높은 마찰계수를 갖는다.
5. 외부 환경의 영향 : 외기 온도가 낮은 겨울철에는 마찰계수가 감소하며, 특히 제륜자와 차륜 사이에 눈이나 결빙물이 끼면 마찰력이 크게 저하된다.
6. 제동력과 밀착력의 관계 : 제륜자를 누르는 힘이 커져도 마찰계수가 비례적으로 증가하지 않으며, 오히려 일정 이상 힘이 가해지면 온도 상승으로 인해 마찰계수가 오히려 낮아지는 비선형적 특성을 보인다.

86 제동률 크기에 영향을 미치는 요소가 아닌 것은?

① 제동통에 유입되는 공기압력의 크기
② 제동통의 안지름의 크기(피스톤 직경)
③ 제동배율 크기
④ 피스톤 행정

해설 제동률 크기에 영향을 미치는 요소는 다음과 같다.
1. 제동통에 유입되는 공기압력의 크기 : 제동통 내부에 공급되는 압력이 클수록 제동통 피스톤이 더 강한 힘을 발생시킨다.
2. 제동통의 안지름 크기(피스톤 직경) : 피스톤의 단면적이 클수록 동일한 압력 하에서 발생하는 힘은 커진다.
3. 제동배율 크기 : 제동배율이 크면 제륜자를 미는 힘이 증가하여, 결과적으로 제동률도 커지게 된다.
4. 제동효율 : 제동효율이 낮으면 동일한 제동원력이나 제동배율 조건하에서도 실제 제륜자를 미는 힘이 감소하여 제동률이 낮아질 수 있다.
5. 제동통 수 : 차량에 장착된 제동통의 수가 많을수록 전체 제동력이 증가하므로 전체 제동률도 커질 수 있다.

87 제동률에 영향을 미치는 요소들을 모두 고르시오.

ㄱ : 제동통의 압력   ㄴ : 제동통의 안지름의 크기
ㄷ : 제동배율 크기   ㄹ : 제동효율
ㅁ : 제동통 수

① ㄱ, ㄴ
② ㄱ, ㄴ, ㄷ
③ ㄱ, ㄴ, ㄷ, ㄹ
④ ㄱ, ㄴ, ㄷ, ㄹ, ㅁ

해설 제동률 크기에 영향을 미치는 요소 참조

88 제동통 피스톤 행정에 영향을 미치는 요소로 보기 어려운 것은?

① 제륜자의 마모
② 제동통 압력의 크기
③ 제동 초속도(Initial Braking Speed)
④ 제동완해 시간

해설 제동통 피스톤의 행정 거리는 제동성능과 직결되는 요소로서 다음과 같은 물리적·운용적 요인에 의해 변화한다.
1. 제륜자의 마모 : 제동이 반복될수록 제륜자(브레이크슈)는 점진적으로 마모되며, 이로 인해 차륜과의 간격이 벌어지게 되므로 동일한 제동력을 발생시키기 위해서는 피스톤이 더 멀리 이동해야 하므로, 피스톤 행정이 증가한다.
2. 하중 변화에 따른 위치 이동 : 차량 하중이 증가하면 공기 스프링 및 축 스프링이 압축되어 차량이 낮아지고, 이에 따라 제륜자의 기준 위치도 하향 이동하므로 이로 인해 차륜과 제륜자 사이의 거리가 늘어나고, 피스톤의 초기 이동 거리(행정)가 커진다.
3. 제동통 압력의 크기 : 같은 조건에서도 상용제동, 급제동, 비상제동 등 제동 단계에 따라 제동통에 가해지는 압력이 달라지며, 압력이 클수록 피스톤이 더 크게 이동하여 강한 제동력을 제공하므로, 그만큼 행정도 증가한다.
4. 제동 초속도(Initial Braking Speed) : 열차 속도가 높을수록 필요한 제동력이 커지므로 제동 시스템은 더 많은 피스톤 이동량을 통해 강한 제동력을 형성해야 한다. 따라서 초기 속도가 빠를수록 피스톤 행정은 길어진다.

정답 86. ④   87. ④   88. ④

89 다음 지문의 괄호에 들어갈 말로 알맞게 나열된 것은?

> (ㄱ)는 제동을 시작한 시점부터 열차가 완전히 정지할 때까지 이동한 거리이다. 이는 제동 지시 후 실제 제동이 시작되기 전까지 거리인 (ㄴ)와 (ㄷ)의 합으로 구성된다.

① ㄱ : 공주거리, ㄴ : 제동거리,
　ㄷ : 실제동거리
② ㄱ : 실제동거리, ㄴ : 공주거리,
　ㄷ : 제동거리
③ ㄱ : 제동거리, ㄴ : 공주거리,
　ㄷ : 실제동거리
④ ㄱ : 제동거리, ㄴ : 실제동거리,
　ㄷ : 공주거리

해설 제동거리는 제동을 시작한 시점부터 열차가 완전히 정지할 때까지 이동한 거리이다. 이는 공주거리(제동 지시 후 실제 제동이 시작되기 전까지 거리)와 실제동거리의 합으로 구성된다. 제동거리 = 공주거리 + 실제동거리

90 제동변(제동핸들)을 제동 위치로 이동시킨 후, 제동력이 실제로 작용하기 직전까지 걸리는 시간을 무엇이라 하는가?

① 공주시간
② 제동시간
③ 실제동시간
④ 실공주시간

해설 공주시간이란 제동변(제동핸들)을 제동 위치로 이동시킨 후, 제동력이 실제로 작용하기 직전까지 걸리는 시간을 말한다. 이 시간 동안 열차는 계속 이동하게 되며, 그때 이동한 거리를 공주거리라고 한다. 공기제동장치의 특성상 공기 전달 지연과 기초 제동장치 작동 시간 때문에 제동이 즉시 시작되지 않으며, 이로 인해 공주 구간이 발생한다.

91 다음 중 공주시간에 대한 설명으로 바르지 않은 것은?

① 기관사가 제동변(제동핸들)을 제동 위치로 조작하는 시간
② 압력공기가 공기배관을 따라 이동하는 시간
③ 기초 제동장치의 작동에 걸린 시간
④ 제륜자가 차륜에 접촉하여 제동통압력이 적정압력까지 상승하는데 걸린 시간

해설 공주시간 해설 참조

92 제동거리에 대한 설명으로 바르지 않은 것은?

① 제동거리는 제동을 시작한 시점부터 열차가 완전히 정지할 때까지 이동한 거리이다.
② 제동거리는 공주거리와 실제동거리의 합으로 구성된다.
③ 제동거리는 제동 시작 속도(제동초속도)의 제곱에 비례하고 제동률에 반비례한다.
④ 실제동거리란 제동력이 실제로 작용하기 시작한 시점부터 열차가 완전히 정지할 때까지 이동한 거리를 말하며 속도에 반비례한다.

해설 실제동거리는 제동초속도의 제곱에 비례한다. 제동거리의 특징은 다음과 같다.
1. 열차 중량에 비례 : 열차의 질량이 클수록 운동에너지가 커지므로, 정지시키기 위한 제동거리도 길어진다.
2. 제동초속도의 제곱에 비례 : 속도가 조금만 높아져도 제동거리는 급격히 증가하며, 특히 고속 열차일수록 제동거리가 길다.
3. 톤당 열차저항에 반비례 : 주행저항(회전저항, 공기저항, 기울기저항 등)이 클수록 열차가 더 빨리 감속되어 제동거리는 짧아진다.
4. 제동률에 반비례 : 동일 조건에서 제동률이 높을수록 제동력이 커지므로, 짧은 거리에서 정지가 가능해진다.

정답 89. ③　90. ①　91. ①　92. ④

93 다음 중 제동거리의 특징에 대한 설명으로 타당하지 않은 것은?

① 제동거리는 열차 중량에 비례한다.
② 제동거리는 제동초속도의 제곱에 비례한다.
③ 제동거리는 톤당 열차저항에 반비례한다.
④ 제동거리는 제동률에 비례한다.

해설 제동거리는 제동률에 반비례한다.

94 제동거리의 산정 식으로 바른 것은?

① 공주거리 + 실제동거리
② 공주거리 − 실제동거리
③ 실제동거리 − 공주거리
④ 정지거리 + 공주거리

해설 제동거리의 정의 참조

95 실제동거리의 산정 식으로 바른 것은?

① 공주거리 + 제동거리
② 공주거리 − 제동거리
③ 제동거리 − 공주거리
④ 정지거리 + 공주거리

해설 실제동거리는 제동거리에서 공주거리를 뺀 값이다. 하지만 이때는 '제동거리' 대신에 '전제동거리'라는 용어를 사용하기도 한다.

96 제동초속도가 25m/s이고, 공주시간이 4초일 경우의 공주거리는 얼마인가?

① 50m ② 100m
③ 150m ④ 200m

해설 공주거리(m) = 제동초속도(m/s)×공주시간(초)이므로, 25×4 = 100m이다.

97 제동초속도가 120km/h이고, 공주시간이 3초일 경우의 공주거리는 얼마인가?

① 50m ② 100m
③ 150m ④ 200m

해설 공주거리(m)는 제동초속도(m/s)×공주시간(초)이다. 120km/h는 (120÷3.6)m/s이므로, (120÷3.6)×3 = 100m이다.

98 열차 가속 시 차륜이 레일과의 접촉면에서 구름 운동 없이 헛도는 현상으로, 차륜의 회전속도가 실제 주행속도보다 크게 되어 견인력이 점착력보다 클 때 발생하는 현상을 무엇이라 하는가?

① 차륜공전 ② 차륜끌림(skid)
③ 공회전 ④ 공주

해설 차륜공전이란 열차 가속 시 차륜이 레일과의 접촉면에서 구름 운동 없이 헛도는 현상으로, 차륜의 회전속도가 실제 주행속도보다 크게 되어 견인력이 점착력보다 클 때 발생한다. 즉, 동륜이 회전은 하지만 열차는 레일 위를 충분히 밀고 나가지 못하는 상태를 말한다. 이는 구동력의 손실뿐 아니라 차륜·레일의 마모 증가, 주행 안정성 저하, 정시성 저해 등 다양한 문제를 초래할 수 있다.

99 다음 중 차륜공전이 발생하는 원인에 해당하지 않는 것은?

① 점착 견인력이 실제 견인력보다 클 때
② 급격한 가속·감속 시
③ 레일의 점착계수가 낮을 때
④ 신설 선로, 갓 교체한 레일 운행 시

해설 차륜공전의 역학적 발생 원인은 다음과 같다.
1. 점착 견인력이 실제 견인력보다 작을 때 → 구동력이 레일과 차륜 사이의 점착력을 초과할 경우
2. 급격한 가속·감속 시 → 토크의 급격한 증가로 차륜이 접지력을 잃음
3. 레일의 점착계수가 낮을 때 → 비, 눈, 서리, 기름기, 낙엽 등으로 인해 레일 표면 마찰력 저하
4. 신설 선로, 갓 교체한 레일 운행 시 → 레일 표면에 윤활 피막이 남아있는 경우 발생률 증가
5. 차량 진동(상·하 또는 전·후) → 차륜과 레일의 접촉력이 불균일해짐

정답 93. ④ 94. ① 95. ③ 96. ② 97. ② 98. ① 99. ①

6. 축중 이동 또는 부적절한 하중 분포 → 일부 차륜에 실리는 하중이 작아져 점착력 저하

100 차륜공전이 발생하는 경우에 해당하지 않는 것은?

① 레일의 점착계수가 높을 때
② 신설 선로, 갓 교체한 레일 운행 시
③ 차량 진동(상·하 또는 전·후) 시
④ 축중 이동 또는 부적절한 하중 분포 시

해설 차륜공전의 역학적 발생 원인 참조

101 차륜공전 방지 대책으로 적절하지 않은 것은?

① 모래를 레일에 분사해 마찰계수 증가시킨다.
② 레일 청소 및 오염물 제거, 노후 레일 교체 등 레일 유지관리를 강화한다.
③ 실제 견인력을 점착 견인력보다 크게 한다.
④ 곡선부나 기울기 구간에서 급가속을 피하고 1~2단계 감속 조절로 견인력 분산시킨다.

해설 차륜공전 방지를 위한 대책으로는 다음과 같은 방법이 있다.
1. 살사(撒沙) : 모래를 레일에 분사해 마찰계수 증가 → 가장 효과적인 방법이지만, 긴 오르막 구간에서는 주행 저항 증가에 주의해야 함
2. 레일 유지관리 강화 : 레일 청소 및 오염물 제거, 노후 레일 교체 등
3. 차량 보수 최적화 : 동력 전달계통, 서스펜션, 제어 장치 상태 점검
4. 곡선부나 기울기 구간 : 급가속을 피하고 1~2단계 감속 조절로 견인력 분산
5. 평탄 직선 구간 : 상대적으로 속도 상승이 유리하며 점착력 유지가 쉬움
6. 공전 감지 시스템 연계 제어 : 일부 전동차는 공전 감지 시 자동으로 토크를 조절함

102 차륜공전에 대한 설명으로 바른 것은?

① 차륜공전은 동륜주견인력이 점착견인력보다 크기 때문에 발생한다.
② 점착견인력이 작으면 운전이 수월하다.
③ 동륜주견인력을 크면 운전이 수월하다.
④ 차륜공전과 점착견인력과는 무관하다.

해설 차륜공전의 역학적 발생원인 참조

103 동력차가 차륜공전을 일으키지 않고 가속 전진하기 위해서는 어떠한 조건이 갖춰져야 하는가?

F : 동륜과 레일의 마찰력, T_d : 동륜주견인력, R : 저항력

① $F > T_d > R$ ② $T_d > R > F$
③ $T_d > F > R$ ④ $R > T_d > F$

해설 동력차가 차륜공전을 일으키지 않고 가속 전진하기 위해서는 저항력보다 동륜주견인력이 커야 하고, 동륜주견인력보다 동륜과 레일의 마찰력이 커야 한다.

104 다음 중 열차저항에 해당하지 않는 것은?

① 출발저항   ② 회전저항
③ 공기저항   ④ 제동력

해설 열차저항이란 열차가 선로 위를 주행할 때 운동을 방해하는 모든 저항력을 통칭한다. 주요 저항에는 출발저항, 회전저항, 공기저항, 기울기저항, 곡선저항 등이 포함되며, 이 저항들은 견인력 요구량과 제동성능에 직접적인 영향을 미친다. 열차저항은 일반적으로 속도, 중량, 선로 조건에 따라 달라진다. 제동력은 열차를 감속·정지시키기 위해 인위적으로 가하는 힘으로, 열차저항에 해당하지 않는다.

105 다음 중 출발저항의 발생 원인에 해당하지 않는 것은?

① 관성력   ② 정지마찰력
③ 제동잔류력   ④ 공기저항

정답 100.① 101.③ 102.① 103.① 104.④ 105.④

해설 출발저항의 발생 원인은 다음과 같다.
1. 관성력 : 정지 상태에 있던 열차의 질량이 운동을 시작할 때 작용하는 저항
2. 정지마찰력 : 차축과 축수, 기어 등 금속 부품 간의 접촉으로 인한 마찰
3. 연결기 유격 및 압축력 : 차량 간 연결기의 유간 상태와 완충기 압축에 의한 기계적 반작용
4. 제동잔류력 : 정차 직전까지 작용하던 제동력이 완전히 해제되지 않았을 경우 발생

한편, 공기저항은 열차가 주행 중일 때 속도에 비례하여 증가하는 저항으로, 정지 상태에서 출발하는 순간에는 거의 작용하지 않으므로 출발저항의 원인에 해당하지 않는다.

106 다음 중 출발저항에 대한 설명으로 바른 것은?

① 출발저항은 정차 시간이 길 때 감소한다.
② 출발저항은 기온이 높을수록 증가한다.
③ 출발저항은 객차가 화차보다 더 크다.
④ 출발저항은 5km/h 전후 구간에서 최소치가 된다.

해설 출발저항은 정지마찰과 베어링·제동계 등 초기 구속력에 좌우되며, 일반적으로 객차가 화차보다 단위 중량당 출발저항이 크다. 정차 시간이 길수록 윤활유 유막 붕괴와 부품 간 달라붙음(스틱션)으로 출발저항이 증가하며, 기온이 높을수록 윤활유 점도가 낮아져 저항이 감소한다. 또한 저속(약 0~3 km/h) 구간에서 급격히 줄어들어 사실상 소멸한다.

107 다음 중 출발저항에 영향을 주는 요소로 바르지 않은 것은?

① 축수 구조 ② 차량의 정차 시간
③ 곡선반경 ④ 정차 위치의 기울기

해설 곡선저항은 주행 시 작용하며, 정지 상태에서 출발할 때는 영향이 미미하다. 출발저항에 영향을 주는 요소들로는 다음과 같은 요소들이 있다.
1. 기계적 요소 : 축수 구조(예 : 롤러 축수 vs 평면 축수), 마찰면의 상태 및 윤활 상태
2. 환경적 조건 : 기온 변화(저온 시 윤활 저하), 차량의 정차 시간(장시간 정차 시 고착 가능성 증가)
3. 운용 조건 : 연결기 간 유간 및 압축 상태, 차량별 하중 차이 및 제동력 불균형
4. 선로 조건 : 정차 위치의 기울기, 선로 평탄도 및 유지 관리 상태

108 출발저항에 대한 설명으로 타당하지 않은 것은?

① 출발저항은 화차가 객차보다 더 크다.
② 출발 시에는 정지마찰력이 운동 마찰력보다 더 크므로 더 큰 견인력이 요구된다.
③ 정차한 열차가 출발할 때는 회전 마찰부의 유막이 충분히 형성되지 않아 마찰저항이 크다.
④ 차량이 움직이기 시작하면 유막이 다시 형성되고 3km/h 전후 구간에서 최소치가 된다.

해설 출발저항 해설 참조

109 다음 중 주행저항의 발생 원인으로 바르지 않은 것은?

① 제륜자의 마모
② 기어, 베어링 등의 회전마찰
③ 차륜과 레일 간 구름마찰
④ 차체 주변 공기저항

해설 제륜자의 마모는 주행저항의 일반적인 발생 원인에 포함되지 않으며, 주행저항은 주로 다음과 같이 열차 주행 중에 항상 또는 조건적으로 작용하는 마찰과 저항으로 발생한다.
1. 차륜과 축수 간 마찰 : 차륜과 축수 간의 마찰력은 차축과 축수 간의 마찰계수, 차축에 작용하는 중량, 차축 지름에 비례하며, 차륜 지름과는 반비례한다.
2. 기어, 베어링 등의 회전마찰
3. 차륜과 레일 간 구름마찰
4. 차체 주변 공기의 저항(공기저항) : 전면부 압축, 차체 간 와류 현상, 차에 측면과 상하면 공기 마찰, 후면부 낮은 공기압
5. 차륜의 편마모, 틀림 등에 의한 불규칙한 회전저항

110 주행저항 중 속도에 비례하는 저항에 해당하는 것은?

① 기계부 마찰저항 ② 차륜 회전 마찰저항
③ 선로충격 저항   ④ 공기저항

정답 106. ③ 107. ③ 108. ① 109. ① 110. ③

해설 주행저항과 속도와의 관계는 다음과 같이 분류할 수 있다.
1. 속도와 무관한 저항 : 기계부 마찰저항, 차축-축수 간 마찰저항, 차륜 회전 마찰저항
2. 속도에 비례하는 저항 : 플랜지-레일 간 마찰저항, 선로충격 저항
3. 속도의 제곱에 비례하는 저항 : 공기저항, 진동(동요)에 의한 저항

111 다음 중 속도의 제곱에 비례하는 주행저항은 무엇인가?

① 차축-축수 간 마찰저항
② 차륜 회전 마찰저항
③ 플랜지-레일 간 마찰저항
④ 진동(동요)에 의한 마찰저항

해설 주행저항과 속도와의 관계 참조

112 주행저항 중 속도와 무관한 저항으로 볼 수 없는 것은?

① 기계부 마찰저항
② 차축-축수 간 마찰저항
③ 차륜 회전 마찰저항
④ 공기저항

해설 주행저항과 속도와의 관계 참조

113 차축과 축수 간의 마찰계수에 영향을 주는 요소에 해당하지 않는 것은?

① 윤활유의 점도
② 기온
③ 축과 축수 간의 접촉면 상태
④ 차륜 지름

해설 차축과 축수 간의 마찰계수에 영향을 주는 요소로는 윤활유의 점도, 기온, 축과 축수 간의 접촉면 상태 등이 있다. 차륜 지름은 회전수·주행 조건에는 영향을 줄 수 있으나, 차축과 축수 접촉의 마찰계수 자체를 직접 변화시키지는 않는다.

114 주행저항과 관련한 다음 설명 중 타당하지 않은 것은?

① 중량이 무거울수록 구름마찰 및 회전 마찰이 증가한다.
② 속도가 증가할수록 공기저항의 영향이 급격히 커진다.
③ 차륜·레일의 마모, 윤활, 표면 불균형 등은 주행저항을 증가시킨다.
④ 공기저항은 열차 중량이 증가하면 비례하여 커진다.

해설 공기저항은 열차의 단면 형상, 표면 상태, 속도에 크게 의존하며, 중량과는 직접적인 관계가 없다. 문제의 보기 외에도, 기계장치의 유지관리 상태(베어링, 기어박스 등 회전체의 정비 상태)도 주행저항에 영향을 준다.

115 주행저항의 특성과 관련한 설명으로 타당하지 않은 것은?

① 일반적으로 열차 운전 중 항상 존재한다.
② 저속일 때는 기계적 마찰이 주된 저항이며, 속도가 높아질수록 공기저항이 지배적이다.
③ 열차의 설계, 형상과는 큰 상관이 없다.
④ 곡선, 기울기, 요철 등에서는 일시적으로 주행저항이 증가할 수 있다.

해설 주행저항은 다음과 같은 특성을 가진다.
1. 일정 속도 구간에서 안정적으로 작용하며, 일반적으로 열차 운전 중 항상 존재한다.
2. 저속일 때는 기계적 마찰이 주된 저항이며, 속도가 높아질수록 공기저항이 지배적이다.
3. 열차의 설계, 형상, 정비 수준에 따라 저항값은 크게 달라질 수 있다.
4. 곡선, 기울기, 요철 등 선로 상태가 불량할 경우 일시적으로 주행저항이 증가할 수 있다.

116 다음 중 공기저항에 대한 설명으로 타당하지 않은 것은?

① 열차 측면·상부·하부 표면에서 공기와의 점성 마찰로 저항이 발생한다.

정답 111. ④ 112. ④ 113. ④ 114. ④ 115. ③ 116. ④

② 차량과 차량 사이의 연결부 틈새에서 공기 흐름이 불안정해져 난류(와류)가 형성되면서 저항이 발생한다.
③ 열차 후방에서는 공기 흐름이 분리되며 발생하는 난류·와류에 의한 저항이 발생한다.
④ 공기저항은 차량 중량에 따라 달라진다.

해설
1. 공기저항의 분류
   ① 전부저항 : 열차 맨 앞 차량(선두부)에서 공기를 전방으로 밀어내면서 발생하는 압력저항과 표면 마찰저항의 합이다.
   ② 후부저항 : 열차 맨 뒤 차량 후방에서 공기 흐름이 분리되며 발생하는 난류·와류에 의한 압력저항이다.
   ③ 차량 간 와류저항 : 차량과 차량 사이의 연결부 틈새에서 공기 흐름이 불안정해져 난류(와류)가 형성되면서 발생한다.
   ④ 측면·상하면 저항 : 차량 측면·상부·하부 표면에서 공기와의 점성 마찰로 발생하는 저항이다.
2. 공기저항의 특성
   ① 전부저항, 후부저항, 차량간 와류저항은 속도의 제곱에 비례한다.
   ② 측면·상하면 저항은 속도에 비례한다.
   ③ 공기저항은 열차 중량과는 무관하고, 열차의 형상, 연결량 수, 공기와의 접촉면 등에 의해 결정된다.
3. 위치별 공기저항 비율(중간차량이 1이라고 가정)
   ① 맨 앞 차량(전부저항) : 중간차량의 10배
   ② 맨 뒤 차량(후부저항) : 중간차량의 2.5배

117 공기저항 중 속도에 비례하는 저항은?

① 전부저항
② 후부저항
③ 차량간 와류저항
④ 측면·상하면 저항

해설 전부저항, 후부저항, 차량간 와류저항은 속도의 제곱에 비례한다.

118 다음 중 공기저항에 영향을 미치는 요소로 보기 어려운 것은?

① 열차의 형상
② 연결량 수
③ 차량의 중량
④ 공기와의 접촉면

해설 차량의 중량은 공기저항과는 무관하다.

119 다음 중 열차저항에 대한 설명으로 올바른 것은?

① 공기저항 중 중간차량을 1이라고 가정할 때, 전부저항은 10배, 후부저항은 2.5배이다.
② 전부저항은 속도에 비례하여 증가한다.
③ 차축-축수 간 마찰저항은 속도에 비례한다.
④ 차량간 와류저항은 속도에 비례한다.

해설 전부저항, 차량간 와류저항은 모두 속도의 제곱에 비례하고, 차축-축수 간 마찰저항은 속도와는 무관하다.

120 다음 중 기울기저항에 대한 설명으로 옳은 것은?

① 기울기저항은 상행과 하행 경사에서 모두 양(+)의 값으로 작용한다.
② 기울기저항은 속도에 따라 비례적으로 증가한다.
③ 기울기저항은 상행 경사에서만 발생하며, 하행 경사에서는 추진력으로 작용한다.
④ 기울기저항은 열차의 하중과 무관하게 일정하다.

해설 기울기저항은 경사면에서 중력 성분이 운행 방향을 방해하는 힘으로, 상행 경사에서만 양(+)의 저항으로 작용한다. 하행 경사에서는 음(-)의 값으로 작용하여 추진력을 보조한다. 또한 기울기저항은 속도와 무관하며, 경사율과 열차 중량에 비례해 커진다.

121 다음 중 기울기저항에 영향을 주는 요소로 옳지 않은 것은?

① 경사율(‰)
② 열차의 중량
③ 차축 수와 하중 분포
④ 열차의 주행속도

정답 117.④ 118.③ 119.① 120.③ 121.④

해설 기울기저항은 경사율이 클수록, 열차 중량이 클수록, 그리고 차축 수와 하중 분포에 따라 증가할 수 있다. 그러나 속도와는 무관하며, 이는 다른 주행저항과 달리 지형 조건에 의해 결정된다.

122 열차가 곡선 구간을 주행할 때 차륜과 레일 사이에서 발생하는 추가적인 저항력을 무엇이라 하는가?

① 주행저항 ② 구배저항
③ 곡선저항 ④ 마찰저항

해설 곡선저항이란 열차가 곡선 구간을 주행할 때 차륜과 레일 사이에서 발생하는 추가적인 저항력을 말한다. 이는 차륜의 측압, 선회 저항, 윤축의 횡방향 마찰 등으로 인해 평탄 직선 구간보다 더 큰 저항이 발생한다.

123 다음 중 곡선저항에 대한 설명으로 옳은 것은?

① 곡선저항은 직선 구간에서도 일정하게 발생한다.
② 곡선저항은 곡선반경이 작을수록 증가한다.
③ 곡선저항은 열차의 속도가 빨라질수록 비례적으로 증가한다.
④ 곡선저항은 차축 간 거리가 짧을수록 커진다.

해설 곡선저항은 곡선 구간에서 차륜과 레일 간 측압 증가, 플랜지 접촉, 선회 저항 등으로 발생하며, 곡선반경이 작을수록 저항이 커진다. 직선 구간에서는 발생하지 않으며, 속도보다는 곡선반경, 축거, 차량 수와 중량 등에 영향을 받는다.

124 다음 중 곡선저항의 발생 원인으로 옳지 않은 것은?

① 곡선 주행 시 차륜과 레일 간 측압 증가
② 차륜 플랜지의 접촉과 윤축의 회전 중심 변화
③ 차량 간 연결기의 선회로 인한 기계적 저항 증가
④ 평탄 직선 구간에서의 차륜 회전마찰

해설 곡선저항은 곡선 구간에서만 발생하며, 차륜·레일 간 측압 증가, 플랜지 접촉, 윤축 회전 중심 변화, 차량 연결기 선회 등으로 인해 저항이 커진다. 직선 구간에서의 차륜 회전마찰은 주행저항에 해당한다.

125 다음 중 곡선저항에 영향을 주는 요소에 해당하지 않는 것은?

① 곡선반경
② 차축 간 거리(축거)
③ 차량 수와 중량
④ 열차의 주행속도

해설 곡선저항에 영향을 주는 요소
1. 곡선반경 : 반경이 작을수록 저항 증가
2. 차축 간 거리(축거) : 축거가 길수록 선회 저항이 커짐
3. 궤간 거리 : 궤간이 넓을수록 곡선저항이 작아지고, 좁을수록 커짐
4. 차량 수 및 중량 : 차량 수가 많고 무거울수록 곡선 저항 누적
5. 차륜 및 레일의 마모 상태도 저항 변화에 영향

126 다음 중 곡선저항에 영향을 미치는 요소에 대한 설명으로 타당한 것은?

① 축거가 길수록 곡선저항이 작아진다.
② 궤간이 넓을수록 곡선저항이 작아진다.
③ 곡선반경이 클수록 곡선저항이 커진다.
④ 속도가 낮을수록 곡선저항이 커진다.

해설 곡선저항에 영향을 주는 요소 참조

127 다음 중 터널저항에 대한 설명으로 옳은 것은?

① 터널저항은 열차 속도와 무관하게 일정하게 발생한다.
② 터널저항은 일반 주행저항보다 항상 작게 나타난다.
③ 터널저항은 터널 단면적이 넓을수록 커진다.
④ 터널저항은 터널 내부 공기 흐름 제한으로 인해 공기저항이 증가하는 현상이다.

해설 터널저항은 열차가 터널 내부를 주행할 때 공기 흐름이 제한되어 발생하는 공기역학적 저항이다. 속도가 빠를수록 커지고, 터널 단면적이 좁고 폐색률이 높을수록 저항이 커진다. 고속철도 설계에서 중요한 고려요소이다.

128 다음 중 터널저항에 영향을 주는 요소로 옳지 않은 것은?

① 터널 단면적과 열차 단면의 비율(폐색률)
② 열차의 주행속도
③ 터널 길이와 형상
④ 열차의 축거

해설 터널저항은 터널 단면과 열차 단면의 비율(폐색률), 열차 속도, 터널 길이·형상, 차량 전면 형상 등에 영향을 받는다. 축거는 곡선저항에 영향을 주는 요소이며, 터널저항과는 직접적인 관련이 없다.

129 다음 중 터널저항의 특성에 대한 설명으로 타당한 것은?

① 터널저항은 저속 주행 시 더 크게 발생한다.
② 터널저항은 모든 구간에서 항상 일정하게 작용한다.
③ 터널저항은 고속 주행 시 공기압 변화와 함께 소음·진동이 동반될 수 있다.
④ 터널저항은 열차의 중량에 비례하여 증가한다.

해설 터널저항은 터널 내부에서 공기 흐름이 제한되어 발생하는 추가적인 공기저항으로, 속도가 빠를수록 급격히 증가한다. 고속 주행 시 압력파·충격파 발생으로 소음, 진동 등의 부가 현상이 동반될 수 있다. 저속에서는 영향이 미미하며, 열차 중량보다는 공기역학적 조건에 의해 결정된다.

130 다음 중 가속도저항의 정의에 대한 설명으로 옳은 것은?

① 열차가 곡선 구간을 주행할 때 측압으로 인해 발생하는 저항력
② 열차가 정지 또는 저속 상태에서 속도를 높일 때 질량이 가속되는 데 필요한 저항력
③ 열차가 터널을 통과할 때 공기 흐름 제한으로 발생하는 저항력
④ 열차가 경사면을 주행할 때 중력에 의해 전진이 방해받는 저항력

해설 가속도저항은 열차가 정지 또는 저속에서 가속할 때 차량 본체, 차륜, 축, 구동부 등 질량을 가진 모든 부품이 관성에 의해 저항하는 힘을 말한다. 이는 속도가 아니라 가속도와 질량에 비례하며, 일정 속도에 도달하면 사라진다.

131 다음 중 가속도저항에 영향을 주는 요소로 옳지 않은 것은?

① 열차의 총질량
② 회전체의 비율
③ 목표 가속도의 크기
④ 열차의 주행속도

해설 가속도저항은 열차의 총질량, 회전체 비율, 목표 가속도의 크기, 차량 편성 구성 등에 영향을 받는다. 속도 자체는 직접적인 요인이 아니며, 가속도가 클수록 저항이 증가하고, 일정 속도에 도달하면 가속도저항은 사라진다.

132 다음 중 열차 운행에서의 회전운동에 의한 진동의 예로 옳은 것은?

① 제동 시 앞뒤 흔들림
② 울퉁불퉁한 선로에서의 상하 진동
③ 롤링, 피칭, 요잉
④ 레일 이음매에 의한 반복적 충격

해설 열차 운행과 관련한 진동은 다음과 같이 분류해볼 수 있다.
1. 병렬 운동에 의한 진동 : 전후(x축), 좌우(y축), 상하(z축) 방향의 직선운동에서 발생하며, 제동 시 앞뒤 흔들림이나 울퉁불퉁한 선로에서의 상하 진동이 이에 해당한다.
2. 회전운동에 의한 진동 : 차체가 축을 중심으로 회전하면서 발생하며, 대표적으로 롤링(x축), 피칭(y축), 요잉(z축) 등이 있다.

정답 128. ④ 129. ③ 130. ② 131. ④ 132. ③

3. 선로 상태에 의한 진동 : 레일 이음매, 틀림, 곡률 변화 등 선로 불균형이 원인이 되어 반복적 충격이나 불규칙한 흔들림을 유발한다.
4. 차량 자체에 의한 진동 : 차륜 사행동, 장비 작동, 연결 충격, 차체 휨 등 차량 구조적 요인에서 기인한다.

133 다음 중 윤중(輪重)에 대한 설명으로 옳은 것은 무엇인가?

① 차륜이 레일에 가하는 수평 방향의 힘을 의미하며, 주행 시 차량 중량과 축 배치에 따라 결정된다.
② 차륜이 레일에 작용하는 수직 방향의 힘을 의미하며, 정지 시에는 차량 중량과 축 배치에 따라 결정된다.
③ 차륜과 레일 사이에서 발생하는 마찰력의 크기를 의미하며, 정지 시와 주행 시 차이가 없다.
④ 차륜이 곡선 선로에서 받는 원심력의 크기를 의미하며, 캔트 속도와 직접적인 관련이 없다.

해설 윤중은 차륜이 레일에 가하는 수직 방향의 힘을 의미하며, 정지 상태에서는 차량의 중량과 축 배치에 따라 결정된다. 하나의 차륜에는 축중의 절반이 걸린다.

134 곡선 주행 시 윤중 변화에 대한 설명으로 옳은 것은 무엇인가?

① 실제 주행속도가 캔트속도보다 느리면 외측 차륜에 윤중이 집중되어 증가한다.
② 실제 주행속도가 캔트속도보다 빠르면 내측 차륜에 윤중이 집중되어 증가한다.
③ 실제 주행속도가 캔트속도보다 빠르면 외측 차륜에 윤중이 집중되어 증가한다.
④ 캔트속도와 실제 주행속도의 차이는 윤중에 영향을 주지 않는다.

해설 캔트속도는 곡선 주행 시 원심력과 중력의 수평 성분이 균형을 이루도록 설계된 속도이다. 실제 주행속도가 이보다 빠르면 원심력이 커져 외측 차륜에 윤중이 집중되어 증가하며, 정지 시보다 약 50~60%까지 커질 수 있다.

135 다음 중 주행 중 윤중 변화 요인에 해당하지 않는 것은 무엇인가?

① 차량 동요나 사행동으로 인한 관성력 변화
② 레일면 불균일성에 따른 충격
③ 축중 편차와 설계 오차
④ 차륜과 레일 사이 마찰계수 감소

해설 윤중 변화 요인은 곡선 주행 시 속도 차이에 따른 원심력 불균형, 차량 동요·사행동에 따른 관성력 변화, 레일·차륜면 불균일성, 축중 편차·설계 오차 등이 있다. 반면, 마찰계수 감소는 주행저항이나 점착력 변화와 관련이 있으며, 윤중 변화 요인에는 직접 포함되지 않는다.

136 다음 중 횡압에 대한 설명으로 옳은 것은 무엇인가?

① 차륜이 레일에 가하는 수직 방향의 힘으로, 윤중이라고도 한다.
② 차륜이 레일에 가하는 횡 방향(수평 방향)의 힘으로, 주행 조건·선로 형상·차량 구조 등에 따라 발생한다.
③ 정지 상태에서는 항상 0이며, 주행 중에만 발생한다.
④ 횡압은 선로 구조물에 영향을 주지 않는다.

해설 횡압은 차륜이 레일에 가하는 수평 방향의 힘으로, 곡선 주행·동요·사행동·특수 구조물 통과 등 다양한 원인으로 발생한다. 정지 상태에서도 미세한 횡압이 존재하나 무시할 수준이다.

137 곡선 주행 시 속도와 캔트속도의 관계에 따른 횡압 방향으로 옳은 것은?

① 주행속도가 캔트속도보다 느리면 곡선 바깥쪽 레일에 횡압이 발생한다.
② 주행속도가 캔트속도보다 빠르면 곡선 안쪽 레일에 횡압이 발생한다.
③ 주행속도가 캔트속도보다 느리면 곡선 안쪽 레일에 횡압이 발생한다.
④ 캔트속도와 무관하게 항상 곡선 바깥쪽 레일에 횡압이 발생한다.

정답 133. ② 134. ③ 135. ④ 136. ② 137. ③

해설 캔트속도보다 느리게 주행하면 중력 성분이 더 크게 작용하여 곡선 안쪽 레일에 횡압이 발생하고, 반대로 캔트속도보다 빠르면 원심력이 커져 바깥쪽 레일에 횡압이 발생한다.

138 다음 중 횡압의 주요 발생 원인에 해당하지 않는 것은 무엇인가?

① 곡선 주행 시 불평형 원심력
② 차량 동요 및 사행동에 따른 관성력
③ 특수 궤도 구조물 통과 시 충격
④ 차륜과 레일 사이의 마찰계수 감소

해설 마찰계수 감소는 점착력·주행저항과 관련된 요소이며, 횡압 발생 요인에는 직접 포함되지 않는다.

139 다음 중 축 방향력에 대한 설명으로 옳은 것은 무엇인가?

① 레일의 길이 방향이 아닌 수직 방향으로 작용하는 힘을 말하며, 주행 중 윤중 변화에 직접적인 영향을 미친다.
② 레일의 길이 방향으로 작용하는 힘을 말하며, 온도 변화, 차량의 가속·감속, 경사 구간에서의 중량 하중 등에 의해 발생한다.
③ 레일의 길이 방향으로 작용하는 힘을 말하며, 곡선 주행 시 원심력과 가장 밀접한 관련이 있다.
④ 주로 차륜과 레일 간의 마찰계수 변화로 인해 발생한다.

해설 축 방향력은 레일 길이 방향으로 작용하는 힘으로, 레일의 구조적 안정성과 궤도 유지력에 영향을 준다. 주요 발생 원인은 온도 변화, 제동·시동 시 반력, 경사 구간에서의 중량 하중이다.

140 다음 중 타오르기 탈선에 대한 설명으로 옳지 않은 것은?

① 곡선부에서 차륜의 플랜지가 레일 측면 견부를 굴러 올라가며 발생한다.
② 공격각이 양(+)일 때 주로 나타난다.
③ 주로 고속 주행 중 발생하며, 순간적인 충격으로 플랜지가 레일을 뛰어넘는다.
④ 마찰력이 작용하는 조건에서는 저속 주행 중에도 발생할 수 있다.

해설 고속 주행 중 순간적인 충격으로 플랜지가 레일을 뛰어넘는 것은 뛰어오르기 탈선의 특징이다. 타오르기 탈선은 곡선부 등에서 공격각이 양(+)일 때, 플랜지가 레일 견부를 굴러 올라가며 발생한다.

141 다음 중 미끄러져 오르기 탈선에 대한 설명으로 옳지 않은 것은?

① 공격각이 음(-)일 때 발생한다.
② 차륜의 플랜지가 레일 측면을 따라 미끄러지듯 올라가며 궤도를 이탈한다.
③ 차륜 회전력이 크고 윤중이 충분할 때 잘 발생한다.
④ 차륜과 레일 사이의 마찰력이 매우 낮을 때 쉽게 발생할 수 있다.

해설 미끄러져 오르기 탈선은 차륜 회전력이 작거나 거의 정지 상태일 때 발생하기 쉽다. 윤중이 부족하거나 마찰력이 매우 낮으면 잘 발생하며, 공격각이 음(-)일 때 나타난다.

142 다음 중 뛰어오르기 탈선에 대한 설명으로 옳지 않은 것은?

① 고속 주행 시 횡방향 운동 속도가 커져 레일 견부에 충격을 주어 순간적으로 차륜이 레일 위로 튀어 오를 수 있다.
② 곡선이나 분기기를 통과할 때 사행동과 좌우 진동이 심하면 위험이 증가한다.
③ 공격각이 양(+)일 때 플랜지가 레일 측면 견부를 굴러 올라가며 발생한다.
④ 충격성 횡압과 윤중이 단시간에 동시에 작용할 때 발생하기 쉽다.

정답 138. ④ 139. ② 140. ③ 141. ③ 142. ③

해설 공격각이 양(+)일 때 플랜지가 레일 견부를 굴러 올라가며 발생하는 것은 타오르기 탈선의 특징이다. 뛰어오르기 탈선은 고속 주행 시 순간적인 충격과 횡압·윤중의 결합으로 발생한다.

143 다음 중 좌굴 탈선에 대한 설명으로 옳지 않은 것은?

① 열차 주행 중 차량 간 과도한 압축 하중이 작용할 때 발생할 수 있다.
② 내리막 구간 제동 시 차량 전후에 급격한 압축력이 가해지면 발생 위험이 커진다.
③ 차량이 좌우 또는 상하로 밀리며 궤도를 이탈하는 형태이다.
④ 주로 고속 주행 중 횡방향 충격으로 플랜지가 레일 견부를 뛰어넘어 발생한다.

해설 고속 주행 중 횡방향 충격으로 플랜지가 레일 견부를 뛰어넘는 것은 뛰어오르기 탈선의 특징이다. 좌굴 탈선은 과도한 압축 하중으로 차량이 좌우·상하로 밀려 궤도를 벗어나는 현상이며, 내리막 제동이나 후방 보조 기관차 운전 시에도 발생할 수 있다.

144 다음 보기에서 주행탈선에 해당하는 것을 모두 고른 것은?

> ㄱ. 타오르기 탈선, ㄴ. 미끄러져 오르기 탈선
> ㄷ. 뛰어오르기 탈선, ㄹ. 좌굴탈선

① ㄱ, ㄴ
② ㄱ, ㄴ, ㄷ
③ ㄱ, ㄷ, ㄹ
④ ㄱ, ㄴ, ㄷ, ㄹ

해설 주행탈선은 곡선 통과나 주행 중 차륜–레일 상호작용으로 발생하며, 대표적으로 타오르기 탈선과 미끄러져 오르기 탈선이 있다. 반면, 뛰어오르기 탈선은 충격·진동에 의한 탈선이고, 좌굴탈선은 궤도의 구조적 변형에 의해 발생하므로 주행탈선에 포함되지 않는다.

145 다음 중 탈선계수(De)에 대한 설명으로 옳지 않은 것은?

① 차륜에 작용하는 횡압(Q)과 윤중(P)의 비로 정의된다.

② 곡선 반지름이 250m 이상인 구간에서는 0.8 미만일 때 안정적인 주행상태로 본다.
③ 탈선계수가 클수록 탈선 위험이 높아진다.
④ 횡압이 작용하는 시간은 0.005초 이상이어야 한다.

해설 탈선계수(De) = $\dfrac{횡압(Q)}{윤중(P)}$로 정의되며, 탈선 위험 판단 시 횡압 작용 시간은 0.05초 이상이어야 하며, 값이 클수록 탈선 가능성이 높아진다.

146 횡압이 Q이고, 윤중이 P일 때 탈선계수(De)를 구하는 식으로 옳은 것은?

① De = Q ÷ P
② De = P ÷ Q
③ De = Q × P
④ De = Q + P

해설 탈선계수 해설 참조

147 철도차량이 선로 위에서 안정적으로 주행할 수 있는지를 판단하는 지표로서, 차륜에 작용하는 횡압(Q)과 윤중(P)의 비로 정의되는 것을 무엇이라 하는가?

① 탈선계수
② 견인정수
③ 마찰계수
④ 치차비

해설 탈선계수의 정의

148 다음 중 열차 운행도표(열차 DIA)의 종류가 아닌 것은?

① 1시간 목(目) 운행도표
② 30분 목(目) 운행도표
③ 10분 목(目) 운행도표
④ 1분 목(目) 운행도표

해설 열차운행도표는 눈금 간격에 따라 1시간목, 10분목, 2분목, 1분목 등으로 구분되며, 30분목 운행도표는 존재하지 않는다.

정답 143. ④ 144. ① 145 ④ 146. ① 147. ① 148. ②

149 다음 중 열차 운행도표(열차 DIA)에 대한 설명으로 옳지 않은 것은?

① 열차 간의 시간·공간 관계를 시각적으로 표현한 도표이다.
② 가로축에 시간을, 세로축에 거리를 표시한다.
③ 단선 구간과 복선 구간 모두 여유 시간을 3~5%로 동일하게 둔다.
④ 열차 운전 구간, 정차역, 편성, 기준 운전 시간 등이 반영된다.

해설 열차 운행도표는 열차 간의 시간·공간 관계를 시각적으로 표현한 선도로, 가로축에 시간을 표시하고 세로축에 거리를 표시한 거리-시간 선으로 나타낸 도표이다. 운전 계통, 열차 종별, 운전 구간, 정차역, 편성, 기준 운전 시간 등이 반영되며, 이 과정에서 선로 구조, 역 설비, 단·복선 여부, 차량 및 인력 배치 등 다양한 조건이 고려된다. 열차의 소요 시간은 구간별 운전 시간과 정차 시간의 합으로 계산되며, 정시성 확보를 위해 단선은 3~5%, 복선은 2~4%의 여유 시간을 둔다. 복선에서는 저속 열차의 대피, 단선에서는 교행 계획을 포함하여 열차 운행도표가 작성된다.

150 다음 중 열차 운행도표(열차 DIA)의 종류에 대한 설명으로 옳지 않은 것은?

① 1시간 목 운행도표는 장기 운전 계획과 차량 운용 계획 수립 등에 주로 사용된다.
② 10분 목 운행도표는 1시간 목보다 정밀하여 단기 시각 개정이나 특정 시간대 집중 분석에 적합하다.
③ 2분 목 운행도표는 일반 열차 운전 계획의 표준 형태이며, 실무에서 가장 많이 사용된다.
④ 1분 목 운행도표는 장기 계획 검토용으로 사용되며, 역별 정차 시각은 생략된다.

해설 열차 운행도표의 종류는 다음과 같다.
1. 1시간 목(目) 운행도표
   ① 가로축 시각 눈금 간격이 1시간 간격. 보통 20mm 또는 30mm로 설정
   ② 정확한 시각보다는 열차 간 상호 관계와 운행 순서 파악에 중점
   ③ 주로 장기 운전 계획, 시각 개정 검토, 차량 운용 계획 수립 등에 활용
   ④ 역별 정차 시각은 생략, 대신 열차 순번과 흐름 위주로 표시
   ⑤ 대규모 노선 운영 계획 검토 시 주로 사용됨
2. 10분 목(目) 운행도표
   ① 가로축 눈금을 10분 단위로 구성
   ② 열차 운행이 다소 빈번한 구간에서 1시간 목보다 좀 더 정밀한 계획 수립에 적합
   ③ 단기 시각 개정, 특정 시간대 집중 분석 시 유용
   ④ 주간 계획이나 특정 역세권 집중 분석 시 사용 가능
3. 2분 목(目) 운행도표
   ① 가로축을 2분 간격으로 설정. 열차운행도표 작성의 표준 형태
   ② 일반 열차 운전 계획, 시각 개정, 임시 열차 투입 계획 등 정밀 작업에 사용
   ③ 정확한 도착·출발 시각을 기입하며, 운전 정리와 실무에도 널리 쓰임
   ④ 열차 운행 밀도가 높은 경우, 30초 단위로 기호화하여 추가 기입하기도 함
   ⑤ 실제 운전 시행 표준 도표로서 실무에서 가장 많이 사용됨
4. 1분 목(目) 운행도표
   ① 가장 정밀한 시간 단위 운행도표. 수도권 등 열차 운행 밀도가 극히 높은 구간에 사용
   ② 출·도착 시각을 15초, 30초, 45초 단위까지 기호화하여 표기
   ③ 도심 통근 열차, 급행/완행 혼행 노선, 복잡한 환승 구조를 가진 노선에서 필수
   ④ 운전 정리실 또는 신호 통제센터 등에서 실시간 대응 도표로도 활용 가능

151 열차 운행도표(열차 DIA) 작성 시 고려해야 할 사항에 해당하지 않는 것은?

① 열차 간의 지장 방지 및 선로 용량 확보
② 수송 수요 예측
③ 지연에 대한 탄력성 확보
④ 선로 및 역 설비 조건

해설 열차 운행도표(열차 DIA) 작성 시 고려사항에는 열차 간의 지장 방지 및 선로 용량 확보,

수송 수요에 적합할 것(예측이 아닌 변동을 고려), 지연에 대한 탄력성 확보, 선로 및 역 설비 조건, 열차 편성 및 인원, 열차 간 접속 관계 등이 포함된다. 수송 수요 예측은 장기 수송 계획 수립 단계에서 중요한 요소이지만, 운행도표 작성 시 고려사항은 아니다.

정답 149. ③ 150. ④ 151. ②

152 다음 중 운전선도(運轉線圖)에 대한 설명으로 옳지 않은 것은?

① 열차 운행과 관련한 시간, 거리, 속도 등 여러 변수 간의 관계를 그래프로 나타낸 것이다.
② 동력차의 성능과 운전 조건을 고려하여 거리-속도, 거리-시간, 거리-온도 상승, 거리-연료 소비량 곡선 등으로 표현된다.
③ 열차의 위치를 선로상에서 표시하는 선도이며, 가로축에 시간을, 세로축에 거리를 표시한다.
④ 운전선도는 열차 운행 분석, 시각 개정, 에너지 최적화 등 다양한 목적으로 사용된다.

해설 가로축에 시간을, 세로축에 거리를 표시하는 것은 열차 운행도표(열차 DIA)의 특징이다. 운전선도는 표시 내용에 따라 가로축과 세로축 구성이 달라지며, 거리-속도ㆍ거리-시간ㆍ거리-전력량 등 다양한 형태로 표현된다.

153 다음 중 거리 기준 운전선도에 대한 설명으로 옳지 않은 것은?

① 열차의 정거장 간 누적 거리를 기준으로 시간의 흐름을 나타낸 도표이다.
② 가로축은 거리, 세로축은 속도ㆍ시간ㆍ전력량 등으로 구성될 수 있다.
③ 주행속도, 정차 시간, 가ㆍ감속 구간, 지연 발생 시점 분석에 활용된다.
④ 일반적으로 자주 사용되지는 않고 특수한 경우에만 활용된다.

해설 거리 기준 운전선도는 가장 많이 사용되는 형태로, 열차 운행 분석, 시각 개정, 에너지 최적화 등에 폭넓게 활용된다.

154 다음 중 사용 목적에 따른 운전선도의 종류와 설명으로 옳지 않은 것은?

① 계획 운전선도는 운행 전 이상적인 주행 경로와 시간표를 기준으로 작성한다.
② 실제 운전선도는 실제 운행 데이터를 기반으로 작성하며, 지연ㆍ정차 시간 초과 등을 반영한다.
③ 가속력 선도는 열차가 정지 상태에서 출발할 때 시간에 따른 속도 감소를 나타낸다.
④ 계획 운전선도는 운전 계획, 시각 개정, 선로 용량 분석 등에 활용된다.

해설 가속력 선도는 열차가 정지 상태에서 출발할 때 시간에 따른 속도 증가를 나타내며, 견인력ㆍ주행저항ㆍ차량 중량 등을 반영해 성능 평가와 운전 곡선 설계에 활용된다.

155 다음 중 열차번호에 대한 설명으로 옳지 않은 것은?

① 열차번호는 열차의 운행 계통, 종류, 방향, 구간 등을 구분하기 위해 부여하는 고유 식별번호이다.
② 열차번호를 부여함으로써 운전 정리의 혼란을 방지하고 운용 효율을 높일 수 있다.
③ 열차번호는 매번 운행할 때마다 새로 변경되며, 동일한 열차라도 날짜에 따라 다르게 부여한다.
④ 매일 운행하는 열차 단위별로 고유번호를 부여한다.

해설 열차번호는 매일 운행하는 열차 단위별로 부여되는 고유번호이며, 매번 운행 때마다 바꾸지 않는다. 동일한 열차는 동일한 열차번호를 사용한다.

156 다음 중 열차번호 부여 기준에 대한 설명으로 옳지 않은 것은?

① 하루 1회 운행하는 열차는 1개의 번호를 부여한다.
② 시발역에서 종착역까지 동일한 열차번호를 부여한다.

정답 152 ③ 153. ④ 154. ③ 155. ③ 156. ③

③ 상행열차는 홀수번호, 하행열차는 짝수번호를 부여한다.

④ 시각별로 순차적으로 번호를 부여한다.

해설 열차번호 부여 시 상행열차는 짝수번호, 하행열차는 홀수번호를 부여하는 것이 원칙이다.

157 다음 중 차량성능상의 경제운전에 대한 설명으로 옳지 않은 것은?

① 차량의 기술적·기계적 성능 특성을 최적화하여 연료(전력) 소비를 줄이고 부품 수명을 연장하는 운전 방식이다.

② 가속·감속 패턴과 제어 방식을 합리적으로 조절하여 효율적인 운행을 달성할 수 있다.

③ 차량 설계 단계에서 결정되는 성능과는 무관하게 운전 중 임의로 성능을 변경하여 달성한다.

④ 경제운전에는 고가속도 운전, 고감속도 운전, 약계자방식 운전 등이 포함된다.

해설 차량성능상의 경제운전은 차량 설계 단계에서 결정된 성능을 전제로 하며, 운전 중 임의로 성능을 변경하는 것이 아니라 설계된 범위 내에서 운전 패턴과 제어 방식을 최적화하여 달성한다.

158 다음 중 차량성능상의 경제운전의 직접적인 요소에 대한 설명으로 옳지 않은 것은?

① 고가속도 운전은 초기 가속도를 높여 목표 속도에 빠르게 도달하는 방식으로, 구간 내 운행 시간을 확보하고 에너지 효율을 높일 수 있다.

② 고감속도 운전은 불필요하게 미리 제동하지 않고 제동거리를 최소화하여 운행 효율과 에너지 회생제동 효과를 높일 수 있다.

③ 약계자방식 운전은 주전동기 계자전류를 줄여 고속 주행 구간에서 모터 출력을 효율적으로 활용할 수 있다.

④ 고가속도 운전과 고감속도 운전은 차량 성능과 선로 조건을 고려할 필요가 없다.

해설 고가속도 운전과 고감속도 운전 모두 차량 성능, 선로 조건, 제동장치 상태 등을 고려해야 하며, 그렇지 않으면 부품 손상, 승차감 저하, 안전성 저하 등의 문제가 발생할 수 있다.

159 다음 중 운전기술상의 경제운전 3원칙이 아닌 것은?

① 정시운전을 할 수 있을 것

② 동력비가 최소일 것

③ 열차 충격이 없고 기기 손상이 없을 것

④ 최대 속도를 항상 유지할 것

해설 운전기술상의 경제운전 3원칙은 정시운전, 동력비 최소화, 충격 및 기기 손상 방지이다. 최대 속도를 항상 유지하는 것은 경제운전의 원칙이 아니며, 오히려 에너지 소비를 증가시키고 기기 부하를 높일 수 있다.

160 다음 중 운전기술상의 경제운전에 대한 설명으로 옳지 않은 것은?

① 운전자가 노선 조건과 차량 특성을 고려해 운행 시간을 지키면서 동력 사용을 최소화하는 운전 방법이다.

② 승차감과 차량·기기의 안전을 확보하는 것도 운전기술상의 경제운전에 포함된다.

③ 운행 시간을 줄이기 위해 불필요한 가·감속을 자주 활용하는 것이 핵심이다.

④ 정시운전, 동력비 최소화, 충격 및 기기 손상 방지가 3원칙에 해당한다.

해설 운전기술상의 경제운전은 불필요한 가·감속을 줄이고, 관성 주행과 적절한 가속·감속 제어를 통해 에너지 소모를 최소화한다. 잦은 가·감속은 오히려 에너지 낭비와 승차감 저하를 초래한다.

정답 157. ③ 158. ④ 159 ④ 160. ③

161 다음 중 운전기술상의 경제운전 3원칙의 기본운전취급방법이 아닌 것은?

① 발차 시 스로틀을 1~2단에 두어 연결기가 충분히 인장된 후 스로틀을 올린다.
② 스로틀은 인장력이 급격히 변하지 않도록 부드럽게 취급한다.
③ 스로틀 전환 시 최소 1초 이상의 간격을 두며 순차적으로 전환한다.
④ 발차 직후에는 최대 속도에 도달하도록 스로틀을 최대로 올린다.

해설 운전기술상의 경제운전 3원칙의 기본운전취급방법에는 발차 직후 스로틀을 최대로 올리는 방식이 포함되지 않는다. 이는 불필요한 가속으로 에너지 소모와 기기 부하를 증가시켜 경제운전에 부합하지 않는다.

162 다음 중 상구배 선로 위 정차 시 인출법에 해당하지 않는 것은?

① 자연인출법 ② 압축인출법
③ 후퇴인출법 ④ 단계인출법

해설 상구배 선로 위 정차 시 인출법에는 자연인출법, 압축인출법, 후퇴인출법이 있다.

163 다음 중 자연인출법에 대한 설명으로 옳지 않은 것은?

① 기울기가 없는 평단 선로에서 출발할 때와 같은 방법으로 실시한다.
② 제동을 완해한 뒤 가·감속을 서서히 상승시켜 동력 운전을 한다.
③ 객·화차를 많이 연결해도 기동 불능 우려가 없다.
④ 상구배(오르막) 정차 시에도 적용할 수 있다.

해설 자연인출법은 평단 선로 출발과 동일하게 제동 완해 후 가·감속을 서서히 상승시키는 방법이며, 객·화차를 많이 연결하면 기동 불능 우려가 있다.

164 다음 중 압축인출법에 대한 설명으로 옳지 않은 것은?

① 다른 인출 방식보다 인출이 용이하여 오르막 정차 후 출발 시 가장 많이 사용된다.
② 제동이 완전히 풀린 후 견인력을 발생시켜 차량이 뒤로 밀리지 않도록 한다.
③ 오르막 정차 시에는 반드시 자동 제동변을 사용하여 기관차와 객·화차 전체에 제동을 건다.
④ 차륜공전을 방지하기 위해 살사를 사전에 시행한다.

해설 압축인출법은 제동이 완전히 풀리기 전에 견인력을 발생시켜 차량이 뒤로 밀리지 않게 하는 것이 핵심이다. 완전히 풀린 후 동력을 투입하면 인출이 어렵다.

165 다음 중 상구배 선로 정차 시 인출법으로 열차 출발저항을 이용하는 인출법은?

① 자연인출법 ② 후퇴인출법
③ 단계인출법 ④ 압축인출법

해설 압축인출법은 다른 인출 방식보다 인출이 용이하여 상구배(오르막) 정차 후 출발 시 가장 많이 사용되는 방법이다. 열차의 출발저항을 활용하여, 제동이 완전히 풀리기 전에 견인력을 발생시켜 차량이 뒤로 밀리지 않도록 하는 것이 핵심이다.

166 다음 중 후퇴인출법에 대한 설명으로 옳지 않은 것은?

① 차량을 아주 짧게 뒤로 굴려 연결기 장력을 풀어준 뒤 전진한다.
② 특히 중량 화물열차에서 효과적이다.
③ 후방 선로와 신호 상태를 반드시 확인해야 한다.
④ 후진 거리는 길수록 연결기 장력 해소에 유리하다.

해설 후퇴인출법은 아주 짧은 거리(수십 cm 이내)만 후진해야 하며, 후진 거리가 길면 안전사고 위험이 커진다.

정답 161. ④ 162. ④ 163. ③ 164. ② 165. ④ 166. ④

제2장 철도차량운전규칙

01 다음 중 열차의 편성, 철도차량의 운전 및 신호방식 등 철도차량의 안전운행에 관하여 필요한 사항을 정함을 목적으로 제정한 규칙은?

① 열차운전규칙　② 철도운전규칙
③ 철도차량운전규칙　④ 철도차량안전규칙

해설　철도차량운전규칙 제1조(목적) 이 규칙은 철도안전법 제39조의 규정에 의하여 열차의 편성, 철도차량의 운전 및 신호방식 등 철도차량의 안전운행에 관하여 필요한 사항을 정함을 목적으로 한다.

02 다음 중 철도차량운전규칙에서 정한 용어의 정의로 바르지 않은 것은?

① 본선이라 함은 열차의 운전에 상용하는 선로를 말한다.
② 측선이라 함은 본선이 아닌 선로를 말한다.
③ 객차라 함은 열차의 구성부분이 되는 1량의 철도차량을 말한다.
④ 전차선로라 함은 전차선 및 이를 지지하는 공작물을 말한다.

해설　철도차량운전규칙 제2조(정의) 이 규칙에서 사용하는 용어의 정의는 다음과 같다.
1. 정거장이라 함은 여객의 승강(여객 이용시설 및 편의시설을 포함한다), 화물의 적하(積下), 열차의 조성(組成, 철도차량을 연결하거나 분리하는 작업을 말한다), 열차의 교행(交行) 또는 대피를 목적으로 사용되는 장소를 말한다.
2. 본선이라 함은 열차의 운전에 상용하는 선로를 말한다.
3. 측선이라 함은 본선이 아닌 선로를 말한다.
4. 차량이라 함은 열차의 구성부분이 되는 1량의 철도차량을 말한다.
5. 전차선로라 함은 전차선 및 이를 지지하는 공작물을 말한다.
6. 완급차(緩急車)라 함은 관통제동기용 제동통·압력계·차장변(車掌弁) 및 수(手)제동기를 장치한 차량으로서 열차승무원이 집무할 수 있는 차실이 설비된 객차 또는 화차를 말한다.
7. 철도신호라 함은 제76조의 규정에 의한 신호·전호(傳號) 및 표지를 말한다.
8. 진행지시신호라 함은 진행신호·감속신호·주의신호·경계신호·유도신호 및 차내신호(정지신호를 제외한다) 등 차량의 진행을 지시하는 신호를 말한다.
9. 폐색이라 함은 일정 구간에 동시에 2 이상의 열차를 운전시키지 아니하기 위하여 그 구간을 하나의 열차의 운전에만 적용시키는 것을 말한다.
10. 구내운전이라 함은 정거장내 또는 차량기지 내에서 입환신호에 의하여 열차 또는 차량을 운전하는 것을 말한다.
11. 입환(入換)이라 함은 사람의 힘에 의하거나 동력차를 사용하여 차량을 이동·연결 또는 분리하는 작업을 말한다.
12. 조차장(操車場)이라 함은 차량의 입환 또는 열차의 조성을 위하여 사용되는 장소를 말한다.
13. 신호소라 함은 상치신호기 등 열차제어시스템을 조작·취급하기 위하여 설치한 장소를 말한다.
14. 동력차라 함은 기관차(機關車), 전동차(電動車), 동차(動車) 등 동력발생장치에 의하여 선로를 이동하는 것을 목적으로 제조한 철도차량을 말한다.
15. 위험물이라 함은 철도안전법 제44조제1항의 규정에 의한 위험물을 말한다.
16. 무인운전이란 사람이 열차 안에서 직접 운전하지 아니하고 관제실에서의 원격조종에 따라 열차가 자동으로 운행되는 방식을 말한다.
17. 운전취급담당자란 철도 신호기·선로전환기 또는 조작판을 취급하는 사람을 말한다.

03 다음 지문은 철도차량운전규칙의 용어 중 무엇을 설명한 것인가?

> 관통제동기용 제동통·압력계·차장변(車掌弁) 및 수(手)제동기를 장치한 차량으로서 열차승무원이 집무할 수 있는 차실이 설비된 객차 또는 화차를 말한다.

① 동력차　② 기관차
③ 전동차　④ 완급차

해설　철도차량운전규칙 제2조(정의) 참조

04 다음 중 철도차량운전규칙의 진행지시신호에 포함되지 않는 것은?

① 감속신호　② 주의신호
③ 경계신호　④ 가속신호

해설　철도차량운전규칙 제2조(정의) 참조

정답　01. ③　02. ③　03. ④　04. ④

05 철도차량운전규칙의 용어에 대한 설명으로 타당하지 않은 것은?

① 폐색이라 함은 일정 구간에 동시에 2 이상의 열차를 운전시키지 아니하기 위하여 그 구간을 하나의 열차의 운전에만 점용시키는 것을 말한다.
② 구내운전이라 함은 정거장내 또는 차량기지 내에서 입환신호에 의하여 열차 또는 차량을 운전하는 것을 말한다.
③ 입환(入換)이라 함은 사람의 힘에 의하거나 동력차를 사용하여 차량을 이동 · 연결 또는 분리하는 작업을 말한다.
④ 정비창이라 함은 차량의 입환 또는 열차의 조성을 위하여 사용되는 장소를 말한다.

해설 철도차량운전규칙 제2조(정의) 참조

06 다음 중 철도차량운전규칙에서 정거장의 사용 목적에 포함되지 않는 것은?

① 승객의 교행 ② 화물의 적하
③ 열차의 조성 ④ 열차의 대피

해설 철도차량운전규칙 제2조(정의) 참조

07 철도차량운전규칙에서 상치신호기 등 열차제어시스템을 조작 · 취급하기 위하여 설치한 장소를 무엇이라 하는가?

① 정거장 ② 정류장
③ 조차장 ④ 신호소

해설 철도차량운전규칙 제2조(정의) 참조

08 철도차량운전규칙에서 운전취급담당자가 취급하는 대상이 아닌 것은?

① 철도신호기 ② 열차제동기
③ 선로전환기 ④ 조작판

해설 철도차량운전규칙 제2조(정의) 참조

09 철도차량운전규칙상 철도운영자등이 반드시 교육을 실시해야 하는 대상자에 해당하지 않는 사람은?

① 운전업무종사자 ② 운전업무보조자
③ 경비업무종사자 ④ 운전취급담당자

해설 철도차량운전규칙 제6조(교육 및 훈련 등)제1항 철도운영자등은 다음 각 호의 어느 하나에 해당하는 사람에게 철도안전법 등 관계 법령에 따라 필요한 교육을 실시해야 하고, 해당 철도종사자 등이 업무 수행에 필요한 지식과 기능을 보유한 것을 확인한 후 업무를 수행하도록 해야 한다.
1. 철도안전법 제2조제10호가목에 따른 철도차량의 운전업무에 종사하는 사람(운전업무종사자)
2. 철도차량운전업무를 보조하는 사람(운전업무보조자)
3. 철도안전법 제2조제10호나목에 따라 철도차량의 운행을 집중 제어 · 통제 · 감시하는 업무에 종사하는 사람(관제업무종사자)
4. 철도안전법 제2조제10호다목에 따른 여객에게 승무 서비스를 제공하는 사람(여객승무원)
5. 운전취급담당자
6. 철도차량을 연결 · 분리하는 업무를 수행하는 사람
7. 원격제어가 가능한 장치로 입환 작업을 수행하는 사람

10 다음 지문은 철도차량운전규칙상 철도운영자등이 갖추어야 할 안전관리체계에 관련한 설명이다. 괄호 안에 들어갈 사람에 해당하지 않는 것은?

> 철도운영자등은 ( ), ( ) 및 ( )이(가) 철도차량에 탑승하기 전 또는 철도차량의 운행중에 필요한 사항에 대한 보고 · 지시 또는 감독 등을 적절히 수행할 수 있도록 안전관리체계를 갖추어야 한다.

① 운전업무종사자 ② 운전업무보조자
③ 여객승무원 ④ 운전취급담당자

해설 철도차량운전규칙 제6조(교육 및 훈련 등)제2항 철도운영자등은 운전업무종사자, 운전업무보조자 및 여객승무원이 철도차량에 탑승하기 전 또는 철도차량의 운행중에 필요한 사항에 대한 보고 · 지시 또는 감독 등을 적절히 수행할 수 있도록 안전관리체계를 갖추어야 한다.

정답 05. ④ 06. ① 07. ④ 08. ② 09. ③ 10. ④

11 철도차량운전규칙상 열차에 탑승하여야 하는 철도종사자에 관한 설명으로 타당하지 않은 것은?

① 열차에는 운전업무종사자와 여객승무원을 탑승시켜야 한다.
② 철도차량의 구조 및 장치의 수준 등을 고려하여 열차운행의 안전에 지장이 없다고 인정되는 경우에는 여객승무원을 탑승시키지 않을 수 있다.
③ 무인운전의 경우에는 여객승무원을 탑승시키지 않을 수 있다.
④ 무인운전의 경우에도 운전업무종사자는 탑승시켜야 한다.

해설 철도차량운전규칙 제7조(열차에 탑승하여야 하는 철도종사자)
① 열차에는 운전업무종사자와 여객승무원을 탑승시켜야 한다. 다만, 해당 선로의 상태, 열차에 연결되는 차량의 종류, 철도차량의 구조 및 장치의 수준 등을 고려하여 열차운행의 안전에 지장이 없다고 인정되는 경우에는 운전업무종사자 외의 다른 철도종사자를 탑승시키지 않거나 인원을 조정할 수 있다.
② 제1항에도 불구하고 무인운전의 경우에는 운전업무종사자를 탑승시키지 않을 수 있다.

12 철도차량운전규칙상 차량에 화물을 적재하는 방법으로 타당하지 않은 것은?

① 차량에 화물을 적재할 경우에는 차량의 구조와 설계강도 등을 고려하여 허용할 수 있는 최대적재량을 초과하지 않도록 해야 한다.
② 차량에 화물을 적재할 경우에는 중량의 부담을 균등히 해야 하며, 운전 중의 흔들림으로 인하여 무너지거나 넘어질 우려가 없도록 해야 한다.
③ 차량에는 차량한계를 초과하여 화물을 적재·운송해서는 안 된다.
④ 철도운영자등은 차량한계를 초과하는 화물을 운송하려는 경우에는 사전에 신고한 후 운송해야 한다.

해설 철도차량운전규칙 제9조(특대화물의 수송) 철도운영자등은 제8조제3항 단서에 따라 특대화물을 운송하려는 경우에는 사전에 해당 구간에 열차운행에 지장을 초래하는 장애물이 있는지 등을 조사·검토한 후 운송해야 한다.

13 철도차량운전규칙상 차량에는 차량한계를 초과하여 화물을 적재·운송해서는 안 된다. 이때 차량한계에 포함되는 내용에 해당하지 않는 것은?

① 차량의 길이   ② 차량의 넓이
③ 차량의 높이   ④ 차량의 무게

해설 철도차량운전규칙 제8조(차량의 적재 제한 등)제3항 차량에는 차량한계(차량의 길이, 너비 및 높이의 한계를 말한다)를 초과하여 화물을 적재·운송해서는 안 된다. 다만, 열차의 안전운행에 필요한 조치를 하는 경우에는 차량한계를 초과하는 화물(특대화물이라 한다)을 운송할 수 있다.

14 철도차량운전규칙상 동력차를 열차의 맨 앞에 연결하지 않아도 되는 경우가 아닌 것은?

① 기관차를 2 이상 연결한 경우로서 열차의 맨 앞에 위치한 기관차에서 열차를 제어하는 경우
② 보조기관차를 사용하는 경우
③ 구원열차·제설열차·공사열차 또는 시험운전열차를 운전하는 경우
④ 정거장과 그 정거장 외의 본선과의 사이를 운전하는 경우

해설 철도차량운전규칙 제11조(동력차의 연결위치) 열차의 운전에 사용하는 동력차는 열차의 맨 앞에 연결하여야 한다. 다만, 다음 각 호의 어느 하나에 해당하는 경우에는 그러하지 아니하다.
1. 기관차를 2 이상 연결한 경우로서 열차의 맨 앞에 위치한 기관차에서 열차를 제어하는 경우
2. 보조기관차를 사용하는 경우
3. 선로 또는 열차에 고장이 있는 경우
4. 구원열차·제설열차·공사열차 또는 시험운전열차를 운전하는 경우
5. 정거장과 그 정거장 외의 본선 도중에서 분기하는 측선과의 사이를 운전하는 경우
6. 그 밖에 특별한 사유가 있는 경우

정답 11. ④ 12. ④ 13. ④ 14. ④

15 다음 중 철도차량운전규칙상 동력차를 열차의 맨 앞에 연결하지 않아도 되는 경우가 아닌 것은?

① 기관차를 2 이상 연결한 경우로서 열차의 맨 앞에 위치한 기관차에서 열차를 제어하는 경우
② 무인운전을 하는 경우
③ 선로 또는 열차에 고장이 있는 경우
④ 정거장과 그 정거장 외의 본선 도중에서 분기하는 측선과의 사이를 운전하는 경우

해설 철도차량운전규칙 제11조(동력차의 연결위치) 참조

16 철도차량운전규칙상 여객열차의 연결제한에 대한 설명으로 타당하지 않은 것은?

① 여객열차에는 화차를 연결할 수 없다. 다만, 회송의 경우와 그 밖에 특별한 사유가 있는 경우에는 그러하지 아니하다.
② 특별한 사유로 화차를 연결하는 경우에는 화차를 객차의 중간에 연결하여서는 아니된다.
③ 2차량 이상에 무게를 부담시킨 화물을 적재한 화차는 이를 여객열차에 연결하여서는 아니된다.
④ 동력을 사용하지 아니하는 기관차는 여객열차에 연결할 수 있다.

해설 철도차량운전규칙 제12조(여객열차의 연결제한)
① 여객열차에는 화차를 연결할 수 없다. 다만, 회송의 경우와 그 밖에 특별한 사유가 있는 경우에는 그러하지 아니하다.
② 제1항 단서의 규정에 의하여 화차를 연결하는 경우에는 화차를 객차의 중간에 연결하여서는 아니된다.
③ 파손차량, 동력을 사용하지 아니하는 기관차 또는 2차량 이상에 무게를 부담시킨 화물을 적재한 화차는 이를 여객열차에 연결하여서는 아니된다.

17 철도차량운전규칙상 여객열차의 연결제한에 대한 설명으로 옳지 않은 것은?

① 회송 운행과 같은 특별한 사유가 있는 경우에는 화차를 여객열차에 연결할 수 있다.
② 특별한 사유로 여객열차에 화차를 연결하는 경우, 객차의 중간에 화차를 배치할 수 있다.
③ 파손된 차량은 여객열차에 연결해서는 안 된다.
④ 2차량 이상에 무게를 부담시킨 화물을 적재한 화차는 이를 여객열차에 연결하여서는 아니된다.

해설 철도차량운전규칙 제12조(여객열차의 연결제한) 참조

18 철도차량운전규칙상 열차의 운전방향 맨 앞 차량의 운전실에서 운전하지 않아도 되는 경우가 아닌 것은?

① 철도종사자가 차량의 맨 앞에서 전호를 하는 경우로서 그 전호에 의하여 열차를 운전하는 경우
② 선로·전차선로 또는 차량에 고장이 있는 경우
③ 공사열차·구원열차 또는 제설열차를 운전하는 경우
④ 정거장과 그 정거장 외의 측선 도중에서 분기하는 본선과의 사이를 운전하는 경우

해설 철도차량운전규칙 제13조(열차의 운전위치)
① 열차는 운전방향 맨 앞 차량의 운전실에서 운전하여야 한다.
② 제1항에도 불구하고 다음 각 호의 어느 하나에 해당하는 경우에는 운전방향 맨 앞 차량의 운전실 외에서도 열차를 운전할 수 있다.
  1. 철도종사자가 차량의 맨 앞에서 전호를 하는 경우로서 그 전호에 의하여 열차를 운전하는 경우
  2. 선로·전차선로 또는 차량에 고장이 있는 경우
  3. 공사열차·구원열차 또는 제설열차를 운전하는 경우

정답 15. ② 16. ④ 17. ② 18. ④

4. 정거장과 그 정거장 외의 본선 도중에서 분기하는 측선과의 사이를 운전하는 경우
5. 철도시설 또는 철도차량을 시험하기 위하여 운전하는 경우
6. 사전에 정한 특정한 구간을 운전하는 경우
7. 무인운전을 하는 경우
8. 그 밖에 부득이한 경우로서 운전방향 맨 앞 차량의 운전실에서 운전하지 아니하여도 열차의 안전한 운전에 지장이 없는 경우

19 철도차량운전규칙상 열차의 운전위치에 대한 설명으로 바르지 않은 것은?

① 철도차량을 시험하기 위하여 운전하는 경우에는 운전방향 맨 앞 차량의 운전실 외에서도 운전이 가능하다.
② 사전에 정한 특정한 구간을 운전하는 경우에는 운전방향 맨 앞 차량의 운전실 외에서도 운전이 가능하다.
③ 무인운전을 하는 경우에는 운전방향 맨 앞 차량의 운전실 외에서도 운전이 가능하다.
④ 보조기관차를 사용하여 운전하는 경우에는 운전방향 맨 앞 차량의 운전실 외에서도 운전이 가능하다.

[해설] 철도차량운전규칙 제13조(열차의 운전위치) 참조

20 철도차량운전규칙상 2량 이상의 차량으로 조성하는 열차에 제동장치를 구비하지 않아도 되는 경우에 해당하지 않는 것은?

① 정거장에서 차량을 연결·분리하는 작업을 하는 경우
② 차량을 정지시킬 수 있는 인력을 배치한 구원열차 및 공사열차의 경우
③ 차량이 분리된 경우에도 다른 차량에 충격을 주지 아니하도록 안전조치를 취한 경우
④ 제동축비율이 100이 되도록 열차를 조성한 경우

[해설] 철도차량운전규칙 제14조(열차의 제동장치) 2량 이상의 차량으로 조성하는 열차에는 모든 차량에 연동하여 작용하고 차량이 분리되었을 때 자동으로 차량을 정차시킬 수 있는 제동장치를 구비하여야 한다. 다만, 다음 각 호의 어느 하나에 해당하는 경우에는 그러하지 아니하다.
1. 정거장에서 차량을 연결·분리하는 작업을 하는 경우
2. 차량을 정지시킬 수 있는 인력을 배치한 구원열차 및 공사열차의 경우
3. 그 밖에 차량이 분리된 경우에도 다른 차량에 충격을 주지 아니하도록 안전조치를 취한 경우

21 철도차량운전규칙상 열차의 제동력에 대한 설명으로 타당하지 않은 것은?

① 열차는 선로의 굴곡정도 및 운전속도에 따라 충분한 제동능력을 갖추어야 한다.
② 철도운영자등은 연결축수에 대한 제동축수의 비율이 100이 되도록 열차를 조성하여야 한다.
③ 열차를 조성하는 경우에는 모든 차량의 제동력이 균등하도록 차량을 배치하여야 한다.
④ 고장 등으로 인하여 일부 차량의 제동력이 작용하지 아니하는 경우에는 제동축수에 대한 연결축수의 비율에 따라 운전속도를 감속하여야 한다.

[해설] 철도차량운전규칙 제15조(열차의 제동력) 고장 등으로 인한 감속은 연결축수에 대한 제동축수의 비율로 한다.
① 열차는 선로의 굴곡정도 및 운전속도에 따라 충분한 제동능력을 갖추어야 한다.
② 철도운영자등은 연결축수(연결된 차량의 차축 총수를 말한다)에 대한 제동축수(소요 제동력을 작용시킬 수 있는 차축의 총수를 말한다)의 비율(이하 "제동축비율"이라 한다)이 100이 되도록 열차를 조성하여야 한다. 다만, 긴급상황 발생 등으로 인하여 열차를 조성하는 경우 등 부득이한 사유가 있는 경우에는 그러하지 아니하다.
③ 열차를 조성하는 경우에는 모든 차량의 제동력이 균등하도록 차량을 배치하여야 한다. 다만, 고장 등으로 인하여 일부 차량의 제동력이 작용하지 아니하는 경우에는 제동축비율에 따라 운전속도를 감속하여야 한다.

정답 19. ④ 20. ④ 21. ④

22 철도차량운전규칙상 철도운영자등은 제동축비율이 얼마가 되도록 열차를 조성하여야 하는가?

① 50 ② 100
③ 200 ④ 400

해설 철도차량운전규칙 제15조(열차의 제동력) 참조

23 철도차량운전규칙상 완급차에 대한 설명으로 타당하지 않는 것은?

① 관통제동기를 사용하는 열차의 맨 뒤에는 완급차를 연결하여야 한다.
② 화물열차에는 완급차를 연결하지 아니할 수 있다.
③ 군전용열차에는 완급차를 연결하지 아니할 수 있다.
④ 위험물을 운송하는 열차에는 완급차를 연결하여야 한다.

해설 철도차량운전규칙 제16조(완급차의 연결)
① 관통제동기를 사용하는 열차의 맨 뒤(추진운전의 경우에는 맨 앞)에는 완급차를 연결하여야 한다. 다만, 화물열차에는 완급차를 연결하지 아니할 수 있다.
② 제1항 단서의 규정에 불구하고 군전용열차 또는 위험물을 운송하는 열차 등 열차승무원이 반드시 탑승하여야 할 필요가 있는 열차에는 완급차를 연결하여야 한다.

24 철도차량운전규칙상 열차의 운전에 관한 내용으로 타당하지 않은 것은?

① 철도차량은 신호·전호 및 표지가 표시하는 조건에 따라 운전하여야 한다.
② 철도운영자등은 상행선·하행선 등으로 노선이 구분되는 선로의 경우에는 열차의 운행방향을 미리 지정하여야 한다.
③ 열차는 정거장외에서는 정차하여서는 아니된다.
④ 철도사고등의 발생으로 인하여 정거장외에서 열차가 정차하여 구원열차를 요구한 경우에는 당해 열차를 신속하게 가장 가까운 정거장으로 이동하여야 한다.

해설 철도차량운전규칙 제31조(구원열차 요구 후 이동금지) 제1항 철도사고등의 발생으로 인하여 정거장외에서 열차가 정차하여 구원열차를 요구하였거나 구원열차 운전의 통보가 있는 경우에는 당해 열차를 이동하여서는 아니된다. 다만, 다음 각 호의 어느 하나에 해당하는 경우에는 그러하지 아니하다.
1. 철도사고등이 확대될 염려가 있는 경우
2. 응급작업을 수행하기 위하여 다른 장소로 이동이 필요한 경우

25 철도차량운전규칙상 지정된 선로의 반대선로로 열차를 운행할 수 있는 경우가 아닌 것은?

① 철도운영자등과 상호 협의된 방법에 따라 열차를 운행하는 경우
② 정거장내의 선로를 운전하는 경우
③ 공사열차·구원열차 또는 회송열차를 운전하는 경우
④ 정거장과 그 정거장 외의 본선 도중에서 분기하는 측선과의 사이를 운전하는 경우

해설 철도차량운전규칙 제20조(열차의 운전방향 지정 등)
철도운영자등은 상행선·하행선 등으로 노선이 구분되는 선로의 경우에는 열차의 운행방향을 미리 지정하여야 한다. 다음 각 호의 어느 하나에 해당되는 경우에는 지정된 선로의 반대선로로 열차를 운행할 수 있다.
1. 제4조제2항의 규정에 의하여 철도운영자등과 상호 협의된 방법에 따라 열차를 운행하는 경우
2. 정거장내의 선로를 운전하는 경우
3. 공사열차·구원열차 또는 제설열차를 운전하는 경우
4. 정거장과 그 정거장 외의 본선 도중에서 분기하는 측선과의 사이를 운전하는 경우
5. 입환운전을 하는 경우
6. 선로 또는 열차의 시험을 위하여 운전하는 경우
7. 퇴행(退行)운전을 하는 경우
8. 양방향 신호설비가 설치된 구간에서 열차를 운전하는 경우
9. 철도사고 또는 운행장애(철도사고등이라 한다)의 수습 또는 선로보수공사 등으로 인하여 부득이하게 지정된 선로방향을 운행할 수 없는 경우

정답 22. ② 23. ③ 24. ④ 25. ③

26 다음 중 철도차량운전규칙상 지정된 선로의 반대선로 운행이 가능한 경우가 아닌 것은?

① 입환운전을 하는 경우
② 선로 또는 열차의 시험을 위하여 운전하는 경우
③ 무인운전을 하는 경우
④ 양방향 신호설비가 설치된 구간에서 열차를 운전하는 경우

해설 철도차량운전규칙 제20조(열차의 운전방향 지정 등) 참조

27 철도차량운전규칙상 열차가 정거장외에서 정차하여도 되는 경우에 해당하지 않는 것은?

① 경사도가 1000분의 20 이상인 급경사 구간에 진입하기 전의 경우
② 정지신호의 현시(現示)가 있는 경우
③ 철도사고등이 발생하거나 철도사고등의 발생 우려가 있는 경우
④ 철도안전을 위하여 부득이 정차하여야 하는 경우

해설 철도차량운전규칙 제22조(열차의 정거장외 정차금지) 열차는 정거장외에서는 정차하여서는 아니된다. 다만, 다음 각 호의 어느 하나에 해당하는 경우에는 그러하지 아니하다.
1. 경사도가 1000분의 30 이상인 급경사 구간에 진입하기 전의 경우
2. 정지신호의 현시(現示)가 있는 경우
3. 철도사고등이 발생하거나 철도사고등의 발생 우려가 있는 경우
4. 그 밖에 철도안전을 위하여 부득이 정차하여야 하는 경우

28 철도차량운전규칙상 열차가 정거장외에서 정차하여도 되는 경우가 아닌 것은?

① 경사도가 1000분의 30 이상인 급경사 구간에 진입하기 전의 경우
② 경고신호의 현시(現示)가 있는 경우
③ 철도사고등이 발생하거나 철도사고등의 발생 우려가 있는 경우
④ 철도안전을 위하여 부득이 정차하여야 하는 경우

해설 철도차량운전규칙 제22조(열차의 정거장외 정차금지) 참조

29 다음 중 철도차량운전규칙상 열차가 퇴행하여도 되는 경우가 아닌 것은?

① 선로·전차선로 또는 차량에 고장이 있는 경우
② 공사열차·구원열차 또는 제설열차가 작업상 퇴행할 필요가 있는 경우
③ 입환운전을 하는 경우
④ 철도사고등의 발생 등 특별한 사유가 있는 경우

해설 철도차량운전규칙 제26조(열차의 퇴행 운전)제1항 열차는 퇴행하여서는 아니된다. 다만, 다음 각 호의 어느 하나에 해당하는 경우에는 그러하지 아니하다.
1. 선로·전차선로 또는 차량에 고장이 있는 경우
2. 공사열차·구원열차 또는 제설열차가 작업상 퇴행할 필요가 있는 경우
3. 뒤의 보조기관차를 활용하여 퇴행하는 경우
4. 철도사고등의 발생 등 특별한 사유가 있는 경우

30 철도차량운전규칙상 열차가 퇴행을 할 수 있는 경우가 아닌 것은?

① 선로·전차선로 또는 차량에 고장이 있는 경우
② 회송열차가 퇴행할 경우
③ 뒤의 보조기관차를 활용하여 퇴행하는 경우
④ 철도사고등의 발생 등 특별한 사유가 있는 경우

해설 철도차량운전규칙 제26조(열차의 퇴행 운전) 참조

정답 26. ③ 27. ① 28. ② 29. ③ 30. ②

31 철도차량운전규칙상 열차가 퇴행할 수 있는 경우는?

① 정거장내의 선로를 운전하는 경우
② 선로 또는 열차의 시험을 위하여 운전하는 경우
③ 입환운전을 하는 경우
④ 철도사고등의 발생 등 특별한 사유가 있는 경우

해설 철도차량운전규칙 제26조(열차의 퇴행 운전) 참조

32 철도차량운전규칙상 동시에 2 이상의 열차를 정거장에 진입·진출시킬 수 있는 경우가 아닌 것은?

① 안전측선·탈선선로전환기·탈선기가 설치되어 있는 경우
② 열차를 유도하여 서행으로 진입시키는 경우
③ 단행기관차로 운행하는 열차를 진입시키는 경우
④ 다른 방향에서 진입하는 열차들이 출발신호기 또는 정차위치로부터 100미터 이상의 여유거리가 있는 경우

해설 철도차량운전규칙 제28조(열차의 동시 진출·입 금지) 2 이상의 열차가 정거장에 진입하거나 정거장으로부터 진출하는 경우로서 열차 상호간 그 진로에 지장을 줄 염려가 있는 경우에는 2 이상의 열차를 동시에 정거장에 진입시키거나 진출시킬 수 없다. 다만, 다음 각 호의 어느 하나에 해당하는 경우에는 그러하지 아니하다.
1. 안전측선·탈선선로전환기·탈선기가 설치되어 있는 경우
2. 열차를 유도하여 서행으로 진입시키는 경우
3. 단행기관차로 운행하는 열차를 진입시키는 경우
4. 다른 방향에서 진입하는 열차들이 출발신호기 또는 정차위치로부터 200미터(동차·전동차의 경우에는 150미터) 이상의 여유거리가 있는 경우
5. 동일방향에서 진입하는 열차들이 각 정차위치에서 100미터 이상의 여유거리가 있는 경우

33 철도차량운전규칙상 동시에 2 이상의 열차를 정거장에 진입·진출시킬 수 있는 경우에 해당하지 않는 것은?

① 열차를 유도하여 서행으로 진입시키는 경우
② 다른 방향에서 진입하는 열차들이 출발신호기 또는 정차위치로부터 200미터 이상의 여유거리가 있는 경우
③ 다른 방향에서 진입하는 전동차들이 출발신호기 또는 정차위치로부터 150미터 이상의 여유거리가 있는 경우
④ 동일방향에서 진입하는 열차들이 각 정차위치에서 50미터 이상의 여유거리가 있는 경우

해설 철도차량운전규칙 제28조(열차의 동시 진출·입 금지) 참조

34 철도차량운전규칙상 열차를 무인운전하는 경우에 준수해야 할 사항에 해당하지 않는 것은?

① 철도운영자등이 지정한 철도종사자는 차량을 차고에서 출고하기 전에 운전방식을 무인운전 모드(mode)로 전환하고, 관제업무종사자로부터 무인운전 기능을 확인받을 것
② 철도운영자등이 지정한 철도종사자는 차량을 무인운전 구간으로 진입하기 전에 운전방식을 무인운전 모드(mode)로 전환하고, 관제업무종사자로부터 무인운전 기능을 확인받을 것
③ 철도운영자등은 열차의 운행상태를 실시간으로 감시하고 필요한 조치를 할 것
④ 철도운영자등은 여객의 승하차 시 안전을 확보하고 시스템 고장 등 긴급상황에 신속하게 대처하기 위하여 정거장 등에 안전요원을 배치하거나 순회하도록 할 것

정답 31. ④ 32. ④ 33. ④ 34. ③

해설 철도차량운전규칙 제32조의2(무인운전 시의 안전확보 등) 열차를 무인운전하는 경우에는 다음 각 호의 사항을 준수해야 한다.
1. 철도운영자등이 지정한 철도종사자는 차량을 차고에서 출고하기 전 또는 무인운전 구간으로 진입하기 전에 운전방식을 무인운전 모드(mode)로 전환하고, 관제업무종사자로부터 무인운전 기능을 확인받을 것
2. 관제업무종사자는 열차의 운행상태를 실시간으로 감시하고 필요한 조치를 할 것
3. 관제업무종사자는 열차가 정거장의 정지선을 지나쳐서 정차한 경우 다음 각 목의 조치를 할 것
  가. 후속 열차의 해당 정거장 진입 차단
  나. 철도운영자등이 지정한 철도종사자를 해당 열차에 탑승시켜 수동으로 열차를 정지선으로 이동
  다. 나목의 조치가 어려운 경우 해당 열차를 다음 정거장으로 재출발
4. 철도운영자등은 여객의 승하차 시 안전을 확보하고 시스템 고장 등 긴급상황에 신속하게 대처하기 위하여 정거장 등에 안전요원을 배치하거나 순회하도록 할 것

35 철도차량운전규칙상 무인운전하는 열차가 정거장의 정지선을 지나쳐서 정차한 경우 취해야 하는 조치로서 바르지 않은 것은?

① 후속 열차의 해당 정거장 진입 차단
② 관제업무종사자가 수동으로 열차를 정지선으로 이동
③ 철도운영자등이 지정한 철도종사자를 해당 열차에 탑승시켜 수동으로 열차를 정지선으로 이동
④ 수동으로 열차를 정지선으로 이동시키기 어려운 경우 해당 열차를 다음 정거장으로 재출발

해설 철도차량운전규칙 제32조의2(무인운전 시의 안전확보 등) 참조

36 철도차량운전규칙상 열차를 안전한 속도로 운전하기 위하여 고려해야 하는 사항으로 볼 수 없는 것은?

① 선로 및 전차선로의 상태
② 차량의 성능
③ 운전방법
④ 운전업무종사자의 능력

해설 철도차량운전규칙 제34조(열차의 운전 속도)제1항 열차는 선로 및 전차선로의 상태, 차량의 성능, 운전방법, 신호의 조건 등에 따라 안전한 속도로 운전하여야 한다.

37 철도차량운전규칙상 철도운영자등이 선로의 노선별 및 차량의 종류별로 열차의 최고속도를 정할 때 고려하여야 하는 사항으로 볼 수 없는 것은?

① 선로의 굴곡의 정도
② 선로전환기의 종류와 구조
③ 무인운전 여부
④ 전차선의 가설방법별 제한속도

해설 철도차량운전규칙 제34조(열차의 운전 속도)제2항 철도운영자등은 다음 각 호를 고려하여 선로의 노선별 및 차량의 종류별로 열차의 최고속도를 정하여 운용하여야 한다.
1. 선로에 대하여는 선로의 굴곡의 정도 및 선로전환기의 종류와 구조
2. 전차선에 대하여는 가설방법별 제한속도

38 철도차량운전규칙상 철도운영자등이 열차 또는 차량의 운전제한속도를 따로 정하여 시행하여야 하는 경우에 해당하지 않는 것은?

① 서행신호 현시구간을 운전하는 경우
② 열차를 퇴행운전을 하는 경우
③ 입환운전을 하는 경우
④ 무인운전 구간에서 운전업무종사자가 탑승하지 않고 운전하는 경우

해설 철도차량운전규칙 제35조(운전방법 등에 의한 속도제한) 철도운영자등은 다음 각 호의 어느 하나에 해당하는 경우에는 열차 또는 차량의 운전제한속도를 따로 정하여 시행하여야 한다.
1. 서행신호 현시구간을 운전하는 경우
2. 추진운전을 하는 경우(총괄제어법에 따라 열차의 맨 앞에서 제어하는 경우를 제외한다)
3. 열차를 퇴행운전을 하는 경우
4. 쇄정(鎖錠)되지 않은 선로전환기를 대항(對向)으로 운전하는 경우
5. 입환운전을 하는 경우
6. 제74조에 따른 전령법(傳令法)에 의하여 열차를 운전하는 경우

정답 35. ② 36. ④ 37. ③ 38. ④

7. 수신호 현시구간을 운전하는 경우
8. 지령운전을 하는 경우
9. 무인운전 구간에서 운전업무종사자가 탑승하여 운전하는 경우
10. 그 밖에 철도안전을 위하여 필요하다고 인정되는 경우

호 현시중이라도 운전속도의 제한 등 안전조치에 따라 서행하여 그 현시지점을 넘어서 진행할 수 있다.
③ 서행허용표지를 추가하여 부설한 자동폐색신호기가 정지신호를 현시하는 때에는 정지신호 현시중이라도 정지하지 아니하고 운전속도의 제한 등 안전조치에 따라 서행하여 그 현시지점을 넘어서 진행할 수 있다.

39 철도차량운전규칙상 철도운영자등이 열차 또는 차량의 운전제한속도를 따로 정하여 시행하여야 하는 경우가 아닌 것은?

① 총괄제어법에 따라 열차의 맨 앞에서 제어하여 추진운전을 하는 경우
② 전령법(傳令法)에 의하여 열차를 운전하는 경우
③ 수신호 현시구간을 운전하는 경우
④ 지령운전을 하는 경우

해설 철도차량운전규칙 제35조(운전방법 등에 의한 속도제한) 참조

40 철도차량운전규칙상 열차 또는 차량이 정지신호가 현시됐음에도 불구하고 그 현시지점을 넘어서 진행할 수 있는 경우가 아닌 것은?

① 자동폐색신호기에 의하여 정지신호의 현시가 있는 경우
② 신호기 고장 등으로 인하여 정지가 불가능한 거리에서 정지신호의 현시가 있는 경우
③ 자동폐색신호기의 정지신호에 의하여 일단 정지한 열차 또는 차량이 운전속도의 제한 등 안전조치에 따라 서행하는 경우
④ 서행허용표지를 추가하여 부설한 자동폐색신호기의 정지신호에 운전속도의 제한 등 안전조치에 따라 서행하는 경우

해설 철도차량운전규칙 제36조(열차 또는 차량의 정지)
① 열차 또는 차량은 정지신호가 현시된 경우에는 그 현시지점을 넘어서 진행할 수 없다. 다만, 다음 각 호의 어느 하나에 해당하는 경우에는 그러하지 아니하다.
1. 수신호에 의하여 정지신호의 현시가 있는 경우
2. 신호기 고장 등으로 인하여 정지가 불가능한 거리에서 정지신호의 현시가 있는 경우
② 제1항의 규정에 불구하고 자동폐색신호기의 정지신호에 의하여 일단 정지한 열차 또는 차량은 정지신

41 철도차량운전규칙상 철도운영자등은 입환작업을 하려면 입환계획서를 작성하여 배부하고 입환작업에 대한 교육을 실시하여야 한다. 이때 그 대상자가 아닌 사람은?

① 기관사 ② 운전취급담당자
③ 관제업무종사자 ④ 입환작업자

해설 철도차량운전규칙 제39조(입환)제1항 철도운영자등은 입환작업을 하려면 다음 각 호의 사항을 포함한 입환작업계획서를 작성하여 기관사, 운전취급담당자, 입환작업자에게 배부하고 입환작업에 대한 교육을 실시하여야 한다. 다만, 단순히 선로를 변경하기 위하여 이동하는 입환의 경우에는 입환작업계획서를 작성하지 아니할 수 있다.
1. 작업 내용 2. 대상 차량
3. 입환 작업 순서 4. 작업자별 역할
5. 입환전호 방식
6. 입환 시 사용할 무선채널의 지정
7. 그 밖에 안전조치사항

42 다음 중 철도차량운전규칙상 입환작업을 위한 입환작업계획서에 포함되어야 하는 사항이 아닌 것은?

① 작업 내용 ② 대상 차량
③ 입환 작업 선로 ④ 작업자별 역할

해설 철도차량운전규칙 제39조(입환)제1항 참조

43 철도차량운전규칙상 입환작업을 위한 입환작업계획서에 포함되어야 하는 사항으로 볼 수 없는 것은?

① 입환 작업 순서
② 입환 작업 시간
③ 입환 전호 방식
④ 입환 시 사용할 무선채널의 지정

정답 39.① 40.① 41.③ 42.③ 43.②

해설 철도차량운전규칙 제39조(입환)제1항 참조

44 철도차량운전규칙상 입환과 관련한 설명으로 타당하지 않은 것은?

① 차량과 열차가 이동하는 때에는 차량을 분리하는 입환작업을 하지 말 것
② 입환 시 다른 열차의 운행에 지장을 주지 않도록 할 것
③ 화약류 등 위험물을 적재한 차량에 대하여는 충격을 주지 않도록 할 것
④ 화물을 적재한 차량에 대하여는 충격을 주지 않도록 할 것

해설 철도차량운전규칙 제39조(입환)제2항 입환작업자(기관사를 포함한다)는 차량과 열차를 입환하는 경우 다음 각 호의 기준에 따라야 한다.
1. 차량과 열차가 이동하는 때에는 차량을 분리하는 입환작업을 하지 말 것
2. 입환 시 다른 열차의 운행에 지장을 주지 않도록 할 것
3. 여객이 승차한 차량이나 화약류 등 위험물을 적재한 차량에 대하여는 충격을 주지 않도록 할 것

45 철도차량운전규칙상 선로전환기의 쇄정에 대한 설명으로 바르지 않은 것은?

① 본선의 선로전환기는 이와 관계된 신호기와 그 진로내의 선로전환기를 연동쇄정하여 사용하여야 한다.
② 상시 쇄정되어 있는 선로전환기는 이와 관계된 신호기와 그 진로내의 선로전환기를 연동쇄정하여 사용하여야 한다.
③ 쇄정되지 아니한 선로전환기를 대향으로 통과할 때에는 쇄정기구를 사용하여 텅레일(Tongue Rail)을 쇄정하여야 한다.
④ 선로전환기를 사용한 후에는 지체없이 미리 정하여진 위치에 두어야 한다.

해설 철도차량운전규칙 제40조(선로전환기의 쇄정 및 정위치 유지)
① 본선의 선로전환기는 이와 관계된 신호기와 그 진로내의 선로전환기를 연동쇄정하여 사용하여야 한다. 다만, 상시 쇄정되어 있는 선로전환기 또는 취급회수가 극히 적은 배향(背向)의 선로전환기의 경우에는 그러하지 아니하다.
② 쇄정되지 아니한 선로전환기를 대향으로 통과할 때에는 쇄정기구를 사용하여 텅레일(Tongue Rail)을 쇄정하여야 한다.
③ 선로전환기를 사용한 후에는 지체없이 미리 정하여진 위치에 두어야 한다.

46 철도차량운전규칙상 열차간의 안전확보를 위한 운전방법에 해당하지 않는 것은?

① 폐색에 의한 방법
② 열차제어장치에 의한 방법
③ 시계운전에 의한 방법
④ 계기운전에 의한 방법

해설 철도차량운전규칙 제46조(열차 간의 안전 확보)제1항 열차는 열차 간의 안전을 확보할 수 있도록 다음 각 호의 어느 하나의 방법으로 운전해야 한다. 다만, 정거장 내에서 철도신호의 현시·표시 또는 그 정거장의 운전을 관리하는 사람의 지시에 따라 운전하는 경우에는 그렇지 않다.
1. 폐색에 의한 방법
2. 열차 간의 간격을 확보하는 장치(열차제어장치라 한다)에 의한 방법
3. 시계(視界)운전에 의한 방법

47 철도차량운전규칙상 하나의 폐색구간에 둘 이상의 열차를 동시에 운행할 수 있는 경우가 아닌 것은?

① 자동폐색신호기의 정지신호에 의하여 일단 정지한 열차가 운전속도의 제한 등 안전조치에 따라 서행하여 진입하는 경우
② 서행허용표지를 추가하여 부설한 자동폐색신호기가 정지신호를 현시하는 때에 열차가 운전속도의 제한 등 안전조치에 따라 서행하여 진입하는 경우
③ 고장열차가 있는 폐색구간에 보조기관차를 운전하는 경우
④ 선로가 불통된 구간에 공사열차를 운전하는 경우

정답 44.④ 45.② 46.④ 47.③

해설 철도차량운전규칙 제49조(폐색에 의한 열차 운행)제2항 하나의 폐색구간에는 둘 이상의 열차를 동시에 운행할 수 없다. 다만, 다음 각 호에 해당하는 경우에는 그렇지 아니하다.
1. 제36조제2항 및 제3항에 따라 열차를 진입시키려는 경우
2. 고장열차가 있는 폐색구간에 구원열차를 운전하는 경우
3. 선로가 불통된 구간에 공사열차를 운전하는 경우
4. 폐색구간에서 뒤의 보조기관차를 열차로부터 떼었을 경우
5. 열차가 정차되어 있는 폐색구간으로 다른 열차를 유도하는 경우
6. 폐색에 의한 방법으로 운전을 하고 있는 열차를 열차제어장치로 운전하거나 시계운전이 가능한 노선에서 열차를 서행하여 운전하는 경우
7. 그 밖에 특별한 사유가 있는 경우

48 철도차량운전규칙상 하나의 폐색구간에 둘 이상의 열차를 동시에 운행할 수 있는 경우에 해당하지 않는 것은?

① 고장열차가 있는 폐색구간에 구원열차를 운전하는 경우
② 폐색구간에서 뒤의 보조기관차를 열차로부터 떼었을 경우
③ 열차가 정차되어 있는 폐색구간으로 다른 열차를 유도하는 경우
④ 단선(單線)구간에서 폐색을 한 경우 상대역의 열차가 동시에 당해 구간에 진입하는 경우

해설 철도차량운전규칙 제49조(폐색에 의한 열차 운행)제2항 참조

49 철도차량운전규칙상 상용(常用)폐색방식에 해당하지 않는 것은?

① 지도통신식　② 자동폐색식
③ 연동폐색식　④ 통표폐색식

해설 철도차량운전규칙 제50조(폐색방식의 구분) 폐색방식은 각 호와 같이 구분한다.
1. 상용(常用)폐색방식 : 자동폐색식·연동폐색식·차내신호폐색식·통표폐색식
2. 대용(代用)폐색방식 : 통신식·지도통신식·지도식·지령식

50 철도차량운전규칙상 대용(代用)폐색방식에 해당하지 않는 것은?

① 통신식　② 자동식
③ 지도식　④ 지령식

해설 철도차량운전규칙 제50조(폐색방식의 구분) 참조

51 철도차량운전규칙상 자동폐색장치가 갖추어야 할 기능에 해당하지 않는 것은?

① 폐색구간에 열차 또는 차량이 진입하고 있을 때에는 자동으로 위험신호를 현시할 것
② 폐색구간에 있는 선로전환기가 정당한 방향으로 개통되지 아니한 때에는 자동으로 정지신호를 현시할 것
③ 폐색장치에 고장이 있을 때에는 자동으로 정지신호를 현시할 것
④ 단선구간에 있어서는 하나의 방향에 대하여 진행을 지시하는 신호를 현시한 때에는 그 반대방향의 신호기는 자동으로 정지신호를 현시할 것

해설 철도차량운전규칙 제51조(자동폐색장치의 기능) 자동폐색식을 시행하는 폐색구간의 폐색신호기·장내신호기 및 출발신호기는 다음 각 호의 기능을 갖추어야 한다.
1. 폐색구간에 열차 또는 차량이 있을 때에는 자동으로 정지신호를 현시할 것
2. 폐색구간에 있는 선로전환기가 정당한 방향으로 개통되지 아니한 때 또는 분기선 및 교차점에 있는 차량이 폐색구간에 지장을 줄 때에는 자동으로 정지신호를 현시할 것
3. 폐색장치에 고장이 있을 때에는 자동으로 정지신호를 현시할 것
4. 단선구간에 있어서는 하나의 방향에 대하여 진행을 지시하는 신호를 현시한 때에는 그 반대방향의 신호기는 자동으로 정지신호를 현시할 것

52 철도차량운전규칙상 연동폐색장치에 대한 설명으로 타당하지 않은 것은?

① 연동폐색식을 시행하는 폐색구간 양끝의 정거장 또는 신호소에는 신호기와 연동하여 자동으로 폐색구간에 열차 있음 또는 없음을 표시할 수 있는 기능을 갖춘 연동폐색기를 설치해야 한다.
② 열차가 폐색구간에 있을 때에는 그 구간의 신호기에 진행을 지시하는 신호를 현시할 수 없을 것
③ 폐색구간에 진입한 열차가 그 구간을 통과한 후가 아니면 폐색구간에 열차 있음의 표시를 변경할 수 없을 것
④ 단선구간에 있어서 하나의 방향에 대하여 폐색이 이루어지면 그 반대방향의 신호기는 자동으로 폐색구간에 열차 있음 표시를 현시할 것

해설 철도차량운전규칙 제52조(연동폐색장치의 구비조건)
연동폐색식을 시행하는 폐색구간 양끝의 정거장 또는 신호소에는 다음 각 호의 기능을 갖춘 연동폐색기를 설치해야 한다.
1. 신호기와 연동하여 자동으로 다음 각 목의 표시를 할 수 있을 것
   ㉠ 폐색구간에 열차 있음
   ㉡ 폐색구간에 열차 없음
2. 열차가 폐색구간에 있을 때에는 그 구간의 신호기에 진행을 지시하는 신호를 현시할 수 없을 것
3. 폐색구간에 진입한 열차가 그 구간을 통과한 후가 아니면 폐색구간에 열차 있음의 표시를 변경할 수 없을 것
4. 단선구간에 있어서 하나의 방향에 대하여 폐색이 이루어지면 그 반대방향의 신호기는 자동으로 정지신호를 현시할 것

53 철도차량운전규칙상 차내신호폐색식을 시행하는 구간의 차내신호폐색장치의 차내신호가 자동으로 정지신호를 현시하는 기능을 갖추어야 하는 경우가 아닌 것은?

① 폐색구간에 열차 또는 다른 차량이 있는 경우
② 폐색구간에 있는 선로전환기가 정당한 방향에 있지 아니한 경우
③ 다른 선로에 있는 열차 또는 차량이 폐색구간을 진입하고 있는 경우
④ 열차 정상운행선로의 방향이 같은 경우

해설 철도차량운전규칙 제54조(차내신호폐색장치의 기능)
차내신호폐색식을 시행하는 구간의 차내신호는 다음 각 호의 경우에는 자동으로 정지신호를 현시하는 기능을 갖추어야 한다.
1. 폐색구간에 열차 또는 다른 차량이 있는 경우
2. 폐색구간에 있는 선로전환기가 정당한 방향에 있지 아니한 경우
3. 다른 선로에 있는 열차 또는 차량이 폐색구간을 진입하고 있는 경우
4. 열차제어장치의 지상장치에 고장이 있는 경우
5. 열차 정상운행선로의 방향이 다른 경우

54 다음 중 철도차량운전규칙상 통표폐색식을 시행하는 폐색구간 양끝의 정거장 또는 신호소에 설치하는 통표폐색장치가 갖추어야 할 기능에 해당하지 않는 것은?

① 통표는 폐색구간 양끝의 정거장 또는 신호소에서 협동하여 취급하지 아니하면 이를 꺼낼 수 없을 것
② 폐색구간에 열차 또는 차량이 있을 때에는 자동으로 정지신호를 현시할 것
③ 폐색구간 양끝에 있는 통표폐색기에 넣은 통표는 1개에 한하여 꺼낼 수 있으며, 꺼낸 통표를 통표폐색기에 넣은 후가 아니면 다른 통표를 꺼내지 못하는 것일 것
④ 인접 폐색구간의 통표는 넣을 수 없는 것일 것

해설 철도차량운전규칙 제55조(통표폐색장치의 기능 등)
① 통표폐색식을 시행하는 폐색구간 양끝의 정거장 또는 신호소에는 다음 각 호의 기능을 갖춘 통표폐색장치를 설치해야 한다.
   1. 통표는 폐색구간 양끝의 정거장 또는 신호소에서 협동하여 취급하지 아니하면 이를 꺼낼 수 없을 것
   2. 폐색구간 양끝에 있는 통표폐색기에 넣은 통표는 1개에 한하여 꺼낼 수 있으며, 꺼낸 통표를 통표폐색기에 넣은 후가 아니면 다른 통표를 꺼

정답 52. ④ 53. ④ 54. ②

내지 못하는 것일 것
3. 인접 폐색구간의 통표는 넣을 수 없는 것일 것
② 제1항의 규정에 의한 통표폐색기에는 그 구간 전용의 통표만을 넣어야 한다.
③ 인접폐색구간의 통표는 그 모양을 달리하여야 한다.
④ 열차는 당해 구간의 통표를 휴대하지 아니하면 그 구간을 운전할 수 없다. 다만, 특별한 사유가 있는 경우에는 그러하지 아니하다.

55 철도차량운전규칙상 통표폐색식에 대한 설명으로 바르지 않은 것은?

① 통표폐색기에는 진행과 정지 2개의 통표만을 사용한다.
② 통표폐색기에는 그 구간 전용의 통표만을 넣어야 한다.
③ 인접폐색구간의 통표는 그 모양을 달리하여야 한다.
④ 열차는 당해 구간의 통표를 휴대하지 아니하면 그 구간을 운전할 수 없다.

해설 철도차량운전규칙 제55조(통표폐색장치의 기능 등) 참조

56 철도차량운전규칙상 대용폐색방식으로 통신식을 시행하는 구간에서 전용 통신설비가 아닌 다른 통신설비로서 대신할 수 있는 경우가 아닌 것은?

① 운전이 한산한 구간인 경우
② 열차제어장치의 지상장치에 고장이 있는 경우
③ 전용의 통신설비에 고장이 있는 경우
④ 철도사고등의 발생 그 밖에 부득이한 사유로 인하여 전용의 통신설비를 설치할 수 없는 경우

해설 철도차량운전규칙 제57조(통신식 대용폐색 방식의 통신장치) 통신식을 시행하는 구간에는 전용의 통신설비를 설치하여야 한다. 다만, 다음 각 호의 어느 하나에 해당하는 경우에는 다른 통신설비로서 이를 대신할 수 있다.
1. 운전이 한산한 구간인 경우
2. 전용의 통신설비에 고장이 있는 경우
3. 철도사고등의 발생 그 밖에 부득이한 사유로 인하여 전용의 통신설비를 설치할 수 없는 경우

57 철도차량운전규칙상 지도통신식 폐색방식에 대한 설명으로 바르지 않은 것은?

① 지도통신식을 시행하는 구간에는 폐색구간 양끝의 정거장 또는 신호소의 통신설비를 사용하여 서로 협의한 후 시행한다.
② 대용(代用)폐색방식이다.
③ 지도통신식을 시행하는 경우 폐색구간 양끝의 정거장 또는 신호소가 서로 협의한 후 지도표를 발행하여야 한다.
④ 지도표는 1폐색구간에 2매로 한다.

해설 철도차량운전규칙 제59조(지도통신식의 시행)
① 지도통신식을 시행하는 구간에는 폐색구간 양끝의 정거장 또는 신호소의 통신설비를 사용하여 서로 협의한 후 시행한다.
② 지도통신식을 시행하는 경우 폐색구간 양끝의 정거장 또는 신호소가 서로 협의한 후 지도표를 발행하여야 한다.
③ 제2항의 규정에 의한 지도표는 1폐색구간에 1매로 한다.

58 철도차량운전규칙상 지도통신식 폐색방식을 시행하는 구간에서의 지도표와 지도권 사용에 대한 설명으로 틀린 것은?

① 동일방향의 폐색구간으로 진입시키고자 하는 열차가 하나뿐인 경우에는 지도표를 교부한다.
② 연속하여 2 이상의 열차를 동일방향의 폐색구간으로 진입시키고자 하는 경우 최후의 열차에 대하여는 지도표를 교부한다.
③ 연속하여 2 이상의 열차를 동일방향의 폐색구간으로 진입시키고자 하는 경우 최후의 열차를 제외한 나머지 열차에 대하여는 지도권을 교부한다.

정답 55. ① 56. ② 57. ④ 58. ④

④ 지도표는 지도권을 가지고 있는 정거장 또는 신호소에서 서로 협의를 한 후 발행하여야 한다.

해설 철도차량운전규칙 제60조(지도표와 지도권의 사용구별)
① 지도통신식을 시행하는 구간에서 동일방향의 폐색구간으로 진입시키고자 하는 열차가 하나뿐인 경우에는 지도표를 교부하고, 연속하여 2 이상의 열차를 동일방향의 폐색구간으로 진입시키고자 하는 경우에는 최후의 열차에 대하여는 지도표를, 나머지 열차에 대하여는 지도권을 교부한다.
② 지도권은 지도표를 가지고 있는 정거장 또는 신호소에서 서로 협의를 한 후 발행하여야 한다.

59 철도차량운전규칙상 지도통신식 폐색방식의 지도표의 기입사항에 해당하지 않는 것은?

① 구간 양끝의 정거장명
② 발행일자
③ 사용열차명
④ 사용열차번호

해설 철도차량운전규칙 제62조(지도표 · 지도권의 기입사항)
① 지도표에는 그 구간 양끝의 정거장명 · 발행일자 및 사용열차번호를 기입하여야 한다.
② 지도권에는 사용구간 · 사용열차 · 발행일자 및 지도표 번호를 기입하여야 한다.

60 철도차량운전규칙상 지도통신식 폐색방식의 지도권의 기입사항에 속하지 않는 것은?

① 사용구간
② 사용열차
③ 정거장명
④ 지도표 번호

해설 철도차량운전규칙 제62조(지도표 · 지도권의 기입사항) 참조

61 철도차량운전규칙상 철도사고등의 수습으로 현장과 가장 가까운 정거장 간을 1폐색구간으로 하여 열차를 운전하는 경우에 후속열차를 운전할 필요가 없을 때에 한하여 시행하는 폐색방식은?

① 통신식
② 지도통신식
③ 지도식
④ 지령식

해설 철도차량운전규칙 제63조(지도식의 시행) 지도식은 철도사고등의 수습 또는 선로보수공사 등으로 현장과 가장 가까운 정거장 또는 신호소간을 1폐색구간으로 하여 열차를 운전하는 경우에 후속열차를 운전할 필요가 없을 때에 한하여 시행한다.

62 철도차량운전규칙상 지도식 폐색방식과 관련한 설명으로 옳은 것은?

① 지도식은 철도사고등의 수습 또는 선로보수공사 등으로 현장과 가장 가까운 정거장 또는 신호소간을 1폐색구간으로 하여 열차를 운전하는 경우에 후속열차를 운전할 필요가 없을 때에 한하여 시행한다.
② 지도식을 시행하는 구간에는 지도권을 발행하여야 한다.
③ 지도권은 1폐색구간에 1매로 한다.
④ 열차는 당해구간의 지도권을 휴대하지 아니하면 그 구간을 운전할 수 없다.

해설 철도차량운전규칙 제64조(지도표의 발행)
① 지도식을 시행하는 구간에는 지도표를 발행하여야 한다.
② 지도표는 1폐색구간에 1매로 하며, 열차는 당해구간의 지도표를 휴대하지 아니하면 그 구간을 운전할 수 없다.

63 철도차량운전규칙상 지령식 폐색방식을 시행하는 관제업무종사자가 준수해야 할 사항이 아닌 것은?

① 지령식을 시행할 폐색구간의 경계를 정할 것
② 지령식을 시행할 폐색구간에 열차나 철도차량이 없음을 확인할 것
③ 지령식을 시행하는 폐색구간에 지령권을 발행할 것
④ 지령식을 시행하는 폐색구간에 진입하는 열차의 기관사에게 승인번호, 시행구간, 운전속도 등 주의사항을 통보할 것

정답 59.③ 60.③ 61.③ 62.① 63.③

해설 철도차량운전규칙 제64조의2(지령식의 시행)
① 지령식은 폐색 구간이 다음 각 호의 요건을 모두 갖춘 경우 관제업무종사자의 승인에 따라 시행한다.
  1. 관제업무종사자가 열차 운행을 감시할 수 있을 것
  2. 운전용 통신장치 기능이 정상일 것
② 관제업무종사자는 지령식을 시행하는 경우 다음 각 호의 사항을 준수해야 한다.
  1. 지령식을 시행할 폐색구간의 경계를 정할 것
  2. 지령식을 시행할 폐색구간에 열차나 철도차량이 없음을 확인할 것
  3. 지령식을 시행하는 폐색구간에 진입하는 열차의 기관사에게 승인번호, 시행구간, 운전속도 등 주의사항을 통보할 것

64. 철도차량운전규칙상 열차제어장치의 종류에 해당하지 않는 것은?

① 열차자동정지장치(ATS, Automatic Train Stop)
② 열차자동제어장치(ATC, Automatic Train Control)
③ 열차자동출발장치(ATD, Automatic Train Departure)
④ 열차자동방호장치(ATP, Automatic Train Protection)

해설 철도차량운전규칙 제66조(열차제어장치의 종류) 열차제어장치는 다음 각 호와 같이 구분한다.
1. 열차자동정지장치(ATS, Automatic Train Stop)
2. 열차자동제어장치(ATC, Automatic Train Control)
3. 열차자동방호장치(ATP, Automatic Train Protection)

65. 철도차량운전규칙상 열차제어장치에 대한 설명으로 타당하지 않은 것은?

① 열차자동제어장치는 열차의 속도가 지상에 설치된 신호기의 현시 속도를 초과하는 경우 열차를 자동으로 정지시킬 수 있어야 한다.
② 열차자동제어장치는 운행 중인 열차를 선행열차와의 간격, 선로의 굴곡, 선로전환기 등 운행 조건에 따라 제어정보가 지시하는 속도로 자동으로 감속시키거나 정지시킬 수 있어야 한다.
③ 열차자동방호장치는 장치의 조작 화면에 열차제어정보에 따른 운전 속도와 열차의 실제 속도를 실시간으로 나타내 줄 수 있어야 한다.
④ 열차자동방호장치는 열차를 정지시켜야 하는 경우 자동으로 제동장치를 작동하여 정지목표에 정지할 수 있어야 한다.

해설 철도차량운전규칙 제67조(열차제어장치의 기능)
① 열차자동정지장치는 열차의 속도가 지상에 설치된 신호기의 현시 속도를 초과하는 경우 열차를 자동으로 정지시킬 수 있어야 한다.
② 열차자동제어장치 및 열차자동방호장치는 다음 각 호의 기능을 갖추어야 한다.
  1. 운행 중인 열차를 선행열차와의 간격, 선로의 굴곡, 선로전환기 등 운행 조건에 따라 제어정보가 지시하는 속도로 자동으로 감속시키거나 정지시킬 수 있을 것
  2. 장치의 조작 화면에 열차제어정보에 따른 운전 속도와 열차의 실제 속도를 실시간으로 나타내 줄 것
  3. 열차를 정지시켜야 하는 경우 자동으로 제동장치를 작동하여 정지목표에 정지할 수 있을 것

66. 철도차량운전규칙상 시계운전에 의한 방법에 대한 설명으로 바르지 않은 것은?

① 시계운전에 의한 방법은 신호기 또는 통신장치의 고장 등으로 상용(常用)폐색방식 및 대용(代用)폐색방식 외의 방법으로 열차를 운전할 필요가 있는 경우에 한하여 시행하여야 한다.
② 철도차량의 운전속도는 전방 가시거리 범위 내에서 열차를 정지시킬 수 있는 속도 이하로 운전하여야 한다.
③ 동일 방향으로 운전하는 열차는 선행 열차와 충분한 간격을 두고 운전하여야 한다.
④ 시계운전에 의한 방법으로는 격시법, 전령법, 지도법 등이 있다.

해설 철도차량운전규칙 제72조(시계운전에 의한 열차의 운전) 시계운전에 의한 열차운전은 다음 각 호의 어느 하나의 방법으로 시행해야 한다. 다만, 협의용 단행기관차의 운행 등 철도운영자등이 특별히 따로 정한 경우에는 그렇지 않다.

정답 64. ③ 65. ① 66. ④

1. 복선운전을 하는 경우
   ㉠ 격시법
   ㉡ 전령법
2. 단선운전을 하는 경우
   ㉠ 지도격시법(指導隔時法)
   ㉡ 전령법

67 철도차량운전규칙상 시계운전에 의한 열차의 운전방법이 바르게 짝지어진 것은?

① 단선운전을 하는 경우 – 격시법
② 단선운전을 하는 경우 – 전령법
③ 복선운전을 하는 경우 – 지도격시법
④ 복선운전을 하는 경우 – 지령법

해설 철도차량운전규칙 제72조(시계운전에 의한 열차의 운전) 참조

68 철도차량운전규칙상 격시법 또는 지도격시법의 시행과 관련한 설명으로 타당하지 않은 것은?

① 격시법 또는 지도격시법을 시행하는 경우에는 최초의 열차를 운전시키기 전에 폐색구간에 열차 또는 차량이 없음을 확인하여야 한다.
② 격시법은 폐색구간의 한끝에 있는 정거장 또는 신호소의 운전취급담당자가 시행한다.
③ 지도격시법은 폐색구간의 한끝에 있는 정거장 또는 신호소의 운전취급담당자가 적임자를 파견하여 상대의 정거장 또는 신호소 운전취급담당자와 협의한 후 시행해야 한다.
④ 지도통신식을 시행 중인 구간에서 통신두절이 된 경우 지도표를 가지고 있는 정거장 또는 신호소에서 출발하는 최초의 열차에 대해서는 적임자를 파견하여 시행해야 한다.

해설 철도차량운전규칙 제73조(격시법 또는 지도격시법의 시행)
① 격시법 또는 지도격시법을 시행하는 경우에는 최초의 열차를 운전시키기 전에 폐색구간에 열차 또는 차량이 없음을 확인하여야 한다.
② 격시법은 폐색구간의 한끝에 있는 정거장 또는 신호소의 운전취급담당자가 시행한다.
③ 지도격시법은 폐색구간의 한끝에 있는 정거장 또는 신호소의 운전취급담당자가 적임자를 파견하여 상대의 정거장 또는 신호소 운전취급담당자와 협의한 후 시행해야 한다. 다만, 지도통신식을 시행 중인 구간에서 통신두절이 된 경우 지도표를 가지고 있는 정거장 또는 신호소에서 출발하는 최초의 열차에 대해서는 적임자를 파견하지 않고 시행할 수 있다.

69 철도차량운전규칙상 전령법에 대한 설명으로 바르지 않은 것은?

① 열차 또는 차량이 정차되어 있는 폐색구간에 다른 열차를 진입시킬 때에는 전령법에 의하여 운전하여야 한다.
② 시계운전에 의한 열차운전을 하는 경우 단선운전과 복선운전 모두 전령법을 시행할 수 있다.
③ 전령법은 그 폐색구간 양끝에 있는 정거장 또는 신호소의 운전취급담당자가 협의하여 이를 시행해야 한다.
④ 선로고장 등으로 지도식을 시행하는 폐색구간에 전령법을 시행하는 경우에는 반드시 가까운 정거장 또는 신호소의 운전취급담당자와 협의하여 이를 시행해야 한다.

해설 철도차량운전규칙 제74조(전령법의 시행)
① 열차 또는 차량이 정차되어 있는 폐색구간에 다른 열차를 진입시킬 때에는 전령법에 의하여 운전하여야 한다.
② 전령법은 그 폐색구간 양끝에 있는 정거장 또는 신호소의 운전취급담당자가 협의하여 이를 시행해야 한다. 다만, 다음 각 호의 어느 하나에 해당하는 경우에는 협의하지 않고 시행할 수 있다.
  1. 선로고장 등으로 지도식을 시행하는 폐색구간에 전령법을 시행하는 경우
  2. 제1호 외의 경우로서 전화불통으로 협의를 할 수 없는 경우
③ 제2항제2호에 해당하는 경우에는 당해 열차 또는 차량이 정차되어 있는 곳을 넘어서 열차 또는 차량을 운전할 수 없다.

정답 67. ② 68. ④ 69. ④

70 철도차량운전규칙상 전령자에 대한 설명으로 타당하지 않은 것은?

① 전령법을 시행하는 구간에는 전령자를 선정하여야 한다.
② 전령자는 1폐색구간 1인에 한한다.
③ 전령자는 전령자임을 표시하는 완장을 착용하여야 한다.
④ 전령법을 시행하는 구간에서는 당해구간의 전령자가 동승하지 아니하고는 열차를 운전할 수 없다.

해설 철도차량운전규칙 제75조(전령자)
① 전령법을 시행하는 구간에는 전령자를 선정하여야 한다.
② 제1항의 규정에 의한 전령자는 1폐색구간 1인에 한한다.
③ 전령법을 시행하는 구간에서는 당해구간의 전령자가 동승하지 아니하고는 열차를 운전할 수 없다.

71 철도차량운전규칙상 철도신호에 대한 설명으로 타당하지 않은 것은?

① 신호는 모양·색 또는 소리 등으로 열차나 차량에 대하여 운행의 조건을 지시하는 것으로 해야 한다.
② 전호는 모양·색 또는 소리 등으로 관계직원 상호간에 의사를 표시하는 것으로 해야 한다.
③ 표지는 모양 또는 색 등으로 물체의 위치·방향·조건 등을 표시하는 것으로 해야 한다.
④ 지하구간 및 터널 안의 신호·전호 및 표지는 조명시설이 설치된 경우에도 야간의 방식에 의하여야 한다.

해설 철도차량운전규칙 제78조(지하구간 및 터널 안의 신호) 지하구간 및 터널 안의 신호·전호 및 표지는 야간의 방식에 의하여야 한다. 다만, 길이가 짧아 빛이 통하는 지하구간 또는 조명시설이 설치된 터널 안 또는 지하 정거장 구내의 경우에는 그러하지 아니하다.

72 철도차량운전규칙상 철도신호 중 모양·색 또는 소리 등으로 관계직원 상호간에 의사를 표시하는 수단을 무엇이라 하는가?

① 신호
② 전호
③ 구호
④ 표지

해설 철도차량운전규칙 제76조(철도신호) 철도의 신호는 다음 각 호와 같이 구분하여 시행한다.
1. 신호는 모양·색 또는 소리 등으로 열차나 차량에 대하여 운행의 조건을 지시하는 것으로 할 것
2. 전호는 모양·색 또는 소리 등으로 관계직원 상호간에 의사를 표시하는 것으로 할 것
3. 표지는 모양 또는 색 등으로 물체의 위치·방향·조건 등을 표시하는 것으로 할 것

73 철도차량운전규칙상 철도신호에 대한 설명으로 바르지 않은 것은?

① 표지는 모양·색 또는 소리 등으로 물체의 위치·방향·조건 등을 표시하는 것으로 할 것
② 주간과 야간의 현시방식을 달리하는 신호·전호 및 표지의 경우 일출 후부터 일몰 전까지는 주간 방식으로 한다.
③ 일출 후부터 일몰 전까지의 경우에도 주간 방식에 따른 신호·전호 또는 표지를 확인하기 곤란한 경우에는 야간 방식에 따른다.
④ 하나의 신호는 하나의 선로에서 하나의 목적으로 사용되어야 한다. 다만, 진로표시기를 부설한 신호기는 그러하지 아니하다.

해설 철도차량운전규칙 제76조(철도신호) 참조

74 철도차량운전규칙상 철도신호에 대한 설명으로 틀린 것은?

① 신호는 모양·색 또는 소리 등으로 열차나 차량에 대하여 운행의 조건을 지시하는 것으로 하여야 한다.

정답 70. ③ 71. ④ 72. ② 73. ① 74. ③

② 지하구간 및 터널 안의 신호 · 전호 및 표지는 야간의 방식에 의하여야 한다.
③ 신호를 현시할 소정의 장소에 신호의 현시가 없거나 그 현시가 정확하지 아니할 때에는 감속신호의 현시가 있는 것으로 본다.
④ 상치신호기 또는 임시신호기와 수신호가 각각 다른 신호를 현시한 때에는 그 운전을 최대로 제한하는 신호의 현시에 의하여야 한다.

해설 철도차량운전규칙 제79조(제한신호의 추정)
① 신호를 현시할 소정의 장소에 신호의 현시가 없거나 그 현시가 정확하지 아니할 때에는 정지신호의 현시가 있는 것으로 본다.
② 상치신호기 또는 임시신호기와 수신호가 각각 다른 신호를 현시한 때에는 그 운전을 최대로 제한하는 신호의 현시에 의하여야 한다. 다만, 사전에 통보가 있을 때에는 통보된 신호에 의한다.

75 철도차량운전규칙상 일정한 장소에서 색등(色燈) 또는 등열(燈列)에 의하여 열차 또는 차량의 운전조건을 지시하는 신호기를 무엇이라 하는가?

① 고정신호기 ② 상치신호기
③ 운전신호기 ④ 조건신호기

해설 철도차량운전규칙 제81조(상치신호기) 상치신호기는 일정한 장소에서 색등(色燈) 또는 등열(燈列)에 의하여 열차 또는 차량의 운전조건을 지시하는 신호기를 말한다.

76 철도차량운전규칙상 상치신호기에 해당하지 않는 것은?

① 장내신호기 ② 입환신호기
③ 진로신호기 ④ 차내신호

해설 철도차량운전규칙 제82조(상치신호기의 종류) 상치신호기의 종류와 용도는 다음 각 호와 같다.
1. 주신호기
   ㉠ 장내신호기 : 정거장에 진입하려는 열차에 대하여 신호를 현시하는 것
   ㉡ 출발신호기 : 정거장을 진출하려는 열차에 대하여 신호를 현시하는 것
   ㉢ 폐색신호기 : 폐색구간에 진입하려는 열차에 대하여 신호를 현시하는 것
   ㉣ 엄호신호기 : 특히 방호를 요하는 지점을 통과하려는 열차에 대하여 신호를 현시하는 것
   ㉤ 유도신호기 : 장내신호기에 정지신호의 현시가 있는 경우 유도를 받을 열차에 대하여 신호를 현시하는 것
   ㉥ 입환신호기 : 입환차량 또는 차내신호폐색식을 시행하는 구간의 열차에 대하여 신호를 현시하는 것
2. 종속신호기
   ㉠ 원방신호기 : 장내신호기 · 출발신호기 · 폐색신호기 및 엄호신호기에 종속하여 열차에 주 신호기가 현시하는 신호의 예고신호를 현시하는 것
   ㉡ 통과신호기 : 출발신호기에 종속하여 정거장에 진입하는 열차에 신호기가 현시하는 신호를 예고하며, 정거장을 통과할 수 있는지에 대한 신호를 현시하는 것
   ㉢ 중계신호기 : 장내신호기 · 출발신호기 · 폐색신호기 및 엄호신호기에 종속하여 열차에 주 신호기가 현시하는 신호의 중계신호를 현시하는 것
3. 신호부속기
   ㉠ 진로표시기 : 장내신호기 · 출발신호기 · 진로개통표시기 및 입환신호기에 부속하여 열차 또는 차량에 대하여 그 진로를 표시하는 것
   ㉡ 진로예고기 : 장내신호기 · 출발신호기에 종속하여 다음 장내신호기 또는 출발신호기에 현시하는 진로를 열차에 대하여 예고하는 것
   ㉢ 진로개통표시기 : 차내신호를 사용하는 열차가 운행하는 본선의 분기부에 설치하여 진로의 개통 상태를 표시하는 것
4. 차내신호 : 동력차 내에 설치하여 신호를 현시하는 것

77 철도차량운전규칙상 상치신호기에 해당하지 않는 것은?

① 출발신호기 ② 원방신호기
③ 서행신호기 ④ 진로개통표시기

해설 철도차량운전규칙 제82조(상치신호기의 종류) 참조

78 철도차량운전규칙상 상치신호기 중 주신호기에 해당하지 않는 것은?

① 폐색신호기 ② 엄호신호기
③ 원방신호기 ④ 유도신호기

해설 철도차량운전규칙 제82조(상치신호기의 종류) 참조

정답 75. ② 76. ③ 77. ③ 78. ③

79 철도차량운전규칙상 상치신호기 중 종속신호기에 속하지 않는 것은?

① 원방신호기 ② 통과신호기
③ 중계신호기 ④ 진로예고기

해설 철도차량운전규칙 제82조(상치신호기의 종류) 참조

80 철도차량운전규칙상 상치신호기 중 신호부속기가 아닌 것은?

① 중계신호기 ② 진로표시기
③ 진로예고기 ④ 진로개통표시기

해설 철도차량운전규칙 제82조(상치신호기의 종류) 참조

81 철도차량운전규칙상 특히 방호를 요하는 지점을 통과하려는 열차에 대하여 신호를 현시하는 신호기를 무엇이라 하는가?

① 엄호신호기 ② 방호신호기
③ 원방신호기 ④ 통과신호기

해설 철도차량운전규칙 제82조(상치신호기의 종류) 참조

82 철도차량운전규칙상 장내신호기·출발신호기·폐색신호기 및 엄호신호기에 종속하여 열차에 주 신호기가 현시하는 신호의 예고신호를 현시하는 신호기를 무엇이라 하는가?

① 원방신호기 ② 예고신호기
③ 진로예고기 ④ 진로표시기

해설 철도차량운전규칙 제82조(상치신호기의 종류) 참조

83 철도차량운전규칙상 다음 지문의 괄호 안에 들어갈 신호기에 해당하지 않는 것은?

> 원방신호기는 (   )·(   )·(   ) 및 (   )에 종속하여 열차에 주 신호기가 현시하는 신호의 예고신호를 현시하는 것이다.

① 장내신호기 ② 출발신호기
③ 폐색신호기 ④ 입환신호기

해설 철도차량운전규칙 제82조(상치신호기의 종류) 참조

84 철도차량운전규칙상 다음 지문의 괄호 안에 들어갈 신호기에 해당하지 않는 것은?

> 중계신호기는 (   )·(   )·(   ) 및 (   )에 종속하여 열차에 주 신호기가 현시하는 신호의 중계신호를 현시하는 것이다.

① 장내신호기 ② 출발신호기
③ 폐색신호기 ④ 유도신호기

해설 철도차량운전규칙 제82조(상치신호기의 종류) 참조

85 철도차량운전규칙상 다음 지문의 괄호 안에 들어갈 신호기에 해당하지 않는 것은?

> 진로표시기는 (   )·(   )·(   ) 및 (   )에 부속하여 열차 또는 차량에 대하여 그 진로를 표시하는 것이다.

① 장내신호기 ② 출발신호기
③ 폐색신호기 ④ 입환신호기

해설 철도차량운전규칙 제82조(상치신호기의 종류) 참조

86 철도차량운전규칙상 차내신호에 해당하지 않는 것은?

① 정지신호 ② 15신호
③ 야드신호 ④ 미터신호

해설 철도차량운전규칙 제83조(차내신호) 차내신호의 종류 및 그 제한속도는 다음 각 호와 같다.
1. 정지신호 : 열차운행에 지장이 있는 구간으로 운행하는 열차에 대하여 정지하도록 하는 것
2. 15신호 : 정지신호에 의하여 정지한 열차에 대한 신호로서 1시간에 15킬로미터 이하의 속도로 운전하게 하는 것
3. 야드신호 : 입환차량에 대한 신호로서 1시간에 25킬로미터 이하의 속도로 운전하게 하는 것
4. 진행신호 : 열차를 지정된 속도 이하로 운전하게 하는 것

정답 79.④ 80.① 81.① 82.① 83.④ 84.④ 85.③ 86.④

87 철도차량운전규칙상 차내신호에 대한 설명으로 타당하지 않은 것은?

① 정지신호 : 열차운행에 지장이 있는 구간으로 운행하는 열차에 대하여 정지하도록 하는 것
② 15신호 : 정지신호에 의하여 정지한 열차에 대한 신호로서 1시간에 15킬로미터 이하의 속도로 운전하게 하는 것
③ 25신호 : 입환차량에 대한 신호로서 1시간에 25킬로미터 이하의 속도로 운전하게 하는 것
④ 진행신호 : 열차를 지정된 속도 이하로 운전하게 하는 것

[해설] 철도차량운전규칙 제83조(차내신호) 참조

88 철도차량운전규칙상 장내신호기의 감속신호 현시방식으로 옳은 것은?

① 4현시 색등식의 경우,
　상위 : 등황색등, 하위 : 등황색등
② 4현시 색등식의 경우,
　상위 : 등황색등, 하위 : 녹색등
③ 5현시 색등식의 경우,
　상위 : 녹색등, 하위 : 등황색등
④ 5현시 색등식의 경우,
　상위 : 녹색등, 하위 : 녹색등

[해설] 철도차량운전규칙 제84조(신호현시방식)제1호 상치신호기의 현시방식은 다음과 같다.
장내신호기 · 출발신호기 · 폐색신호기 및 엄호신호기

종류	신호현시방식					
	5현시	4현시	3현시	2현시		
	색등식	색등식	색등식	색등식	완목식	
					주간	야간
정지신호	적색등	적색등	적색등	적색등	완·수평	적색등
경계신호	• 상위 : 등황색등 • 하위 : 등황색등					
주의신호	등황색등	등황색등	등황색등			
감속신호	• 상위 : 등황색등 • 하위 : 녹색등	• 상위 : 등황색등 • 하위 : 녹색등				
진행신호	녹색등	녹색등	녹색등	녹색등	완·좌하향 45도	녹색등

89 철도차량운전규칙상 5현시 색등식 폐색신호기의 주의신호 현시방식으로 바른 것은?

① 녹색등
② 등황색등
③ 적색등
④ 상위 등황색등, 하위 녹색등

[해설] 철도차량운전규칙 제84조(신호현시방식)제1호 참조

90 철도차량운전규칙상 4현시 색등식 엄호신호기의 신호현시방식 종류가 바르게 나열된 것은?

① 정지신호-경계신호-주의신호-감속신호
② 경계신호-주의신호-감속신호-진행신호
③ 정지신호-주의신호-감속신호-진행신호
④ 출발신호-주의신호-감속신호-정지신호

[해설] 철도차량운전규칙 제84조(신호현시방식)제1호 참조

91 철도차량운전규칙상 3현시 색등식 출발신호기의 신호현시방식 종류로 맞는 것은?

① 정지신호-경계신호-주의신호
② 정지신호-주의신호-진행신호
③ 출발신호-감속신호-정지신호
④ 출발신호-주의신호-정지신호

[해설] 철도차량운전규칙 제84조(신호현시방식)제1호 참조

정답 87. ③　88. ②　89. ②　90. ③　91. ②

92 철도차량운전규칙상 2현시 완목식 엄호신호기의 주간 진행신호 현시방식은?

① 완·수평
② 완·좌하향 45도
③ 적색등
④ 녹색등

해설 철도차량운전규칙 제84조(신호현시방식)제1호 참조

93 철도차량운전규칙상 등열식 유도신호기의 현시방식은?

① 백색등열 수평
② 황색등열 수평
③ 백색등열 좌하향 45도
④ 황색등열 좌하향 45도

해설 철도차량운전규칙 제84조(신호현시방식)제2호 유도신호기(등열식) : 백색등열 좌·하향 45도

94 철도차량운전규칙상 등열식 입환신호기의 정지신호에 대한 신호현시로 바른 것은?

① 백색등열 수평, 무유도등 소등
② 백색등열 수평, 무유도등 점등
③ 백색등열 좌하향 45도, 무유도등 소등
④ 백색등열 좌하향 45도, 무유도등 점등

해설 철도차량운전규칙 제84조(신호현시방식)제3호 입환신호기

종류	신호현시방식		
	등열식	색등식	
		차내신호 폐색구간	그 밖의 구간
정지 신호	• 백색등열 수평 • 무유도등 소등	적색등	적색등
진행 신호	• 백색 등열 좌하향 45도 • 무유도등 점등	등황색등	• 청색등 • 무유도등 점등

95 철도차량운전규칙상 색등식 입환신호기의 차내신호폐색구간에서 진행신호에 대한 신호현시로 바른 것은?

① 적색등
② 등황색등
③ 녹색등
④ 청색등, 무유도등 점등

해설 철도차량운전규칙 제84조(신호현시방식)제3호 입환신호기

96 철도차량운전규칙상 주신호기가 정지신호를 할 경우, 색등식 원방신호기가 주의신호를 나타내는 경우의 신호현시는?

① 적색등
② 등황색등
③ 녹색등
④ 청색등

해설 철도차량운전규칙 제84조(신호현시방식)제4호 원방신호기

종류	신호현시방식		
	색등식	완목식	
		주간	야간
주신호기가 정지신호를 할 경우	주의신호	등황색등	완·수평	등황색등
주신호기가 진행을 지시하는 신호를 할 경우	진행신호	녹색등	완·좌향 45도	녹색등

97 철도차량운전규칙상 주신호기가 진행을 지시하는 신호를 할 경우, 제한중계를 하는 등열식 중계신호기의 신호현시로 바른 것은?

① 백색등열(3등) 수평
② 백색등열(3등) 좌하향 45도
③ 백색등열(3등) 수직
④ 백색등열(3등) 우하향 45도

해설 철도차량운전규칙 제84조(신호현시방식)제5호 중계신호기

종류	등열식		색등식
주신호기가 정지신호를 할 경우	정지중계	백색등열 (3등) 수평	적색등
주신호기가 진행을 지시하는 신호를 할 경우	제한중계	백색등열(3등) 좌하향 45도	주신호기가 진행을 지시하는 색등
	진행중계	백색등열(3등) 수직	

정답 92.② 93.③ 94.① 95.② 96.② 97.②

98 철도차량운전규칙상 차내신호의 현시방식으로 바르지 않은 것은?

① 정지신호 : 적색사각형등 점등
② 15신호 : 적색원형등 점등(15 지시)
③ 야드신호 : 노란색 직사각형등과 적색원형등(25등신호) 점등
④ 진행신호 : 녹색원형등(해당신호등) 점등

해설 철도차량운전규칙 제84조(신호현시방식)제6호 차내신호

종류	신호현시방식
정지신호	적색사각형등 점등
15신호	적색원형등 점등(15 지시)
야드신호	노란색 직사각형등과 적색원형등(25등신호) 점등
진행신호	적색원형등(해당신호등) 점등

99 철도차량운전규칙상 상치신호기의 신호현시 기본원칙이 잘못 짝지어진 것은?

① 장내신호기 : 정지신호
② 출발신호기 : 정지신호
③ 입환신호기 : 정지신호
④ 원방신호기 : 정지신호

해설 철도차량운전규칙 제85조(신호현시의 기본원칙)
① 별도의 작동이 없는 상태에서의 상치신호기의 기본원칙은 다음 각 호와 같다.
  1. 장내신호기 : 정지신호
  2. 출발신호기 : 정지신호
  3. 폐색신호기(자동폐색신호기를 제외한다) : 정지신호
  4. 엄호신호기 : 정지신호
  5. 유도신호기 : 신호를 현시하지 아니한다.
  6. 입환신호기 : 정지신호
  7. 원방신호기 : 주의신호
② 자동폐색신호기 및 반자동폐색신호기는 진행을 지시하는 신호를 현시함을 기본으로 한다. 다만, 단선구간의 경우에는 정지신호를 현시함을 기본으로 한다.
③ 차내신호는 진행신호를 현시함을 기본으로 한다.

100 철도차량운전규칙상 상치신호기의 신호현시 기본원칙으로 바른 것은?

① 장내신호기 : 정지신호
② 자동폐색신호기 : 정지신호
③ 유도신호기 : 정지신호
④ 원방신호기 : 정지신호

해설 철도차량운전규칙 제85조(신호현시의 기본원칙) 참조

101 철도차량운전규칙상 신호현시의 기본원칙에 대한 설명으로 타당하지 않은 것은?

① 자동폐색신호기는 진행을 지시하는 신호를 현시함을 원칙으로 한다.
② 반자동폐색신호기는 정지신호를 현시함을 원칙으로 한다.
③ 단선구간에서 자동폐색신호기는 정지신호를 현시함을 기본으로 한다.
④ 차내신호는 진행신호를 현시함을 기본으로 한다.

해설 철도차량운전규칙 제85조(신호현시의 기본원칙) 참조

102 철도차량운전규칙상 신호기에 대한 설명으로 타당하지 않은 것은?

① 상치신호기의 현시를 후면에서 식별할 필요가 있는 경우에는 배면광(背面光)을 설비하여야 한다.
② 기둥 하나에 같은 종류의 신호 2 이상을 현시할 때에는 맨 위에 있는 것을 맨 오른쪽의 선로에 대한 것으로 하고, 순차적으로 왼쪽의 선로에 대한 것으로 한다.
③ 원방신호기는 그 주된 신호기가 진행신호를 현시하거나, 3위식 신호기는 그 신호기의 배면쪽 제1의 신호기에 주의 또는 진행신호를 현시하기 전에 이에 앞서 진행신호를 현시할 수 없다.
④ 열차가 상치신호기의 설치지점을 통과한 때에는 그 지점을 통과한 때마다 유도신호기는 신호를 현시하지 아니하며 원방신호기는 주의신호를, 그 밖의 신호기는 정지신호를 현시하여야 한다.

정답 98.④ 99.④ 100.① 101.② 102.②

해설 철도차량운전규칙 제87조(신호의 배열) 기둥 하나에 같은 종류의 신호 2 이상을 현시할 때에는 맨 위에 있는 것을 맨 왼쪽의 선로에 대한 것으로 하고, 순차적으로 오른쪽의 선로에 대한 것으로 한다.

103 철도차량운전규칙상 임시신호기에 대한 설명으로 타당하지 않은 것은?

① 선로의 상태가 일시 정상운전을 할 수 없는 상태인 경우에는 그 구역의 바깥쪽에 임시신호기를 설치하여야 한다.
② 서행운전할 필요가 있는 구간에 진입하려는 열차 또는 차량에 대하여 당해 구간을 서행할 것을 지시하는 것을 서행신호기라 한다.
③ 서행신호기를 향하여 진행하려는 열차에 대하여 그 전방에 서행신호의 현시 있음을 예고하는 것을 서행예고신호기라 한다.
④ 서행운전할 필요가 있는 구간의 전방에 설치하는 송·수신용 안테나로 지상 정보를 열차로 보내 자동으로 열차의 감속을 유도하는 것을 서행감속신호기라 한다.

해설 철도차량운전규칙 제91조(임시신호기의 종류) 임시신호기의 종류와 용도는 다음 각 호와 같다.
1. 서행신호기 : 서행운전할 필요가 있는 구간에 진입하려는 열차 또는 차량에 대하여 당해구간을 서행할 것을 지시하는 것
2. 서행예고신호기 : 서행신호기를 향하여 진행하려는 열차에 대하여 그 전방에 서행신호의 현시 있음을 예고하는 것
3. 서행해제신호기 : 서행구역을 진출하려는 열차에 대하여 서행을 해제할 것을 지시하는 것
4. 서행발리스(Balise) : 서행운전할 필요가 있는 구간의 전방에 설치하는 송·수신용 안테나로 지상 정보를 열차로 보내 자동으로 열차의 감속을 유도하는 것

104 철도차량운전규칙상 임시신호기의 종류에 해당하지 않는 것은?

① 서행신호기
② 서행주의신호기
③ 서행해제신호기
④ 서행발리스(Balise)

해설 철도차량운전규칙 제91조(임시신호기의 종류) 참조

105 철도차량운전규칙상 임시신호기의 신호현시방식으로 바르지 않은 것은?

① 서행신호의 주간 신호현시방식은 백색테두리를 한 등황색 원판으로 한다.
② 서행신호의 야간 신호현시방식은 등황색등 또는 반사재로 한다.
③ 서행예고신호의 주간 신호현시방식은 흑삼각형 3개를 그린 등황색 원판으로 한다.
④ 서행해제신호의 주간 신호현시방식은 백색테두리를 한 녹색 원판으로 한다.

해설 철도차량운전규칙 제92조(신호현시방식) 제1항 임시신호기의 신호현시방식은 다음과 같다.

종류	신호현시방식	
	주간	야간
서행신호	백색테두리를 한 등황색 원판	등황색등 또는 반사재
서행예고신호	흑색삼각형 3개를 그린 백색삼각형	흑색삼각형 3개를 그린 백색등 또는 반사재
서행해제신호	백색테두리를 한 녹색원판	녹색등 또는 반사재

106 철도차량운전규칙상 서행속도를 표시해야만 하는 임시신호기는?

① 서행신호기
② 서행해제신호기
③ 서행경고신호기
④ 서행발리스(Balise)

정답 103. ④ 104. ② 105. ③ 106. ①

해설 철도차량운전규칙 제92조(신호현시방식)제2항 서행신호기 및 서행예고신호기에는 서행속도를 표시하여야 한다.

107 철도차량운전규칙상 서행속도를 표시해야하는 임시신호기를 모두 고르시오.

```
ㄱ. 서행신호기       ㄴ. 서행예고신호기
ㄷ. 서행해제신호기   ㄹ. 서행발리스(Ballise)
```

① ㄱ, ㄴ   ② ㄷ, ㄹ
③ ㄱ, ㄴ, ㄹ ④ ㄴ, ㄷ, ㄹ

해설 철도차량운전규칙 제92조(신호현시방식)제2항 서행신호기 및 서행예고신호기에는 서행속도를 표시하여야 한다.

108 철도차량운전규칙상 수신호의 종류에 해당하지 않는 것은?

① 정지신호   ② 감속신호
③ 서행신호   ④ 진행신호

해설 철도차량운전규칙 제93조(수신호의 현시방법) 신호기를 설치하지 아니하거나 이를 사용하지 못하는 경우에 사용하는 수신호는 다음과 같이 현시한다.

종류	신호현시방식	
	주간	야간
정지신호	적색기. 다만, 적색기가 없을 때에는 양팔을 높이 들거나 또는 녹색기외의 것을 급히 흔든다.	적색등. 다만, 적색등이 없을 때에는 녹색등 외의 것을 급히 흔든다.
서행신호	적색기와 녹색기를 모아쥐고 머리 위에 높이 교차한다.	깜박이는 녹색등
진행신호	녹색기. 다만, 녹색기가 없을 때는 한 팔을 높이 든다.	녹색등

109 철도차량운전규칙상 수신호에 대한 설명으로 바르지 않은 것은?

① 주간에 정지신호는 적색기를 현시한다.
② 야간에 정지신호는 적색등을 현시한다.
③ 주간에 서행신호는 황색기를 현시한다.
④ 주간에 진행신호는 녹색기를 현시한다.

해설 철도차량운전규칙 제93조(수신호의 현시방법) 참조

110 철도차량운전규칙상 주간에 진행신호를 현시하는 깃발이 없을 경우, 진행신호의 수신호 현시방식으로 옳은 것은?

① 한 팔을 높이 든다.
② 양팔을 높이 든다.
③ 양팔을 머리 위에 높이 교차한다.
④ 양팔을 급히 흔든다.

해설 철도차량운전규칙 제93조(수신호의 현시방법) 참조

111 철도차량운전규칙상 전호에 대한 설명으로 바르지 않은 것은?

① 열차 또는 차량에 대한 전호는 전호기로 현시하여야 한다.
② 전호기가 고장이 난 경우에는 수전호만 가능하고 무선전화기로 현시할 수는 없다.
③ 열차를 출발시키고자 할 때에는 출발전호를 하여야 한다.
④ 위험을 경고하는 경우나 비상사태 발생시 기관사는 기적전호를 하여야 한다.

해설 철도차량운전규칙 제98조(전호현시) 열차 또는 차량에 대한 전호는 전호기로 현시하여야 한다. 다만, 전호기가 설치되어 있지 아니하거나 고장이 난 경우에는 수전호 또는 무선전화기로 현시할 수 있다.

112 철도차량운전규칙상 입환전호 방법 중 오너라전호에 대한 설명으로 타당한 것은?

① 주간에 녹색기를 좌우로 흔든다.
② 주간에 녹색기 대신 두 팔을 좌우로 움직임으로써 이를 대신할 수 있다.
③ 야간에 녹색등을 위아래로 흔든다.
④ 야간에 적색등을 좌우로 흔든다.

정답 107. ① 108. ② 109. ③ 110. ① 111. ② 112. ①

해설 철도차량운전규칙 제101조(입환전호 방법)제1항 입환작업자(기관사를 포함한다)는 서로 맨눈으로 확인할 수 있도록 다음 각 호의 방법으로 입환전호해야 한다.

종류	입환전호방법	
	주간	야간
오너라전호	녹색기를 좌우로 흔든다. 다만, 부득이한 경우에는 한 팔을 좌우로 움직임으로써 이를 대신할 수 있다.	녹색등을 좌우로 흔든다.
가거라전호	녹색기를 위·아래로 흔든다. 다만, 부득이 한 경우에는 한 팔을 위·아래로 움직임으로써 이를 대신할 수 있다.	녹색등을 위·아래로 흔든다.
정지전호	적색기. 다만, 부득이한 경우에는 두 팔을 높이 들어 이를 대신할 수 있다.	적색등

113 철도차량운전규칙상 입환전호를 무선전화로 할 수 있는 경우에 해당하지 않는 것은?

① 무인역 또는 1인이 근무하는 역에서 입환하는 경우
② 1인이 승무하는 동력차로 입환하는 경우
③ 검사·수선연결 또는 해방을 위해 입환하는 경우
④ 원격제어가 가능한 장치를 사용하여 입환하는 경우

해설 철도차량운전규칙 제101조(입환전호 방법)제2항 제1항에도 불구하고 다음 각 호의 어느 하나에 해당하는 경우에는 무선전화를 사용하여 입환전호를 할 수 있다.
1. 무인역 또는 1인이 근무하는 역에서 입환하는 경우
2. 1인이 승무하는 동력차로 입환하는 경우
3. 신호를 원격으로 제어하여 단순히 선로를 변경하기 위하여 입환하는 경우
4. 지형 및 선로여건 등을 고려할 때 입환전호하는 작업자를 배치하기가 어려운 경우
5. 원격제어가 가능한 장치를 사용하여 입환하는 경우

114 철도차량운전규칙상 별도로 전호의 방식을 정하여 그 전호에 따라 작업을 하여야 하는 경우에 해당하지 않는 것은?

① 여객 또는 화물의 취급을 위하여 정지위치를 지시할 때
② 퇴행 또는 추진운전시 열차의 맨 앞 차량에 승무한 직원이 철도차량운전자에 대하여 운전상 필요한 연락을 할 때
③ 검사·수선연결 또는 해방을 하는 경우에 당해 차량의 이동을 금지시킬 때
④ 지형 및 선로여건 등을 고려하여 전호하는 작업자를 배치할 때

해설 철도차량운전규칙 제102조(작업전호) 다음 각 호의 어느 하나에 해당하는 때에는 전호의 방식을 정하여 그 전호에 따라 작업을 하여야 한다.
① 여객 또는 화물의 취급을 위하여 정지위치를 지시할 때
② 퇴행 또는 추진운전시 열차의 맨 앞 차량에 승무한 직원이 철도차량운전자에 대하여 운전상 필요한 연락을 할 때
③ 검사·수선연결 또는 해방을 하는 경우에 당해 차량의 이동을 금지시킬 때
④ 신호기 취급직원 또는 입환전호를 하는 직원과 선로전환기취급 직원간에 선로전환기의 취급에 관한 연락을 할 때
⑤ 열차의 관통제동기의 시험을 할 때

115 철도차량운전규칙상 별도로 전호의 방식을 정하여 그 전호에 따라 작업을 하여야 하는 경우로 볼 수 없는 것은?

① 검사·수선연결 또는 해방을 하는 경우에 당해 차량의 이동을 금지시킬 때
② 신호를 원격으로 제어하여 선로를 변경하는 경우
③ 신호기 취급직원 또는 입환전호를 하는 직원과 선로전환기취급 직원간에 선로전환기의 취급에 관한 연락을 할 때
④ 열차의 관통제동기의 시험을 할 때

해설 철도차량운전규칙 제102조(작업전호) 참조

정답 113 ③ 114. ④ 115. ②

제3장 도시철도운전규칙

01 도시철도운전규칙상 용어에 대한 설명으로 바르지 않은 것은?

① 정거장이란 여객의 승차·하차, 열차의 편성, 차량의 입환(入換) 등을 위한 장소를 말한다.
② 폐색(閉塞)이란 선로의 일정구간에 둘 이상의 열차를 동시에 운전시키지 아니하는 것을 말한다.
③ 차량이란 선로에서 운전하는 열차·전동차·궤도시험차·전기시험차 등을 말한다.
④ 선로란 궤도 및 이를 지지하는 인공구조물을 말하며, 열차의 운전에 상용(常用)되는 본선(本線)과 그 외의 측선(側線)으로 구분된다.

해설 도시철도운전규칙 제3조(정의) 이 규칙에서 사용하는 용어의 뜻은 다음과 같다.
1. 정거장이란 여객의 승차·하차, 열차의 편성, 차량의 입환(入換) 등을 위한 장소를 말한다.
2. 선로란 궤도 및 이를 지지하는 인공구조물을 말하며, 열차의 운전에 상용(常用)되는 본선(本線)과 그 외의 측선(側線)으로 구분된다.
3. 열차란 본선에서 운전할 목적으로 편성되어 열차번호를 부여받은 차량을 말한다.
4. 차량이란 선로에서 운전하는 열차 외의 전동차·궤도시험차·전기시험차 등을 말한다.
5. 운전보안장치란 열차 및 차량(열차등이라 한다)의 안전운전을 확보하기 위한 장치로서 폐색장치, 신호장치, 연동장치, 선로전환장치, 경보장치, 열차자동정지장치, 열차자동제어장치, 열차자동운전장치, 열차종합제어장치 등을 말한다.
6. 폐색(閉塞)이란 선로의 일정구간에 둘 이상의 열차를 동시에 운전시키지 아니하는 것을 말한다.
7. 전차선로란 전차선 및 이를 지지하는 인공구조물을 말한다.
8. 운전사고란 열차등의 운전으로 인하여 사상자(死傷者)가 발생하거나 도시철도시설이 파손된 것을 말한다.
9. 운전장애란 열차등의 운전으로 인하여 그 열차등의 운전에 지장을 주는 것 중 운전사고에 해당하지 아니하는 것을 말한다.
10. 노면전차란 도로면의 궤도를 이용하여 운행되는 열차를 말한다.
11. 무인운전이란 사람이 열차 안에서 직접 운전하지 아니하고 관제실에서의 원격조종에 따라 열차가 자동으로 운행되는 방식을 말한다.
12. 시계운전(視界運轉)이란 사람의 맨눈에 의존하여 운전하는 것을 말한다.

02 도시철도운전규칙상 용어의 정의로 타당하지 않은 것은?

① 열차란 본선에서 운전할 목적으로 편성되어 열차번호를 부여받은 차량을 말한다.
② 전차선로란 전차선 및 이를 지지하는 인공구조물을 말한다.
③ 철도사고란 열차등의 운전으로 인하여 사상자(死傷者)가 발생하거나 도시철도시설이 파손된 것을 말한다.
④ 노면전차란 도로면의 궤도를 이용하여 운행되는 열차를 말한다.

해설 도시철도운전규칙 제3조(정의) 참조

03 도시철도운전규칙상 운전보안장치에 해당하지 않는 것은?

① 폐색장치 ② 신호장치
③ 선로전환장치 ④ 경고장치

해설 도시철도운전규칙 제3조(정의)제5호 운전보안장치란 열차 및 차량(열차등이라 한다)의 안전운전을 확보하기 위한 장치로서 폐색장치, 신호장치, 연동장치, 선로전환장치, 경보장치, 열차자동정지장치, 열차자동제어장치, 열차자동운전장치, 열차종합제어장치 등을 말한다.

04 도시철도운전규칙상 열차등의 운전으로 인하여 그 열차등의 운전에 지장을 주는 것 중 운전사고에 해당하지 아니하는 것을 무엇이라 하는가?

① 운전장애 ② 운전준사고
③ 열차장애 ④ 열차준사고

해설 도시철도운전규칙 제3조(정의) 참조

정답 01. ③ 02. ③ 03. ④ 04. ①

05 도시철도운전규칙상 다음 지문은 무엇을 설명한 것인가?

> 본선에서 운전할 목적으로 편성되어 열차번호를 부여받은 차량을 말한다.

① 열차 ② 차량
③ 화차 ④ 객차

해설 도시철도운전규칙 제3조(정의) 참조

06 도시철도운전규칙상 도시철도운영자는 선로·전차선로 또는 운전보안장치를 신설·이설(移設) 또는 개조한 경우 며칠 이상 시험운전을 하여야 하는가?

① 30일 ② 60일
③ 90일 ④ 120일

해설 도시철도운전규칙 제9조(신설구간 등에서의 시험운전) 도시철도운영자는 선로·전차선로 또는 운전보안장치를 신설·이설(移設) 또는 개조한 경우 그 설치상태 또는 운전체계의 점검과 종사자의 업무 숙달을 위하여 정상운전을 하기 전에 60일 이상 시험운전을 하여야 한다. 다만, 이미 운영하고 있는 구간을 확장·이설 또는 개조한 경우에는 관계 전문가의 안전진단을 거쳐 시험운전 기간을 줄일 수 있다.

07 도시철도운전규칙상 선로 및 설비의 보전에 대한 설명으로 타당하지 않은 것은?

① 선로는 열차등이 지정속도로 안전하게 운전할 수 있는 상태로 보전해야 한다.
② 선로는 매일 한 번 이상 순회점검 하여야 하며, 필요한 경우에는 정비하여야 한다.
③ 선로는 수시로 안전점검을 하여 안전운전에 지장이 없도록 유지·보수하여야 한다.
④ 선로를 신설·개조 또는 이설하거나 일시적으로 사용을 중지한 경우에는 이를 검사하고 시험운전을 하기 전에는 사용할 수 없다.

해설 도시철도운전규칙 제11조 (선로의 점검·정비)
① 선로는 매일 한 번 이상 순회점검 하여야 하며, 필요한 경우에는 정비하여야 한다.
② 선로는 정기적으로 안전점검을 하여 안전운전에 지장이 없도록 유지·보수하여야 한다.

08 도시철도운전규칙상 전력설비에 대한 설명으로 바르지 않은 것은?

① 전력설비는 열차등이 지정속도로 안전하게 운전할 수 있는 상태로 보전하여야 한다.
② 전차선로는 매일 한 번 이상 순회점검을 하여야 한다.
③ 전력설비의 각 부분은 도시철도운영자가 정하는 주기에 따라 검사를 하고 안전운전에 지장이 없도록 정비하여야 한다.
④ 전력설비는 경미한 정도의 개조 또는 수리를 한 경우라도 이를 검사하고 시험운전을 하기 전에는 사용할 수 없다.

해설 도시철도운전규칙 제16조(공사 후의 전력설비 사용) 전력설비를 신설·이설·개조 또는 수리하거나 일시적으로 사용을 중지한 경우에는 이를 검사하고 시험운전을 하기 전에는 사용할 수 없다. 다만, 경미한 정도의 개조 또는 수리를 한 경우에는 그러하지 아니하다.

09 도시철도운전규칙상 통신설비 및 운전보안장치에 대한 설명으로 틀린 것은?

① 통신설비의 각 부분은 일정한 주기에 따라 검사를 하고 안전운전에 지장이 없도록 정비하여야 한다.
② 신설·이설·개조 또는 수리한 통신설비는 검사하여 기능을 확인하기 전에는 사용할 수 없다.
③ 운전보안장치의 각 부분은 도시철도운영자가 정하는 주기에 따라 검사를 하고 안전운전에 지장이 없도록 정비하여야 한다.

정답 05.① 06.② 07.③ 08.④ 09.③

④ 신설·이설·개조 또는 수리한 운전보안장치는 검사하여 기능을 확인하기 전에는 사용할 수 없다.

해설 도시철도운전규칙 제20조(운전보안장치의 검사 및 사용)
① 운전보안장치의 각 부분은 일정한 주기에 따라 검사를 하고 안전운전에 지장이 없도록 정비하여야 한다.
② 신설·이설·개조 또는 수리한 운전보안장치는 검사하여 기능을 확인하기 전에는 사용할 수 없다.

10 도시철도운전규칙상 각 설비의 점검 및 정비에 대한 설명으로 바르지 않은 것은?

① 선로는 매일 한 번 이상 순회점검 하여야 하며, 필요한 경우에는 정비하여야 한다.
② 전차선로는 매일 한 번 이상 순회점검을 하여야 한다.
③ 전력설비의 각 부분은 매일 한 번 이상 순회점검을 하여야 하고 안전운전에 지장이 없도록 정비하여야 한다.
④ 통신설비의 각 부분은 일정한 주기에 따라 검사를 하고 안전운전에 지장이 없도록 정비하여야 한다.

해설 도시철도운전규칙 제15조(전력설비의 검사) 전력설비의 각 부분은 도시철도운영자가 정하는 주기에 따라 검사를 하고 안전운전에 지장이 없도록 정비하여야 한다.

11 도시철도운전규칙상 선로·전력설비·통신설비 또는 운전보안장치의 검사를 하였을 때에는 검사기록을 일정 기간 보존해야 한다. 이때 기록에 포함되는 사항이 아닌 것은?

① 검사자의 성명   ② 검사종류
③ 검사상태   ④ 검사일시

해설 도시철도운전규칙 제22조(선로 등 검사에 관한 기록보존) 선로·전력설비·통신설비 또는 운전보안장치의 검사를 하였을 때에는 검사자의 성명·검사상태 및 검사일시 등을 기록하여 일정 기간 보존하여야 한다.

12 도시철도운전규칙상 차량의 검사 및 시험운전과 관련한 설명으로 타당하지 않은 것은?

① 제작·개조·수선 또는 분해검사를 한 차량은 검사하고 시험운전을 하기 전에는 사용할 수 없다.
② 일시적으로 사용을 중지한 차량은 간이검사 후 사용할 수 있다.
③ 차량의 각 부분은 일정한 기간 또는 주행거리를 기준으로 하여 그 상태와 작용에 대한 검사와 분해검사를 하여야 한다.
④ 차량 검사를 할 때 차량의 전기장치에 대해서는 절연저항시험 및 절연내력시험을 하여야 한다.

해설 도시철도운전규칙 제24조(차량의 검사 및 시험운전)
① 제작·개조·수선 또는 분해검사를 한 차량과 일시적으로 사용을 중지한 차량은 검사하고 시험운전을 하기 전에는 사용할 수 없다. 다만, 경미한 정도의 개조 또는 수선을 한 경우에는 그러하지 아니하다.
② 차량의 각 부분은 일정한 기간 또는 주행거리를 기준으로 하여 그 상태와 작용에 대한 검사와 분해검사를 하여야 한다.
③ 제1항 및 제2항에 따른 검사를 할 때 차량의 전기장치에 대해서는 절연저항시험 및 절연내력시험을 하여야 한다.

13 도시철도운전규칙상 차량의 검사와 관련한 다음 지문의 괄호 안에 들어갈 말로 알맞게 짝지어진 것은?

> 차량의 각 부분은 (　) 또는 (　)를 기준으로 하여 그 상태와 작용에 대한 검사와 분해검사를 하여야 한다.

① 일정한 시간, 주행시간
② 일정한 기간, 주행기간
③ 일정한 시간, 주행거리
④ 일정한 기간, 주행거리

해설 도시철도운전규칙 제24조(차량의 검사 및 시험운전) 참조

정답 10. ③　11. ②　12. ②　13. ④

14 도시철도운전규칙상 열차의 비상제동거리는 몇 미터 이하로 하여야 하는가?

① 300미터 ② 400미터
③ 500미터 ④ 600미터

해설 도시철도운전규칙 제29조(열차의 비상제동거리) 열차의 비상제동거리는 600미터이하로 하여야 한다.

15 도시철도운전규칙상 열차의 편성과 제동에 대한 설명으로 바르지 않은 것은?

① 열차는 차량의 특성 및 선로 구간의 시설 상태 등을 고려하여 안전운전에 지장이 없도록 편성하여야 한다.
② 열차의 비상제동거리는 500미터이하로 하여야 한다.
③ 열차에 편성되는 각 차량에는 제동력이 균일하게 작용하고 분리 시에 자동으로 정차할 수 있는 제동장치를 구비하여야 한다.
④ 열차를 편성하거나 편성을 변경할 때에는 운전하기 전에 제동장치의 기능을 시험하여야 한다.

해설 도시철도운전규칙 제29조(열차의 비상제동거리) 참조

16 도시철도운전규칙상 도시철도운영자가 열차를 무인운전으로 운행하려는 경우에 준수하여야 할 사항에 해당하지 않는 것은?

① 관제실에서 열차의 운행상태를 실시간으로 감시 및 조치할 수 있을 것
② 간이운전대의 개방이나 운전 모드(mode)의 변경은 관제실의 사후 승인을 받을 것
③ 운전 모드를 변경하여 수동운전을 하려는 경우에는 관제실과의 통신에 이상이 없음을 먼저 확인할 것
④ 무인운전이 적용되는 구간과 무인운전이 적용되지 아니하는 구간의 경계 구역에서의 운전 모드 전환을 안전하게 하기 위한 규정을 마련해 놓을 것

해설 도시철도운전규칙 제32조의2(무인운전 시의 안전 확보 등) 도시철도운영자가 열차를 무인운전으로 운행하려는 경우에는 다음 각 호의 사항을 준수하여야 한다.
1. 관제실에서 열차의 운행상태를 실시간으로 감시 및 조치할 수 있을 것
2. 열차 내의 간이운전대에는 승객이 임의로 다룰 수 없도록 잠금장치가 설치되어 있을 것
3. 간이운전대의 개방이나 운전 모드(mode)의 변경은 관제실의 사전 승인을 받을 것
4. 운전 모드를 변경하여 수동운전을 하려는 경우에는 관제실과의 통신에 이상이 없음을 먼저 확인할 것
5. 승차·하차 시 승객의 안전 감시나 시스템 고장 등 긴급상황에 대한 신속한 대처를 위하여 필요한 경우에는 열차와 정거장 등에 안전요원을 배치하거나 안전요원이 순회하도록 할 것
6. 무인운전이 적용되는 구간과 무인운전이 적용되지 아니하는 구간의 경계 구역에서의 운전 모드 전환을 안전하게 하기 위한 규정을 마련해 놓을 것
7. 열차 운행 중 다음 각 목의 긴급상황이 발생하는 경우 승객의 안전을 확보하기 위한 조치 규정을 마련해 놓을 것
  ㉠ 열차에 고장이나 화재가 발생하는 경우
  ㉡ 선로 안에서 사람이나 장애물이 발견된 경우
  ㉢ 그 밖에 승객의 안전에 위험한 상황이 발생하는 경우

17 도시철도운전규칙상 열차의 맨 앞의 차량에서 운전하지 않아도 되는 경우가 아닌 것은?

① 구내운전 ② 추진운전
③ 퇴행운전 ④ 무인운전

해설 도시철도운전규칙 제33조(열차의 운전위치) 열차는 맨 앞의 차량에서 운전하여야 한다. 다만, 추진운전, 퇴행운전 또는 무인운전을 하는 경우에는 그러하지 아니하다.

18 도시철도운전규칙상 운전 진로를 달리할 수 있는 경우에 해당하지 않는 것은?

① 선로 또는 열차에 고장이 발생하여 퇴행운전을 하는 경우
② 구원열차(救援列車)나 공사열차(工事列車)를 운전하는 경우
③ 차량을 결합·해체하거나 차선을 바꾸는 경우
④ 무인운전을 하는 경우

정답 14. ④ 15. ② 16. ② 17. ① 18. ④

해설 도시철도운전규칙 제36조(운전 진로)
① 열차의 운전방향을 구별하여 운전하는 한 쌍의 선로에서 열차의 운전 진로는 우측으로 한다. 다만, 좌측으로 운전하는 기존의 선로에 직통으로 연결하여 운전하는 경우에는 좌측으로 할 수 있다.
② 다음 각 호의 어느 하나에 해당하는 경우에는 제1항에도 불구하고 운전 진로를 달리할 수 있다.
  1. 선로 또는 열차에 고장이 발생하여 퇴행운전을 하는 경우
  2. 구원열차(救援列車)나 공사열차(工事列車)를 운전하는 경우
  3. 차량을 결합·해체하거나 차선을 바꾸는 경우
  4. 구내운전(構內運轉)을 하는 경우
  5. 시험운전을 하는 경우
  6. 운전사고 등으로 인하여 일시적으로 단선운전(單線運轉)을 하는 경우
  7. 그 밖에 특별한 사유가 있는 경우

19 도시철도운전규칙상 폐색구간에서 둘 이상의 열차를 동시에 운전할 수 있는 경우가 아닌 것은?

① 선로 또는 열차에 고장이 발생하여 퇴행운전을 하는 경우
② 고장난 열차가 있는 폐색구간에서 구원열차를 운전하는 경우
③ 선로 불통으로 폐색구간에서 공사열차를 운전하는 경우
④ 다른 열차의 차선 바꾸기 지시에 따라 차선을 바꾸기 위하여 운전하는 경우

해설 도시철도운전규칙 제37조(폐색구간)
① 본선은 폐색구간으로 분할하여야 한다. 다만, 정거장 안의 본선은 그러하지 아니하다.
② 폐색구간에서는 둘 이상의 열차를 동시에 운전할 수 없다. 다만, 다음 각 호의 어느 하나에 해당하는 경우에는 그러하지 아니하다.
  1. 고장난 열차가 있는 폐색구간에서 구원열차를 운전하는 경우
  2. 선로 불통으로 폐색구간에서 공사열차를 운전하는 경우
  3. 다른 열차의 차선 바꾸기 지시에 따라 차선을 바꾸기 위하여 운전하는 경우
  4. 하나의 열차를 분할하여 운전하는 경우

20 도시철도운전규칙상 열차가 추진운전이나 퇴행운전을 해도 되는 경우가 아닌 것은?

① 선로나 열차에 고장이 발생한 경우
② 공사열차나 구원열차를 운전하는 경우
③ 차량을 결합·해체하거나 차선을 바꾸는 경우
④ 하나의 열차를 분할하여 운전하는 경우

해설 도시철도운전규칙 제38조(추진운전과 퇴행운전)
① 열차는 추진운전이나 퇴행운전을 하여서는 아니 된다. 다만, 다음 각 호의 어느 하나에 해당하는 경우에는 그러하지 아니하다.
  1. 선로나 열차에 고장이 발생한 경우
  2. 공사열차나 구원열차를 운전하는 경우
  3. 차량을 결합·해체하거나 차선을 바꾸는 경우
  4. 구내운전을 하는 경우
  5. 시설 또는 차량의 시험을 위하여 시험운전을 하는 경우
  6. 그 밖에 특별한 사유가 있는 경우
② 노면전차를 퇴행운전하는 경우에는 주변 차량 및 보행자들의 안전을 확보하기 위한 대책을 마련하여야 한다.

21 도시철도운전규칙상 시계운전을 하는 노면전차가 준수해야 할 사항과 거리가 먼 것은?

① 운전자의 가시거리 범위에서 열차를 정지시킬 수 있도록 적정 속도로 운전할 것
② 신호 등 주변상황에 따라 열차를 정지시킬 수 있도록 적정 속도로 운전할 것
③ 앞서가는 열차와 안전거리를 충분히 유지할 것
④ 교차로에서는 앞서가는 열차를 따라서 신속하게 통과할 것

해설 도시철도운전규칙 제44조의2(노면전차의 시계운전)
시계운전을 하는 노면전차의 경우에는 다음 각 호의 사항을 준수하여야 한다.
  1. 운전자의 가시거리 범위에서 신호 등 주변상황에 따라 열차를 정지시킬 수 있도록 적정 속도로 운전할 것
  2. 앞서가는 열차와 안전거리를 충분히 유지할 것
  3. 교차로에서 앞서가는 열차를 따라서 동시에 통과하지 않을 것

정답 19. ① 20. ④ 21. ④

22 도시철도운전규칙상 선로전환기에 대한 설명으로 바르지 않은 것은?

① 본선의 선로전환기는 이와 관계있는 신호장치와 연동하여 잠금되도록 해야 한다.
② 선로전환기를 사용한 후에는 지체 없이 미리 정하여진 위치에 두어야 한다.
③ 노면전차의 경우 도로에 설치하는 선로전환기는 보행자 안전을 위해 열차가 충분히 멀리 있을 때 작동하여야 한다.
④ 노면전차의 경우 도로에 설치하는 선로전환기는 운전자가 선로전환기의 개통방향을 확인할 수 있어야 한다.

해설 도시철도운전규칙 제47조(선로전환기의 잠금 및 정위치 유지)
① 본선의 선로전환기는 이와 관계있는 신호장치와 연동하여 잠금(전기적 또는 기계적으로 작동되지 않도록 잠금장치를 하는 것을 말한다)되도록 해야 한다.
② 선로전환기를 사용한 후에는 지체 없이 미리 정하여진 위치에 두어야 한다.
③ 노면전차의 경우 도로에 설치하는 선로전환기는 보행자 안전을 위해 열차가 충분히 접근하였을 때에 작동하여야 하며, 운전자가 선로전환기의 개통방향을 확인할 수 있어야 한다.

23 도시철도운전규칙상 도시철도운영자가 열차의 운전속도를 제한해야 하는 경우로 볼 수 없는 것은?

① 서행신호를 하는 경우
② 추진운전이나 퇴행운전을 하는 경우
③ 차량을 결합·해체하거나 차선을 바꾸는 경우
④ 잠금된 선로전환기를 향하여 진행하는 경우

해설 도시철도운전규칙 제49조(속도제한) 도시철도운영자는 다음 각 호의 어느 하나에 해당하는 경우에는 운전속도를 제한해야 한다.
1. 서행신호를 하는 경우
2. 추진운전이나 퇴행운전을 하는 경우
3. 차량을 결합·해체하거나 차선을 바꾸는 경우
4. 잠금되지 않은 선로전환기를 향하여 진행하는 경우
5. 대용폐색방식으로 운전하는 경우
6. 자동폐색신호의 정지신호가 있는 지점을 지나서 진행하는 경우
7. 차내신호의 "0" 신호가 있은 후 진행하는 경우
8. 감속·주의·경계 등의 신호가 있는 지점을 지나서 진행하는 경우
9. 그 밖에 안전운전을 위하여 운전속도제한이 필요한 경우

24 도시철도운전규칙상 도시철도운영자가 열차의 운전속도를 제한해야 하는 경우에 해당하지 않는 것은?

① 대용폐색방식으로 운전하는 경우
② 자동폐색신호의 서행신호가 있는 지점을 지나서 진행하는 경우
③ 차내신호의 "0" 신호가 있은 후 진행하는 경우
④ 감속·주의·경계 등의 신호가 있는 지점을 지나서 진행하는 경우

해설 도시철도운전규칙 제49조(속도제한) 참조

25 도시철도운전규칙상 폐색방식에 대한 설명으로 타당하지 않은 것은?

① 열차를 운전하는 경우의 폐색방식은 상용폐색방식과 대용폐색방식에 따른다.
② 상용폐색방식 및 대용폐색방식을 따를 수 없을 때에는 전령법(傳令法)에 따르거나 무폐색운전을 한다.
③ 차내신호폐색식에 따르려는 경우에는 폐색구간에 있는 열차등의 운전상태를 그 폐색구간에 진입하려는 열차의 운전실에서 알 수 있는 장치를 갖추어야 한다.
④ 상용폐색방식은 지령식, 통신식 또는 지도통신식에 따른다.

해설 도시철도운전규칙 제52조(상용폐색방식) 상용폐색방식은 자동폐색식 또는 차내신호폐색식에 따른다.

26 도시철도운전규칙상 대용폐색방식에 해당하지 않는 것은?

① 지령식   ② 전령식
③ 통신식   ④ 지도통신식

정답 22. ③   23. ④   24. ②   25. ④   26. ②

해설 도시철도운전규칙 제55조(대용폐색방식) 대용폐색방식은 다음 각 호의 구분에 따른다.
1. 복선운전을 하는 경우 : 지령식 또는 통신식
2. 단선운전을 하는 경우 : 지도통신식

27 도시철도운전규칙상 단선운전을 하는 경우 대용폐색방식은?

① 지령식　　② 전령식
③ 통신식　　④ 지도통신식

해설 도시철도운전규칙 제55조(대용폐색방식) 참조

28 도시철도운전규칙상 복선운전을 하는 경우 대용폐색방식은?

① 지령식　　② 지도식
③ 지령통신식　　④ 지도통신식

해설 도시철도운전규칙 제55조(대용폐색방식) 참조

29 도시철도운전규칙상 폐색방식과 관련한 아래 지문에서 괄호에 들어갈 내용으로 바르게 짝지어진 것은?

> 1. 폐색장치 및 차내신호장치의 고장으로 열차의 정상적인 운전이 불가능할 때에는 관제사가 폐색구간에 열차의 진입을 지시하는 (ㄱ)에 따른다.
> 2. 상용폐색방식 또는 (ㄴ)에 따를 수 없을 때에는 폐색구간에 열차를 진입시키려는 역장 또는 소장이 상대 역장 또는 소장 및 관제사와 협의하여 폐색구간에 열차의 진입을 지시하는 (ㄷ)에 따른다.

① ㄱ : 지령식, ㄴ : 지령식, ㄷ : 통신식
② ㄱ : 지시식, ㄴ : 대용폐식방식, ㄷ : 통신식
③ ㄱ : 관제식, ㄴ : 지령식, ㄷ : 지도식
④ ㄱ : 지령식, ㄴ : 대용폐색방식, ㄷ : 통신식

해설 도시철도운전규칙 제56조(지령식 및 통신식)
① 폐색장치 및 차내신호장치의 고장으로 열차의 정상적인 운전이 불가능할 때에는 관제사가 폐색구간에 열차의 진입을 지시하는 지령식에 따른다.
② 상용폐색방식 또는 지령식에 따를 수 없을 때에는 폐색구간에 열차를 진입시키려는 역장 또는 소장이 상대 역장 또는 소장 및 관제사와 협의하여 폐색구간에 열차의 진입을 지시하는 통신식에 따른다.
③ 제1항 또는 제2항에 따른 지령식 또는 통신식에 따르는 경우에는 관제사 및 폐색구간 양쪽의 역장 또는 소장은 전용전화기를 설치·운용하여야 한다. 다만, 부득이한 사유로 전용전화기를 설치할 수 없거나 전용전화기에 고장이 발생하였을 때에는 다른 전화기를 이용할 수 있다.

30 도시철도운전규칙상 지도통신식에 대한 설명으로 바르지 않은 것은?

① 지도통신식에 따르는 경우에는 지도표 또는 지도권을 발급받은 열차만 해당 폐색구간을 운전할 수 있다.
② 지도표와 지도권은 폐색구간에 열차를 진입시키려는 역장 또는 소장이 상대 역장 또는 소장 및 관제사와 협의하여 발행한다.
③ 역장이나 소장은 같은 방향의 폐색구간으로 진입시키려는 열차가 하나뿐인 경우에는 지도권을 발급하고, 연속하여 둘 이상의 열차를 같은 방향의 폐색구간으로 진입시키려는 경우에는 맨 마지막 열차에 대해서는 지도권을, 나머지 열차에 대해서는 지도표를 발급한다.
④ 지도표와 지도권에는 폐색구간 양쪽의 역 이름 또는 소(所) 이름, 관제사, 명령번호, 열차번호 및 발행일과 시각을 적어야 한다.

해설 도시철도운전규칙 제57조(지도통신식)
① 지도통신식에 따르는 경우에는 지도표 또는 지도권을 발급받은 열차만 해당 폐색구간을 운전할 수 있다.
② 지도표와 지도권은 폐색구간에 열차를 진입시키려는 역장 또는 소장이 상대 역장 또는 소장 및 관제사와 협의하여 발행한다.

정답　27. ④　28. ①　29. ①　30. ③

③ 역장이나 소장은 같은 방향의 폐색구간으로 진입시키려는 열차가 하나뿐인 경우에는 지도표를 발급하고, 연속하여 둘 이상의 열차를 같은 방향의 폐색구간으로 진입시키려는 경우에는 맨 마지막 열차에 대해서는 지도표를, 나머지 열차에 대해서는 지도권을 발급한다.
④ 지도표와 지도권에는 폐색구간 양쪽의 역 이름 또는 소(所) 이름, 관제사, 명령번호, 열차번호 및 발행일과 시각을 적어야 한다.
⑤ 열차의 기관사는 제3항에 따라 발급받은 지도표 또는 지도권을 폐색구간을 통과한 후 도착지의 역장 또는 소장에게 반납하여야 한다.

31 도시철도운전규칙상 지도통신식에 따를 때, 지도표와 지도권에 적어야 하는 내용에 해당하지 않는 것은?

① 폐색구간 양쪽의 역장 이름 또는 소장 이름
② 열차번호
③ 명령번호
④ 발행일과 시각

해설 도시철도운전규칙 제57조(지도통신식) 참조

32 도시철도운전규칙상 전령법에 대한 설명으로 바르지 않은 것은?

① 열차등이 있는 폐색구간에 다른 열차를 운전시킬 때에는 그 열차에 대하여 전령법을 시행한다.
② 전령법을 시행하는 구간에는 한 명의 전령자를 선정하여야 한다.
③ 전령자는 백색 완장을 착용하여야 한다.
④ 관제사가 취급하는 전령법 시행구간에서는 반드시 그 구간의 전령자가 탑승하여야 한다.

해설 도시철도운전규칙 제59조(전령자의 선정 등)
① 전령법을 시행하는 구간에는 한 명의 전령자를 선정하여야 한다.
② 제1항에 따른 전령자는 백색 완장을 착용하여야 한다.
③ 전령법을 시행하는 구간에서는 그 구간의 전령자가 탑승하여야 열차를 운전할 수 있다. 다만, 관제사가 취급하는 경우에는 전령자를 탑승시키지 아니할 수 있다.

33 도시철도운전규칙상 신호에 대한 설명으로 타당하지 않은 것은?

① 도시철도의 신호의 종류에는 신호, 전호, 표지 등이 있다.
② 신호는 형태·색·음 등으로 열차등에 대하여 운전의 조건을 지시하는 것이다.
③ 전호(傳號)는 형태·색·음 등으로 직원 상호간에 의사를 표시하는 것이다.
④ 표지는 형태·색·음 등으로 물체의 위치·방향·조건을 표시하는 것이다.

해설 도시철도운전규칙 제60조(신호의 종류)제3호 표지 : 형태·색 등으로 물체의 위치·방향·조건을 표시하는 것이다.

34 도시철도운전규칙상 신호에 대한 설명으로 바르지 않은 것은?

① 주간과 야간의 신호방식을 달리하는 경우에는 일출부터 일몰까지는 주간의 방식, 일몰부터 다음날 일출까지는 야간방식에 따라야 한다.
② 차내신호방식 및 지하구간에서의 신호방식은 야간방식에 따른다.
③ 신호가 필요한 장소에 신호가 없을 때 또는 그 신호가 분명하지 아니할 때에는 정지신호가 있는 것으로 본다.
④ 상설신호기 또는 임시신호기의 신호와 수신호가 각각 다를 때에는 수신호에 따라야 한다.

해설 도시철도운전규칙 제62조(제한신호의 추정)제2항 상설신호기 또는 임시신호기의 신호와 수신호가 각각 다를 때에는 열차등에 가장 많은 제한을 붙인 신호에 따라야 한다. 다만, 사전에 통보가 있었을 때에는 통보된 신호에 따른다.

35 도시철도운전규칙상 주신호기의 종류에 해당하지 않는 것은?

① 차내신호기
② 출발신호기
③ 엄호신호기
④ 입환신호기

정답 31. ① 32. ④ 33. ④ 34. ④ 35. ③

해설 도시철도운전규칙 제65조(상설신호기의 종류) 상설신호기의 종류와 기능은 다음 각 호와 같다.
1. 주신호기
   ① 차내신호기 : 열차등의 가장 앞쪽의 운전실에 설치하여 운전조건을 지시하는 신호
   ② 장내신호기 : 정거장에 진입하려는 열차등에 대하여 신호기 뒷방향으로의 진입이 가능한지를 지시하는 신호
   ③ 출발신호기 : 정거장에서 출발하려는 열차등에 대하여 신호기 뒷방향으로의 진입이 가능한지를 지시하는 신호
   ④ 폐색신호기 : 폐색구간에 진입하려는 열차등에 대하여 운전조건을 지시하는 신호
   ⑤ 입환신호기 : 차량을 결합·해체하거나 차선을 바꾸려는 차량에 대하여 신호기 뒷방향으로의 진입이 가능한지를 지시하는 신호
2. 종속신호기
   ① 원방신호기 : 장내신호기 및 폐색신호기에 종속되어 그 신호상태를 예고하는 신호
   ② 중계신호기 : 주신호기에 종속되어 그 신호상태를 중계하는 신호
3. 신호부속기
   ① 진로표시기 : 장내신호기, 출발신호기, 진로개통표시기 또는 입환신호기에 부속되어 열차등에 대하여 그 진로를 표시하는 것
   ② 진로개통표시기 : 차내신호기를 사용하는 본선로의 분기부에 설치하여 진로의 개통상태를 표시하는 것

36 도시철도운전규칙상 상설신호기의 종류로 틀린 것은?

① 차내신호기 ② 서행신호기
③ 원방신호기 ④ 중계신호기

해설 도시철도운전규칙 제65조(상설신호기의 종류) 참조

37 도시철도운전규칙상 상설신호기의 종류에 해당하지 않는 것은?

① 폐색신호기 ② 진로개통표시기
③ 유도신호기 ④ 장내신호기

해설 도시철도운전규칙 제65조(상설신호기의 종류) 참조, 엄호신호기, 유도신호기, 통과신호기, 진로예고기 등은 철도차량운전규칙상 상치신호기의 종류에는 해당하나 도시철도운전규칙상 상설신호기의 종류에서는 제외되어 있다.

38 도시철도운전규칙상 상설신호기의 신호방식으로 연결이 틀린 것은?

① 차내신호기의 주간 진행신호는 녹색등이다.
② 장내신호기의 주간 주의신호는 등황색등이다.
③ 입환신호기의 야간 진행신호는 등황색등이다.
④ 폐색신호기의 야간 진행신호는 녹색등이다.

해설 도시철도운전규칙 제66조(상설신호기의 종류 및 신호방식) 상설신호기는 계기·색등 또는 등열(燈列)로써 다음 각 호의 방식으로 신호하여야 한다.

1. 주신호기
㉠ 차내신호기

신호의 종류 주간·야간별	정지신호	진행신호
주간 및 야간	"0"속도를 표시	지령속도를 표시

㉡ 장내신호기, 출발신호기 및 폐색신호기

방식	신호의 종류 주간·야간별	정지신호	경계신호	주의신호	감속신호	진행신호
색등식	주간 및 야간	적색등	상하위 등황색등	등황색등	• 상위는 등황색등 • 하위는 녹색등	녹색등

㉢ 입환신호기

방식	신호의 종류 주간·야간별	정지신호	진행신호
색등식	주간 및 야간	적색등	등황색등

2. 종속신호기
㉠ 원방신호기

방식	신호의 종류 주간·야간별	주신호기가 정지신호를 할 경우	주신호기가 진행을 지시하는 신호를 할 경우
색등식	주간 및 야간	등황색등	녹색등

㉡ 중계신호기

방식	신호의 종류 주간·야간별	주신호기가 정지신호를 할 경우	주신호기가 진행을 지시할 경우
색등식	주간 및 야간	적색등	주신호기가 한 진행을 지시하는 색등

정답 36. ② 37. ③ 38. ①

3. 신호부속기
㉠ 진로표시기

방식	주간·야간별	개통방향 좌측진로	중앙진로	우측진로
색등식	주간 및 야간	흑색바탕에 좌측방향 백색화살표 ←	흑색바탕에 수직방향 백색화살표 ↑	흑색바탕에 좌측방향 백색화살표 →
문자식	주간 및 야간	4각 흑색바탕에 문자 A 가		

㉡ 진로개통표시기

방식	주간·야간별	개통방향	진로가 개통되었을 경우	진로가 개통되지 아니한 경우
색등식	주간 및 야간	등황색등	● ○	○ ●
		적색등		

39. 도시철도운전규칙상 종속신호기에 대한 설명으로 타당하지 않은 것은?

① 주신호기가 정지신호를 할 경우 원방신호기의 신호는 적색등이다.
② 주신호기가 진행을 지시하는 신호를 할 경우 원방신호기의 신호는 녹색등이다.
③ 주신호기가 정지신호를 할 경우 중계신호기의 신호는 적색등이다.
④ 주신호기가 진행을 지시하는 신호를 할 경우 중계신호기의 신호는 주신호기가 한 진행을 지시하는 색등이다.

해설 제66조(상설신호기의 종류 및 신호 방식) 참조

40. 도시철도운전규칙상 임시신호기의 신호방식으로 바르지 않은 것은?

① 주간 서행신호는 백색 테두리의 황색 원판이다.
② 주간 서행예고신호는 흑색 삼각형 무늬 3개를 그린 3각형판이다.
③ 야간 서행예고신호는 흑색 삼각형 무늬 3개를 그린 등황색등이다.
④ 주간 서행해제신호는 백색 테두리의 녹색 원판이다.

해설 도시철도운전규칙 제69조(임시신호기의 신호방식)
① 임시신호기의 형태·색 및 신호방식은 다음과 같다.

주간·야간별	신호의 종류 서행신호	서행예고신호	서행해제신호
주간	백색 테두리의 황색 원판	흑색 삼각형 무늬 3개를 그린 3각형판	백색 테두리의 녹색 원판
야간	등황색등	흑색 삼각형 무늬 3개를 그린 백색등	녹색등

② 임시신호기 표지의 배면(背面)과 배면광(背面光)은 백색으로 하고, 서행신호기에는 지정속도를 표시하여야 한다.

41. 도시철도운전규칙상 수신호방식에 대한 설명으로 바르지 않은 것은?

① 주간의 정지신호는 적색기이다. 다만, 부득이한 경우에는 두 팔을 높이 들거나 또는 녹색기 외의 물체를 급격히 흔드는 것으로 대신할 수 있다.
② 주간의 진행신호는 녹색기이다. 다만, 부득이한 경우에는 한 팔을 높이 드는 것으로 대신할 수 있다.
③ 주간의 서행신호는 적색기와 녹색기를 머리 위로 높이 교차한다.
④ 야간의 서행신호는 등황색등이다.

해설 도시철도운전규칙 제70조(수신호방식) 신호기를 설치하지 아니한 경우 또는 신호기를 사용하지 못할 경우에는 다음의 방식으로 수신호를 하여야 한다.
1. 정지신호
  ① 주간 : 적색기. 다만, 부득이한 경우에는 두 팔을 높이 들거나 또는 녹색기 외의 물체를 급격히 흔드는 것으로 대신할 수 있다.
  ② 야간 : 적색등. 다만, 부득이한 경우에는 녹색등 외의 등을 급격히 흔드는 것으로 대신할 수 있다.

정답 39. ① 40. ③ 41. ④

2. 진행신호
   ① 주간 : 녹색기. 다만, 부득이한 경우에는 한 팔을 높이 드는 것으로 대신할 수 있다.
   ② 야간 : 녹색등
3. 서행신호
   ① 주간 : 적색기와 녹색기를 머리 위로 높이 교차한다. 다만, 부득이한 경우에는 양 팔을 머리 위로 높이 교차하는 것으로 대신할 수 있다.
   ② 야간 : 명멸(明滅)하는 녹색등

42 도시철도운전규칙상 선로의 지장으로 인하여 열차등을 정지시키거나 서행시킬 경우, 임시신호기에 따를 수 없을 때에는 지장지점으로부터 몇 미터 이상의 앞 지점에서 정지수신호를 하여야 하는가?

① 100미터
② 200미터
③ 300미터
④ 600미터

해설 도시철도운전규칙 제71조(선로 지장 시의 방호신호) 선로의 지장으로 인하여 열차등을 정지시키거나 서행시킬 경우, 임시신호기에 따를 수 없을 때에는 지장지점으로부터 200미터 이상의 앞 지점에서 정지수신호를 하여야 한다.

43 도시철도운전규칙상 입환전호에 대한 설명으로 타당한 것은?

① 주간에 접근전호는 녹색등을 좌우로 흔든다.
② 야간에 접근전호는 녹색등을 좌우로 흔든다.
③ 주간에 퇴거전호는 녹색등을 상하로 흔든다.
④ 야간에 퇴거전호는 녹색등을 좌우로 흔든다.

해설 도시철도운전규칙 제74조(입환전호) 입환전호방식은 다음과 같다.
1. 접근전호
   ① 주간 : 녹색기를 좌우로 흔든다. 다만, 부득이한 경우에는 한 팔을 좌우로 움직이는 것으로 대신할 수 있다.
   ② 야간 : 녹색등을 좌우로 흔든다.
2. 퇴거전호
   ① 주간 : 녹색기를 상하로 흔든다. 다만, 부득이한 경우에는 한 팔을 상하로 움직이는 것으로 대신할 수 있다.
   ② 야간 : 녹색등을 상하로 흔든다.
3. 정지전호
   ① 주간 : 적색기를 흔든다. 다만, 부득이한 경우에는 두 팔을 높이 드는 것으로 대신할 수 있다.
   ② 야간 : 적색등을 흔든다.

정답 42. ② 43. ②

철도교통안전관리자

P·A·R·T 04

모의고사

1과목 교통안전관리론
2과목 철도공학
3과목 열차운전

1과목 교통안전관리론 1회 모의고사

01 교통안전관리 단계 중 안전관리자가 최고경영진에게 가장 효과적인 안전관리 방안을 제시해 주어야 하는 단계는?

① 조사단계　　② 확인단계
③ 설득단계　　④ 계획단계

02 교통안전 증진을 위한 방법으로 교통수단과 사람이 안전하게 통행할 수 있도록 통제하는 것을 무엇이라 하는가?

① education
② enforcement
③ enhanced safety vehicle
④ engineering

03 교통사고 발생으로 인한 공공적 지출에 해당되지 않는 것은?

① 경찰관서의 사고처리 비용
② 재판비용
③ 긴급구호 및 보험기관 사고처리 비용
④ 문병을 위한 시간, 교통비용

04 다음 중 음주운전 교통사고의 특징으로 틀린 것은?

① 주차 중에 있는 다른 자동차 등에 충돌한다.
② 도로를 잘못 보고 도로 밖으로 추락한다.
③ 야간보다 낮에 많은 사고를 유발한다.
④ 정지물체, 즉 안전지대나 전신주 등에 충돌한다.

05 다음에서 어린이의 교통행동특성에 대한 설명으로 옳지 않은 것은?

① 감정에 따라 행동의 변화가 심하다.
② 추상적인 말을 잘 이해한다.
③ 신기한 일에 호기심을 가진다.
④ 사물을 이해하는 방법이 단순하다.

06 교통사고 예방원칙에 대한 설명으로 틀린 것은?

① 무리한 행동 배제의 원칙은 과속, 끼어들기 등 무리한 행동을 하지 말라는 원칙이다.
② 욕조곡선은 중기에 부품 내재 결함으로 고장률이 점차 증가한다.
③ 욕조곡선의 원리는 고장률과 시간의 관계에서 욕조의 모양이 나타난다.
④ 하인리히 법칙의 1:29:300이라는 수치는 재해를 사전에 예방하는 노력의 중요성을 나타낸다.

정답　01. ③　02. ②　03. ④　04. ③　05. ②　06. ②

07 바람직한 교통참가자를 형성시키기 위한 교통안전의 교통 내용에 해당되지 않는 것은?

① 준법정신　② 타자 적응성
③ 사고처리 기준　④ 안전운전 태도

08 Piaget의 인지발달이론에 따른 어린이의 일반적 특성과 행동능력에 대한 설명으로 옳지 않은 것은?

① 전 조작단계 : 직접 존재하는 것에 대해서만 사고하며, 이사고도 고지식하고 자기중심적 이어서 한 가지 사물에만 집착한다.
② 구체적 조작단계 : 교통장면을 충분히 인식하면 교통규칙을 이해할 수 있는 수준에 도달하게 된다.
③ 감각적 운동단계 : 자신과 외부세계를 구별하는 능력이 전혀 없다.
④ 형식적 조작단계 : 논리적 사고가 발달하나, 성인수준의 능력을 갖는 보행자로서 교통에 참여할 수 없다.

09 다음 중 교통사고의 3대 요인으로 볼 수 없는 것은?

① 인적요인　② 환경적 요인
③ 차량적 요인　④ 문화적 요인

10 하인리히(Heinrich) 법칙에 대한 설명 중 옳지 않은 것은?

① 불안전한 행위가 교통사고를 유발하는 과정에서 중상:경상:위험한 상태의 발생가능성은 1:29:300이다.
② 사고를 일으켰으나 손실이 없거나 사고를 일으킬 뻔 했던 무 손실사고를 무시하게 되면 더 큰 사고가 일어난다는 사실을 강조한 것이다.
③ 교통사고의 주된 원인은 운전자의 불안전한 행위에 있음을 강조한 것이다.
④ 실제 일어난 사고만을 분석하여 대책을 세우는 것이 효율적이라는 주장이다.

11 안전벨트의 기능으로 옳지 않은 것은?

① 사망률의 감소　② 운전자세 교정
③ 충격력 증가　④ 피로감 감소

12 자동차 운행 중 원심력에 관한 설명이다. 틀린 것은?

① 커브의 반경이 커질수록 커진다.
② 커브길 운행 시 원심력이 적용된다.
③ 중량에 비례해서 커진다.
④ 원심력은 속도의 제곱에 비례한다.

13 조명은 작업자, 직장, 생산에 영향을 미친다. 다음 중 조명이 미비한 경우 직장에 미치는 영향으로 가장 거리가 먼 것은?

① 직장의 분위기가 어둡다.
② 근로의욕이 저하된다.
③ 정리, 정돈이 좋지 못하다.
④ 심적으로 안정감을 준다.

14 산재를 몇 개의 범주로 나누어 각 범주별 평균비용을 산출하여 사고를 분류하는 방식을 제시한 사람은?

① 하인리히　② 시몬즈
③ 그리말디　④ 윌릭

정답　07. ③　08. ④　09. ④　10. ④　11. ④　12. ①　13. ④　14. ②

15 교통사고 요인 중 인적요인에 해당되지 않는 것은?

① 운전자의 적성과 자질
② 운전자 또는 보행자의 신체적, 생리적 조건
③ 위험의 인지와 회피에 대한 판단
④ 운전면허소지자수의 증가

16 관리에 대한 설명으로 옳지 않은 것은?

① 공동의 목표를 위해서 협동집단의 행동을 지시하는 과정이다.
② 관리는 구성원 집단을 위해서 명령을 하고 의사결정을 하는 과정이다.
③ 설정된 목표를 달성하기 위해 인관과 다른 자원에 대한 통제를 수행하여서는 안 된다.
④ 관리는 행하여지는 기능이다.

17 회사에서 교통안전 교육계획 수립 시 고려할 사항으로 옳지 않은 것은?

① 법정 교육은 반드시 자체교육 우선 실시를 검토한다.
② 안전교육 기관의 교육운영과 교육과정을 검토한다.
③ 현장의 의견을 충분히 검토, 반영한다.
④ 전문가와 관계자의 의견을 청취하고 수렴한다.

18 관리기능에 따른 직무수행 방법 중 조정방법으로 틀린 것은?

① 회의, 위원회의 활용
② 목표와 권한, 책임의 명확화
③ 조정기구의 설치
④ 절차의 비정형화

19 하인리히 법칙에 대한 설명으로 옳지 않은 것은?

① 노동재해 사례를 분석하여 제시하였다.
② 일반적으로 1:29:300의 수치를 나타낸다.
③ 도로교통사고 방지를 위한 부분에도 적용되고 있다.
④ 사고가 발행한 후 사고방지대책을 강구하는데 중점을 두고 있다.

20 교통안전관리의 설명으로 옳지 않은 것은?

① 교통안전관리는 노무 및 인사관리와는 관계성이 없다.
② 사람과 물자의 이동과정에서 발생하는 위험요인이 없도록 하는 과정이다.
③ 운전자 관리, 차량관리, 교통시설과 환경관리가 효율적으로 이루어져야 한다.
④ 교통안전과 관련한 모든 자원을 계획, 조직, 통제, 배분, 조정 및 통합하는 과정이다.

21 교통안전을 증진시키기 위한 방법인 "3E"에 해당하지 않는 것은?

① 교육(education) ② 공학(engineering)
③ 단속(enforcement) ④ 협력(effort)

22 다음 중 사고다발자의 일반적인 특성으로 볼 수 없는 것은?

① 충동을 제어하지 못하여 조기 반응을 나타낸다.
② 자극에 민감한 경향을 보이고 흥분을 잘한다.
③ 호탕하고 개방적이어서 인간관계에 있어서 협조적 태도를 보인다.
④ 정서적으로 충동적이다.

정답 15. ④ 16. ③ 17. ① 18. ④ 19. ④ 20. ① 21. ④ 22. ③

23. 다음 중 10명 내외의 소집단 교육기법에 해당하지 않는 것은?

① 사례연구법 ② 분할 연기법
③ 밀봉 토의법 ④ 카운슬링

24. 안전관리활동 중 현장안전회의(tool box meeting) 의 순서로 옳은 것은?

① 도입-위험예지-점검정비-확인-운행지시
② 위험예지-도입-점검정비-운행지시-확인
③ 도입-점검정비-운행지시-위험예지-확인
④ 도입-점검정비-위험예지-확인-운행지시

25. 집단 활동의 타성화에 대한 대책으로 틀린 것은?

① 성과를 도표화
② 표어, 포스타의 모집
③ 문제의식 억제
④ 타 집단과 상호교류

정답 23. ④ 24. ③ 25. ③

1과목 교통안전관리론 2회 모의고사

01 다음 중 교통안전관리의 기능에 포함되지 않는 것은?

① 계획기능 ② 개선기능
③ 시행기능 ④ 단속기능

02 다음 중 교통안전관리의 주요 업무가 아닌 것은?

① 교통안전계획의 수립
② 교통안전의식을 지속적으로 유지
③ 자동차의 안전관리
④ 교통안전법규의 제정

03 다음 안전관리 조직 중 라인스탭형 조직에 대한 설명으로 틀린 것은?

① 특정분야 전문가들의 결집으로 인한 안전에 대한 기술축적이 용이하다.
② 특정분야에서의 전문성을 띠면서 사업장이나 현장에 맞는 대책 및 개선책 찾기가 수월하다.
③ 안전관리 전담부서에서 건의, 조언한다.
④ 라인형 조직보다 유연성이 강화된다.

04 다음 교통사고의 요소와 그 내용이 잘못된 것은?

① 기술적 요소 : 구조, 재료의 부적합, 장치 등의 설계불량
② 물리적 요소 : 안전 방호 장치 결함, 복장 등의 결함
③ 사회적 요소 : 불안전한 자세 및 동작, 물체 자체의 결함
④ 심리적 요소 : 주의력, 안전의식 부족

05 다음 중 인간행동에 영향을 주는 요인의 내용이 잘못된 것은?

① 내적요인(소질) : 지능지각(운동기능), 성격, 태도
② 내적요인(의욕) : 지위, 대우, 후생, 흥미
③ 외적요인(인간관계) : 가정, 직장, 사회, 경제, 문화
④ 외적요인(물리적 조건) : 근로시간, 시각, 교대제, 속도

06 다음 중 교통안전관리자의 직무가 아닌 것은 무엇인가?

① 교통안전관리 규정의 시행 및 그 기록의 작성, 보존
② 교통사고 원인 조사, 분석 및 기록유지
③ 교통수단의 운행, 운항 또는 항행 또는 교통시설의 운영, 관리와 관련된 안전점검의 지도, 감독
④ 교통수단 및 교통수단 운영체계의 개선 권고

정답 01. ③ 02. ④ 03. ③ 04. ③ 05. ④ 06. ④

07 다음 중 위험예측능력을 향상시키는 방법 중 IPDE의 설명이 잘못된 것은?

① 확인(I)는 주변의 모든 것을 빠르게 보고 한눈에 파악하는 것
② 예측(P)은 사고가 날것으로 판단되어 제동장치 조작하는 것
③ 결정(D)은 상황을 파악하고 문제가 없다면 그대로 진행해야 하지만, 잠재적 사고 가능성을 예측한 후에는 사고를 피하기 위한 행동을 결정해야 한다는 것
④ 실행(A)은 결정된 행동을 실행에 옮기는 단계

08 다음 중 교통안전관리 규정에 포함할 사항이 아닌 것은?

① 교통수단의 관리에 관한 사항
② 교통 업무에 종사하는 자의 관리에 관한 사항
③ 보행자의 통행방법 등에 관한 사항
④ 교통시설의 안전성 평가에 관한 사항

09 다음 중 운전자가 위험을 느끼고 브레이크가 실제로 작동하기까지 소요되는 시간은 무엇인가?

① 정지거리   ② 제동거리
③ 공주거리   ④ 제동정지거리

10 다음 중 비공식 조직의 특성이 아닌 것은?

① 자연발생적, 비합리적으로 성립된 조직이다.
② 혈연, 지연, 학연, 종교 등에 의해 계층적·부분적인 조직이다.
③ 능률이나 비용의 논리에 의해 구성 및 운영된다.
④ 감정 논리의 조직으로 소규모 집단이다.

11 새로운 교육 또는 지도, 규칙 등을 이해시켰다면 사고발생 위험 율은 저하시킬 수가 있을 것이라는데 이를 위해서 어느 것을 기본 목적으로 하는가?

① 교통 환경   ② 사고분석
③ 주행거리   ④ 운전행태

12 다음 사고발생 요인 중 가장 큰 비중을 차지하는 것은?

① 인적요인   ② 물적요인
③ 환경적요인   ④ 공통적요인

13 다음 중 교통사고조사를 실시하는 근본적인 목적은?

① 장기적으로 발생 가능한 교통사고의 예방을 위해
② 교통사업자의 수익 구조를 개선하기 위해
③ 교통사고조사에 대한 신뢰가 부족하여
④ 교통사고 유발자의 처벌을 위해

14 다음 중 인적평가 오류에 대한 설명으로 잘못된 것은?

① 후광효과 : 피고과자를 실제보다 과대 혹은 과소평가하는 것으로서 집단의 평가 결과가 한쪽으로 치우치는 경향
② 상관적 편견 : 평가자가 관련성이 없는 평가 항목들 간에 높은 상관성을 인지하거나 또는 이들을 구분할 수 없어서 유사, 동일하게 인지할 때 발생한다.
③ 투사 : 주관의 객관화라고도 하며, 자기 자신의 특성이나 관점을 다른 사람에게 전가 시키는 것을 말한다.
④ 상동적 오류 : 타인에 대한 평가가 그가 속한 사회적 집단에 대한 지각을 기초로 해서 이루어지는 것을 말한다.

정답 07. ② 08. ③ 09. ③ 10. ③ 11. ① 12. ① 13. ① 14. ①

15 다음 사고의 요인 중 "하나만이라도 제거되면 연쇄반응은 없다 따라서 교통사고도 발생하지 않는다."라는 원리는?

① 사고 연쇄성 원리
② 사고 등치성 원리
③ 사고 단일성 원리
④ 사고 복합성 원리

16 다음 중 고령 운전자의 특징이 아닌 것은?

① 민첩성 확보
② 시력 감지 기능 약화
③ 청력 감지 기능 약화
④ 순발력의 저하

17 다음 중 운행계획(안전관리)의 PDCA 중 잘못된 것은?

① P(계획) – 현장 실정에 맞는 적합한 안전관리방법 계획 수립
② D(실시) – 안전관리 활동의 실시
③ C(검토) – 안전관리 활동에 대한 검사 및 확인
④ A(조치) – 현장을 벗어나려고 한다.

18 다음 중 교통사고 예방을 위한 법규나 관리규정 등을 제정하여 안전관리의 효율성을 제고하기 위한 접근 방법은 무엇인가?

① 관리적 접근 방법
② 제도적 접근방법
③ 기술적 접근방법
④ 과학적 접근방법

19 다음 중 어떤 현상이 일어날 수 있는 확률로 우발적인 변화에 기인한 고장과 부품의 마모와 결함, 노화 등의 원인에 의한 것과 관련된 이론은?

① 욕조 곡선의 원리
② 결함 곡선의 원리
③ 마모 곡선의 원리
④ 노화 곡선의 원리

20 위험요소의 제거 단계 중 관리자를 임명하는 것은 다음 중 어떤 단계인가?

① 위험요소의 탐지단계
② 개선방안 제시단계
③ 조직의 구성단계
④ 대안의 채택 및 시행단계

21 다음 중 운전적성을 판단하는데 있어서 관련이 없는 인간특성은 무엇인가?

① 시각   ② 성격
③ 청각   ④ 반응

22 다음 중 문제의 해결과 관계된 미래 추이의 예측을 위해 전문가 패널을 구성하여 수회 이상 설문하는 분석기법은?

① 사례연구 기법   ② 설문조사 기법
③ 인터뷰 기법   ④ 델파이 기법

23 카츠가 주장하는 인성에 작용하는 태도의 기능으로 틀린 것은?

① 협동 기능
② 적응적–공리적 기능
③ 가치 표현적 기능
④ 자기 방어적 기능

정답 15. ① 16. ① 17. ④ 18. ② 19. ① 20. ③ 21. ② 22. ④ 23. ①

24 다음 중 운전환경과 운전조건이 개선되어 운전자가 안심하고 운전할 수 있도록 해야 한다는 것의 의미는 무엇인가?

① 안전한 환경조성의 원칙
② 위험요소 제거의 원칙
③ 운전규정 준수의 원칙
④ 위험 평가와 감시의 원칙

25 다음 중 시몬즈의 재해손실비 평가 방식 중 비보험 코스트에 포함되지 않는 것은?

① 사망사고 건수
② 무 상해사고 건수
③ 통원상해 건수
④ 응급조치 건수

정답 24. ① 25. ①

2과목 철도공학 1회 모의고사

01 다음 중 우리나라의 표준 궤간의 길이로 옳은 것은?
① 1,415mm ② 1,455mm
③ 1,435mm ④ 1,475mm

02 다음 중 협궤의 장점으로 옳은 것은?
① 열차의 주행안전도를 증대시키고 동요를 감소시킨다.
② 고속도를 낼 수 있으며 수송력을 증대시킬 수 있다.
③ 차량설비를 충분히 할 수 있고 수송효율이 향상된다.
④ 건설비와 유지비가 적게 소요된다.

03 다음 중 선로의 표준기울기를 설명한 것으로 옳은 것은?
① 기관차의 견인정수를 제한하는 기울기
② 열차운전 구간 중 경사가 가장 심한 기울기
③ 열차운전구간중 물매가 가장 심한 기울기
④ 열차운전 계획상 정거장 사이마다 조정된 기울기로서 역간의 임의지점간의 거리 1km의 연장 중 가장 급한 기울기

04 다음 중 횡력이 발생하는 원인으로 옳지 않은 것은?
① 곡선통과시의 횡력
② 곡선통과시 불평형 원심력의 좌우 방향 성분
③ 차량동에 따른 횡력
④ 차륜과 레일의 결함에 의한 충격력

05 다음 중 궤도강도를 증가시키기 위한 대책 중 옳지 않은 것은?
① 레일의 중량화
② 침목 접지면의 확대
③ 침목간격의 축소
④ 운행차량의 중량화

06 다음 중 도상재료로 적당한 것은?
① 석탄재 ② 점토모래
③ 친자갈 ④ 깬자갈

07 장대레일 끝에 사용하여 신축량을 흡수하는 것으로 궤간의 변화와 충격을 주지않고 전 신축량을 흡수하는 것을 신축이음매라 한다. 다음 중 우리나라 신축이음매의 동정(Stroke)으로 옳은 것은?
① 230mm ② 240mm
③ 250mm ④ 260mm

정답 01. ③ 02. ② 03. ④ 04. ④ 05. ④ 06. ④ 07. ③

08 다음 중 장대레일의 장점으로 옳지 않은 것은?

① 소음진동이 적다
② 궤도의 보수주기가 길어진다.
③ 궤도재료의 손상이 적어진다.
④ 레일의 이음매에서 충격이 증가하였다.

09 다음 중 곡선반경이 400m인 곡선에서 슬랙을 계산한 것으로 옳은 것은?(단, s' = 0)

① 3mm ② 4mm
③ 5mm ④ 6mm

10 다음 중 PC침목이 목침목보다 불리한 점으로 옳은 것은?

① 궤도틀림이 심하다.
② 내구연한이 짧다.
③ 보수비가 적게 소요되어 경제적이다.
④ 전기절연도가 낮다.

11 다음 중 디젤 전기기관차의 동력전달장치로 옳지 않은 것은?

① 기어식 ② 콤파트식
③ 액체식 ④ 전기식

12 다음 중 관절대차에 대한 설명으로 옳지 않은 것은?

① 차량 분리가 용이하고 대차구조가 간단하다.
② 2개의 연결객차가 일체화되며, 구름저항이나 진동감소 등 승차감이 향상된다.
③ 현재 우리나라에서는 KTX와 KTX-산천에 적용하고 있다.
④ 대차수 및 차륜수량이 감소되어 차량의 경량화가 이루어진다.

13 다음 중 전기동차에 대한 설명으로 옳지 않은 것은?

① 동력이 분산되어 있다.
② 전기동차의 M1, M2 car는 동력장치만을 가진 차량이다.
③ 여러 대의 차량을 1개 편성으로 구성하여 열차로 운행이 가능하다.
④ 총괄제어 운전을 한다.

14 다음 중 국철전기철도의 전기방식으로 옳은 것은?

① AC 1,500V
② DC 1,500V
③ DC 25,000V
④ AC 25,000V

15 다음 중 VVVF(Variable Voltage Varaible Frequency)에 대한 설명으로 옳지 않은 것은?

① 제어장치 및 주전동기의 소형화, 경량화가 가능하고, 지하터널 내 숙열을 방지한다.
② 브러시가 없는 교류유도전동기를 사용하기 때문에 보수점검이 거의 필요가 없을 정도로 성능이 우수하다.
③ 제어 성능이 우수하여 승차감이 좋으며, 점착 성능이 좋아 차량편성에 유리하다.
④ 전파 잡음이 발생하지 않는다.

정답 08. ④ 09. ④ 10. ④ 11. ② 12. ① 13. ② 14. ④ 15. ④

16 다음 중 회생제동에 대한 설명으로 옳은 것은?

① 제륜자가 차륜에 닿을 때 차륜답면의 이물질과 미세한 흠을 제거하여 답면을 청결하게 유지하며 열발산 효과가 뛰어나고 값이 싸기 때문에 널리 이용된다.
② 전자석과 궤도의 상대운동에 의해 궤도면에 유기되는 와전류에 의해 발생되는 제동력을 이용한 것이다.
③ 제동시 생산된 전력을 재사용이 가능하기 때문에 에너지절약 측면에서 우수하다.
④ 제동 실린더 공기압에 의해 레버로 작동되는 제동 패드 사이의 마찰력으로 제동을 잡는 구조이다.

17 다음 중 국철일 경우 정거장내 궤도 중심 간격으로 옳은 것은?

① 4.25m 이상
② 4.3m 이상
③ 4.35m 이상
④ 4.4m 이상

18 다음 중 섬식 정거장에 대한 설명으로 옳지 않은 것은?

① 일반적으로 종단역에 설치하여 건설비와 용지비가 절약된다.
② 장래 확장이 쉽고 상하열차 동시 착발 시 혼잡 우려가 없다.
③ 승객의 혼잡도를 1개소로 이용 가능하며, 승강장 이용도가 높다.
④ 구축 내 공간 이용도가 높으며 반대방향의 열차 탑승이 쉽다.

19 다음 중 절연이음매에 대한 설명 중 옳은 것은?

① 레일의 이음매부분이 추운 겨울에 간격이 벌어져서 기차바퀴가 지나갈 때 소음을 발생시키는 것을 완화시키기 위한 것이다.
② 수직력은 물론 횡압에 대해서도 이음매 이외의 부분과 비교하여 같은 정도의 강도와 휨 강성을 가지고 있어야 한다.
③ 절연이음매는 상호식 이음매로 시공을 한다.
④ 레일 단면이 다른 지점에 설치를 한다.

20 다음 중 전환기의 정위에 대한 표준으로 옳지 않은 것은?

① 본선 상호간에서 중요한 본선방향
② 탈선 포인트가 있는 선은 차량을 탈선시키는 방향
③ 본선, 측선에서는 본선방향
④ 본선, 측선, 안전측선 상호간에서는 본선의 방향

21 다음 중 궤도회로의 사구간의 최대 길이로 옳은 것은?

① 6[m]   ② 7[m]
③ 8[m]   ④ 9[m]

22 다음 중 가드레일의 백 게이지에 대한 설명으로 옳은 것은?

① 크로싱 가드레일간의 거리
② 포인트 힐부의 텅 레일 내측간의 거리
③ 크로싱 노스 레일과 주 레일 내측에 부설되어 있는 가드레일 외측과의 거리
④ 좌우 텅 레일 내측간의 거리

정답 16. ③ 17. ② 18. ② 19. ② 20. ④ 21. ② 22. ③

23 다음 중 열차의 공전발생을 방지하는 방법으로 옳지 않은 것은?

① 선로보수상태가 좋도록 한다.
② 열차 출발 시 급가속하여 인장력을 최대화한다.
③ 레일에 모래를 뿌린다.
④ 기관차의 정비 상태가 양호하도록 한다.

24 다음 중 점착계수의 변화요인으로 옳지 않은 것은?

① 동력차의 종류 ② 기후
③ 차량의 길이 ④ 선로상태

25 다음 중 제동거리에 대한 설명으로 옳지 않은 것은?

① 실 제동거리는 전 제동거리에서 공주거리를 뺀 값이다.
② 제동거리는 제동 가속도에 반비례하고 열차 중량에 비례한다.
③ 열차의 제동거리는 크게 공주거리와 실 제동거리로 분류한다.
④ 공주거리는 제동취급시점부터 제동력이 예정 제동률의 70[%] 달성 시까지 진행한 거리이다.

정답 23. ② 24. ③ 25. ④

2단락 철도공학 2회 모의고사

01 다음 중 표준궤간보다 넓은 광궤의 장점으로 옳은 것은?

① 급곡선을 채택해도 협궤에 비하여 곡선 저항이 작다.
② 산악지대에서는 선로선정이 용이하다.
③ 고속에 유리하고 차륜의 마모를 경감시킬 수 있다.
④ 건설비와 유지비가 적게 소요된다.

02 다음 중 고탄소강 레일의 탄소함유량으로 옳은 것은?

① 0.5%   ② 0.85%
③ 3.5%   ④ 12.5%

03 다음 중 타력기울기에 대한 설명으로 옳은 것은?

① 제한기울기보다 심한 기울기라도 그 연장이 짧은 경우에는 열차의 타력에 의하여 기울기를 통과할 수 있다.
② 기관차의 견인정수를 제한하는 기울기를 말하며 반드시 최급기울기와 일치하는 것은 아니다.
③ 열차운전 계획상 정거장 사이마다 조정된 기울기로서 역간에 임의 지점 간 1km의 구간 중 가장 급한 기울기로 조정된다.
④ 열차운전 구간 중 가장 급한 기울기를 말한다.

04 다음 중 선로이용률에 영향을 주는 조건으로 옳지 않은 것은?

① 여객열차와 화물열차의 횟수 비례
② 선로 물동량의 종류와 주요도시로부터의 거리 및 시간
③ 열차횟수 및 인접 역간 운전시분의 차
④ 열차의 시간대별 분산도

05 다음 중 신축이음매의 조절량은 궤도상태에 따라 다르나 일반적으로 차이온도 1℃에 대한 표준으로 옳은 것은?

① 0.1mm   ② 0.5mm
③ 1.0mm   ④ 1.5mm

06 완충 레일의 부설방법에 대한 설명으로 옳은 것은?

① 일반 레일과 열처리이음매판과 볼트를 사용한다.
② 제작공장에서 일반 레일보다 고강도 특수레일을 제작하여 사용한다.
③ 경두 레일과 일반이음매판 볼트를 사용한다.
④ 양단부를 텅 레일과 같은 분기재료를 사용하여 신축을 처리한다.

07 다음 중 궤간을 결정하는 요인으로 옳지 않은 것은?

① 지형 및 안전도   ② 선로의 등급
③ 수송량   ④ 속도

정답 01. ③ 02. ② 03. ④ 04. ④ 05. ④ 06. ① 07. ②

08 도상자갈 조건으로 옳지 않은 것은?

① 능각 풍부, 마찰력 큼
② 불순물 혼입률 작음
③ 입도 작을수록 유리
④ 충격·마찰에 강함

09 다음 중 건축한계에 대한 설명으로 옳은 것은?

① 차량의 크기를 결정하고 제한하는 범위이다.
② 레일 부위는 건축한계와 무관하고 레일 상부만 제한 한다.
③ 건축한계는 직선부와 곡선부가 같다.
④ 열차가 안전하게 주행하기 위한 공간으로 건축한계 내에는 건조물을 설치하지 못한다.

10 다음 중 곡선반경이 800m인 곡선궤도에서 열차가 100km/h로 주행 시 산출 캔트량으로 옳은 것은?(단, c' = 40mm임)

① 108mm   ② 112mm
③ 118mm   ④ 120mm

11 다음 중 디젤 전기기관차에서 차륜에 직접적으로 회전동력을 발생 시키는 장치로 옳은 것은?

① 견인전동기   ② 주발전기
③ 기관차 제어기   ④ 동력접촉기

12 다음 중 전기동차의 특고압회로 중 ADCg (교직절환기)에 대한 설명으로 옳은 것은?

① 과전류를 신속하고 안전하게 차단할 목적으로 설치된 기기이다.
② 주변압기를 보호할 목적으로 설치한 기기로 주변압기 1차측 회로에 이상전류가 들어올 경우 용손되어 주변압기를 보호한다.
③ 전차선 전원에 따라 전동차의 회로를 교류 또는 직류회로로 절환하는 기기이다.
④ 주변압기 1차측에 과전류 발생시 주차단기를 차단하여 주변압기를 보호한다.

13 다음 중 쾌청한 날의 점착계수로 가장 옳은 것은?

① 0.10   ② 0.15~0.18
③ 0.18~0.20   ④ 0.25~0.30

14 다음 중 국내 철도의 열차에 전기를 공급하는 전차선의 직류전압으로 옳은 것은?

① 900V   ② 1500V
③ 1900V   ④ 2000V

15 다음 중 주변압기에 대한 설명으로 옳지 않은 것은?

① 주변압기는 외부에 받은 특별고압인 교류를 제어하기 쉬운 적당한 전압으로 낮추는 기기이다.
② 변압기를 밀봉용기의 기름에 담아 변압기 작동중 온도가 올라간 기름은 순환시키면서 송풍기로 강제 냉각한다.
③ 주변압기에서 강하된 교류전력은 정류장치에 의해 직류로 변환되는데 실리콘 다이오드인 반도체 소자를 이용한 것이 일반적이다.
④ 주행 중 운전상태에 따라 넣었다 끊었다 하는 전류 개폐동작에 의해 주회로에 발생할 수 있는 이상전압(Surge, 서지전압)에 의한 기기손상을 막기위한 목적도 있다.

정답 08. ③ 09. ④ 10. ① 11. ① 12. ③ 13. ④ 14. ② 15. ④

16 다음 중 VVVF(Variable Voltage, Variable Frequency)방식의 전동기 형식으로 옳은 것은?

① 직류 직권 전동기 ② 직류 복권 전동기
③ 교류 유도전동기 ④ 동기 전동기

17 서울역 구내에 15번 양개분기기를 부설하였다. 다음 중 부산행 새마을호 열차의 이 분기기 통과 제한 속도로 옳은 것은?

① 50km/h ② 60km/h
③ 65km/h ④ 70km/h

18 다음 중 차량기지에 대한 설명으로 옳지 않은 것은?

① 각종 차량의 청소, 검사, 수선, 정비, 유치 등을 하는 시설의 종합기능을 수행하는 장소이다.
② 기관차, 전동차, 여객차, 화물차기지로 구분한다.
③ 규모를 점점 소형화하여 시설을 보다 활용하고 작업을 기계화 및 단순화하여 효율을 향상시키는 것이 바람직하다.
④ 열차를 운전하는 승무원의 거점이다.

19 다음 중 궤도회로의 사구간의 최대 길이로 옳은 것은?

① 6[m] ② 7[m]
③ 8[m] ④ 9[m]

20 다음 중 분기 가드레일의 부설목적으로 옳지 않은 것은?

① 크로싱 노스부의 손상방지
② 대향으로 차량통과시 이선진입 방지
③ 분기부의 결선부 차량 통과시 탈선방지
④ 크로싱 윙 레일의 마모방지

21 다음 중 분기기의 구조를 구분하는 것으로 해당되지 않는 것은?

① 포인트
② 리드
③ 가드
④ 크로싱

22 다음 중 슬랙에 대한 설명으로 옳지 않은 것은?

① 최대 슬랙은 30[mm]를 초과하지 못한다.
② 곡선 외측 레일을 기준으로 내측 레일을 궤간 외측으로 슬랙만큼 확대한다.
③ 슬랙량이 너무 크면 차륜 Flange가 얇게 되는 경우 차륜이 궤간 내로 탈선 우려가 있다.
④ 슬랙은 곡선반경 500m 미만의 선로에 부설한다.

23 다음 중 동력분산식에 대한 설명으로 옳지 않은 것은?

① 축중을 분산시켜 결국 열차전체의 견인력을 높일 수 있다.
② 피견인 차량인 객차나 화차의 구조를 간단하게 할 수 있다.
③ 전동기 사용차량의 경우 전기제동을 사용하여 마찰제동의 제동력 부족을 보완하기 용이하다.
④ 가속 성능을 높일 수 있다.

정답 16. ③ 17. ③ 18. ③ 19. ② 20. ④ 21. ③ 22. ④ 23. ②

24 다음 중 궤간 틀림에 대한 설명으로 옳지 않은 것은?

① 주행차량의 사행동 등으로 궤간 확대 시에는 차륜이 궤간 내로 탈선한다.
② 정비기준은 본선, 측선은 증 10[mm], 감 2[mm]이며 크로싱부는 증 3[mm], 감 2[mm]이다.
③ 좌우 레일의 간격틀림으로서 레일 두부면에서 10[mm] 이내의 레일 내면 간의 최단거리로 표시한다.
④ 직선부에서는 차량의 사행동 및 곡선부에서 원심력에 의한 횡압과 마모에 의해 발생된다.

25 다음 중 제동거리에 대한 설명으로 옳지 않은 것은?

① 실 제동거리는 전 제동거리에서 공주거리를 뺀 값이다.
② 제동거리는 제동 가속도에 반비례하고 열차 중량에 비례한다.
③ 열차의 제동거리는 크게 공주거리와 실 제동거리로 분류한다.
④ 공주거리는 제동취급시점부터 제동력이 예정 제동률의 70[%] 달성 시까지 진행한 거리이다.

정답 24. ③ 25. ④

3과목 열차운전 1회 모의고사

01 열차운전이론의 기본 3요소에 해당하지 않는 것은?
① 견인력
② 열차저항
③ 제동력
④ 탈선계수

02 다음 중 국제단위계(SI)의 단위가 아닌 것은?
① 길이(m)
② 시간(s)
③ 온도(℃)
④ 전류(A)

03 다음 중 벡터(Vector)가 아닌 것은?
① 변위
② 속력
③ 힘
④ 운동량

04 역과 역 사이의 거리가 108km, 순수운전시간이 60분 그리고 정차시간이 12분일 때 표정속도와 평균속도가 바르게 짝지어진 것은?
① 표정속도 90km/h, 평균속도 108km/h
② 표정속도 108km/h, 평균속도 135km/h
③ 표정속도 108km/h, 평균속도 90km/h
④ 표정속도 90km/h, 평균속도 135km/h

05 다음 중 힘의 단위가 아닌 것은?
① kgf
② lb
③ N
④ dyne

06 질량 100kg인 물체에 180N의 힘이 작용할 때 가속도는 얼마인가?
① $1.8(m/sec^2)$
② $18,000(m/sec^2)$
③ $100(m/sec^2)$
④ $180(m/sec^2)$

07 다음 지문이 설명하고 있는 유도전동기는?

> 산업 현장에서 가장 널리 사용되며, 기동 토크가 크고 효율이 높고, 구조도 단순한 것이 특징이다. 고정자에 3상 교류 전류를 공급하면 120° 위상차의 회전자기장이 생성되며, 이 자계가 회전자에 유도 전류를 흐르게 하여 회전력을 발생시킨다.

① 분산 기동형 유도전동기
② 콘덴서형 유도전동기
③ 셰이딩 코일형 유도전동기
④ 3상 유도전동기

08 다음 중 점착력 향상 방안으로 보기 어려운 것은?
① 철도차량에 활주 방지 장치의 설치
② 동력제어기 취급 시 순차적으로 취급
③ 축 중량 이동 보상
④ 제동통 유효 압력의 증가

정답 01. ④ 02. ③ 03. ② 04. ① 05. ② 06. ① 07. ④ 08. ④

09 다음 지문이 설명하고 있는 것은 무엇인가?

> 하나의 기관차(동력차)가 특정 선로 조건에서 운전속도 종별에 따라 소정의 속도 이상으로 안전하게 운행하며 끌거나 밀 수 있는 최대 편성량(객차, 화차의 수) 또는 총 중량을 말한다. 이는 기관차(동력차)의 최대 운송 능력 또는 최대 부하 허용치를 의미한다.

① 마찰계수 ② 점착계수
③ 견인정수 ④ 차중률

10 다음 중 견인력에 대한 설명으로 타당하지 않은 것은?

① 지시견인력은 전동기의 출력 토크를 바탕으로 계산된 이론상 발생 가능한 최대 견인력이다.
② 동륜주견인력은 지시 견인력에서 기계부 마찰과 시스템 내부 발생 손실을 뺀 견인력이다.
③ 유효견인력(인장봉견인력)은 동력차 및 동력차가 견인하는 객화차를 동시에 견인하는데 유효하게 작용하는 견인력으로 견인력 중 가장 작은 견인력이다.
④ 차륜이 공전하지 않으려면 동륜주 견인력이 점착 견인력보다 커야 한다.

11 다음 중 견인력에 대한 설명으로 바르지 않은 것은?

① 지시견인력은 견인력 중 가장 큰 값이다.
② 동륜주견인력은 지시견인력에서 기계부 마찰과 시스템 내부 발생 손실을 뺀 값이다.
③ 견인력은 치차비에 비례한다.
④ 속도는 치차비에 비례한다.

12 다음 지문과 같은 조건일 때 동륜주견인력은 얼마인가?

> 동력차의 운전속도: 90km/h, 주전동기의 전류: 450A, 단자전압: 650v, 전동기효율: 90%, 치차효율: 100%, 전동기 수: 6개

① $0.3612 \times 15,120$ (kg)
② $0.3672 \times 15,120$ (kg)
③ $0.3612 \times 17,550$ (kg)
④ $0.3672 \times 17,550$ (kg)

13 다음 지문의 괄호에 들어갈 말로 알맞게 나열된 것은?

> (ㄱ)는 제동을 시작한 시점부터 열차가 완전히 정지할 때까지 이동한 거리이다. 이는 제동 지시 후 실제 제동이 시작되기 전까지 거리인 (ㄴ)와 (ㄷ)의 합으로 구성된다.

① ㄱ: 공주거리, ㄴ: 제동거리,
   ㄷ: 실제동거리
② ㄱ: 실제동거리, ㄴ: 공주거리,
   ㄷ: 제동거리
③ ㄱ: 제동거리, ㄴ: 공주거리,
   ㄷ: 실제동거리
④ ㄱ: 제동거리, ㄴ: 실제동거리,
   ㄷ: 공주거리

14 다음 중 차륜공전이 발생하는 원인에 해당하지 않는 것은?

① 점착 견인력이 실제 견인력보다 클 때
② 급격한 가속·감속 시
③ 레일의 점착계수가 낮을 때
④ 신설 선로, 갓 교체한 레일 운행 시

정답 09. ③ 10. ④ 11. ④ 12. ④ 13. ③ 14. ①

15 다음 중 열차저항에 해당하지 않는 것은?

① 출발저항　② 회전저항
③ 공기저항　④ 제동력

16 다음 중 곡선저항에 영향을 주는 요소에 해당하지 않는 것은?

① 곡선반경　② 차축 간 거리(축거)
③ 차량 수와 중량　④ 열차의 주행속도

17 다음 중 열차번호 부여 기준에 대한 설명으로 옳지 않은 것은?

① 하루 1회 운행하는 열차는 1개의 번호를 부여한다.
② 시발역에서 종착역까지 동일한 열차번호를 부여한다.
③ 상행열차는 홀수번호, 하행열차는 짝수번호를 부여한다.
④ 시각별로 순차적으로 번호를 부여한다.

18 다음 지문은 철도차량운전규칙의 용어 중 무엇을 설명한 것인가?

> 관통제동기용 제동통·압력계·차장변(車掌弁) 및 수(手)제동기를 장치한 차량으로서 열차승무원이 집무할 수 있는 차실이 설비된 객차 또는 화차를 말한다.

① 동력차　② 기관차
③ 전동차　④ 완급차

19 다음 중 철도차량운전규칙상 동력차를 열차의 맨 앞에 연결하지 않아도 되는 경우가 아닌 것은?

① 기관차를 2 이상 연결한 경우로서 열차의 맨 앞에 위치한 기관차에서 열차를 제어하는 경우
② 무인운전을 하는 경우
③ 선로 또는 열차에 고장이 있는 경우
④ 정거장과 그 정거장 외의 본선 도중에서 분기하는 측선과의 사이를 운전하는 경우

20 철도차량운전규칙상 하나의 폐색구간에 둘 이상의 열차를 동시에 운행할 수 있는 경우가 아닌 것은?

① 자동폐색신호기의 정지신호에 의하여 일단 정지한 열차가 운전속도의 제한 등 안전조치에 따라 서행하여 진입하는 경우
② 서행허용표지를 추가하여 부설한 자동폐색신호기가 정지신호를 현시하는 때에 열차가 운전속도의 제한 등 안전조치에 따라 서행하여 진입하는 경우
③ 고장열차가 있는 폐색구간에 보조기관차를 운전하는 경우
④ 선로가 불통된 구간에 공사열차를 운전하는 경우

21 다음 중 철도차량운전규칙상 지도권의 기입사항에 속하지 않는 것은?

① 사용구간　② 사용열차
③ 발행자명　④ 지도표 번호

22 철도차량운전규칙상 상치신호기의 신호현시 기본원칙으로 바른 것은?

① 장내신호기: 정지신호
② 자동폐색신호기: 정지신호
③ 유도신호기: 정지신호
④ 원방신호기: 정지신호

정답　15. ④　16. ④　17. ③　18. ④　19. ②　20. ③　21. ③　22. ①

23 도시철도운전규칙상 도시철도운영자는 선로·전차선로 또는 운전보안장치를 신설·이설(移設) 또는 개조한 경우 며칠 이상 시험운전을 하여야 하는가?

① 30일 ② 60일
③ 90일 ④ 120일

24 도시철도운전규칙상 열차의 맨 앞의 차량에서 운전하지 않아도 되는 경우가 아닌 것은?

① 구내운전 ② 추진운전
③ 퇴행운전 ④ 무인운전

25 도시철도운전규칙상 주신호기의 종류에 해당하지 않는 것은?

① 차내신호기 ② 출발신호기
③ 엄호신호기 ④ 입환신호기

정답 23. ② 24. ① 25. ③

3과목 열차운전 2회 모의고사

01 열차운전과 관련하여 다음 지문의 괄호 안에 들어갈 말로 맞게 나열된 것은?

> 고압이란 직류는 (ㄱ)를 초과하고 7,000V 이하, 교류는 (ㄴ)를 초과하고 7,000V 이하인 전압을 말한다.

① ㄱ: 1,000V, ㄴ: 1,000V
② ㄱ: 1,000V, ㄴ: 1,500V
③ ㄱ: 1,500V, ㄴ: 1,000V
④ ㄱ: 1,500V, ㄴ: 1,500V

02 다음 중 열차운전 이론의 기본 3요소에 대한 설명으로 바른 것은?

① 견인력은 열차의 감속을 위한 힘으로, 주로 제동장치의 성능에 의해 결정된다.
② 열차저항은 열차의 진행을 돕는 방향으로 작용하며, 견인력을 증가시키는 역할을 한다.
③ 제동력은 열차의 속도를 제어하여 정지 지점에 정확히 멈추게 하는 힘을 의미한다.
④ 견인력은 외부에서 가해지는 저항력으로, 열차의 주행을 방해하는 요인 중 하나이다.

03 다음 중 벡터(Vector)가 아닌 것은?

① 변위   ② 속력
③ 힘   ④ 운동량

04 A역과 B역 사이의 거리가 27.5km이고, 운전소요시간이 20분, 중간 정차시간이 5분인 경우, A역과 B역 구간의 표정속도와 평균속도는 얼마인가?

① 표정속도 66km/h, 평균속도 82.5km/h
② 표정속도 82.5km/h, 평균속도 66km/h
③ 표정속도 90km/h, 평균속도 108km/h
④ 표정속도 108km/h, 평균속도 90km/h

05 다음 중 마찰계수의 크기 순서가 바르게 나열된 것은?

① 정지마찰계수 > 미끄럼마찰계수 > 구름(회전)마찰계수
② 정지마찰계수 > 구름(회전)마찰계수 > 미끄럼마찰계수
③ 미끄럼마찰계수 > 정지마찰계수 > 구름(회전)마찰계수
④ 구름(회전)마찰계수 > 미끄럼마찰계수 > 정지마찰계수

06 계자권선과 전기자권선이 직렬로 연결되고 기동 토크가 매우 커서 철도차량에 가장 널리 사용되는 형식은?

① 직권전동기(Series DC Motor)
② 분권전동기(Shunt DC Motor)
③ 가동복권전동기(Cumulative Compound Motor)
④ 차동복권전동기(Differential Compound Motor)

정답 01. ③ 02. ③ 03. ② 04. ① 05. ① 06. ①

07 다음 지문이 설명하고 있는 것은 무엇인가?

> 철도차량의 바퀴(차륜)와 철로(레일) 사이에 발생하는 마찰력으로서 바퀴가 레일 위에서 미끄러지지 않고 견인력이나 제동력을 전달할 수 있도록 해주는 역할을 한다.

① 견인력
② 마찰력
③ 제동력
④ 점착력

08 다음 중 레일의 점착계수가 가장 낮은 조건은?

① 맑고 건조한 경우
② 습한 경우
③ 기름기가 있는 경우
④ 낙엽이 있는 경우

09 다음 중 견인정수 산정 시 고려하여야 하는 사항으로 보기 어려운 것은?

① 열차의 총 중량
② 주행저항 요소
③ 구배(기울기) 저항
④ 상구배의 제동거리

10 치차비가 2.5, 동륜직경이 900mm 그리고 회전수가 600rpm일 때 속도는 얼마인가?

① 40.7km/h
② 43.7km/h
③ 121.5km/h
④ 216km/h

11 제동률에 영향을 미치는 요소들을 모두 고르시오.

> ㄱ. 제동통의 압력 ㄴ. 제동통의 안지름의 크기
> ㄷ. 제동배율 크기 ㄹ. 제동효율
> ㅁ. 제동통 수

① ㄱ, ㄴ
② ㄱ, ㄴ, ㄷ
③ ㄱ, ㄴ, ㄷ, ㄹ
④ ㄱ, ㄴ, ㄷ, ㄹ, ㅁ

12 주행저항 중 속도에 비례하는 저항에 해당하는 것은?

① 기계부 마찰저항
② 차륜 회전 마찰저항
③ 선로충격 저항
④ 공기저항

13 다음 중 열차 운행도표(열차 DIA)의 종류가 아닌 것은?

① 1시간 목(目) 운행도표
② 30분 목(目) 운행도표
③ 10분 목(目) 운행도표
④ 1분 목(目) 운행도표

14 다음 중 운전선도(運轉線圖)에 대한 설명으로 옳지 않은 것은?

① 철도 노선상에서 열차 운행 상황을 시간과 거리에 따라 그래프로 나타낸 것이다.
② 동력차의 성능과 운전 조건을 고려하여 거리-속도, 거리-시간, 거리-온도 상승, 거리-연료 소비량 곡선 등으로 표현된다.
③ 열차의 위치를 선로상에서 표시하는 선도이며, 가로축에 시간을, 세로축에 거리를 표시한다.
④ 운전선도는 열차 운행 분석, 시각 개정, 에너지 최적화 등 다양한 목적으로 사용된다.

15 다음 중 운전기술상의 경제운전 3원칙이 아닌 것은?

① 정시운전을 할 수 있을 것
② 동력비가 최소일 것
③ 열차 충격이 없고 기기 손상이 없을 것
④ 최대 속도를 항상 유지할 것

정답 07. ④ 08. ④ 09. ④ 10. ① 11. ④ 12. ③ 13. ② 14. ③ 15. ④

16 다음 중 자연인출법에 대한 설명으로 옳지 않은 것은?

① 기울기가 없는 평단 선로에서 출발할 때와 같은 방법으로 실시한다.
② 제동을 완해한 뒤 가·감속을 서서히 상승시켜 동력 운전을 한다.
③ 객·화차를 많이 연결해도 기동 불능 우려가 없다.
④ 상구배(오르막) 정차 시에도 적용할 수 있다.

17 철도차량운전규칙에서 운전취급담당자가 취급하는 대상이 아닌 것은?

① 철도신호기 ② 열차제동기
③ 선로전환기 ④ 조작판

18 철도차량운전규칙상 열차 또는 차량이 정지신호가 현시됐음에도 불구하고 그 현시지점을 넘어서 진행할 수 있는 경우가 아닌 것은?

① 자동폐색신호기에 의하여 정지신호의 현시가 있는 경우
② 신호기 고장 등으로 인하여 정지가 불가능한 거리에서 정지신호의 현시가 있는 경우
③ 자동폐색신호기의 정지신호에 의하여 일단 정지한 열차 또는 차량이 운전속도의 제한 등 안전조치에 따라 서행하는 경우
④ 서행허용표지를 추가하여 부설한 자동폐색신호기의 정지신호에 운전속도의 제한 등 안전조치에 따라 서행하는 경우

19 철도차량운전규칙상 상용(常用)폐색방식에 해당하지 않는 것은?

① 지도통신식 ② 자동폐색식
③ 연동폐색식 ④ 통표폐색식

20 철도차량운전규칙상 일정한 장소에서 색등(色燈) 또는 등열(燈列)에 의하여 열차 또는 차량의 운전조건을 지시하는 신호기를 무엇이라 하는가?

① 고정신호기 ② 상치신호기
③ 운전신호기 ④ 조건신호기

21 철도차량운전규칙상 서행속도를 표시해야 하는 임시신호기를 모두 고르시오.

| ㄱ. 서행신호기 | ㄴ. 서행예고신호기 |
| ㄷ. 서행해제신호기 | ㄹ. 서행발리스(Ballise) |

① ㄱ, ㄴ
② ㄷ, ㄹ
③ ㄱ, ㄴ, ㄹ
④ ㄴ, ㄷ, ㄹ

22 철도차량운전규칙상 입환전호 방법 중 오너라전호에 대한 설명으로 타당한 것은?

① 주간에 녹색기를 좌우로 흔든다.
② 주간에 녹색기 대신 두 팔을 좌우로 움직임으로써 이를 대신할 수 있다.
③ 야간에 녹색등을 위아래로 흔든다.
④ 야간에 적색등을 좌우로 흔든다.

23 도시철도운전규칙상 열차의 비상제동거리는 몇 미터 이하로 하여야 하는가?

① 300미터 ② 400미터
③ 500미터 ④ 600미터

정답 16. ③ 17. ② 18. ① 19. ① 20. ② 21. ① 22. ① 23. ④

24 도시철도운전규칙상 폐색방식에 대한 설명으로 타당하지 않은 것은?

① 열차를 운전하는 경우의 폐색방식은 상용폐색방식과 대용폐색방식에 따른다.
② 상용폐색방식 및 대용폐색방식을 따를 수 없을 때에는 전령법(傳令法)에 따르거나 무폐색운전을 한다.
③ 차내신호폐색식에 따르려는 경우에는 폐색구간에 있는 열차등의 운전상태를 그 폐색구간에 진입하려는 열차의 운전실에서 알 수 있는 장치를 갖추어야 한다.
④ 상용폐색방식은 지령식, 통신식 또는 지도통신식에 따른다.

25 도시철도운전규칙상 선로의 지장으로 인하여 열차등을 정지시키거나 서행시킬 경우, 임시신호기에 따를 수 없을 때에는 지장지점으로부터 몇 미터 이상의 앞 지점에서 정지수신호를 하여야 하는가?

① 100미터 ② 200미터
③ 300미터 ④ 600미터

정답 24. ④ 25. ②

저자

공학박사 장대성

〈약력〉

- 철도차량기술사
- 現) 동양대학교 철도대학 철도차량학과 교수/학과장
- 前) 우송대학교 철도차량시스템학과 교수
- 前) 현대로템 철도차량연구소 고속전철개발팀 책임연구원
- 한국형고속전철(G7) 개발
- KTX 산천개발
- KTX 프랑스 현지 기술연수(1995~1996년)
- 한국산업인력공단 철도차량기술사 출제 및 채점위원
- 국가철도공단 철도차량 및 운영 기술위원
- 한국교통안전공단 철도차량 자문위원
- 국토교통부 항공철도사고조사 자문위원
- 국토교통부 철도안전 민간자문위원
- 국토교통부 국토교통과학기술진흥원 평가위원
- 서울시 기술위원
- 한국철도공사 기술자문위원
- 한국철도기술연구원 기술전문위원
- 한국도시철도학회 편집이사
- 한국산업기술평가관리원 전문위원
- 행정안전부 중앙수습지원 전문위원
- NCS 집필위원(한국산업인력공단, 철도차량분야)
- 중소기업기술정보진흥원 평가위원
- 행정안전부 국가재난협의회 위원 등

공학박사 류영기

〈약력〉

(現) 공주대학교 국가사회안전대학원 항공안전관리학과 교수

〈전문 경력〉

- 육군제3사관학교(19기) 졸업
- 육군대령 예편
- 공주대학교 대학원 군사과학정보학과 졸업(이학박사)
- 초경량 무인회전익비행장치 실기평가 조종자(교통안전공단)

〈저서〉

- 무인항공드론 안전관리론
- 무인 멀티콥터 요점&필기시험
- 무인 멀티헬리콥터 드론조종 자격증
- 초경량 비행장치 드론실기 및 구술시험
- 무인항공기 드론 운용 총론
- 농업용 방제 드론
- 드론 축구 가이드북
- 드론정비학원론
- 드론기초(고등학교 교과서)

공학박사 민수홍

〈약력〉

- 세종사이버대학교 드론로봇융합학과 교수
- 법학사, 공학사, 이학석사, 공학박사
- 경량항공기조종사
- 무인멀티콥터 실기평가조종자
- 무인비행기 지도조종자
- 항공교통안전관리자
- 항공무선통신사
- 한국국방연구원 평가위원
- 인천테크노파크 평가위원
- 경기도 경기기술닥터
- (사)한국무인기시스템협회 전문위원
- (사)한국무인방제방역협회 고문
- (사)대한드론농구협회 자문위원
- 경기테크노파크 평가위원
- (사)한국드론기업연합회 자문위원
- 경찰청 장비심사위원회 심사위원

〈저서〉

무인항공기[드론] 운용총론, (주) 골든벨, 2019.
드론정비학원론, (주) 골든벨, 2021.
항공교통안전관리자 1200제, (주) 골든벨, 2025.

PASS 시험 2주 작전

철도교통안전관리자
1000제 ❶ 교통안전관리론 | 철도공학 | 열차운전

초판 인쇄 | 2026년 1월 5일
초판 발행 | 2026년 1월 12일

저　　자 | 장대성 · 류영기 · 민수홍
발 행 인 | 김길현
발 행 처 | (주) 골든벨
등　　록 | 제 1987-000018호
I S B N | 979-11-5806-310-8
가　　격 | 20,000원

(우)04316 서울특별시 용산구 원효로 245(원효로 1가 53-1) 골든벨 빌딩 6F
• TEL : 도서 주문 및 발송 02-713-4135 / 회계 경리 02-713-4137
　　　　기획디자인본부 02-713-7452 / 해외 오퍼 및 광고 02-713-7453
• FAX : 02-718-5510　• 홈페이지 : http : //www.gbbook.co.kr　• E-mail : 7134135@naver.com

본 도서의 내용(텍스트, 도해, 도표, 이미지 등)은 저작권자의 사전 서면 승인 없이 아래와 같은 행위는 금지되며, 위반 시 「저작권법」 제125조(손해배상의 청구) 및 관련 조항에 따라 민 · 형사상 책임을 질 수 있습니다.
① 개인 학습 목적을 넘어 도서의 전부 또는 일부를 무단 복제 · 배포하는 행위
② 학교 · 학원 · 공공기관 · 기업 · 단체 등에서 영리 또는 비영리 목적을 불문하고 허락 없이 복제 · 전송 · 배포하는 행위
③ 전자책, PDF, 스캔본, 사진 촬영본, 클라우드 공유, 온라인 커뮤니티 게시, SNS 업로드, 파일 공유 서비스 등을 통한 무단 이용
④ 기타 디지털 복제 · 전송 수단(USB, 디스크, 서버 저장, 스트리밍 등)을 이용한 무단 사용

※ 파본은 구입하신 서점에서 교환해 드립니다.